LILUN LIXUE

理论力学

张 娟 张烈霞 编

西北工业大学出版社

【内容简介】 本书是根据教育部颁布的高等工业院校理论力学教学的基本要求编写的。分为静力学、运动学和动力学三部分。静力学主要讲述力系的合成与分解，刚体和刚体系的平衡问题以及摩擦等。运动学主要讲述运动的合成与分解，点的复合运动，刚体的基本运动和刚体的平面运动。动力学主要讲述质点动力学，动力学普遍定理，碰撞，达朗贝尔原理，虚位移原理，拉格朗日方程及质点的振动等。每章后都配有习题和参考答案。

本书可作为高等院校力学、机械类、航空、航天、航海、材料、土建、电子等专业的理论力学课程教材，也可供远程教育及相关工程技术人员参考。

图书在版编目(CIP)数据

理论力学/张娟，张烈霞编．—西安：西北工业大学出版社，2016.1
ISBN 978-7-5612-4675-7

Ⅰ.①理… Ⅱ.①张… ②张… Ⅲ.①理论力学—高等学校—教材 Ⅳ.①O31

中国版本图书馆 CIP 数据核字(2015)第 304901 号

出版发行：西北工业大学出版社
通信地址：西安市友谊西路 127 号　　**邮编**：710072
电　　话：(029)88493844　88491757
网　　址：www.nwpup.com
印 刷 者：陕西宝石兰印务有限责任公司
开　　本：787mm×1 092mm　1/16
印　　张：24.25
字　　数：588 千字
版　　次：2016 年 1 月第 1 版　　2016 年 1 月第 1 次印刷
定　　价：49.00 元

前　　言

理论力学是高等院校理工科专业普遍开设的一门重要的专业基础课，课时较多，学分较大。在欧美国家，理论力学大都被分为静力学和动力学两门课，而我国开设一门理论力学，内容总体上与之相差无几，只是编排顺序及侧重点上有所不同。本书参考了国家教育部制定的高等理工科院校理论力学教学的基本要求，并广泛参考国内各种版本的理论力学教材及国外的静力学和动力学教材，博采众长，优化课程内容，精心编排而成。本书在内容选取上力求坚持理论力学体系的完整性和严密性，同时力求概念准确，叙述简明，坚持理论联系实际，使教材清晰易懂。

本书有下述特点：

1)编排上采用经典的静力学、运动学、动力学三部分内容，由浅入深，循序渐进，以利于学生逐步深入学习理论力学知识。

2)每章前都有知识要点，以便读者对该章内容有总体的认识，并了解考试重点和学习难点。

3)编写由浅入深。在静力学部分将空间力系和平面力系分开讲，从多年教学经验中，笔者发现这样的教材编排顺序及讲课顺序，易于学生理解。在有了平面力系中力在坐标轴上的投影、合力矩定理、力线平移定理、力系的平衡条件和平衡方程等知识的铺垫，空间力系中的相关概念只需对照平面力系并拓延至空间即可以容易理解。

4)借鉴广泛受欢迎的国外教材，从中引入一些实例，可以更好地帮助读者理解相应章节的内容。

5)语言文字力求简单易懂，举例力求理论联系实际，尽量使读者在较少先修课程的基础上学懂理论力学的核心内容。

6)本书附有两篇力学相关的科技短文，介绍了力学知识在现实生活中的应用，既可以提高读者的读书兴趣，又可以加深读者对本书理论知识的理解。

7)本书有配套习题册，可以作为学生的作业集使用，以便强化和检验学习内容。

本书选材考虑了各类专业的通用性，每章后附有习题，书后附有习题参考答案。本书可作为力学、机械类、航空、航天、航海、材料、土建、电子等各专业的理论力学课程教材,也可供相关工程技术人员参考。

本书参考学时为80学时,具体可根据课时需要选择讲授和学习的内容。

本书静力学和运动学部分由西北工业大学力学与土木建筑学院张娟老师编写,动力学部分由陕西理工大学张烈霞老师编写。

编写本书曾参阅了相关教材和资料,在此,谨向其作者深致谢忱。

由于笔者水平有限,书中难免存在缺点和错误,恳请读者批评指正。

编　者

2015年10月

目　录

运　动　学

动　力　学

绪论

1. 理论力学的研究内容

理论力学是研究物体机械运动一般规律的科学。机械运动是指物体在空间的位置随时间的改变，它是人们日常生活和生产过程中最常见、最简单的一种运动。例如，车、船的行驶，机器的运转，大气和水的流动，建筑物的振动及星体的运行等，都是机械运动。研究机械运动不仅可以揭示自然界各种机械运动的规律，而且这些定律和结论还可广泛用于工程实际中，为解决工程实际问题提供理论基础和技术手段。

本书的内容分为静力学、运动学和动力学三部分。

1）静力学研究力系的等效和简化以及物体在力系作用下的平衡问题。

2）运动学从几何的观点出发，研究机械运动的性质（如研究物体的运动方程、速度、加速度等），而不涉及改变物体运动的原因（如受力和做功等）。

3）动力学研究物体机械运动状态的变化与作用力之间的关系。

理论力学研究速度远小于光速的宏观物体的机械运动，属于古典力学范畴，其科学体系是以伽利略和牛顿总结的基本定律为基础，在 15～17 世纪逐步形成之后，又不断得到改善和发展的。在 20 世纪初，出现了相对论力学和量子力学，打破了传统的时空概念，建立了现代力学的科学体系。速度接近于光速的物体和微观粒子的运动，只有应用相对论力学和量子力学的观点才能给予完善的解释。对此古典力学有明显的局限性，但对于远小于光速的宏观物体的机械运动，应用古典力学能够得到足够的精度。因此，对于一般工程中所遇到的力学问题，即使是一些尖端科学中的大量力学问题，用古典力学的方法来解决，不仅方便，而且能够保证足够的精确性。所以，古典力学至今仍有重要的实用意义，并且仍在不断发展完善之中。

理论力学源于物理学的一个分支，但其内容已大大超过了物理学的内容，它不仅要求建立与力学有关的各种基本概念和理论，而且要求能运用理论知识，对从实际问题中抽象出来的力学模型进行分析和计算。

静力学中所讨论的静止和平衡是运动的一种特殊形态，因此，也可以认为静力学是动力学在加速度为零条件下的一种特殊情况。然而由于工程技术发展的需要，静力学已积累了丰富的内容并且成为一个相对独立的组成部分。另外，动力学问题也可以从形式上变换成平衡问题用静力学理论求解（达朗贝尔原理）。

2. 学习理论力学的目的

理论力学是一门理论性很强的技术基础课。学习理论力学，掌握机械运动的客观规律，就能够理解并利用许多机械运动。例如，道路的转弯处为什么外侧要比内侧高？道路的表面为什么要宏观上平整，微观上粗糙？车辆为什么多用后轮驱动，前轮刹车？航天器如何进行轨道调整和姿态调整？这些问题都可以由理论力学原理得到解释。当然，学习理论力学不仅仅在于解释日常所见的机械运动现象，还在于掌握并应用机械运动的规律，更好地为工程实际服务。各种机械、设备和结构的设计，机器的自动调节和振动的研究等都包含着大量的力学问题。尽管有些问题单靠理论力学的知识是不够的，但在解决这些问题时，理论力学的知识却是不可或缺的。

此外，理论力学研究力学中最普遍、最基本的规律。许多工程类专业的其他课程，如材料力学、结构力学、弹性力学、流体力学、振动理论、机械原理等都需要用到理论力学的知识。所以，理论力学是大多数工科类专业的重要技术基础课，其基本理论和知识在基础课与专业课之间架起了桥梁，是学习后续一系列课程的基础，其分析问题和解决问题的思路，对后续课的学习也有帮助。随着科学技术的日益发展和现代化进程的加快，不断出现的新的力学问题为力学知识的发展和应用提供了新的机遇和挑战。学好理论力学知识，将有助于解决与理论力学有关的新问题，从而促进科学技术的进步，推动理论力学不断向前发展。

3. 理论力学的研究方法

理论力学的研究方法是从实际出发，经过抽象化、综合、归纳而建立公理，再应用数学演绎和逻辑推理而得到定理和结论，形成理论体系，然后再通过实践来验证理论的正确性。理论力学是一门历史悠久的成熟学科，具有相对的稳定性。它以为数不多的几条公理、定律为基础，以统一的观点深刻地揭示了力学诸定理之间的内在联系，形成了一定的逻辑系统。其处理力学问题所遵循的方法一般是：①将所要研究的问题抽象化为一定的力学模型，这些力学模型既要能反映问题的主体，又要便于求解理；② 应用力学原理把有关的力学问题用数学形式表述；③ 运用数学工具求解；④ 根据具体问题，对数学问解进行分析讨论，甚至决定取舍。

在理论力学中，当研究物体的机械运动规律时，可把实际物体抽象为力学模型作为研究对象。理论力学中常见的力学模型有质点、质点系和刚体。

1)质点：只有质量而无几何尺寸的几何点。如果物体的尺寸和形状对其研究的问题本质影响不大，就可以把物体抽象为质点。

2)质点系：若物体的运动与其尺寸或形状有关，则该物体可视为有限个或无限个质点组成的系统，称为质点系。它是最一般的力学模型。

3)刚体：当物体大小、形状的改变很小，对问题的研究影响不大时，可视为刚体，它是质点系的一个特例，是对一般固体的理想化，即刚体在力的作用下不发生变形或运动时其内任意两点之间距离保持不变。多个刚体组成的系统称为刚体系统。

上述几种理想的力学模型，都是客观存在的实际物体的科学抽象。它们并不特指某些具体物体，而是概括了各种物体，不论物体的材质，也不论是什么工程构件，在研究它们的平衡或运动时，都可以作为上述几种模型之一加以考察。它表明了理论的普遍意义。

静　力　学

静力学主要研究的是刚体在力系作用下的平衡问题，包括：

(1)作用于刚体的力系的合成，力的分解，力系的等效和简化。

(2)刚体及刚体系的受力分析及受力图的画法。

(3)刚体在力系作用下的平衡条件及其应用。

第一章　静力学的基本概念和公理

知识要点

1. 基本概念

(1)力:物体相互间的机械作用,其作用结果使受力物体的形状和运动状态发生改变。

(2)刚体:在外界的任何作用下,形状和大小都始终保持不变的物体。刚体是一种理想的力学模型。

(3)等效力系:对物体的作用效果相同的两个力系称为等效力系。

2. 静力学公理及其两个重要推论

(1)二力平衡公理。

要使刚体在两个力作用下维持平衡状态,必须也只需这两个力大小相等、方向相反、沿同一直线作用。

(2)加减平衡力系公理。

在作用于刚体的任何一个力系上加上或去掉几个互成平衡的力,不改变原力系对刚体的作用效果。

(3)力平行四边形公理。

作用于物体上同一点的两个力可合成为一个合力。合力为原两力的矢量和,即合力矢量由原两力矢量为邻边而做出的力平行四边形的对角线矢量来表示。

(4)作用和反作用公理。

任何两个物体之间相互作用的力,总是大小相等,作用线相同,但指向相反,并同时分别作用于这两个物体上。

(5)刚化公理。

设变形体在已知力系作用下维持平衡状态,则如将这个已变形但平衡的物体变成刚体(刚化),其平衡不受影响。

(6)推论1(力在刚体上的可传性)

作用于刚体上的力,其作用点可以沿作用线在该刚体内前后任意移动,而不改变它对该刚体的作用。

(7)推论2(三力平衡汇交定理)

当刚体在三个力作用下平衡时,设其中两力的作用线相交于某点,则第三力的作用线必定也通过这个点且这三个力共面。

3. 约束、约束力及物体的受力图

(1)约束:限制物体运动的条件称为约束。

(2)约束力:约束对被约束物体的反作用力称为约束力。

(3)物体的受力图:表示物体所受全部外力(包括主动力和约束力)的简图。受力图是求解静力学问题的基础与依据。

1.1 静力学的基本概念

1. 刚体

刚体是指在外界的任何作用下形状和大小都始终保持不变的物体。或者说,刚体内任意两点间的距离保持不变。实际的物体在受力作用时总会有变形,但只要这种变形不影响所研究问题的实质,或者说变形在所研究的力学问题中不起主要作用,仍可以把这些物体看作刚体。一个物体能否被看作刚体,不仅取决于变形的大小。而且和问题本身的要求有关。同一个物体,在理论力学里被看作刚体,而在材料力学里,当需要了解力和变形之间的关系时,又被看作弹性体。本课程中的有些结论是对刚体而言,有些是对实际物体而言,这些差别应该注意。

2. 力

(1)力的概念与效应。

力是物体相互间的机械作用,这种作用使这些物体的形状和运动状态发生改变。

在自然界里可以看到由各种不同的物理原因产生的力,但在理论力学里只研究力所产生的效应,而不研究它的物理来源。力的效应,表现为受力物体的形状和运动状态的改变。我们约定,把引起物体变形的效应称为力的内效应,而使受力物体运动状态改变的效应称为力外效应。力的内、外效应总是同时产生的,但对于刚体,不显示力的内效应。

(2)力的三要素。

力的效应唯一地决定于力的三要素:

1)力的作用位置或作用点;

2)力的方向;

3)力的大小。

它们也称为力的三个特征。只要其中一个要素发生改变,力的效应也必定改变。

力的作用位置,一般来说不是一个点,而是物体的某一部分面积或体积。机械运动的传递,必定是通过物体间的直接接触,或是由物体的每一部分对其他物体的相互作用而引起的,例如,蒸汽压力作用于整个容器壁,重力作用于物体的每一点。这样的力称为分布力。但是,有时力的作用面积不大,例如,当钢索吊起重物时,钢索的拉力作用在与重物的连接处,连接处可以看成是一个点,于是,拉力便集中地作用于这个点。这样的力称为集中力,而这个点则称为集中力的作用点。

在国际单位制(SI)中用牛[顿](N)作为力的计量单位,有时也用千牛(kN)。

3. 力的表示法

在力学里,经常要遇到两类不同的量:矢量和标量。

力是一种矢量。习惯上把表示力大小的有向线段的始端(起点)取在该力的作用点,用以标明该力指向的箭头被加在这线段的末端(终点),如图 1-1 所示。

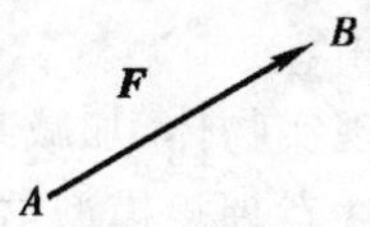

图　1-1

力的作用与其作用点的位置有关。因此，表示力的矢量必须和该力的确定的作用点联系起来才有意义。这样的矢量称为定位矢量。反之，作用点可任取的矢量称为自由矢量，而作用点可沿作用线前后移动的矢量则称为滑动矢量。

本书之后各处，每个矢量都用一个粗斜体字母代表，并以同文的细斜体字母代表该矢量的模。例如设用 $\boldsymbol{F}$ 代表某个力，则这个力的大小（模）等于 F。有时也用顶上带箭头的两个并列的细体字母代表矢量，第一个字母表示这矢量的始端，第二个字母代表它的末端。顶上不带箭头的两个并列字母则代表这个矢量的模，例如 $\boldsymbol{F} = \overrightarrow{AB}$ 的模是 $F = AB$ 。

在理论力学中，我们经常会遇到若干个物体相互作用的问题，因而每个物体上将受到一组力的作用。这种作用于同一刚体的一组力称为力系。作用线分布在同一平面内的力系称为平面力系，否则称为空间力系。

力对物体的作用效果取决于它的特征。不同特征的力或力系的作用效果不同，能引起物体运动状态的不同变化。但是，由经验知道，也可以有这样的情形，两个不同的力系，能对同一物体产生相同的效应。这样的两个力系是等价的，彼此可以互相代替，并称为等效力系。静力学里首先要研究力系相互等效的条件。在特殊情形下，若一个力系可以和一个力等效，则这个等效力就称为该力系的合力。而该力系中的各个力就叫作这个合力的分力。

1.2　静力学公理

在静力学中，为简明起见，默认刚体在受力之前都处于静止状态（相对于地面或某个其他惯性参考系）。因此，在受力作用后，刚体能否维持这种平衡状态，完全取决于该力系的配置。能使刚体维持平衡的力系称为平衡力系。这种力系对刚体的外效应为零。习惯上说，平衡力系中的某几个力与其余各力互成平衡。这样，静力学的第二个任务可以改述为研究刚体上作用力之间互成平衡的条件及其应用。

在力的概念逐步形成的同时，人们对力的基本性质的认识也逐步深入，静力学公理就是力的这些简单的和显而易见的基本性质的概括与总结，它们是以大量的客观事实为依据的，其正确性久为实践所证实。解答上面所提的问题，要以下述几个公理为基础。

公理一（二力平衡公理）：要使刚体在两个力作用下维持平衡状态，必须也只需这两个力大小相等、方向相反、沿同一直线作用的。

对于刚体而言，二力平衡公理是刚体平衡的充要条件。但是对非刚体，却只是非刚体平衡的必要条件。例如，柔绳受大小相等、方向相反的两个拉力时可以平衡，但其不能承受压力。

仅受两个力作用而平衡的物体称为二力体。根据公理一，若物体在两个力的作用下平衡，这两个力必然是大小相等、方向相反、沿同一直线作用的。

公理二（加减平衡力系公理）：可以在作用于刚体的任何一个力系上加上或去掉几个互成

平衡的力，而不改变原力系对刚体的作用。

这个公理也只对刚体才成立；对于现实物体，加减某些平衡力系，就会影响物体的变形，甚至会导致物体的破坏。因此，必须经常注意理想模型与现实物体间的差别。

上述两个公理，以后要经常用到。这里先从这两个公理导出下面的重要推论。

推论1（力在刚体上的可传性）：作用于刚体的力，其作用点可以沿作用线在该刚体内前后任意移动，而不改变它对该刚体的作用。

证明：设在刚体上点 A 作用着力 $\boldsymbol{F}$（见图1-2(a)）。根据公理二，可以在力 $\boldsymbol{F}$ 的作用线上任意一点 B，加上两个互成平衡的力 $\boldsymbol{F}_1$ 和 $\boldsymbol{F}_2$，令 $\boldsymbol{F}_1 = -\boldsymbol{F}_2 = \boldsymbol{F}$。由公理一知，力 $\boldsymbol{F}$ 和 $\boldsymbol{F}_2$（见图1-2(b)）互成平衡，因而根据公理二，又可以将这两个力去掉（见图1-2(c)）。这样，原来的力 $\boldsymbol{F}$ 既与力系($\boldsymbol{F}, \boldsymbol{F}_1, \boldsymbol{F}_2$)等效，也与力 $\boldsymbol{F}_1$ 等效，而力 $\boldsymbol{F}_1$ 就是原来的力 $\boldsymbol{F}$，只不过作用点已移到点 B 而已。

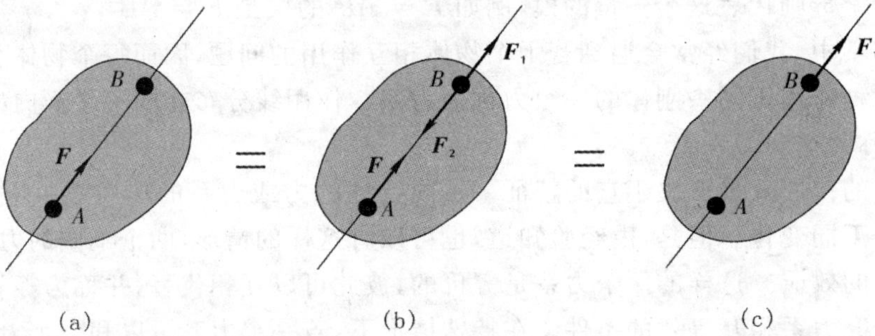

图 1-2

由此可见，作用于刚体的力，其作用点已不再是决定其效应的要素，而是被作用线所代替，故力是滑动矢量，可以从力的作用线上任一点画出。

公理三（力平行四边形公理）：作用于物体上任一点的两个力可合成为作用于同一点的一个力，即合力。合力的矢由原两力的矢为邻边而作出的力平行四边形的对角矢来表示。即，合力为原两力的矢量和。

设在点 A 作用着力 $\boldsymbol{F}_1$ 和 $\boldsymbol{F}_2$（见图1-3(a)），用 $\boldsymbol{F}_R$ 代表它们的合力，则有下述矢量表达式：

$$\boldsymbol{F}_R = \boldsymbol{F}_1 + \boldsymbol{F}_2$$

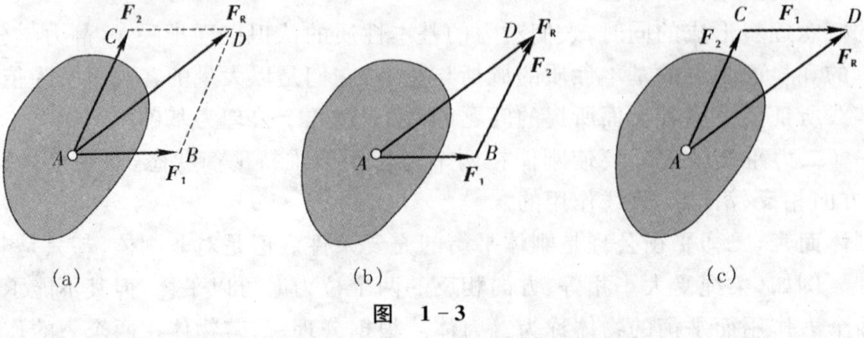

图 1-3

式中，"＋"号表示按矢量相加，即按平行四边形规则相加。由作用点 A 画出力 $\boldsymbol{F}_1$ 和 $\boldsymbol{F}_2$ 的矢，并补充为平行四边形 $ABDC$（力平行四边形），则由点 A 画出的对角矢 $\overrightarrow{AD}$ 就表示出这两个力

的合力 $\boldsymbol{F}_R$。

力平行四边形的作图过程可以简化：如图 1-3(b)(c)所示，为求合力 $\boldsymbol{F}_R$，只需画出平行四边形的一半 ABD。为此可在画出力 $\boldsymbol{F}_1$ 的 $\overrightarrow{AB}$ 后，以点 B 作为第二个力 $\boldsymbol{F}_2$ 的起点，画出表示该力的矢 $\overrightarrow{BD}$。于是连接第一个力的起点 A 与第二个力的终点 D 的矢 $\overrightarrow{AD}$ 就表示了合力 $\boldsymbol{F}_R$（见图 1-3(b)），三角形 ABD 称为力三角形，这种用力三角形求合力的作图法称为力三角形法。

推论 2（三力平衡时的汇交定理）：当刚体在三个力作用下平衡时，设其中两力的作用线相交于某点，则第三力的作用线必定也通过这个点。

证明：设在刚体上的点 A_1，A_2，A_3，分别作用着不平行但互成平衡的三个力 $\boldsymbol{F}_1$，$\boldsymbol{F}_2$，$\boldsymbol{F}_3$（见图 1-4(a)）。已知力 $\boldsymbol{F}_1$ 和 $\boldsymbol{F}_2$ 的作用线相交于某点 A（见图 1-4(b)）；这两力的合力 $\boldsymbol{F}$ 应与力 $\boldsymbol{F}_3$ 互成平衡，因而 $\boldsymbol{F}$ 和 $\boldsymbol{F}_3$ 必须沿同一作用线。由于 $\boldsymbol{F}$ 的作用线通过点 A，故 $\boldsymbol{F}_3$ 也一定通过点 A（见图 1-4(c)）。

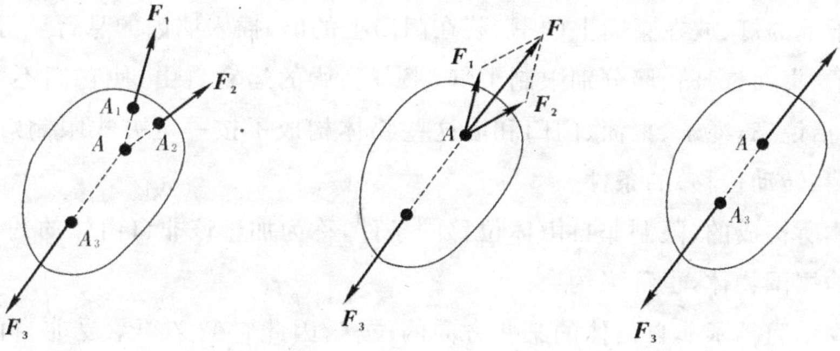

图　1-4

分析刚体在三个力作用下平衡的问题时，如已知其中两个力的作用线的交点，常用这个定理来确定第三个力的方向。

公理四（作用和反作用公理）：任何两个物体相互作用的力，总是大小相等，作用线相同，但指向相反，并同时分别作用于这两个物体上。

如果把相互作用的其中之一视为作用，而另一视为反作用，则公理四还可叙述成，对于任何作用，相应地总有一个和它大小相等、作用线相同而指向相反的反作用存在。

应该注意，两个物体之间的作用和反作用虽然是大小相等、沿同一直线且指向相反的两个力，但两者并不互成平衡。因为这两个力不是作用于同一物体，而是分别作用于不同的两个物体。

公理五（刚化公理）：设变形体在已知力系作用下维持平衡状态，则若将这个已变形但平衡的物体变成刚体（刚化），其平衡不受影响。

这个公理在研究变形体的平衡时十分重要，因为现实的物体总是变形体。刚体静力学的公理能否应用于现实物体，还要看该变形物体能否承受这些力。如果能承受，且已知它是平衡的，那么就可以应用这些公理来研究该变形体所受各力须遵守的条件。因为根据刚化公理，作用于刚体力系平衡时所须遵守的条件，在变形体平衡时也是遵守的。但是单凭这些平衡条件还不能肯定变形体能否承受这些力。可见，刚体平衡的充要条件对变形体的平衡说来只是必要的而不是充分的。

思考题：静力学公理中，哪些仅适用于刚体？哪些也适用于变形体？

1.3 约束和约束力

前面曾经指出，力是物体间的机械作用。因此，当我们用力学定律解决实际问题时，必须了解有关物体之间的联系，从而分析它们的受力情况。

可以任意运动（获得任意位移）的物体称为自由体。静力学里所遇到的物体多数不能任意运动，由于与周围物体发生接触，这些物体不可能产生某些方向的位移，这样的物体称为非自由体。挂在绳子上的灯、放在桌面上的书、装在门臼上的门、插入墙内的悬臂梁等，都是非自由体的实例。绳子、桌面、门臼、墙分别限制了灯、书、门、梁的运动自由，使它们不可能发生某些方向的位移，概括说来，绳子、桌面、门臼和墙这些物体构成了按一定方式限制灯、书、门、梁的位移（包括移动和转动位移）的条件。

由周围物体所构成的、限制非自由体位移的条件，称为加于该非自由体的约束。习惯上把构成约束条件的周围物体，也称为约束。

由于这些物体阻挡了非自由体的某些方向的位移，因此它们必须承受非自由体按被阻挡位移的方向传来的力；与此同时，约束也按相反方向给予该非自由体以大小相等的反作用力。这种力称为约束反作用力，或简称约束力、约束反力或反力。这样，约束力的方向恒与非自由体被约束所阻挡的位移方向相反。

约束力的特点是，这些力的大小，有时包括方向和作用点，不能独自确定，这和作用于物体的所谓主动力不同。主动力被认为可以彼此独立地测定的（如重力、蒸汽压力）；约束力的大小和方向则既与作用于非自由体的主动力有关，也与接触处的物理性质、几何形状有关（如摩擦力）。

静力学主要研究非自由体的平衡，而任何非自由体的平衡，总可以认为是作用于其上的主动力和约束力之间的互成平衡。由此可见，对约束及其反力特征的研究具有十分重要的意义。

现在，根据一般非自由体被固定、支承或与其他物体相连接的不同方式，把常见的约束理想化，归纳为下述几种基本类型，并指出其约束力的某些特征。

1. 完全柔软而不能伸长的绳、缆、链条、皮带等构成的约束

这类约束如图 1-5 所示。图 1-5(a)～(c)分别用悬挂灯的柔绳、皮带轮之间的皮带、自行车的链条来传递约束。所谓完全柔软，是指完全不能抗拒弯曲和压力而仅能承受拉力这一性质而言。此外，对于一般问题，绳缆本身的质量总是忽略不计。这样的理想绳缆，在受力状态下是拉直的，因而它所给予被约束物体的约束力只能是拉力，其方向必定沿绳缆本身而背离被约束的物体。如图 1－5(a)(b)所示，约束力分别为作用于结点的绳 AB 和 AC 传递的拉力、皮带的受力以及自行车链条的受力。

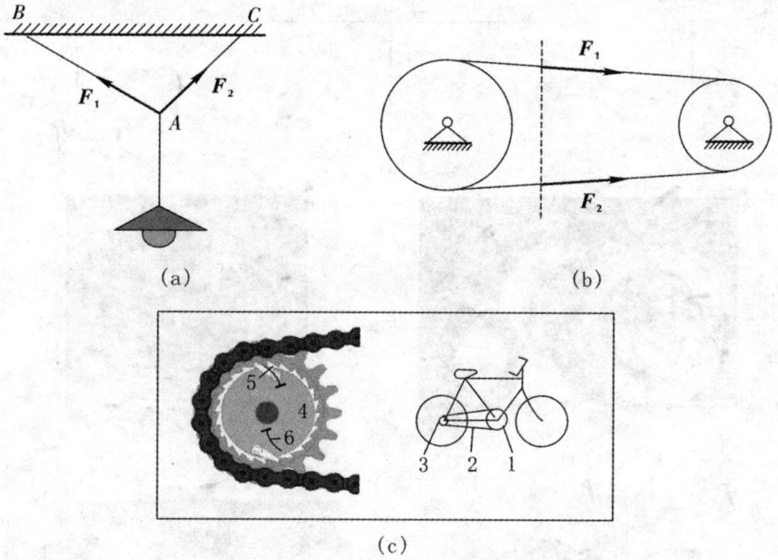

图　1－5

2. 由完全光滑的刚性接触表面构成的约束

由完全光滑的刚性接触表面构成的约束如图 1－6(a)(b)(c)所示。其中图 1－6(a)所示情况最常见，比如桌面上放的一本书；图 1－6(b)所示情形常见于圆柱滚子轴承(见图 1－6(d)，图 1－6(c)这种情况常见于径向球轴承(见图 1－6(e))。另外还有相互啮合的齿轮轮齿之间的约束(见图 1－6(f)(g))。所谓完全光滑，指支承面不会产生阻碍被约束物体沿接触处切面内任一方向位移的阻力。例如：书可以在桌面自由滑动，滚珠可沿钢圈作任意运动，而不受任何阻力。

当然，这种理想的要求只在支撑面经过很好磨光与润滑后才能近似地满足，此时可以忽略接触表面之间的摩擦。

完全光滑的约束面只能阻挡非自由体沿接触处公法线方向压入该约束面的位移，此时约束面承受了非自由体给予它的压力。所以，对应的约束力只能是压力，其方向沿着接触处的公法线而指向被约束的物体。

如果接触处的面积很小，就可以认为约束力集中地作用于一点(钢圈对滚珠的反力)；否则，约束力沿整个接触表面分布(见图 1－6(a))的情形可以随着作用于非自由体的其他力而改变，因而该约束面反力的合力作用点将不能预先确定。图 1－6(f)和(g)中齿轮间沿一条线啮合，约束力分布于啮合线。但习惯上只画这些分布力的合力 $\boldsymbol{F}$，它的作用点被认为是在图面上。

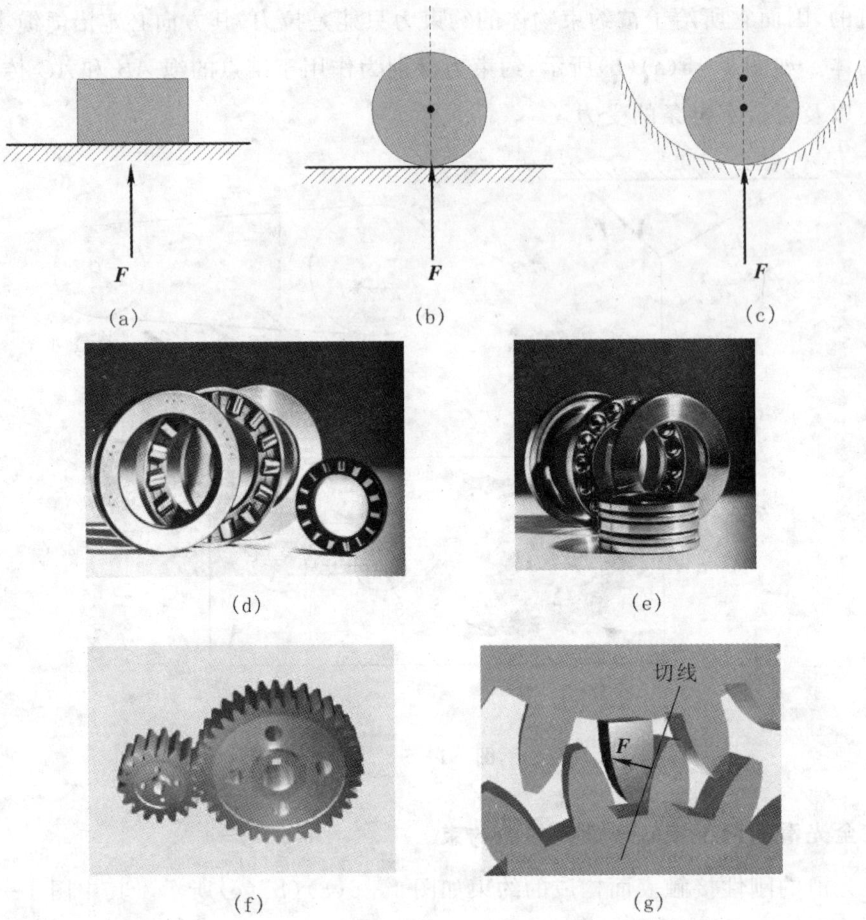

图 1-6

3. 由光滑铰链构成的约束

光滑圆柱铰链约束如图 1-7(a)中滑轮中心处滑轮与支杆之间的约束所示；图 1-7(c)所示为两个杆相互铰接约束，门窗铰链、轴承、活塞销等都属于这种约束类型。这种铰链模型可由固连于物体 A 的光滑圆柱插入物体 B 的圆孔来构成（圆柱与圆孔之间有间隙，但一般可略去不计），如图 1-7(e)和(f)所示。随着所受主动力的不同，物体 A 可以获得不同方向的运动趋势，使圆柱（销轴、轴颈）紧压到圆孔（轴承）内表面的某处。这样，物体 B 将通过接触点给物体 A 某个反力，这个约束力的作用线必定通过接触点及圆柱与圆孔的圆心，如图 1-7(f)所示。但是由于圆柱与圆孔之间的间隙非常小，一般很难确定接触点，所以光滑圆柱铰链约束力一般用通过圆心大小未知的两个正交分力表示，如图 1-7(b)(d)所示。

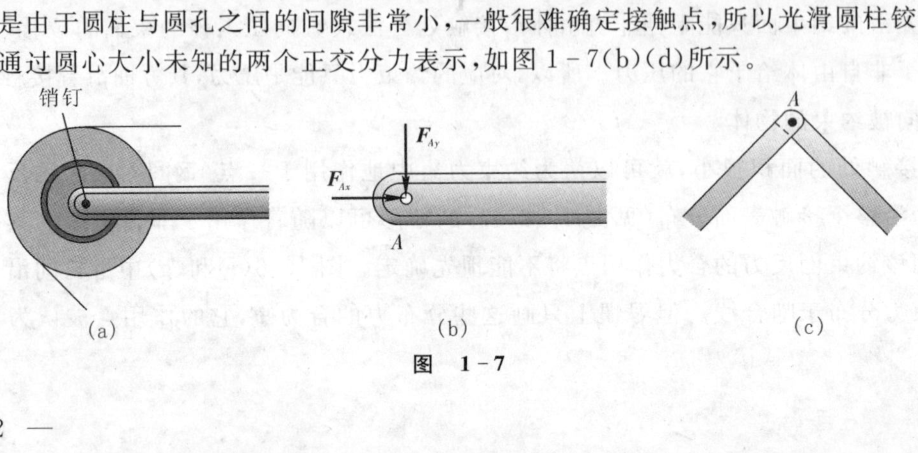

图 1-7

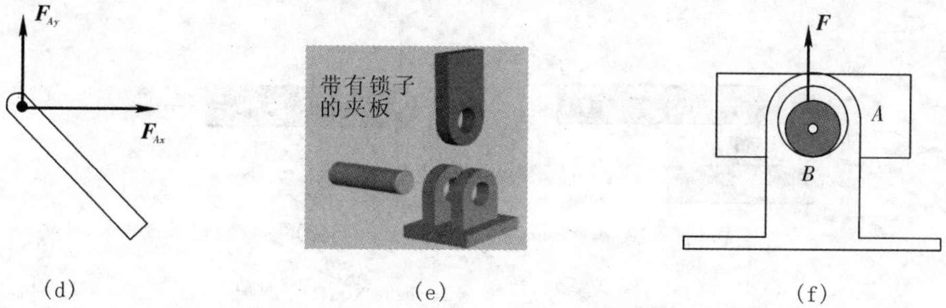

续图　1－7

4. 活动铰链支座

活动铰链支座如图 1－8(a)(b)(c)所示，它可看成是将图 1－7(f)所示的 B 物体下端装上滚轮构成的。这种约束是由前述第 2、第 3 两种类型的约束组成的。支承面的约束力方向必与这个面垂直，同时其作用线必通过铰链的轴心，如图 1－8(d)所示。这些支座的支撑面只能承受压力，即相当于光滑表面约束。活动铰链支座及其约束力的画法如图 1－9 所示。

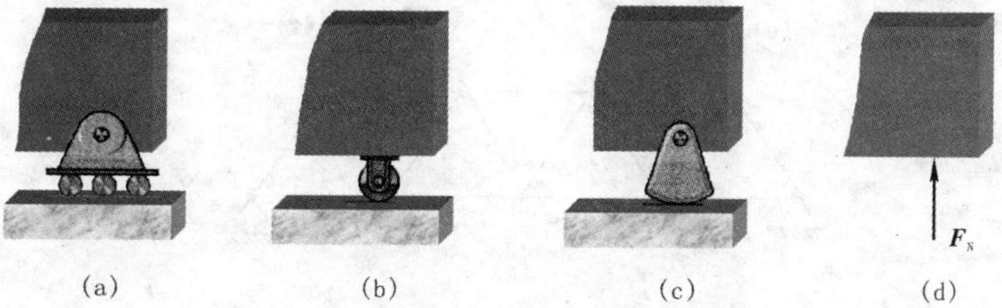

图　1－8

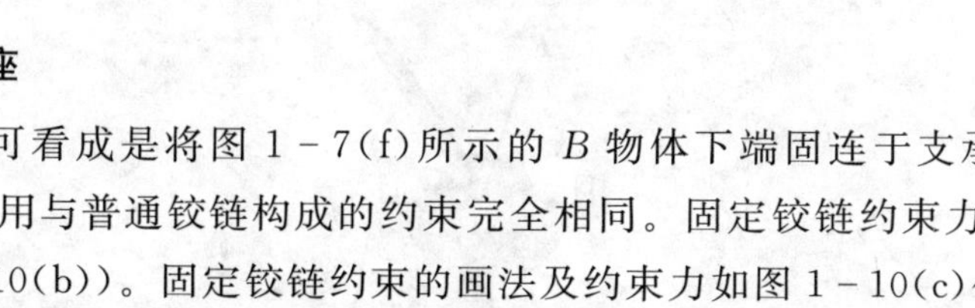

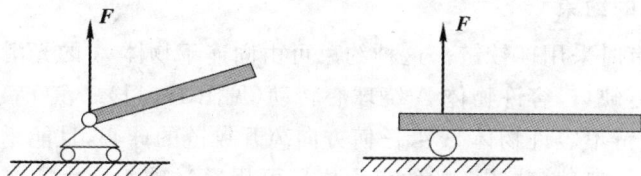

图　1－9

5. 固定铰链支座

固定铰链支座可看成是将图 1－7(f)所示的 B 物体下端固连于支承面上构成的，如图 1－10(a)所示，其作用与普通铰链构成的约束完全相同。固定铰链约束力一般可用两个正交分力表示(见图 1－10(b))。固定铰链约束的画法及约束力如图 1－10(c)～(f)所示。

思考题：一般的桥梁总是一端是固定铰链约束，另一端是活动铰链约束，如图 1－10(g)所示，这是为什么呢？

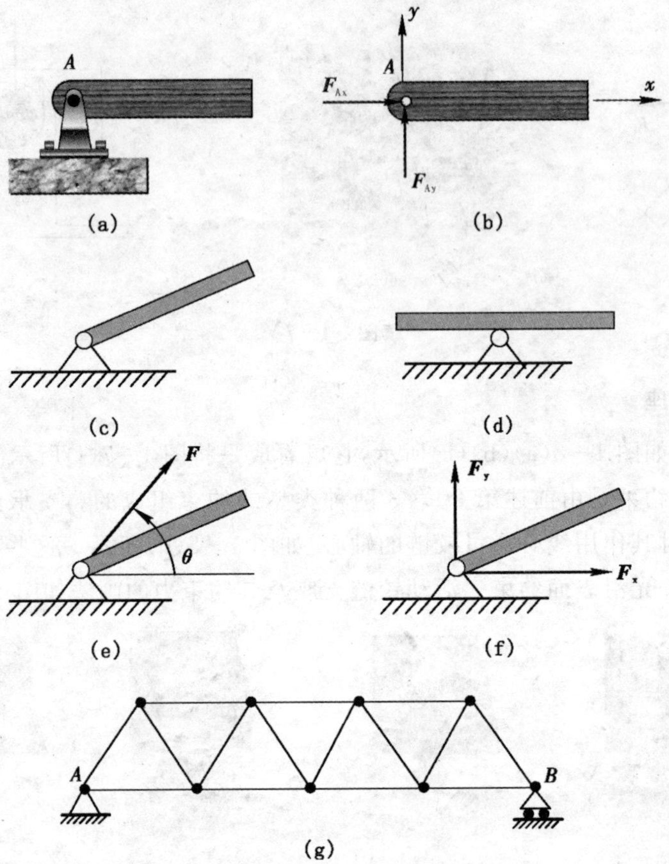

图 1-10

6. 由球铰链构成的约束

在空间系统中，有时采用球铰链。这种约束可由固连于物体 A 的光滑圆球嵌入物体 B 的球窝而构成。球窝上有缺口，容许物体 A 绕球心转动（见图 1-11）。汽车变速箱的操纵杆就利用了这种约束。球铰链不容许物体 A 沿任何方向离开铰链的球心，且能承受物体 A 上按任何方向通过球心的力。一般地，球铰链的约束力作用可用通过球心而大小未知的三个正交分力表示。

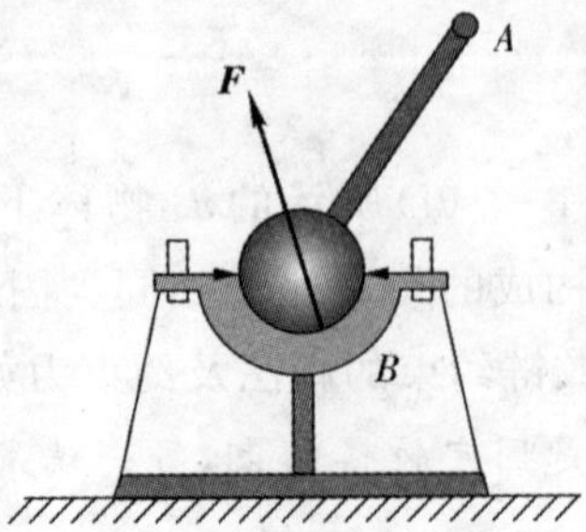

图 1-11

在实际问题中，还会遇到更为复杂的约束，但是它们多数可归结为上述类型，或者可以看作是这些基本约束的组合。

如何将实践中所遇到的约束化简并估计其反力的特征，这是一个重要的，然而有时也可能是相当困难的问题，必须具体地分析每个问题的条件。但是，对于一般的问题，上述几种约束模型已有足够普遍的适用性。

1.4　受力分析和受力图

在应用平衡规律解答静力学问题时，特别是在确定约束力之前，一般须从所考察的平衡系统之中选取某些物体作为研究对象——取分离体，并仔细分析该物体的受力情形，找出各力之间联系。根据约束的性质和受力情形估计出约束力作用线的位置和方向等等，并进行平衡对象的受力分析。

在研究对象（分离体）上画出作用于其上的全部力（包括主动力和约束力），得到该物体的受力图。画受力图时，可以把物体上无关紧要的东西省掉，而只画出它的简单轮廓，约束则用它的约束力代替。这样做能更清楚地突出问题中的主要关系。必须指出，在每个具体问题中，正确地画出受力图，是取得正确解答的先决条件。

受力图的画法可概括为以下几个步骤：

1）根据题意（即按指定要求）选取研究对象，即取分离体，一般先取受力最简单的物体为研究对象；

2）画出该研究对象所受的全部主动力；

3）在研究对象上原来存在约束（即与其他物体相连接、相接触）的地方，按约束类型逐一画出约束力。

有时还可以利用主动力的特征来直观地判断约束力的某些特征（如两力平衡时共线、不平行三力平衡时汇交于一点等）。当然，研究对象的受力分析及其受力图的画法，必须通过具体实践反复练习，以求得技巧的熟练与巩固。

例 1-1　在图 1-12(a)所示的平面系统中，匀质球 A 重 $\boldsymbol{G}_1$，借本身质量和摩擦均不计的理想滑轮 C 以及柔绳维持在仰角为 θ 的光滑斜面上，绳的另一端挂着重 $\boldsymbol{G}_2$ 的物块 B。试分析物块 B、球 A 和滑轮 C 的受力情况，并分别画出平衡时各物体的受力图。

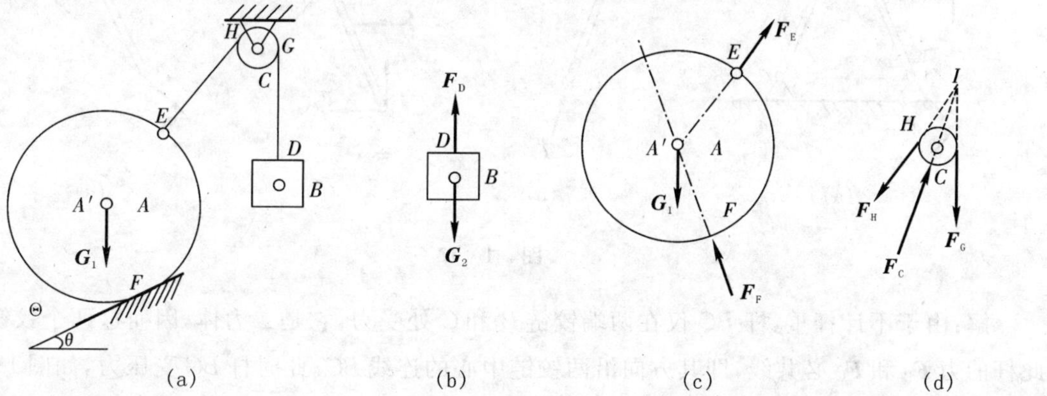

图　1-12

解:(1)物块 B 受两个力作用:自身的重力 $\boldsymbol{G}_2$(主动力),铅直向下,作用点在物块的重心;绳子 DG 段给予它的拉力 $\boldsymbol{F}_D$(约束力)作用于物块 B 与绳子的连接点 D。根据二力平衡公理,当物块 B 平衡时,$\boldsymbol{F}_D$ 和 $\boldsymbol{G}_2$ 必须共线,彼此大小相等而指向相反。物块 B 的受力如图 1-12(b)所示。

(2)球 A 受三个力作用:铅直向下的重力 $\boldsymbol{G}_1$(主动力),作用于球心 A';绳子 EH 段的拉力 $\boldsymbol{F}_E$ 和斜面的反力 $\boldsymbol{F}_F$。由于斜面是光滑的,故约 束力 $\boldsymbol{F}_F$ 的方向垂直于此斜面并由其作用点 F(球与斜面的接触点) 指向球心 A'。绳子的拉力 $\boldsymbol{F}_E$ 作用于绳的连接点 E,且沿方向 EH;由三力平衡汇交定理知,$\boldsymbol{F}_E$ 的作用线也必须通过球心 A'。可见,本系统不是在任意位置上都能平衡的,它平衡时的位置必须能使绳子 EH 段的延长线通过球心 A'。球 A 的受力图如图 1-12(c)所示。

(3)作用于滑轮 C 的力有:绳子 GD 段的拉力 $\boldsymbol{F}_G$,HE 段的拉力 $\boldsymbol{F}_H$,以及滑轮轴 C(相当于铰链) 的约束力 $\boldsymbol{F}_C$。当滑轮平衡时,这三力的作用线必须汇交于一点。因此,设已求出了滑轮平衡时的受力图。不难看出,滑轮的半径完全不影响约束力 $\boldsymbol{F}_C$ 的方向。改变半径,仅引起 $\boldsymbol{F}_G$ 和 $\boldsymbol{F}_H$ 作用线的交点 I 在约束力 $\boldsymbol{F}_C$ 的作用线上移动。可见,只要保持两边绳子的方位不变,理想滑轮的半径可以采用任意值,而不影响其平衡。

注意,力 $\boldsymbol{F}_D$ 和 $\boldsymbol{F}_G$ 是绳子 DG 段对两端物体的拉力,这两个力大小相等而方向相反,即有 $\boldsymbol{F}_D=-\boldsymbol{F}_G$,但两者并非作用力与反作用力的关系。力 $\boldsymbol{F}_D$ 和 $\boldsymbol{F}_G$ 的反作用力,各自作用在绳子 DG 两端。对绳 EH 段,拉力 $\boldsymbol{F}_E$ 和 $\boldsymbol{F}_H$ 可作同理分析。可见,由于滑轮是理想的,拉力 $\boldsymbol{F}_E$ 和 $\boldsymbol{F}_D$ 的大小相等。由此可见,理想滑轮仅改变绳子拉力的大小。

思考题:什么情况下可以用三力平衡时的汇交定理确定受力方向?

例 1-2 等腰三角形构架 ABC 的顶点 A,B,C 都用铰链连接,底边 AC 固定,而 AB;边的中点 D 作用有平行于固定边 AC 的力 $\boldsymbol{F}$,如图 1-13(a) 所示。不计各杆重量,试分别画出杆 AB 和 BC 的受力图。

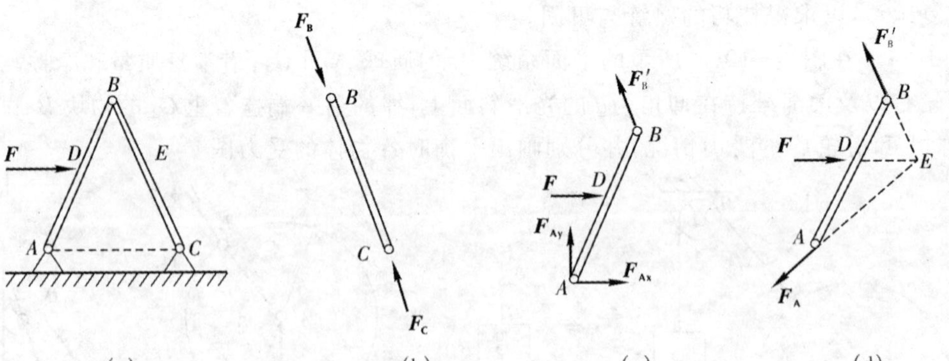

图 1-13

解:由于不计杆重,杆 BC 仅在两端铰链 B 和 C 处受力,它是二力体,因而这两个铰链给予此杆的力 $\boldsymbol{F}_B$ 和 $\boldsymbol{F}_C$ 必共线,即其方向沿两铰链中心的连线 BC。此时杆 BC 受压力,如图 1-3(b) 所示(也可以画成杆 BC 受拉力,$\boldsymbol{F}_B$ 和 $\boldsymbol{F}_C$ 的真实指向以后将由平衡条件确定。

杆 AB 除受主动力 $\boldsymbol{F}$ 外，在 B 端还受铰链 B 给予它的约束力 $\boldsymbol{F}'_{B}$，力 $\boldsymbol{F}'_{B}$ 与力 $\boldsymbol{F}_{B}$ 的大小相等而方向相反；铰链 A 对杆 AB 的约束力可用两个大小未知的水平分力 $\boldsymbol{F}_{Ax}$ 和铅直分力 $\boldsymbol{F}_{Ay}$ 表示，如图 1－13(c) 所示。也可用一个大小和方向都未知的力 $\boldsymbol{F}_{A}$ 来表示铰链 A 对杆 AB 的反力。由于杆 AB 只受不平行的三个力作用而平衡，根据三力平衡汇交定理，可确定 $\boldsymbol{F}_{A}$ 的作用线也通过力 $\boldsymbol{F}$ 和 $\boldsymbol{F}'_{B}$ 作用线的汇交点 E，如图 1－13(d) 所示。

思考题：什么是二力体？它的受力有何特征？

例 1－3　图 1－14(a)所示的结构，由杆 AB，BC，CD 与滑轮 E 铰接构成，物块重 $\boldsymbol{G}$，用绳子挂在滑轮上，杆、滑轮及绳子的质量不计，并忽略各处的摩擦。试分别画出杆 BC，杆 CD，杆 AB，滑轮 B 和物块以及整体的受力图。

解：(1)取杆 BC 为研究对象，画出分离体图。由于杆 BC 在 B 和 C 两处有铰链形成的两个约束力，构成二力体，所以杆 BC 在 B 和 C 两处的约束力必沿 BC 连线方向且大小相等、方向相反，画成受拉情况，如图 1－14(b)所示。

(2)取杆 CD 为研究对象，画出分离体图。杆 CD 在点 I 和点 D 处分别通过圆柱铰链与杆 AB 和滑轮 E 连接，根据光滑圆柱铰链连接的约束特点，杆 CD 在点 I 和点 D 处的约束力分别画成两个正交分力形式。在点 C，考虑到杆 BC 和 CD 的作用与反作用关系，杆 CD 在 C 点的约束力 $\boldsymbol{F}'_{CB}=-\boldsymbol{F}_{CB}$。杆 CD 受力如图 1－14(a)所示。

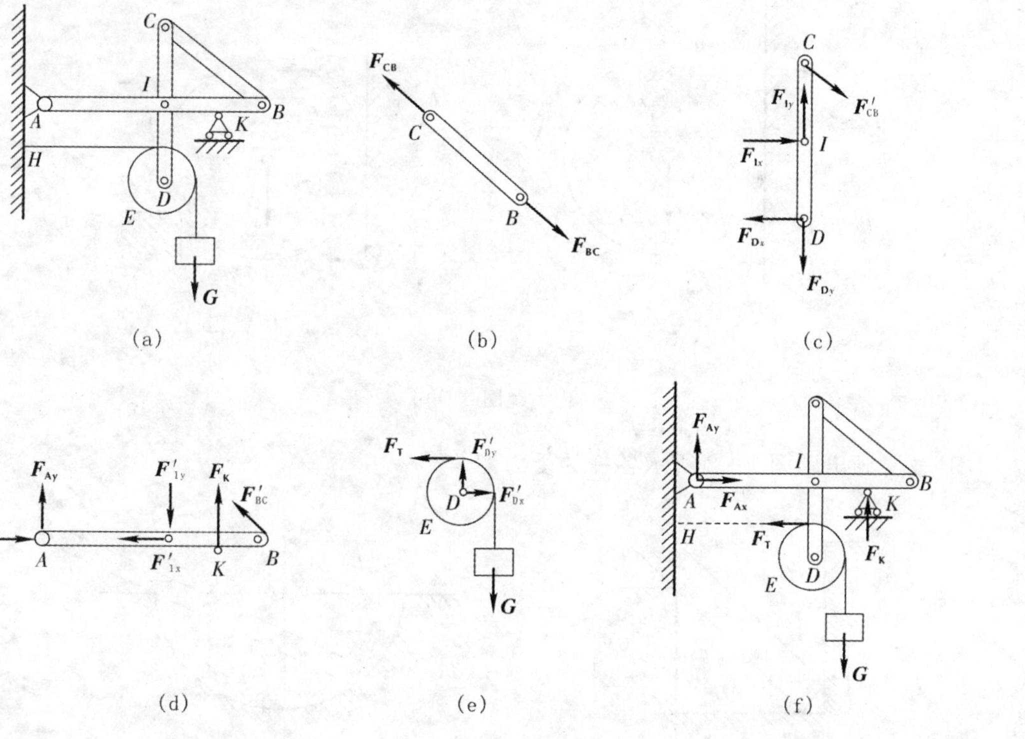

图　1－14

(3)取杆 AB 为研究对象，画出分离体图。在 A 处为固定铰链支座约束，画上两个正交的约束反力；在 I 处，根据 AB 杆和 CD 杆的作用与反作用原理，画出约束力；在 K 处为活动铰链约束，有竖直向上的约束力；在 B 处，根据 AB 杆和 BC 杆的作用与反作用原理，画出约束力。杆 AB 受力如图 1－14(d)所示。

(4)取滑轮 E 和物块组成的系统为研究对象，画出分离体图。在 D 处为光滑铰链约束，画上铰链销钉对轮孔的约束力；在轮缘水平方向有绳子的拉力；物块受有重力 $\boldsymbol{G}$；物块和滑轮通过绳子的相互作用属于系统内力，不画出。滑轮 E 和物块组成的系统受力如图 1－14(e)所示。

(5)取整体为研究对象，画出整体结构图。系统上所受的外力有：主动力（物块的重力）$\boldsymbol{G}$，A 处、K 处及轮缘在水平方向的绳子拉力。对整个系统来说，B,C,D,I 四处均受内力，不画出。整体受力如图 1－14(f)所示。

习 题 一

在下列各题中，假设各接触处都是光滑的，图中未标出重力的各物体的重量均忽略不计。

1－1　画出题图 1－1 所示各圆柱的受力图。

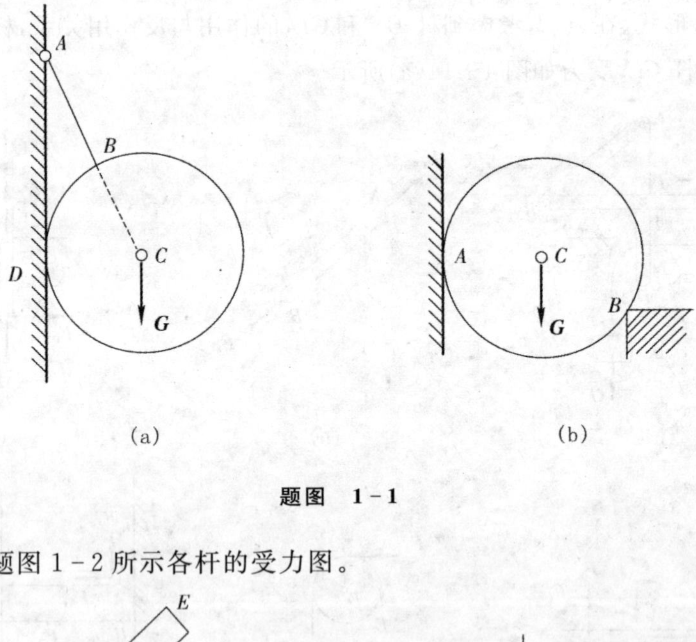

(a)　　(b)

题图　1－1

1－2　画出题图 1－2 所示各杆的受力图。

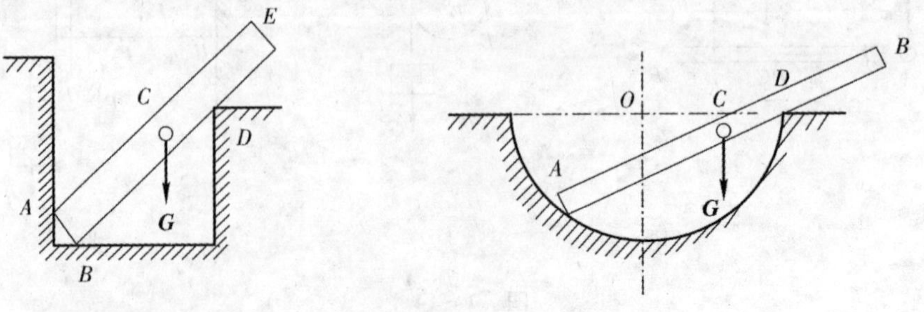

(a)　　(b)

题图　1－2

1－3　画出题图 1－3 所示各梁 AB 的受力图。

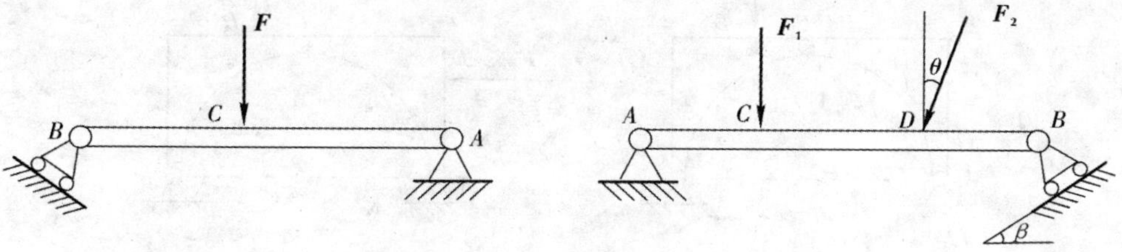

(a)　　　　　　(b)

题图　1-3

1-4　画出题图 1-4 所示各杆 AC，BC，以及销钉 C 的有受力图。

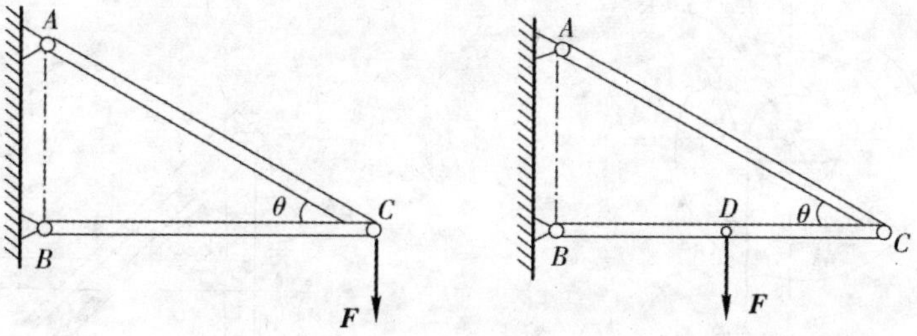

(a)　　　　　　(b)

题图　1-4

1-5　画出题图 1-5 所示各杆 AB，CD，以及整个系统的受力图，D 处为圆柱铰链连接。

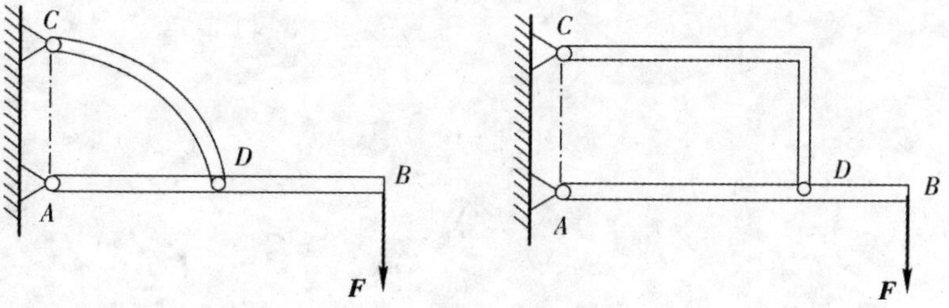

(a)　　　　　　(b)

题图　1-5

1-6　画出题图 1-6 所示各构件 AC，BC，以及整个构件的受力图。

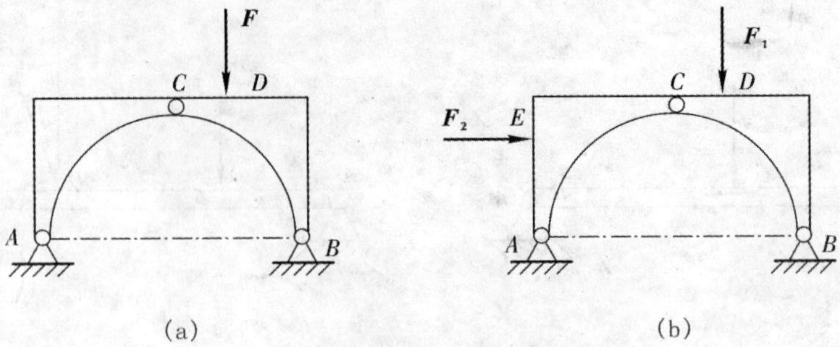

题图 1-6

1-7 画出题图 1-7 所示棘轮 O 和棘爪 AB 的受力图。

1-8 画出题图 1-8 所示各杆及系统整体受力图。

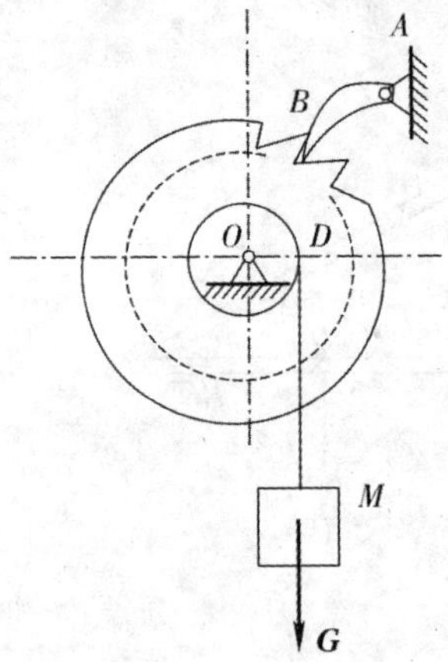

题图 1-7

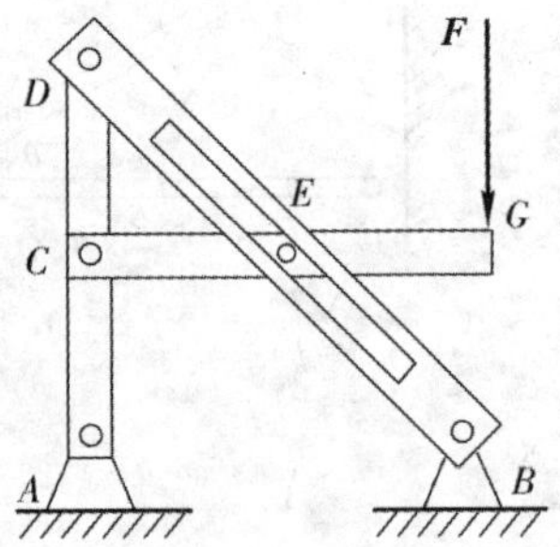

题图 1-8

第二章 平面基本力系

知识要点

1. 基本概念

(1)平面汇交力系:作用在刚体上各力的作用线都分布在同一平面上,这样的力系称为平面力系;如果各力的作用线汇交于一点,则这种力系称为汇交力系。由力在刚体上的可传性知,平面汇交力系可转化为平面共点力系。

(2)力偶:作用线平行、指向相反且大小相等的两个力称为力偶。

(3)平面基本力系:包括平面共点力系和平面力偶系。

2. 平面共点力系合成与平衡的几何法

(1)平面共点力系合成的几何法。

平面共点力系的合成结果,是一个作用线通过各力公共作用点的力,它等于这些力的矢量和,并可由该力系的力多边形的闭合边来表示。

(2)平面共点力系平衡的几何条件。

平面共点力系平衡的充要几何条件是,力系的力多边形自行闭合,即力系中各力的矢量和等于零,即

$$\sum \boldsymbol{F} = 0$$

3. 平面共点力系合成与平衡的解析法

(1)平面共点力系的合力 $\boldsymbol{F}$ 在坐标轴上的投影为

$$\left.\begin{aligned} F_x &= F_{1x} + F_{2x} + \cdots + F_{nx} = \sum F_{ix} \\ F_y &= F_{1y} + F_{2y} + \cdots + F_{ny} = \sum F_{iy} \end{aligned}\right\}$$

合力 $\boldsymbol{F}$ 的大小为

$$F = \sqrt{F_x^2 + F_y^2} = \sqrt{(\sum F_{ix})^2 + (\sum F_{iy})^2}$$

合力 $\boldsymbol{F}$ 的方向余弦为

$$\cos\alpha = \frac{F_x}{F} = \frac{\sum F_{ix}}{F}, \quad \cos\beta = \frac{F_y}{F}\frac{\sum F_{iy}}{F}$$

(2)平面共点力系平衡的解析条件为

$$\sum F_x = 0, \quad \sum F_y = 0$$

因此对一个平面共点力系可以列两个独立的平衡方程,并可以解出两个未知量。

4. 平面力偶系的合成和平衡条件

(1)平面力偶系的合成:平面力偶系合成的结果是一个力偶,合力偶的矩等于原来各力偶矩的代数和,即

$$M = M_1 + M_2 + \cdots + M_n = \sum M_i$$

(2)平面力偶系的平衡条件:各力偶的力偶矩的代数和为零,即

$$\sum M_i = 0$$

2.1 平面共点力系合成的几何法

如果作用在刚体上各个力的作用线都在同一平面内,则这种力系称为平面力系。作用在刚体上各力的作用线如果汇交于一点,则这种力系称为汇交力系。由力在刚体上的可传性知,汇交力系中的各力都可在刚体内平移到作用线的汇交点,这样就得到共点力系。作用线平行的两力可以看成相交于无穷远。作用线平行、指向相反且大小相等的两个力称为力偶。由若干个力偶组成的力系称为力偶系。由于平面任意力系总可以归结为平面共点力系和平面力偶系的组合,因此,平面共点力系和平面力偶系是平面基本力系。

遵循由浅入深,由特殊到一般的叙述体系,本章先讨论平面基本力系。

1. 合成的几何法

由公理三(力平行四边形定律)知,作用于刚体上同一点的两个力可直接应用力平行四边形定律来合成。但用力三角形法更为方便。现设在刚体上点 O 作用着平面共点力系 $\boldsymbol{F}_1,\boldsymbol{F}_2,\boldsymbol{F}_3,\boldsymbol{F}_4$(见图 2-1(a)),求该力系的合成结果。

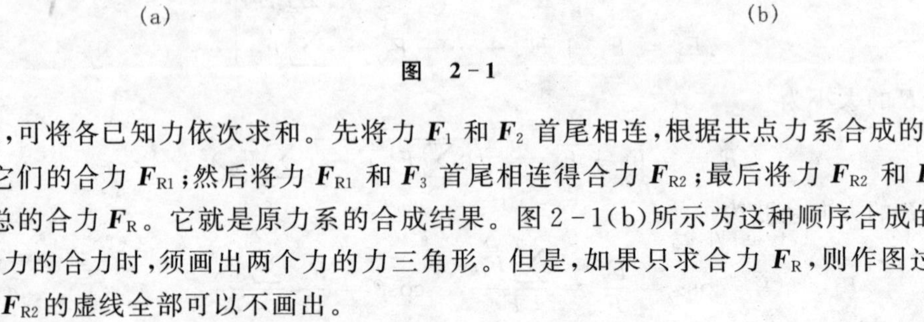

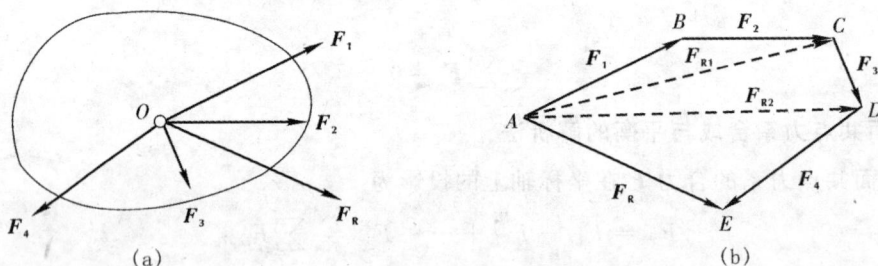

图 2-1

为此,可将各已知力依次求和。先将力 $\boldsymbol{F}_1$ 和 $\boldsymbol{F}_2$ 首尾相连,根据共点力系合成的三角形法则,求得它们的合力 $\boldsymbol{F}_{R1}$;然后将力 $\boldsymbol{F}_{R1}$ 和 $\boldsymbol{F}_3$ 首尾相连得合力 $\boldsymbol{F}_{R2}$;最后将力 $\boldsymbol{F}_{R2}$ 和 $\boldsymbol{F}_4$ 首尾相连,求得总的合力 $\boldsymbol{F}_R$。它就是原力系的合成结果。图 2-1(b)所示为这种顺序合成的过程,每次求两个力的合力时,须画出两个力的力三角形。但是,如果只求合力 $\boldsymbol{F}_R$,则作图过程中,表示 $\boldsymbol{F}_{R1}$ 和 $\boldsymbol{F}_{R2}$ 的虚线全部可以不画出。

因此,为求合力 $\boldsymbol{F}_R$,只需依照如下步骤作图:先从 $\boldsymbol{F}_1$ 的矢端 B 作出矢 $\overrightarrow{BC}$ 等于 $\boldsymbol{F}_2$;再从所作矢的末端 C 作出矢 $\overrightarrow{CD}$ 等于 $\boldsymbol{F}_3$;重复这种手续,直到所有各力全数画出为止。最后用一条直线连接全数力所形成折线的始端和末端,并在这直线上标出自第一个力始端 A 到最后一个力

末端 E 的指向。所得的矢 $\overrightarrow{AE}$ 表示了原力系的合力 $\boldsymbol{F}_{\mathrm{R}}$。

2. 多边形规则

将各力的力矢首尾相接所形成的一条折线(即开口的多边形)称为力链。加上闭合边,即得到一个多边形,称为力多边形。闭合边上的矢(由折线的起点指向折线的终点)决定了合力的大小和方向,合力作用点显然在力系的公共作用点 O。这种求合力的几何作图法,称为力多边形规则(力三角形法的推广)。它也适用于求任何同类矢量的合成,即矢量和。对于上述力系,写成矢量等式,有

$$\boldsymbol{F}_{\mathrm{R}} = \boldsymbol{F}_1 + \boldsymbol{F}_2 + \boldsymbol{F}_3 + \boldsymbol{F}_4$$

3. 平面共点力系合成结果

当然,力多边形规则适用于求任何 n 个共点力的合力。因此在一般情形下,有

$$\boldsymbol{F}_{\mathrm{R}} = \boldsymbol{F}_1 + \boldsymbol{F}_2 + \cdots + \boldsymbol{F}_n = \sum_{i=1}^{n} \boldsymbol{F}_i$$

可简写为

$$\boldsymbol{F}_{\mathrm{R}} = \sum \boldsymbol{F} \tag{2-1}$$

即,平面共点力系的合成结果,是一个作用线通过各力公共作用点的力,它等于这些力的矢量和,并可由该力系的力多边形的闭合边来表示。

因此,如按同一比例画出平面共点力系的各力,则合力的大小和方向,都可以用图解法从力多边形的闭合边量取。

力多边形规则也可用来求共线力系的合力。但由于此时力链拉成直线,采用代数法更为方便。把各力看成代数量,即指向某一边的力取正值,指向另一边的力取负值,则合力的代数值等于共线力系中各力的代数和。

2.2　平面共点力系平衡的几何条件

如果要使刚体在共点力系作用下平衡,则力系的合力必须等于零。但是由 2.1 节所得的结论可知,共点力系的合力是由力多边形的闭合边表示的。若要合力等于零,则力多边形上最后一个力矢的末端必须与第一个力矢的始端重合,因而闭合边等于零,这种情形称为力多边形自行闭合。反之,如果力多边形自行闭合,则合力为零,而力系一定平衡。由此可见,平面共点力系平衡的充要几何条件是力系的力多边形自行闭合,即力系中各力的矢量和等于零。以矢量等式表示,得

$$\sum \boldsymbol{F} = \boldsymbol{0} \tag{2-2}$$

当汇交的三个力互成平衡时,上述的闭合多边形变成三角形,因而可以利用熟知的三角公式进行计算。

例 2-1　水平梁 AB 的中点 C 作用着力 $\boldsymbol{F}$,其大小等于 2 kN,方向与梁的轴线成 60° 角,支承情况如图 2-2(a) 所示。试求固定铰链支座 A 和活动铰链支座 B 的约束力,梁的自重不计。

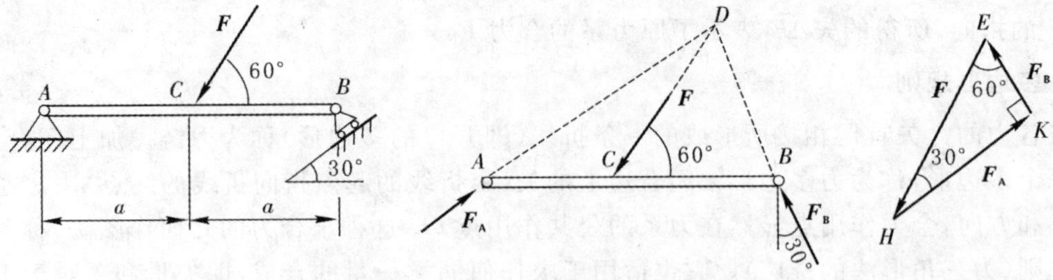

图 2-2

解:为了求支座 A 和 B 的约束力,取梁 AB 作为研究对象,并画出受力图,如图 2-2(b) 所示。作用在梁 AB 上的力有:主动力 $\boldsymbol{F}$;活动铰链支座 B 的约束力 $\boldsymbol{F}_B$,方向垂直于支承面;固定铰链支座 A 的约束力 $\boldsymbol{F}_A$,方向待定。由于梁 AB 只受三个力作用而平衡,故由三力平衡汇交定理可知,力 $\boldsymbol{F}_A$ 的作用线必通过 $\boldsymbol{F}$ 和 $\boldsymbol{F}_B$ 作用线的交点 D(见图 2-2(b))。所得的力系是平面共点力系。

应用平衡条件画力 $\boldsymbol{F}$, $\boldsymbol{F}_A$ 和 $\boldsymbol{F}_B$ 的闭合力三角形,如图 2-2(c) 所示。为此,先画已知力 $\boldsymbol{F}$,然后从矢量 $\boldsymbol{F}=\overrightarrow{EH}$ 的始端 E 和末端 H 分别画与力 $\boldsymbol{F}_B$ 和 $\boldsymbol{F}_A$ 相平行的直线,得闭合三角形 EHK。顺着 $EHKE$ 的方向标出箭头,则矢量 $\overrightarrow{HK}$ 和 $\overrightarrow{KE}$ 分别表示所求的力 $\boldsymbol{F}_A$ 和 $\boldsymbol{F}_B$ 的方向和大小。

由三角形关系得

$$F_A = F\cos 30^\circ = 17.3\ \text{kN},\quad F_B = F\sin 30^\circ = 10\ \text{kN}$$

例 2-2 如图 2-3(a) 所示是汽车制动机构的一部分。司机踩到制动蹬上的力 $F=212$ N,方向与水平面成 $\alpha=45^\circ$。当平衡时,BC 水平,AD 铅直,试求拉杆所受的力。已知 $EA=24$ cm,$DE=6$ cm(点 E 在铅直线 DA 上),又 B, C, D 都是光滑铰链,机构的自重不计。

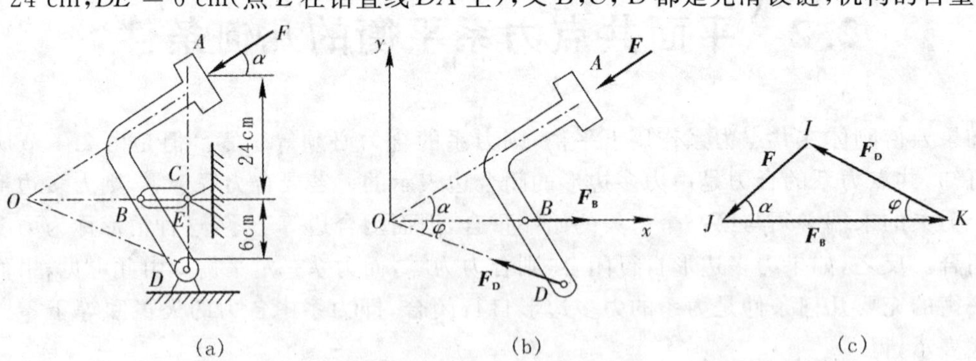

图 2-3

解:取制动蹬 ABD 作为研究对象,画出制动蹬 ABD 的受力图(见图(2-3(b))。它在已知力 $\boldsymbol{F}$,水平拉杆的约束力 $\boldsymbol{F}_B$ 和轴 D 的约束力 $\boldsymbol{F}_D$ 三个力作用下处于平衡。力 $\boldsymbol{F}_B$ 的方向沿着拉杆 BC 两端铰链中心的连线,轴 D 的约束力 $\boldsymbol{F}_D$ 的方向。

根据三力平衡时汇交定理来确定,此力作用线必通过 $\boldsymbol{F}$ 和 $\boldsymbol{F}_D$ 的交点 O。应用共点力系平衡的几何条件,画出由力 $\boldsymbol{F}$, $\boldsymbol{F}_B$ 和 $\boldsymbol{F}_D$ 构成的闭合力三角形。如图 2-3(c)所示,由几何关系得

$$\tan\varphi = \frac{DE}{OE} = \frac{6}{24} = \frac{1}{4}$$

从而得到

$$\varphi = \arctan\frac{1}{4} = 14°2'$$

由力三角形可解得拉杆所受力为

$$F_{\mathrm{B}} = \frac{\sin(180° - \alpha - \varphi)}{\sin\varphi}F$$

代入数据求得

$$F_{\mathrm{B}} = 750\mathrm{N}$$

2.3　力在坐标轴上的投影

将平面共点力系的每个力按两个已知方向,例如沿两坐标轴的方向,分解为两个力,则原力系被分解为两个共线力系。若分别求出这两个共线力系的合力,然后再将这两个合力相加,也可求出原力系的合力。这种方法可借引入力在轴上投影的概念而进一步化简。

设在刚体上图面内一点 A 作用了力 $\boldsymbol{F} = \overrightarrow{AB}$(见图 2-4)。在此平面内取坐标系 Oxy,并分别用 α 和 β 代表力 $\boldsymbol{F}$ 的矢量$\overrightarrow{AB}$ 与 x 轴和 y 轴正向间的夹角。

从力 $\boldsymbol{F}$ 矢的两端 A 和 B 向 x 轴各引一条垂线,交点 a 和 b 分别称为点 A 和 B 在 x 轴上的投影。x 轴上介于垂足 a 和 b 之间的一段长度取适当的正负号,该值称为力 $\boldsymbol{F} = \overrightarrow{AB}$在轴 x 上的投影,用 F_x 表示。并规定:当由力的始端的投影 a 到末端的投影 b 的方向与 x 轴 的正向一致时,力的投影取正值;反之,取负值。力在轴上的投影是代数量。

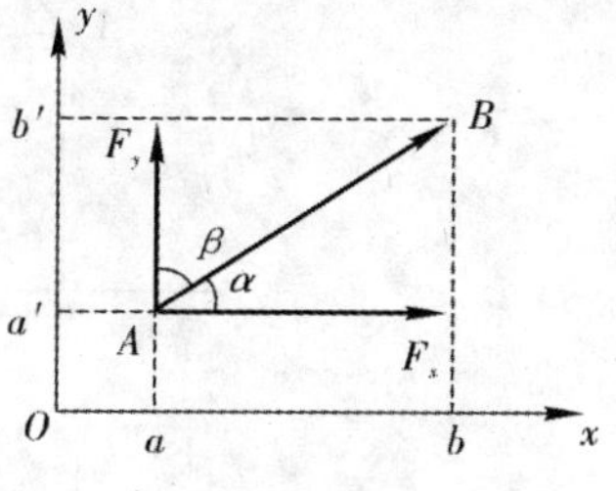

图　2-4

由图 2-4 可见知

$$F_x = F\cos\alpha \tag{2-3}$$

同理可以求得力 $\boldsymbol{F}$ 在轴 y 上的投影为

$$F_y = F\cos\beta \tag{2-4}$$

由上述结果可知,力在某轴上的投影,等于力的模乘以力与该轴正向间夹角的余弦。这个定义对正负投影同样适合,而且也适合于任何矢量在轴上的投影。

如果力的大小和方向是已知的,则可用式(2-3)和式(2-4)算出它的投影 F_x 和 F_y;反之,当 F_x 和 F_y 已知时,则可求出力 $\boldsymbol{F}$ 的大小和方向为

$$\left.\begin{aligned} F &= \sqrt{F_x^2 + F_y^2} = \sqrt{(\sum F_{ix})^2 + (\sum F_{iy})^2} \\ \cos\alpha &= \frac{F_x}{F} = \frac{\sum F_{ix}}{F}, \quad \cos\beta = \frac{F_y}{F} = \frac{\sum F_{iy}}{F} \end{aligned}\right\} \tag{2-5}$$

但只从力的投影不能确定力的作用线。

图 2-4 上还画出了力 **F** 沿坐标轴方向的正交分量 F_x 和 F_y。可以看出，力 **F** 在正交坐标轴上的投影的绝对值和该力沿同一坐标轴的分量的大小相等。

思考题：力沿坐标轴的分力大小和在该轴上投影的大小一定相等吗？

2.4 平面共点力系合成的解析法

1. 合力投影定理

用几何作图法求力系的合力虽然简单方便。但由于作图的精确性有限，有时不能满足要求。用三角公式计算虽能求得精确值，但当组成力系的力较多时，就很不方便。在这种情况下，本节将讨论的解析法便显出很大的优点。

现在来说明如何利用力在坐标轴上的投影求共点力系合成的解析方法，这种方法以下述合力在轴上的投影定理为依据。

如图 2-5(a)所示，设在图面内作用于点 O 的力有 $\boldsymbol{F}_1$，$\boldsymbol{F}_2$，$\boldsymbol{F}_3$，$\boldsymbol{F}_4$，应用几何法可求出其合力为 **F**（见图 2-5）。为清楚起见，自任选的一点 A 作出该力系的多边形 $ABCDE$，闭合边的矢 $\overrightarrow{AE}$ 即等于力系的合力 **F**；合力 **F** 的作用点是点 O。

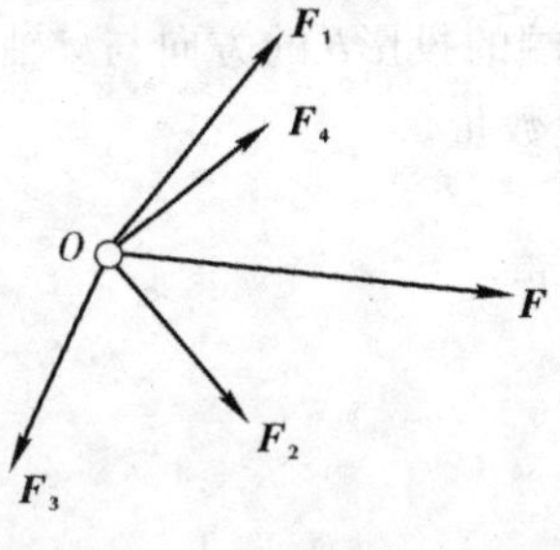

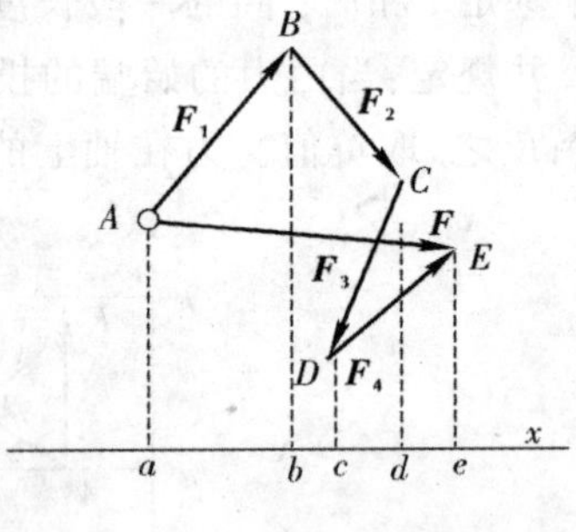

图 2-5

取投影轴 x，由图 2-5 可见，合力 **F** 的投影 ae 等于各分力的投影 ab，bc，$-cd$，de 的代数和，即有

$$F_x = ab + bc - cd + de = F_{1x} + F_{2x} + F_{3x} + F_{4x}$$

这一关系对任意多个共点力都适用。故有下述关于合力在轴上的投影定理：合力在任一轴上的投影，等于它的各分力在同一轴上的投影的代数和，即

$$F_x = \sum F_{ix} \tag{2-6}$$

2. 平面共点力系的合成解析法

现在利用已知的投影来求出平面共点力系的合力 **F** 的大小和方向。设 α，β 分别代表合力 **F**

与坐标轴 x,y 正向间的夹角(见图 2-6);F_x,F_y 代表合力 $\boldsymbol{F}$ 在 x 轴和 y 轴上的投影。又 F_{1x} 和 F_{1y},F_{2x} 和 F_{2y},…,F_{nx} 和 F_{ny} 分别代表各力 $\boldsymbol{F}_1$,$\boldsymbol{F}_2$,…,$\boldsymbol{F}_n$ 在 x 轴和 y 轴上的投影,则由上述关于合力在轴上的投影定理(见式(2-6)),有

$$\left.\begin{aligned}F_x &= F_{1x}+F_{2x}+\cdots+F_{nx}=\sum F_{ix}\\ F_y &= F_{1y}+F_{2y}+\cdots+F_{ny}=\sum F_{iy}\end{aligned}\right\}\tag{2-7}$$

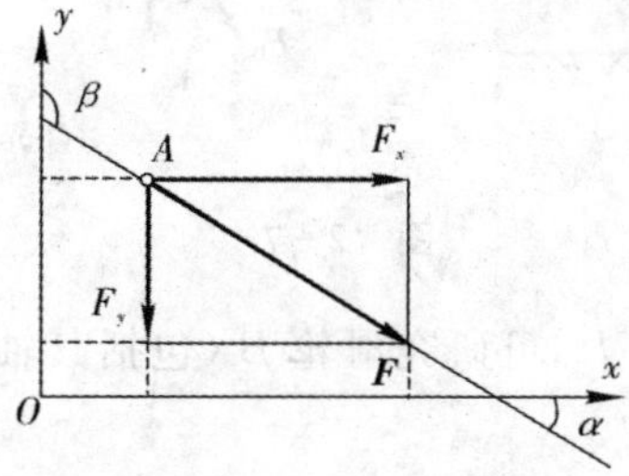

图 2-6

由此可知,合力 $\boldsymbol{F}$ 的大小为

$$F=\sqrt{F_x^2+F_y^2}=\sqrt{(\sum F_{ix})^2+(\sum F_{iy})^2}\tag{2-8}$$

合力 F 与 x 轴和 y 轴夹角的方向余弦为

$$\cos\alpha=\frac{F_x}{F}=\frac{\sum F_{ix}}{F},\quad \cos\beta=\frac{F_y}{F}=\frac{\sum F_{iy}}{F}\tag{2-9}$$

2.5　平面共点力系平衡的解析条件

将 2.4 节的理论应用于平面共点力系的合力等于零的情形,可直接导出这种力系平衡的解析条件。

在 2.2 节中已经指出,共点力系平衡的充要条件是力系的合力 $\boldsymbol{F}$ 等于零,即合力的大小等于零。但要使合力的大小为

$$F=\sqrt{(\sum F_{ix})^2+(\sum F_{iy})^2}=0\tag{2-10}$$

必须也只需

$$\sum F_{ix}=0,\quad \sum F_{iy}=0$$

可见,平面共点力系平衡的充要解析条件是:力系中所有力在两个坐标轴中每一轴上的投影的代数和分别等于零。

式(2-10)称为平面共点力系的平衡方程,它包含两个独立的式子,一组这样的方程可以用来确定两个未知量。通常的情形是,已知刚体在平面共点力系作用下维持平衡状态,须根据已知的作用力,求出未知的约束反力(有时可能需要求平衡位置)。

思考题:用解析法求解共点力系平衡问题时,所选取的坐标系是否一定要是正交坐标系?

例 2-3　如图 2-7 所示,利用绞车绕过定滑轮 B 的绳子吊起一重 $W=20\ \text{kN}$ 的货物,滑轮由两端铰链的水平刚杆 AB 和斜刚杆 BC 支持于点 B(见图 2-7(a))。不计绞车的自重,不

计滑轮尺寸，试求杆 AB 和 BC 所受的力。

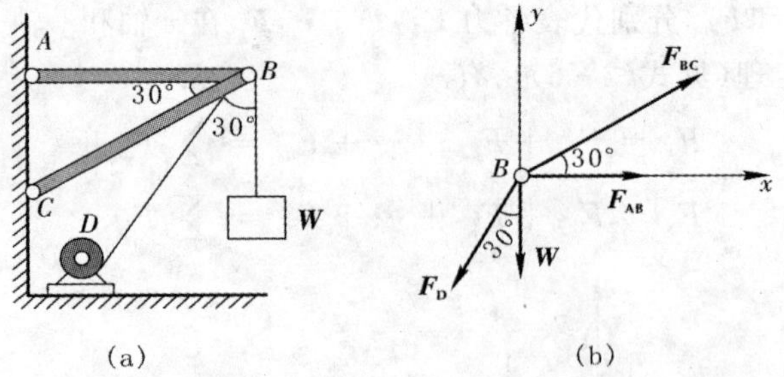

图 2-7

解：为求杆 AB 和 BC 所受的力，可研究滑轮 B（包括其轴）的平衡。因为在这滑轮轴心上作用了这两杆的反力。

二力杆 AB 和 BC 的反力 $\boldsymbol{S}_1$ 和 $\boldsymbol{S}_2$ 方向都是分别沿着各杆两端铰链中心的连线。暂时假定这两力都是压力，如图 2-7(b)所示（即，假定两杆本身都受压，因而其反力有把滑轮推开的趋势）。

滑轮还受两边绳子拉力 $\boldsymbol{P}$ 和 $\boldsymbol{Q}$ 作用。这两个力大小相等（$P=Q$），并作用于轮缘。但因为理想滑轮的半径并不影响其平衡（见例 1-1 的分析），故不妨设力 $\boldsymbol{P}$ 和 $\boldsymbol{Q}$ 直接作用在滑轮轴心（相当于忽略滑轮半径）。

这样，得到由作用于滑轮轴心的四个力 $\boldsymbol{P},\boldsymbol{Q},\boldsymbol{S}_1,\boldsymbol{S}_2$ 所组成的平面共点力系。

画出滑轮的受力图（见图 2-7(b)），并选定图中所示的 x 轴和 y 轴，写出滑轮的平衡方程为

$$\sum F_{ix}=0,\quad F_{BC}\cos 30^\circ+F_{AB}+F_D\sin 30^\circ=0$$

$$\sum F_{iy}=0,\quad F_{BC}\cos 60^\circ-W-F_D\cos 30^\circ=0$$

联立求解，得

$$F_{AB}=-54.5\ \text{kN},\quad F_{BC}=74.5\ \text{kN}$$

图 2-7(b)中待求的力 $\boldsymbol{S}_1$ 和 $\boldsymbol{S}_2$ 的指向是假定的。当由平衡方程求得某一未知力之值为负时，表示原先假定的该力与实际指向相反。所以本题中力 $\boldsymbol{S}_1$ 的实际指向与图示相反，亦即杆 AB 实际受拉力，而杆 BC 受压力。

例 2-4 用解析法求解例 2-2。

解：取制动蹬 ABC 作为研究对象，画出制动蹬 ABD 的受力图，如图 2-3(b) 所示。取如图所示的 x 轴和 y 轴，将各力分别沿 x 轴和 y 轴投影，应用共点力系平衡的解析条件，列平衡方程：

$$\sum F_{ix}=0,\quad F_B-F\cos 45^\circ-F_D\cos\varphi=0 \tag{1}$$

$$\sum F_{iy}=0,\quad F_D\sin\varphi-F\sin 45^\circ=0 \tag{2}$$

联立式(1)和式(2)，并将 $\varphi=14^\circ 2'$ 代入，可解得拉杆所受的力 $F_B=750\ \text{N}$。

用解析法解题时要注意，图 2-3(b)中约束力 $\boldsymbol{F}_D$ 和 $\boldsymbol{F}_B$ 的方向是任意假定的。因此也可以开始时假定力 $\boldsymbol{F}_B$ 指向左边，但这样一来，该投影的正负号将改变，即得到解答 $F_B=-750\ \text{N}$。这个负号的出现，表示该力的假定指向与实际指向相反。

2.6　两个平行力的合成

本节讨论作用线互相平行的力的合成。物体受平行力作用的问题，也是工程中经常遇到的，物体各部分的重力就是平行力最普通的例子。平行力系可以看成汇交力系的极限情形，汇交点在无穷远。下面分两种情形讨论。

1. 两同向平行力的合成

设有同向平行力 $\boldsymbol{F}_1$ 和 $\boldsymbol{F}_2$，分别作用在刚体上的点 A 和 B（见图 2-8）。借助下述方法，可以把这两个力化成汇交力，从而应用公理三求出它们的合力。

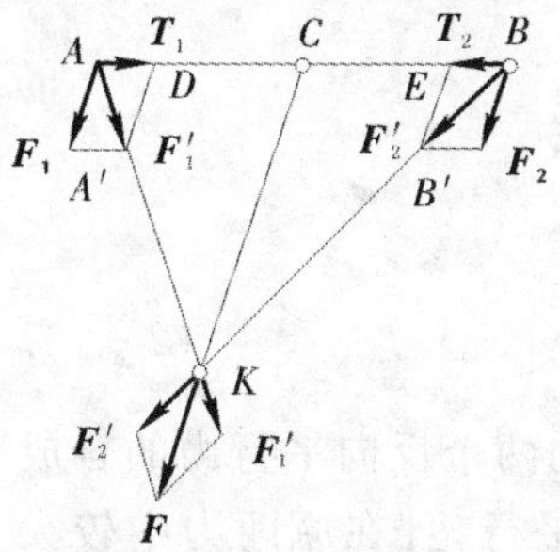

图　2-8

沿直线 AB 在点 A 和 B 各加一个力 $\boldsymbol{T}_1$ 和 $\boldsymbol{T}_2$，令 $T_1 = -T_2$，这一平衡力系的加入不影响原有力 $\boldsymbol{F}_1$ 和 $\boldsymbol{F}_2$ 对刚体的作用。

求出力 $\boldsymbol{F}_1$ 和 $\boldsymbol{T}_1$ 的合力 $\boldsymbol{F}_1'$，以及力 $\boldsymbol{F}_2$ 和 $\boldsymbol{T}_2$ 的合力 $\boldsymbol{F}_2'$。力 $\boldsymbol{F}_1'$ 和 $\boldsymbol{F}_2'$ 的作用线相交于点 K，这两个力为平面共点力系，用平行四边形法则得到其合力 $\boldsymbol{F}$，而 $\boldsymbol{F}$ 就是原有两个平行力 $\boldsymbol{F}_1$ 和 $\boldsymbol{F}_2$ 的合力。显然，合力 $\boldsymbol{F}$ 的大小为

$$F = F_1 + F_2 \tag{2-11}$$

即合力的大小等于原两力大小之和；合力 $\boldsymbol{F}$ 的指向与原两力相同。

由三角形相似关系：$\triangle ACK \backsim \triangle ADA'$，以及 $\triangle BCK \backsim \triangle BEB'$，可得如下比例关系：

$$\frac{AC}{CB} = \frac{\dfrac{AC}{CK}}{\dfrac{CB}{CK}} = \frac{\dfrac{AD}{DA'}}{\dfrac{EB}{EB'}}$$

由于 $\overrightarrow{DA'} = \boldsymbol{F}_1$，$\overrightarrow{EB'} = \boldsymbol{F}_2$，而 $AD = EB$，故有

$$\frac{AC}{CB} = \frac{F_2}{F_1} \tag{2-12}$$

还可得到

$$\frac{AC}{F_2} = \frac{CB}{F_1} = \frac{AB}{F_1 + F_2} = \frac{AB}{F} \tag{2-13}$$

式中，第二个等号是利用连比关系并考虑式（2-11）而得到的。可见，合力 $\boldsymbol{F}$ 的作用线截割 AB 为两段，它们的长度分别为

$$AC = \frac{F_2}{F_1 + F_2}AB,\quad CB = \frac{F_1}{F_1 + F_2}AB \tag{2-14}$$

于是得到下列关于两个同向平行力的合成定理：两个同向平行力的合成结果是一个力，该合力的大小等于原两力大小之和，作用线与原两力平行，并内分原两力的作用点连线为两段，使这两段的长度与原两力的大小成反比。合力的指向与原两力相同。

上述定理显然也可以用来分解一个力为两个同向平行力。分解时，为使问题有唯一的解答，必须另给条件，例如，可以规定一个分力的大小和作用线，或者规定两个分力的作用线，等等。但应注意，两个同向平行分力必定分别在原力作用线的两侧。

2. 大小不等反向平行力的合成

如果刚体上作用的两个平行力 $\boldsymbol{F}_1$,$\boldsymbol{F}_2$ 的指向相反,且大小不等,如图 2-9 所示,假定 $F_1 > F_2$,则仍可应用上述办法,先将这两个力化为相交,然后求出合力。

但是,更方便的方法是直接应用上述定理,先将较大的一个力 $\boldsymbol{F}_1$ 分解为两个同向平行力,令其中一个分力 $\boldsymbol{F}_1'$的大小等于 F_2,且作用点重合于 B。舍弃平衡力系 $\boldsymbol{F}_2$ 和 $\boldsymbol{F}_1'$,则只剩下 $\boldsymbol{F}_1$ 的另一个分力 $\boldsymbol{F}$。这个力 $\boldsymbol{F}$ 与原两力 $\boldsymbol{F}_1$,$\boldsymbol{F}_2$ 等效,因而 $\boldsymbol{F}$ 就是它们的合力。

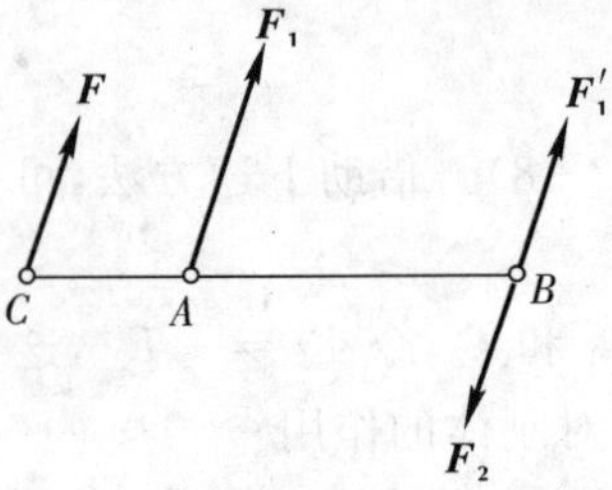

图 2-9

由式(2-11)知

$$F_1 = F + F_1' = F + F_2$$

故得

$$F = F_1 - F_2 \tag{2-15}$$

由式(2-12)知

$$\frac{CA}{AB} = \frac{F_1'}{F} = \frac{F_2}{F_1 - F_2}$$

因此仍然得到

$$\frac{AC}{CB} = \frac{F_2}{F_1} \tag{2-16}$$

根据上述论证,两个反向平行力的合成定理叙述如下:大小不同的两个反向平行力的合成结果是一个力,这合力的大小等于原两力大小之差,作用线与原两力平行,且在原两力中较大一个的外侧,并且外分原两力作用点的连线为两段,使这两段的长度与原两力的大小成反比。合力的指向与较大的分力相同。

这个定理也可用来分解一个力为两个反向平行力,这时所得的两个分力在原力作用线的同侧。当然,为使分解结果唯一,在问题中也须给出相应的附加条件。

2.7 力偶·力偶矩·共面力偶间的等效条件

1. 力偶和力偶矩

在实际应用中,经常遇到刚体上作用着大小相等的两个反向平行力的情形。例如,当工人用双手旋转阀门,或当汽车司机用双手转动方向盘时,常这样施力。用双手攻螺纹,或用手指旋钥匙、水龙头时,也是这样施力,其结果是导致受力物体转动,如图 2-10(a)(b)所示。

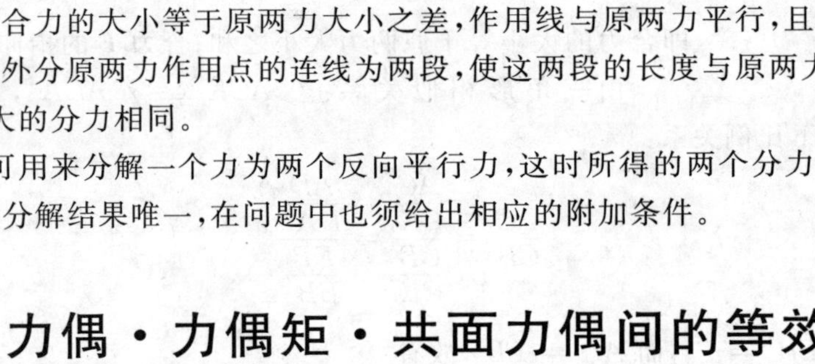

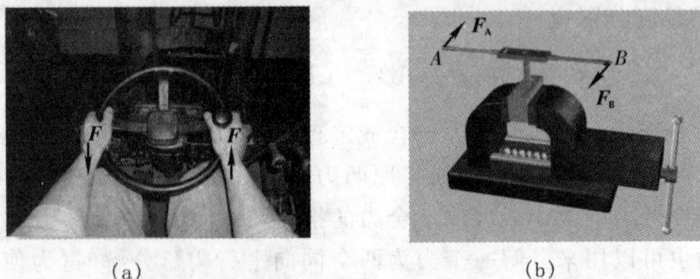

(a) (b)

图 2-10

(a)转方向盘; (b)攻螺纹

大小相等的两个反向平行力，称为力偶。它的作用效果总是和刚体的转动相联系的。虽然力偶是只由两个具有一般性质的力构成的简单力系，但却具有重要的特性。

首先应指出的是，这两个力既不平衡（因为不满足公理一的条件），也不可能合成为一个力（这将在第三章给出证明）。一个力偶只能用别的力偶来代替，因而也只能被别的力偶所平衡。

为了说明力偶的特征，我们引入一个新概念：力偶矩。力偶矩可作为力偶对刚体作用效应的度量。

如图 2－11 所示，力偶（$\boldsymbol{F}_1$，$\boldsymbol{F}_2$）中两个力的作用线之间的距离，即由其中一个力的作用点画到另一个力作用线的垂线长度 d，称为力偶臂。力偶中两个力的作用线所在的平面称为这力偶的作用面。

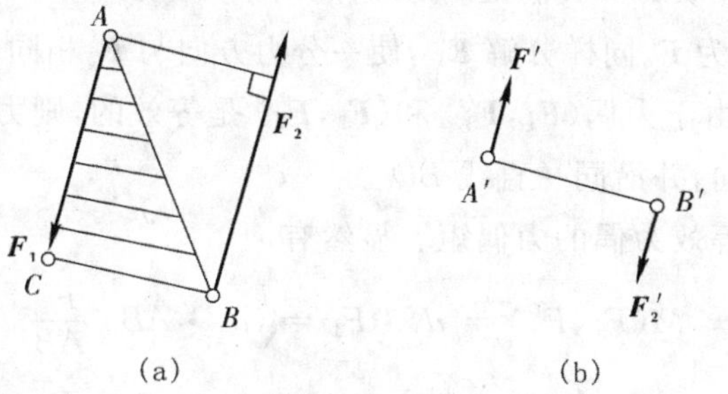

图　2－11

所谓力偶矩，是指力偶中任何一个力的大小与力偶臂长度的乘积，加上适当的正负号。用 F 代表 $\boldsymbol{F}_1$ 或 $\boldsymbol{F}_2$ 的大小，M 代表力偶矩，则有

$$M = Fd \tag{2-17}$$

力偶矩的值的正负，按如下规则确定：若力偶有使物体逆钟向转动的趋势（见图 2－11(a)），力偶矩取正号；反之（见图 2－11(b)）则取负号。显然，在这两种不同情形下，力偶对刚体的转动效应也是不同的。

由式（2－17）可知，力偶矩的量纲等于力与长度的乘积。设力的单位是 N，长度的单位是 m。则力偶矩的单位为 N·m。

由图 2－11(a)可知，力偶矩的大小也可用三角形 ABC 的面积的 2 倍来表示。即

$$M = 2S_{\triangle ABC}$$

在表示力偶时，往往将力偶里两个力的作用点沿着自身的作用线移动，使它们分别作用在力偶臂的两端，如图 2－11(b)所示。

2. 平面内力偶等效定理

以下分析作用于刚体上的力偶的等效条件。

设在刚体的同一平面上作用着力偶（$\boldsymbol{F}_1$，$\boldsymbol{F}_1'$）和（$\boldsymbol{F}_2$，$\boldsymbol{F}_2'$），各力的作用线分别相交于点 A，B，C，D。为了便于比较，把各力沿其作用线分别移到点 B 和 D（见图 2－12(a)）。

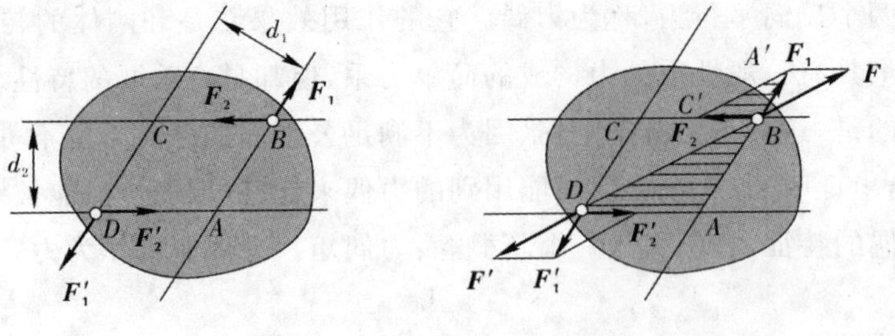

(a)　　　　　　　　　　　　　　(b)

图 2-12

假定这两个力偶是等效的。我们把 $\boldsymbol{F}_1$ 分解成两个力,使其中一个分力方向与 $\boldsymbol{F}_2$ 相同，而另一分力则沿 BD 方向,为 $\boldsymbol{F}$。同样分解 $\boldsymbol{F}'_1$,使一分力方向与 $\boldsymbol{F}'_2$ 相同,而另一分力沿 BD 方向,为 $\boldsymbol{F}'$（见图 2-12(b))。由于力偶($\boldsymbol{F}_1$,$\boldsymbol{F}'_1$）和($\boldsymbol{F}_2$,$\boldsymbol{F}'_2$）是等效的,则力 $\boldsymbol{F}$ 和 $\boldsymbol{F}'$ 必须组成平衡力系,即这两个力等值、反向,并沿同一直线 BD 。

现在来计算这两个等效力偶的力偶矩。显然有

$$M(F_1,F'_1) = d_1 \cdot F_1 = (d_1 \cdot AB)\,\frac{F_1}{AB}$$

$$M(F_2,F'_2) = d_2 \cdot F_2 = (d_2 \cdot DA)\,\frac{F_2}{DA}$$

由$\triangle ABD$ 和 $\triangle BA'C'$ 的相似可知,$F_1 : AB = F_2 : DA$,又 $d_1 \cdot AB$ 和 $d_2 \cdot DA$ 都等于$\square ABCD$ 面积。故有 $M(F_1,F'_1) = M(F_2,F'_2)$,即这两个力偶的力偶矩代数值相等。

于是,得出力偶等效定理:作用在刚体内同平面上的两个力偶相互等效的充要条件是两者力偶矩的代数值相等。

例如,工人用双手作用在阀外边缘时,打开阀所需的力为 30 N,而作用在内缘时,打开阀所需的力为 40 N,如图 2-13 所示。此时,尽管两个力偶中力的大小不同,但是力偶矩却相等,因此这两个力偶是等效的。

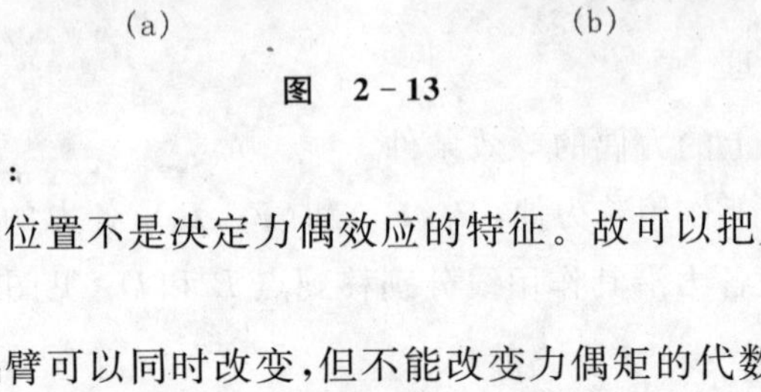

(a)　　　　　　　　　　　　　　(b)

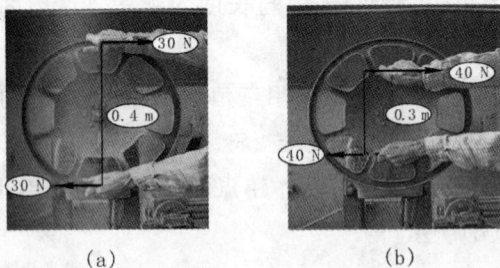

图 2-13

由上述证明可以看出：

1)力偶在作用面内的位置不是决定力偶效应的特征。故可以把力偶任意移转而搬到力偶作用面内的任意位置。

2)力偶中的力和力偶臂可以同时改变,但不能改变力偶矩的代数值。由此可见,力偶的臂和力的大小也都不是力偶的特征量,而唯一决定平面内力偶的转动效应的特征量是力偶矩的

代数值。因此，力偶矩的确是力偶对刚体转动效应的度量。

正因为这样，以后常用表示力偶矩的转向箭头代替力偶，如图 2－14 所示，并将力偶矩为 M 的力偶$(\boldsymbol{F},\boldsymbol{F}_1')$ 简称为力偶 M。

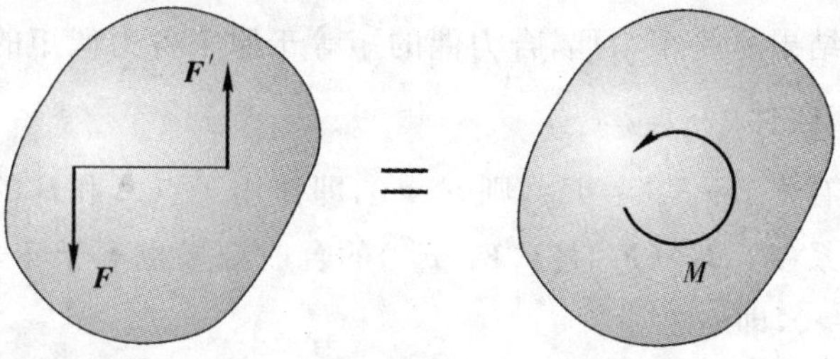

图　2－14

2.8　平面力偶系的合成及平衡条件

1.平面力偶系的合成

设在刚体上作用着三个力偶$(\boldsymbol{F}_1,\boldsymbol{F}_1')(\boldsymbol{F}_2,\boldsymbol{F}_2')(\boldsymbol{F}_3,\boldsymbol{F}_3')$，其力的大小分别等于 F_1,F_2,F_3，力偶臂分别等于 d_1,d_2,d_3，旋转方向如图 2－15(a)所示，现求该力偶系的合成结果。

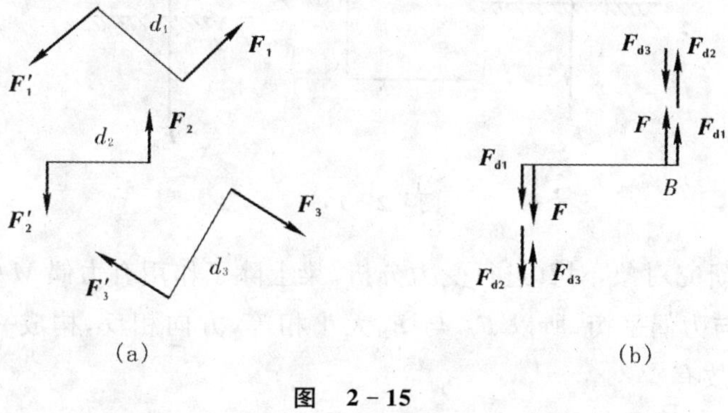

图　2－15

各力偶的矩分别等于

$$M_1 = F_1 d_1,\quad M_2 = F_2 d_2,\quad M_3 =- d_3$$

在作用面内取任意线段 $AB = d$，将各力偶变换为作用在公共臂 AB 上（见图 2－15(b)）。由于变换时力偶矩保持不变，故经如此变换后，各力偶中的力的大小分别变为

$$F_{d1} = \frac{M_1}{d},\quad F_{d2} = \frac{M_2}{d},\quad F_{d3} = \frac{|M_3|}{d}$$

这样，整个力偶系变换为分别作用于 A,B 两点的两个共线力系。先将作用于点 A 的各力相加。假定 $F_{d1} + F_{d2} > F_{d3}$，可得与 $\boldsymbol{F}_1$ 指向相同的合力 $\boldsymbol{F}$，其大小为

$$F = F_{d1} + F_{d2} - F_{d3}$$

同样，可将作用于点 B 的各力相加，得合力 $\boldsymbol{F}'$，且 $F' =- F$。于是，分别作用于点 A 和 B 的两个力 $\boldsymbol{F}$ 和 $\boldsymbol{F}'$，组成了新力偶$(\boldsymbol{F},\boldsymbol{F}')$，即所谓合力偶，它的矩为

$$M = Fd = (F_{d1} + F_{d2} - F_{d3})d = F_{d1}d + F_{d2}d - F_{d3}d = M_1 + M_2 + M_3$$

推广到由任意 n 个力偶组成的平面力偶系，有

$$M = M_1 + M_2 + \cdots + M_n = \sum M_i \tag{2-18}$$

即，平面力偶系合成的结果是一个力偶，合力偶的矩等于原来各力偶矩的代数和。

2. 平面力偶系平衡条件

在上述的讨论中，有 $F_{d1} + F_{d2} = F_{d3}$，则 $F = 0$，即作用于点 A 和 B 的两个共线力系都各自平衡。由此可见，力偶系($\boldsymbol{F}_1$，$\boldsymbol{F}_1'$)($\boldsymbol{F}_2$，$\boldsymbol{F}_2'$)($\boldsymbol{F}_3$，$\boldsymbol{F}_3'$)的合成结果也等于零，即这个力偶系是平衡的。此时，有条件 $Fd = 0$，即

$$M_1 + M_2 + M_3 = 0$$

推广到由任意 n 个力偶组成的力偶系，可得结论：当力偶系平衡时，必须也只需：

$$M_1 + M_2 + \cdots + M_n = \sum M_i = 0 \tag{2-19}$$

即，平面力偶系平衡的充要解析条件是，力偶系中所有力偶的力偶矩代数和等于零。

例 2-5 一简支梁 $AB = d$，其上作用一力偶 M，如图 2-16 所示，求支座 A，B 的约束力。

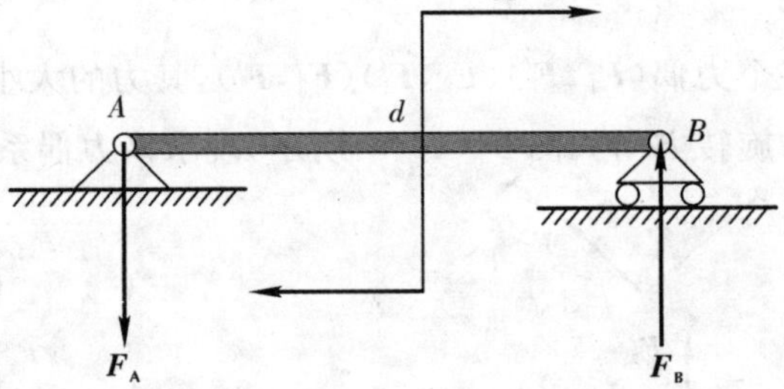

图 2-16

解：取梁 AB 为研究对象，对其进行受力分析。梁上除了作用有力偶 M 外，还有约束力 $\boldsymbol{F}_A$，$\boldsymbol{F}_B$。因为力偶只能与力偶平衡，所以 $\boldsymbol{F}_A$ 与 $\boldsymbol{F}_B$ 大小相等，方向相反，构成一个力偶，该力偶与主动力偶 M 平衡。故有

$$F_A = F_B$$

根据平面力偶系的平衡条件，有

$$\sum M_i = 0$$

列方程得

$$F_A d - M = 0$$

解得

$$F_A = F_B = M/d$$

例 2-6 如图 2-17 所示机构的自重不计。圆轮上的销子 A 放在摇杆 BC 上的光滑导槽内。圆轮上作用一力偶，其力偶矩为 $M_1 = 2\ \text{kN}\cdot\text{m}$，$OA = r = 0.5\ \text{m}$。当处在图示位置时，$OA$ 与 OB 垂直，角 $\alpha = 30°$，且系统平衡。求作用于摇杆 BC 上的力偶的矩 M_2 及铰链 O，B 处的约束力。

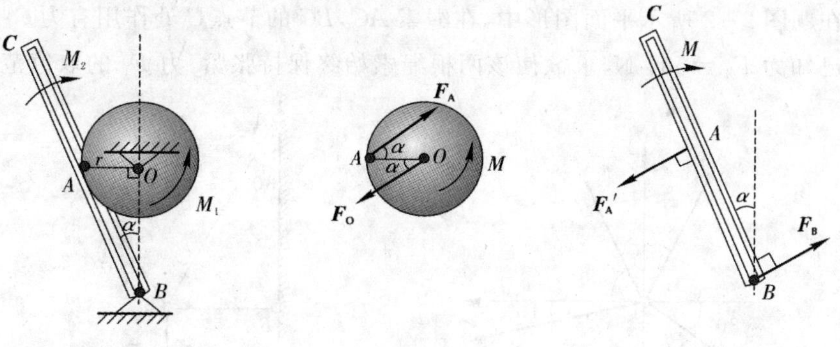

(a)　(b)　(c)

图　2-17

解:先取圆轮为研究对象,对其进行受力分析如图 2-17(b)。

因为力偶只能与力偶平衡,所以,约束力 $\boldsymbol{F}_A$ 与 $\boldsymbol{F}_O$,大小相等,方向相反,构成一个力偶,该力偶与主动力偶 M_1 平衡。得

$$F_A = -F_O$$

根据平面力偶系的平衡条件得

$$\sum M = 0,\quad -M_1 + F_A r\sin\alpha = 0$$

解得

$$F_A = \frac{M_1}{r\sin 30°}$$

再取摇杆 BC 为研究对象,对其进行受力分析,如图 2-17(c) 所示。同样,约束力 $\boldsymbol{F}'_A$ 和 $\boldsymbol{F}_B$ 构成一个力偶,该力偶与主动力偶 M_2 平衡。

根据平面力偶系的平衡条件,有

$$\sum M_i = 0,\quad -M_2 + F'_A\frac{r}{\sin\alpha} = 0$$

又因为

$$F'_A = F_A$$

解得

$$M_2 = 4M_1 = 8\ \text{kN}\cdot\text{m}$$

$$F_O = F_B = F_A = \frac{M_1}{r\sin 30°} = 8\ \text{kN}$$

习　题　二

2-1　结构的节点 O 上作用着 4 个共面力,各力的大小分别为 $F_1 = 150$ N,$F_2 = 80$ N,$F_3 = 140$ N,$F_4 = 50$ N,方向如题图 2-1 所示。求各力在 x 轴和 y 轴上的投影,以及这 4 个力的合力。

2-2　在题图 2-2 所示平面图形中，在绳索 AC，BC 的节点 C 处作用有力 $\boldsymbol{F}_1$ 和 $\boldsymbol{F}_2$，BC 为水平方向。，已知力 $F_2=534$ N，求欲使该两根绳索始终保持张紧，力 $\boldsymbol{F}_1$ 的取值范围。

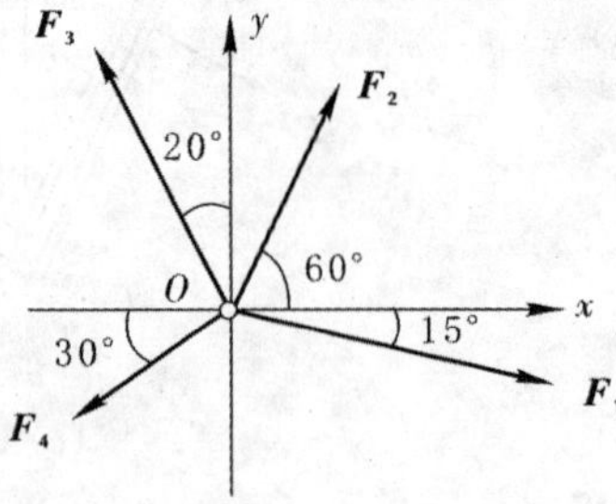

题图　2-1

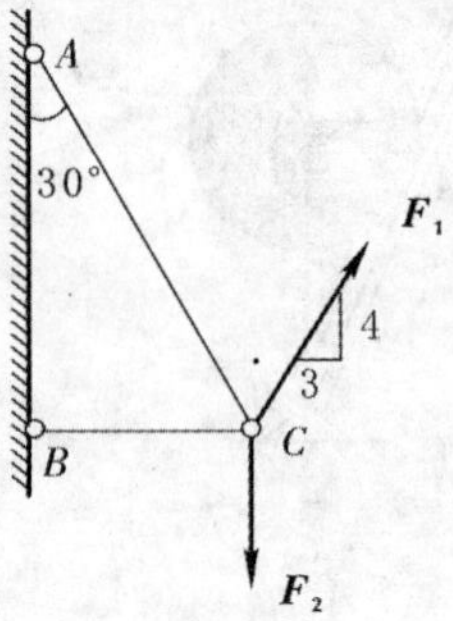

题图　2-2

2-3　飞机沿与水平线成 θ 角的直线做匀速飞行，已知发动机的推力为 $\boldsymbol{F}_1$ 飞机的重力为 $\boldsymbol{G}$，求题图 2-3 所示中飞机的升力 $\boldsymbol{F}$ 和迎面阻力 $\boldsymbol{F}_d$ 的大小。

2-4　水平梁的 A 端为固定铰链支座，B 端为活动铰链支座，中点 C 受力 $F=20$ kN 的作用，方向如题图 2-4 所示。如果不计梁重，求支座 A，B 对梁的反力。图中长度单位为 m 。

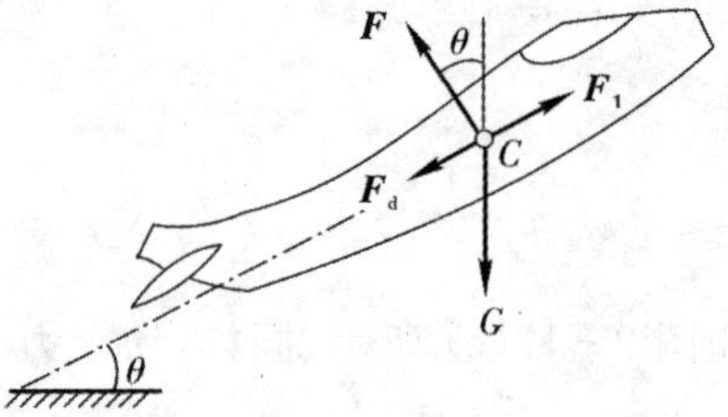

题图　2-3

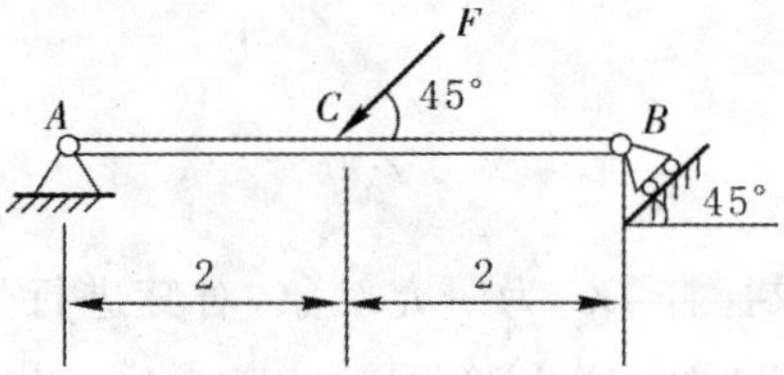

题图　2-4

2-5　题图 2-5 所示电动机重 $G=5$ kN，放在水平梁 AB 的中点 C，梁的 A 端为固定铰链支座，另一端 B 用双铰撑杆 BD 支持。假设不计梁和杆的重量，求撑杆 BD 和铰链 A 所受的力。

2-6　在题图 2-6 所示铅垂面内固定的铁环上套着一个重 $\boldsymbol{G}$ 的光滑小环 B，小环又用弹性线 AB 维持平衡。线的拉力大小 F 和线的伸长量 Δl 成正比，即 $F=k\Delta l$，其中 k 是比例常数。设线原长是 l_1，伸长后的长度是 l_2，求平衡时的角 φ。

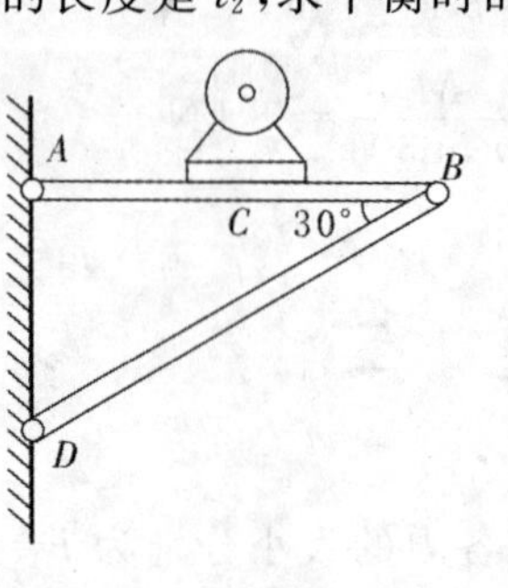

题图　2-5

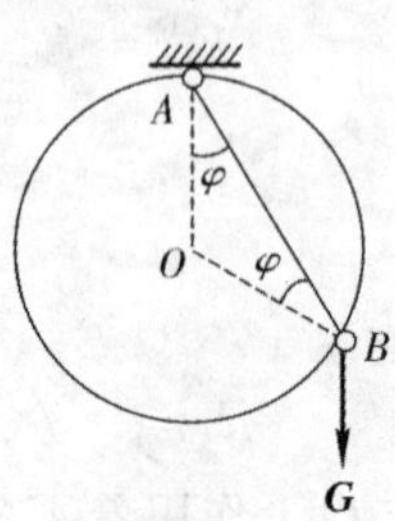

题图　2-6

2-7　如图 2-7 所示匀质杆 AB 重 $G=50\text{N}$，量端分别放在与水平面成 30° 和 50° 倾角的光滑斜面上。求当平衡时这两斜面对杆的反力以及杆与水平面间的夹角 θ。

2-8　平面压榨机构如题图 2-8 所示，A 为固定铰链支座。当在铰链 B 处作用一个铅直力 $\boldsymbol{F}$ 时，可通过压块 D 挤压物体 E。如果 $F=300\ \text{N}$，不计摩擦和构件重量，求杆 AB 和 BC 所受的力以及物体 E 所受的侧向压力。图中长度单位为 cm。

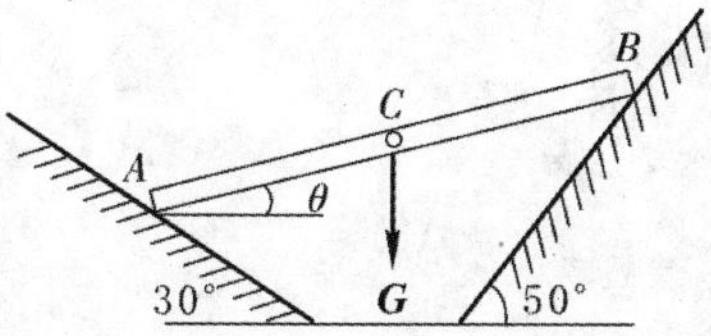

题图　2-7

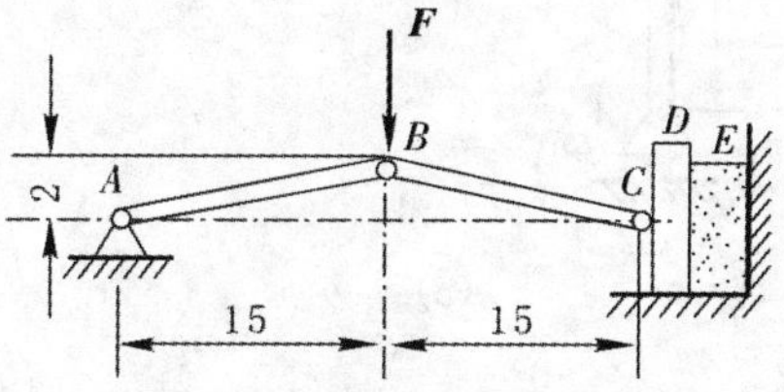

题图　2-8

2-9　为了把木桩从地中拔出，在题图 2-9 所示木桩的上端 A 系一绳索 AB，绳的另一端固定在点 B；然后在点 C 系另一绳索 CD，绳的另一端固定在点 D。如果体重 $G=700\ \text{N}$ 的人将身体压在 E 点，使绳索的 AC 段为铅直，CE 段为水平，夹角 $\theta=4°$，求木桩所受的拉力。

2-10 如题图 2-10 所示，在光滑 OA 和 OB 间放置两个彼此接触的光滑匀质圆柱，圆柱 C_1 重 $G_1=50\ \text{N}$，圆柱 C_2 重 $G_2=150\ \text{N}$，各圆柱的重心位于图纸平面内。求圆柱在图示位置平衡时，中心线 C_1C_2 与水平线的夹角 φ。并求圆柱对斜面的压力以及圆柱间压力的大小。

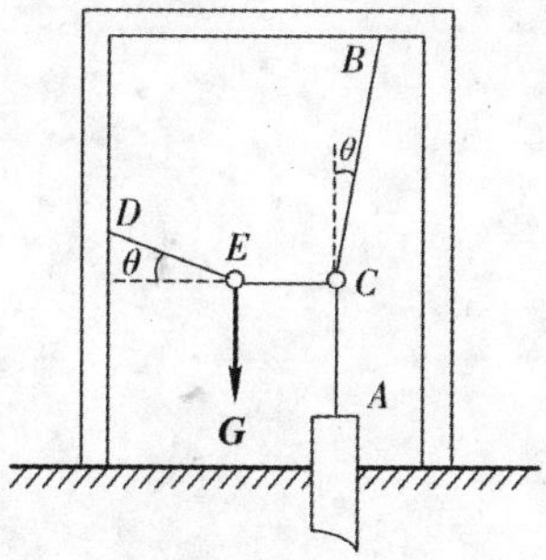

题图　2-9

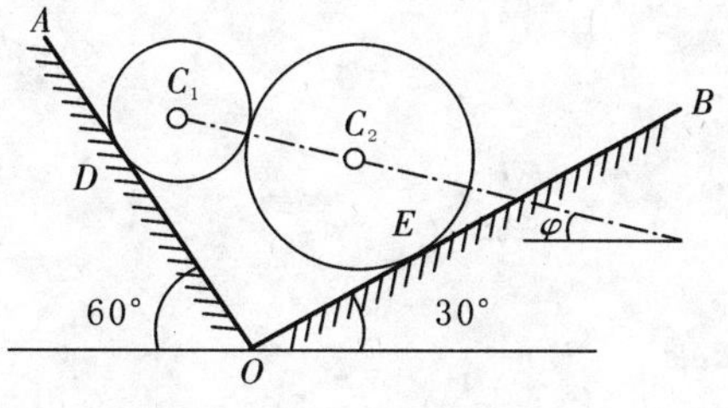

题图　2-10

2-11　已知题图 2-11 所示两力的大小 F 和尺寸 a 及 b，梁重不计。求外伸梁的支座反力。

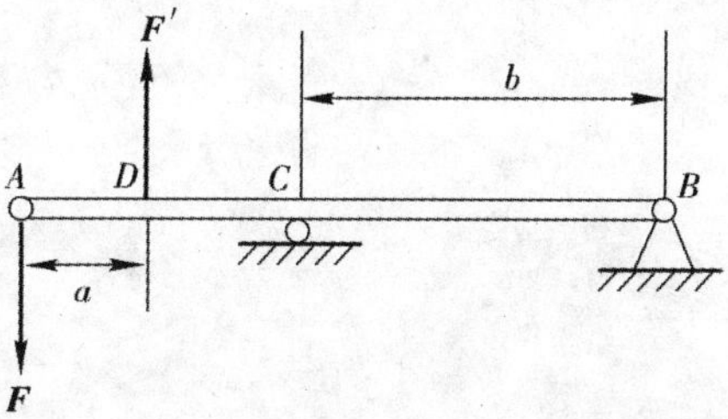

题图　2-11

2-12　一力偶矩为 M 的力偶作用在直角曲杆 ADB 上。如果这曲杆用两种不同的方式支承，不计杆重，已知题图 2-12 中尺寸 a，求每种支承情况下支座 A，B 对杆的约束反力。

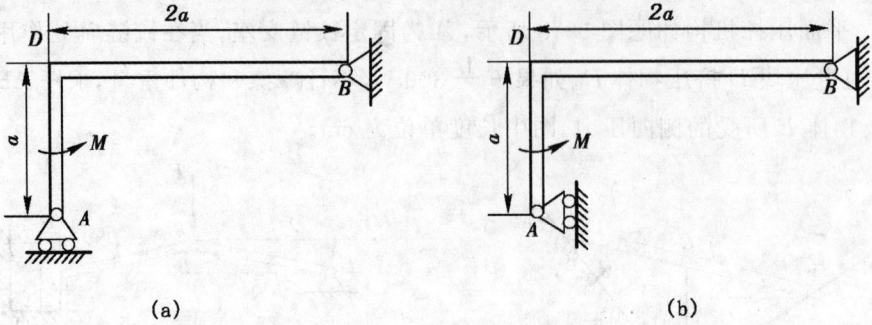

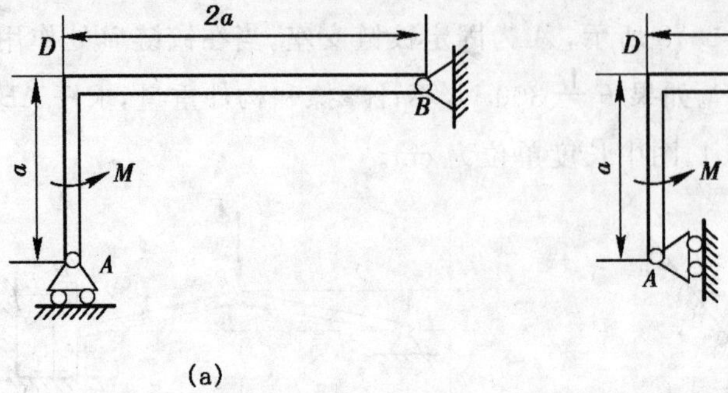

题图　2-12

第三章　平面任意力系

知识要点

1. 基本概念

(1)平面任意力系:力系中各力的作用线分布在同一平面内,但彼此并不汇交于一点,且不都平行的力系,称为平面任意力系。

(2)力对点的矩:定义 $M_O(\boldsymbol{F})=\pm Fd$ 为平面力 $\boldsymbol{F}$ 对点 O 的矩,简称力矩。其中,点 O 称为矩心;d 为矩心 O 至力 $\boldsymbol{F}$ 作用线的垂直距离,称为力臂。平面力矩为代数量,正负号表示力 $\boldsymbol{F}$ 使物体绕矩心 O 转动方向。通常规定,当力使物体绕矩心逆时针转动时为正,反之为负。

(3)合力矩定理:平面力系的合力 $\boldsymbol{F}_R$ 对平面内任意一点的矩等于各分力 $\boldsymbol{F}_i$,对同一点的矩的代数和,即

$$M_O(\boldsymbol{F}_R)=\sum M_O(\boldsymbol{F}_i)$$

(4)平面平行力系:力系中各力的作用线在同一平面内且相互平行。

(5)力线平移定理:把力 $\boldsymbol{F}$ 作用线向某点 O 平移时,须附加一个偶,此附加力偶的矩等于原力 $\boldsymbol{F}$ 对点 O 矩。

(6)静定与静不定的问题:当求解平衡问题时,若未知量的数目不大于所能列出的独立平衡方程的数目,则所有的未知量都能由平衡方程求出,这样的问题称为静定问题;反之,若未知量的数目大于所能列出的独立平衡方程的数目,则未知量就不能全部由平衡方程求出,这类问题称为超静定问题或静不定问题。

2. 平面任意力系的简化与合成

(1)平面任意力系向其作用面内任一点的简化·主矢与主矩。

平面任意力系向其作用面内任一点 O 的简化,一般可得一个力和一个力偶。这个力的作用线通过简化中心 O,其力矢 $\boldsymbol{F}'_R$ 称为该力系的主矢;这个力偶的矩 M_O 称为该力系对简化中心 O 的主矩。

(2)主矢的确定。

主矢 $\boldsymbol{F}'_R$ 等于力系中各力矢 $\boldsymbol{F}_i$ 的矢量和,即

$$\boldsymbol{F}'_R=\sum \boldsymbol{F}_i$$

其大小为

$$F'_R=\sqrt{F'^2_{Rx}+F'^2_{Ry}}=\sqrt{(\sum F_{ix})^2+(\sum F_{iy})^2}$$

方向余弦为

$$\cos\alpha = \frac{F'_{Rx}}{F'_R} = \frac{\sum F_{ix}}{F'_R}, \quad \cos\beta = \frac{F'_{Ry}}{F'_R} = \frac{\sum F_{iy}}{F'_R}$$

主矢与简化中心位置无关。

(3)主矩的确定。

主矩 M_O 等于力系中各力 $\boldsymbol{F}_i$ 对简化中心 O 的矩的代数和,即

$$M_O = \sum M_O(\boldsymbol{F}_i)$$

主矩一般与简化中心的位置有关。

(4)平面任意力系简化结果的讨论。

1)主矢 $\boldsymbol{F}'_R = \boldsymbol{0}$ 且主矩 $M_O = 0$,则力系平衡。

2)主矢 $\boldsymbol{F}'_R = \boldsymbol{0}$ 但主矩 $M_O \neq 0$,则力系合成为一个力偶。此时的主矩即为合力偶矩,与简化中心的位置无关。

3)主矢 $\boldsymbol{F}'_R \neq \boldsymbol{0}$ 但主矩 $M_O = 0$,则力系合成为一个作用线通过简化中心 O 的力。此时的主矢即为合力矢。

4)主矢 $\boldsymbol{F}'_R \neq \boldsymbol{0}$ 且主矩 $M_O \neq 0$,则力系合成为一个作用线不通过简化中心 O 的力。此时的主矢即为合力矢,简化中心 O 至合力作用线的垂直距离为

$$d = \frac{|M_O|}{F'_R}$$

(5)分布力的合成。

分布力可合成为一个力。合力的方向与分布力的方向相同;大小等于分布力曲线下几何图形的面积;作用线通过分布力曲线下几何图形的形心。

3. 平面任意力系的平衡方程

(1)基本形式·二投影一力矩式:

$$\left.\begin{aligned} \sum F_{ix} &= 0 \\ \sum F_{iy} &= 0 \\ \sum M_O(\boldsymbol{F}_i) &= 0 \end{aligned}\right\}$$

(2)一投影二力矩式:

$$\left.\begin{aligned} \sum F_{ix} &= 0 \\ \sum M_A(\boldsymbol{F}_i) &= 0 \\ \sum M_B(\boldsymbol{F}_i) &= 0 \end{aligned}\right\}$$

其中,A,B 两点的连线不能垂直于 x 轴。

(3)三力矩式:

$$\left.\begin{aligned} \sum M_A(\boldsymbol{F}_i) &= 0 \\ \sum M_B(\boldsymbol{F}_i) &= 0 \\ \sum M_C(\boldsymbol{F}_i) &= 0 \end{aligned}\right\}$$

其中,A,B,C 三点不共线。

4. 平面平行力系的平衡方程

(1)基本形式·一投影一力矩式:

$$\left.\begin{aligned}\sum F_{iy} &= 0\\ \sum M_O(\boldsymbol{F}_i) &= 0\end{aligned}\right\}$$

其中,投影轴 y 与力系中各力平行。

(2)二力矩式:

$$\left.\begin{aligned}\sum M_A(\boldsymbol{F}_i) &= 0\\ \sum M_B(\boldsymbol{F}_i) &= 0\end{aligned}\right\}$$

其中,A,B 两点的连线不平行于力系中各力。

5. 简单平面桁架及其内力计算

由一些直杆在两端相互连接,形成一类几何形状不变的结构称为桁架,各杆件位于同一平面内的桁架称为平面桁架。

计算桁架杆件内力的常用方法有节点法和截面法。节点法的基本思路是应用共点力系平面条件,逐一研究桁架上每个节点的平衡。截面法的基本思路是应用平面任意力系的平衡条件,研究桁架由截面切出的某些部分的平衡。

3.1 力对点的矩

1. 力对点的矩

力系中各力的作用线分布在同一平面内,但彼此并不汇交于一点,且不都平行的力系,称为平面任意力系。为了研究力系的简化与合成,先引出一个重要概念:力对点的矩。

设想用扳手旋转螺母(见图 3-1),加力 $\boldsymbol{F}$ 于扳手的一端。由经验可知,这个力的作用线距螺母中心越远,越容易克服阻力而旋动螺母。通过许多类似例子,使我们总结出:力使刚体绕定点 O 转动的效应,不仅取决于此力的大小,而且还决定于力的作用线到转动中心 O 的距离 d。两者的乘积 Fd 取适当的正负号,称为力 $\boldsymbol{F}$ 对点 O 的矩,并写成

$$M_O(\boldsymbol{F}) = \pm Fd \qquad (3-1)$$

式中,正负号用来表示力 $\boldsymbol{F}$ 使受力物体绕点 O 转动的转向。一般规定:当有逆钟向转动的趋势时,力矩取正值。反之,当有顺钟向转的趋势时,力矩取负值(见图 3-2)。点 O 称为力矩中心,简称矩心。矩心 O 到力 $\boldsymbol{F}$ 作用线的垂线长度,称为该力对矩心 O 的臂。

由图 3-2 可见,力矩的值也可由三角形 OAB 面积的 2 倍表示。该三角形由矩心 O 与力矢 $\boldsymbol{F}$ 的两端所构成,可得

$$M_O(\boldsymbol{F}) = \pm 2S_{\triangle OAB} \qquad (3-2)$$

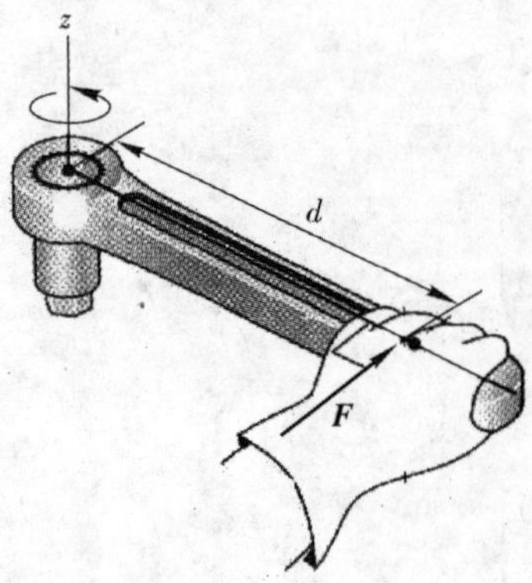

图 3-1

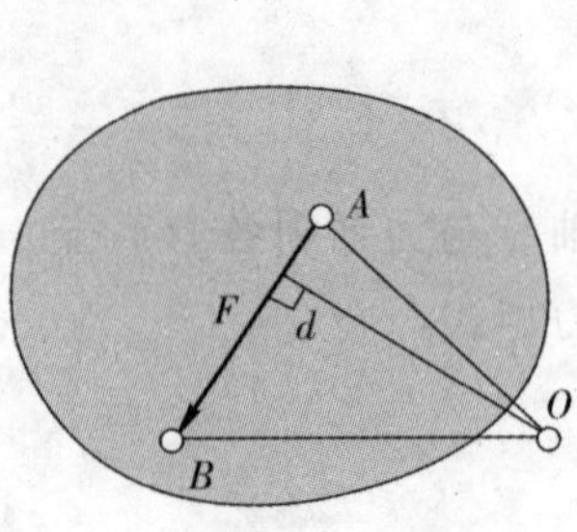

图 3-2

2. 力对点的矩的性质

可以直接指出力对点的矩的某些性质：

1)力 $\boldsymbol{F}$ 的作用点沿作用线移动，不改变该力对点 O 的矩；

2)设力通过矩心，则该力对矩心的矩等于零；

3)互成平衡的两个力对同一点的力矩之和等于零。

和力偶矩一样，力对点的矩也等于力乘以长度的量纲，其单位可取 N·m。这两个彼此独立提出的概念有相似之处，但不能混淆。力对点的矩可以随矩心位置的不同而改变，因为力臂可以发生变化；但一个力偶的矩则为常量，它是力偶本身的特征，同时，力偶中的两个力对任一点的矩之和是常量，其数值等于力偶矩。由图 3-3 可知，力偶$(\boldsymbol{F}_1,\boldsymbol{F}_2)$对任一点 O 的矩之和为

$$M_O(\boldsymbol{F}_1,\boldsymbol{F}_2) = F_2\cdot OB' - F_1\cdot OA' = -F_1\cdot(OA'-OB') = -Fp = M \quad (3-3)$$

由以上关系可知，力偶$(\boldsymbol{F}_1,\boldsymbol{F}_2)$的矩 M 的值也常用其中两力对某点 O 的力矩之和 $M_O(\boldsymbol{F}_1,\boldsymbol{F}_2)$ 来表达。这样，力矩也被看作力使得刚体绕矩心转动效应的度量。

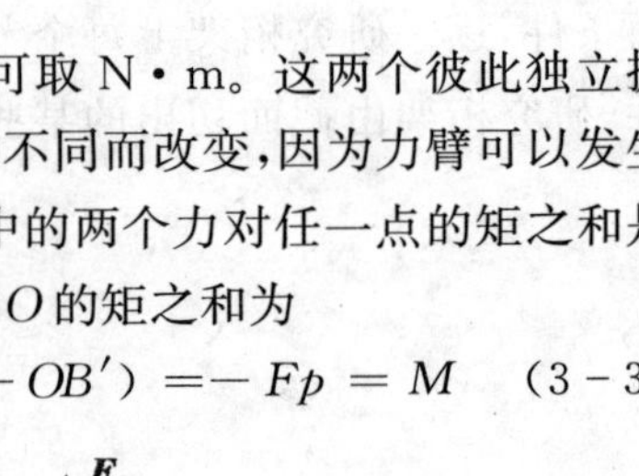

图 3-3

学习了力对点的矩之后，我们也可以用它来证明力偶中的两个力不能合成为一个力。

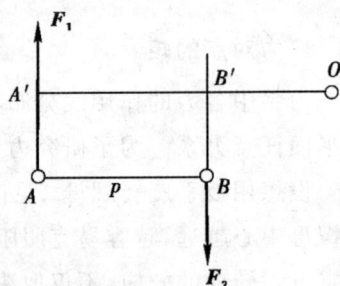

用反证法证明如下：假设力偶$(\boldsymbol{F}_1,\boldsymbol{F}_2)$中的两个力可以合成为一个力，该力为 $\boldsymbol{F}$。在 $\boldsymbol{F}$ 的延长线上任取一点 O，由力矩的性质知，力 $\boldsymbol{F}$ 对 O 点的矩为零，而力 $\boldsymbol{F}$ 与力偶$(\boldsymbol{F}_1,\boldsymbol{F}_2)$等效，因此力偶对 O 点的矩也应该为零。但是由式(3-3)可知，力偶中的两个力对于同平面内任意一点的矩之和都等于它的力偶矩，并不等于零。这是一个矛盾，因此假设不成立。

3.2 力线平移定理

下述定理是把刚体上的平面任意力系分解为一个平面共点力系和平面力偶系的依据。

设有作用于刚体内点 A 的力 $\boldsymbol{F}$(见图 3-4(a))。点 O 是该刚体上任取的一点，但不在该力的作用线上。我们在点 O 上加添平衡力系 $\boldsymbol{F}',\boldsymbol{F}''$(见图 3-4(b))，并令力矢 $\boldsymbol{F}'=-\boldsymbol{F}''=\boldsymbol{F}$。这样

并不影响原力 $\boldsymbol{F}$ 对刚体的作用。

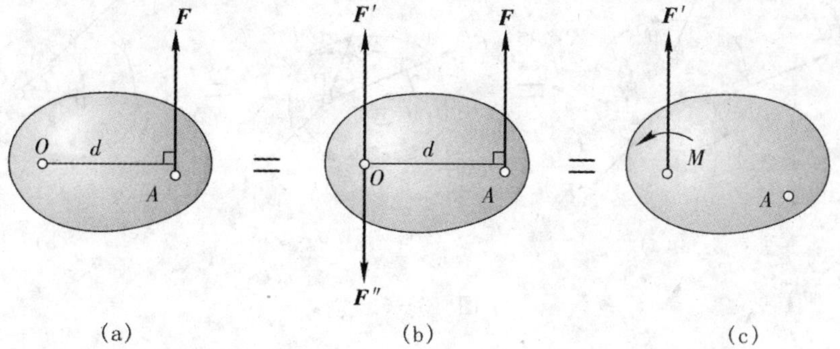

图　3-4

但是，原来作用于点 A 的力 $\boldsymbol{F}$，现在已被作用于点 O 的力 $\boldsymbol{F}'$ 和力偶($\boldsymbol{F},\boldsymbol{F}''$) 所代替。力 $\boldsymbol{F}'$ 的大小、方向都和原力 $\boldsymbol{F}$ 相同，但其作用点 O 已不在原力的作用线上，而大小和方向不变。为简单起见，力偶($\boldsymbol{F},\boldsymbol{F}''$) 用它的转向箭头表示，图 3-4(b) 可改画成图 3-4(c)。

上述过程称为力 $\boldsymbol{F}$ 作用线的平移。其结果为，力 $\boldsymbol{F}$ 的作用点移到了给定点 O，与此同时产生了一个力偶($\boldsymbol{F},\boldsymbol{F}''$)，称为附加力偶。

自点 O 向原力 $\boldsymbol{F}$ 的作用线引垂线，得力偶臂 d，附加力偶的矩等于 $M=\pm Fd$，且对于图 3-4 的情形，上式应取正号。但是，乘积 $\pm Fd$ 也就是原力 $\boldsymbol{F}$ 对点 O 的矩。有

$$M = M_O(\boldsymbol{F})$$

由此得到力线平移定理：把力 $\boldsymbol{F}$ 作用线向某点 O 平移时，须附加一个力偶，此附加力偶的矩等于原力 $\boldsymbol{F}$ 对点 O 的矩。注意，当力的作用线平行搬移时，随着点的位置选择的不同，附加力偶矩的大小和正负一般都发生改变。

图 3-4 中，力线平移的过程是可逆的，由此可得重要结论，即平面内一个力和一个力偶，总可以归并为一个和原力大小相等并与之平行的力。

3.3　平面任意力系向作用面内任一点的简化·力系的主矢和主矩

1. 力系向给定点 O 的简化

应用力线平移定理，可将刚体上平面任意力系(包括平面平行力系)中各力的作用线全部平行搬移到作用面内某一给定点 O。从而该力系被分解为熟悉的平面共点力系和平面力偶系。这种等效变换的方法，称为力系向给定点 O 的简化，点 O 称为简化中心。

设在刚体的同一平面内作用了任意力系 $\boldsymbol{F}_1,\boldsymbol{F}_2,\boldsymbol{F}_3$(见图 3-5(a))，其作用点分别是 A_1，A_2，A_3。根据上节所述，把各力的作用点都搬到同一平面上的点 O 后，则力系 $\boldsymbol{F}_1,\boldsymbol{F}_2,\boldsymbol{F}_3$ 就被共点力系 $\boldsymbol{F}'_1,\boldsymbol{F}'_2,\boldsymbol{F}'_3$ 和具有力偶矩 M_1,M_2,M_3 的附加力偶系所代替(见图 3-5(b))。而且 $M_1=M_O(\boldsymbol{F}_1)$，$M_2=M_O(\boldsymbol{F}_2)$，$M_3=M_O(\boldsymbol{F}_3)$。

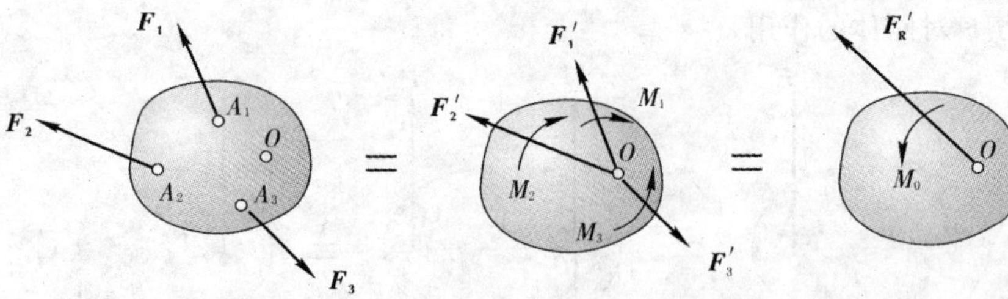

(a) (b) (c)

图 3-5

共点力系 $\boldsymbol{F}'_1,\boldsymbol{F}'_2,\boldsymbol{F}'_3$ 的合成结果是作用在点O的一个力。该力的矢 $\boldsymbol{F}'_R$，称为原平面任意力系的主矢，有

$$\boldsymbol{F}'_R=\boldsymbol{F}'_1+\boldsymbol{F}'_2+\boldsymbol{F}'_3$$

由于 $\boldsymbol{F}'_1=\boldsymbol{F}_1,\boldsymbol{F}'_2=\boldsymbol{F}_2,\boldsymbol{F}'_3=\boldsymbol{F}_3$，故矢 $\boldsymbol{F}'_R=\boldsymbol{F}_1+\boldsymbol{F}_2+\boldsymbol{F}_3$ 。推广到任意多个力所组成的力系，得主矢为

$$\boldsymbol{F}'_R=\boldsymbol{F}_1+\boldsymbol{F}_2+\cdots+\boldsymbol{F}_n=\sum\boldsymbol{F} \tag{3-4}$$

即，平面任意力系的主矢等于力系中各力的矢量和。

附加力偶系的合成结果是一个作用在同平面内的力偶，该力偶的矩用 M_O 代表，称为原平面任意力系对简化中心 O 的主矩，有

$$M_O=M_1+M_2+M_3=M_O(\boldsymbol{F}_1)+M_O(\boldsymbol{F}_2)+M_O(\boldsymbol{F}_3)$$

在一般情形下，平面任意力系对简化中心 O 的主矩为

$$M_O=M_O(\boldsymbol{F}_1)+M_O(\boldsymbol{F}_2)+\cdots+M_O(\boldsymbol{F}_n)=\sum M_O(\boldsymbol{F}_i) \tag{3-5}$$

即，平面任意力系对简化中心 O 的主矩在数值上等于原力系中各力对简化中心 O 的矩的代数和。

这样，平面任意力系向作用面内任一点 O 简化的结果，是一个力和一个力偶，该力作用在简化中心 O，其力矢等于原力系中各力的矢量和，并称为原力系的主矢，该力偶的矩等于各附加力偶矩的代数和，称为原力系对简化中心O的主矩，并在数值上等于原力系中各力对简化中心 O 的力矩的代数和（见图 3-5(c)）。

2. 主矢和主矩的求法

主矢 $\boldsymbol{F}'_R$可以按力多边形规则用作图法求出，也可以用解析法计算。设力系中的各力在作用面内两个正交坐标轴 x 和 y 上的投影是 F_x 和 F_y，则主矢 $\boldsymbol{F}'_R$ 的对应投影等于

$$F'_{Rx}=\sum F_x,\quad F'_{Ry}=\sum F_y \tag{3-6}$$

主矢 $\boldsymbol{F}'_R$ 的大小和方向可由下式确定：

$$\left.\begin{aligned} F'_R&=\sqrt{F'^2_{Rx}+F'^2_{Ry}}=\sqrt{(\sum F_x)^2+(\sum F_y)^2}\\ \cos(\boldsymbol{F}'_R,\boldsymbol{i})&=\frac{\sum F_x}{F_R},\quad \cos(\boldsymbol{F}'_R,\boldsymbol{j})=\frac{\sum F_y}{F_R}\end{aligned}\right\} \tag{3-7}$$

式中，$\boldsymbol{i}$ 和 $\boldsymbol{j}$ 是沿坐标轴 x 和 y 的单位矢。主矩 M_O 可以按式(3-5)计算，式中每个力的矩可按式(3-1)计算，也可以按即将在 3.5 节里导出的公式计算。

显然，力系主矢的大小和方向都和简化中心的位置无关，而主矩的值则一般和简化中心的位置有关，因为改变点 O 的位置，一般可使每个附加力偶臂改变，因此其和一般也会改变。如图 3-6(a) 所示，若力系向 A 点简化结果为 $\boldsymbol{F}'_A$ 和 M_A，再将此力系向 B 点简化，可知简化结果为主矢 $\boldsymbol{F}'_B$ 和主矩 M_B，而此时主矢 $F'_B = F'_A$，主矩 $M = M_B + M_A$，如图 3-6(*b*) 所示。可见主矢相同，而主矩不同。因此，当提到力系的主矩时，必须标明简化中心。

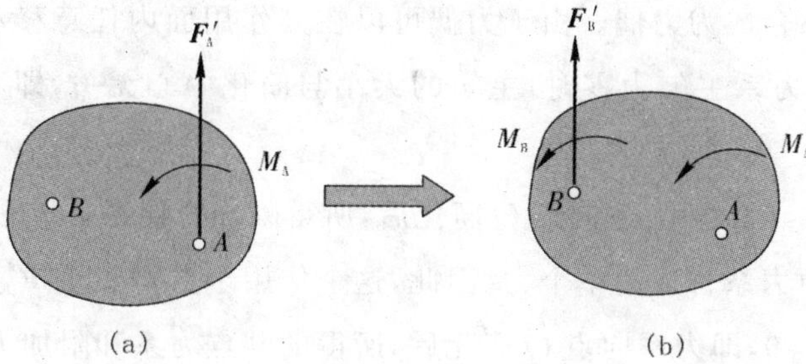

图　3-6

3. 固定端约束

水平梁一端 A 固定地插入墙内，另一端悬空(见图 3-7(a))。这种梁称为悬臂梁，插入墙内的一端称为插入端或固定端，而悬空的一端称为自由端。

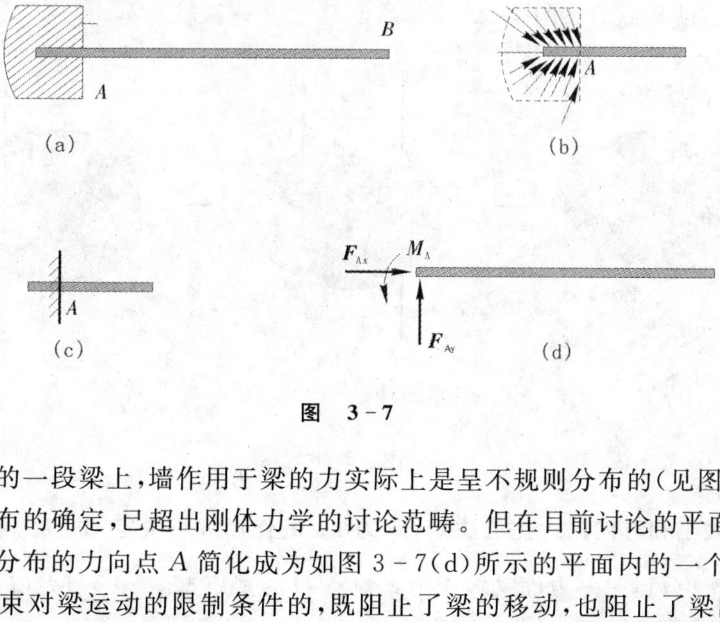

图　3-7

在插入墙内的一段梁上，墙作用于梁的力实际上是呈不规则分布的(见图 3-7(b))，这些约束反力实际分布的确定，已超出刚体力学的讨论范畴。但在目前讨论的平面力系的问题时，可将那些不规则分布的力向点 A 简化成为如图 3-7(d)所示的平面内的一个力和一个力偶。该简化符合该约束对梁运动的限制条件的，既阻止了梁的移动，也阻止了梁的转动。因此可知，固定端约束反力由一个平面内未知方向的力和一个力偶组成 。通常将固定端简化成图 3-7(c)所示的图形，固定端的约束力则如图 3-7(d)所示，其中约束力的指向和约束力偶的转向都是假定的。

3.4 平面力系合成结果的讨论

将平面力系向点 O 简化，一般得到一个作用于点 O 的力 $\boldsymbol{F}'_R$ 和一个矩为 M_O 的力偶。只要力系不平衡，$\boldsymbol{F}'_R$ 和 M_O 不会同时等于零，并且可能有下列三种不同情形：

1）$\boldsymbol{F}'_R=\boldsymbol{0}$ 而 $M_O\neq 0$，即力系向点 O 简化后，作用于点 O 的共点力系自成平衡，但附加力偶系不平衡，即原力系合成为力偶。由于力偶可以在其作用面内任意移动而不改变其对刚体的作用效果，所以，当力系主矢为零时，主矩的大小与简化中心无关，即不论原力系向何点简化，其主矩保持不变。

2）$M_O=0$ 而 $\boldsymbol{F}'_R\neq\boldsymbol{0}$，即力系向点 O 简化后，所得附加力偶系自成平衡，而作用于点 O 的共点力系为合力，即原力系合成为单个力。因此，这个作用于点 O 的力 $\boldsymbol{F}'_R$ 就是原力系的合力。

3）$\boldsymbol{F}'_R\neq\boldsymbol{0}$，$M_O\neq 0$，即力系向点 O 简化后，所得的共点力系和附加力偶系都不平衡。这表示原力系简化成一个力偶和一个作用于点 O 的力。这种情况的原力系也有合力，因为由力线平移定理可知，同平面内的一个力和一个力偶总可以合并为一个力。

原力系向点 O 简化的结果如图 3-8 所示，主矢为 $\boldsymbol{F}'_R$，由主矩 M_O 代表的力偶已变换为 $(\boldsymbol{F}_R,\boldsymbol{F}'')$，且 $\boldsymbol{F}'_R=\boldsymbol{F}_R=-\boldsymbol{F}''$，$\boldsymbol{F}''$ 作用于点 O。显然，力 $F'_R=F''$ 互成平衡，可以去掉。故剩下的作用在点 A 的力 $\boldsymbol{F}_R$ 就是原力系的合力。

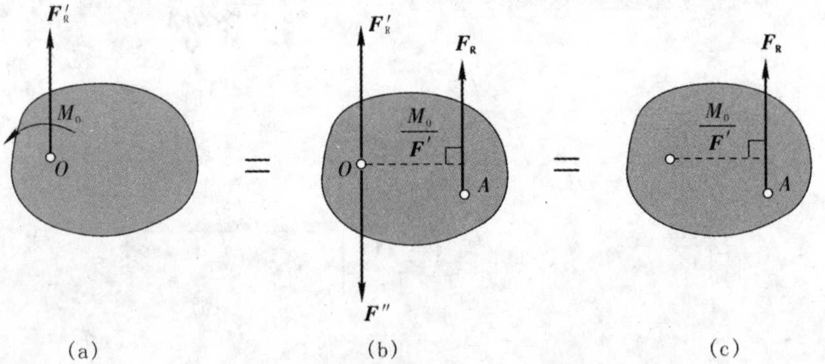

图 3-8

合力 $\boldsymbol{F}_R$ 的大小和方向已由主矢决定。合力 $\boldsymbol{F}_R$ 的作用线可决定如下：力偶$(\boldsymbol{F}_R,\boldsymbol{F}''_R)$ 的矩，一方面等于 $\pm F'_R\cdot OA$，另一方面又等于力系对点 O 的主矩 $M_O=\sum M_O(\boldsymbol{F})$，故得力偶臂为

$$OA=\frac{|M_O|}{F'_R}=\frac{\sum M_O(\boldsymbol{F})}{F'_R} \tag{3-8}$$

力偶臂的另一端 A，可取为合力的作用点。更确切地说，A 只是合力 $\boldsymbol{F}_R$ 的作用线所通过的一点。至于 A 在力 $\boldsymbol{F}'_R$ 的哪一边，则与力偶矩 M_O 的正负有关。图 3-9 所示为可能的两种情形。

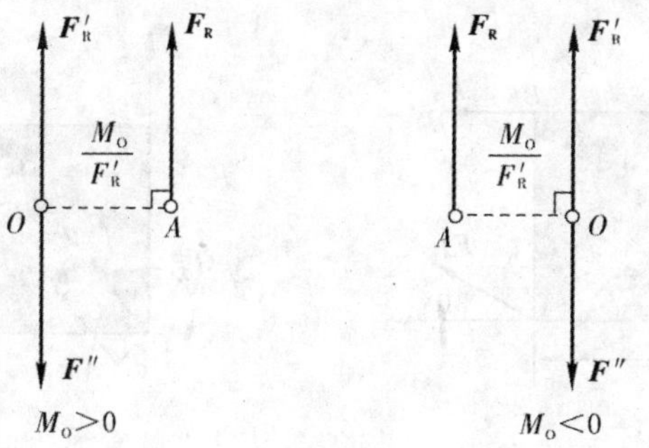

图　3-9

综上所述，可见平面任意力系只要不成平衡，则或可合成为一个力偶，或可合成为单个力。

3.5　合力矩定理及力矩的解析表达式

从3.4节关于力系简化结果一般情形的讨论，可以得出合力矩定理。由图3-9容易看出，当力系具有合力 $\boldsymbol{F}_R$ 时，力偶$(\boldsymbol{F}_R,\boldsymbol{F}''_R)$的矩 $F_R\cdot OA$ 等于合力 $\boldsymbol{F}_R$ 对点 O 的矩，即 $M_O(\boldsymbol{F}_R)$，故由式(3-8)并考虑力偶的转向，可得

$$M_O(\boldsymbol{F}_R)=\sum M_O(\boldsymbol{F}) \qquad (3-9)$$

即，平面力系的合力对作用面内任一点的矩，等于该力系中各力对同一点的矩的代数和。这就是合力矩定理(伐里农定理)。

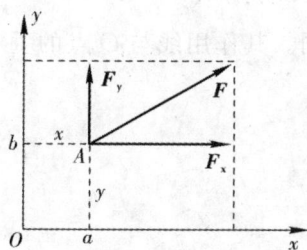

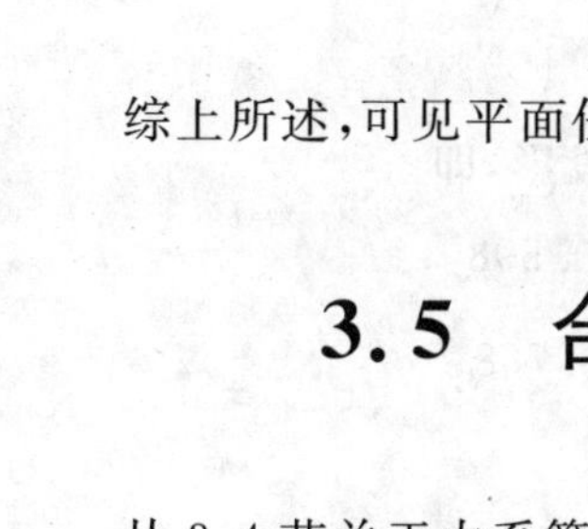

图　3-10

应用合力矩定理，可以导出力 $\boldsymbol{F}$ 对坐标原点 O 的矩 $M_O(\boldsymbol{F})$ 的解析表达式。以 $\boldsymbol{F}_x$ 和 $\boldsymbol{F}_y$ 分别表示力 $\boldsymbol{F}$ 沿坐标轴 x 和 y 的分量，则由图3-10得

$$M_O(\boldsymbol{F})=M_O(\boldsymbol{F}_x)+M_O(\boldsymbol{F}_y)$$

且

$$M_O(\boldsymbol{F}_x)=-Ob\cdot F_x=-yF_x$$

$$M_O(\boldsymbol{F}_y)=-Oa\cdot F_y=-yF_y$$

其中，F_x，F_y 是力 $\boldsymbol{F}$ 在坐标轴 x，y 上的投影；(x,y) 是作用点 A 的坐标。故得 $M_O(\boldsymbol{F})$ 的解析式为

$$M_O(\boldsymbol{F})=xF_y-yF_x \qquad (3-10)$$

如以平面力系的简化中心 O 为坐标原点，则可应用上式求出力系的主矩。

例3-1　在长方形平板的 O,A,B,C 点上分别作用着有四个力：$F_1=1$ kN，$F_2=2$ kN，$F_3=F_4=3$ kN(见图3-11(a))。试求以上四个力构成的力系对点 O 的简化结果，以及该力系的最后的合成结果。

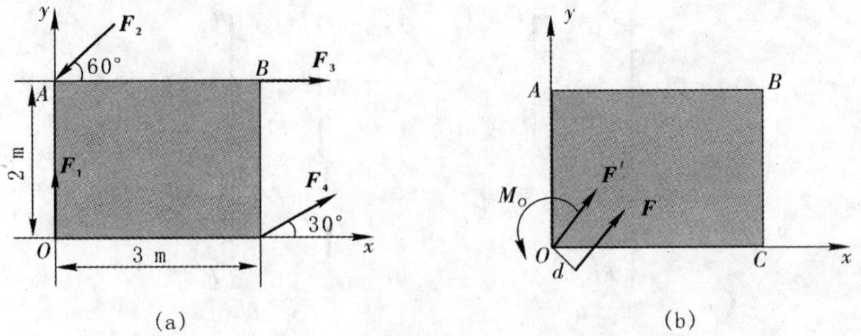

图 3-11

解:取坐标系 xOy。力系向 O 点简化结果应该是主矢加主矩。

由式(3-6)可知,当求主矢 $\boldsymbol{F}'_R$时,可先求其在 x 轴和 y 轴上的投影,即

$$F'_{Rx}=\sum F_x=-F_2\cos60°+F_3+F_4\cos30°=0.598$$

$$F'_{Ry}=\sum F_y=-F_1-F_2\sin60°+F_4\sin30°=0.768$$

则合力 $\boldsymbol{F}'_R$ 的大小为

$$F'_R=\sqrt{R'^2_{Rx}+F'^2_{Ry}}=0.794$$

方向为

$$\cos(\boldsymbol{F}'_R,\boldsymbol{x})=\frac{F'_{Rx}}{F'_R}=0.614,\quad \cos(\boldsymbol{F}'_R,\boldsymbol{y})=\frac{F'_{Ry}}{F'_R}=0.789$$

故得

$$\angle(\boldsymbol{F}',\boldsymbol{x})=52°6',\quad \angle(\boldsymbol{F}',\boldsymbol{y})=37°54'$$

主矩可按下式求得:

$$M_O=\sum M_O(\boldsymbol{F}_i)=2F_2\cos60°-2F_3+3F_4\sin30°=0.5$$

力系最终合成的结果应该为一个合力 $\boldsymbol{F}$,其大小、方向与 $\boldsymbol{F}'_R$相同。其作用线与 O 点的垂直距离为

$$d=\frac{M_O}{F'_R}=0.51\ \text{m}$$

由 M_O 的转向可知,其作用点位于 O 点右下方(见图 3-11(b))。

3.6 分布力的合力

在工程中常会见到分布力,例如作用在物体每一点上的重力。工程上常求分布力的合力,并用该合力来表示这些分布力,这对于求解系统的平衡问题是方便的。下面研究如何求分布力合力的大小和作用位置。

例如在图 3-12 所示梁 AD 上作用着分布力,其中 $AD=l$,该分布力的大小随 x 的变化规律为

$$w=w(x)$$

这些分布力可以看作同向平行力,因此其合力的大小应该是所有力的代数和,即曲线 w 下分布力图形的面积。因此合力大小可以积分求解,即

$$F = \int_0^l w(x)\,dx \tag{3-11}$$

该合力的作用点应该作用在曲线 w 下分布力图形的形心。又因为合力 $\boldsymbol{F}$ 与该分布力等效，所以力 $\boldsymbol{F}$ 到 A 点的矩应该等于分布力到 A 点的矩之和。设 $\boldsymbol{F}$ 的作用点 C 到 A 点的距离是 y，则

$$Fy = \int_0^l w(x)x\,dx$$

因此，计算合力 $\boldsymbol{F}$ 到 A 点的距离 y，得

$$y = \frac{\int_0^l w(x)x\,dx}{F} \tag{3-12}$$

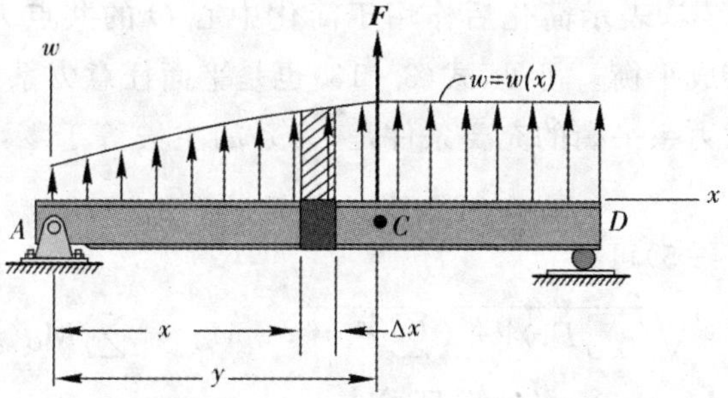

图　3-12

例如图 3-13(a)所示的分布力，其合力大小应是均布力的面积，即 $F = 2\ \text{kN/m}\times 2\ \text{m} = 4\ \text{kN}$。合力作用点应位于梁 AB 的中点。

又如图 3-13(b)所示，三角形分布的分布力，其合力大小应等于该三角形的面积，$F = 0.5\times 1.5\ \text{kN/m}\times 3\ \text{m} = 2.25\ \text{kN}$。作用点位置用式(3-12)计算，得

$$y = \frac{\int_0^l w(x)x\,dx}{F} = \frac{\int_0^3 \frac{1}{2}x^2\,dx}{F} = \frac{4.5}{2.25} = 2\ \text{m}$$

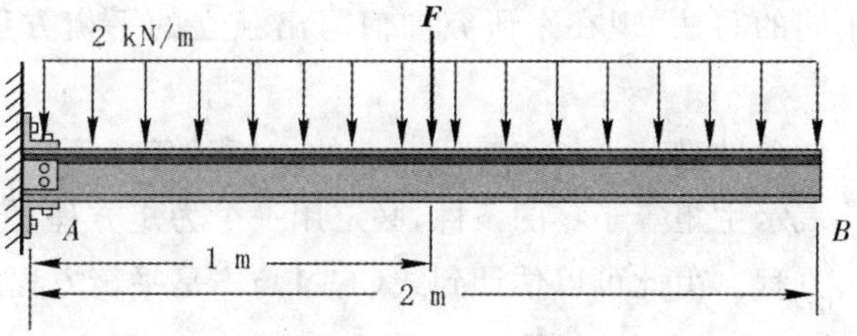

(a)

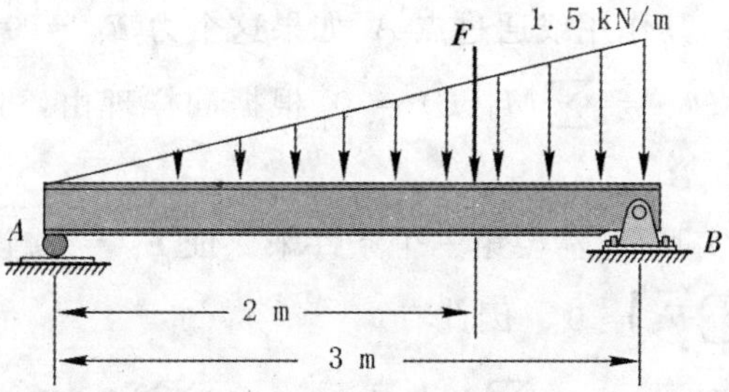

(b)

图　3-13

3.7 平面任意力系的平衡条件和平衡方程

1. 平衡条件与平衡方程

前文曾经指出,平面任意力系可合成为力偶或单个力。在这两种情形下,该力系都不平衡。可见,使平面任意力系平衡的必要条件是主矢和主矩都等于零,即

$$\boldsymbol{F}'_{\mathrm{R}} = \boldsymbol{0}, \quad M_{\mathrm{O}} = 0 \tag{3-13}$$

但是,一旦主矢等于零,表示简化后作用于简化中心 O 的共点力系自成平衡;主矩等于零,表示附加力偶系也自成平衡。可见,式(3-13)也是平面任意力系平衡的充分条件。

可得结论:平面任意力系平衡的充要条件是,力系的主矢等于零,且力系对任一点的主矩也等于零。

由式(3-7) 和 式(3-5)可得

$$F'_{\mathrm{R}} = \sqrt{(\sum F_x)^2 + (\sum F_y)^2}, \quad M_{\mathrm{O}} = \sum \mathrm{M}_{\mathrm{O}}(\boldsymbol{F})$$

可见,要使 $\boldsymbol{F}'_{\mathrm{R}} = 0$,$M_{\mathrm{O}} = 0$,必须也只需

$$\sum F_x = 0, \quad \sum F_y = 0, \quad \sum M_{\mathrm{O}}(\boldsymbol{F}) = 0 \tag{3-14}$$

这样,平面任意力系平衡的充要条件也可以表述为,力系中各力在作用面内两个坐标轴上的投影的代数和分别等于零,即这些力对坐标原点的矩的代数和也等于零。

式(3-14)称为平面任意力系的平衡方程。这组相互独立的 3 个平衡方程可以确定 3 个未知量。

2. 平面任意力系平衡方程的形式

平衡方程可以有不同的写法,现在来研究如何写出独立的平衡方程,并指出它们的一般形式。

平面力系平衡的充要条件是其主矢和对任一点的主矩都等于零。平衡方程式(3-14)所表示的正是这些条件。表示主矩等于零的条件,必定用一个力矩方程;但表示主矢等于零的条件却不一定要写成投影方程。由此可以估计到式(3-14)不是平衡方程的唯一形式。

设已知力系对点 A 的主矩 $M_{\mathrm{A}} = \sum M_{\mathrm{A}}(\boldsymbol{F}) = 0$。这表示该力系已不可能合成为力偶,但尚有可能合成为一个力 $\boldsymbol{F}_{\mathrm{R}}$,其作用线通过点 A。如果这个力 $\boldsymbol{F}_{\mathrm{R}} = \boldsymbol{0}$,该力系就平衡。

设该力系还满足条件 $M_{\mathrm{B}} = \sum M_{\mathrm{B}}(\boldsymbol{F}) = 0$。根据同样理由,可以确定,如果力系有合力 $\boldsymbol{F}_{\mathrm{R}}$,则这个力必定也通过点 B 。

为了最后肯定力系确实平衡,需要第三个条件来保证 $\boldsymbol{F}_{\mathrm{R}} = \boldsymbol{0}$。设 y 轴不与 AB 垂直,则由合力投影定理可知,方程 $\sum F_y = 0$ 。因此有

$$\sum F_y = 0, \quad \sum M_{\mathrm{A}}(\boldsymbol{F}) = 0, \quad \sum M_{\mathrm{B}}(\boldsymbol{F}) = 0 \tag{3-15}$$

且 AB 不和 y 轴垂直 。以上也是平面任意力系平衡充要条件的表达形式。

第三个条件也可改用力矩方程来表示。设点 C 不在直线 AB 上，则方程 $\sum M_C(\boldsymbol{F})=0$ 满足了这个要求。因为该式表示力系如果有合力，则该合力势必还要通过不在 AB 上的一点 C，显然这是不可能的，故合力必须等于零。可见，方程组

$$\sum M_A(\boldsymbol{F})=0,\quad \sum M_B(\boldsymbol{F})=0,\quad \sum M_C(\boldsymbol{F})=0 \tag{3-16}$$

A,B,C 三点不共线。以上是平面任意力系平衡充要条件的又一种表达形式。

这样，平面任意力系的平衡方程可以有三种不同的形式，即式(3-14)～式(3-16)。每一种形式都由三个独立方程组成。可见，在每个刚体受平面任意力系作用而平衡的问题中，只可以写出三个独立的平衡方程，用以求解三个未知量。任何第四个方程都不是新的独立方程，而只是前三个独立方程的线性组合。至于实际应用中选择何种形式的平衡方程，完全取决于计算是否方便。通常力求写出只包含一个未知量的平衡方程，借以避免解联立方程。

例 3-2　如图 3-14(a)所示系统中，重物质量为 50 kg，求点 A 和点 C 处的约束力的水平和铅直分量。

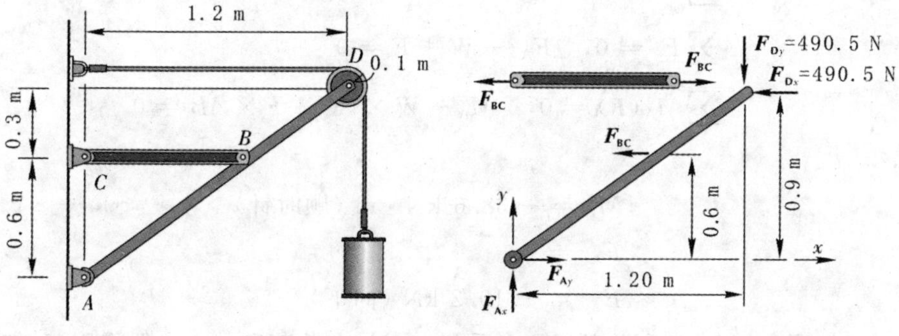

(a)　　　　(b)

图 3-14

解：通过对系统的受力分析可知，BC 杆为二力体，所以其两端受力应该等值、共线、反向，C 端约束力就等于 $\boldsymbol{F}_{BC}$。由于定滑轮两端绳子拉力相等，故 $\boldsymbol{F}_{Dx}$ 和 $\boldsymbol{F}_{Dy}$ 均等于重物的重量 490.5 N。

取 AD 为研究对象，受力图如图 3-14(b)所示。选取 x 轴和 y 轴，列如下平衡方程：

$$\sum F_x=0,\quad F_{Ax}-F_{BC}-F_{Dx}=0$$

$$\sum F_y=0,\quad F_{Ay}-F_{Dy}=0$$

$$\sum M_A(\boldsymbol{F})=0,\quad 0.6F_{BC}+0.9F_{Dx}-1.2F_{Dy}=0$$

解得

$$F_{Ax}=736\ \text{N},\ F_{Ay}=490.5\ \text{N},\ F_{BC}=245.25\ \text{N}$$

例 3-3　某飞机的单支机翼重 $W=7.8$ kN。当飞机水平匀速直线飞行时，作用在机翼上的升力 $F=27$ kN，力的作用线位置如图 3-15(a)所示，图中尺寸单位是 mm。试求机翼与机身连接处的约束力。

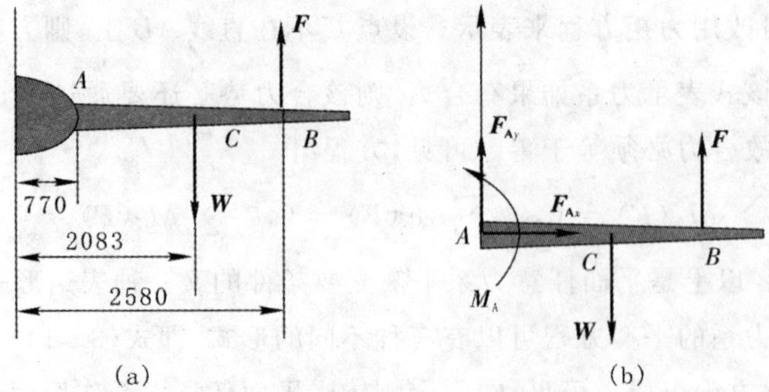

图 3-15

解:取机翼为研究对象。机翼可看作固连于机身,因此 A 处约束为固定端约束,约束力除了有 x 和 y 方向的两个分力外,还有一个约束力偶,受力分析如图 3-15(b)所示。列平衡方程:

$$\sum F_x = 0,\quad F_{Ax} = 0$$

$$\sum F_y = 0,\quad F_{Ay} - W + F = 0$$

$$\sum M_A(\boldsymbol{F}) = 0,\quad M_A - W \times AC + F \times AB = 0$$

联立求解,得

$$M_A = -38.6\ \text{kN} \cdot \text{m}\ (\text{顺时针})$$

$$F_{Ax} = 0$$

$$F_{Ay} = -19.2\ \text{kN}\ (\text{向下})$$

例 3-4 如图 3-16(a)所示,梁 AB 上受到一个均布载荷和一个力偶作用,已知载荷集度(即梁的每单位长度上所受的力)$q = 100$ N/m,力偶矩大小 $M = 500$ N · m。$AB = 3$ m,$DB = 1$ m。求活动铰支 D 和固定铰支 A 的约束力。

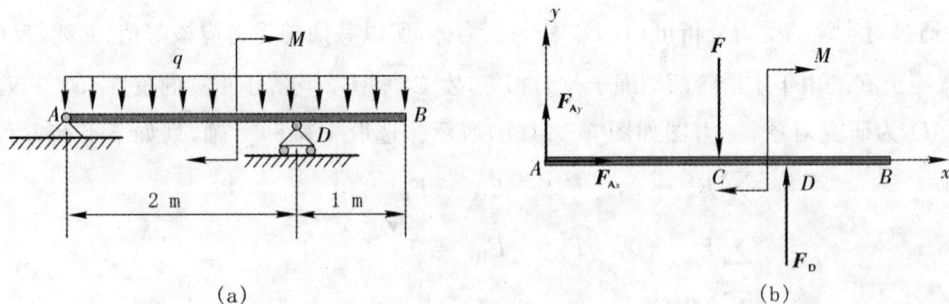

图 3-16

解:取梁 AB 为研究对象,对其进行受力分析。梁 AB 上作用有均布力,该均布力可简化成作用在 AB 中点 C 的合力 $\boldsymbol{F}$,$F = q \times AB = 100 \times 3 = 300$ N。另外梁上还作用有主动力偶 M,受力图如图 3-16(b)所示。

选如图所示坐标系,列平衡方程:

$$\sum M_A(\boldsymbol{F}) = 0,\quad -F\times\frac{AB}{2}+F_D\times 2-M=0$$

$$\sum F_x = 0,\quad F_{Ax}=0$$

$$\sum F_y = 0,\quad F_{Ay}-F+F_D=0$$

联立求解得

$$F_D = 475\ \text{N},\ F_{Ax}=0,\ F_{Ay}=-175\ \text{N}$$

3.8　平面平行力系的平衡条件

平面任意力系的平衡方程式(3-14)以及式(3-15)、式(3-16)也适用于平面内的特殊力系,如共点力系、平行力系,但这时独立平衡方程的数目将减少。

对于平面平行力系,各力 $\boldsymbol{F}_i$ 在 x 轴和 y 轴上的投影彼此成固定的比例,因此方程式(3-14)中的两个投影式 $\sum F_x=0$ 和 $\sum F_y=0$ 彼此不独立。可见,此时式(3-14)中独立的平衡方程只有两个。

令 x 轴垂直于平行力系中的各力 $\boldsymbol{F}_i$,则 $\boldsymbol{F}_i$ 力在 x 轴上的投影全都等于零,因而式(3-14)中的第一式变为恒等式:$\sum F_x\equiv 0$;而各力在 y 轴上的投影可用力的代数值代替。故平面平行力系的平衡方程写为

$$\sum F_y = 0,\quad \sum M_O(\boldsymbol{F})=0 \tag{3-17}$$

即,平面平行力系平衡的充要条件是,力系中各力的代数和等于零,且这些力对任一点的矩的代数和也等于零,即

$$\sum M_A(\boldsymbol{F}) = 0,\quad \sum M_B(\boldsymbol{F})=0 \tag{3-18}$$

且 A,B 的连线不平行于力系中的各力。

例 3-5　图 3-17 所示为一种车载式起重机,车重 $G_1=26$ kN,起重机伸臂重 $G_2=4.5$ kN,起重机的旋转与固定部分共重 $G_3=31$ kN,尺寸如图所示。设伸臂在起重机对称面内,且放在图 3-17 所示位置,试求车子不致翻倒的最大起吊重力 $G_{\max}$。

解:取汽车及起重机为研究对象,受力分析如图 3-17 所示。因为系统受到的所有力都是铅直方向的,因此该力系是一个平面平行力系。列如下平衡方程:

$$\sum F_y = 0,\quad F_A+F_B-G-G_1-G_2-G_3=0$$

$$\sum M_B(\boldsymbol{F}) = 0,\quad -5.5G-2.5G_2+2G_1-3.8F_A=0$$

联立求解,得到

$$F_A=\frac{1}{3.8}(2G_1-2.5G_2-5.5G)$$

不翻倒的条件是 $F_A\geqslant 0$。

所以,由上式可得

$$G\leqslant\frac{1}{5.5}(2G_1-2.5G_2)=7.5\ \text{kN}$$

故最大起吊重力为 $G_{max}=7.5\ kN$。

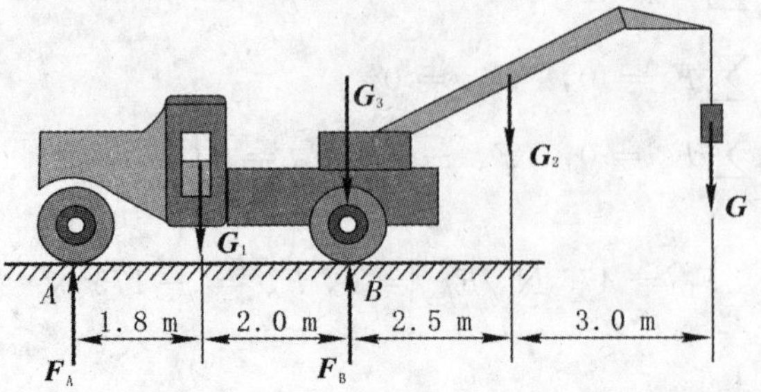

图 3-17

3.9 物体系的平衡及静不定问题的概念

工程实际中所遇到的平衡问题,其平衡对象往往不是一个物体,而是由若干个物体通过约束组成的系统。物体系平衡的问题中,不仅需要研究外界物体对整个系统所作用的力,同时还需求出系统内各物体之间相互作用的力。

这里我们把系统外任何物体作用于该系统的力称为该物体系的外力,物体系内部各物体间互相作用的力,称为该系统的内力。

和外力不同,内力是成对地作用于同一系统的(参见公理四),因此,当研究整个系统的平衡时,不必考虑这些力(参见公理五、公理二)。

为了求得系统的内力,需要将系统的某些部分单独取为研究对象(取分离体)。系统的每一部分都在相应的外力和内力(系统内其他部分对这部分作用的力)的作用下处于平衡。

思考这样的问题:由给定的物体系统取分离体,可以写出多少个彼此独立的平衡方程?

设系统由 n 个物体组成,每个物体都受平面任意力系的作用,则每个物体有三个独立的平衡方程。设系统里某个物体受平面平行力系或共点力系的作用,则该物体只有两个独立的平衡方程。由此可见,具有 n 个物体的整个系统,总共有不多于 $3n$ 个独立的平衡方程。

不可能写出更多的独立平衡方程的理由是,在考虑了系统里每个物体的平衡后,若取整个系统或一部分物体的组合为分离体,自然还可以写出另外一些平衡方程。但是,由于系统内每个物体已经平衡,那么,它们的任何组合当然也是平衡的。因此,对系统内任何几个物体的组合所写出的平衡方程,已不是新的、独立的方程,它们都可以由先前的对每个物体写出的平衡方程推导而来。

在静力学里关于物体或物体系平衡的问题中,如未知量的数目等于或少于独立平衡方程的数目,则应用刚体静力学的理论,即可以求得全部未知量。这样的问题称为静定问题。如未知量的数目多于独立平衡方程的数目,则不能应用刚体静力学理论求出全部未知量,这种问题称为静不定问题。

例如,对于图 3-18(a)所示的简支梁,当其受平面任意力系作用时,求支座反力的问题是静定问题,因为这里独立平衡方程的数目和约束反力中未知量的数目都等于 3。若将梁右端的活动支座 B 改为固定支座(见图 3-18(b)),则约束反力中的未知量数目增为 4 个(每个固定支座的反力的大小和方向都未知)，而独立平衡方程的数目仍为 3，这就成了静不定问题。再如将梁截为两段，中间用铰链 C 连接(见图 3－18(c))，则问题重新变为静定的。此时，对每段梁可以写出三个独立的平衡方程，而未知量除在支座 A，B 中原有的四个外，还出现铰链 C 中的两个，因而未知量的总数等于独立平衡方程的总数。

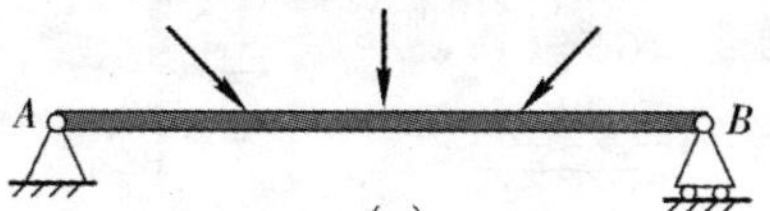

(a)

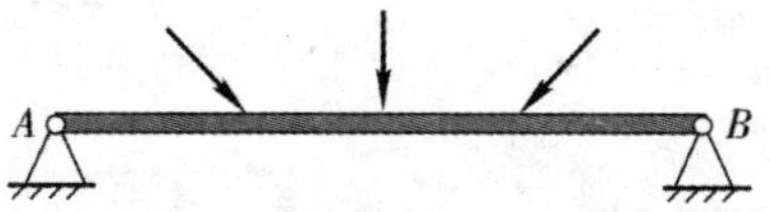

(b)

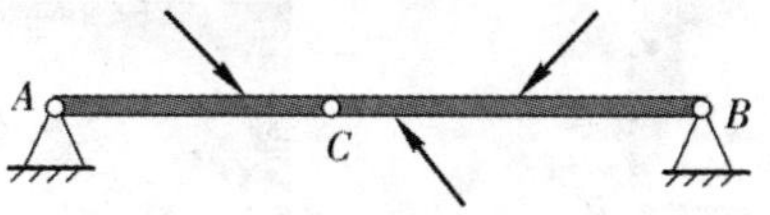

(c)

图　3－18

再如，若给悬臂梁自由端加上一个活动铰链支撑或固定铰链支撑，如图 3－19(a)(b)所示，则系统未知量数目就分别由 3 变成了 4 和 5。而当系统平衡时最多能列出三个平衡方程，因此这两种情况都是静不定问题。

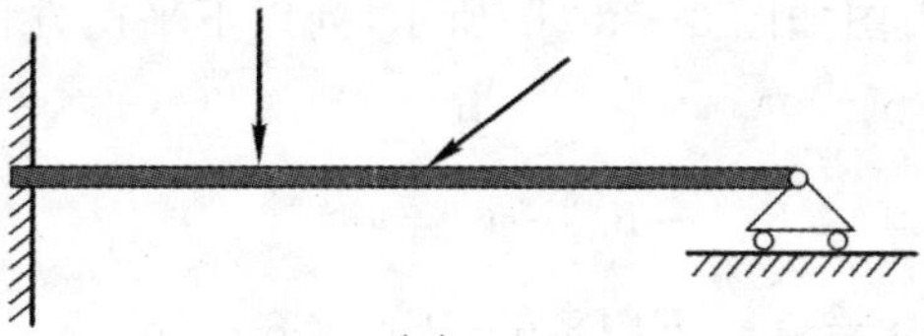

(a)

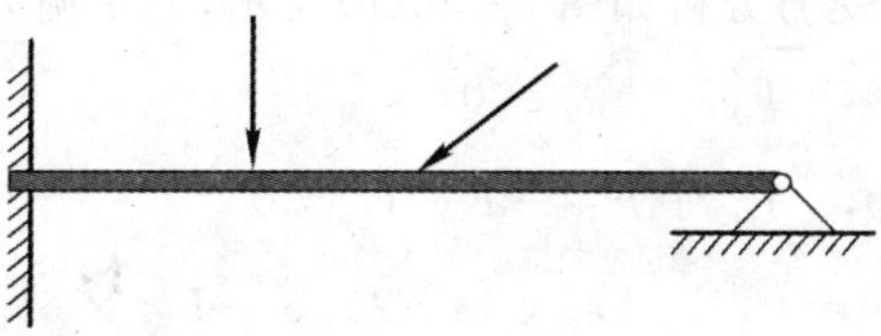

(b)

图　3－19

静不定问题虽然不能应用刚体静力学的方法解决，但如果考虑到物体的变形，研究变形与作用力之间的联系，这类问题仍有可能解决。在材料力学中将解决这类问题，这里不加叙述。

在求解物体系的平衡问题前，原则上都要分析问题是否静定。在确定问题为静定以后，就应选择适当的研究对象(分离体)，并画出相应的受力图，再写出必要、足够而且合适的平衡方程。但是本书中研究的问题都是静定问题。

例 3－6　三铰拱桥如图 3－20(a)所示，由左右两段借铰链 C 连接起来，又用铰链 A，B 与基础相连接。已知每段重 $G=40$ kN，重心分别在 D，E 处，且桥面受一集中载荷 $F=10$ kN。设各铰链都是光滑的，试求平衡时各铰链的约束力(尺寸如图所示)。

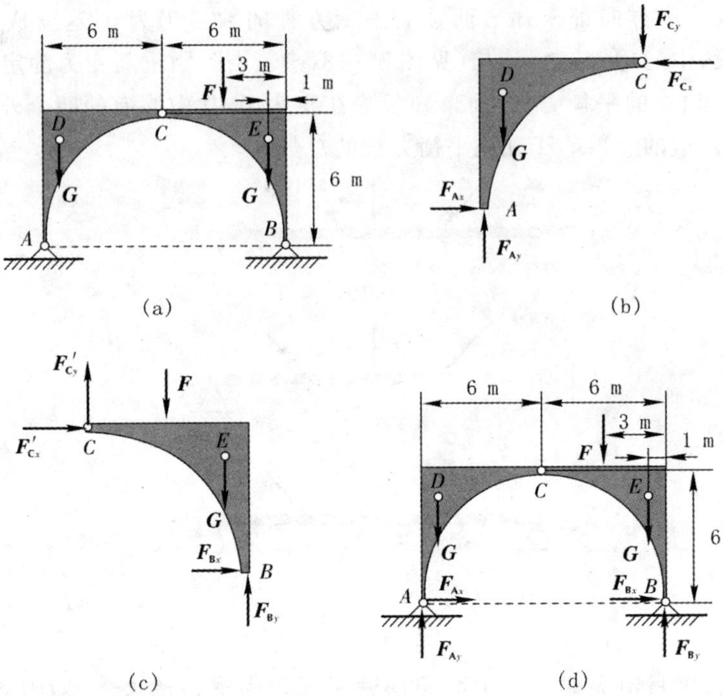

图　3-20

解法一：系统由两部分构成，可分别取这两部分为研究对象，每一部分可列 3 个平衡方程。先取 AC 段为研究对象，受力图如图 3-20(b)所示，列以下平衡方程：

$$\sum F_x = 0,\quad F_{Ax} - F_{Cx} = 0 \tag{1}$$

$$\sum F_y = 0,\quad F_{Ay} - F_{Cy} - G = 0 \tag{2}$$

$$\sum M_C(\boldsymbol{F}) = 0,\quad F_{Ax} \times 6 - F_{Ay} \times 6 + G \times 5 = 0 \tag{3}$$

再取 BC 段为研究对象，受力分析如图 3-20(c)所示，列平衡方程如下：

$$\sum F_x = 0,\quad F'_{Cx} + F_{Bx} = 0 \tag{4}$$

$$\sum F_y = 0,\quad F'_{Cy} + F_{By} - F - G = 0 \tag{5}$$

$$\sum M_C(\boldsymbol{F}) = 0,\quad -F \times 3 - G \times 5 + F_{By} \times 6 + F_{Bx} \times 6 = 0 \tag{6}$$

联立式(1)～(6)，并考虑到 $F'_{Cx} = F_{Cx}$，$F'_{Cy} = F_{Cy}$，解得

$$F_{Ax} = -F_{Bx} = F_{Cx} = 9.2\ \text{kN}$$

$$F_{Ay} = 42.5\ \text{kN},\quad F_{By} = 47.5\ \text{kN},\quad F_{Cy} = 2.5\ \text{kN}$$

解法二：取整体为研究对象，受力分析如图 3-20(d)所示。列以下平衡方程：

$$\sum M_A(\boldsymbol{F}) = 0,\quad -11G - 3F - G + 12F_{By} = 0 \tag{7}$$

解得

$$F_{By} = 47.5\ \text{kN}$$

对 B 点求矩，列以下平衡方程：

$$\sum M_B(\boldsymbol{F}) = 0,\quad 11G + 3F + G - 12F_{Ay} = 0 \tag{8}$$

解得

$$F_{Ay} = 42.5\ \text{kN}$$

另外

$$\sum F_x = 0,\quad F_{Ax} + F_{Bx} = 0 \tag{9}$$

解得

$$F_{Ax} = -F_{Bx}$$

当取整体为研究对象时，可以不用画 C 点处的约束力，因为此时 C 点的约束力为系统内力。列出三个平衡方程可解出两个未知量，还可得出另外两个未知量之间的关系。因此只需要再取 AC（或 BC）为研究对象，受力图如图 3-20(b)或(c)所示，列写 AC 的三个平衡方程，如式(1)～(3)所示。由于 F_{Ay} 已经求出，故这三个方程中仅含有三个未知量，所以这三个未知量都可以求解，最后再利用式(9)，即可求出所有未知量。

比较解法一和解法二可以看出，解法一需要联立六个平衡方程求解，单独的三个方程求不出任何一个未知量。而解法二中，先取整体为研究对象，列一个平衡方程就可以解出一个未知量，后面逐个解方程均可求解出未知量，从而避免了联立方程组求解。而且当取系统整体为研究对象时可以不用考虑某些点处的内力，从而使系统受力图简化。因此解法二相对解法一来说，要容易求解。以后在求解物体系平衡问题时，应该先分析能否以整体为研究对象求出某些力，若可以，一般都先研究整体，再取其中某个物体为研究对象求解。

例 3-7　图 3-21(a)所示系统由杆 AB，CD 和滑轮 D 组成。A，B，C，D 处均为光滑铰链，物块重 $\boldsymbol{G}$，通过绳子绕过滑轮水平地连接于杆 AB 的 E 点，各构件自重不计，试求 B 处的约束力。各构件尺寸如图所示。

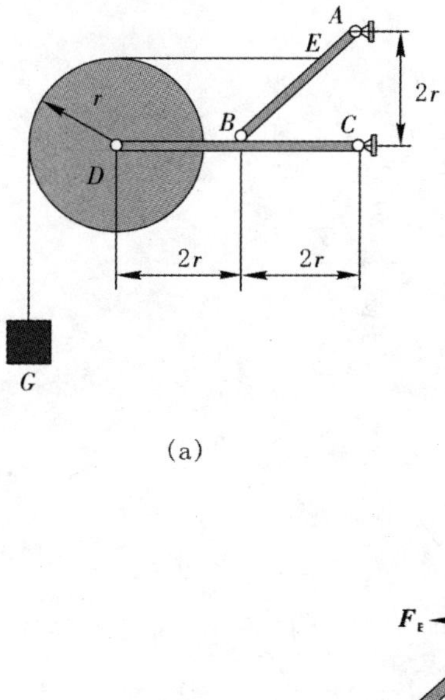

(a)

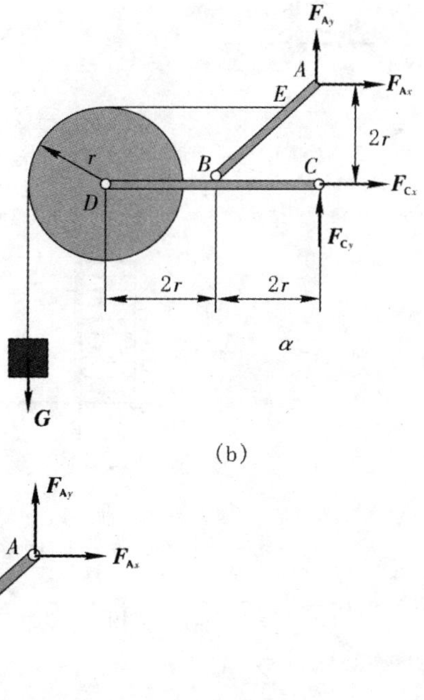

(b)

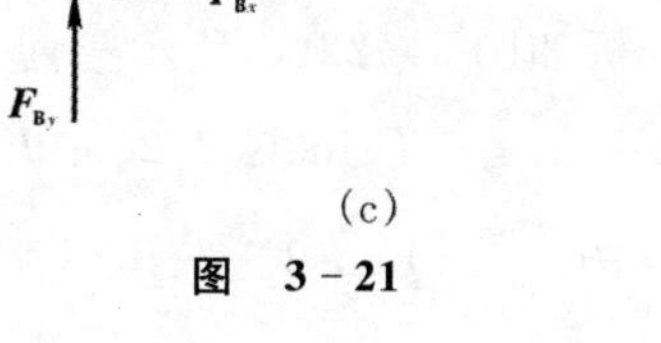

(c)

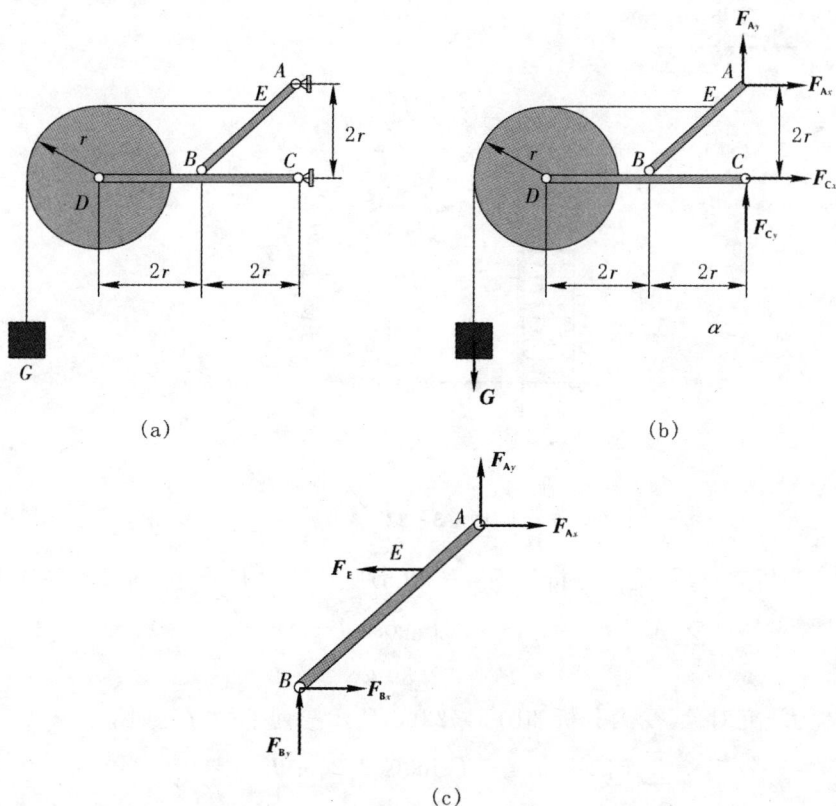

图　3-21

解:取整体为研究对象,受力分析如图 3-21(b)所示,对 C 点求矩,列以下平衡方程:

$$\sum M_C(\boldsymbol{F}) = 0,\quad 5r \times G - 2r \times F_{Ax} = 0$$

解得

$$F_{Ax} = 2.5\,G$$

再取杆 AB 为研究对象,受力分析如图 3-21(c)所示。列以下平衡方程:

$$\sum F_x = 0,\quad F_{Ax} - F_{Bx} - F_E = 0$$

$$\sum M_A(\boldsymbol{F}) = 0,\quad 2r \times F_{Bx} - 2r \times F_{By} - r \times F_E = 0$$

联立求解可得

$$F_{Bx} = -1.5\,G,\qquad F_{By} = -2\,G$$

例 3-8 如图 3-22(a)所示,已知在杆 AC 的 AE 段作用着均布力,分布密度为 $q = 3$ kN/m,杆 BC 上作用着主动力 $\boldsymbol{F}$ 和主动力偶 M,$F = 4$ kN,$M = 2$ kN·m。A 处为固定端约束,B 处为活动铰支。$CD = BD$,$AC = 4$ m,$CE = EA = 2$ m,各杆件自重不计。试求 A 和 B 处的支座约束力。

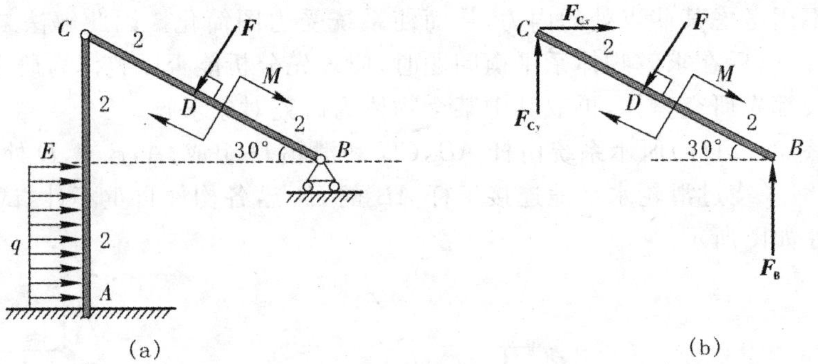

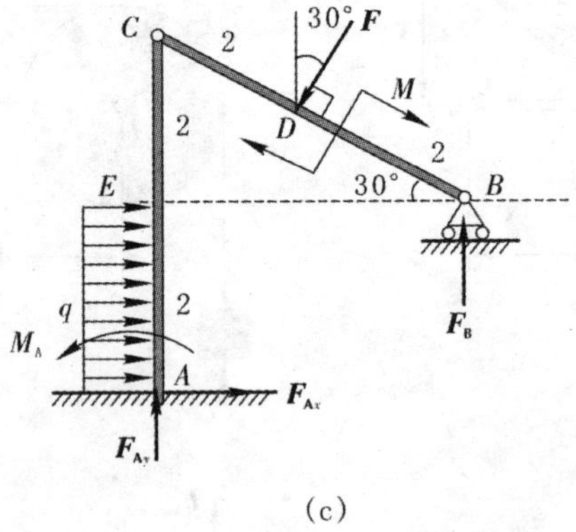

图 3-22

解:取 BC 为研究对象,受力分析如图 3-22(b)所示。对 C 求矩,列以下平衡方程:

$$\sum M_C(\boldsymbol{F}) = 0,\qquad 4F_B\cos 30^\circ - 2F - M = 0$$

解得

$$F_B = 2.89\ \text{kN}$$

再取整体为研究对象,受力分析如图 3-22(c)所示。列平衡方程如下:

$$\sum F_x = 0,\quad -F\sin 30^\circ + 2q + F_{Ax} = 0$$

$$\sum F_y = 0,\quad -F\cos 30^\circ + F_B + F_{Ay} = 0$$

$$\sum M_A(\boldsymbol{F}) = 0$$

$$M_A - M - 2q \times 1 + 4F_B\cos30° + F\sin30°(2 + 2\sin30°) - F\cos30° \times 2\cos30° = 0$$

解得

$$F_{Ax} = 47.5\ \text{kN},\quad F_{Ay} = 0.58\ \text{kN},\quad M_A = -2\ \text{kN}\cdot\text{m}$$

也可以取杆 AC 为研究对象，列方程 $\sum M_C = 0$，同样也可求解。

3.10　简单平面桁架的内力计算

桁架是常见的工程结构，在房屋建筑、桥塔、起重机械中都有广泛的应用。如图 3-23 所示是一些常见桁架结构。

(a)

(b)

(c)

(d)

图　3-23

桁架的构成具有不同的形式。最简单的桁架是由一些细直杆连接组成一些三角形，其连接点称为节点。各杆件位于同一平面内的桁架称为平面桁架。

图 3-24 所示分别为普通屋顶桁架和桥梁桁架。这些平面桁架可看作一个基本三角框(见图 3-25)上陆续添加一些杆件和节点而成。每次添加两个杆件和一个节点时，所得的结构物始终保持其坚固性。这样的桁架称为简单平面桁架。显然，若在这种桁架中除去任何一个杆件，都会使桁架失去稳固性。反之，如果不增加节点而添加一些杆件，则就其保证桁架的

稳固性来说，这些添加的杆件是多余的。具有这种多余杆件的桁架，称为有余杆桁架。

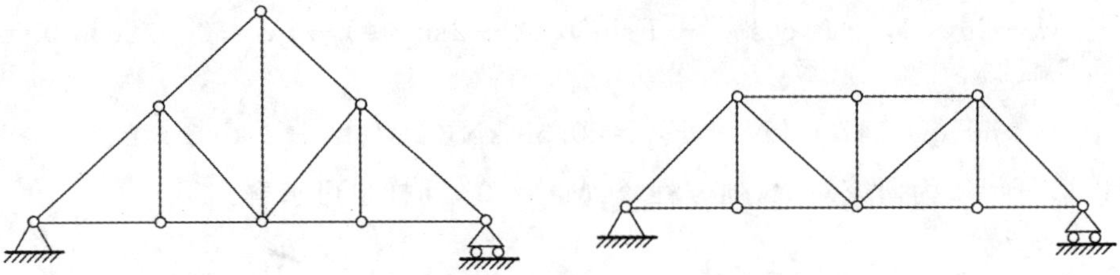

图 3-24

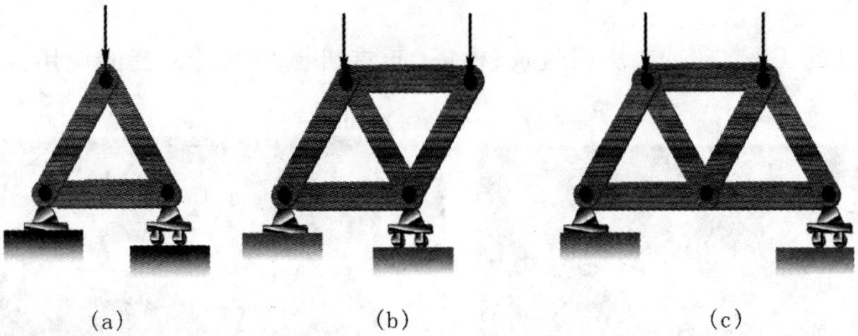

图 3-25

在简单平面桁架中，杆件的数目 m 与节点的数目 n 之间有一定的关系。基本三角形框的杆件数和节点数各等于 3。此后添加的杆件数 $m-3$ 与节点数 $n-3$ 之间的比例是 2∶1。于是可得 m 与 n 之间的关系式为

$$m-3=2(n-3)$$

即

$$m+3=2n \tag{3-19}$$

在设计桁架时，须计算在载荷作用下桁架各杆件所受的力（杆件的内力）。为了简化计算，工程上一般作如下相对安全的假定：

1）各杆件都是直杆，并用光滑铰链连接；

2）杆件所受的外载荷都作用在各节点上（见图 3-25），并且各力的作用线都在桁架平面内；

3）各杆件本身的重量忽略不计，或者被当作外载荷平均分配在杆件两端节点上。

在这些假设下，每一杆件都是二力体，只在两端铰接处受力。这些力的方向只能沿杆件的轴线，但既可以是拉力，也可以是压力。为便于进行系统化的分析，在受力图上，假定各杆件都受拉，即把各杆施加于其两端节点的力都画为沿杆件且背离节点。如果某个未知力求出后得到的是负值，则表明该杆承受压力。

为确定有多少个独立的平衡方程，可逐一取各节点作为研究对象。每个节点受平面共点力系的作用，故能写出两个独立的平衡方程。n 个节点共给出 $2n$ 个独立的平衡方程（再取桁架整体或任何一段作为研究对象，并不会给出新的独立平衡方程）。m 个杆件共有 m 个未知内力，对于支承平面任意力系的平面桁架能求出的支座反力未知量不应多于 3 个。故未知量总数不

应多于 $m+3$ 个。由式(3-19)可知，独立平衡方程的总数 $m+3$ 不少于未知量总数。因此，求解简单平面桁架(无余杆)的各杆件内力的问题是静定问题。

计算桁架杆件内力的常用方法有节点法和截面法。节点法的基本思路是应用共点力系平衡条件，逐一研究桁架上每个节点的平衡。截面法的基本思路是应用平面任意力系的平衡条件，研究桁架由截面切出的某些部分的平衡。

例 3-9　如图 3-26(a)所示平面桁架，求各杆内力。已知铅垂力 $F_C=4$ kN，水平力 $F_E=2$ kN。

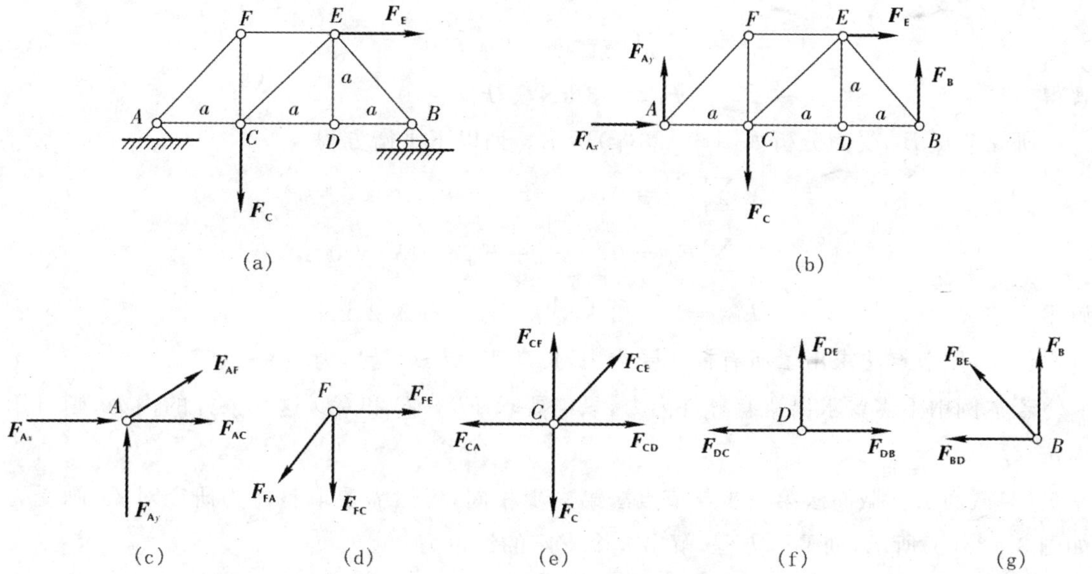

图　3-26

解：(1)节点法。取整体为研究对象，受力分析如图 3-26(b)所示。列以下平衡方程：

$$\sum F_x=0,\quad F_{Ax}+F_E=0$$

$$\sum F_y=0,\quad F_B+F_{Ay}-F_C=0$$

$$\sum M_A(\boldsymbol{F})=0,\quad -F_C\times a-F_E\times a+F_B\times 3a=0$$

联立求解得

$$F_{Ax}=-2\text{ kN},\quad F_{Ay}=2\text{ kN},\quad F_B=2\text{ kN}$$

研究节点 A，受力分析如图 3-26(c)所示。列以下平衡方程：

$$\sum F_x=0,\quad F_{Ax}+F_{AC}+F_{AF}\cos45^\circ=0$$

$$\sum F_y=0,\quad F_{Ay}+F_{AF}\cos45^\circ=0$$

解得

$$F_{AF}=-2\sqrt{2}\text{ kN},\quad F_{AC}=4\text{ kN}$$

研究节点 F，受图分析如图 3-26(d)所示。列以下平衡方程：

$$\sum F_x=0,\quad F_{FE}+F_{FA}\cos45^\circ=0$$

$$\sum F_y=0,\quad -F_{FC}-F_{FA}\cos45^\circ=0$$

解得 $F_{FE}=-2\ \text{kN},\quad F_{FC}=2\ \text{kN}$

研究节点 C，受力分析如图 3-26(e)所示。列以下平衡方程：

$$\sum F_x=0,\quad F_{CA}+F_{CD}+F_{CE}\cos45^\circ=0$$

$$\sum F_y=0,\quad -F_C+F_{CF}+F_{CE}\cos45^\circ=0$$

研究节点 D，受力分析如图 3-26(f)所示。列以下平衡方程：

$$\sum F_x=0,\quad F_{DB}-F_{DC}=0$$

$$\sum F_y=0,\quad F_{DE}=0$$

解得 $F_{DB}=3\ \text{kN},\quad F_{DE}=0$

研究节点 B，受力分析如图 3-26(g)所示。列以下平衡方程：

$$\sum F_x=0,\quad -F_{BD}-F_{BE}\cos45^\circ=0$$

$$\sum F_y=0,\quad F_B+F_{BE}\cos45^\circ=0$$

解得 $F_{BD}=-2\sqrt{2}\ \text{kN},\quad F_{BE}=-2\sqrt{2}\ \text{kN}$

至此，用节点法求出了所有杆所受内力，负数表示杆承受压力。

若本例中不需要求出所有杆件内力，只需要求 FE，CE 和 CD 这 3 根杆的内力，则可用截面法求取。

(2)截面法。截面法第一步与节点法第一步相同，仍然需要取整体为研究对象，画受力图如图 3-26(b)所示，列平衡方程，解出 3 个支座的约束力。

如图 3-27(a)所示，作一截面 m—m 将 FE，CE 和 CD 这 3 根杆截断，取左部分为研究对象，受力分析如图 3-27(b)所示。列以下平衡方程：

$$\sum F_x=0,\quad F_{CD}+F_{Ax}+F_{FE}+F_{CE}\cos45^\circ=0$$

$$\sum F_y=0,\quad F_{Ay}-F_C+F_{CE}\cos45^\circ=0$$

$$\sum M_C(F)=0,\quad -F_{FE}\times a-F_{Ay}\times a=0$$

解得 $F_{CE}=-2\sqrt{2}\ \text{kN},\quad F_{CD}=2\ \text{kN},\quad F_{FE}=-2\ \text{kN}$

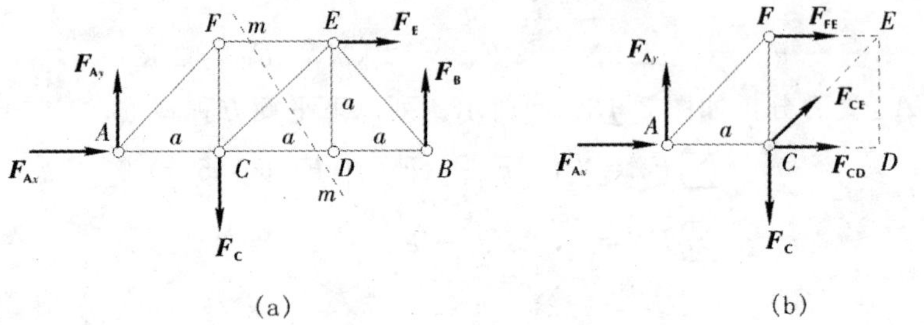

图 3-27

习 题 三

3-1 试求题图 3-1 中各力 $\boldsymbol{F}$ 对点 O 的矩，已知 $a=60\ \text{cm}$，$b=20\ \text{cm}$，$r=3\ \text{cm}$，$P=400\ \text{N}$。

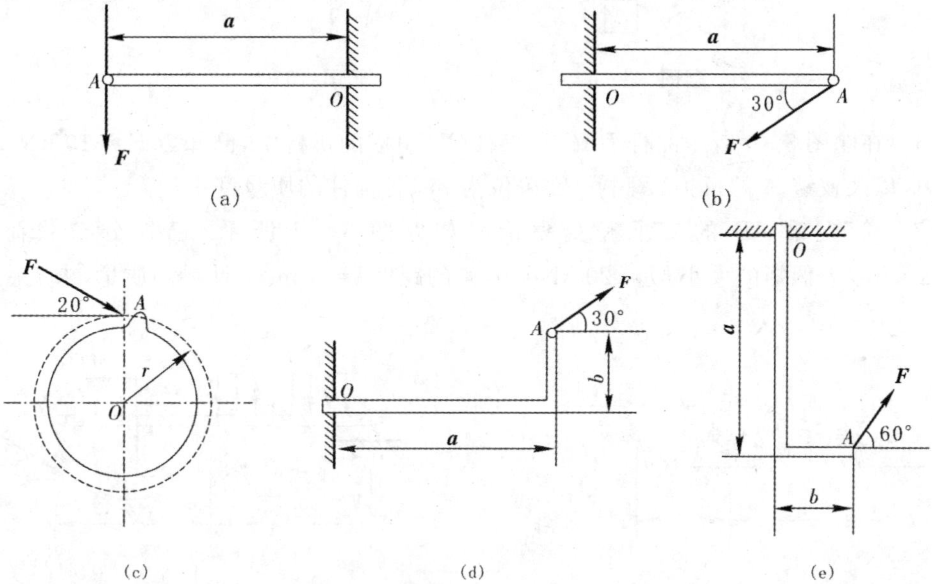

题图 3-1

3-2 力 $\boldsymbol{F}_1$，$\boldsymbol{F}_2$，$\boldsymbol{F}_3$ 的大小各等于 100 N，分别沿着边长为 20 cm 的等边三角形 ABC 平板的每一边作用，方向如题图 3-2 所示。试求这三个力的合成结果。

3-3 如题图 3-3 所示，边长 $a=2$ m 的正方形平板 $OABC$ 的 A，B，C 三点上作用 4 个力：$F_1=3\ \text{kN}$，$F_2=5\ \text{kN}$，$F_3=6\ \text{kN}$，$F_4=4\ \text{kN}$。求这 4 个力组成的力系向点 O 的简化结果和最后合成结果。

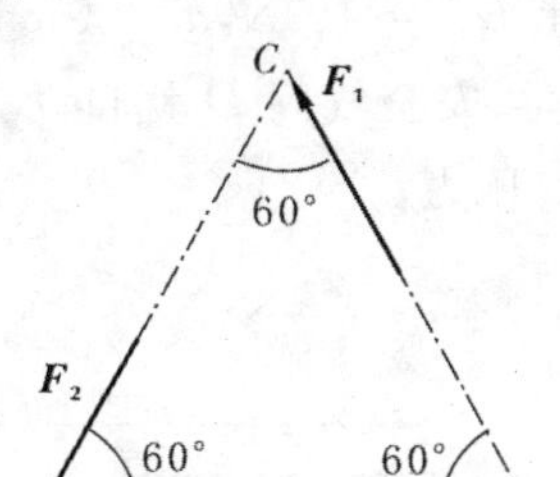

题图 3-2

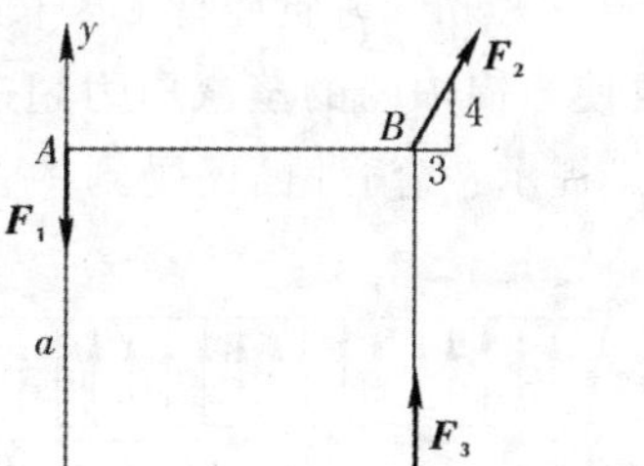

题图 3-3

3-4 如题图 3-4 所示的起重机，其水平梁 AB 长 l，在 A 端以铰链固定，另一端与拉杆 BC 铰接，拉杆与水平梁的夹角为 θ，重 $\boldsymbol{G}$ 的物体 E 可在梁上移动。若不计梁和杆的质量，求拉杆 BC 的拉力、铰链 A 的反力与重物位置 x 的关系。

3-5 题图 3-5 所示起重机臂 AB 长 $l=38\ \text{cm}$，重 $G=130\ \text{kN}$，重心在中点 C；A 端用铰链固定，BD 为钢绳。求当吊起的物体 E 重 $G_1=400\ \text{kN}$ 时，绳所受的力以及铰链 A 的反力。

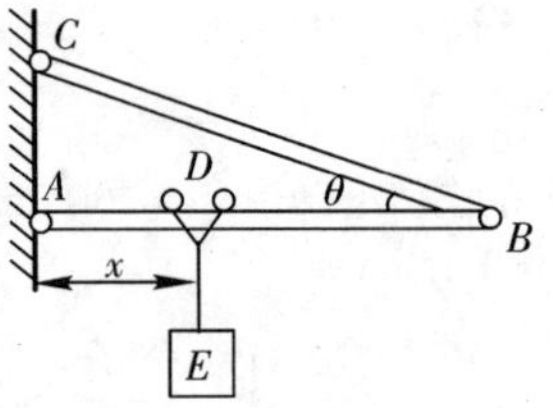

题图　3－4

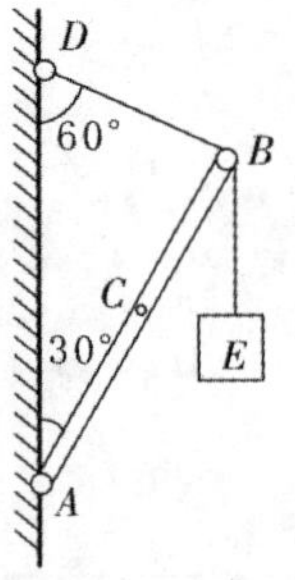

题图　3－5

3－6　在题图 3－6 所示曲杆 BAC 和直杆 CD 组成的机构中，已知力 $F = 10$ kN，求杆 CD 所受的力，以及铰链 A 的反力。图中长度单位为 m，各构件的质量都不计。

3－7　简支梁 AB 的支承和受力情况如题图 3－7 所示。已知分布载荷的集度 $q = 20$ kN/m，力偶矩的大小 $M = 20$ kN·m，梁的跨度 $l = 4$ m。不计梁的质量，求支座 A，B 的反力。

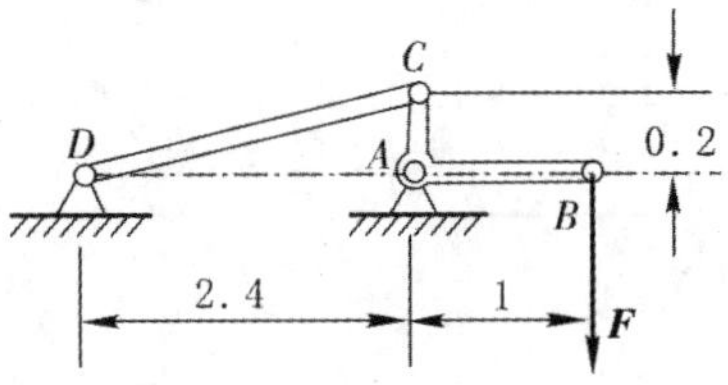

题图　3－6

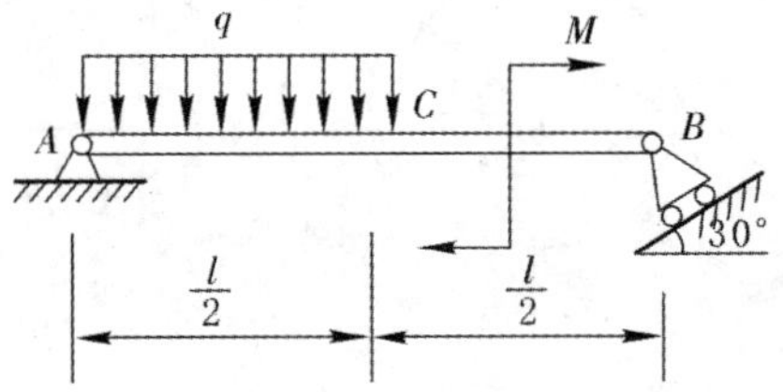

题图　3－7

3－8　机翼可简化为水平梁 AB，它与机身的连接和受力情况如题图 3－8 所示。已知机翼重 $G = 2$ kN，假设升力为均布荷载，集度 $q = 2$ kN/m，求撑杆 CD 所受的力以及铰链 A 的反力。撑杆的质量忽略不计，图中长度单位为 m。

3－9　题图 3－9 所示的蒸汽锅炉，其安全气门 D 用杠杆 OAB 和平衡锤 E 来平衡。已知气门 D 的面积 $S = 25\ \text{cm}^2$；匀质杠杆 OB 长 $l = 40$ cm，重 $G_1 = 10$ N，$a = 5$ cm；平衡锤 E 重 $G_2 = 325$ N。要使当锅炉内的蒸汽压力超过 100N/cm^2 时，安全气门 D 就自动打开。求平衡锤的悬挂位置 x。提示：气门外面还受到 $10\ \text{N/cm}^2$ 的空气压力。

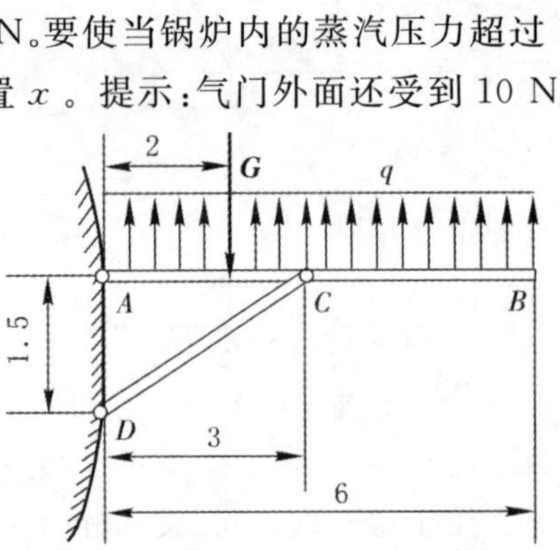

题图　3－8

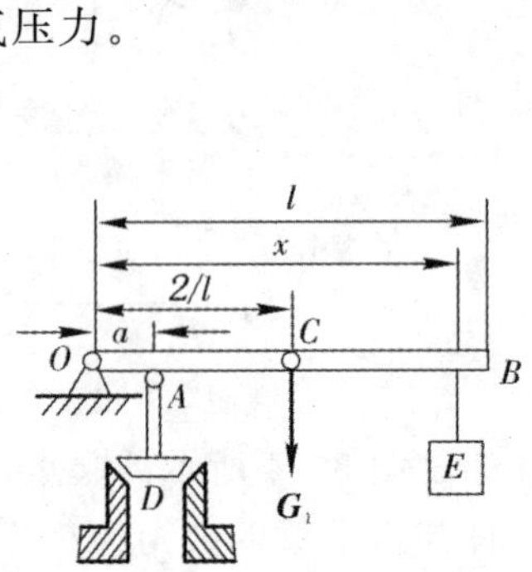

题图　3－9

3－10　如题图 3－10 所示，某机翼上安装一台动力装置，作用在机翼 OA 上的气功力按梯形分布，$q_1 = 600\ \text{N/cm}$，$q_2 = 400\ \text{N/cm}$，机翼重 $G_1 = 45\ \text{kN}$，动力装置重 $G_2 = 20\ \text{kN}$，发动机螺旋桨的反作用力偶矩的大小 $M = 18\ \text{kN}\cdot\text{m}$。求当机翼处于平衡状态时，机翼根部固定端 O 的约束力和约束力偶。

3-11　飞机（或汽车）称重用的地秤简化如题图 3-11 所示。其中 AOB 是杠杆，可绕轴 O 转动，BCE 是整体台面。已知 $AO = b$，$BO = a$。试求平衡砝码的重量 G_1 和被称物体重量 G_2 之间的关系。其余构件的质量不计。

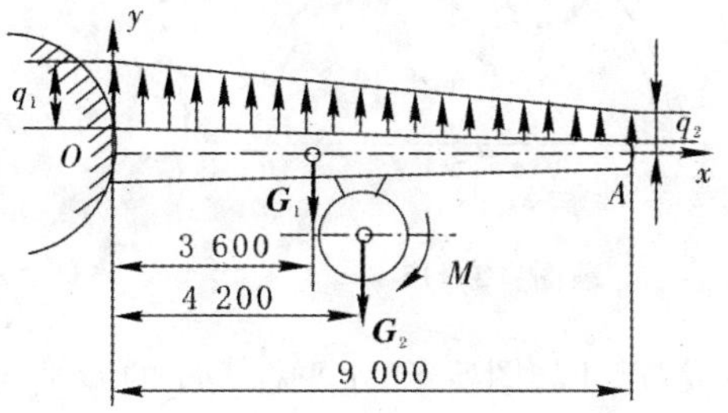

题图　3-10

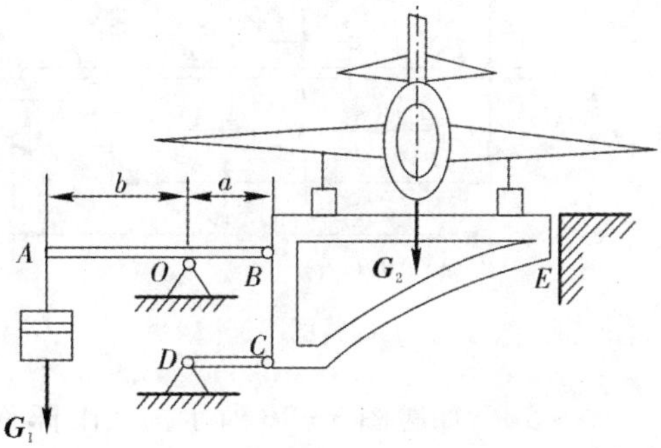

题图　3-11

3-12　如题图 3-12 所示支架 CDE 上受到均布荷载作用，荷载集度 $q = 100\ \text{N/m}$，支架的一端 E 悬挂重 $G = 500\ \text{N}$ 的物体。尺寸如图所示，CG 为绳索。如果不计其余构件的质量，试求支座 A 的约束力及撑杆 BD 所受的压力。

3-13　如题图 3-13 所示，支架由两杆 AD，CE 和滑轮等组成，B 处是铰链连接，尺寸如图所示。在滑轮上吊有重 $G = 1\ 000\ \text{N}$ 的物体。如果不计其余构件的质量，试求支座 A 和 E 的约束力。

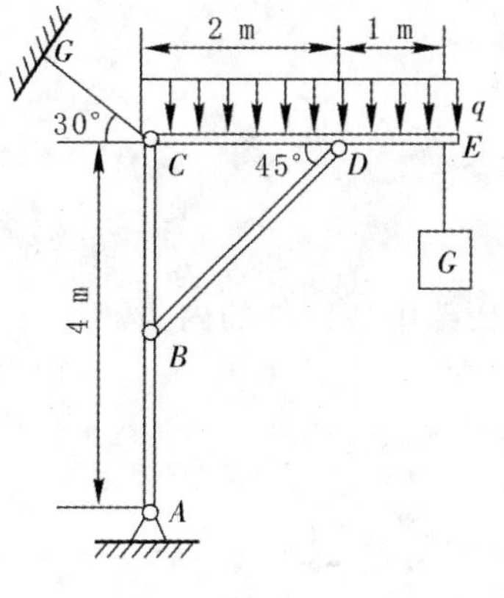

题图　3-12

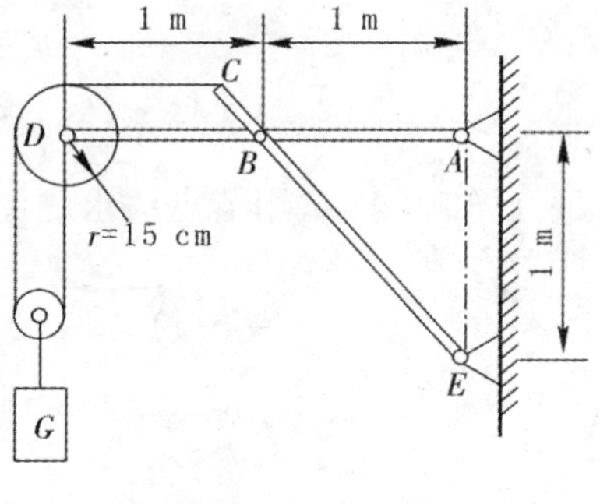

题图　3-13

3-14　如题图 3-14 所示，起重机放于复合梁上，起吊的重物重 $G_1 = 10\ \text{kN}$，起重机 $G = 40\ \text{kN}$，其重心在铅垂线 KC 上，梁的质量不计。试求 A，B 两端支座反力。尺寸如图所示。

3－15　如题图 3－15 所示光滑圆盘 D 重 $G = 147$ N，半径 $r = 10$ cm，放在半径 $R = 50$ cm 的半圆拱上，并用曲杆 $BECD$ 支撑。如果不计其余构件的质量，试求铰链 B 所受的力以及支座 C 的反力。

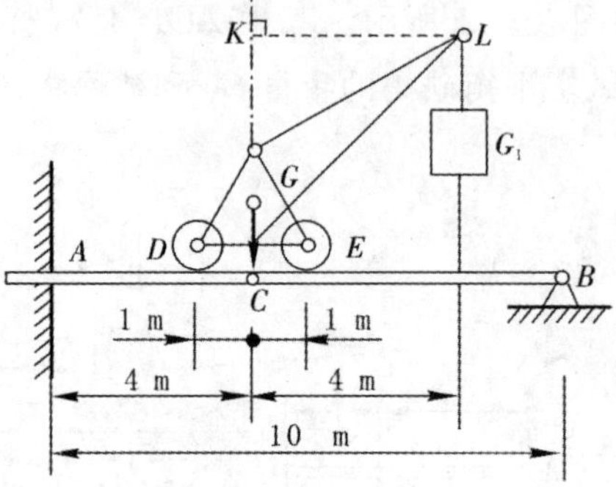

题图　3－14

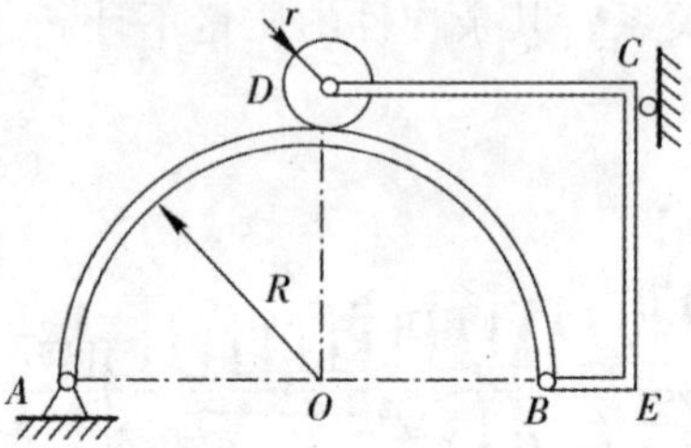

题图　3－15

3－16　如题图 3－16 所示构架由杆 AB，AC，DH 组成，尺寸如图所示。水平杆 DH 的 D 端与杆 AB 铰接，固连在中点的销钉 E 则可在杆 AC 的光滑斜槽内滑动，而在其自由端作用着铅锤力 F。如果不计各杆的质量，试求支座 B 和 C 的约束力及作用在杆 AB 上 A，D 两点的约束力。

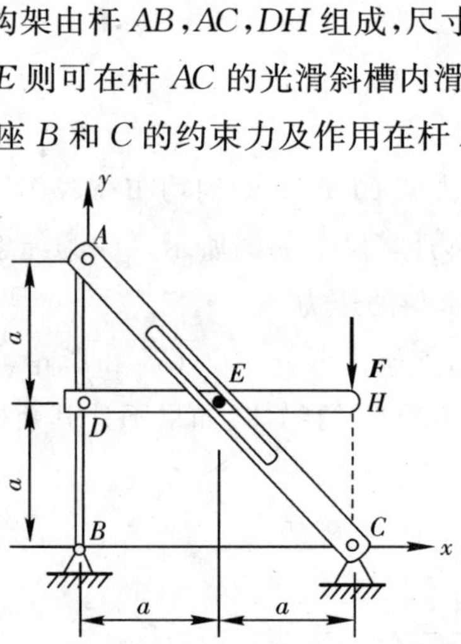

题图　3－16

3－17　已知力 $\boldsymbol{F}$，试用节点法求题图 3－17 所示各桁架中各杆件的内力。

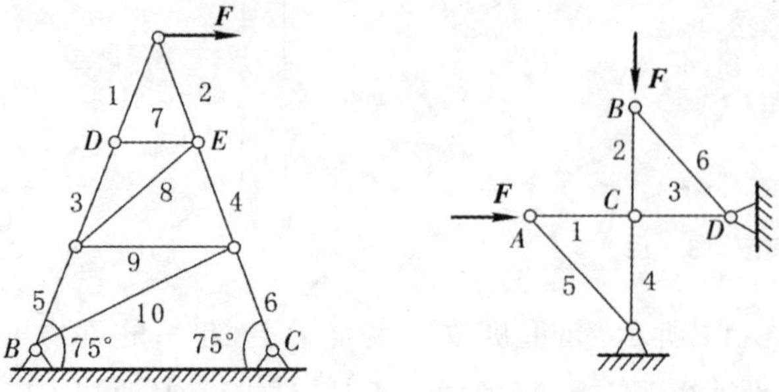

(a)　　　　(b)

题图　3－17

3-18　已知力 $\boldsymbol{F}$,试用截面法求题图 3-18 所示各桁架中杆 1、杆 2 和杆 3 的内力。

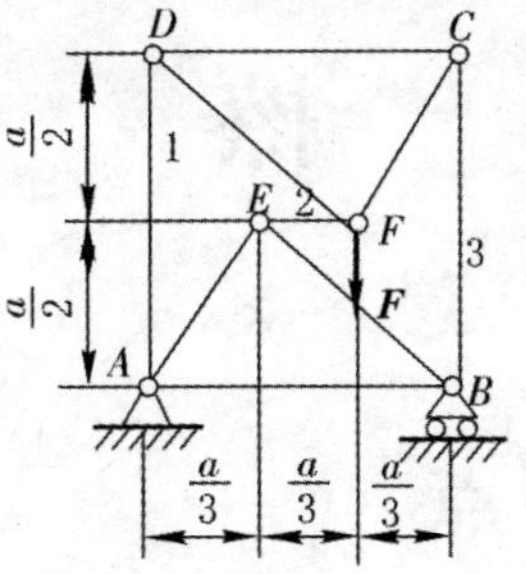

(a)

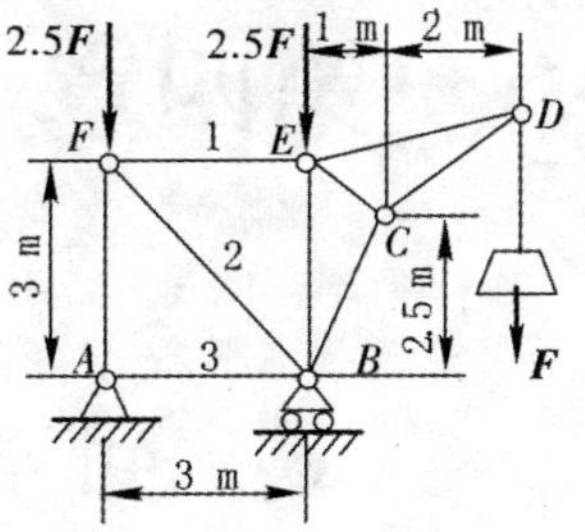

(b)

题图　3-18

第四章　摩　　擦

知 识 要 点

1. 基本概念

(1)滑动摩擦。

两个相互接触的物体，当它们发生沿接触面的相对滑动或有相对滑动的趋势时，彼此间产生阻碍这个运动的切向阻力称为滑动摩擦力。滑动摩擦可分为 3 种情况。

1)当两物体有相对滑动的趋势，但尚未发生相对滑动时，摩擦力为静滑动摩擦力，其大小 F_f 与主动力大小有关，在 0 到最大静摩擦力 F_{max} 之间取值，即 $0 \leqslant F_f \leqslant F_{max} = f_s F_N$，摩擦力的方向与两物体接触处的相对滑动趋势方向相反。

2)当物体处于即将发生相对滑动的临界平衡状态时，摩擦力达到最大静滑动摩擦力，最大静摩擦力 $F_{max} = f_s F_N$，摩擦力的方向与两物体接触处的相对滑动趋势方向相反。

3)当两物体发生相对滑动时，摩擦力为动滑动摩擦力，其大小 $F_d = f_d F_N$，摩擦力的方向与两物体接触处的相对滑动方向相反。

(2)摩擦角与自锁现象。

1)摩擦角：当处于临界平衡时，摩擦力达到极限值最大静摩擦力 $\boldsymbol{F}_{max}$，由最大静摩擦力 $\boldsymbol{F}_{max}$ 和法向反力 $\boldsymbol{F}_N$ 形成的全反力与接触处的公法线间的夹角称为摩擦角 φ_m。摩擦角的正切等于静摩擦因数，即 $\tan\varphi_m = f_s$。

2)摩擦自锁现象：若作用于物体的主动力的合力作用线在摩擦锥以内且方向指向接触点，则不论这个力多大，支承面总能产生反力来和它平衡，而不能使物体运动。这种现象称为摩擦自锁。

(3)滚动摩阻。

当一个物体沿着另一个物体表面滚动或具有滚动的趋势时，除可能受到滑动摩擦力外，还要受到一个阻力偶的作用。这个阻力偶称为滚动摩阻。

在每一个具体条件下，滚阻力偶矩具有极限值 M_{max}，可计算为 $M_{max} = \delta F_N$，其中 δ 称为滚阻系数。

2. 考虑滑动摩擦时的平衡问题

(1)平衡范围分析法：当物体平衡时，摩擦力的大小应在 0 和最大静摩擦力之间，即

$$0 \leqslant F \leqslant F_{max}$$

(2)临界平衡分析法：当物体处于临界平衡状态时，则此时摩擦力为最大静摩擦力，即

$$F = F_{max} = f_s F_N$$

因此，当求解考虑滑动摩擦时的平衡问题时，只需在列写系统平衡方程之后添加上述两个补充方程中的一个，联立方程组求解即可。

4.1 摩擦的概念

摩擦是自然界最普遍存在的现象之一，它既可以起积极作用，也可以起消极作用。一方面，摩擦是我们生活和生产中所不可缺少的。例如鞋底的花纹，汽车轮胎上的胎纹(见图 4-1)就是为了增大摩擦，当摩擦太小时，人不便行走，车辆不能行驶；有时，还直接利用摩擦来传输动力，以完成特定的工作。在这些情形下，需要尽可能地增大摩擦。而另一方面，摩擦又有着十分不利的影响。例如机械加工的动力绝大部分消耗于摩擦，机器运动部件的磨损也主要由摩擦导致，仪表往往因摩擦而降低精密度。这时，必须尽最大努力去减小摩擦，限制它的消极作用。综上，必须通过试验研究和理论分析，逐步掌握摩擦现象的本质和规律，才能使其服务于人们的需要。

摩擦现象是极其复杂的，根据物理本质的不同，可区分干摩擦和湿摩擦两大类。干摩擦也称为滑动摩擦，它发生于固体间直接接触的表面之间，例如，当用磨刀石来锋利刀片时，磨刀石和刀片之间会产生干摩擦，同时会产生大量的热，如图 4-2 所示。若固体间存在某些液体(例如轴承间的润滑剂)，则此时出现的摩擦是湿摩擦，它由液体内部的黏性引起并与液体的运动有关。在刚体静力学里，我们只研究干摩擦。

(a)　(b)

图 4-1

图 4-2

4.2 滑动摩擦定律

两个相互接触的物体，当其发生沿接触面的相对滑动或有相对滑动的趋势时，彼此间产生阻碍这个运动的力，称为滑动摩擦力。当尚未发生相对滑动时出现的是静摩擦力，在相对滑动中出现的则是动摩擦力。

1. 静摩擦力的性质

图 4-3(a)所示实验用以研究摩擦力的规律。在固定的水平面上放置重为 $\boldsymbol{G}$ 的物体，借软绳、砝码对其施加水平力 $\boldsymbol{F}_Q$。若水平面是理想光滑的，物体将只产生铅直反力 $\boldsymbol{F}_N$ 该力仅能平衡物块的重力 $\boldsymbol{G}$。于是，不论 $\boldsymbol{F}_Q$ 如何小，都足以破坏物块的静止状态，使其沿水平面滑动。但实验指出，只要 $\boldsymbol{F}_Q$ 的大小不超过某一限度，物块能始终保持静止。这说明，支承面在某种程度上阻碍了物块沿水平面滑动，即除了产生法向反力 $\boldsymbol{F}_N$ 外，还产生了某个水平阻力 $\boldsymbol{F}$ 来平衡拉力 $\boldsymbol{F}_Q$。力 $\boldsymbol{F}$ 称为支承面对物块的切向反力或静摩擦力。

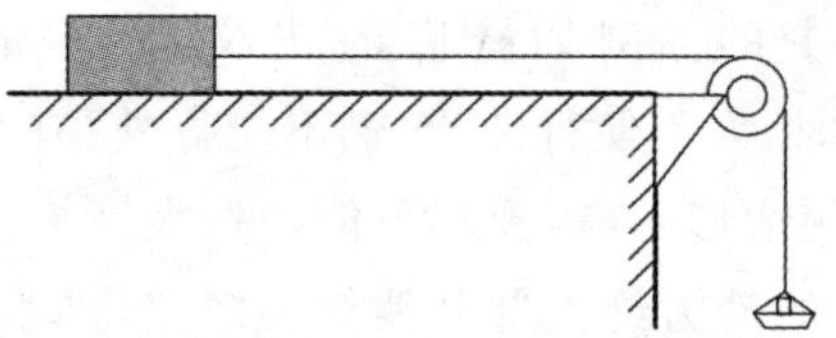

(a)

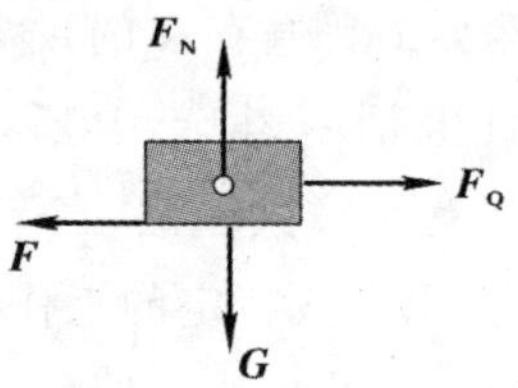

(b)

图 4-3

继续考察上述物块。当力 $\boldsymbol{F}_Q$ 不大、物块静止时，总有 $F_N = G, F = F_Q$；随着砝码加重，力 $\boldsymbol{F}_Q$ 也增大，物块运动的趋势也增强；但静摩擦力 $\boldsymbol{F}$ 也在相应地增大，故能继续保持与力 $\boldsymbol{F}_Q$ 平衡，直到 $\boldsymbol{F}_Q$ 的值达到某个极限值。此后，即使 $\boldsymbol{F}_Q$ 只有微小的增大，物块将由静止开始运动 —— 向右滑动。这说明摩擦力有最大值 $\boldsymbol{F}_{max}$，即静摩擦力只能在一定范围 $0 \leqslant F \leqslant F_{max}$ 内变化。

法国学者库伦通过大量试验制定了关于摩擦的极限摩擦定律：静摩擦力的最大值 F_{max} 与物体对支承面的正压力或法向反作用力 F_N 成正比，即有下述关系：

$$F_{max} = f_s F_N \tag{4-1}$$

式中，f_s 是无量纲的比例系数，称为静摩擦因数。该因数的大小与互相接触物体的材料及其表面情况(粗糙程度、湿度、温度等)有关，但粗略地说，f_s 与接触面面积的大小无关。

各种材料在不同接触表面下的静摩擦因数只能由试验测定。在工程手册中，通常都附有相关材料之间的静摩擦因数表，以备查用。表 4-1 摘录了几种材料的静摩擦因数的值。

表 4-1 几种典型材料间的静摩擦因数

接触材料	静摩擦因数
金属对冰	0.03～0.05
木材对木材	0.30～0.70
皮革对木材	0.20～0.50
皮革对金属	0.30～0.60
铝对铝	1.10～1.70

应当注意，对于特殊的设计，摩擦因数可以超过 1.0，甚至再增大几倍。赛车的轮胎对路面的摩擦就是这样的。

应该指出，式(4-1)的表述是非常粗略的，但至今仍然沿用，因为它能给出初步的近似计算，并且极为简单，便于运算。但是对于不同的工作范围和工作条件，摩擦因数往往有很大出入。在实践中，为了得到比较精确的结果，可对特定工作条件下的摩擦因数作专门的测定。

2. 动摩擦力的性质

静摩擦力到达极限值的情况称为临界状态。此时，如果再增大 $\boldsymbol{F}_Q$，物块将开始滑动，这时 $\boldsymbol{F}$ 将转变为动摩擦力 $\boldsymbol{F}_d$。由实验还测知，动摩擦力 $\boldsymbol{F}_d$ 有下列性质：

1）动摩擦力 $\boldsymbol{F}_d$ 的方向与物体相对滑动的速度方向相反；

2）动摩擦力的大小 F_d，正比于两个相接触物体间的正压力（或法向反力），即 $F_d = f_d F_N$，其中 f_d 是动摩擦因数；

3）动摩擦因数 f_d 略小于静摩擦因数，并与两个相接触物体的材料以及接触表面的情况有关；

4）动摩擦因数 f_d 也与两物体的相对速度有关。随着相对速度的增大，动摩擦因数一般是递减的（也有例外情形），最后趋近于某个稳定值。在实际应用时，动摩擦因数也要根据具体条件，通过试验测定。

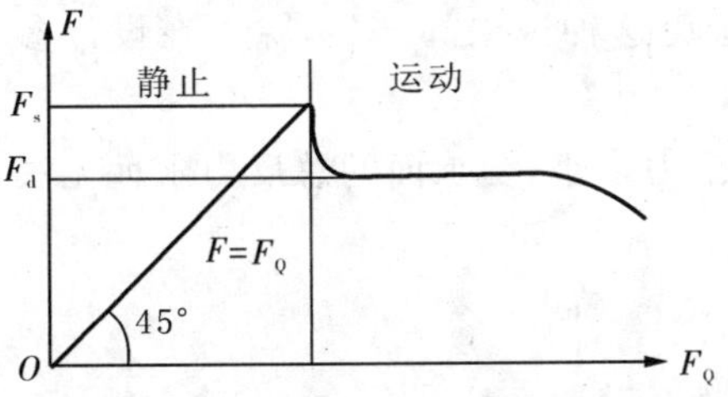

图　4－4

摩擦力 $\boldsymbol{F}$ 随主动力 $\boldsymbol{F}_Q$ 的变化情况定性地如图4－4所示。从图中可看出：

1）当物体平衡时，摩擦力是静摩擦力，其大小总是等于 F_Q。

2）F_s 是物体要保持平衡的静摩擦力的极值，即 F_{max}。

3）当物体在接触面上开始滑动以后，摩擦力变成动摩擦力 $\boldsymbol{F}_d$。由于动摩擦因数略小于静摩擦系数，所以 F_d 一般小于 F_s。另外，当 F_Q 很大且物体的运动速度也增至很大时，摩擦因数就开始下降了。

3. 摩擦角和摩擦锥

在有关摩擦的研究中，还应提出摩擦角这个概念。当存在摩擦力时，支承面的反力包括两个分量：法向反力 $\boldsymbol{F}_N$ 和切向反力（即摩擦力）$\boldsymbol{F}$。这两个分量的矢量和 $\boldsymbol{F}_R = \boldsymbol{F}_N + \boldsymbol{F}$ 称为支承面的总反力，其方向对支承面在接触点的法线成某一偏角 φ，且 $\tan\varphi = F/F_N$。当临界平衡时，摩擦力达到极限值 F_{max}，总反力对法线的偏角也到达最大值 φ_f（见图 4－5(a)）。总反力的这个最大偏角 φ_f 称为该支承面的摩擦角，由图可得

$$\tan\varphi_f = \frac{F_{max}}{F_N} = \frac{fF_N}{F_N} = f \tag{4-2}$$

即，摩擦角的正切等于静摩擦因数。

例如，在临界状态下，水平力 $\boldsymbol{F}_Q$ 在水平面内的方向可以任意改变，则极限摩擦力 $\boldsymbol{F}_{max}$ 以及临界总反力 $\boldsymbol{F}_{Rm}$ 的方向也将随之改变。力 $\boldsymbol{F}_Q$ 绕接触点转一圈，临界总反力 $\boldsymbol{F}_{Rm}$ 的作用线将绕水平面的法线画出一个以接触点为顶点的锥面（见图 4－5(b)）。此锥面称为摩擦锥。若物块与支承面间沿任何方向的摩擦系数都相同，则对应的 φ_f 也相同。此时摩擦锥将是一个顶角为 $2\varphi_f$ 的圆锥。

摩擦角和摩擦锥可以更形象地说明当存在摩擦时的平衡状态。当物体静止在支承面时，支承面的总反力对法向反力的偏角不大于摩擦角。或更形象地说，当平衡时，支承面总反力的作用线不越出摩擦锥。由于摩擦锥的这个性质，可得出如下的重要结论。

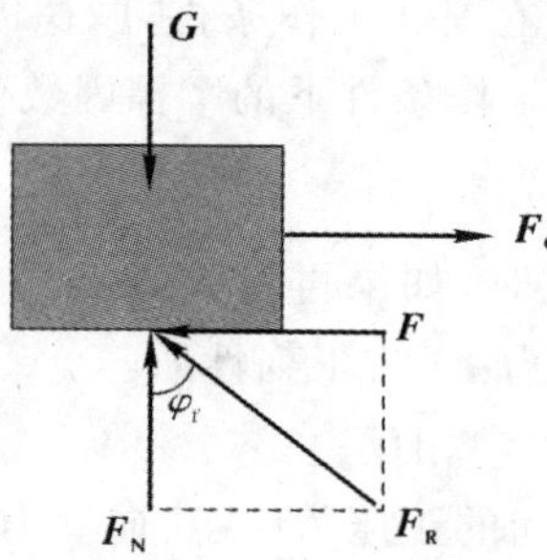

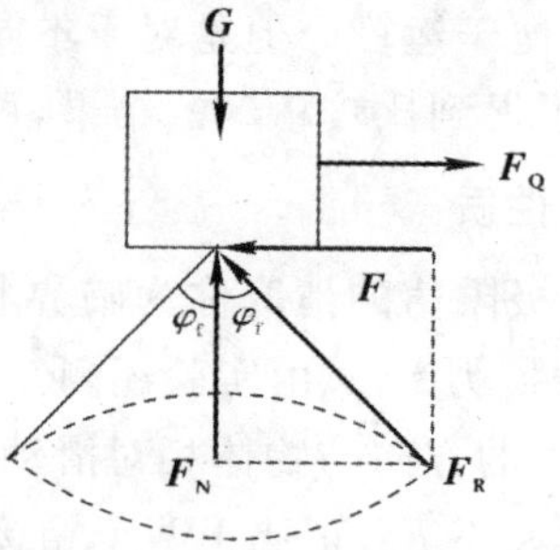

图 4-5

1)如果作用于物体的主动力的合力作用线在摩擦锥以内,则不论这个力多大,支承面总能产生反力来和它平衡。这种现象称为自锁。常见的自锁现象有斜面自锁,螺纹自锁,如图4-6(a)(b)所示。机器中各种靠摩擦实现的连接件(如螺钉和螺帽)就是利用了这种观象;有些活动件因摩擦过大而“卡住”也是由于这种原因。为了避免这种现象的产生,除了在设计参数上考虑外,可以通过改进润滑、减小摩擦角的办法来实现。

2)如果主动力的合力作用线越出了摩擦锥,则不论这个力多小,支承面的总反力永远无法与之平衡,因而物体一定要发生运动。

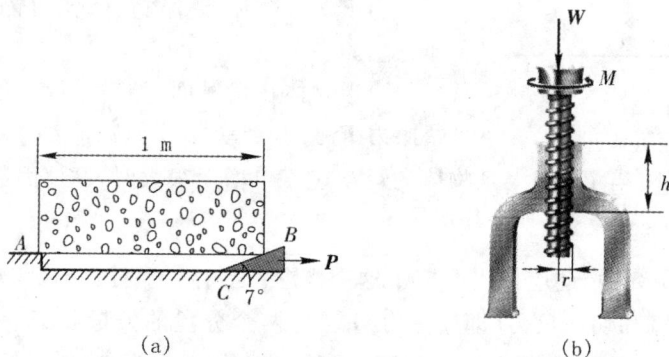

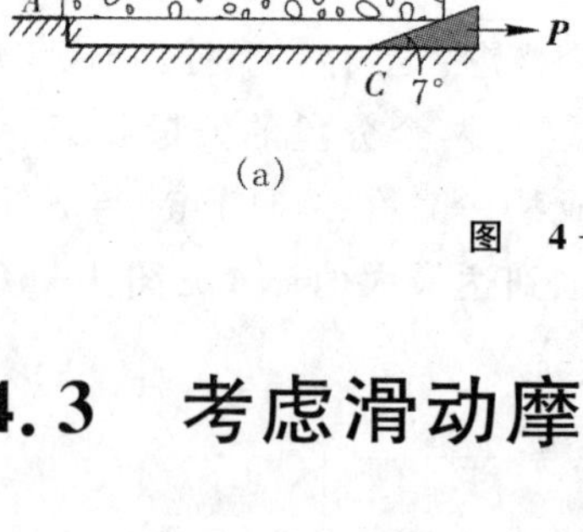

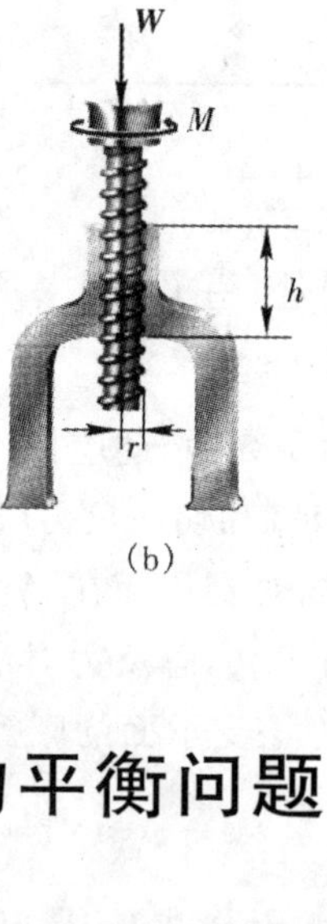

图 4-6

4.3 考虑滑动摩擦时的平衡问题

考虑滑动摩擦时的平衡问题的求解,除仍用前几章所述的平衡理论为依据以外,关键是根据摩擦力的性质,必须正确分析和计算摩擦力的大小和方向。其特点是:

1)应根据主动力作用下物体的运动趋势来判断其接触处的摩擦力的方向,它的方向恒与两物体拉触处的相对滑动趋势或相对滑动方向相反。

2)当物体的接触面处于相对静止时,静摩擦力 $\boldsymbol{F}_s$ 是在一个在有限范围内的未知力,即

$$0 \leqslant F_s \leqslant F_{max} = f_s F_N$$

一般平衡状态下静摩擦力的值,应由力系的平衡方程确定。只有当处于临界平衡状态时,极限摩擦力 $F_{max} = f_s F_N$ 。

3)由于静摩擦力的值可以随主动力在有限范围内变化，所以物体所受的主动力的大小或平衡位置也允许在一定范围内变化。这些力的大小或物体平衡位置所对应的范围，称为平衡范围。有时为了避免进行平衡范围或相应不等式的计算，也可以先进行各种临界平衡状态下的计算，待求得其结果后，然后分析和讨论相应的平衡范围。

因此对于考虑滑动摩擦的平衡问题有两种求解方法，一种称为平衡范围分析法，另一种称为临界平衡分析法。当物体平衡时，摩擦力的大小应在0和最大静摩擦力之间，即

$$0 \leqslant F \leqslant F_{\max} \tag{4-3}$$

或者在物体平衡时，总反力和法向间的夹角应该小于等于摩擦角，即

$$0 \leqslant \varphi \leqslant \varphi_f \tag{4-4}$$

因此，只需在列写系统平衡方程之后，再加上式(4-3)或式(4-4)，联立不等式方程组求解即可。此即为平衡范围分析法。

另一种方法，可假设系统处于临界平衡状态，则此时摩擦力为最大静摩擦力，即

$$F = F_{\max} = f_s F_N \tag{4-5}$$

因此，只需在列写系统平衡方程之后，再加上式(4-5)，联立方程组求解即可。此即为临界平衡状态分析法。

思考题：能否认为静摩擦力的大小一定是 $F_s = f_s F_N$，为什么？

思考题：产生静摩擦力的条件是什么，能否认为只要粗糙接触面有正压力存在，一定会在其接触面产生静滑动摩擦力？

例4-1　小物块 A 重 $G = 100\ \text{N}$，放在粗糙的水平固定面上，如图4-7(a)所示，它与固定面之间的静摩擦因数 f_s。今在小物块上作用力 $F_P = 4\ \text{N}$，$\theta = 30°$，求作用在物块上的摩擦力。

解：小物块 A 除受主动力 $\boldsymbol{G}$ 和 $\boldsymbol{F}_P$ 外，还受法向约束力 $\boldsymbol{F}_N$ 和滑动摩擦力 $\boldsymbol{F}_s$ 作用见(见图4-7(b))。首先，假设物块 A 处于平衡状态，由力系的投影平衡方程可得

$$\sum F_x = 0,\quad F_P\cos\theta - F_s = 0 \tag{1}$$

$$\sum F_y = 0,\quad -F_P\sin\theta + F_N - G = 0 \tag{2}$$

由式(1)得

$$F = F_P\cos\theta = 2\sqrt{3}\ \text{N} \approx 3.46\ \text{N}$$

物块 A 是否真正处于平衡，还应与其最大摩擦力 $F_{\max}$ 进行比较。由式(2)可得

$$F_{\max} = f_s F_N = f_s(G + F_P\sin\theta) = 3.6\ \text{N} \tag{3}$$

因为 $F_s < F_{\max}$，可见物块是处于平衡状态，则作用在物块上的摩擦力为

$$F_s = 2\sqrt{3}\ \text{N}$$

讨论：在本例题中，假定将静摩擦因数改变为 $f_s = 0.2$，又动摩擦因数 $f = 0.19$。这时由式(1)仍可得 $F_s = 2\sqrt{3}\ \text{N}$，但最大摩擦力由式(3)得

$$F_{\max} = f_s(G + F_P\sin\theta) = 2.4\ \text{N}$$

由于此时的 $F_s > F_{\max}$，可见，物块不再处于平衡状态，必将沿水平面向右加速滑动。作用在物块上的动摩擦力为

$$F = fF_N = 2.28\ \text{N}$$

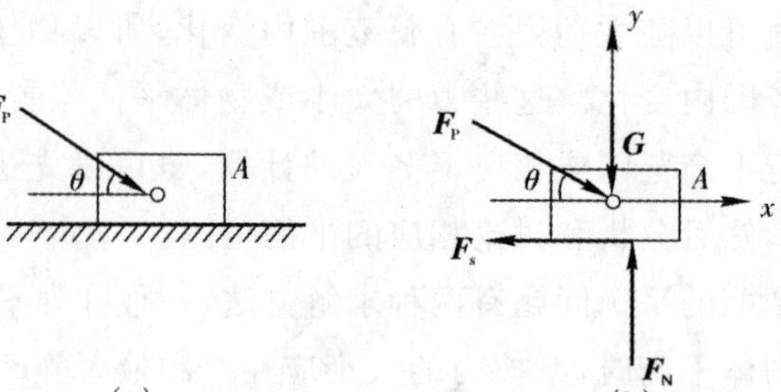

(a) (b)

图 4-7

思考题:物块重力 $G=10$ N,用水平力 $F_P=40$ N 压在铅垂直表面上(见图 4-8),其摩擦因数 $f_s=0.3$,问这时该物块所受的摩擦力等于多大?

思考题:为使放在粗糙水平地面上的物体运动,可施加推力 $\boldsymbol{F}_{P1}$(见图 4-9(a))或拉力 $\boldsymbol{F}_{P2}$(见图 4-9(b)),问哪种施力方式较省力?

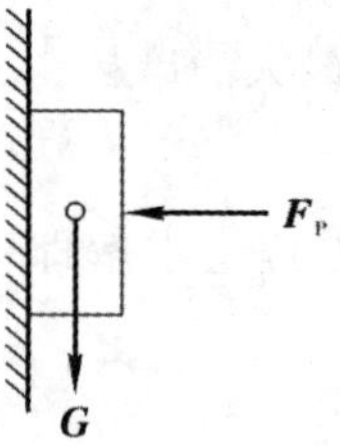

图 4-8

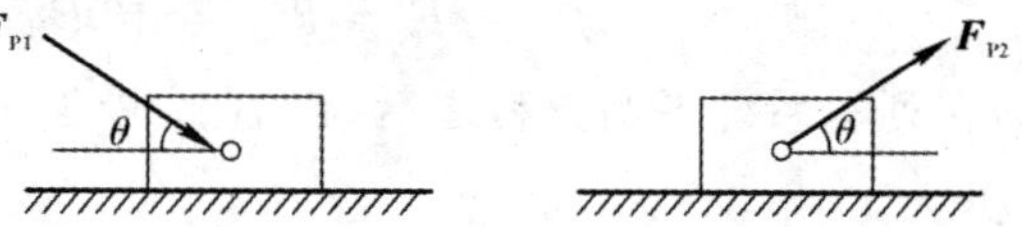

(a) (b)

图 4-9

例 4-2 在倾角 θ 大于摩擦角 φ_f 的固定斜面上放有重力为 $\boldsymbol{G}$ 的小物块(见图 4-10(a))。如果对物块不再施加其他力,它将沿斜面下滑。为了使物块保持不动,在物块上作用有水平向右的力 $\boldsymbol{F}_P$。试求该力允许的平衡范围。

分析:在平衡状态下,小物块有两种可能的运动趋势:①如果力 F_P 较大,则小物块有沿斜面上滑的趋势;②如果力 F_P 较小,则小物块有沿斜面下滑的趋势。可见力 F_P 的值在一定范围内都将使小物块处于平衡状态。现在用两种解法来分别确定力 F_P 的值。

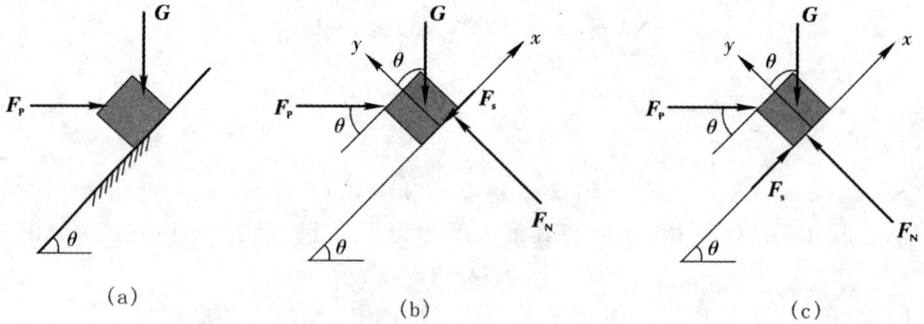

(a) (b) (c)

图 4-10

解:首先采用摩擦力的不等式分析法。

(1)设力 F_P 较大,使物块有沿斜面上滑的趋势。此时摩擦力 $\boldsymbol{F}_s$ 沿斜面向下,受力分析如图 4-10(b)所示。把摩擦力 $\boldsymbol{F}_s$ 和法向约束力 $\boldsymbol{F}_N$ 看成是彼此独立的未知量,写出平衡方程,有

$$\sum F_x = 0,\quad F_P\cos\theta - F_s - G\sin\theta = 0 \tag{1}$$

$$\sum F_y = 0,\quad -F_P\sin\theta + F_N - G\cos\theta = 0 \tag{2}$$

由式(1)(2)解得

$$F_s = -G\sin\theta + F_P\cos\theta$$

$$F_N = -G\cos\theta + F_P\sin\theta$$

但在平衡状态下，摩擦力应满足不等式 $F_s \leqslant f_s F_N$，代入 F_s 和 F_N 的表达式，得

$$-G\sin\theta + F_P\cos\theta \leqslant f_s(G\cos\theta + F_P\sin\theta)$$

考虑到 $f_s = \tan\varphi_f$，可得使小物块不上滑的 F_P 值为

$$F_P \leqslant \frac{\tan\theta + f_s}{1 - f_s\tan\theta}G = G\tan(\theta + \varphi_f) \tag{3}$$

(2)设力 F_P 较小，使物块有沿斜面下滑的趋势。此时摩擦力 F_s 沿斜面向上，受力分析如图 4-10(c)所示。写出平衡方程，有

$$\sum F_x = 0,\quad F_P\cos\theta + F_s - G\sin\theta = 0 \tag{4}$$

$$\sum F_y = 0,\quad -F_P\sin\theta + F_N - G\cos\theta = 0 \tag{5}$$

应用临界平衡状态分析法，设此时物块处于上滑的临界状态，则摩擦力应等于最大静摩擦力，即

$$F = F_{max} = f_s F_N \tag{6}$$

联立式(4)～式(6)，可解得使物块不致下滑的力 $\boldsymbol{F}$ 的最小值为

$$F_P = \frac{\tan\theta - f_s}{1 + f_s\tan\theta}G = G\tan(\theta - \varphi_f) \tag{7}$$

综合式(3)和式(7)，得到为了保持小物块不动所需水平力 F_P 的平衡范围为

$$G\tan(\theta - \varphi_f) \leqslant F_P \leqslant G\tan(\theta - \varphi_f)$$

本例第(1)部分采用平衡范围分析法，第(2)部分采用临界平衡状态分析法。

4.4　滚动摩阻的概念

当一个物体沿着另一个物体表面滚动或具有滚动的趋势时，除可能受到滑动摩擦力外，还要受到一个阻力偶的作用。该阻力偶称为滚动摩阻，其物理本质和滑动摩擦差别很大。

设承受载荷 $\boldsymbol{G}$ 的滚子放在不光滑的水平面上，在滚子中心另加一水平力 $\boldsymbol{F}_P$。若滚子和支承面都是刚体，则两者在 A 处只能作线接触(接触线垂直于图 4-11(a) 的平面)。此时，不论在接触处产生怎样的静摩擦力 $\boldsymbol{F}$，都不能阻止滚子滚动，但由经验得知，当力 $\boldsymbol{F}_P$ 较小时，滚子仍能保持静止不动。由此可见，支承面对滚子还可以产生某个阻力偶，用以平衡由力 $\boldsymbol{F}_P$ 和 $\boldsymbol{F}$ 所组成的力偶。

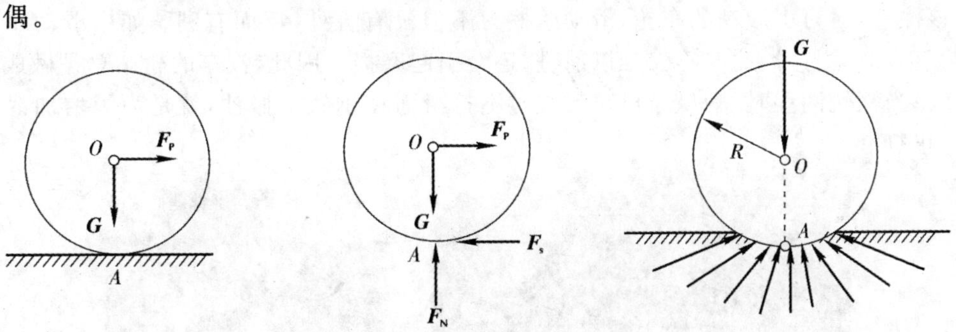

(a)　　(b)　　(c)

图　4-11

实际上,滚子和支承面并非刚体。当两者压紧时,接触处多少会发生一些变形,形成小的接触面,从而使得滚子所受的反作用力将分布在这个小面积上(见图 4-11(c))。若在水平力 $\boldsymbol{F}_P$ 的作用下,滚子所受的反作用力分布情况不对称,如图 4-12(a) 所示,这些分布力的合力 $\boldsymbol{F}_R$ 如图 4-12(b) 所示,它的作用点不再在滚子的最低点 A,而要向前偏离一段距离。由平衡条件知,$\boldsymbol{F}_R$ 的两个分力 $F_s=-F_P$,$F_N=-G$,;同时力 $\boldsymbol{F}_P$ 和 $\boldsymbol{F}_s$ 组成使滚子滚动的力偶,而 $\boldsymbol{G}$ 和 $\boldsymbol{F}_N$ 组成阻止滚子滚动的力偶,称为滚阻力偶。根据力向一点平移定理,图 4-12(b)又可表示为图 4-12(c)的形式,其中 M_r 就是滚阻力偶的矩。

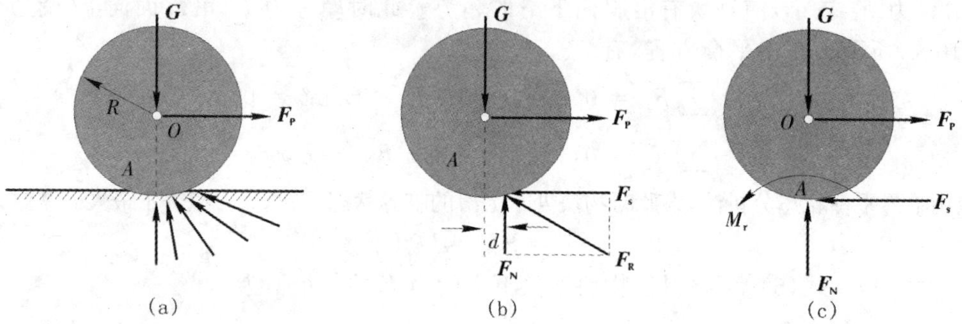

图 4-12

当滚子有滚动的趋势但还没有开始运动时,滚阻力偶 M_r 应当和滚动力偶互成平衡;当滚动力偶矩逐渐增大时,滚阻力偶矩也随之增大,并且始终和滚动力偶矩相等。此时,力偶($\boldsymbol{F}_N$,$\boldsymbol{G}$)的臂 d 在逐渐增大,即法向反力 $\boldsymbol{F}_N$ 的作用线在逐渐偏离点 A(参见图 4-12(b))。

试验证明,在每一个具体条件下,滚阻力偶矩具有极限值 M_{max},即法向反力 $\boldsymbol{F}_N$ 的作用线对点 A 的偏离有极限值 δ。一般来说,δ 值与滚子的半径无明显的依赖关系,而与滚子及支承面的材料有关。

因为滚阻力偶矩的最大值 M_{max} 可由下式决定:

$$M_{max}=\delta \boldsymbol{F}_N \tag{4-6}$$

式(4-6)与表示滑动摩擦力最大值的式(4-1)比较,我们将上式中的长度 δ 称为滚阻系数。δ 具有力偶臂的意义,通常以 cm 为单位。

滚阻系数显然与材料硬度有关。材料硬一些,受载荷后的变形就小些,因而阻力较小;反之,材料软,变形大,阻力就大。例如火车在铁轨上行驶,由于钢质的车轮和铁轨都很硬,变形小,所以滚动摩阻就小;而当拖拉机在泥泞的田地里行驶时,滚动摩阻就很大。如图 4-13 所示。

应该注意,对自由滚动的车轮,滑动摩擦力不但没有害处,反而有利。如果滑动摩擦力太小,车轮就会原地打滑,此时不仅难以前进,还会引起磨损。因此,汽车的轮胎总是做成凹凸不平的花纹;当钢轨潮湿时,为使当机车上坡时不打滑而在钢轨上撒沙,就是为了增加滑动摩擦因数,防止打滑。

图 4-13

例 4-3　如图 4-14(a)所示，匀质轮子重 $G = 3$ kN，半径 $r = 0.3$ m。轮中心施加平行于斜面的拉力 $\boldsymbol{F}_P$，使轮子沿与水平面成 $\theta = 30°$ 的斜面匀速向上做纯滚动。已知轮子与斜面的滚阻系数 $\delta = 0.05$ cm，试求力 $\boldsymbol{F}_P$ 的大小。

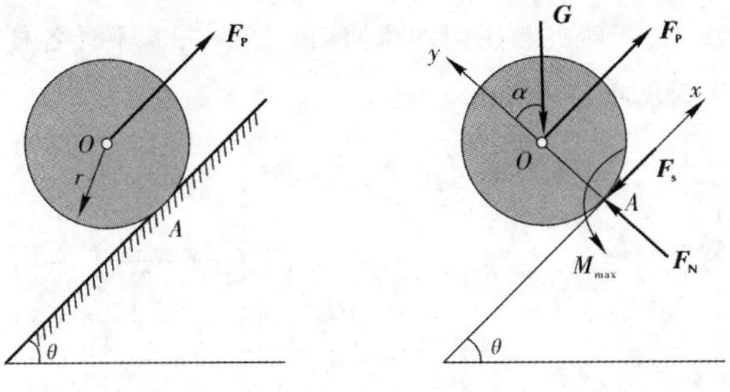

图 4-14

解：因为轮子做匀速运动，作用在轮子上的力应自成平衡。轮子除了受到重力 $\boldsymbol{G}$ 和拉力 $\boldsymbol{F}_P$，法向约束力 $\boldsymbol{F}_N$ 和滑动摩擦力 $\boldsymbol{F}_s$ 外，还受到力矩为 M_{max} 的滚阻力偶作用。受力分析如图 4-14(b)所示。列以下平衡方程：

$$\sum F_y = 0, \quad F_N - G\cos\theta = 0$$

$$\sum M_A = 0, \quad M_{max} + G\sin\theta \times r - F_P r = 0$$

其中，$M_{max} = \delta F_P$。联立求解得

$$F_P = G\left(\sin\theta + \frac{\delta}{r}\cos\theta\right)F_P = 1\ 504\ \text{kN}$$

习　题　四

4-1　如题图 4-1 所示，重 $\boldsymbol{G}$ 的物体，放在粗糙的水平面上，接触面之间的摩擦因数为 f。试求拉动物体所需力 $\boldsymbol{Q}$ 的最小值以及此时的角 θ。

4-2　如题图 4-2 所示，重 $\boldsymbol{P}$ 的套筒 A 在铅直杆上，借跨过理想滑轮 B 的绳子维持平衡，绳的末端挂有重 $\boldsymbol{Q}$ 的物块 D。设滑块与杆之间的摩擦因数是 f，绳子对杆所成的夹角是 θ，试求重力 $\boldsymbol{Q}$ 的范围。

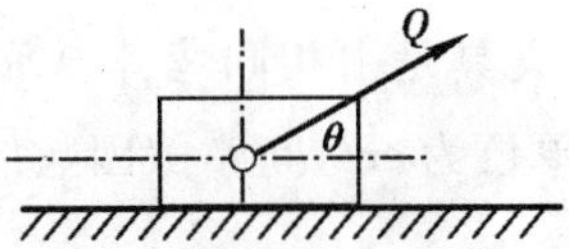

题图　4-1

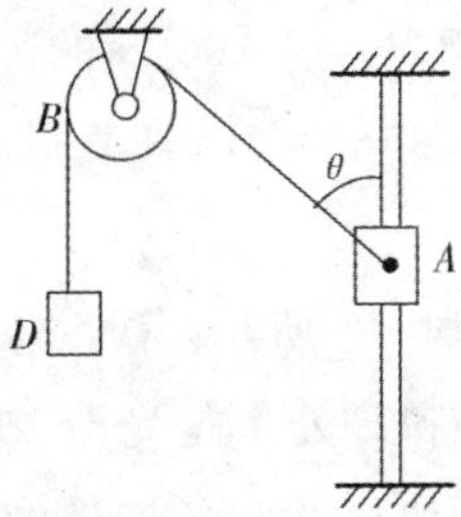

题图　4-2

4-3　如题图 4-3 所示，梯子 AB 重 $\boldsymbol{G}$，作用在梯子的中点，上端靠在光滑的墙上，下端搁

在粗糙的地板上，摩擦因数为 f。要想使重为 $\boldsymbol{Q}$ 的人爬到顶点 A 而梯子不致滑动，问倾角 θ 的取值范围？

4－4　如题图 4－4 所示，砖夹由曲杠杆 AOB 和 OCD 在点 O 铰接而成。工作时在点 H 施力 $\boldsymbol{P}$，H 在 AD 的中心线上。若砖夹与砖间的摩擦因数 $f=0.5$，不计各杆的质量，问距离 b 为多少才能把砖夹起？图中长度单位为 cm。

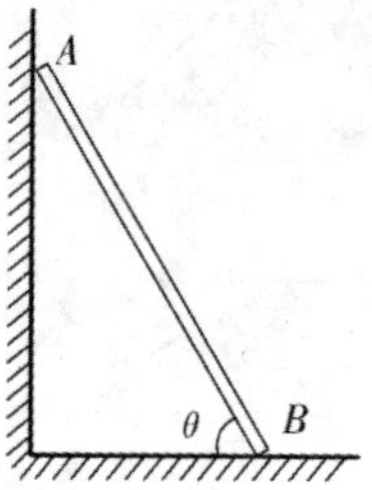

题图　4－3

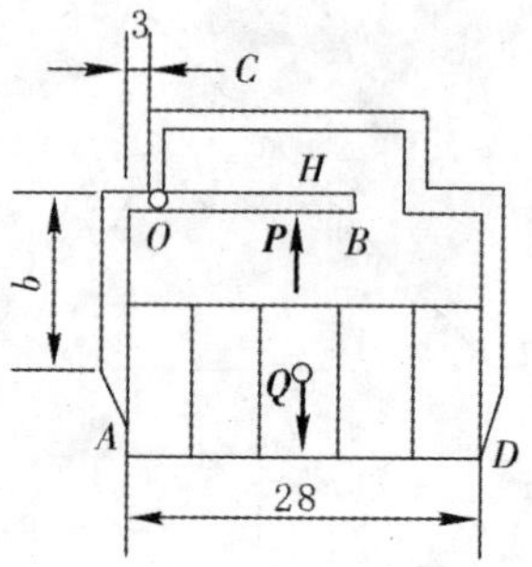

题图　4－4

4－5　如题图 4－5 所示，匀质杆 AB 和 BC 在 B 端铰接，A 端铰接在墙上，C 端则由墙阻挡，墙与 C 端接触处的摩擦因数 $f=0.5$，试确定平衡时的最大角 θ。已知两杆长度相等，质量相同，铰链中摩擦不计。

4－6　如题图 4－6 所示，滑块 A，B 分别重 100 N，由图示联动装置连接。杆 AC 平行于斜面，杆 CB 水平；C 是光滑铰链。各杆自重和滑块的尺寸均不计，滑块与地面间的摩擦因数都是 $f=0.5$，试确定不致引起滑块移动的最大铅锤力 $\boldsymbol{P}$。

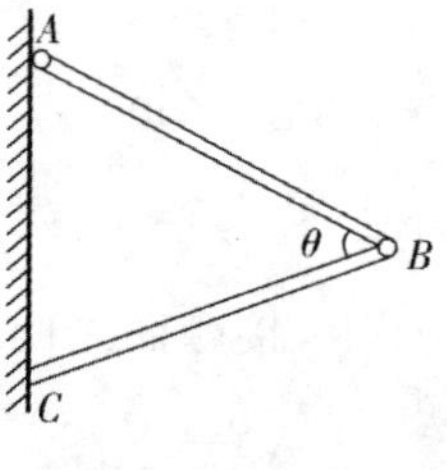

题图　4－5

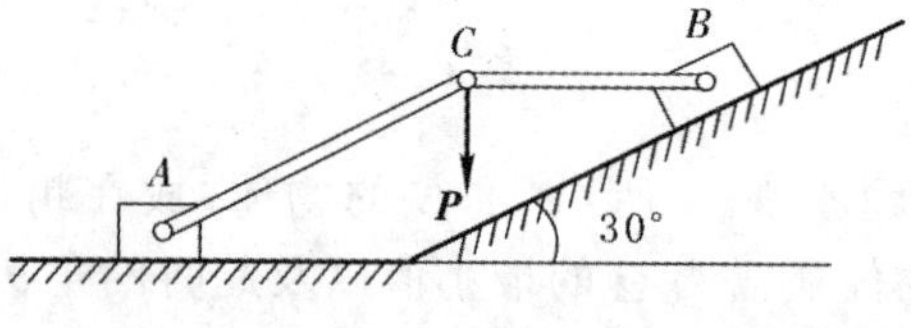

题图　4－6

4－7　如题图 4－7 所示，杆 AB 和 BC 在 B 处铰接，在铰接上作用有铅锤力 $\boldsymbol{Q}$，C 端铰接在墙上，A 端铰接在重 $P=1\ 000$ N 的匀质长方体的几何中心 A。已知杆 BC 水平，长方体与水平面间静摩擦因数为 $f=0.52$，杆质量不计，尺寸如图所示。试确定不致破坏系统平衡的 $\boldsymbol{Q}$ 的最大值。

4－8　如题图 4－8 所示，靠摩擦力提举重物的夹具是由相同弯杆 ABC 和 DEF 组成，中间用杆 BE 连接，B 和 E 处都是光滑铰链。图中长度单位为 cm，问摩擦因数应多大，才能保证重物 G 不致下滑？压块尺寸和各构件的质量均不计。

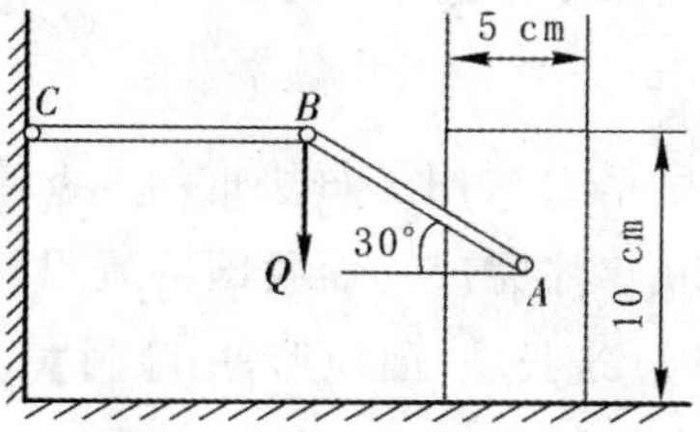

题图　4-7

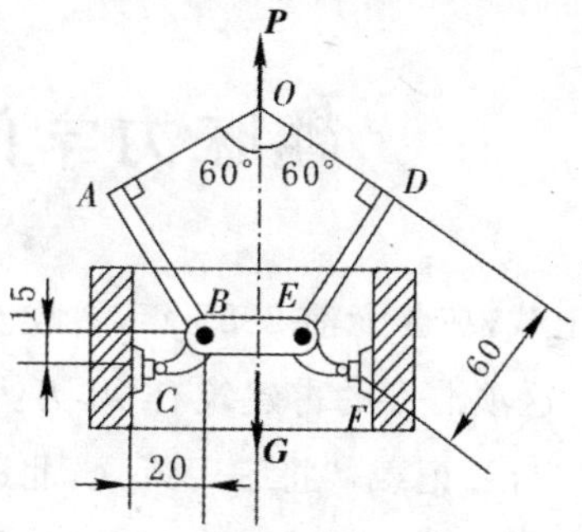

题图　4-8

4-9　如题图 4-9 所示，圆柱的直径为 60 cm，重力 3 kN，由于力 **P** 作用而沿水平面做匀速滚动。已知滚阻系数 $\delta=0.5$ cm，而力 P 与水平面的夹角为 $\theta=30°$，求力 **P** 的大小。

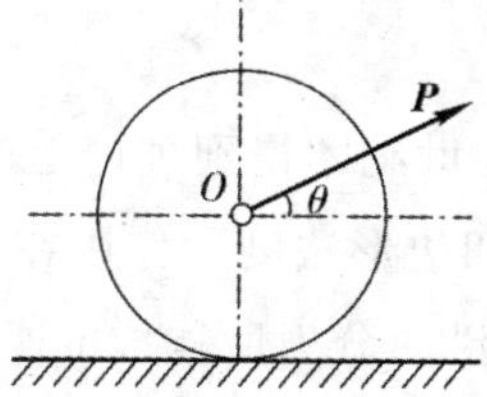

题图　4-9

趣味力学问题 1：斜面的妙用

史书记载，在公元前 2885 年，古埃及建造的大金字塔总共用了每块重约 2.5 吨的石灰石 230 万块。这项浩大的古建筑有 10 万人参加，费时 20 年才完成。而我国的万里长城则更胜一筹。据《史记》记载，“将三十万众，北逐戎狄，收河南。筑长城，因地形，用险制塞，起临洮，止辽东，延袤万余里”。不过，现在所见的长城，大多是明代建筑的，历时 100 多年才完成。有人曾作过粗略的计算：如果将明代建筑长城所用的砖石土方，筑成一道 2 米厚，4 米高的围墙，将能绕地球一圈多。

在古代，要将这么沉重的石块搬到所需要的高度，光靠杠杆、撬棍是帮不了大忙的。古代人主要是利用斜坡（即斜面）可以省力的原理，才能够完成像长城和金字塔这样不朽的伟大工程。

斜面可以省力这一认识，直到 16 世纪才得到理论上的证明。当时著名的荷兰学者斯蒂文（1548 — 1620 年）提出了力的“平行四边形法则”：作用在一点上而彼此间有一夹角的两个力，其合力仍然作用在该点上，合力方向沿两分力所构成的平行四边形的对角线，合力的大小则由这根对角线的长度来决定。

在图 4 - 15 所示斜面上，重物 M 受重力 $m\boldsymbol{g}$ 的作用，这个力可按上面提到的“平行四边形法则”分解为两个力：一个是垂直于斜面的正压力 $\boldsymbol{F}_N$，另一个是平行于斜面的力 $\boldsymbol{F}$。显然，力 F 要小于重力 mg，二者的比值恰好等于该斜面的高度 h 与斜面长度 l 的比。换句话说，如果利用斜面将重物 M 搬至 h 高处，要比直接提升重物至同样高度来得省力。因为图 4 - 15 中的力三角形恰好与斜面三角形相似，故有

$$\frac{F}{mg}=\frac{h}{l}$$

若忽略摩擦的影响，当斜面长度 l 是其高度的 10 倍时，那么使重物延斜面上升的推力就等于重力的 1/10 了。利用这样的斜坡，只需几个人就可以将 2.5 吨的石块搬到高处了。聪明的古代劳动人民正是这样用他们的智慧来创造建筑史上的奇迹。

斜面还有一个“堂兄弟”叫螺旋。为什么说螺旋与斜面有密切的关系呢？原来，只要将斜面卷在一个圆柱体上，就构成了一个螺旋。螺旋转一圈上升的距离称为螺距，它等于两个螺纹之间的距离。根据斜面省力的原理，可知螺旋（例如千斤顶）也是一种省力的简单机械。发动力转动一圈的距离除以螺距。就是螺旋的“利益”，也即发动力的放大倍数。

螺旋的省力作用还表现在大型楼梯的设计中。著名的纽约自由女神像内部的梯子（见图 4 - 16），就是根据螺旋原理来设计的。它是一个共有 168 级的陡峭螺旋形梯子，游客顺着它的台阶可以不大费力地登上女神前额上的阳台去观赏纽约港的美丽风光。

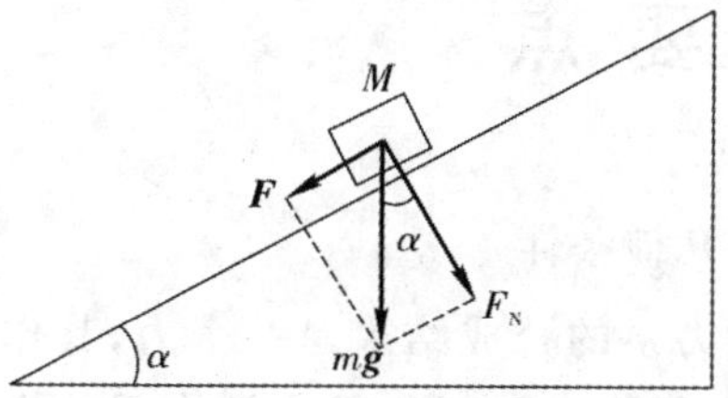

图　4－15

图　4－16

尽管今天人类已处在一个机械化和电气化的新时代。然而，所有现代化的机械装置的运动部件都仍然可以归结为古代人创造的五种简单机械，即杠杆、斜面、轮轴、滑轮和锲。因此，在人类征服地球和宇宙的长征中，它们将是“永不生锈的螺丝钉”。

第五章 空间力系

知识要点

1. 空间共点力系合成的几何法及其平衡的几何条件

(1)空间共点力系合成的几何法:空间共点力系的合成结果是一个力,其作用线通过力系中各力作用线的公共点,并等于力系中各力的矢量和,或者说,可由该力系的力多边形的闭合边来表示。合力表示为

$$\boldsymbol{F}_{\mathrm{R}} = \boldsymbol{F}_1 + \boldsymbol{F}_2 + \cdots + \boldsymbol{F}_n = \sum \boldsymbol{F}$$

(2)空间共点力系平衡的几何条件:空间共点力系平衡的充要几何条件是该力系的力多边形自行闭合,亦即力系中各力的矢量和等于零,即

$$\sum \boldsymbol{F} = \boldsymbol{0}$$

2. 空间共点力系合成及其平衡的解析法

(1)空间共点力系合成的解析法:由 n 个力 $\boldsymbol{F}_1, \boldsymbol{F}_2, \cdots, \boldsymbol{F}_n$ 组成的共点力系的合力在坐标轴上的投影为

$$\left.\begin{aligned} F_{\mathrm{R}x} &= F_{1x} + F_{2x} + \cdots + F_{nx} = \sum F_{ix} \\ F_{\mathrm{R}y} &= F_{1y} + F_{2y} + \cdots + F_{ny} = \sum F_{iy} \\ F_{\mathrm{R}z} &= F_{1z} + F_{2z} + \cdots + F_{nz} = \sum F_{iz} \end{aligned}\right\}$$

于是合力的大小为

$$F_{\mathrm{R}} = \sqrt{F_{\mathrm{R}x}^2 + F_{\mathrm{R}y}^2 + F_{\mathrm{R}z}^2} = \sqrt{(\sum F_{ix})^2 + (\sum F_{iy})^2 + (\sum F_{iz})^2}$$

方向余弦为

$$\cos\alpha = \frac{F_{\mathrm{R}x}}{F_{\mathrm{R}}}, \quad \cos\beta = \frac{F_{\mathrm{R}y}}{F_{\mathrm{R}}}, \quad \cos\gamma = \frac{F_{\mathrm{R}z}}{F_{\mathrm{R}}}$$

(2)共点力系平衡的解析条件:共点力系平衡的充要条件是力系中各力的矢量和等于零,即 $\boldsymbol{F}_{\mathrm{R}} = \boldsymbol{0}$。为此必须也只需

$$\sum F_{ix} = 0, \quad \sum F_{iy} = 0, \quad \sum F_{iz} = 0$$

对于平面共点力系,可简化为

$$\sum F_{ix} = 0, \quad \sum F_{iy} = 0$$

3. 空间力偶系合成与平衡

(1)力偶系的合成方法。

合力偶的矩失 $\boldsymbol{M}$ 等于已知力偶的矩失 $\boldsymbol{M}_1,\boldsymbol{M}_2,\cdots,\boldsymbol{M}_n$ 的矢量和，即

$$\boldsymbol{M}=\boldsymbol{M}_1+\boldsymbol{M}_2+\cdots+\boldsymbol{M}_n=\sum\boldsymbol{M}_i$$

将 $\boldsymbol{M}$ 在直角坐标轴 x,y,z 上投影，得

$$M_x=\sum M_{ix},\quad M_y=\sum M_{iy},\quad M_z=\sum M_{iz}$$

最后求得合力偶矩矢的大小和方向为

$$M=\sqrt{M_x^2+M_y^2+M_z^2}=\sqrt{(\sum M_{ix})^2+(\sum M_{iy})^2+(\sum M_{iz})^2}$$

$$\cos(\boldsymbol{M},\boldsymbol{i})=\frac{\sum M_{ix}}{M},\quad \cos(\boldsymbol{M},\boldsymbol{j})=\frac{\sum M_{iy}}{M},\quad \cos(\boldsymbol{M},\boldsymbol{k})=\frac{\sum M_{iz}}{M}$$

(2)力偶系的平衡条件：按照几何法，空间力偶系平衡的充要条件是，力偶矩矢多边形自行闭合或力偶矩矢的矢量和等于零，即有

$$\boldsymbol{M}_1+\boldsymbol{M}_2+\cdots+\boldsymbol{M}_n=\sum\boldsymbol{M}_i=\boldsymbol{0}$$

按照解析法，这个平衡条件可以写成投影方程的形式，即

$$\sum M_{ix}=0,\quad \sum M_{iy}=0,\quad \sum M_{iz}=0$$

4. 力对点的矩及力对轴的矩

(1)力对点的矩。

力对某点的矩，定义为力作用点对矩心的矢径乘以力矢所得的矢积，力 $\boldsymbol{F}$ 对点 O 的矩为

$$\boldsymbol{M}_O(\boldsymbol{F})=\boldsymbol{r}\times\boldsymbol{F}$$

(2)力对轴的矩。

力对任一轴的矩，等于力在此轴的垂直平面上的投影对该投影面和此轴交点的矩。力对轴的矩定义为代数量。

(3)力对点的矩矢与力对通过该点的轴的矩的关系。

力对点的矩矢在通过该点的任一轴上的投影等于力对该轴的矩，即

$$\left.\begin{aligned}[\boldsymbol{M}_O(\boldsymbol{F})]_x&=M_x(\boldsymbol{F})\\ [\boldsymbol{M}_O(\boldsymbol{F})]_y&=M_y(\boldsymbol{F})\\ [\boldsymbol{M}_O(\boldsymbol{F})]_z&=M_z(\boldsymbol{F})\end{aligned}\right\}$$

(4)合力矩定理

合力 $\boldsymbol{F}_R$ 对某一轴的矩就等于各分力 $\boldsymbol{F}_i$ 对同一轴的矩的代数和，即

$$M_z(\boldsymbol{F}_R)=\sum M_z(\boldsymbol{F}_i)$$

5. 空间任意力系的简化、合成与平衡

(1)空间任意力系的简化·主矢和主矩。

空间任意力系向点 O 简化的结果，是一个力和一个力偶，这个力作用于简化中心 O，它的力矢等于原力系中各力的矢量和，称为原力系的主矢，这个力偶的矩矢等于原力系中个各力对简化中心 O 的矩矢的矢量和，称为原力系的主矩。

1)主矢 $\boldsymbol{F}'_R$ 的计算：

$$F'_R=\sqrt{F'^2_{Rx}+F'^2_{Ry}+F'^2_{Rz}}=\sqrt{(\sum F_x)^2+(\sum F_y)^2+(\sum F_z)^2}$$

$$\cos(\boldsymbol{F}'_{\mathrm{R}},\boldsymbol{i}) = \frac{F'_{\mathrm{R}x}}{F'_{\mathrm{R}}},\quad \cos(\boldsymbol{F}'_{\mathrm{R}},\boldsymbol{j}) = \frac{F'_{\mathrm{R}y}}{F'_{\mathrm{R}}},\quad \cos(\boldsymbol{F}'_{\mathrm{R}},\boldsymbol{k}) = \frac{F'_{\mathrm{R}z}}{F'_{\mathrm{R}}}$$

2)主矩 $\boldsymbol{M}_{\mathrm{O}}$ 的计算：

$$M_{\mathrm{O}} = \sqrt{M_{\mathrm{O}x}^2 + M_{\mathrm{O}y}^2 + M_{\mathrm{O}z}^2} =$$

$$\sqrt{[\sum(yF_z - zF_y)]^2 + [\sum(zF_x - xF_z)]^2 + [\sum(xF_y - yF_x)]^2}$$

$$\cos(\boldsymbol{M}_{\mathrm{O}},\boldsymbol{i}) = \frac{M_{\mathrm{O}x}}{M_{\mathrm{O}}} = \frac{\sum(yF_z - zF_y)}{M_{\mathrm{O}}}$$

$$\cos(\boldsymbol{M}_{\mathrm{O}},\boldsymbol{j}) = \frac{M_{\mathrm{O}y}}{M_{\mathrm{O}}} = \frac{\sum(zF_x - xF_z)}{M_{\mathrm{O}}}$$

$$\cos(\boldsymbol{M}_{\mathrm{O}},\boldsymbol{k}) = \frac{M_{\mathrm{O}z}}{M_{\mathrm{O}}} = \frac{\sum(xF_y - yF_x)}{M_{\mathrm{O}}}$$

(2)任意力系的合成结果。

任意力系向某一点进行简化，一般得到一个主矢 $\boldsymbol{F}'_{\mathrm{R}}$和一个主矩 $\boldsymbol{M}_{\mathrm{O}}$，只要 $\boldsymbol{F}'_{\mathrm{R}}$和 $\boldsymbol{M}_O$ 不都等于零，则力系的合成结果可归结为三种情形：

1)当 $\boldsymbol{F}'_{\mathrm{R}} = \boldsymbol{0}, \boldsymbol{M}_{\mathrm{O}} \neq \boldsymbol{0}$ 时，合成为合力偶。

2)当 $\boldsymbol{F}'_{\mathrm{R}} \neq \boldsymbol{0}, \boldsymbol{M}_{\mathrm{O}} = \boldsymbol{0}$ 时，或者当 $\boldsymbol{F}'_{\mathrm{R}} \neq \boldsymbol{0}, \boldsymbol{M}_{\mathrm{O}} \neq \boldsymbol{0}$，且 $\boldsymbol{F}'_{\mathrm{R}} \perp \boldsymbol{M}_{\mathrm{O}}$ 时，合成为合力。

3)当 $\boldsymbol{F}'_{\mathrm{R}} \neq \boldsymbol{0}, \boldsymbol{M}_{\mathrm{O}} \neq \boldsymbol{0}$，且两者不相互垂直时，合成为力螺旋。

(3)任意力系的平衡条件和平衡方程。

任意力系平衡的充要条件是，力系的主矢和力系对任意点的主矩同时等于零。空间任意力系的平衡方程为

$$\left.\begin{array}{l}\sum F_x = 0,\quad \sum F_y = 0,\quad \sum F_z = 0 \\ \sum M_x(\boldsymbol{F}) = 0,\quad \sum M_y(\boldsymbol{F}) = 0,\quad \sum M_z(\boldsymbol{F}) = 0\end{array}\right\}$$

(4)空间平行力系的平衡方程为

$$\sum F_z = 0,\quad \sum M_x(\boldsymbol{F}) = 0,\quad \sum M_y(\boldsymbol{F}) = 0$$

注意，由于空间平行力系的独立平衡方程数目为 3，故在求解空间平行力系的平衡问题时，最多只能求解 3 个未知量。

6. 重心

对于通常的物体，重心就是各点重力构成的平行力系的中心。可用以下两种方法确定物体的重心。

(1)直接法。

物体重心坐标为

$$x_{\mathrm{C}} = \frac{\sum x_i \Delta G_i}{G},\quad y_{\mathrm{C}} = \frac{\sum y_i \Delta G_i}{G},\quad z_{\mathrm{C}} = \frac{\sum z_i \Delta G_i}{G}$$

或

$$x_{\mathrm{C}} = \frac{\int x\mathrm{d}G}{G},\quad y_{\mathrm{C}} = \frac{\int y\mathrm{d}G}{G},\quad z_{\mathrm{C}} = \frac{\int z\mathrm{d}G}{G}$$

(2)实验法。

在工程上遇到的一些物体，形状过于复杂，且各部分是用不同材料制成的，计算重心的位置是很繁重的工作，且精确度也不易保证。因此，常用实验法确定重点的位置。

5.1　空间力系

前面几章涉及的力系中，各力的作用线都分布在同一平面内。而在工程实际中，多数力系中各力的作用线并不全都分布在同一平面内，而是在空间任意分布的。例如图 5-1(a)中 A 点受到杆 AC，AD，AB 以及绳索的力，这些力并不分布在一个平面内，而是构成一个空间共点力系。又如图 5-1(b) 中的飞机，当停在地面时，受到三个起落架 F，D，E 处地面的支持力，和机身重力(作用在重心 A 处)，以及两个机翼的重力(作用于其重心 B，C 处)，这些力构成一个空间平行力系。又如图 5-1(c) 中的曲轴，受到的两个主动力和 A，B，C 处的约束力构成一个空间任意力系。对空间力系的分析方法和平面力系基本相同，只是将二维平面坐标系变成三维空间坐标系。

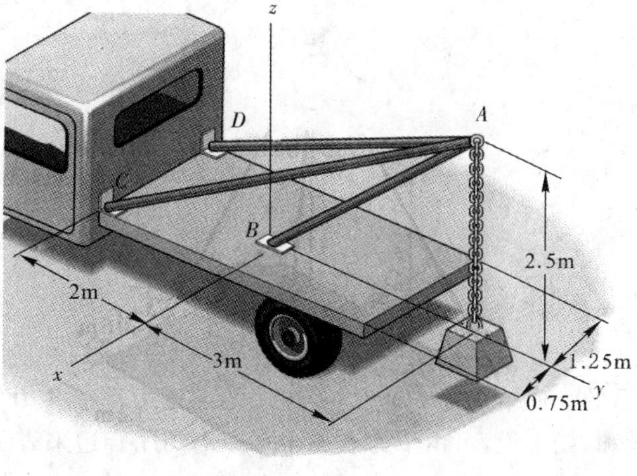

(a)

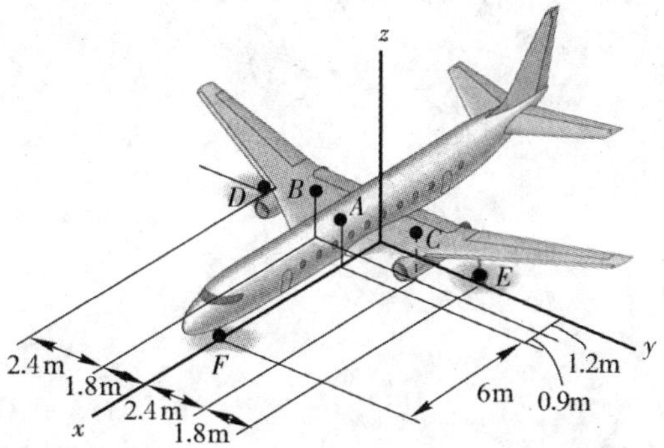

(b)

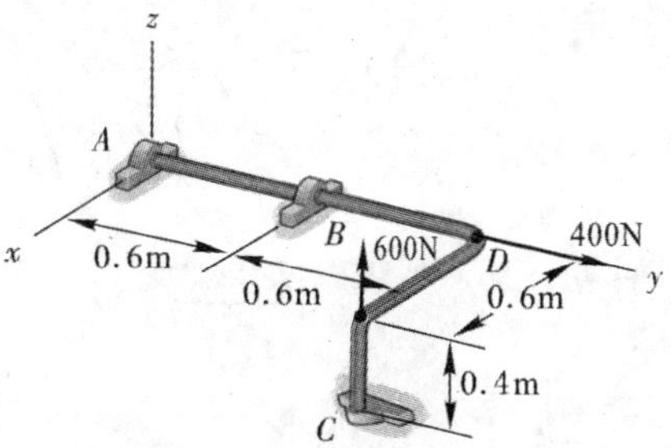

(c)

图 5-1

5.2 空间共点力系合成的几何法及其平衡的几何条件

1. 空间共点力系合成的几何法

和平面情形相似，作用于刚体的空间共点力系在理论上也可以用力多边形规则来合成。这就是本节所讲的几何法。

例如，设在刚体上的点 A 作用有空间的不同方向的四个力：$\boldsymbol{F}_1,\boldsymbol{F}_2,\boldsymbol{F}_3,\boldsymbol{F}_4$（见图5-2(a)）。为求合力，只需将这些力首尾相接，作出这个力系的力多边形（见图5-2(b)），作图过程和记号与平面共点力系的图2-1完全一样。所不同的是，现在所得的力多边形 $ABCDE$ 已不在一个平面内而已。

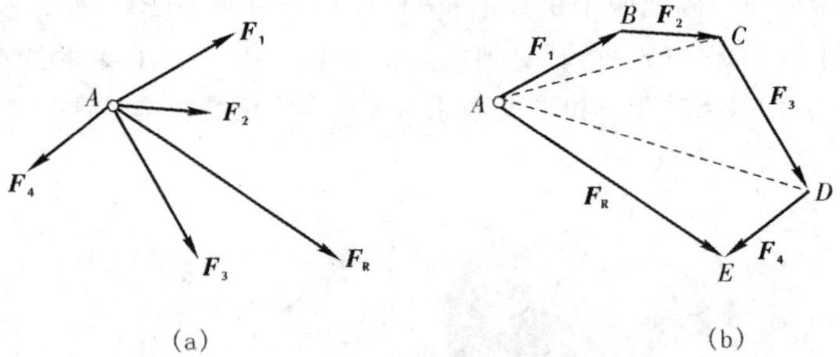

图 5-2

力多边形的闭合边 $\overrightarrow{AE}=\boldsymbol{F}_R$ 表示了所给四个力的合力，写成矢量和的形式，即为

$$\boldsymbol{F}_R=\boldsymbol{F}_1+\boldsymbol{F}_2+\boldsymbol{F}_3+\boldsymbol{F}_4$$

推广到由任意 n 个力组成的空间共点力系，则合力表示为

$$\boldsymbol{F}_R=\boldsymbol{F}_1+\boldsymbol{F}_2+\cdots+\boldsymbol{F}_n=\sum\boldsymbol{F}_i \tag{5-1}$$

即，空间共点力系的合成结果是一个力，其作用线通过力系中各力作用线的公共点，并等于力系中各力的矢量和，或者说，可由该力系的力多边形的闭合边来表示。

当空间共点力系只有三个力 $\boldsymbol{F}_1,\boldsymbol{F}_2,\boldsymbol{F}_3$ 时（见图5-3(a)），其合力表示为在这些力矢上作出的平行六面体的对角矢 $\overrightarrow{AD}=\boldsymbol{F}_R$。这种作法称为平行六面体规则。

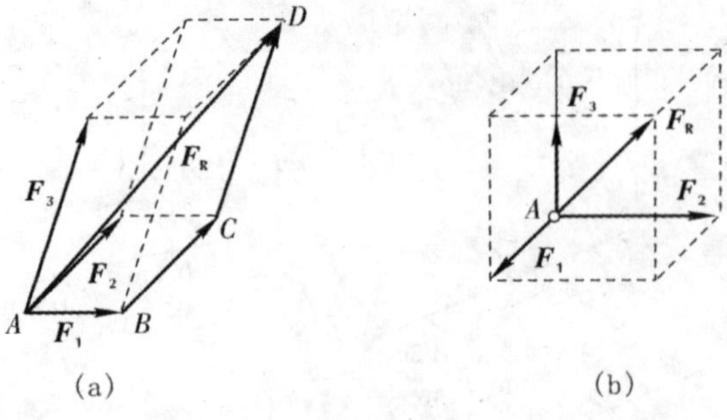

图 5-3

力平行六面体规则也可以应用于力的分解，例如将一个力分解成不在同一平面内的三个分力。但当分解时，为了求得确定的结果，还需要另外给出一些补充条件。

最常遇到的情形是按给定的三个正交方向分解已知力，所得结果称为空间正交分量。这时的力平行六面体是正六面体，如图 5-3(b)所示，该六面体的三个棱边即表示已知力的三个正交分量。

2. 空间共点力系平衡的几何条件

显然，要使刚体在空间共点力系作用下维持平衡，必须也只需该力系的合力为零，即

$$\sum \boldsymbol{F} = \boldsymbol{0} \quad 或 \quad \boldsymbol{F}_1 + \boldsymbol{F}_2 + \cdots + \boldsymbol{F}_n = \boldsymbol{0} \tag{5-2}$$

此时，力多边形自行闭合，于是可得结论：空间共点力系平衡的充要几何条件是该力系的力多边形自行闭合，亦即力系中各力的矢量和等于零。

5.3　力在轴上和平面上的投影

1. 力在轴上的投影

在空间情形下，经常要用投影法研究力的合成和平衡。但在此时，力 $\boldsymbol{F}$ 和投影轴不必共面(见图 5-4)，为求力 $\boldsymbol{F}=\overrightarrow{AB}$ 在 x 轴上的投影，可进行下述求解步骤。

由点 A 和 B 各自作垂直于 x 轴的平面，该两平行面分别与 x 轴的交点 a 和 b' 就是点 A 和 B 各自的垂足。两个垂足间的距离 ab 取适当的正负号就是力 $\boldsymbol{F}$ 在 x 轴上的投影。当由 a 到 b 的方向与 x 轴的正向一致时，投影取正值；反之，则取负值。由于同一个力在相互平行的轴上的各投影彼此相等，所以不妨把 x 轴平移，使其通过点 A。这样，力矢与 x' 轴共面，设它们正向间的夹角为 α，于是与平面情形一样，力 $\boldsymbol{F}$ 在 x 轴(或 x' 轴)上的投影为

$$F_x = F\cos\alpha \tag{5-3}$$

求力的投影时，可以把坐标系从力的始端画出(见图 5-5)。设力 $\boldsymbol{F}$ 与坐标 x 轴，y 轴，z 轴的正向夹角分别为 α,β,γ，则这个力在对应轴上的投影分别为

$$F_x = F\cos\alpha,\quad F_y = F\cos\beta,\quad F_z = F\cos\gamma \tag{5-4}$$

若已知力 $\boldsymbol{F}$ 的三个投影，可以求出这个力的大小和方向，有

$$\left.\begin{aligned} F &= \sqrt{F_x^2 + F_y^2 + F_z^2} \\ \cos\alpha &= \frac{F_x}{F},\quad \cos\beta = \frac{F_y}{F},\quad \cos\gamma = \frac{F_z}{F} \end{aligned}\right\} \tag{5-5}$$

但不能根据力的已知投影确定这个力的作用线，这是因为任何两个大小相等、作用线平行而指向相同的力的对应投影彼此相等。

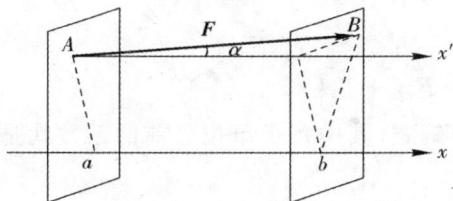

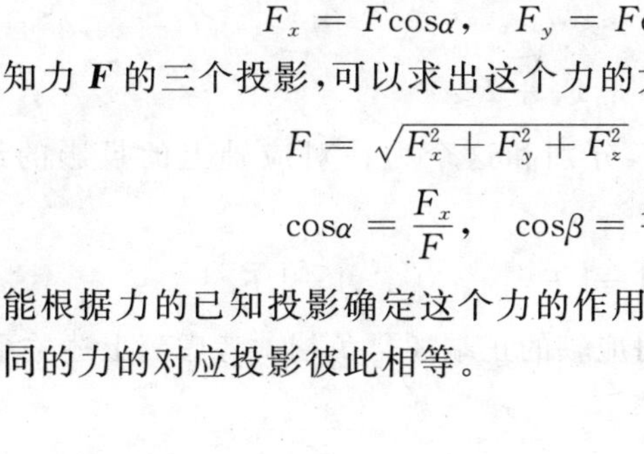

图　5-4

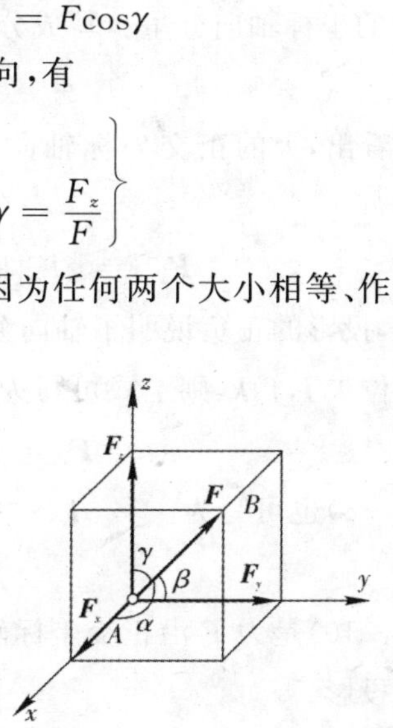

图　5-5

2. 力在平面上的投影

空间情形的力 $\boldsymbol{F}$ 还可向任一平面 xOy 投影。为此，应由力矢 $\boldsymbol{F}$ 的始端 A 和终端 B 向投影面 xOy 引垂线，由垂足 A' 到 B' 的矢量 $\overrightarrow{A'B'}$ 就是力 $\boldsymbol{F}$ 在平面 xOy 上的投影，记为 $\boldsymbol{F}_{xy}$，如图5-6所示。显然，当力和投影面相对平行移动时，并不改变力在该平面上投影的大小和方向。由力的始端 A 引出平行于投影力 $\boldsymbol{F}_{xy}$ 的直线，求出力 $\boldsymbol{F}$ 与投影线之间的夹角 θ，即得

$$F_{xy} = F\ |\cos\theta| \tag{5-6}$$

注意，力在平面上的投影仍是矢量，这与力在轴上的投影是代数量有所不同。

3. 二次投影法

如已知力 $\boldsymbol{F}$ 对坐标面 xOy 的仰角 θ 以及力 $\boldsymbol{F}$ 在 xOy 上的投影 $\boldsymbol{F}_{xy}$ 对轴 x 的方位角 φ，则可先求出 $\boldsymbol{F}_{xy}$，然后求出力 $\boldsymbol{F}$ 在 x 轴和 y 轴上的投影，由图 5-7 可以看出，有

$$F_x = F\cos\theta\cos\varphi, \quad F_y = F\cos\theta\sin\varphi, \quad F_z = F\sin\theta \tag{5-7}$$

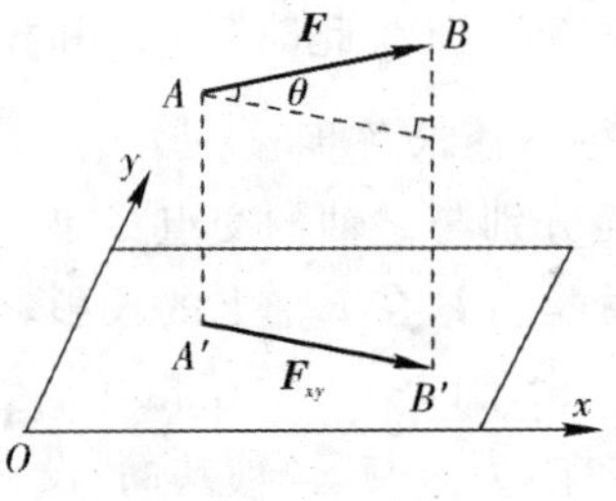

图 5-6

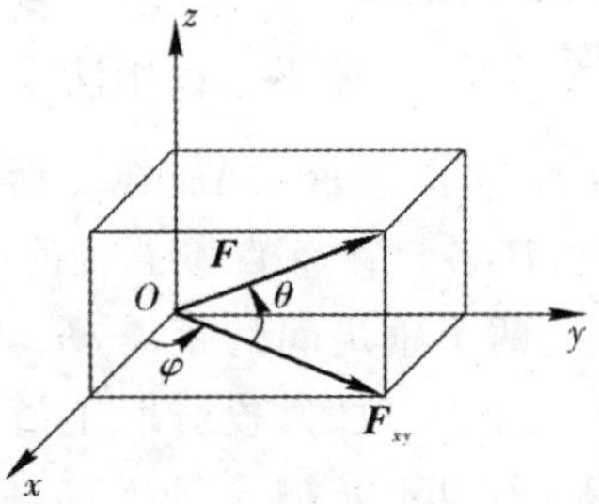

图 5-7

注意，角 θ 和 φ 在计算上都有正负向，按图 5-7 所示的计量是正向，反之，则为负向。

现在把力 $\boldsymbol{F}$ 按坐标轴 x,y,z 方向分解为空间正交分量 $\boldsymbol{F}_x,\boldsymbol{F}_y,\boldsymbol{F}_z$（见图5-5），这些分量也称为力 $\boldsymbol{F}$ 的坐标轴向分量。写成分解式为

$$\boldsymbol{F} = \boldsymbol{F}_x + \boldsymbol{F}_y + \boldsymbol{F}_z \tag{5-8}$$

容易看出，力的正交坐标轴向分量的模，分别和这个力在对应轴上的投影的绝对值相等，即

$$|\boldsymbol{F}_x| = |F_x|, \quad |\boldsymbol{F}_y| = |F_y|, \quad |\boldsymbol{F}_z| = |F_z|$$

同时，投影的正负说明了轴向分量指向对应轴的正端还是负端。考虑到上述关系，引入坐标轴向单位矢 $\boldsymbol{i},\boldsymbol{j},\boldsymbol{k}$，则上式可写为

$$\boldsymbol{F}_x = F_x\boldsymbol{i}, \quad \boldsymbol{F}_y = F_y\boldsymbol{j}, \quad \boldsymbol{F}_z = F_z\boldsymbol{k} \tag{5-9}$$

因而式(5-8)也可写为

$$\boldsymbol{F} = F_x\boldsymbol{i} + F_y\boldsymbol{j} + F_z\boldsymbol{k} \tag{5-10}$$

式(5-10)是力 $\boldsymbol{F}$ 沿正交坐标轴方向的分解式，其中每个单位矢前的系数就是该力在对应轴上的投影。

必须指出，虽然本节中说明的只是力的投影与分解，但所得结论完全适用于任何矢量的投

影与分解。

5.4　空间共点力系合成的解析法及其平衡的解析条件

1. 合力投影定理

在空间问题中，通常总是应用解析法求共点力系的合成，其依据仍然是合力的投影定理。

图 5-8(a)表示作用于刚体上点 A 的共点力系，其力多边形 $ABCDE$ 如图 5-8(b) 所示。从各顶点分别向任取的轴 y 引垂线，得垂足 a,b,c,d,e，各个力的投影为

$$F_{1y}=ab,\quad F_{2y}=bc,\quad F_{3y}=cd,\quad F_{4y}=-ed$$

而合力 $\boldsymbol{F}_R$ 的投影则为

$$F_{Ry}=ae=ab+bc+cd-ed$$

即有

$$F_{Ry}=F_{1y}+F_{2y}+F_{3y}+F_{4y}=\sum F_y$$

因此，在一般情形下，共点力系的合力在某一轴上的投影，等于力系中各力在同一轴上投影的代数和，这就是合力投影定理。

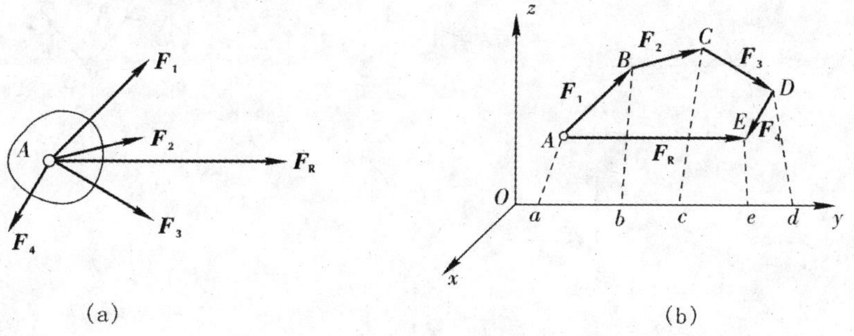

图　5-8

设在刚体上作用有由 n 个力 $\boldsymbol{F}_1,\boldsymbol{F}_2,\cdots,\boldsymbol{F}_n$ 组成的共点力系，取直角坐标系 $Oxyz$，则力系的合力在坐标轴上的投影为

$$\left.\begin{aligned}F_{Rx}&=F_{1x}+F_{2x}+\cdots+F_{nx}=\sum F_x\\F_{Ry}&=F_{1y}+F_{2y}+\cdots+F_{ny}=\sum F_y\\F_{Rz}&=F_{1z}+F_{2z}+\cdots+F_{nz}=\sum F_z\end{aligned}\right\}\tag{5-11}$$

应用式(5-5)，得合力的大小为

$$F_R=\sqrt{F_{Rx}^2+F_{Ry}^2+F_{Rz}^2}=\sqrt{(\sum F_x)^2+(\sum F_y)^2+(\sum F_z)^2}\tag{5-12}$$

方向余弦为

$$\cos\alpha=\frac{F_{Rx}}{F_R},\quad \cos\beta=\frac{F_{Ry}}{F_R},\quad \cos\gamma=\frac{F_{Rz}}{F_R}\tag{5-13}$$

从而可求出合力 $\boldsymbol{F}_R$ 分别与坐标轴 x,y,z 的正向间的夹角 α,β,γ。

2. 空间共点力系平衡的充要条件

前面已经指出，共点力系平衡的充要条件是力系中各力的矢量和等于零，即 $\boldsymbol{F}_{R}=\boldsymbol{0}$。由式(5-12)可见，为此必须也只需

$$\sum F_x=0,\quad \sum F_y=0,\quad \sum F_z=0 \tag{5-14}$$

可见，空间共点力系平衡的充要解析条件是力系中各力在三个坐标轴中每一个轴上的投影的代数和分别等于零。式(5-14)称为空间共点力系的平衡方程。

闭合多边形在任何平面上的投影也总是闭合的。这说明当共点力系平衡时，它在任何平面上的投影力系也总是平衡的。在实际应用中可借该性质把空间问题化为平面问题。

例 5-1 直杆 AB 和 AC 用球铰链 A,B,C 连接，如图 5-9(a) 所示，并用绳索 AD 系住，在 A 的下端悬挂重 $\boldsymbol{G}$ 的物体 E。杆 AB 与 AC 垂直，并使 O,A,B,C 四点在同一水平面内。如果不计其余物体的质量，求杆 AB,AC 以及绳索 AD 所受的力。

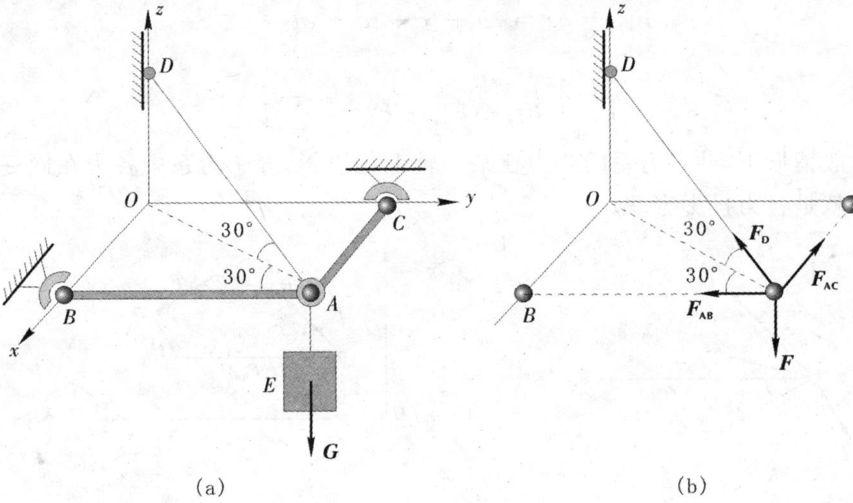

图 5-9

解：取球铰链 A 为研究对象，它受到杆 AB 和 AC 以及绳索 AD 的作用，各力的方向均沿各杆及绳索本身方向，这三个力以及主动力 $\boldsymbol{F}$ 构成一个空间共点力系，受力如图 5-9(b)所示。按式(5-14)列以下平衡方程：

$$\sum F_x=0,\quad -F_{AC}-F_{D}\cos30^\circ\sin30^\circ=0$$

$$\sum F_y=0,\quad -F_{AB}-F_{D}\cos30^\circ\cos30^\circ=0$$

$$\sum F_z=0,\quad F_{D}\sin30^\circ-F=0$$

联立求解，得

$$F_{D}=\frac{F}{\sin30^\circ}=\frac{G}{0.5}=2G,\quad F_{AC}=-\frac{\sqrt{3}G}{2},\quad F_{AB}=-1.5G$$

式中，F_{AC} 和 F_{AB} 为负值，说明该力实际指向与图上假定指向相反。即杆 AB 与杆 AC 实际上受压力。

5.5 力偶作用面的平移·力偶矩矢·力偶等效定理

本节讨论另一种空间基本力系——空间力偶系。

1. 力偶作用面的平移

在2.8节中曾经证明，同平面内两个力偶的等效条件是两者力偶矩的代数值彼此相等。因此，在保持力偶矩不变的条件下，可以任意改变力偶中的力和力臂，以及力偶在作用面内的位置，而不影响这个力偶对刚体的作用。

在空间问题中，物体可能受到若干个在不同平面内的力偶作用，因此，很自然地会联想到，改变力偶作用面的位置能否影响该力偶对刚体的作用。

经验指出，当用改锥（俗称螺钉起子）松开或拧紧螺钉时，改锥柄的长短不影响用力的大小。可见，作用面的平行移动，并不影响力偶对于刚体的作用。

设有力偶$(\boldsymbol{F}_1,\boldsymbol{F}_2)$，作用在刚体的平面Ⅰ，力偶臂是$AB$（见图5-10）。现在刚体内取另一平面Ⅱ，平面Ⅱ平行于平面Ⅰ。试证原力偶可用一个作用在平面Ⅱ内的力偶来代换。为此，在平面Ⅱ内取一线段CD，平行并等于AB。作出平行四边形$ABDC$，以O代表其对角线的交点。

将力$\boldsymbol{F}_1$分解为两个反向平行力：作用于点D的分力$\boldsymbol{F}_1'$和作用于点O的分力$\boldsymbol{F}_1''$，则矢$\boldsymbol{F}_1'=-\boldsymbol{F}_1$，$\boldsymbol{F}_1''=2\boldsymbol{F}_1$。同样，将力$\boldsymbol{F}_2$分解为作用于点$C$和$O$的两个分力$\boldsymbol{F}_2'$和$\boldsymbol{F}_2''$，则矢$\boldsymbol{F}_2'=-\boldsymbol{F}_2$，$\boldsymbol{F}_2''=2\boldsymbol{F}_2$。这样，原力偶$(\boldsymbol{F}_1,\boldsymbol{F}_2)$已由$\boldsymbol{F}_1'$，$\boldsymbol{F}_2'$，$\boldsymbol{F}_1''$和$\boldsymbol{F}_2''$四个力代替。去掉作用于点$O$的平衡力系$\boldsymbol{F}_1''$，$\boldsymbol{F}_2''$，则只剩下作用在平面Ⅱ内的新力偶$(\boldsymbol{F}_1',\boldsymbol{F}_2')$。该新力偶$(\boldsymbol{F}_1',\boldsymbol{F}_2')$其实就是原力偶，只不过它的作用面已变为平面Ⅱ而已。

这样，力偶的上述性质得以证明。

综合力偶的全部特征，就可以得到力偶的等效定理：作用在同一平面内或平行平面内的两个力偶，设其有大小相等的力偶矩，且转向相同，则这两个力偶是等效力偶。

2. 力偶矩矢

力偶的等效定理指出，唯一的决定力偶对刚体作用的三个要素是：

1)力偶矩的大小；

2)力偶的转向；

3)力偶作用面的方位（因为平行平面的方位相同）。

在与力的三要素比较之下，我们也可以考虑用一个有向线段表示力偶的三要素。该有向线段垂直于力偶的作用面，用以决定作用面的方位，线段的长度按选定的比例尺表示力偶矩的大小，而有向线段的指向表示力偶的转向。为此，我们采用右手规则，即，如果从这有向线段的末端来看，应看到力偶的转向是逆时针方的（见图5-11）。

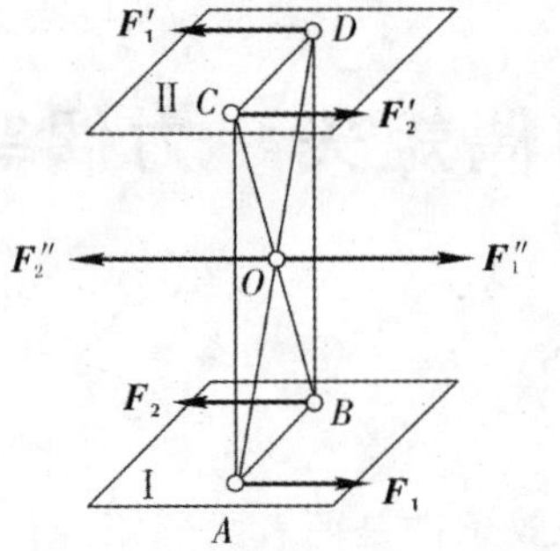

图 5-10

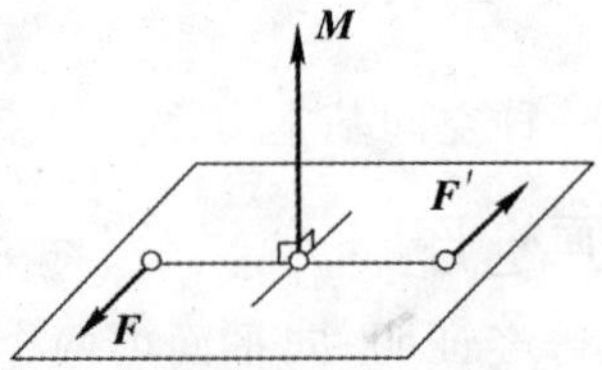

图 5-11

该有向线段称为力偶矩矢，以后用 $\boldsymbol{M}$ 表示。力偶矩矢的始端通常取在力偶臂的中点。但是，力偶在它的作用面内可以任意移转，同时作用面本身又可以任意平移，所以力偶矩矢的始端也是可以在空间任意移动的。可见，力偶矩矢是自由矢量，这不同于作用在刚体上的力矢，后者是滑动矢量。应该指出力矢和力偶矩矢的另一不同处：决定力偶矩矢指向的规则是人为的，而力矢的指向则由力本身所决定。

这样，力偶等效定理又可陈述为：力偶矩矢相等的两个力偶是等效力偶。这样两个力偶的作用面或者平行，或者重合，并且转向相同，力偶矩矢的大小也相等。

用矢量表示力偶矩，对于空间力偶系有重要意义。因为，在空间力偶系中，各力偶的作用面是相交的，因而用代数量表示力偶矩已没有意义。

下一节将证明力偶矩矢可以按矢量合成规则相加的。也只有这样，力偶矩的矢量表示法才有实际的物理意义。

5.6 空间力偶系的合成及其平衡条件

本节只讨论作用于相交平面内的力偶的合成，因为如果各个力偶作用面互相平行，那么总可以先移到一个平面内，作为共面力偶系来合成。

已知的两个力偶在相交平面Ⅰ和Ⅱ内(见图 5-12)。在这两个平面的交线上取任意线段 $AB=d$。首先把两个力偶化到具有相同的臂 $d=AB$；其次，利用力偶可以在其作用面内任意移转的性质，把这两个力偶在其本身作用面内移转，使力偶臂重合于线段 AB。如此，就得到图 5-12 上所示的两个力偶($\boldsymbol{F}_1$，$\boldsymbol{F}_1'$)和($\boldsymbol{F}_2$，$\boldsymbol{F}_2'$)，分别作用在平面Ⅰ和Ⅱ内。现在把作用于点 A 的力 $\boldsymbol{F}_1$ 和 $\boldsymbol{F}_2$ 相加，得合力 $\boldsymbol{F}_R$；又把作用于点 B 的力 $\boldsymbol{F}_1'$ 和 $\boldsymbol{F}_2'$ 相加，得合力 $\boldsymbol{F}_R'$。有

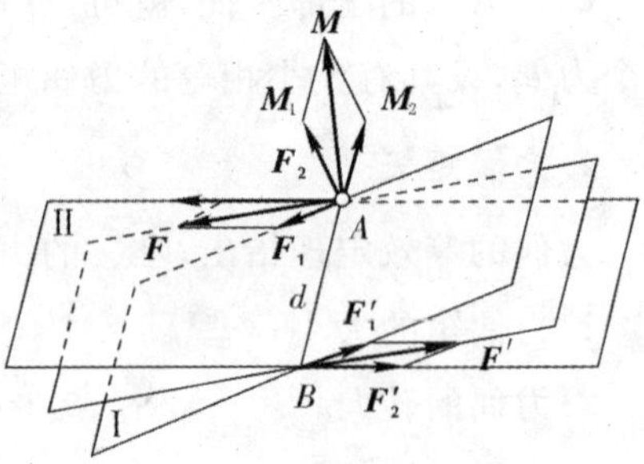

图 5-12

$$\boldsymbol{F}_R=\boldsymbol{F}_1+\boldsymbol{F}_2,\quad \boldsymbol{F}_R'=\boldsymbol{F}_1'+\boldsymbol{F}_2'$$

因为 $\boldsymbol{F}_1'=-\boldsymbol{F}_1$，$\boldsymbol{F}_2'=-\boldsymbol{F}_2$，故

$$\boldsymbol{F}_R=-\boldsymbol{F}_R'$$

即，合成结果为一个力偶（$\boldsymbol{F}_R$，$\boldsymbol{F}'_R$）。为求合力偶的矩矢，只需将点 A 的平行四边形按图 5－12 所示方向绕 AB 转动 90°，然后将每边乘以 $d = AB$，即得力偶矩矢平行四边形；这两个平行四边形的对应边成相等的夹角为 90°。可见，$\boldsymbol{M}_1$ 和 $\boldsymbol{M}_2$ 分别表示已知力偶（$\boldsymbol{F}_1$，$\boldsymbol{F}'_1$）和（$\boldsymbol{F}_2$，$\boldsymbol{F}'_2$）的矩，而 $\boldsymbol{M}$ 则表示了合力偶（$\boldsymbol{F}_R$，$\boldsymbol{F}'_R$）的矩。故有

$$\boldsymbol{M}=\boldsymbol{M}_1+\boldsymbol{M}_2$$

这就说明，力偶矩矢是按平行四边形定律相加的，即力偶矩矢的确具有矢量的性质。

以上结论可陈述为力偶矩矢平行四边形定律：作用于相交平面内两个力偶的合成结果是一个力偶，合力偶矩矢表示为以原有两力偶的矩矢为邻边的平行四边形的对角线。

显然，力偶矩矢平行四边形定律也可用来求同平面内或平行平面内的两个力偶的合成。这时，力偶矩矢平行四边形拉成一段直线。

上述合成规律可以反过来用以解答逆问题：分解已知力偶为两个分力偶。但在此情形下，为了使问题有确定的解答，还必须给出补充条件。这与力的分解情况完全相似。

设力偶系由任意 n 个力偶组成，这些力偶的作用面可以彼此相交，也可以彼此平行。应用与力多边形相似的矩矢多边形规则，可将这些力偶合成，最后结果是一力偶。合力偶的矩矢 $\boldsymbol{M}$ 等于各已知力偶的矩矢 $\boldsymbol{M}_1$，$\boldsymbol{M}_2$，…，$\boldsymbol{M}_n$ 的矢量和，即

$$\boldsymbol{M}=\boldsymbol{M}_1+\boldsymbol{M}_2+\cdots+\boldsymbol{M}_n=\sum\boldsymbol{M}_i \tag{5-15}$$

为了计算合力偶矩矢的大小和方向，可先求出该矩矢在直角坐标轴 x,y,z 上的投影，即

$$M_x=\sum M_{ix},\quad M_y=\sum M_{iy},\quad M_z=\sum M_{iz} \tag{5-16}$$

再求得该矩矢的大小和方向，即

$$M=\sqrt{M_x^2+M_y^2+M_z^2}=\sqrt{(\sum M_{ix})^2+(\sum M_{iy})^2+(\sum M_{iz})^2} \tag{5-17}$$

$$\cos(\boldsymbol{M},\boldsymbol{i})=\frac{\sum M_{ix}}{M},\quad \cos(\boldsymbol{M},\boldsymbol{j})=\frac{\sum M_{iy}}{M},\quad \cos(\boldsymbol{M},\boldsymbol{k})=\frac{\sum M_{iz}}{M} \tag{5-18}$$

若力偶系的矩矢多边形自行闭合，即合力偶的矩等于零，则此力偶系必定是平衡的，这是因为一个力偶只有在它的力或力偶臂等于零时，力偶矩才等于零（力偶臂为零的情形表示力偶中两个力的作用线相重合）。反之，如果力偶系的矩矢多边形不闭合，则这时必有一个矩矢不等于零的合力偶，因而该力偶系必不平衡。故空间力偶系平衡的充要条件是，力偶矩矢多边形自行闭合，或者各力偶的矩矢的矢量和等于零。写成方程，即有

$$\boldsymbol{M}_1+\boldsymbol{M}_2+\cdots+\boldsymbol{M}_n=\sum\boldsymbol{M}_i=\boldsymbol{0} \tag{5-19}$$

这个平衡条件也可以写成如下投影方程的形式：

$$\sum M_{ix}=0,\ \sum M_{iy}=0,\ \sum M_{iz}=0 \tag{5-20}$$

式（5－20）表示各力偶矩矢在三个坐标轴中每一个轴上的投影的代数和都等于零。

例 5－2　图 5－13(a)所示的三角柱刚体是正方体的一半。在其中三个侧面各自作用着一个力偶。已知力偶（$\boldsymbol{F}_1$，$\boldsymbol{F}'_1$）的矩 $M_1=20\ \text{N}\cdot\text{m}$；力偶（$\boldsymbol{F}_2$，$\boldsymbol{F}'_2$）的矩 $M_2=20\ \text{N}\cdot\text{m}$；力偶（$\boldsymbol{F}_3$，$\boldsymbol{F}'_3$）的矩 $M_3=20\ \text{N}\cdot\text{m}$。(1)试求合力偶矩矢 M；(2)若要使该刚体平衡，还需要施加怎

样一个力偶?

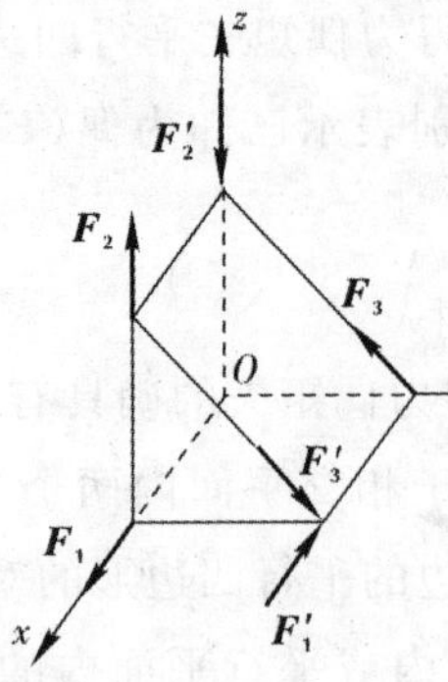

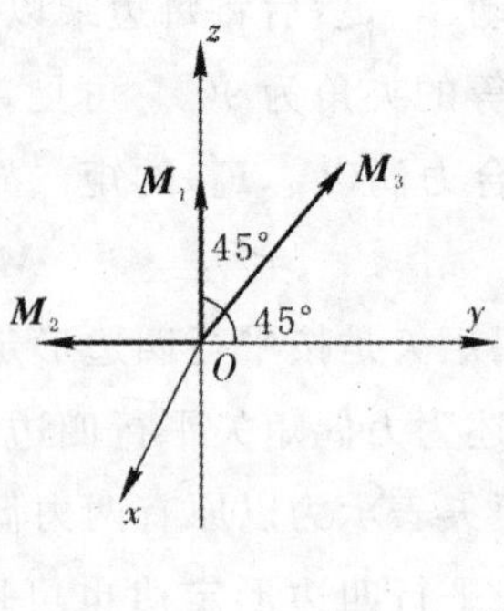

图 5-13

解:用右手法则判断各力偶的方向,在 O 点画出各力偶矩矢如图 5-13(b)所示。根据空间力偶系平衡条件式(5-20)列如下平衡方程:

$$M_x = M_{1x} + M_{2x} + M_{3x} = 0$$

$$M_y = M_{1y} + M_{2y} + M_{3y} = 11.2\ \text{N}\cdot\text{m}$$

$$M_z = M_{1z} + M_{2z} + M_{3z} = 41.2\ \text{N}\cdot\text{m}$$

合力偶矩矢 $\boldsymbol{M}$ 的大小和方向为

$$M = \sqrt{M_x^2 + M_y^2 + M_z^2} = 42.7\ \text{N}\cdot\text{m}$$

$$\cos(\boldsymbol{M},\boldsymbol{i}) = \frac{M_x}{M} = 0,\quad \angle(\boldsymbol{M},\boldsymbol{i}) = 90^\circ$$

$$\cos(\boldsymbol{M},\boldsymbol{j}) = \frac{M_y}{M} = 0.262,\quad \angle(\boldsymbol{M},\boldsymbol{j}) = 74.8^\circ$$

$$\cos(\boldsymbol{M},\boldsymbol{k}) = \frac{M_z}{M} = 0.262,\quad \angle(\boldsymbol{M},\boldsymbol{k}) = 15.2^\circ$$

所以,为使该刚体平衡,需加一力偶,其力偶矩矢为 $\boldsymbol{M}_4 = -\boldsymbol{M}$。

5.7 力对点的矩

1. 力对点之矩表示为矢量

在平面内,力对点的矩被表示为代数量,其正负号足以说明转动的方向。在空间情形下,力可以对空间任一点取矩,矩心和力所决定的平面可以有任意方位,只有力矩的正负号已不能表示这个方位。因此常用矢量 $\boldsymbol{M}_O$ 表示力对点 O 的矩。矢量 $\boldsymbol{M}_O$ 的方向用右手法则确定,如图 5-14(a) 所示。实际上,若从 $\boldsymbol{M}_O$ 上端向下看,即将图 5-14(a) 旋转后,就与平面上力对点的矩相同了,如图 5-14(b) 所示,此时只需表示 $\boldsymbol{M}_O$ 的正负,则它就是一个标量。

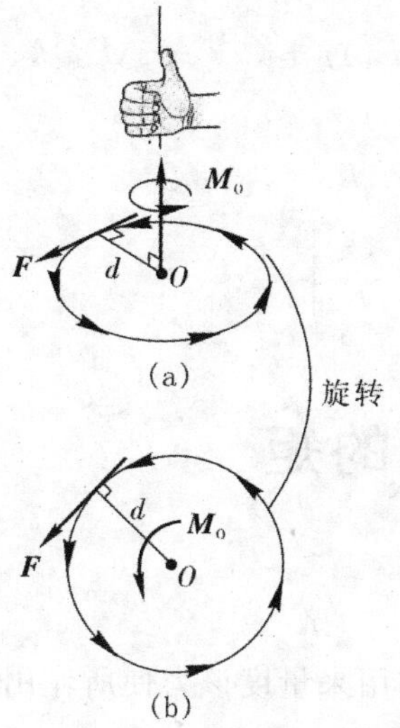

图　5-14

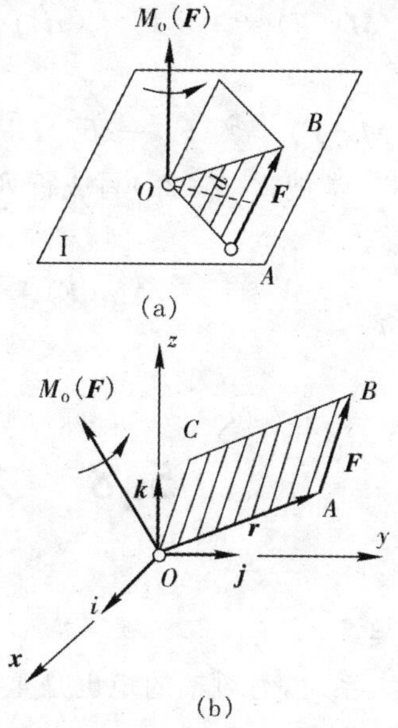

图　5-15

现在，用矢量记号 $\boldsymbol{M}_O(\boldsymbol{F})$ 表示空间力 $\boldsymbol{F}$ 对点 O 的矩。如图 5-15 所示，力 $\boldsymbol{F}$ 的作用点在 A 点，矢端在 B 点。矢量 $\boldsymbol{M}_O(\boldsymbol{F})$ 被表示成一根有向线段，该线段从点 O 沿着平面 OAB 的垂线画出；它的长度按比例表示为 $\boldsymbol{F}$ 的模与对矩心 O 的力臂 d 的乘积 Fd，它的指向按右手规则确定，即由这个矢的正端看平面 OAB，力 $\boldsymbol{F}$ 应绕矩心 O 做逆时针转动(见图 5-14(a))。必须注意，力矩矢 $\boldsymbol{M}_O(\boldsymbol{F})$ 是一个定位矢量，它的大小和方向都与作用点 O(矩心)的位置有关。

2. 力对点之矩矢积表达式

由上述力 $\boldsymbol{F}$ 对点 O 的矩矢 $\boldsymbol{M}_O(\boldsymbol{F})$ 的性质知，它还可以表示为矢积的形式。作出矢量 $\overrightarrow{OA}=\boldsymbol{r}$(见图 5-15(b))，并称其为力 $\boldsymbol{F}$ 的作用点 A 对矩心 O 的矢径。于是矢积 $\boldsymbol{r}\times\boldsymbol{F}$ 的模等于平行四边形 $OABC$ 的面积或三角形 OAB 的面积 Fd 的两倍，而且该矢积的方向也正好与 $\boldsymbol{M}_O(\boldsymbol{F})$ 相同。其表达式为

$$\boldsymbol{M}_O(\boldsymbol{F})=\boldsymbol{r}\times\boldsymbol{F} \tag{5-21}$$

即，力对一点的矩矢，等于该力作用点对矩心的矢径乘以该力矢所得的矢积。以后还将证明，力对点的矩矢也可按平行四边形规则相加。因此，它的确具有矢量的性质。矢径必须由矩心指向力的作用点，而矢积中两个因子的顺序不能调换。

3. 力对点之矩矢积的解析表达式

利用式(5-21)，可以将力矩矢 $\boldsymbol{M}_O(\boldsymbol{F})$ 写成解析表达式。为此，以矩心 O 为原点，作直角坐标系 $Oxyz$，各坐标轴的单位矢分别是 $\boldsymbol{i},\boldsymbol{j},\boldsymbol{k}$(见图 5-15(b))。设力 $\boldsymbol{F}$ 的作用点 A 的坐标是 x,y,z，则矢径 $\boldsymbol{r}$ 可表示成

$$\boldsymbol{r}=x\boldsymbol{i}+y\boldsymbol{j}+z\boldsymbol{k}$$

若用 F_x,F_y,F_z 表示力 $\boldsymbol{F}$ 在各坐标轴上的投影，则力 $\boldsymbol{F}$ 可写为如下分解式：

$$\boldsymbol{F}=F_x\boldsymbol{i}+F_y\boldsymbol{j}+F_z\boldsymbol{k}$$

因此，式(5-21)可写为

$$\boldsymbol{M}_O(\boldsymbol{F}) = \boldsymbol{r} \times \boldsymbol{F} = (x\boldsymbol{i} + y\boldsymbol{j} + z\boldsymbol{k}) \times (F_x\boldsymbol{i} + F_y\boldsymbol{j} + F_z\boldsymbol{k})$$

即

$$\boldsymbol{M}_O(\boldsymbol{F}) = (yF_z - zF_y)\boldsymbol{i} + (zF_x - xF_z)\boldsymbol{j} + (xF_y - yF_x)\boldsymbol{k} \tag{5-22}$$

为了便于记忆，常把式(5－22)写成行列式的形式为

$$\boldsymbol{M}_O(\boldsymbol{F}) = \begin{vmatrix} \boldsymbol{i} & \boldsymbol{j} & \boldsymbol{k} \\ x & y & z \\ F_x & F_y & F_z \end{vmatrix} \tag{5-23}$$

5.8 力对轴的矩

1. 力对轴的矩

在讨论空间力系时，力对轴的矩也是重要概念，它用来量度该力使所作用刚体绕该轴转动的效应。

以开门为例，在门上点 A 作用一个任意方向的力 $\boldsymbol{F}$，并把它分解成平行于枢轴 z 和垂直于枢轴的两个分力 $\boldsymbol{F}''$ 和 $\boldsymbol{F}'$，如图 5－16 所示。实践证明，平行于枢轴 z 的分力 $\boldsymbol{F}''$ 不产生使门绕枢轴转动的效应，而转动效应只能由分力 $\boldsymbol{F}'$ 引起。我们把 $\boldsymbol{F}'$ 的大小与其作用线到 z 轴的垂直距离(即图中的力臂 d) 的乘积 $F'd$ 冠以适当的正负号后称为力 $\boldsymbol{F}$ 对 z 轴的矩，即

$$M_z(\boldsymbol{F}) = \pm F'd \tag{5-24}$$

按照右手规则，式(5－24)中的正负号取法如下：从 z 轴的正向看，如力 $\boldsymbol{F}$ 使刚体绕 z 轴逆时针转动，则力矩 $M_z(\boldsymbol{F})$ 取正值；反之取负值。记号 $M_z(\boldsymbol{F})$ 常简写成 M_z。z 轴称为矩轴。当然，矩轴不一定要选取刚体实际上可以绕之转动的轴，也可以是任何设想的直线。

由定义可以看出，在两种情形下，力对轴的矩等于零：

(1)力和矩轴平行($F' = 0$)；

(2) 力的作用线通过矩轴($d = 0$)。

这两种情形有一共同特征，即力 $\boldsymbol{F}$ 的作用线和矩轴是共面的。

决定力 $\boldsymbol{F}$ 对 z 轴的矩的分量 $\boldsymbol{F}'$ 可理解为力 $\boldsymbol{F}$ 在 z 轴的垂直面上的投影。当投影面平行移动时，不改变力 $\boldsymbol{F}'$ 和它到 z 轴的距离 d，因而也不会改变乘积 $\pm F'd$。以 O 代表投影面和 z 轴的交点，则 d 就是力 $\boldsymbol{F}'$ 对点 O 的力臂。由此可见，力 $\boldsymbol{F}$ 对任一轴的矩，等于该力在这一轴的垂直面上的投影对该投影面和该轴交点的矩，即

$$M_z(\boldsymbol{F}) = M_O(\boldsymbol{F}') \tag{5-25}$$

2. 力对轴的矩的解析表达式

根据力对轴的矩的定义式(5－25)以及平面力系的合力矩定理，可以导出力对轴的矩的解析表达式。由图 5－17 可直接得到力 $\boldsymbol{F}$ 对 z 轴的矩，即

$$M_z(\boldsymbol{F}) = M_z(\boldsymbol{F}'_x) + M_z(\boldsymbol{F}'_y) = xF_y - yF_x$$

进行坐标变换，可得出力 $\boldsymbol{F}$ 对 x 轴和 y 轴的矩的解析表达式。综合起来，得出力 $\boldsymbol{F}$ 对坐标轴的矩的一组解析表达式为

$$\left.\begin{aligned} M_x(\boldsymbol{F}) &= yF_z - zF_y \\ M_y(\boldsymbol{F}) &= zF_x - xF_z \\ M_z(\boldsymbol{F}) &= xF_y - yF_x \end{aligned}\right\} \tag{5-26}$$

其中，x,y,z 是力 $\boldsymbol{F}$ 作用点的坐标；F_x,F_y,F_z 是力 $\boldsymbol{F}$ 在各坐标轴上的投影。

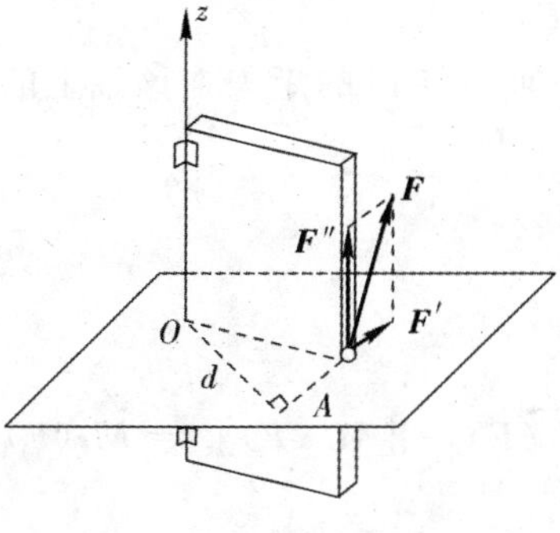

图　5-16

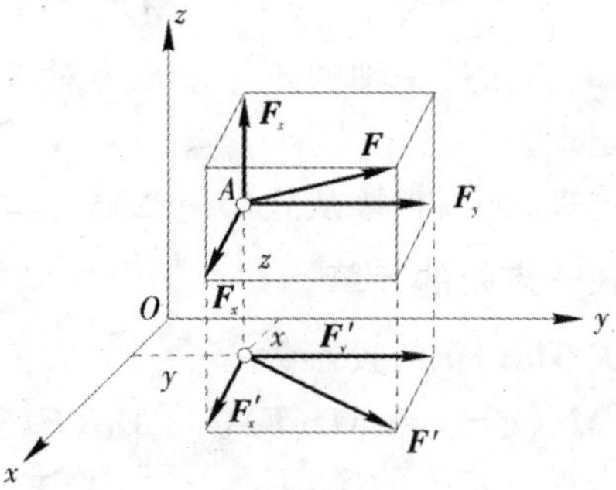

图　5-17

5.9　力矩关系定理

1. 力矩关系定理

这个定理建立了力 $\boldsymbol{F}$ 对任一点 O 的矩 $\boldsymbol{M}_O(\boldsymbol{F})$ 与这个力对通过该点的任一轴 Oz 的矩 $\boldsymbol{M}_z(\boldsymbol{F})$ 之间的关系。

为了清楚起见，把图 5-15(a)中的力 $\boldsymbol{F}$ 的作用点移到它的作用线与平面 Ⅰ 的交点上，得图 5-18。

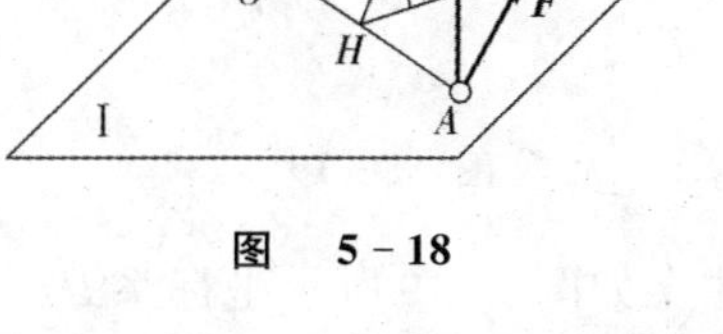

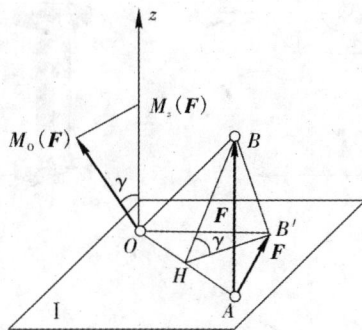

图　5-18

显然，三角形 OAB 面积的 2 倍表示了力矩 $\boldsymbol{M}_O(\boldsymbol{F})$ 的模，而三角形 OAB' 面积的 2 倍则表示了力矩 $M_z(\boldsymbol{F})$ 的绝对值。这两个三角形有公共底边 OA，而高度 HB 与 HB' 之间有关系 $HB' = HB\cos\gamma$，其中 γ 代表两个三角形平面的夹角，由此可得

$$\triangle OAB' = \triangle OAB \mid \cos\gamma \mid$$

考虑到正负号的关系，可得

$$M_z(\boldsymbol{F}) = \mid \boldsymbol{M}_O(\boldsymbol{F}) \mid \cos\gamma$$

画出力矩矢 $\boldsymbol{M}_O(\boldsymbol{F})$，该矢量垂直于 $\triangle OAB$，因此它与 $\triangle OAB'$ 的垂线 Oz 正向间所成的角度也等于 γ。用 $[\boldsymbol{M}_O(\boldsymbol{F})]_z$ 代表矢量 $\boldsymbol{M}_O(\boldsymbol{F})$ 在轴 Oz 上的投影，则有

$$[\boldsymbol{M}_O(\boldsymbol{F})]_z = |\boldsymbol{M}_O(\boldsymbol{F})| \cos\gamma$$

比较上述两式，得

$$M_z(\boldsymbol{F}) = [\boldsymbol{M}_O(\boldsymbol{F})]_z \tag{5-27}$$

由此可知，力对任一轴的矩等于该力对该轴上任何一点 O 的矩矢在该轴上的投影。这就是力矩关系定理。

应用该定理，可以直接从式(5-22)导出式(5-26)。

2. 空间任一点矩的计算

已知矩矢 $\boldsymbol{M}_O(\boldsymbol{F})$ 的投影为

$$[\boldsymbol{M}_O(\boldsymbol{F})]_x = M_x(\boldsymbol{F}),\quad [\boldsymbol{M}_O(\boldsymbol{F})]_y = M_y(\boldsymbol{F}),\quad [\boldsymbol{M}_O(\boldsymbol{F})]_z = M_z(\boldsymbol{F})$$

即可反过来求得该矩矢的模，即

$$M_O = \sqrt{M_x^2 + M_y^2 + M_y^2} = \sqrt{(yF_z - zF_y)^2 + (zF_x - xF_z)^2 + (xF_y - yF_x)^2} \tag{5-28}$$

和方向余弦，即

$$\cos(\boldsymbol{M}_O, \boldsymbol{i}) = \frac{yF_z - zF_y}{M_O},\quad \cos(\boldsymbol{M}_O, \boldsymbol{j}) = \frac{zF_x - xF_z}{M_O},\quad \cos(\boldsymbol{M}_O, \boldsymbol{k}) = \frac{xF_y - yF_x}{M_O} \tag{5-29}$$

例 5-3 如图 5-19 所示，在轴 AB 的手柄 BC 的一端作用着力 $\boldsymbol{F}$，试求该力对轴 AB 以及对点 B 和点 A 的矩的大小。已知 $AB = 20$ cm，$BC = 18$ cm，$F = 50$ N，且 $\alpha = 45°$，$\beta = 60°$。

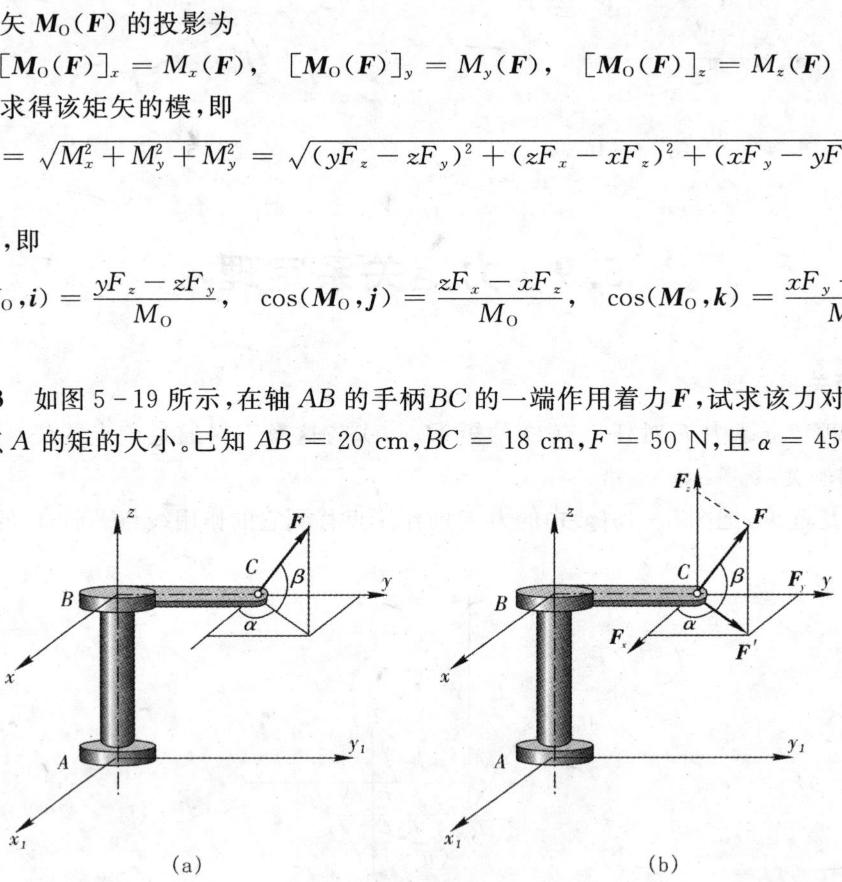

图 5-19

解：先以点 B 为坐标原点，建立如图 5-19 所示坐标系 $Bxyz$。求力 $\boldsymbol{F}$ 对轴 AB 的矩，即是求对 z 轴的矩。将力 $\boldsymbol{F}$ 沿三个坐标轴方向分解得

$$F_x = F\cos\beta\cos\alpha = 17.7\ \text{N}$$

$$F_y = F\cos\beta\sin\alpha = 17.7\ \text{N}$$

$$F_z = F\sin\alpha = 43.3\ \text{N}$$

点 C 的坐标为

$$x = 0,\quad y = 0.18\ \text{m},\quad z = 0$$

根据式(5-26)，力 $\boldsymbol{F}$ 对 z 轴的矩为

$$M_z(\boldsymbol{F}) = xF_y - yF_x = -0.18 \times 17.7 = -3.18\ \mathrm{N \cdot m}$$

力 $\boldsymbol{F}$ 对 x 轴和 y 轴的矩分别为

$$M_x(\boldsymbol{F}) = yF_z - zF_y = 0.18 \times 43.3 = 7.74\ \mathrm{N \cdot m}$$

$$M_y(\boldsymbol{F}) = zF_x - xF_z = 0$$

则力 $\boldsymbol{F}$ 对点 B 的矩大小为

$$M_\mathrm{B} = \sqrt{M_x^2 + M_y^2 + M_z^2} = 8.37\ \mathrm{N \cdot m}$$

当求力 $\boldsymbol{F}$ 对点 A 之矩时，将坐标原点移至点 A，建立坐标系 Ax_1y_1z，此时点 C 坐标变为

$$x = 0,\quad y = 0.18\ \mathrm{m},\quad z = 0.2\ \mathrm{m}$$

同样地，利用式(5-26)即可求得力 $\boldsymbol{F}$ 对点 A 之矩的大小。

5.10　空间任意力系向任一点的简化·主矢和主矩

1. 空间力线平移定理

和平面情形相似，空间力系也有力线平移定理。应用这个定理可将空间任意力系向任一点简化。

图 5-20 所示作用于刚体上点 A 的力 $\boldsymbol{F}$，与平面情形相似，将这个力的作用线平移时须加上一个附加力偶。但是，随点 O 位置选择的不同，力 $\boldsymbol{F}$ 和点 O 所决定的平面的方位会改变，因此附加力偶矩和对应的力矩都应表示为矢量。用 $\boldsymbol{M}$ 表示附加力偶$(\boldsymbol{F},\boldsymbol{F}'')$的矩，$\boldsymbol{M}_\mathrm{O}(\boldsymbol{F})$ 表示力 $\boldsymbol{F}$ 对新作用点 O 的矩，则有

$$\boldsymbol{M} = \boldsymbol{M}_\mathrm{O}(\boldsymbol{F}) \tag{5-30}$$

即，当一个力的作用线平行移动时，附加力偶矩矢等于原力对新作用点的矢。

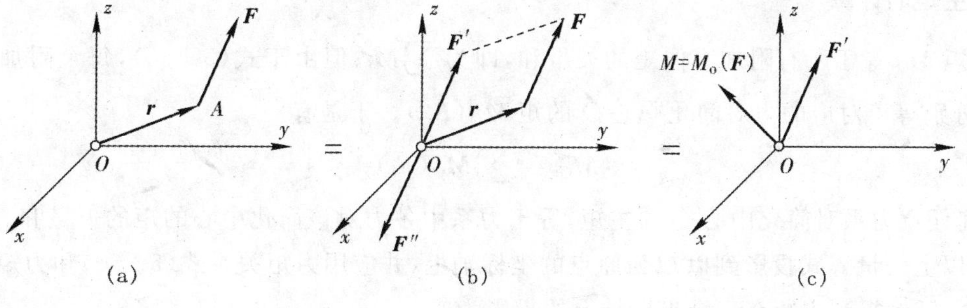

图　5-20

2. 空间力系向任一点的简化

根据空间力线平移定理，将一个空间任意力系(见图 5-21(a))向一点 O 简化后，则该力系即分解为一个作用于简化中心 O 的空间共点力系和一个由附加力偶组成的空间力偶系(见图 5-21(b))。全部过程完全与平面力系的简化相同。简化结果中的空间共点力系可归并为一个力 $\boldsymbol{F}'_\mathrm{R}$，作用于简化中心 O，它的矢量称为原力系的主矢；空间力偶系归并为一个力偶，它的矩矢 $\boldsymbol{M}_\mathrm{O}$ 称为原力系对点 O 的主矩。这样，力系简化后成为一个力和一个力偶的组合，表示为

$(\boldsymbol{F}'_R, \boldsymbol{M}_O)$（见图 5-21(c)）。

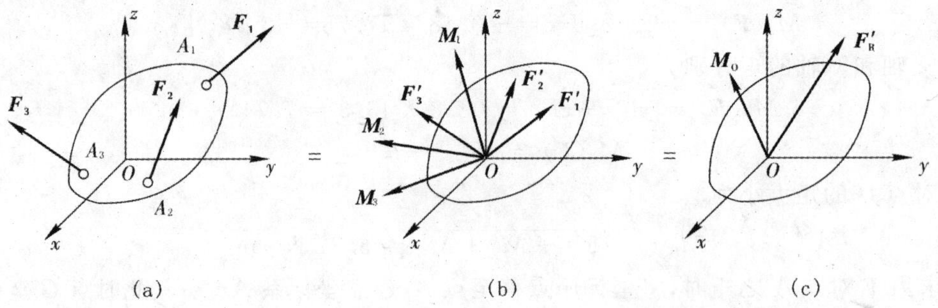

图 5-21

3. 主矢的计算

力系的主矢 $\boldsymbol{F}'_R$ 等于共点力系中的各力的矢量和，即等于 $\sum \boldsymbol{F}'_i$。但因矢量 $\boldsymbol{F}'_i = \boldsymbol{F}_i$，所以

$$\boldsymbol{F}'_R = \sum \boldsymbol{F}_i \tag{5-31}$$

可见，空间任意力系的主矢等于力系中各力的矢量和。令 F_{ix}, F_{iy}, F_{iz} 分别代表力 $\boldsymbol{F}_i$ 在轴 x, y, z 上的投影，则由上述矢量等式可得主矢 $\boldsymbol{F}'_R$ 的 3 个对应投影分别为

$$F'_{Rx} = \sum F_x, \quad F'_{Ry} = \sum F_y, \quad F'_{Rz} = \sum F_z \tag{5-32}$$

即，主矢在任何轴上的投影，等于力系中各力在同一轴上的投影的代数和。

已知这些投影，可由下式确定主矢 $\boldsymbol{F}'_R$ 的大小和方向：

$$\begin{gathered} F'_R = \sqrt{F'^2_{Rx} + F'^2_{Ry} + F'^2_{Rz}} = \sqrt{(\sum F_x)^2 + (\sum F_y)^2 + (\sum F_z)^2} \\ \cos(\boldsymbol{F}'_R, \boldsymbol{i}) = \frac{F'_{Rx}}{F'_R}, \quad \cos(\boldsymbol{F}'_R, \boldsymbol{j}) = \frac{F'_{Ry}}{F'_R}, \quad \cos(\boldsymbol{F}'_R, \boldsymbol{k}) = \frac{F'_{Rz}}{F'_R} \end{gathered} \tag{5-33}$$

4. 主矩的计算

主矩 $\boldsymbol{M}_O$ 等于所有附加力偶矩的矢量和，即为 $\sum \boldsymbol{M}_i$；但由于式(5-30)，每个附加力偶的矩 $\boldsymbol{M}_i$ 分别等于对应的力对简化中心 O 的矩 $\boldsymbol{M}_O(\boldsymbol{F}_i)$。于是有

$$\boldsymbol{M}_O = \sum \boldsymbol{M}_O(\boldsymbol{F}_i) \tag{5-34}$$

即，空间任意力系对简化中心 O 的主矩，等于力系中各力对该简化中心的矩的矢量和。

将以上矢量等式投影到以 O 为原点的坐标轴上，并应用力矩关系式(5-30)和力矩解析表达式(5-26)，得到主矩在三个坐标轴上的投影为

$$\left.\begin{aligned} M_{Ox} &= \sum M_x(F) = \sum (yF_z - zF_y) \\ M_{Oy} &= \sum M_y(F) = \sum (zF_x - xF_z) \\ M_{Oz} &= \sum M_z(F) = \sum (xF_y - yF_x) \end{aligned}\right\} \tag{5-35}$$

式中，x, y, z 代表力系中每个力作用点的坐标。

主矩 $\boldsymbol{M}_O$ 在通过简化中心 O 的任何轴上的投影，称为力系对该轴的主矩。可见，力系对任何一轴的主矩，等于力系中各力对该轴的矩的代数和。

已知主矩 $\boldsymbol{M}_O$ 的三个投影，可由下式确定它的大小和方向：

$$M_O = \sqrt{M_{Ox}^2 + M_{Oy}^2 + M_{Oz}^2} = \sqrt{[\sum(yF_z - zF_y)]^2 + [\sum(zF_x - xF_z)]^2 + [\sum(xF_y - yF_x)]^2} \tag{5-36}$$

$$\left.\begin{aligned} \cos(\boldsymbol{M}_O,\boldsymbol{i}) &= \frac{M_{Ox}}{M_O} = \frac{\sum(yF_z - zF_y)}{M_O} \\ \cos(\boldsymbol{M}_O,\boldsymbol{j}) &= \frac{M_{Oy}}{M_O} = \frac{\sum(zF_x - xF_z)}{M_O} \\ \cos(\boldsymbol{M}_O,\boldsymbol{k}) &= \frac{M_{Oz}}{M_O} = \frac{\sum(xF_y - yF_x)}{M_O} \end{aligned}\right\} \tag{5-37}$$

与平面力系的情形一样，空间任意力系的主矢 $\boldsymbol{F}'_R$ 与简化中心的位置无关；至于主矩 $\boldsymbol{M}_O$，通常情况下与简化中心 O 的位置有关。且有如下矢量关系式：

$$\boldsymbol{M}_B = \boldsymbol{M}_A + \boldsymbol{M}_B(\boldsymbol{F}'_{RA}) \tag{5-38}$$

即，空间任意力系对新简化中心 B 的主矩 $\boldsymbol{M}_B$，等于该力系对原简化中心 A 的主矩 $\boldsymbol{M}_A$ 和作用于原简化中心的力 $\boldsymbol{F}'_{RA}$ 对新简化中心 B 的矩 $\boldsymbol{M}_B(\boldsymbol{F}'_{RA})$ 的矢量和。

5.11　空间任意力系的各种合成结果·一般形式的合力矩定理

与平面任意力系相类似，空间任意力系向一点 O 简化的结果，一般得到一个作用于点 O 的力 $\boldsymbol{F}'_R$ 和一个矩为 $\boldsymbol{M}_O$ 的力偶。只要 $\boldsymbol{F}'_R$ 和 $\boldsymbol{M}_O$ 不都等于零，总可能发生下列各种情形之一。

1. 力系合成为合力偶

$\boldsymbol{F}'_R = \boldsymbol{0}$ 而 $\boldsymbol{M}_O \neq \boldsymbol{0}$。该情况表示原力系合成为一个矩为 $\boldsymbol{M}_O$ 的合力偶。但力偶对任一点的矩等于力偶矩，故原力系向不同的点简化所得到的主矩必定彼此相等，在式(5-38)中令 $\boldsymbol{F}'_{RA} = \boldsymbol{0}$，即得证。即，若力系有合力偶，则该力系的主矩不随简化中心的位置而改变。

2. 力系合成为合力

(1) $\boldsymbol{F}'_R \neq \boldsymbol{0}$，而 $\boldsymbol{M}_O = \boldsymbol{0}$。该情况表示原力系合成为一个作用于简化中心 O 的合力 $\boldsymbol{F}_R$，且 $\boldsymbol{F}_R = \boldsymbol{F}'_R$。

(2) $\boldsymbol{F}'_R \neq 0$，$\boldsymbol{M}_O \neq \boldsymbol{0}$，且 $\boldsymbol{F}'_R \perp \boldsymbol{M}_O$（见图 5-22(a)）。把矩为 $\boldsymbol{M}_O$ 的力偶用($\boldsymbol{F}_R$，$\boldsymbol{F}''_R$)表示（见图 5-22(b)），其中 $\boldsymbol{F}_R = -\boldsymbol{F}''_R = \boldsymbol{F}'_R$，则原力系化成平面力系，该平面力系显然可以合成为作用线通过点 A 的合力 $\boldsymbol{F}_R$，如图 5-22(c) 所示，$d = \dfrac{M_O}{F'_R}$。

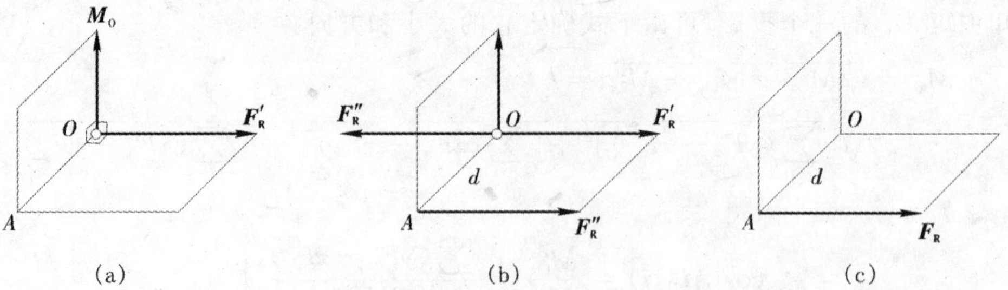

图 5-22

3. 力系合成为力螺旋

(1) $\boldsymbol{F}'_R \neq \boldsymbol{0}, \boldsymbol{M}_O \neq \boldsymbol{0}$，且 $\boldsymbol{F}'_R /\!/ \boldsymbol{M}_O$ 。这时，力系合成为一个力(作用于简化中心)和一个力偶，且这个力垂直于该力偶的作用面。这样的一个力和一个力偶的组合称为力螺旋。当我们用改锥拧紧螺钉时，一面用力压螺钉，一面扭转改锥，这时在改锥上作用了力螺旋。

拧右螺钉时，所加的力系为右力螺旋，$\boldsymbol{F}'_R$与$\boldsymbol{M}_O$同向(见图5-23(a))，拧左螺钉时，所加的力系为左力螺旋，$\boldsymbol{F}'_R$与$\boldsymbol{M}_O$反向(见图5-23(b))。力螺旋中的力$\boldsymbol{F}'_R$的作用线称为该力螺旋的中心轴，力矢$\boldsymbol{F}'_R$和力偶矩矢$\boldsymbol{M}_O$是决定力螺旋特征的两个要素。

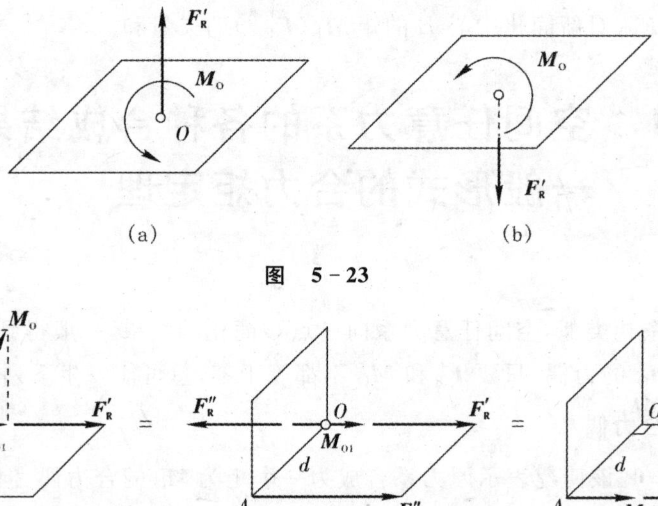

图 5-23

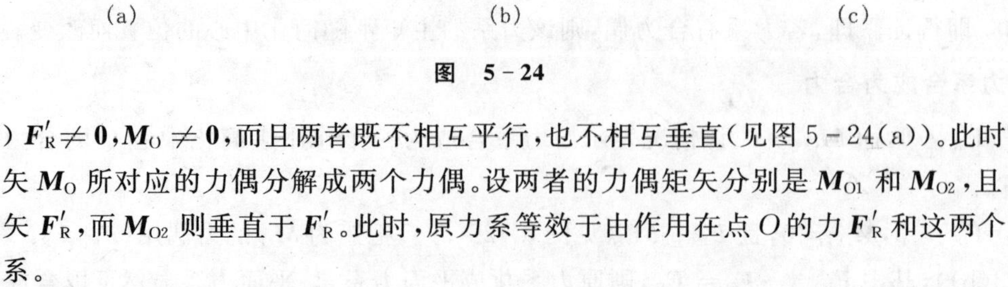

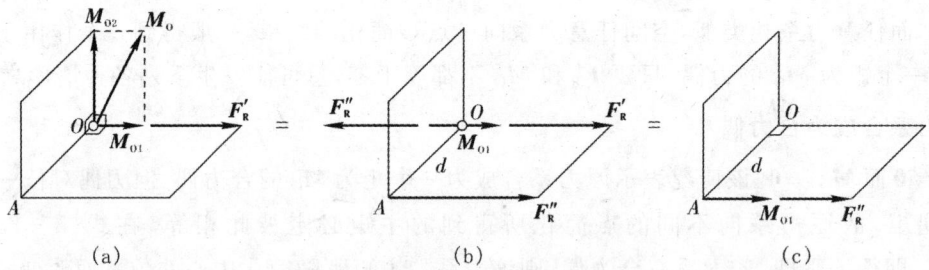

图 5-24

(2) $\boldsymbol{F}'_R \neq \boldsymbol{0}, \boldsymbol{M}_O \neq \boldsymbol{0}$，而且两者既不相互平行，也不相互垂直(见图5-24(a))。此时可以把力矩矢$\boldsymbol{M}_O$所对应的力偶分解成两个力偶。设两者的力偶矩矢分别是$\boldsymbol{M}_{O1}$和$\boldsymbol{M}_{O2}$，且$\boldsymbol{M}_{O1}$平行于力矢$\boldsymbol{F}'_R$，而$\boldsymbol{M}_{O2}$则垂直于$\boldsymbol{F}'_R$。此时，原力系等效于由作用在点O的力$\boldsymbol{F}'_R$和这两个力偶组成的力系。

作用于点O的力$\boldsymbol{F}'_R$和矩矢为$\boldsymbol{M}_{O2}$的力偶可以合成为一个作用在某点A的力$\boldsymbol{F}''_R$(见图5-24(b))。最后，力$\boldsymbol{F}''_R$和矩矢为$\boldsymbol{M}_{O1}$的力偶加在一起，组成力螺旋(见图5-24(c))。可见，在一般情形下空间任意力系可合成为力螺旋。

归纳本节所述，可得出如下结论，只要主矢和主矩不同时等于零，空间任意力系的最后合成结果可能有以下三种情形：

1）一个力偶，即 $\boldsymbol{F}'_R=\boldsymbol{0},\boldsymbol{M}_O\neq\boldsymbol{0}$；

2）一个力，即 $\boldsymbol{F}'_R\neq\boldsymbol{0}$，而 $\boldsymbol{M}_O$ 或等于零或垂直于 $\boldsymbol{F}'_R$；

3）一个力螺旋，即 $\boldsymbol{F}'_R\neq\boldsymbol{0},\boldsymbol{M}_O\neq\boldsymbol{0}$，且两者不相互垂直。

4. 一般形式的合力矩定理

现在证明一般形式的合力矩定理。当空间任意力系具有合力时，合力矩定理仍然成立。证明可利用图 5-22，证明方法与平面力系的情形相似，所不同的是，这里将力矩的关系式表示为矢量等式。

设空间任意力系 $\boldsymbol{F}_1,\boldsymbol{F}_2,\cdots,\boldsymbol{F}_n$，可以合成为作用于点 A 的合力 $\boldsymbol{F}_R$。该力系对任一点 O 的主矩 $\boldsymbol{M}_O=\sum\boldsymbol{M}_O(\boldsymbol{F})$，显然，将合力 $\boldsymbol{F}_R$ 向点 O 简化，所得的附加力偶矩 $\boldsymbol{M}_O(\boldsymbol{F}_R)$ 也等于该力系对点 O 的主矩，则有

$$\boldsymbol{M}_O(\boldsymbol{F}_R)=\sum\boldsymbol{M}_O(\boldsymbol{F}) \tag{5-39}$$

即，力系如有合力，则合力对任一点的矩等于力系中各力对同一点的矩的矢量和，这就是一般形式的合力矩定理。它再次证明了力对点的矩是符合矢量合成规则的。

将上式投影到以点 O 为原点的坐标轴 x 上，则左端表示合力 $\boldsymbol{F}_R$ 对 x 轴的矩为 $M_x(\boldsymbol{F}_R)$，右端则等于力系中各力对 x 轴的矩的代数和 $\sum M_x(\boldsymbol{F})$，所以

$$M_x(\boldsymbol{F}_R)=\sum M_x(\boldsymbol{F}) \tag{5-40}$$

即，力系如有合力，则合力对任一轴的矩等于力系中各力对同一轴的矩的代数和。

5.12 空间任意力系的平衡条件和平衡方程

前面曾经指出，空间任意力系可能合成为合力偶，或合力，或力螺旋。这 3 种情形都是不平衡的。倘若空间任意力系平衡，则它的主矢和主矩必须同时为零，即有如下必要条件：

$$\boldsymbol{F}'_R=\sum\boldsymbol{F}=\boldsymbol{0},\quad \boldsymbol{M}_O=\sum\boldsymbol{M}_O(\boldsymbol{F})=\boldsymbol{0} \tag{5-41}$$

显然，一旦式(5-41)的条件满足了，则简化后所得的共点力系自成平衡，同时所得的附加力偶系也自成平衡，从而原力系也必定平衡。所以式(5-41)也是该力系平衡的充分条件。

由此可见，空间任意力系平衡的充要条件是，力系中各力的矢量和等于零，同时这些力对任何一点的矩的矢量和也等于零。

将矢量方程式(5-41)投影到直角坐标系下，可得下述 6 个代数方程：

$$\begin{aligned}&\sum F_x=0,\quad \sum F_y=0,\quad \sum F_z=0\\&\sum M_x(\boldsymbol{F})=0,\quad \sum M_y(\boldsymbol{F})=0,\quad \sum M_z(\boldsymbol{F})=0\end{aligned} \tag{5-42}$$

这组方程称为空间任意力系的平衡方程。故得解析形式的空间任意力系平衡的充要条件：力系中各力在 3 个坐标轴的每一轴上投影的代数和分别等于零，且这些力对 3 个坐标轴的矩的代数和也分别等于零。

空间任意力系的平衡条件包含了各种特殊力系的平衡条件。由式(5-42)可以直接得出

各种特殊力系的平衡方程。

(1) 共点力系。设力系的公共点为坐标原点 O，因为每个力对于坐标轴的矩都等于零，则式(5-42)中的后三式成为恒等式。故空间共点力系的平衡方程只有以下3个：

$$\sum F_x = 0, \quad \sum F_y = 0, \quad \sum F_z = 0$$

(2) 平面任意力系。取力系的作用面为坐标平面 xOy，则力系中所有各力在 z 轴上的投影都等于零，又这些力对作用面内的 x 轴，y 轴的矩也都等于零。这样，式(5-42)中的 $\sum F_z = 0$，$\sum M_x(\boldsymbol{F}) = 0$，$\sum M_y(\boldsymbol{F}) = 0$ 变为恒等式，因此平面任意力系的平衡方程也只有以下三个：

$$\sum F_x = 0, \quad \sum F_y = 0, \quad \sum M_z(\boldsymbol{F}) = 0$$

因为力对与作用面垂直的某轴的矩，代数值等于这个力对于该轴与作用面交点 O 的矩，所以上述方程组中的最后一式也可以写为

$$\sum M_O(\boldsymbol{F}) = 0$$

上述结果曾在第三章给出。

(3) 空间平行力系。取坐标 z 轴与空间平行力系中所有各力的作用线平行。于是，这些力在 x 轴，y 轴上的投影都等于零，又各力对 z 轴的矩也等于零。可见，此时式(5-42)中的 $\sum F_x = 0$，$\sum F_y = 0$，$\sum M_z(F) = 0$ 都成为恒等式。

这样，空间平行力系的平衡方程也只有以下三个：

$$\sum F_z = 0, \quad \sum M_x(\boldsymbol{F}) = 0, \quad \sum M_y(\boldsymbol{F}) = 0 \tag{5-43}$$

即，空间平行力系平衡的充要条件是，力系中各力在与之平行的轴上的投影的代数和等于零，且这些力对于任何两条与之垂直的轴的矩之代数和也分别等于零。

例 5-4 如图 5-25 所示，飞机停放在停机坪上，由于机翼邮箱燃油分布不均匀，机身和机翼 重心 A,B,C 的位置如图所示。若已知各部件重力 $W_A = 225$ kN，$W_B = 40$ kN，$W_C = 30$ kN，求三个起落架在 D,E,F 处受到的地面法向约束反力。

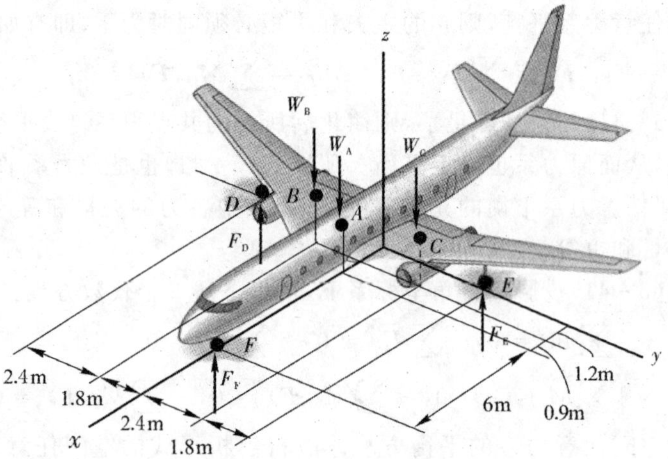

图 5-25

解:建立如图 5-25 所示坐标系，以飞机系统为研究对象，进行受力分析。飞机除受到 A，

B,C 处的重力 $\boldsymbol{W}_A$,$\boldsymbol{W}_B$ 和 $\boldsymbol{W}_C$ 外，还受到 D,E,F 处地面的法向约束反力 $\boldsymbol{F}_D$,$\boldsymbol{F}_E$,$\boldsymbol{F}_F$，可以看到飞机受到的所有力都垂直于地面，因此受到的是一个空间平行力系。列如下平衡方程：

$$\sum F_z = 0,\quad F_D + F_E + F_F - W_A - W_B - W_C = 0$$

$$\sum M_x = 0,\quad (2.4 + 1.8)F_E - 2.4W_C - (2.4 + 1.8)F_D + 1.8W_B = 0$$

$$\sum M_y = 0,\quad (1.2 + 0.9)W_A + 1.2W_B + 1.2W_C - (6 + 0.9 + 1.2)F_F = 0$$

联立求解得 $F_D = 113.15\ \text{kN}$,$F_E = 113.15\ \text{kN}$,$F_F = 68.70\ \text{kN}$。

例 5-5　车床主轴如图 5-26(a)所示。已知车床对工件的切削力可分解为径向切削力 $F_x = 4.25\ \text{kN}$,纵向切削力 $F_y = 6.8\ \text{kN}$,主切削力 $F_z = 17\ \text{kN}$,方向如图所示。$\boldsymbol{F}_t$ 与 $\boldsymbol{F}_r$ 分别为作用在直齿轮 C 上的切向力和径向力(来自于与之相啮合的变速箱齿轮)，且 $F_r = 0.36F_t$。齿轮 C 的节圆半径为 $R = 50\ \text{mm}$,被切削工件的半径为 $r = 30\ \text{mm}$。卡盘及工件等自重不计，其余尺寸如图所示。求：(1) 齿轮啮合力 $\boldsymbol{F}_t$ 及 $\boldsymbol{F}_r$;(2) 圆柱滚子轴承 A 和圆锥滚子轴承 B 的约束力;(3) 三爪卡盘 E 在 O 处对工件的约束力。

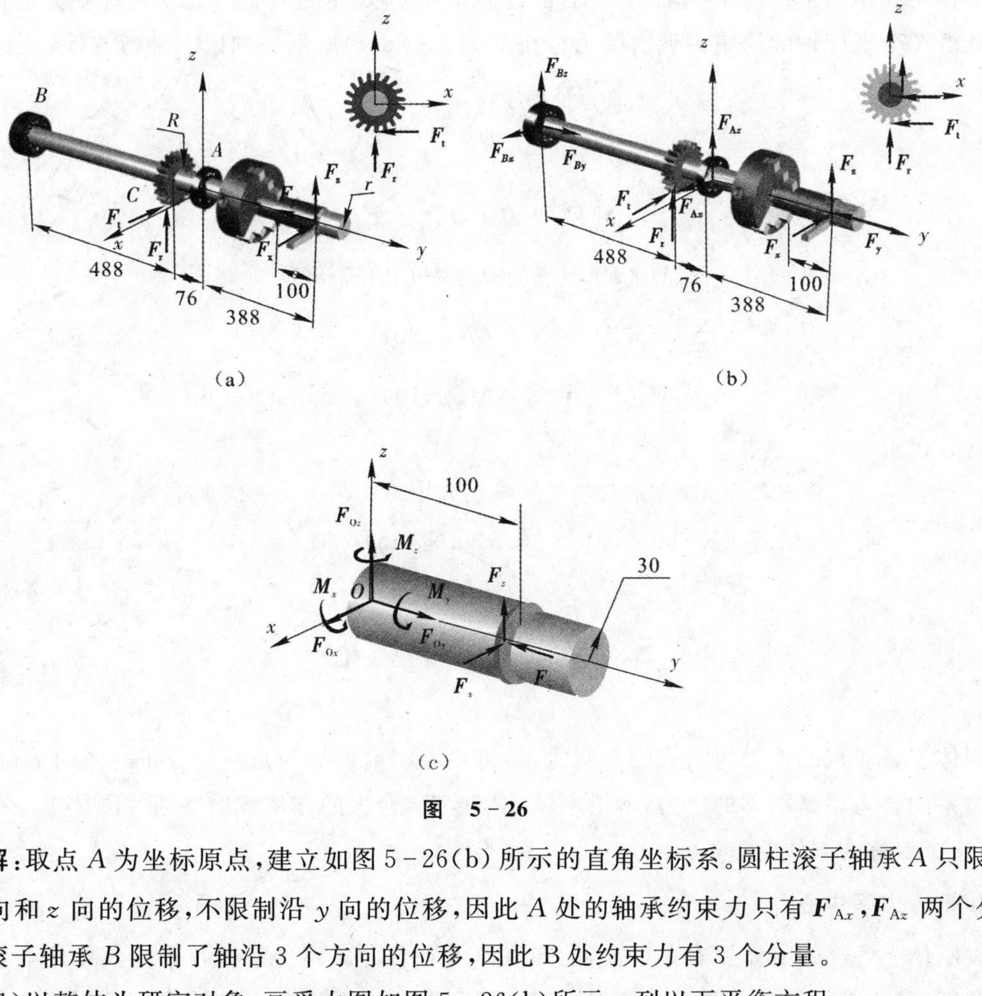

(a)　(b)

(c)

图　5-26

解:取点 A 为坐标原点，建立如图 5-26(b) 所示的直角坐标系。圆柱滚子轴承 A 只限制轴沿 x 向和 z 向的位移，不限制沿 y 向的位移，因此 A 处的轴承约束力只有 $\boldsymbol{F}_{Ax}$,$\boldsymbol{F}_{Az}$ 两个分量。圆锥滚子轴承 B 限制了轴沿 3 个方向的位移，因此 B 处约束力有 3 个分量。

(1)以整体为研究对象，画受力图如图 5-26(b)所示。列以下平衡方程：

$$\sum F_x = 0,\quad F_{Bx} - F_t + F_{Ax} - F_x = 0$$

$$\sum F_y = 0,\quad F_{By} - F_y = 0$$

$$\sum F_z = 0,\quad F_{Bz} + F_r + F_{Az} + F_z = 0$$

$$\sum M_x(\boldsymbol{F}) = 0,\quad -(488+76)F_{Bz} - 76F_r + 388F_z = 0$$

$$\sum M_y(\boldsymbol{F}) = 0,\quad F_t R - F_z r = 0$$

$$\sum M_z(\boldsymbol{F}) = 0,\quad (488+76)F_{Bx} - 76F_t - 30F_y + 388F_x = 0$$

由题意有

$$F_r = 0.36F_t$$

解方程得

$$F_t = 10.2\ \text{kN},\quad F_r = 3.67\ \text{kN},$$

$$F_{Ax} = 15.64\ \text{kN},\quad F_{Az} = -31.87\ \text{kN}$$

$$F_{Bx} = -1.19\ \text{kN},\quad F_{By} = 6.8\ \text{kN},\quad F_{Bz} = 11.2\ \text{kN}$$

(2) 取工件为研究对象，由于工件被三爪卡盘固定，工件相对于卡盘不能有任何沿坐标轴方向的移动和相对于任何坐标轴的转动，因此固定端 O 处的受力有沿 3 个坐标轴方向的约束力以及沿 3 个坐标轴的约束力偶。受力分析如图 5-26(c)所示。列以下平衡方程：

$$\sum F_x = 0,\quad F_{Ox} - F_x = 0$$

$$\sum F_y = 0,\quad F_{Oy} - F_y = 0$$

$$\sum F_z = 0,\quad F_{Oz} - F_z = 0$$

$$\sum M_x(\boldsymbol{F}) = 0,\quad M_x + 100F_z = 0$$

$$\sum M_y(\boldsymbol{F}) = 0,\quad M_y - 30F_z = 0$$

$$\sum M_z(\boldsymbol{F}) = 0,\quad M_z + 100F_x - 30F_y = 0$$

解方程得

$$F_{Ox} = 4.25\ \text{kN},\quad F_{Oy} = 6.8\ \text{kN},\quad F_{Oz} = -17\ \text{kN}$$

$$M_x = -1.7\ \text{kN}\cdot\text{m},\quad M_y = 0.51\ \text{kN}\cdot\text{m},\quad M_z = -0.22\ \text{kN}\cdot\text{m}$$

5.13 重　心

刚体上各质点的重力所组成的空间力系，可足够精确地认为是空间分布的同向平行力系。这个力系的合力就是刚体的重力；不论刚体如何放置，合力的作用线始终通过刚体上一个确定的点，这个点称为刚体的重心。

1. 平行力系中心

设刚体上各已知点作用有平行力，已知该力系有合力。将力系中各力绕其作用点转过相同的角度，且始终保持各力大小不变，且互相平行，则此力系的合力也始终通过刚体上某一个确定的点，该点就是平行力系中心。

平行力系中心的位置可由合力矩定理求得。取一个与刚体相固连的直角坐标系 $Oxyz$（见图5-27）。设力 $\boldsymbol{F}$ 作用点 A 的坐标为 (x,y,z)，待求平行力系中心 C 的坐标这 (x_C, y_C, z_C)。假定各力的方向平行于 z 轴，把指向 z 轴正端的力看成具有负值，于是合力的代数值为

$$F_R = \sum F$$

由对 y 轴的合力矩定理得

$$M_y(\boldsymbol{F}_R) = \sum M_y(\boldsymbol{F})$$

即

$$x_C F_R = \sum xF$$

故

$$x_C = \frac{\sum xF}{\sum F}$$

同理，由对 x 轴的合力矩定理得到 y_C。再将力系转到与 x 轴平行，由对 y 轴的合力矩定理得到 z_C。这样就得到通过平行力系各分力的代数值 F_i 和其作用点坐标 (x_i, y_i, z_i) 来求平行力系中心坐标的公式为

$$\left.\begin{aligned} x_C &= \frac{\sum x_i F_i}{\sum F_i} \\ y_C &= \frac{\sum y_i F_i}{\sum F_i} \\ z_C &= \frac{\sum z_i F_i}{\sum F_i} \end{aligned}\right\} \tag{5-44}$$

2. 重心坐标公式

应用平行力系中心的坐标公式，可求出刚体的重心。取固连于刚体的坐标系 $Oxyz$，设想将刚体分成许多小立方体微元 ΔV，每块的重力为 ΔG，可视作用于它的中心 A，其坐标为 (x, y, z)（见图5-28）。于是由式(5-44)得重心坐标的近似表达式，其中的求和遍及整个刚体。令 ΔG 趋近于零，则和式的极限就是重心坐标的准确表达式，写成积分形式，则有

$$\left.\begin{aligned} x_C &= \frac{\int x\mathrm{d}G}{G} \\ y_C &= \frac{\int y\mathrm{d}G}{G} \\ z_C &= \frac{\int z\mathrm{d}G}{G} \end{aligned}\right\} \tag{5-45}$$

这就是求物体重心位置的一般公式。

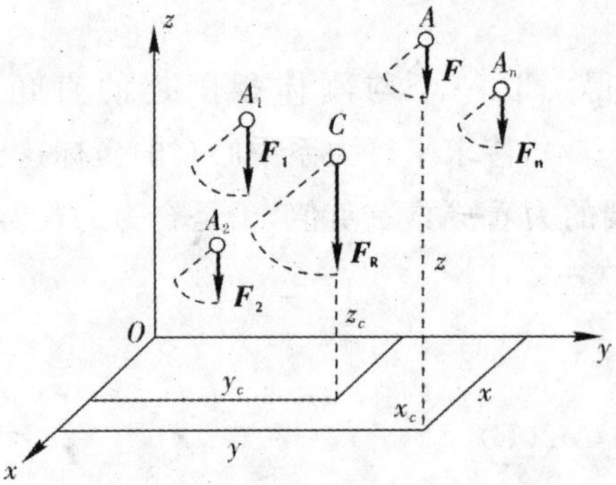

图 5-27

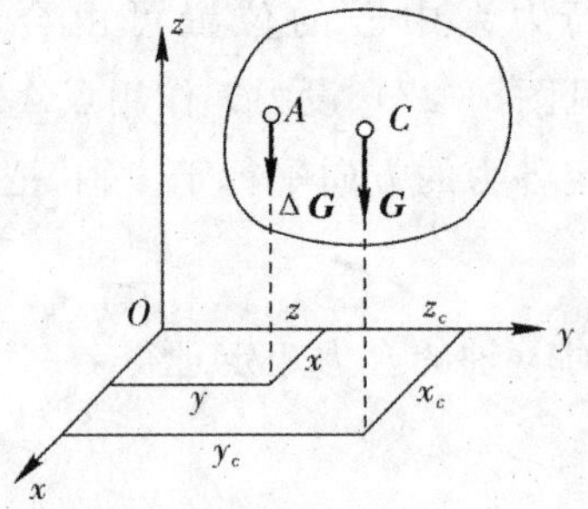

图 5-28

通常尺寸的物体，其上各点处的重力加速度 $\boldsymbol{g}$ 可认为是相等的，故有 $\mathrm{d}G = g\mathrm{d}m, G = m_R g$，其中 $\mathrm{d}m$ 是微元的质量，m_R 是整体的质量。由式(5-45)得

$$\left.\begin{aligned} x_C &= \frac{\int x\mathrm{d}m}{m_R} \\ y_C &= \frac{\int y\mathrm{d}m}{m_R} \\ z_C &= \frac{\int z\mathrm{d}m}{m_R} \end{aligned}\right\} \tag{5-46}$$

式(5-46)是由刚体的质量分布状况所确定的某点坐标，称该点为质心。对于通常的物体，质心重合于重心。

密度 ρ 为常数的物体称为匀质物体。匀质物体的质量 m_R 可以表示为密度与其体积 V 的乘积，即 $m_R = \rho V, \mathrm{d}m = \rho\mathrm{d}V$ 代入式(5-46)可得

$$\left.\begin{aligned} x_C &= \frac{\int_V x\mathrm{d}V}{V} \\ y_C &= \frac{\int_V y\mathrm{d}V}{V} \\ z_C &= \frac{\int_V z\mathrm{d}V}{V} \end{aligned}\right\} \tag{5-47}$$

由此可知，匀质物体的重心与密度无关，只与物体的几何形状有关。可见，匀质物体的重心就是物体几何形体的中心，或称为物体的形心。例如，匀质球体的重心就在球的形心(球心)。

如果物体不但是匀质的，而且是等厚度的，若取其厚度的一半处的中间层曲面为准，由于此时物体的体积 V 和体积微元 $\mathrm{d}V$ 分别与其面积 A 和面积微元 $\mathrm{d}A$ 成比例，代入式(5-47)可得

$$\left.\begin{aligned} x_C &= \frac{\int_A x\,\mathrm{d}A}{A} \\ y_C &= \frac{\int_A y\,\mathrm{d}A}{A} \\ z_C &= \frac{\int_A z\,\mathrm{d}A}{A} \end{aligned}\right\} \tag{5-48}$$

这些积分属于曲面积分。在平面图形情况下，取图形的中间层曲面为 xy 平面，则 $z_C=0$。由此可见等厚匀质物体的重心完全决定于曲面的几何形状，物体的重心即曲面的球心。

如果物体是匀质等截面线条，此时物体的体积 V 和体积微元 $\mathrm{d}V$ 与其长度 L 和线微元 $\mathrm{d}L$ 成比例，代入式(5-48)则得

$$\left.\begin{aligned} x_C &= \frac{\int_L x\,\mathrm{d}L}{L} \\ y_C &= \frac{\int_L y\,\mathrm{d}L}{L} \\ z_C &= \frac{\int_L z\,\mathrm{d}L}{L} \end{aligned}\right\} \tag{5-49}$$

这些积分属于曲线积分。它们表示线条长度的形心坐标。在线条为直线的情况下，取线条的中心线为 x 坐标轴则 $y_C=z_C=0$。

3. 确定重心位置的方法

(1)对称性判别法。

由式(5-45)可以看出：若物体有对面、对称轴或对称中心，该物体的重心相应地就在对称面、对称轴或对称中心上。例如，正圆锥体或正圆锥面的重心在其轴线上；圆球体、椭球体、等厚的球壳的重心都在球心等。

(2)积分法。

对于匀质的形状规则的物体，可根据式(5-47)～式(5-49)利用定积分求出重心的坐标。

例 5-6　已知扇形的半径为 r，圆心角为 2θ(见图 5-29)，求匀质扇形薄板的重心。

解：取扇形顶点 O 为坐标原点，其分角线为 x 轴。由于 x 轴是平板的对称轴，所以重心就在该轴上，即 $y_C=0$。下面确定重心的坐标 x_C。

由式(5-48)的第一式，有

$$x_C = \frac{\int_A x\,\mathrm{d}A}{A} \tag{1}$$

为了计算积分，取图中划阴影线的微小扇形为面积微元 $\mathrm{d}A$，并近似看成三角形，其高为半

径 r，底边长为 $r\mathrm{d}\varphi$，故有 $\mathrm{d}A=\dfrac{1}{2}r^2\mathrm{d}\varphi$，面积微元的重心与点 O 相距 $\dfrac{2}{3}r$，它的坐标 x 为

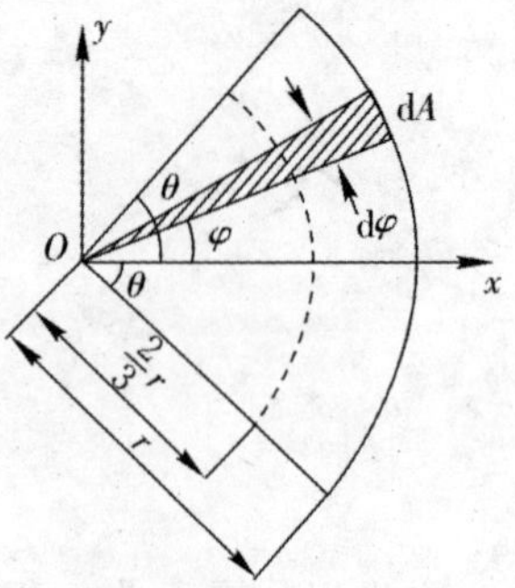

图 5-29

$$x=\frac{2}{3}r\cos\varphi$$

由此可得

$$\int_A x\,\mathrm{d}A=\int_{-\theta}^{+\theta}\frac{1}{3}r^3\cos\varphi\mathrm{d}\varphi=\frac{2}{3}r^3\sin\theta$$

$$A=\int_A\mathrm{d}A=\int_{-\theta}^{+\theta}\frac{1}{2}r^2\mathrm{d}\varphi=r^2\theta$$

将上述结果代入式(1)，即得扇形薄平板的重心沿 x 轴的坐标为为

$$x_C=\frac{2}{3}\frac{r\sin\theta}{\theta}$$

设 $\theta=\dfrac{\pi}{2}$，则扇形平板变成半圆形平板，此时

$$x_C=\frac{4r}{3\pi}$$

常见匀质形体的重心位置，可从工程手册中查得。表 5-1 中附有一些简单匀质形体的重心位置。

表 5-1　简单匀质形体重心表

图　形	重心位置	图　形	重心位置
三角形 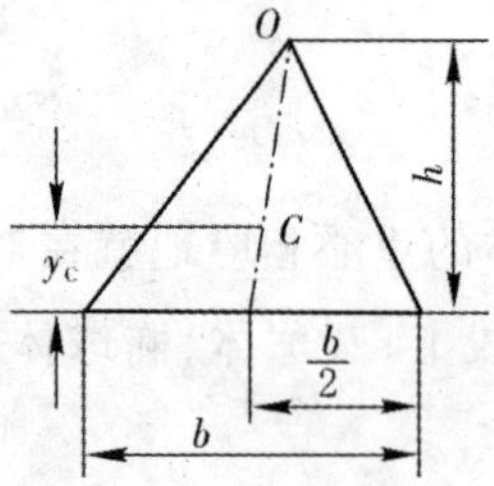	在中线的交点 $y_C=\dfrac{1}{3}h$	部分圆环 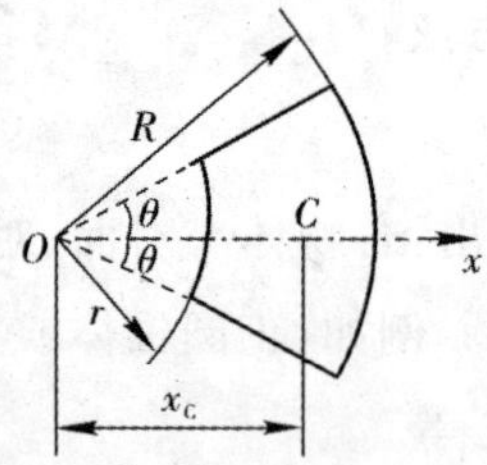	$x_C=\dfrac{2}{3}\times\dfrac{R^3-r^3}{R^2-r^2}\dfrac{\sin\theta}{\theta}$
扇形 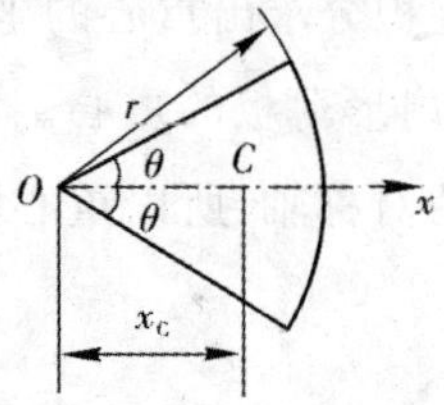	$x_C=\dfrac{2}{3}r\dfrac{\sin\theta}{\theta}$ (θ 的单位用 rad，下同) 当 $\theta=\dfrac{\pi}{2}$ 时， $x_C=\dfrac{4r}{3\pi}$	半圆球 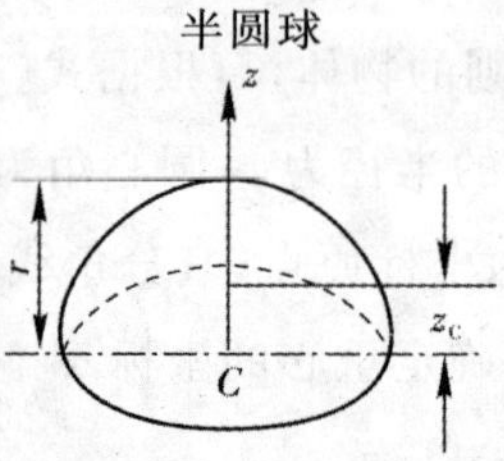	$z_C=\dfrac{3}{8}r$

续 表

图 形	重心位置	图 形	重心位置
弓形 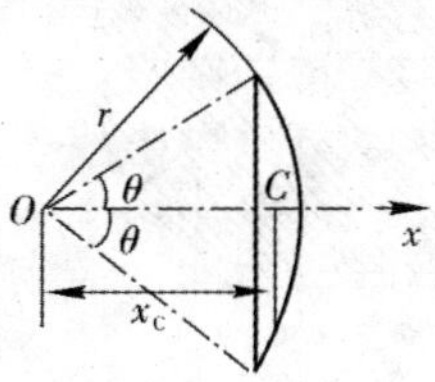	$x_C = \frac{2}{3}\frac{r^3\sin^3\theta}{A}$ $A = \frac{r^2(2\theta - \sin^2\theta)}{2}$ A 是弓形面积	圆锥体 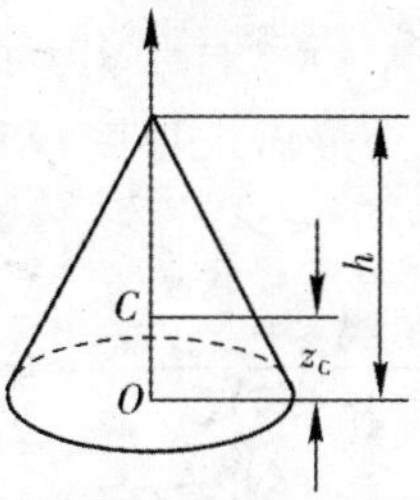	$z_C = \frac{1}{4}h$
圆弧 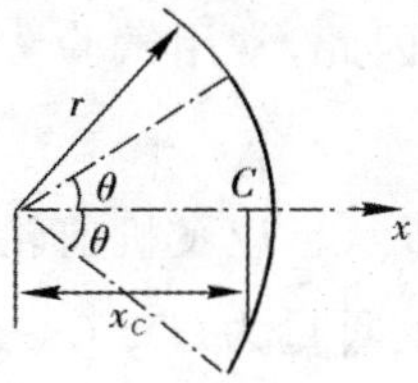	$x_C = \frac{r\sin\theta}{\theta}$	梯形 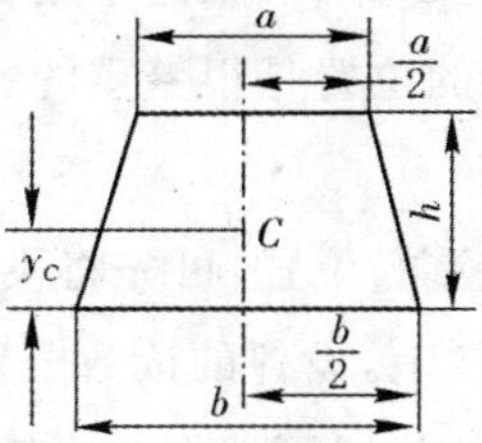	$y_C = \frac{h(a+2b)}{3(a+b)}$

(3)分割组合法。

把一个复杂形状的刚体假想地分割成几个形状简单的部分,使每部分的重心位置都容易确定。把每部分的重力加在它自身的重心上,就可把问题归结为求有限个平行力的中心,可按式(5-44)确定重心的坐标,有

$$x_C = \frac{\sum x_i G_i}{\sum G_i},\quad y_C = \frac{\sum y_i G_i}{\sum G_i},\quad z_C = \frac{\sum z_i G_i}{\sum G_i} \tag{5-50}$$

例 5-7 试求图 5-30 所示薄平板的重心。已知半圆的半径 $r_1 = 20$ cm,圆孔的半径 $r_2 = 7$ cm。

解:可将图示平板看成是由三部分组成:半径是 r_1 的半圆板 A_1,边长各是 r_1 和 $2r_1$ 的长方形板 A_2,以及半径是 r_2 的小圆板 A_3,因 A_3 是切去的面积,所以 A_3 应看为负值。取坐标系 xOy 如图所示,因 x 轴是对称轴,故 $y_C = 0$。下面确定重心的坐标 x_C。

由式(5-44)的第一式,有

$$x_C = \frac{\sum x_i F_i}{\sum F_i} = \frac{\sum x_i A_i}{\sum A_i} \tag{1}$$

其中,x_1, x_2, x_3 分别是 A_1, A_2, A_3 的重心沿 x 轴 的坐标,有

$$x_1 = \frac{4r_1}{3\pi} = \frac{80}{3\pi}\ \text{cm}$$

$$x_2 = -\frac{r_1}{2} = -10\ \text{cm},\quad x_3 = 0$$

三部分的面积分别为

$$A_1 = \frac{1}{2}\pi r_1^2 = 200\pi\ \mathrm{cm}^2$$

$$A_2 = 2r_1^2 = 800\ \mathrm{cm}^2$$

$$A_3 = -\pi r_2^2 = -49\pi\ \mathrm{cm}^2$$

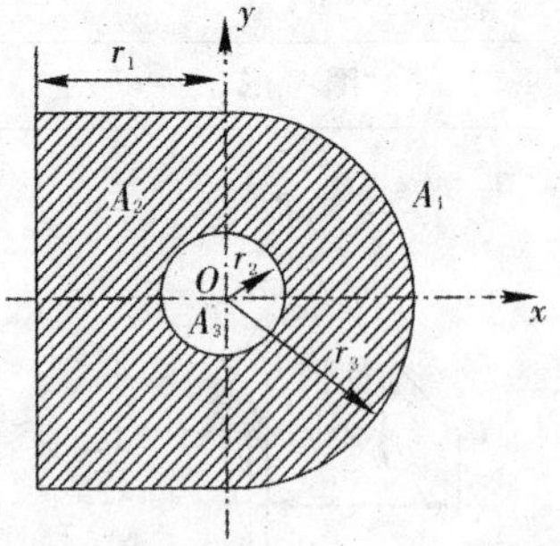

图 5-30

将上述数据代入式(1)，最后求得图示平板重心沿轴 x 的坐标为

$$x_C = \frac{x_1A_1 + x_2A_2 + x_3A_3}{A_1 + A_2 + A_3} = -2.09\ \mathrm{cm}$$

(4)试验法。

在工程中遇到的有些物体，形状过于复杂，且各部分是用不同材料制成的，计算重心的位置是很繁重的工作，且精度也不易保证。因此，常用试验法确定重心的位置。

例如，要测定飞机的重心位置，可先将飞机水平放置，如图 5-31 所示。让飞机前轮和主动轮分别放在台秤 A 和 B 上，设秤的读数分别为 G_A 和 G_B，则整架飞机的重量为 $G = G_A + G_B$。重力 G 的作用线 a—a 的位置可根据合力矩定理确定，即

$$G_A l = G l_C$$

从而求得

$$l_C = \frac{G_A l}{G}$$

然后将飞机前轮抬高，如图 5-31(b)所示。设此时秤的读数分别为 G'_A 和 G'_B，则 $G = G'_A + G'_B$。显然，这时重力 G 的作用线 b—b 的位置按下式确定，即

$$l'_C = \frac{G'_A l'}{G}$$

假设飞机是左右对称的，重心在对称面上，故侧面投影上所得 a—a 和 b—b 的交点 C 就是飞机重心在该投影面上的投影，由此投影点即可确定重心在对称面内的位置。

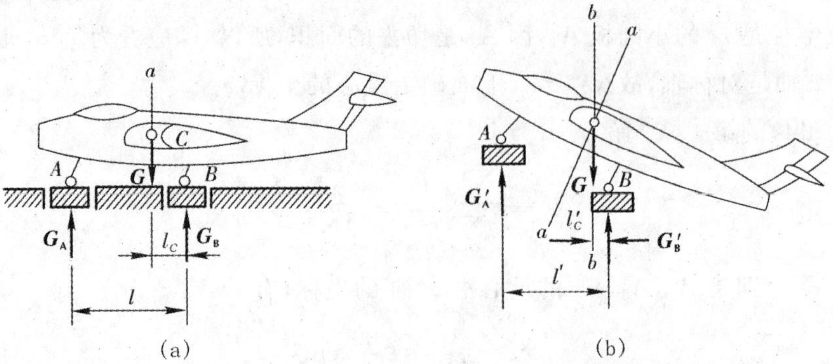

图 5-31

习　题　五

5－1　立方体的各边长和作用在该物体上各力的方向如题图 5－1 所示。各力的大小分别是 $F_1 = 100$ N，$F_2 = 50$ N。$OA = 4$ cm，$OB = 5$ cm，$OC = 3$ cm。求力 $\boldsymbol{F}_1$，$\boldsymbol{F}_2$ 分别在 x，y，z 轴上的投影。

5－2　在题图 5－2 所示直齿圆锥齿轮转动中，轮齿之间的作用力 $\boldsymbol{F}_n$，是沿着齿轮的法线 AK 作用的。若已知分度圆锥角为 φ，压力角为 θ，试求 $\boldsymbol{F}_n$ 沿轴向 CK 的分力 $\boldsymbol{F}_a$，沿径向 BK 的分力 $\boldsymbol{F}_r$ 和沿切向 DK 的分力 $\boldsymbol{F}_t$ 。

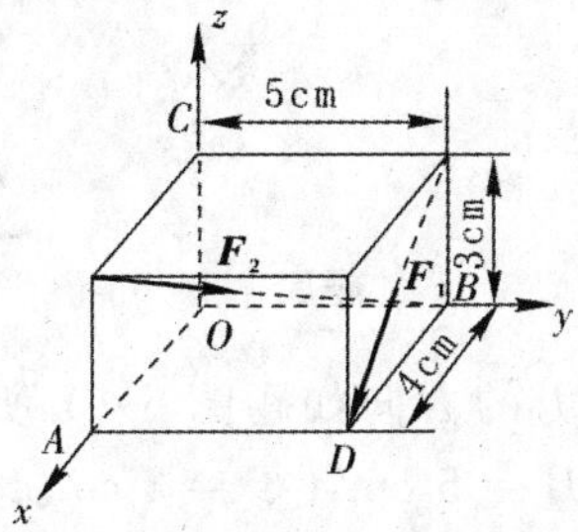

题图　5－1

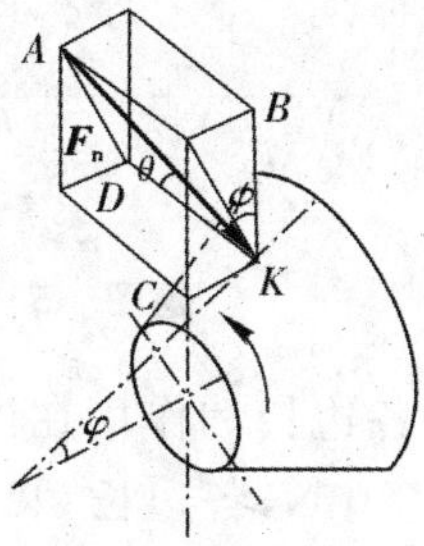

题图　5－2

5－3　题图 5－3 所示绳子 BC，BD 与支柱 AB 的上端 B 连接。连线 CD 在水平面内，E 是线段 CD 的中点，且 $BE = CE = ED$，平面 BCD 与水平面间的夹角 $\angle EBF = 30°$，A 是球铰链。设重物的重力 $G = 1$ kN 不计支柱质量。试求支柱的压力和绳中的拉力。

5－4　如题图 5－4 所示为利用三脚架 $ABCD$ 和绞车 E 来提升重物的装置。三只等长的脚 AD，BD 和 CD 各与水平面成 60° 角；绳索 DE 与水平面成 40° 角。绞车 E 匀速地提升重 $G = 5$ kN 的重物。试求各脚所受的力。三脚架的质量不计。

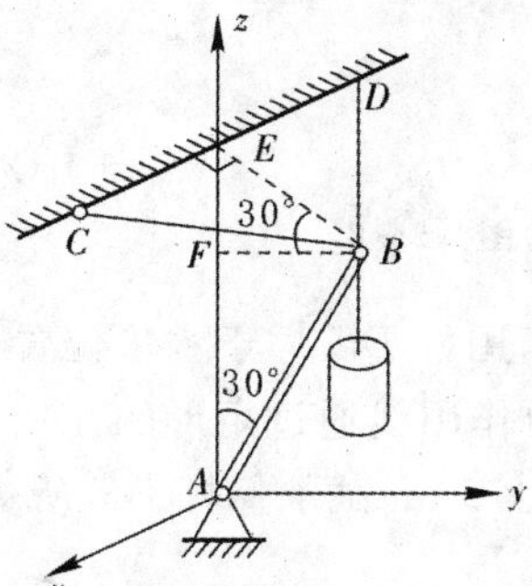

题图　5－3

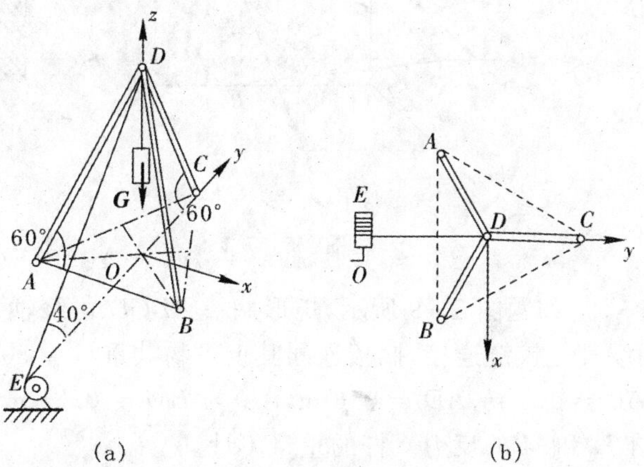

题图　5－4

5－5　如题图 5－5 所示是空间支架，由双铰刚杆 1，2，3，4，5，6 构成，铰 E，F，G，H 和 I 与地面固连。在节点 A 上作用一力 $\boldsymbol{F}$，此力在铅直对称面 $ABCD$ 内，并与铅直线成 $\theta = 45°$ 角。已

知距离 $AC = CE = CG = BD = DF = DI = DH$，又力 $F = 5$ kN 。如果不计各杆质量，试求各杆的内力。

5-6　如题图 5-6 所示，机构由 3 个圆盘 A, B, C 和轴组成。圆盘半径分别是 $r_A = 15$ cm，$r_B = 10$ cm，$r_C = 5$ cm。轴 OA，OB 和 OC 在同一平面内，且 $\angle BOA = 90°$。在这 3 个圆盘的边缘上各自作用力偶($\boldsymbol{F}_1, \boldsymbol{F}'_1$)，($\boldsymbol{F}_2, \boldsymbol{F}'_2$) 和($\boldsymbol{F}_3, \boldsymbol{F}'_3$) 而使机构保持平衡，已知 $F_1 = 100$ N，$F_2 = 200$ N，不计机构的质量。试求力 $\boldsymbol{F}_3$ 的大小和角 θ。

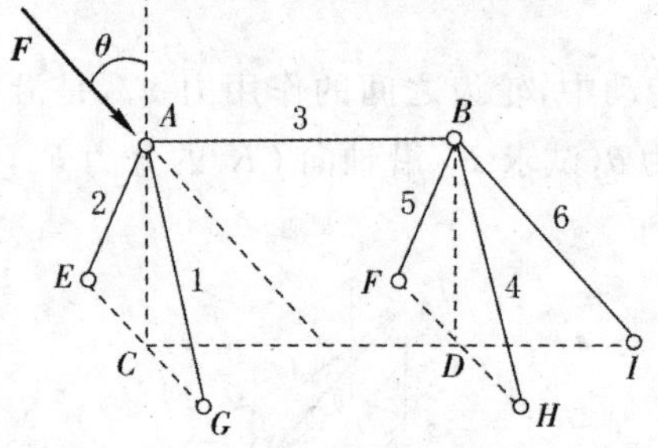

题图　5-5

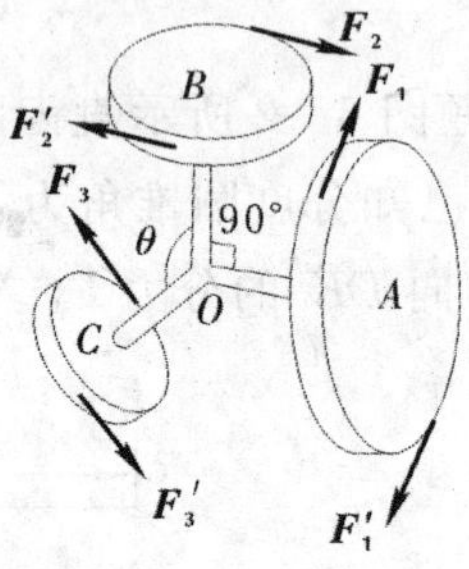

题图　5-6

5-7　长方体的各边长和作用在该物体上各力的方向如题图 5-7 所示。各力大小分别为 $F_1 = 100$ N，$F_2 = 50$ N，各边长 $OA = 4$ cm，$OB = 5$ cm，$OC = 3$ cm。试求 $\boldsymbol{F}_1$，$\boldsymbol{F}_2$ 分别对轴 x, y, z 的力矩。

5-8　如题图 5-8 所示，转动式起重机在三轮车 ABC 上，已知 $AD = BD = 1$ m，$CD = 1.5$ m，$CM = 1$ m，$GH = 1$ m，$KL = 4$ m。起重机骨架连带平衡锤共重 $G_1 = 100$ kN，且重心 G 的铅直平面 LMN 内，吊起货物 E 重 $G_2 = 30$ kN。当起重机的平面绕轴 MN 转到与 AB 平行，即图示位置时，试求各车轮对轨道的压力。

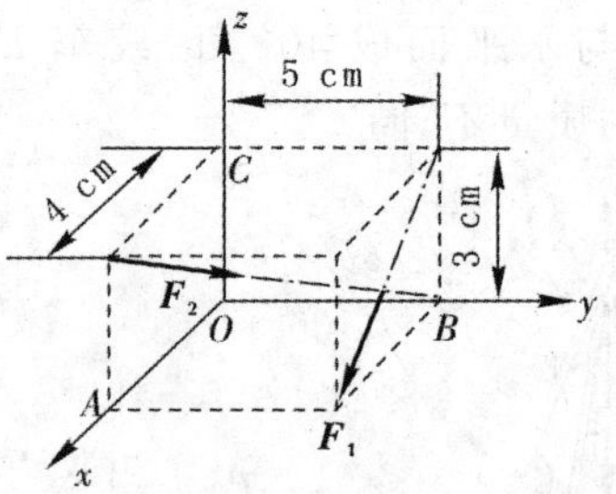

题图　5-7

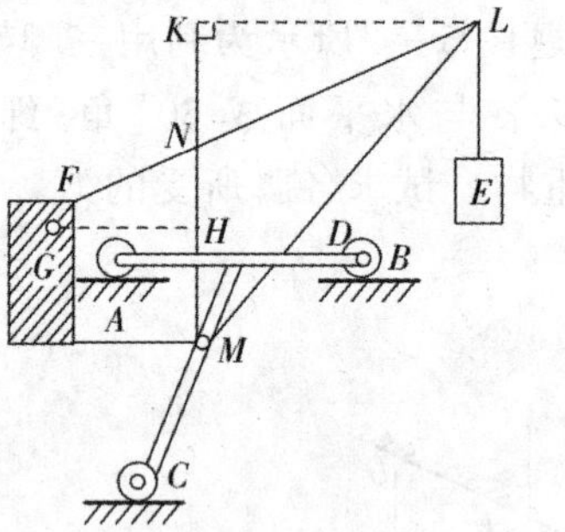

题图　5-8

5-9　如题图 5-9 所示，矩形搁板 $ABCD$ 可绕轴 AB 转动，用杆 DE 撑于水平位置。撑杆 DE 两端都是铰链连接，搁板连同其上重物共重 $G = 800$ N，重力作用线通过矩形的几何中心。已知 $AB = 1.5$ m，$AD = 0.6$ m，$AK = BM = 0.25$ m，$DE = 0.75$ m。试求撑杆 DE 所受力 $\boldsymbol{F}$ 及铰链 K 和 M 的反力。杆的重量不计。

5-10　如题图 5-10 所示，手摇钻由钻头 A，定心盘 B 和一个弯曲手柄组成。作用于手柄的力 $\boldsymbol{F}$ 带动钻头绕轴 AB 匀速转动而钻削工件。已知手加在手柄上力的大小 $F = 150$ N，加于定心盘上的压力大小 $F_z = 50$ N。试求手加于定心盘上的另外两个力 F_x，F_y，以及工件作用于钻头的力偶矩 $\boldsymbol{M}$ 及反力的三个分量的大小。不计手摇钻的质量。

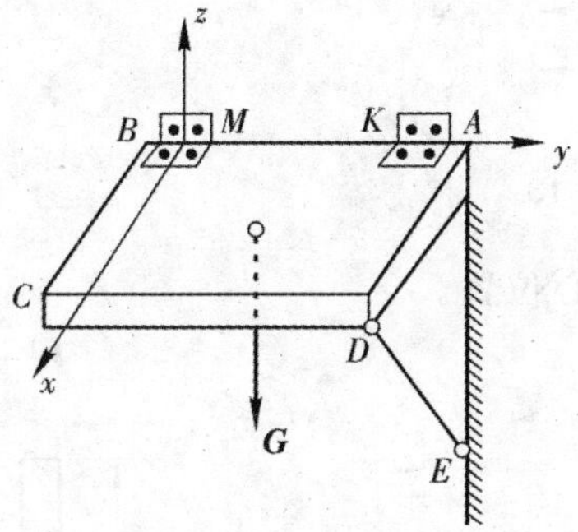

题图　5－9

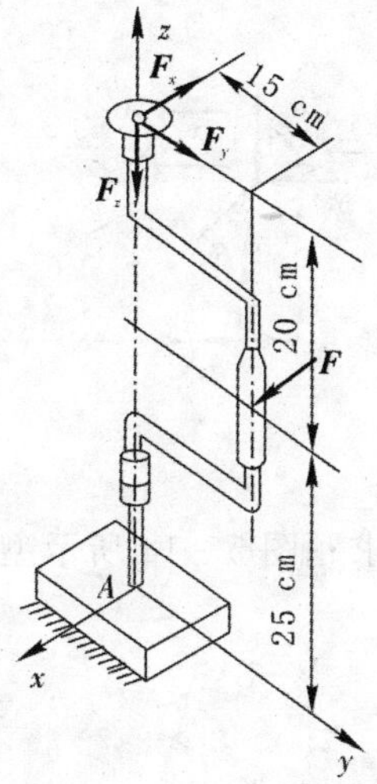

题图　5－10

5－11　如题图 5－11 所示，起重绞车的轴装在向心推力轴承 A 及向心力轴承 B 上，已知作用在手柄上力的大小 $F=500$ N。当匀速提升重物时，试求重物的重力 G 及轴承 A,B 的反力。其余构件的质量不计。

5－12　正方形板 $ABCD$ 由 6 根直杆支撑，结构尺寸如题图 5－12 所示。如果在板上点 A 处沿 AD 边作用一水平力 $\boldsymbol{F}$，板和各杆的重量都不计，试求各杆的内力。

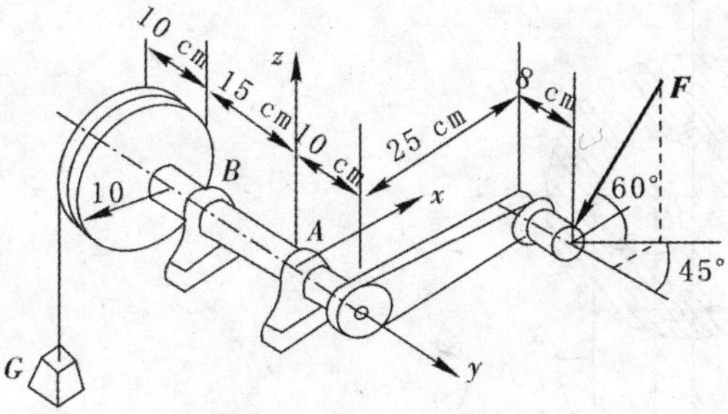

题图　5－11

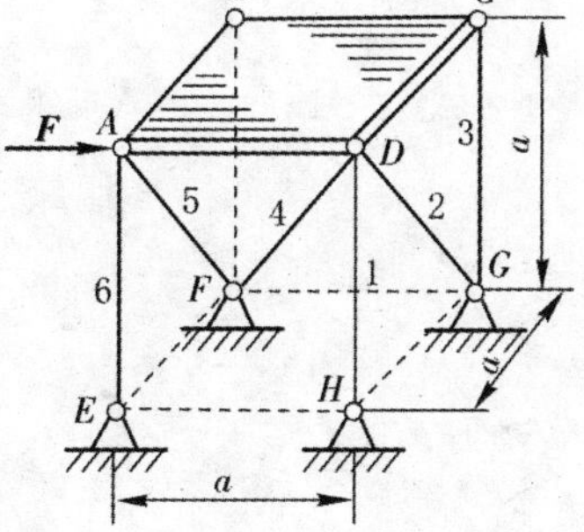

题图　5－12

5－13　如题图 5－13 所示，某拖拉机变速箱的转动轴上固定地装有圆锥直齿齿轮 C 和圆柱直齿齿轮 D，传动轴装在向心轴承 A 和向心推力轴承 B 齿上。已知作用在圆锥齿轮上互相垂直的 3 个分力的大小分别为 $F_1=5.08$ kN，$F_2=1.10$ kN，$F_3=14.30$ kN，方向如图所示。作用点的平均半径 $r_1=50$ mm，齿轮 D 的节圆半径 $r=76$ mm，压力角 $\theta=20°$。当传动轴匀速转动时，试求作用在齿轮 D 上的周向力 $\boldsymbol{F}_t$ 的大小及轴承 A,B 的反力。构件质量和摩擦都忽略不计。

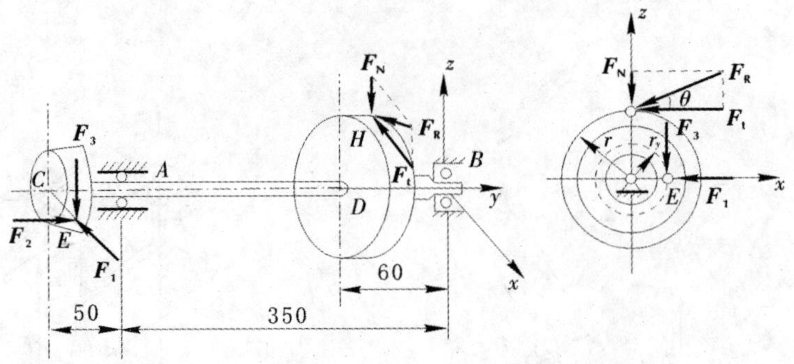

题图 5-13

5-14 试求题图 5-14 所示型材剖面的形心位置。

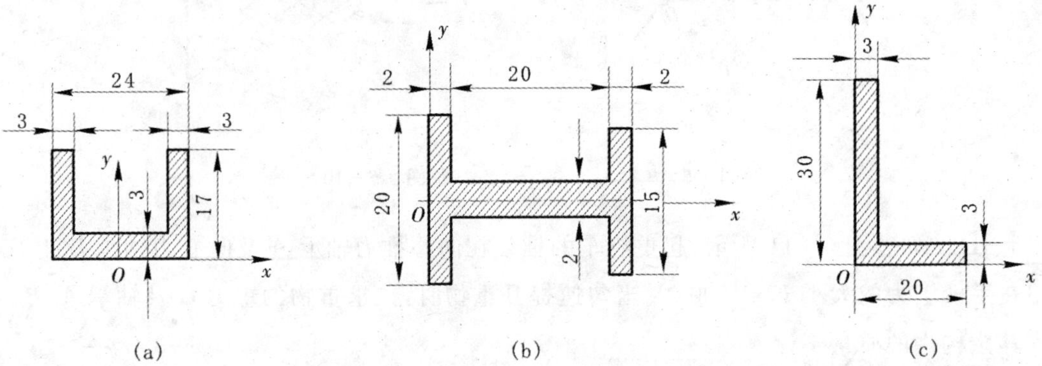

题图 5-14

5-15 试求题图 5-15 所示阴影部分的面积的形心坐标。

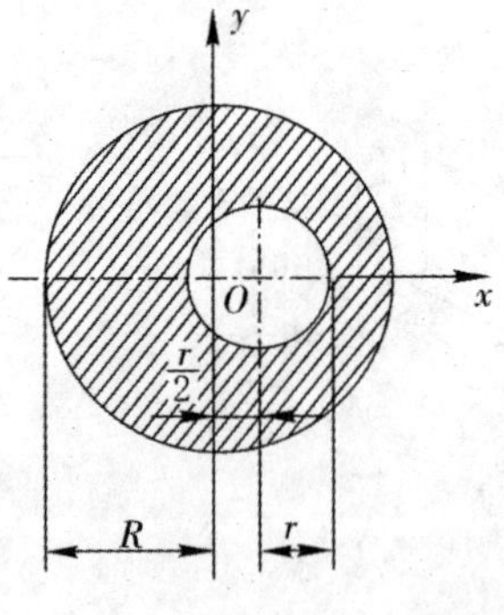

题图 5-15

第六章 转动惯量

知识要点

1. 转动惯量的一般表达式

$$\left.\begin{aligned} J_x &= \sum mr_x^2 = \sum m(y^2 + z^2) \\ J_y &= \sum mr_y^2 = \sum m(z^2 + x^2) \\ J_z &= \sum mr_z^2 = \sum m(x^2 + y^2) \end{aligned}\right\}$$

2. 转动惯量的平行轴定理

$$J_z = J_{Cz'} + m_R d^2$$

即,刚体对任一轴的转动惯量,等于它对该轴相平行且通过质心的轴转动惯量,加上刚体的质量与两轴之间距离平方的乘积。这就是转动惯量的平行轴定理。

3. 刚体对任意轴的转动惯量·惯性积·惯性主轴

(1)刚体对任意轴的转动惯量:

$$J = J_x\cos^2\alpha + J_y\cos^2\beta + J_z\cos^2\gamma - 2J_{yz}\cos\beta\cos\gamma - 2J_{zx}\cos\gamma\cos\alpha - 2J_{xy}\cos\alpha\cos\beta$$

(2)惯性积:

$$\left.\begin{aligned} J_{yz} &= \sum myz \\ J_{zx} &= \sum mzx \\ J_{xy} &= \sum mxy \end{aligned}\right\}$$

(3)惯性主轴。

适当地选择坐标系 $Oxyz$ 的方位,总可使刚体的两个惯性积同时等于零,例如 $J_{yz} = J_{zx} = 0$。此时,与这两个惯性积同时相关的 Oz 轴称为刚体在点 O 处的一根惯性主轴。

(4)中心惯性主轴。

如果惯性主轴还通过刚体的质心,则称为中心惯性主轴。

4. 质量对称分布刚体的惯性主轴方向的判定

判定方法见 6.3 节。

6.1 转动惯量的概念与计算

1. 转动惯量的概念

刚体对 z 轴的转动惯量,是刚体内各质点的质量与其对该轴的距离 r_z 的平方的乘积的总和,即

$$J_z = \sum_{i=1}^{n} m_i r_z^2 \tag{6-1}$$

如果刚体的质量是连续分布的，刚体对 z 轴的转动惯量又可写成积分形式，即

$$J_z = \int_{m_R} r^2 \mathrm{d}m \tag{6-2}$$

式中，m_R 表示积分范围遍及刚体全部质量。

由上式可见，转动惯量永远是正值，它的大小是由刚体的质量、质量分布以及转轴的位置这三个因素共同决定的。所以当说到刚体的转动惯量时，应指明它是对哪个轴来说的。

在国际单位制中，转动惯量的常用单位是 $\mathrm{kg \cdot m^2}$。

2. 转动惯量的一般表达式

取固连于刚体的坐标系 $Oxyz$，设刚体内任一质点 A 的坐标是 (x,y,z)，用 r_z 表示点 A 到轴 z 的距离（见图 6－1），则 $r_z^2 = x^2 + y^2$。故得刚体对轴的转动惯量的表达式，即

$$J_z = \sum m r_z^2 = \sum m(x^2 + y^2)$$

同理，可得刚体对 x 轴和 y 轴的转动惯量表达式，合并写为

$$\left.\begin{aligned} J_x &= \sum m r_x^2 = \sum m(y^2 + z^2) \\ J_y &= \sum m r_y^2 = \sum m(z^2 + x^2) \\ J_z &= \sum m r_z^2 = \sum m(x^2 + y^2) \end{aligned}\right\} \tag{6-3}$$

对于平面薄板，使平板表面重合于坐标平面 xOy（见图 6－2），若薄板内各质点的坐标 z 可以忽略，则式(6－3)简写成

$$\left.\begin{aligned} J_x &= \sum m y^2 \\ J_y &= \sum m x^2 \\ J_z &= \sum m(x^2 + y^2) \end{aligned}\right\} \tag{6-4}$$

此时有

$$J_z = J_x + J_y \tag{6-5}$$

薄板与板面垂直的轴的转动惯量，称为薄板的极转动惯量。上式指出，薄平板的极转动惯量，等于薄板对板面内与极轴 z 共点并相互正交的任意两轴的转动惯量之和。

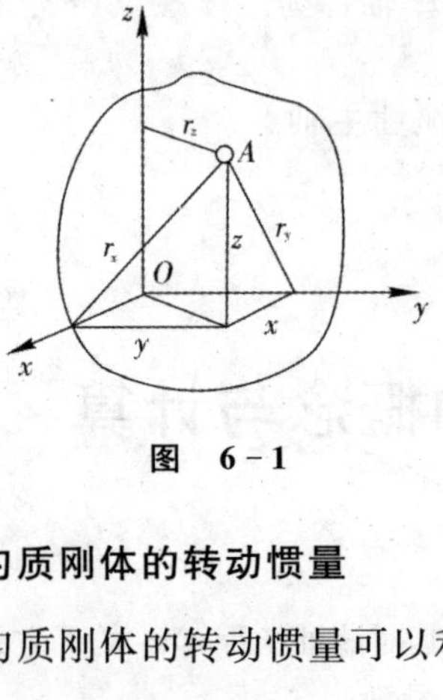

图 6－1

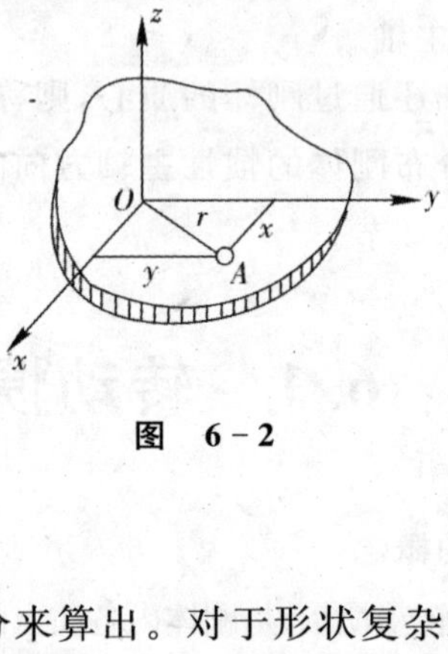

图 6－2

3. 简单形状匀质刚体的转动惯量

形状规则的匀质刚体的转动惯量可以利用积分来算出。对于形状复杂或非匀质的刚体，

它的转动惯量需根据某些力学关系用试验方法测定。

现在举例说明一些简单形状匀质刚体的转动惯的积分计算方法。

例 6-1　已知匀质细长直杆的质量是 m，长度上 l（见图 6-3），求它对于过质心 C 且与杆相垂直的 z 轴的转动惯量。

解：在杆沿轴线 x 上取任一小段 dx，其质量为 $\frac{m}{l}dx$，对 z 轴的转动惯量微元为

$$dJ_z = x^2 \frac{m}{l}dx$$

从而可知，匀质细长直杆对 z 轴的转动惯量为

$$J_z = \int_{-\frac{l}{2}}^{\frac{l}{2}} \frac{m}{l}x^2 dx = \frac{m}{l}\left[\frac{x^3}{3}\right]_{-\frac{l}{2}}^{\frac{l}{2}} = \frac{1}{12}ml^2$$

例 6-2　已知匀质矩形薄平板的质量是 m，边长为 a 和 b，求该薄板对垂直于板面过中心 C 的 z 轴的转动惯量 J_z（见图 6-4）。

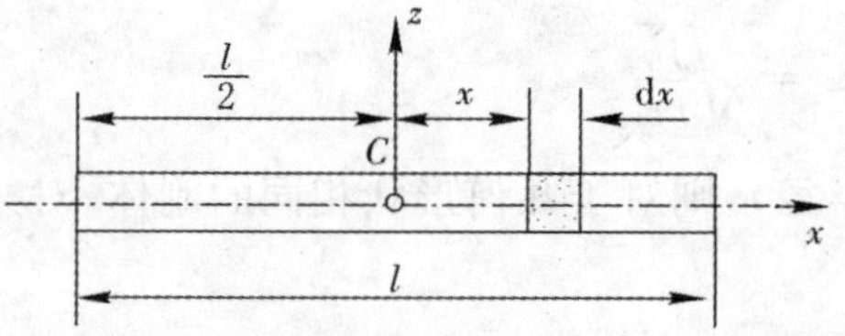

图　6-3

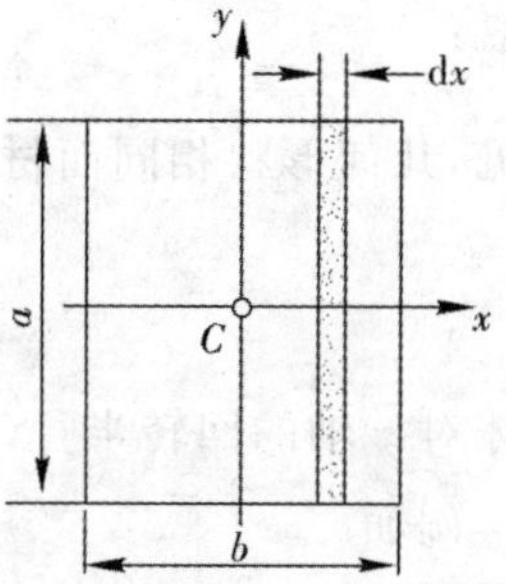

图　6-4

解：矩形板在 y 轴方向的尺寸 a 不影响 J_y，故利用上例的结果，直接得

$$J_y = \frac{1}{12}mb^2$$

类似地可得

$$J_x = \frac{1}{12}ma^2$$

最后，利用式(6-5)求出薄板对 z 轴的极转动惯量，有

$$J_z = J_x + J_y = \frac{1}{12}m(a^2 + b^2)$$

例 6-3　已知匀质薄圆盘的半径是 r，质量是 m，求它对垂直于盘面的质心轴 Oz 的转动惯量和对重合于直径的轴的转动惯量（见图 6-5）。

解：取任一半径为 ξ，宽为 $d\xi$ 的圆环，其质量为

$$dm = \frac{m}{\pi r^2} \times 2\pi\xi d\xi = \frac{2m}{r^2}\xi d\xi$$

对 z 轴的转动惯量的微元为

$$dJ_z = (dm)\xi^2 = \frac{2m}{r^2}\xi^3 d\xi$$

于是，求得圆盘对 z 轴的转动惯量为

$$J_z = \int_0^r \frac{2m}{r^2}\xi^3 d\xi = \frac{m}{2r^2}[\xi^4]_0^r = \frac{1}{2}mr^2$$

考虑到 $J_z = J_y$，即可由式(6-5)，得圆盘对重合于直径的轴的转动惯量为

$$J_x = J_y = \frac{1}{2}J_z = \frac{1}{4}mr^2$$

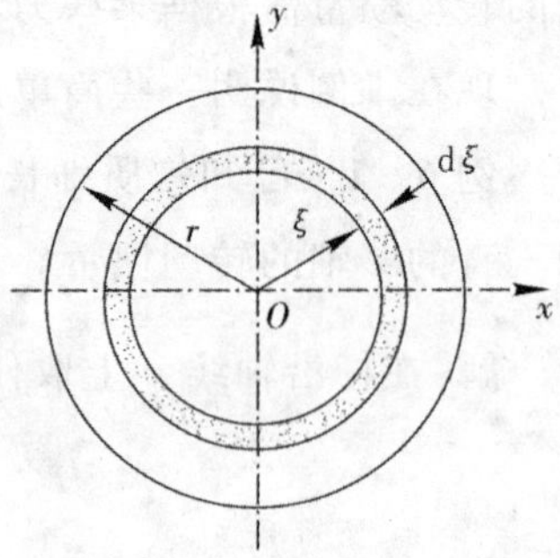

图 6-5

由以上计算的几种刚体的转动惯量可见，转动惯量与质量的比值仅与刚体的几何形状和尺寸有关。例如

细直杆： $$\frac{J_z}{m} = \frac{1}{12}l^2$$

匀质圆盘： $$\frac{J_z}{m} = \frac{1}{12}r^2$$

由此可见，几何形状相同而材料不同(密度不同)的刚体，上列比值是相同的。令

$$\rho_z = \sqrt{\frac{J_z}{m}} \tag{6-6}$$

并称之为刚体对 z 轴的回转半径(或惯性半径)，则对于几何形状相同的刚体，对某轴的回转半径是一定的。例如

细直杆： $$\rho_z = \frac{\sqrt{3}}{6}l$$

匀质圆盘： $$\rho_z = \frac{\sqrt{2}}{2}r$$

对于用不同材料制成的零件，若已知零件对 z 轴的回转半径，则零件对 z 轴的转动惯量可按下式计算，即

$$J_z = m\rho_z^2 \tag{6-7}$$

式(6-7)说明，刚体对某轴的转动惯量，等于该刚体的质量与对轴的回转半径平方的乘积。

可见，回转半径是与转动惯量相关的一个当量长度。如果设想刚体的全部质量集中于某一点，它与 z 轴的距离等于回转半径 ρ_z，该集中质量对 z 轴的转动惯量与该刚体对 z 轴的转动惯量相等。

表 6-1 给出了一些常见匀质刚体的转动惯量和回转半径的计算公式以备查用。注意，同一物体对不同轴的转动惯量及回转半径一般并不相等，因此，查表时应看清所对应的是哪一根轴。

表 6-1 常见规则形状均质刚体的转动惯量

匀质物体	简　图	转动惯量	回转半径

匀质物体	简　图	转动惯量	回转半径
细直杆	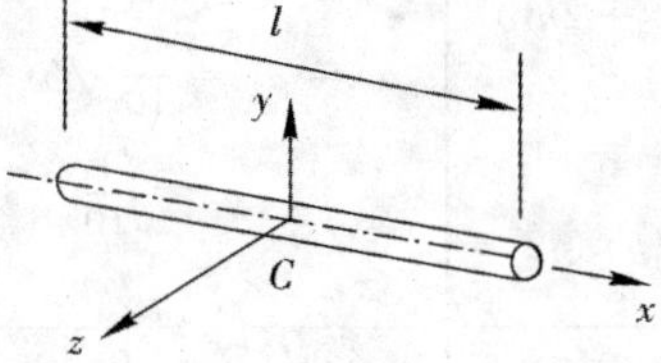	$J_x \approx 0$ $J_y = J_z = \frac{1}{12}ml^2$	$\rho_x \approx 0$ $\rho_y = \rho_z = \frac{\sqrt{3}}{6}l$
矩形薄板	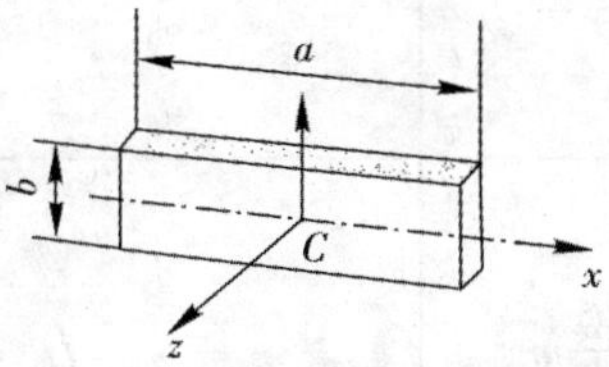	$J_x = \frac{1}{12}mb^2$ $J_y = \frac{1}{12}ma^2$ $J_z = \frac{1}{12}m(a^2 + b^2)$	$\rho_x = \frac{\sqrt{3}}{6}b$ $\rho_y = \frac{\sqrt{3}}{6}a$ $\rho_z = \frac{1}{6}\sqrt{3(a^2 + b^2)}$
长方体	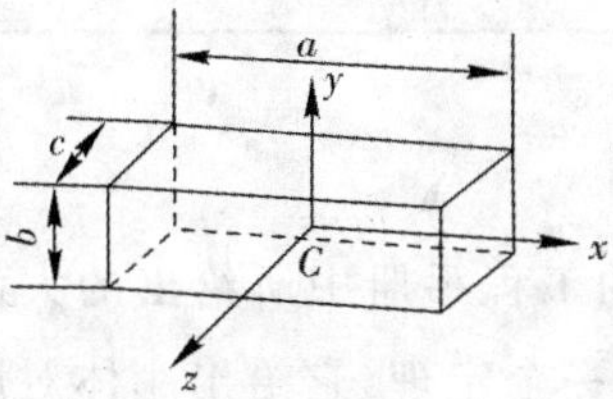	$J_x = \frac{1}{12}m(b^2 + c^2)$ $J_y = \frac{1}{12}m(c^2 + a^2)$ $J_z = \frac{1}{12}m(a^2 + b^2)$	$\rho_x = \frac{1}{6}\sqrt{3(b^2 + c^2)}$ $\rho_y = \frac{1}{6}\sqrt{3(c^2 + a^2)}$ $\rho_z = \frac{1}{6}\sqrt{3(a^2 + b^2)}$
薄圆盘	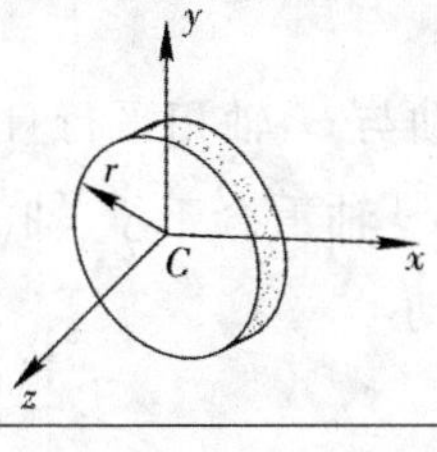	$J_x = J_y = \frac{1}{4}mr^2$ $J_z = \frac{1}{2}mr^2$	$\rho_x = \rho_y = \frac{1}{2}r$ $\rho_z = \frac{\sqrt{2}}{2}r$
圆柱	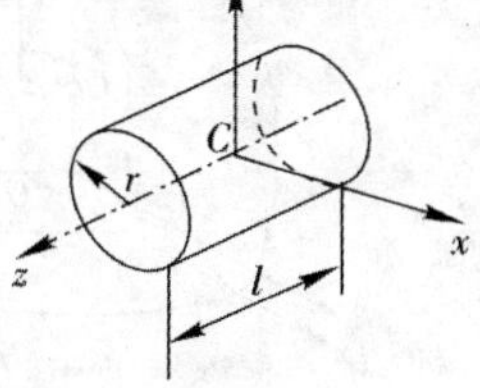	$J_x = J_y = \frac{m}{12}(3r^2 + l^2)$ $J_z = \frac{1}{2}mr^2$	$\rho_x = \rho_y = \frac{1}{6}\sqrt{3(3r^2 + l^2)}$ $\rho_z = \frac{\sqrt{2}}{2}r$
空心圆柱	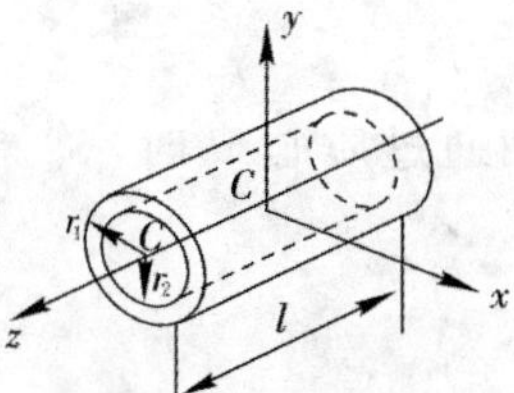	$J_x = J_y =$ $\frac{m}{12}[3(r_1^2 + r_2^2) + l^2]$ $J_z = \frac{1}{2}m(r_1^2 + r_2^2)$ $m = \rho\pi(r_1^2 - r_2^2)l$	$\rho_x = \rho_y = \frac{1}{6}\sqrt{9(r_1^2 + r_2^2) + 3l^2}$ $\rho_z = \frac{1}{2}\sqrt{2(r_1^2 + r_2^2)}$

续　表

匀质物体	简　图	转动惯量	回转半径
正圆锥体	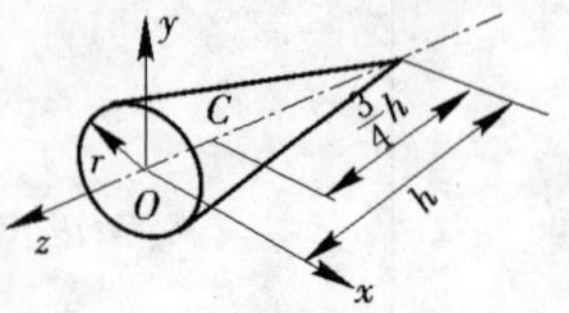	$J_x = J_y = \frac{m}{20}(3r^2 + 2h^2)$ $J_z = \frac{3}{10}mr^2$ $(m = \frac{1}{3}\rho\pi r^2 h)$	$\rho_x = \rho_y = \frac{1}{10}\sqrt{5(3r^2 + 2h^2)}$ $\rho_z = \frac{1}{10}\sqrt{30r}$
实心球	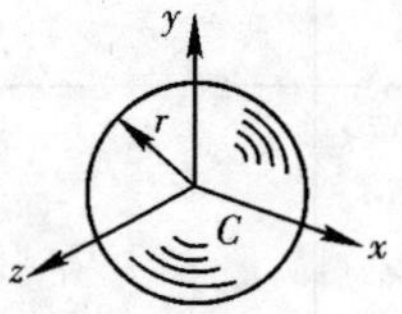	$J_x = J_y = J_z = \frac{2}{5}mr^2$ $(m = \frac{4}{3}\rho\pi r^3)$	$\rho_x = \rho_y = \rho_z = \frac{1}{5}\sqrt{10r}$
球壳	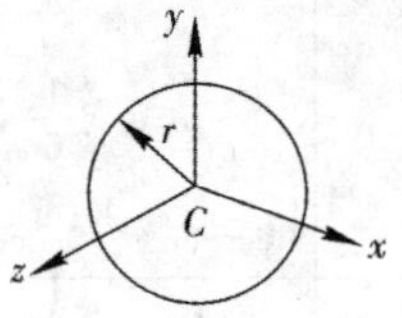	$J_x = J_y = J_z = \frac{2}{3}mr^2$	$\rho_x = \rho_y = \rho_z = \frac{\sqrt{6}}{3}r$

注：m—物体的质量；C—质心；ρ—密度。

4. 转动惯量的平行轴定理

前文曾指出，转动惯量与轴的位置有关。但在一般的工程手册中所给出的大都只是刚体对通过质心 C 的轴即所谓质心轴的转动惯量。下面推导一个定理，它给出刚体对质心轴的转动惯量和对另一与质心轴相平行的轴的转动惯量之间的关系。

设刚体的质量是 m_R，对质心 z' 轴的转动惯量是 $J_{Cz'}$，z 轴与 z' 轴相平行且相距 d。求此刚体对 z 轴的转动惯量。取坐标系如图 6-6 所示，令 $O'O = d$，y 轴重合于 y' 轴。

设刚体内任一质点 A 的质量是 m，则刚体对 z 轴的转动惯量为

$$J_z = \sum m(x^2 + y^2) = \sum m[x'^2 + (y' - d)^2] =$$
$$\sum m(x'^2 + y'^2) - 2(\sum my')d + (\sum m)d^2$$

上式右端第一项就是 $J_{Cz'}$，第三项是 $m_R d^2$。至于第二项，根据质心 C 的坐标公式(6-4)可得

$$\sum my' = m_R y'_C$$

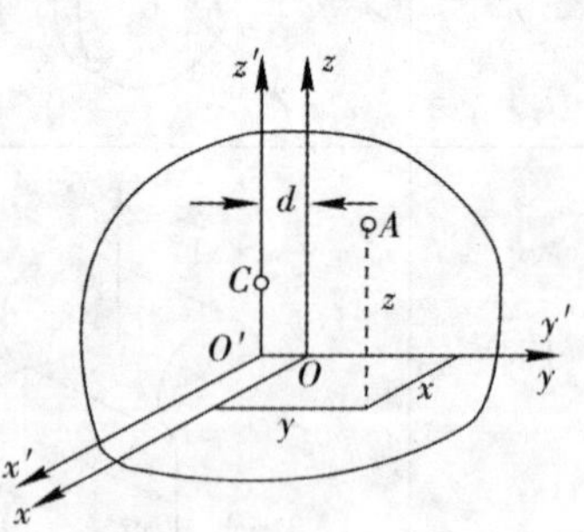

图　6-6

式中，y'_C表示刚体的质心 C 在 $O'x'y'z'$ 中的坐标。当 z' 轴通过质心 C 时，$y'_C = 0$，于是得关系式为

$$J_z = J_{Cz'} + m_R d^2 \tag{6-8}$$

即，刚体对任一轴的转动惯量，等于它对与该轴相平行且通过质心的轴的转动惯量，加上刚体的质量与两轴之间距离平方的乘积。这就是转动惯量的平行轴定理。

根据转动惯量的定义，组合物体对某轴 z 的转动惯量 J_z，等于该组合物体内所有物体对 z 轴的转动惯量的和，即

$$J_z = J_{z1} + J_{z2} + \cdots + J_{zn} \tag{6-9}$$

例 6-4　冲击摆可近似地看成由匀质细杆 OA 和圆盘组成(见图 6-7)。已知杆长是 l，质量是 m_1；圆盘半径是 r，质量是 m_2。求摆对通过杆端 O 并与盘面垂直的 z 轴的转动惯量 J_z。

解：组合体的转动惯量可由式(6-9)计算。此冲击摆对 z 轴的转动惯量 J_z，是由此杆对该轴的转动惯量 J_1 和圆盘对该轴的转动惯量 J_2 相加而得，即有

$$J_z = J_1 + J_2 = \left[\frac{1}{12}m_1 l^2 + m_1\left(\frac{l}{2}\right)^2\right] + \left[\frac{1}{2}m_2 r^2 + m_2(r+l)^2\right] =$$

$$\frac{1}{3}m_1 l^2 + \frac{1}{2}m_2(3r^2 + 4rl + 2l^2)$$

思考题：已知图 6-8 所示匀质杆 AB 长 l，质量是 m；垂直于杆的两平行轴 z_1 和 z_2 间的距离 $d = \frac{3}{4}l$，z_1 轴通过杆端 A。求杆 AB 对 z_2 轴的转动惯量。

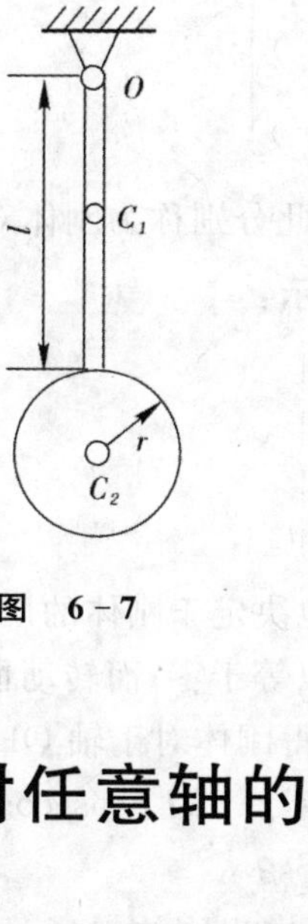

图　6-7

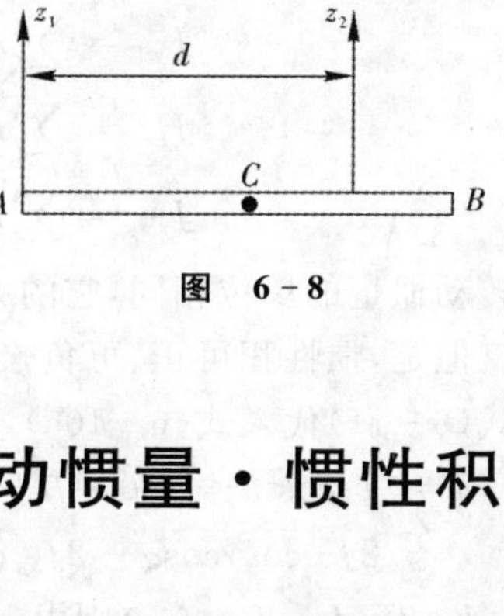

图　6-8

6.2　刚体对任意轴的转动惯量·惯性积和惯性主轴

本节将导出刚体对任意轴的转动惯量表达式，从而引入惯性积和惯性主轴的概念。

设 $Oxyz$ 是固连在刚体上的坐标系，需求该刚体对通过原点 O 的任意轴 OL 的转动惯量 J。轴线 OL 与坐标轴 x,y,z 的交角用 α,β,γ 表示(见图 6-9)。

刚体对轴 OL 的转动惯量按定义，有

$$J = \sum m r_L^2$$

式中，r_L 是点 $A(x,y,z)$ 到轴 OL 的垂直距离，因而有

$$r_L^2 = (OA)^2 - (OB)^2$$

式中，OB 是矢径 $\boldsymbol{r} = \overrightarrow{OA}$ 在轴 OL 是的投影。由矢量投影定理，有

$$\pm OB = x\cos\alpha + y\cos\beta + z\cos\gamma$$

因 $(OA)^2 = x^2 + y^2 + z^2$，故有

$$r_{\mathrm{L}}^2 = (x^2 + y^2 + z^2) - (x\cos\alpha + y\cos\beta + z\cos\gamma)^2$$

考虑到 $\cos^2\alpha + \cos^2\beta + \cos^2\gamma = 1$，有

$$\begin{aligned} r_{\mathrm{L}}^2 = &(x^2 + y^2 + z^2)(\cos^2\alpha + \cos^2\beta + \cos^2\gamma) - (x\cos\alpha + y\cos\beta + z\cos\gamma)^2 = \\ &(y^2 + z^2)\cos^2\alpha + (z^2 + x^2)\cos^2\beta + (x^2 + y^2)\cos^2\gamma - \\ &2yz\cos\beta\cos\gamma - 2zx\cos\gamma\cos\alpha - 2xy\cos\alpha\cos\beta \end{aligned}$$

于是，刚体对轴 OL 的转动惯量是

$$\begin{aligned} J = \sum m r_{\mathrm{L}}^2 = &\sum m(y^2 + z^2)\cos^2\alpha + \sum m(z^2 + x^2)\cos^2\beta + \\ &\sum m(x^2 + y^2)\cos^2\gamma - 2\sum myz\cos\beta\cos\gamma - \\ &2\sum mzx\cos\gamma\cos\alpha - 2\sum mxy\cos\alpha\cos\beta \end{aligned} \tag{6-10a}$$

根据式(6-3)可知，上式中的 $\sum m(y^2 + z^2)$，$\sum m(z^2 + x^2)$，$\sum m(x^2 + y^2)$ 分别是刚体对 x 轴，y 轴和 z 轴的转动惯量，即

$$\left.\begin{aligned} J_x &= \sum m(y^2 + z^2) \\ J_y &= \sum m(z^2 + x^2) \\ J_z &= \sum m(x^2 + y^2) \end{aligned}\right\} \tag{6-10b}$$

而 $\sum myz$，$\sum mzx$，$\sum mxy$ 中包含了坐标的乘积，因此分别称为刚体对 y 轴和 z 轴，对 z 轴和 x 轴以及对 x 轴和 y 轴的惯性积，并用 J_{yz}，J_{zx}，J_{xy} 表示：

$$\left.\begin{aligned} J_{yz} &= \sum myz \\ J_{zx} &= \sum mzx \\ J_{xy} &= \sum mxy \end{aligned}\right\} \tag{6-11}$$

惯性积的单位和转动惯量的单位相同，它的大小也决定于刚体的质量、质量分布以及坐标轴的位置这三个因素。但是，惯性积可正、可负，也可以等于零；而转动惯量永远是正。

把式(6-10b)和式(6-11)代入式(6-10a)，最后得刚体对于轴 OL 的转动惯量

$$\begin{aligned} J = &J_x\cos^2\alpha + J_y\cos^2\beta + J_z\cos^2\gamma - 2J_{yz}\cos\beta\cos\gamma - \\ &2J_{zx}\cos\gamma\cos\alpha - 2J_{xy}\cos\alpha\cos\beta \end{aligned} \tag{6-12}$$

若已知六个量 J_x，J_y，J_z，J_{yz}，J_{zx}，J_{xy}，则由上式可求出刚体对通过点 O 的任意轴的转动惯量。再应用转动惯量的平行轴定理，即可求出刚体对任何轴的转动惯量。

适当地选择坐标系 $Oxyz$ 的方位，总可使刚体的两个惯性积同时等于零，例如 $J_{yz} = J_{zx} = 0$。这时，与这两个惯性积同时相关的轴 Oz 称为刚体在点 O 处的一根惯性主轴。刚体对惯性主轴的转动惯量称为主转动惯量。如果惯性主轴还通过刚体的质心，则称为中心惯性主轴。刚体对中心惯性主轴的转动惯量称为中心主转动惯量。于是，Ox，Oy 也成为 O 处的惯性主轴。可见，对刚体的任一点 O 都可以有三个互相垂直的惯性主轴。

现在取刚体在质心 C 的三根中心惯性主轴为坐标轴 x，y，z（见图 6-10），此时 $J_{xy} = J_{yz} = J_{zx} = 0$。又记 $A = J_{Cx}$，$B = J_{Cy}$，$C = J_{Cz}$，则刚体对任一质心轴 CL 的转动惯量可写成最简单的形式：

$$J_{CL} = A\cos^2\alpha + B\cos^2\beta + C\cos^2\gamma \tag{6-13}$$

式中，α,β,γ 是轴 CL 的三个方向角。

此后应用转动惯量的平行轴定理，即可求得刚体对任何与轴 CL 相平行的轴 OL' 的转动惯量 J，有

$$J = J_{CL} + m_R d^2 = A\cos^2\alpha + B\cos^2\beta + C\cos^2\gamma + m_R d^2 \tag{6-14}$$

式中，d 是两轴间的距离；m_R 是刚体的质量。

可见，只要知道刚体的三个中心主转动惯量，就可求出刚体对任何轴的转动惯量。

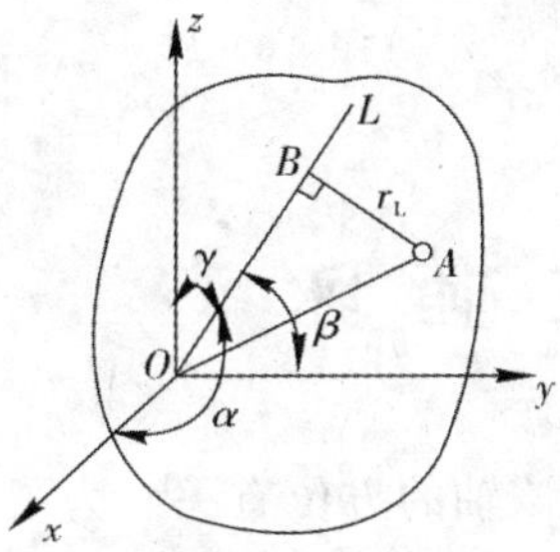

图　6-9

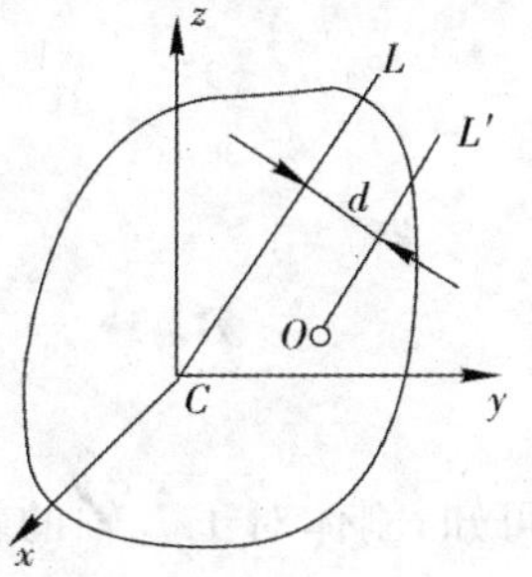

图　6-10

6.3　质量对称分布刚体的惯性主轴方向的判定

刚体惯性主轴的确定，在一般情况下是比较麻烦的；但是，对于质量对称分布的刚体，可应用下述两个定理。

定理 6.1　如果刚体具有质量对称轴，则该轴就是刚体的一根中心主惯性主轴，并且是此轴上任一点的一根中心惯性主轴。

证明：在质量对称轴上任一点 O，取固连于刚体的坐标系 $Oxyz$，且使 Oz 轴重合于质量对称轴（见图 6-11）。于是，刚体的每对对称于 Oz 轴的质点 $A(x,y,z)$ 和 $A'(-x,-y,z)$，两者在 $J_{yz} = \sum myz$ 和 $J_{zx} = \sum mzx$ 中的贡献都相互抵消，从而有

$$J_{yz} = 0,\quad J_{zx} = 0$$

即 Oz 轴是刚体在点 O 的一根惯性主轴。

由于 O 是质量对称轴上的任一点，故此轴必同时为其上任一点的一根惯性主轴。又因质心 C 也在对称轴上，故此轴又为刚体的一根惯性主轴。

定理 6.2　如果刚体具有质量对称平面，则垂直于该对称面的任一直线就是在该直线与对称面的交点处的一根惯性主轴。中心惯性主轴之一也垂直于此对称平面。

证明：取坐标系 $Oxyz$，使 xOy 重合于刚体的质量对称平面（见图 6-12）。于是，刚体内每对对称于 xOy 的质点 $A(x,y,z)$ 和 $A'(x,y,-z)$，两者在 $J_{yz} = \sum myz$ 和 $J_{zx} = \sum mzx$ 中的贡献都相互抵消，从而有

$$J_{yz} = 0,\quad J_{zx} = 0$$

即 Oz 轴是在点 O 的一根惯性主轴。

当然质心 C 必在质量对称平面内，故此刚体的中心惯性主轴之一必与此对称平面垂直。

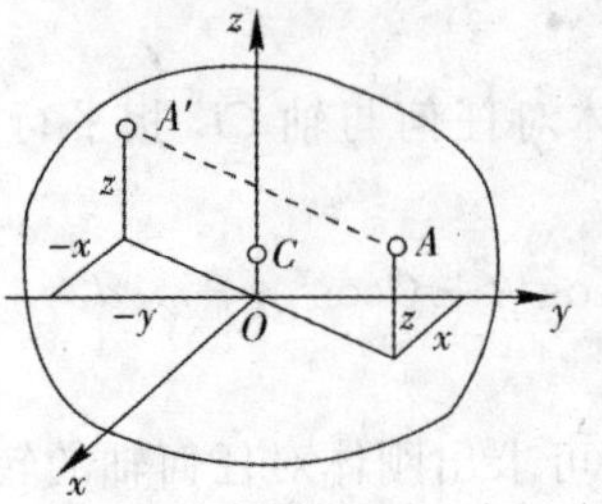

图 6-11

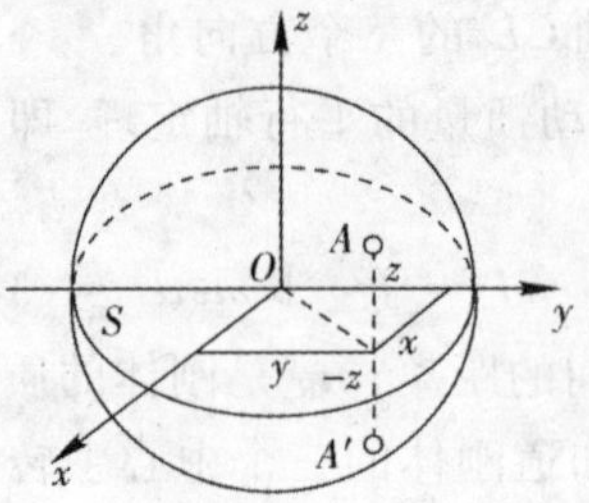

图 6-12

6.4* 惯性椭球

由式(6-12)可知，刚体对于 L 轴的转动惯量与该轴的方位有关。为了形象地说明刚体对过一点 O 的各轴的转动惯量与轴的方位之间的关系，我们介绍惯性椭球的概念。

在过点 O 的轴 OL 上截取 OK（见图 6-13），使其长度为如下的比例：

$$OK = \frac{1}{\sqrt{J_L}}$$

式中，J_L 为刚体对 OL 轴的转动惯量。

建立坐标系 $Oxyz$，则得点 K 的坐标为

$$x = OK\cos\alpha = \frac{\cos\alpha}{\sqrt{J_L}}$$

$$y = OK\cos\beta = \frac{\cos\beta}{\sqrt{J_L}}$$

$$z = OK\cos\gamma = \frac{\cos\gamma}{\sqrt{J_L}}$$

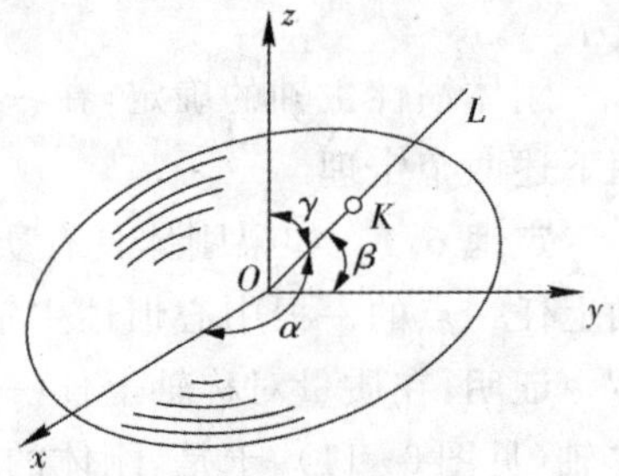

图 6-13

由此得关系式

$$\cos\alpha = x\sqrt{J_L},\quad \cos\beta = y\sqrt{J_L},\quad \cos\gamma = z\sqrt{J_L}$$

代入式(6-12)消去公因子 J_L，即得点 K 的坐标所需满足的方程，即

$$J_x x^2 + J_x y^2 + J_z z^2 - 2J_{yz}yz - 2J_{zx}zx - 2J_{xy}xy = 1 \qquad (6-15)$$

式(6-15)确定一个二次曲面。由于方程中无一次项，该曲面是以坐标原点 O 为对称中心的有心曲面；又因为转动惯量是恒大于零的有限值，故点 K 不可能到无穷远处，也不可能与原点重合。可见，该曲面必定是椭球面。椭球面上任一点到原点的距离 OK 的平方的倒数，即为刚体对与 OK 重合的轴的转动惯量，即

$$J_L = \frac{1}{(OK)^2} \qquad (6-16)$$

因此式(6-15)所决定的椭球面形象地描述了刚体对点 O 的各轴的转动惯量。式(6-15)所对应的椭球称为刚体对于点 O 的惯性椭球，用同一比例尺在刚体上的每个点，都可以作出一个相应的惯性椭球，但这些椭球的大小、形状和对称轴的方向都不相同。

椭球具有三根互相垂直的对称轴：长轴、中轴、短轴。由式(6－16)知，对于通过点 O 的各轴来说，刚体对惯性椭球的长轴的转动惯量最小，而对短轴的转动惯量则最大。

由解析几何知，如果椭球的某一对称轴重合于坐标轴，例如 z 轴，则在该椭球的方程(6－15)中，将不出现坐标 z 与另外两个坐标 x,y 相乘的项，也就是说，这两项的系数都等于零，即

$$J_{yz} = \sum myz = 0,\quad J_{zx} = \sum mzx = 0$$

在 6.2 节中曾经指出，具有这种性质的 z 轴就是刚体在点 O 的一根惯性主轴。显然，当坐标轴 x,y,z 分别与惯性椭球的三根对称轴重合时，则刚体对于这个坐标系的三个惯性积都等于零，即 $J_{xy} = J_{yz} = J_{zx} = 0$。由此可见，对于刚体的每一点都至少有三根互相垂直的惯性主轴。

有时刚体对于某点 O 的两个主转动惯量彼此相等，例如 $J_x = J_y$。此时的惯性椭球是旋转型椭球，它的等长的对称轴称为赤道轴，这些轴所在的平面称为椭球的赤道平面。显然，赤道平面内的任何轴都是椭球的对称轴，也都是刚体在点 O 的惯性主轴。刚体对所有赤道轴的转动惯量彼此相等，并统称为赤道转动惯量。与赤道平面垂直的椭球对称轴称为极轴，刚体对于该轴的主转动惯量称为极转动惯量。

在特殊情况下，刚体对某点 O 的三个主转动惯量彼此相等，即 $J_x = J_y = J_z$。这时该点处的惯性椭球就变成惯性圆球。而由式(6－16)知，该刚体以通过点 O 的各轴的转动惯量都相等，而这些轴都是刚体在点 O 的惯性主轴。

习　题　六

6－1　已知题图 6－1 所示匀质杆 AB 长 l，质量是 M；垂直于杆的两平行轴 z_1 和 z_2 间的距离 $d = \frac{3}{4}l$，z_1 轴通过杆端 A。求杆 AB 对 z_2 轴的转动惯量。

6－2　题图 6－2 所示为某齿轮轴的简化图，试求它对中心 z 轴的转动惯量。齿轮轴材料的密度 $\sigma = 7\ 850\ \text{kg/m}^2$，图示长度单位为 mm 。

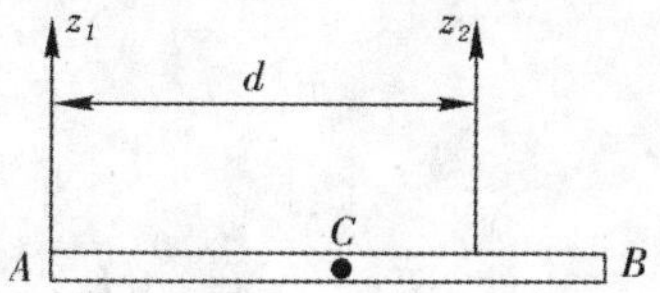

题图　6－1

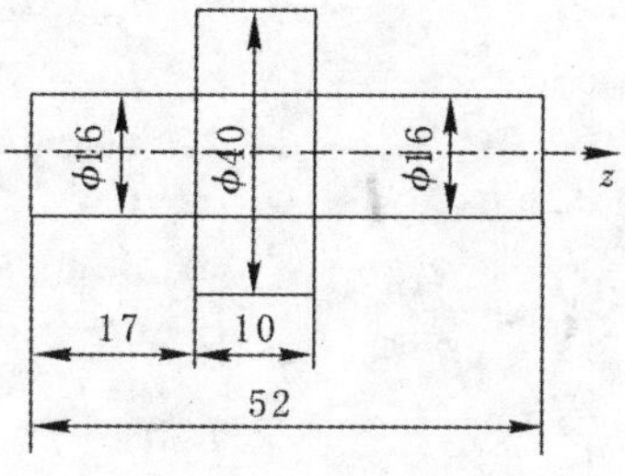

题图　6－2

6－3　试求题图 6－3 所示空心圆柱对中心 z 轴的转动惯量。已知该圆柱的质量是 M，外半径是 r_1，内半径是 r_2 。

6－4　如题图 6－4 所示匀质圆盘上有一个偏心圆孔，试求该圆盘对 z 轴的转动惯量。圆盘的材料密度 $\sigma = 7\ 850\ \text{kg/m}^3$，图中长度单位是 mm 。

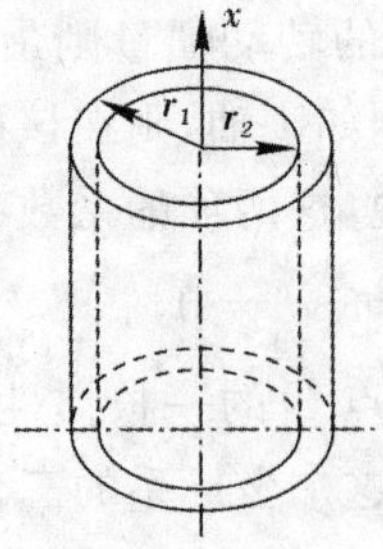

题图　6－3

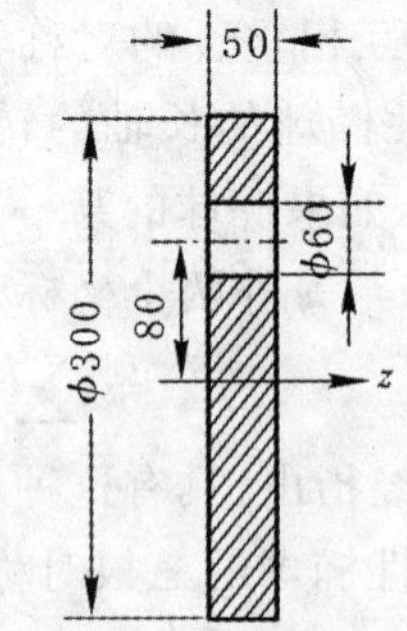

题图　6－4

6－5　匀质正圆锥的高度为 h，底面半径为 r。若要使它的 3 个中心主转动惯量彼此都相等，则比值 h/r 应是多少？

6－6　匀质正立方体的质量是 M，棱长为 b，求它在任一顶点的 3 个主转动惯量。

运　动　学

静力学中我们研究了物体的平衡规律。要使物体处于平衡，则作用于物体上的力系必须满足其平衡条件。当平衡条件不满足时，物体就不能保持平衡而要改变其原有的静止状态或运动状态。因此，在研究了物体的平衡规律以后，需要进一步研究物体运动变化的规律。由于运动规律较之平衡规律要复杂得多，所以将其分为运动学和动力学两部分进行研究。下面要研究的运动学，是用几何的观点研究物体的机械运动，只阐明运动过程的几何特征及其各运动要素之间的关系，而完全不涉及与运动变化有关的物理因素（如力、质量等）。

学习运动学的目的，一方面是为学习动力学提供必要的基础知识，另一方面也有其自身的意义。在工程实际中，不论是设计新产品、新设备或进行技术革新，首先要求产品或设备能完成一定的动作，即实现预先规定的各种运动。因此必须以运动学知识为基础，对传动机构进行必要的运动分析。

在运动学的研究中，通常将物体抽象为点和刚体两种模型。所谓点是指其形状、大小可忽略不计而只在空间占有确定位置的几何点。而刚体则可视为由无穷多个点组成的不变形的几何形体。当忽略物体的几何形状、尺寸而不会影响所研究的问题时，该物体就可以抽象为一个点，否则必须视为刚体。

在运动学中，首先遇到的问题是如何确定物体在空间的位置。物体的位置只能相对地描述，即只能确定一个物体相对于另一个物体的位置。这后一物体被作为确定前一物体位置所用的参考体。将一组坐标系固连在参考体上，则这组坐标系就称为参考坐标系或参考系。如果物体在所选参考系中的位置是随时间而变化的，就说该物体在运动，否则，该物体处于静止。在运动学中，所谓运动和静止都只有在指明了参考系的情况下才有意义。运动描述的相对性反映了物体机械运动的客观属性。在运动学中，参考系的选择是任意的。描述同一物体的运动时，选用不同的参考系可以得到不同的结果。例如，当车厢沿轨道行驶时，对固连于车厢的参考系来说，车厢里坐着的乘客是静止的；但对固连于地球上的参考系，则乘客是随车厢一起运动的。因此，为了明确起见，必须首先指出问题中的参考系。在习惯上和一般工程问题中，总是选取固连于地球上的参考系。本书中如不特别说明，选用的参考系均固连于地球。

在运动学中，要用到瞬时与时间间隔这两个不同的概念。瞬时是指某一时刻，在时间轴上表示为一个点；而时间间隔则是指两个不同瞬时之间的一段时间，在时间轴上表示为一段线段。例如，设火车从甲站开动的瞬时是 t_1，到乙站停止的瞬时是 t_2，则火车由甲站到乙站运行的时间间隔是 $(t_2 - t_1)$。时间间隔的长短表示过程的久暂。时间间隔的单位通常采用秒(s)，相应地，瞬时也用秒(s)来表示。

第七章　点的运动

知 识 要 点

描述点的运动的有三种形式：矢量形式，直角坐标形式，自然形式。

1. 矢量形式

(1)运动方程：$\boldsymbol{r} = \boldsymbol{r}(t)$;

(2)速度：$\boldsymbol{v} = \dfrac{\mathrm{d}\boldsymbol{r}}{\mathrm{d}t}$;

(3)加速度：$\boldsymbol{a} = \dfrac{\mathrm{d}\boldsymbol{v}}{\mathrm{d}t} = \dfrac{\mathrm{d}^2\boldsymbol{r}}{\mathrm{d}t^2}$。

2. 直角坐标形式

(1)运动方程：$x = x(t), y = y(t), z = z(t)$;

(2)速度：$\boldsymbol{v} = v_x\boldsymbol{i} + v_y\boldsymbol{j} + v_z\boldsymbol{k}$，其中

$$v_x = \dot{x}, \quad v_y = \dot{y}, \quad v_z = \dot{z}$$

(3)加速度：$\boldsymbol{a} = \alpha_x\boldsymbol{i} + \alpha_y\boldsymbol{j} + \alpha_z\boldsymbol{k}$ ，其中

$$\alpha_x = \dot{v}_x = \ddot{x}, \quad \alpha_y = \dot{v}_y = \ddot{y}, \quad \alpha_x = \dot{v}_z = \ddot{z}$$

3. 自然形式

(1)运动方程：$s = f(t)$;

(2)速度：$\boldsymbol{v} = v\boldsymbol{\tau}, \quad v = \dot{s}$;

(3)加速度：$\boldsymbol{a} = \boldsymbol{a}_\mathrm{t} + \boldsymbol{a}_\mathrm{n} = a_\mathrm{t}\boldsymbol{\tau} + a_\mathrm{n}\boldsymbol{n}$ ，其中

$$a_\mathrm{t} = \dot{v} = \ddot{s}, \quad a_\mathrm{n} = \frac{v^2}{\rho}, \quad a = \sqrt{a_\mathrm{t}^2 + a_\mathrm{n}^2}$$

7.1　点的运动描述的矢量法

所谓点的运动就是指点在空间的位置随时间而改变。研究点的运动就是要确定每瞬时点在空间的位置、速度和加速度等。一般情况下，点在空间的位置随时间连续变化形成一条空间曲线，这条曲线称为点的轨迹或路径。直线运动可看作曲线运动的一个特例。在曲线运动中，由于点运动的快慢和方向都在变化，所以用矢量表示点在空间的位置是方便的。

1. 点的运动方程描述的矢量法

运动学中常把确定为研究对象的运动的点称为动点，运动方程（也称运动规律）表示动点

在所选参考系中的位置随时间而变化的规律。如图 7-1 所示，设有一动点相对于某参考体而运动，它在瞬时 t 的位置为 M，为了确定动点的位置，可在参考体上任选一点 O 作为参考点（定点或原点）。把由定点 O 画至动点 M 的有向线段 OM（见图 7-1）作为矢量看待，并用 $\boldsymbol{r}=\overrightarrow{OM}$ 表示，$\boldsymbol{r}$ 则称为动点的矢径。当点 M 运动时，矢径 $\boldsymbol{r}$ 的大小和方向都随时间在不断改变，即不同的矢径 $\boldsymbol{r}$ 对应着不同的位置。这种用矢量确定动点位置的方法称为矢量法。当动点运动时，$\boldsymbol{r}$ 是时间 t 的单值连续矢量函数，即

$$\boldsymbol{r}=\boldsymbol{r}(t) \tag{7-1}$$

式(7-1)称为点 M 的矢量形式的运动方程。变矢量 $\boldsymbol{r}$ 的末端随时间变化在空间绘出的曲线（简称矢端图）就是动点的运动轨迹。

2. 点的速度描述的矢量法

设已知动点 M 的矢量形式的运动方程如式(7-1)所示。以 M 和 M' 表示动点在相邻两瞬时 t 和 $t+\Delta t$ 的位置，对应的矢径分别为 $\boldsymbol{r}$ 和 $\boldsymbol{r}'$（见图 7-2）。在时间间隔 Δt 内点 M 的位移 $\overrightarrow{MM'}$ 可表示为 $\Delta\boldsymbol{r}=\boldsymbol{r}'-\boldsymbol{r}$。

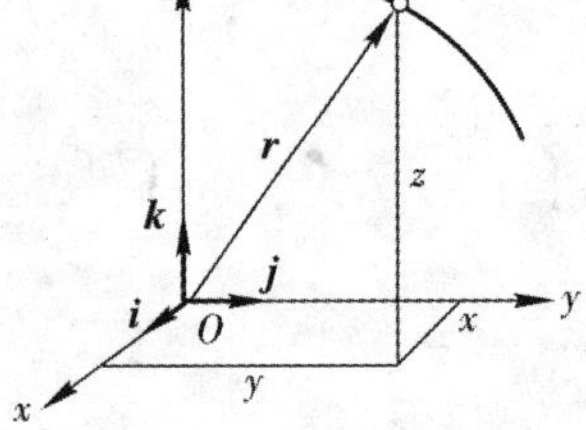

图 7-1

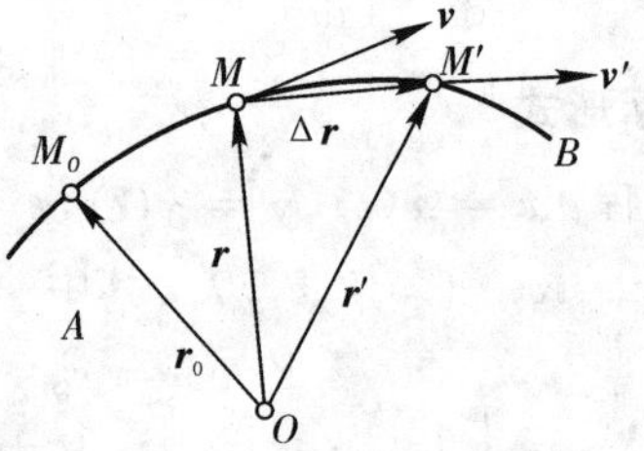

图 7-2

则比值

$$\boldsymbol{v}^{*}=\frac{\boldsymbol{r}'-\boldsymbol{r}}{\Delta t}=\frac{\Delta\boldsymbol{r}}{\Delta t} \tag{7-2}$$

表示该点在此时间间隔 Δt 内的平均速度。当 $\Delta t\to 0$ 时 $\boldsymbol{v}^{*}$ 的极限，称为动点 M 在瞬时 t 的速度，有

$$\boldsymbol{v}=\lim_{\Delta t\to 0}\frac{\Delta\boldsymbol{r}}{\Delta t}=\frac{\mathrm{d}\boldsymbol{r}}{\mathrm{d}t} \tag{7-3}$$

即，动点的速度（矢量）等于它的矢径对时间的一阶导数。其方向沿动点的轨迹曲线在对应点的切线，并指向动点前进的方向。在国际单位制中，速度的单位是 m/s。

3. 点的加速度描述的矢量法

动点做曲线运动时，不仅速度的大小可能改变，速度的方向也在改变（见图 7-3(a)）。为了描述每瞬时动点速度的大小和方向改变的情况，现引入加速度的概念。

设由任意一点 O 画出点 M 在各个不同瞬时的速度矢，连接这些矢的末端，则所得曲线（见图 7-3(b)）称为速度矢端图。设在瞬时 t 和 $t+\Delta t$，动点 M 的速度分别为 $\boldsymbol{v}$ 和 $\boldsymbol{v}'$，（见图 7-3(a)）。在时间间隔 Δt 内，速度的变化为 $\Delta\boldsymbol{v}=\boldsymbol{v}'-\boldsymbol{v}$。动点的平均加速度

$$\boldsymbol{a}^{*} = \frac{\boldsymbol{v}' - \boldsymbol{v}}{\Delta t} = \frac{\Delta \boldsymbol{v}}{\Delta t} \tag{7-4}$$

如图 7-3(b)所示，$\boldsymbol{a}^{*}$ 方向与 $\Delta\boldsymbol{v}$ 一致。当点 M 沿轨迹运动时，速度矢的端点 M 对应地在速度矢端图上运动。

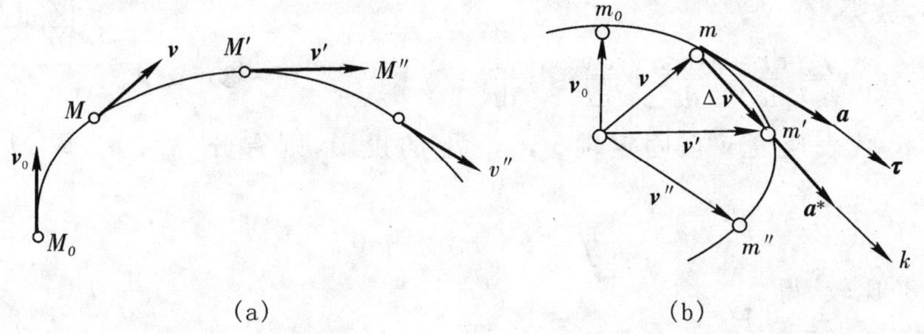

图　7-3

当 $\Delta t \to 0$ 时，平均加速度 $\boldsymbol{a}^{*}$ 所趋近的极限 $\boldsymbol{a}$，就是动点 M 在瞬时 t 的加速度，有

$$\boldsymbol{a} = \lim_{\Delta t \to 0} \frac{\Delta \boldsymbol{v}}{\Delta t} = \frac{\mathrm{d}\boldsymbol{v}}{\mathrm{d}t} = \frac{\mathrm{d}^2 \boldsymbol{r}}{\mathrm{d}t^2} \tag{7-5}$$

可见，动点的加速度(矢量)等于它的速度(矢量)对时间的一阶导数，或者等于它的矢径对时间的二阶导数。其方向沿速度矢端图的切线，并指向速度矢端运动的方向。在国际单位制中，加速度的单位是 $\mathrm{m/s^2}$。

思考题：若某瞬时 t_1，点的速度 $v_1 = 0$，则必有 $a_1 = 0$ 吗？

7.2　点的运动描述的直角坐标法

1. 点的运动方程描述的直角坐标法

设动点 M 做空间曲线运动(见图 7-4)。过固定点 O 作直角坐标系 $Oxyz$，设在瞬时 t，点 M 的矢径为 $\boldsymbol{r}$，坐标为(x,y,z)，把点 M 的矢径写成分解式，即

$$\boldsymbol{r} = x\boldsymbol{i} + y\boldsymbol{j} + z\boldsymbol{k} \tag{7-6}$$

式中，$\boldsymbol{i}, \boldsymbol{j}, \boldsymbol{k}$ 为固定直角坐标轴 x, y, z 的单位矢量。当点 M 运动时，这些坐标一般地可以表示为时间 t 的单值连续函数，即

$$x = f_1(t), \quad y = f_2(t), \quad z = f_3(t) \tag{7-7}$$

式(7-7)称为点 M 的直角坐标形式的运动方程。动点的轨迹方程可由式(7-7)消去时间 t 而得到。

2. 点的速度在直角坐标轴上的投影

为了具体计算动点的速度和加速度，常采用分解或投影的方法。这时利用固定直角坐标系往往很方便。

设点 M 做曲线运动，已知它的直角坐标形式的运动方程式(7-7)。当函数 $f_1(t)$，$f_2(t)$，$f_3(t)$ 为已知时，动点 M 对应于任意瞬时 t 的位置也就完全确定。由式(7-1)及式(7-3)可知，

点 M 的速度为

$$\boldsymbol{v}=\frac{\mathrm{d}\boldsymbol{r}}{\mathrm{d}t}=\frac{\mathrm{d}}{\mathrm{d}t}(x\boldsymbol{i}+y\boldsymbol{j}+z\boldsymbol{k})$$

因沿固定轴的单位矢量 $\boldsymbol{i},\boldsymbol{j},\boldsymbol{k}$ 不随时间而变，它们对时间的导数都等于零，故得

$$\boldsymbol{v}=\frac{\mathrm{d}\boldsymbol{r}}{\mathrm{d}t}=\frac{\mathrm{d}x}{\mathrm{d}t}\boldsymbol{i}+\frac{\mathrm{d}y}{\mathrm{d}t}\boldsymbol{j}+\frac{\mathrm{d}z}{\mathrm{d}t}\boldsymbol{k} \tag{7-8}$$

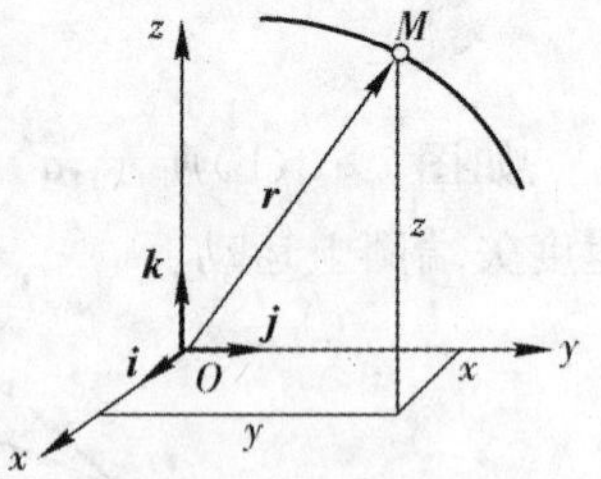

图 7-4

以 v_x,v_y,v_z 代表速度 $\boldsymbol{v}$ 在固定轴 x,y,z 上的投影，则有分解式：

$$\boldsymbol{v}=v_x\boldsymbol{i}+v_y\boldsymbol{j}+v_z\boldsymbol{k} \tag{7-9}$$

与式(7-8)比较，得

$$v_x=\frac{\mathrm{d}x}{\mathrm{d}t},\quad v_y=\frac{\mathrm{d}y}{\mathrm{d}t},\quad v_z=\frac{\mathrm{d}z}{\mathrm{d}t} \tag{7-10}$$

即，点的速度在固定直角坐标系各轴上的投影，分别等于动点对应坐标对时间的导数。已知动点速度的投影，可求出速度矢量 $\boldsymbol{v}$ 的大小，即

$$v=\sqrt{v_x^2+v_y^2+v_z^2}=\sqrt{(\frac{\mathrm{d}x}{\mathrm{d}t})^2+(\frac{\mathrm{d}y}{\mathrm{d}t})^2+(\frac{\mathrm{d}z}{\mathrm{d}t})^2} \tag{7-11a}$$

速度的方向可用速度矢量 $\boldsymbol{v}$ 与各坐标轴正向间夹角的余弦来表示，即

$$\cos(\boldsymbol{v},\boldsymbol{i})=\frac{v_x}{v},\quad \cos(\boldsymbol{v},\boldsymbol{j})=\frac{v_y}{v},\quad \cos(\boldsymbol{v},\boldsymbol{k})=\frac{v_z}{v} \tag{7-11b}$$

式中，$(\boldsymbol{v},\boldsymbol{i})(\boldsymbol{v},\boldsymbol{j})(\boldsymbol{v},\boldsymbol{k})$ 分别表示速度矢量 $\boldsymbol{v}$ 与坐标轴 x,y,z 正向间的夹角。

3. 点的加速度在直角坐标轴上的投影

把速度 $\boldsymbol{v}$ 的表达式对时间 t 求导数，可得加速度的矢量表达式为

$$\boldsymbol{a}=\frac{\mathrm{d}\boldsymbol{v}}{\mathrm{d}t}=\frac{\mathrm{d}v_x}{\mathrm{d}t}\boldsymbol{i}+\frac{\mathrm{d}v_y}{\mathrm{d}t}\boldsymbol{j}+\frac{\mathrm{d}v_z}{\mathrm{d}t}\boldsymbol{k} \tag{7-12}$$

另一方面，有分解式

$$\boldsymbol{a}=a_x\boldsymbol{i}+a_y\boldsymbol{j}+a_z\boldsymbol{k} \tag{7-13}$$

其中，a_x,a_y,a_z 是加速度 $\boldsymbol{a}$ 在固定轴 x,y,z 上的投影。比较上列两式，得

$$\left.\begin{aligned}a_x&=\frac{\mathrm{d}v_x}{\mathrm{d}t}=\frac{\mathrm{d}^2x}{\mathrm{d}t^2}\\a_y&=\frac{\mathrm{d}v_y}{\mathrm{d}t}=\frac{\mathrm{d}^2y}{\mathrm{d}t^2}\\a_z&=\frac{\mathrm{d}v_z}{\mathrm{d}t}=\frac{\mathrm{d}^2z}{\mathrm{d}t^2}\end{aligned}\right\} \tag{7-14}$$

即，点的加速度在固定直角坐标系各轴上的投影，分别等于点的速度的对应投影对时间的导数，或者等于对应坐标对时间的二阶导数。

已知动点加速度的投影，可求出加速度矢量 $\boldsymbol{a}$ 的大小，有

$$a=\sqrt{a_x^2+a_y^2+a_z^2}=\sqrt{(\frac{\mathrm{d}v_x}{\mathrm{d}t})^2+(\frac{\mathrm{d}v_y}{\mathrm{d}t})^2+(\frac{\mathrm{d}v_z}{\mathrm{d}t})^2}=\sqrt{(\frac{\mathrm{d}^2x}{\mathrm{d}t^2})^2+(\frac{\mathrm{d}^2y}{\mathrm{d}t^2})+(\frac{\mathrm{d}^2z}{\mathrm{d}t^2})^2} \tag{7-15}$$

加速度的方向可由加速度矢量 $\boldsymbol{a}$ 与各坐标轴正向间夹角的余弦来表示，即

$$\cos(\boldsymbol{a},\boldsymbol{i}) = \frac{a_x}{a},\quad \cos(\boldsymbol{a},\boldsymbol{j}) = \frac{a_y}{a},\quad \cos(\boldsymbol{a},\boldsymbol{k}) = \frac{a_z}{a},\tag{7-16}$$

思考题：点做直线运动，若沿其轨迹取固定坐标轴 Ox，试列写该点的运动方程及速度、加速度表达式。

7.3　点的运动描述的自然法

1. 曲率与曲率半径·自然轴系

当点沿已知曲线轨迹运动时，轨迹的几何性质会影响点的运动要素。图 7-5 在用自然法分析点运动的速度和加速度之前，我们先简要回顾空间曲线的有关几何性质。

设有空间曲线（见图 7-5），在其上任取相邻近的两点 M 和 M'，两点间的一段弧长 MM' 以 Δs 表示；点 M 和 M' 处的切线分别以 MT 和 $M'T'$ 表示。自点 M 作 MT_1，使 MT_1 平行于 $M'T'$；所得 MT 与 MT_1 的夹角 $\Delta\theta$ 称为邻角，恒取正值，它表示 M 和 M' 处两切线方向的变化。$\Delta\theta$ 与 Δs 的比值 $\Delta\theta/|\Delta s|$ 是曲线在这段弧长 Δs 内切线方向变化率的平均值。它可以用来说明曲线在 Δs 内弯曲的程度，因此称为弧段 MM' 的平均曲率。用 k^* 表示这个比值，有 $k^* = \Delta\theta/|\Delta s|$

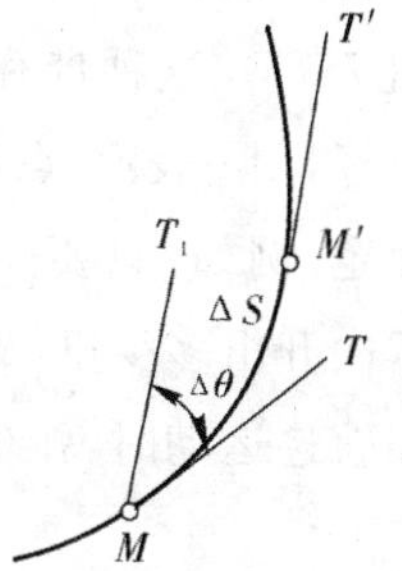

图　7-5

为了说明曲线在点 M 处的弯曲程度，应令点 M' 趋近于点 M。这样，平均曲率 k^* 将趋近于极限值 k，这个极限值就是曲线在点 M 处的曲率，即

$$k = \lim_{\Delta s\to 0}\frac{\Delta\theta}{|\Delta s|}$$

曲率 k 的倒数称为曲线在点 M 处的曲率半径 ρ

$$\rho = \frac{1}{k}$$

圆周的曲率半径就是圆周自身的半径。对于一般曲线，曲率半径的几何意义可说明如下。通过点 M 以及曲线上靠近 M 的另外两点作一圆周，则当这两个点向点 M 无限趋近时，这个圆将趋近于某个极限圆，它和曲线相切于点 M。这个圆称为曲线在点 M 的曲率圆。它的半径就是曲线在点 M 的曲率半径，而它的圆心则称为曲率中心。直线可以看成曲率半径 $\rho=\infty$ 的曲线。

现在介绍自然轴系。在图 7-5 中，通过点 M 作一个包含 MT 和 MT_1 的平面。当 M' 向 M 接近时，这个平面的位置将绕 MT 转动。当点 M' 趋于点 M，即当 Δs 趋于零时，这个平面将转到某一极限位置，而这个极限位置的平面也就是上述曲率圆的平面，并称为曲线在点 M 处的密切面或曲率平面。通过点 M 作垂直于切线的平面称为曲线上点 M 处的法面。法面内由点 M 作出的一切直线都和切线垂直，因而都是曲线的法线。为区别起见，规定在密切面内的法线称为曲线在点 M 处的主法线（见图 7-6）。法面内与主法线相垂直的法线称为副法线。这样，切线、主法线和副法线在点 M 形成三面正交架。现在规定：切线方向的单位矢量以 $\boldsymbol{\tau}$ 表示，指向弧坐标

s(见后文)增加的一方,主法线方向的单位矢量以 $\boldsymbol{n}$ 表示,指向曲线凹边(即指向曲率中心),副法线方向的单位矢量以 $\boldsymbol{b}$ 表示,且有 $\boldsymbol{b}=\boldsymbol{\tau}\times\boldsymbol{n}$。由 $\boldsymbol{\tau},\boldsymbol{n},\boldsymbol{b}$ 三个单位矢量确定的正交轴系称为自然轴系(见图 7-6)。

对于曲线上的任一点,都有属于该点的一组自然轴系。当点运动时,随着点在轨迹曲线上位置的变化,其自然轴系的方位也随之而改变。所以 $\boldsymbol{\tau},\boldsymbol{n},\boldsymbol{b}$ 都是随着点的位置而变化的变矢量。

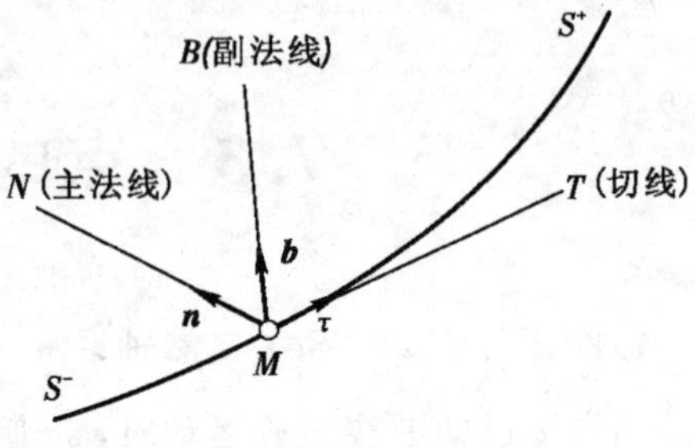

图 7-6

2. 点的运动方程描述的自然法

假定动点 M 的运动轨迹是已知的。在轨迹上选定一点 O 作为量取弧长的起点,并规定由原点 O 向一方量得的弧长取正值,向另一方量得的弧长取负值(见图 7-7)。这种带有正负值的弧长 OM 称为动点的弧坐标,用 s 表示。点在轨迹上的位置可由弧坐标 s 完全确定。例如,只要知道列车由某站沿某一路线朝某个方向开出多少里,即可确定火车的位置。当点 M 沿已知轨迹运动时,弧坐标 s 随时间而变,并可表示为时间 t 的单值连续函数,即

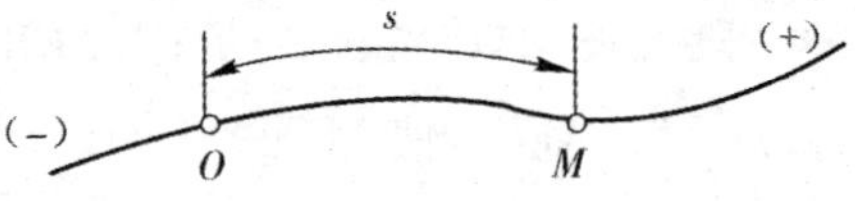

图 7-7

$$s=f(t) \tag{7-17}$$

这个方程表示了点 M 沿已知轨迹的运动规律,并称为以自然法表示的动点沿给定轨迹的运动方程。

3. 点的速度在自然轴上的投影

由固定点 O 画出动点 M 的矢径 $\boldsymbol{r}$ (见图 7-8),则点的速度为

$$\boldsymbol{v}=\mathrm{d}\boldsymbol{r}/\mathrm{d}t$$

把上式分子分母同乘以弧坐标的微分 $\mathrm{d}s$,得

$$\boldsymbol{v}=\frac{\mathrm{d}\boldsymbol{r}}{\mathrm{d}t}=\frac{\mathrm{d}s}{\mathrm{d}t}\frac{\mathrm{d}\boldsymbol{r}}{\mathrm{d}s} \tag{7-18}$$

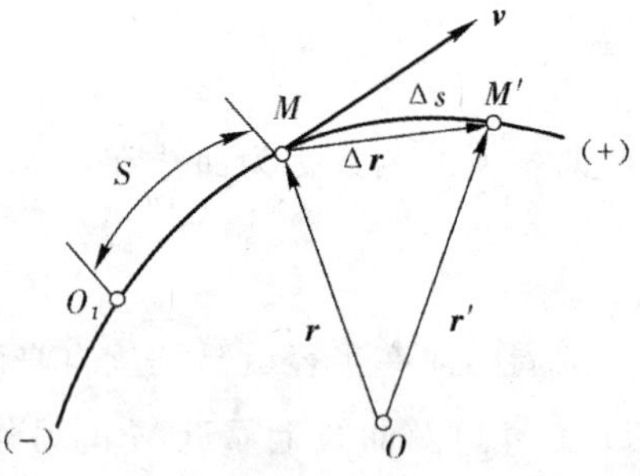

图 7-8

式中,$\dfrac{\mathrm{d}\boldsymbol{r}}{\mathrm{d}s}=\lim\limits_{\Delta s\to 0}\dfrac{\Delta\boldsymbol{r}}{\Delta s}$。当 Δs 趋于零时,$\dfrac{\Delta\boldsymbol{r}}{\Delta s}$ 的大小趋于1,而 $\dfrac{\Delta\boldsymbol{r}}{\Delta s}$ 的方向则永远沿着点 M 切线的正向 $\boldsymbol{\tau}$,即

$$\frac{\mathrm{d}\boldsymbol{r}}{\mathrm{d}s}=\lim_{\Delta s\to 0}\frac{\Delta\boldsymbol{r}}{\Delta s}=\boldsymbol{\tau}$$

若以 v 表示速度在切线轴上的投影,则速度表达式(7-18)可写为

$$\boldsymbol{v}=\frac{\mathrm{d}s}{\mathrm{d}t}\boldsymbol{\tau}=v\boldsymbol{\tau} \tag{7-19}$$

由点的运动的矢量法知,点的速度方向沿轨迹的切线,因而有

$$v = \frac{ds}{dt} \tag{7-20}$$

即，动点的速度在切线上的投影，等于它的弧坐标对时间的一阶导数。

4. 点的加速度在自然轴上的投影

式(7-19)对时间求导数，可得动点的加速度为

$$\boldsymbol{a} = \frac{d\boldsymbol{v}}{dt} = \frac{d}{dt}(v\boldsymbol{\tau}) = \frac{dv}{dt}\boldsymbol{\tau} + v\frac{d\boldsymbol{\tau}}{dt} \tag{7-21}$$

式中，$\frac{dv}{dt} = \frac{d^2 s}{dt^2} = f''(t)$。

矢导数 $\frac{d\boldsymbol{\tau}}{dt}$ 则可求通过以下步骤求出。

设沿切线 $M'T'$ 的单位矢为 $\boldsymbol{\tau}'$，则 $\Delta\boldsymbol{\tau} = \boldsymbol{\tau}' - \boldsymbol{\tau}$(见图 7-9)，其模为

$$|\Delta\boldsymbol{\tau}| = 2|\boldsymbol{\tau}|\sin(\Delta\theta/2) = 2\sin(\Delta\theta/2)$$

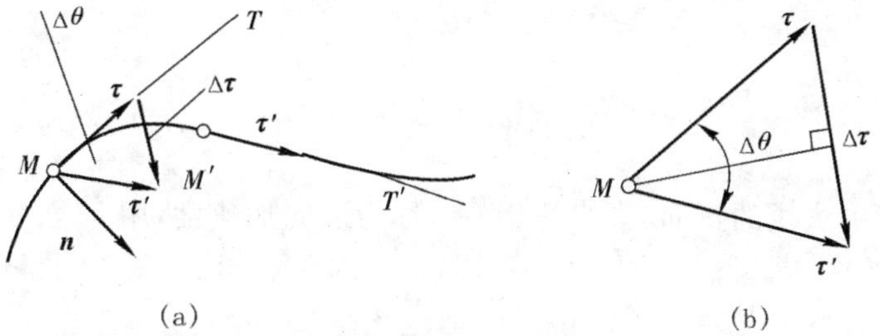

图　7-9

因为 $|\tau| = 1$，又邻角 $\Delta\theta$ 恒取正值，故 $d\boldsymbol{\tau}/dt$ 的大小为

$$\left|\frac{d\boldsymbol{\tau}}{dt}\right| = \lim_{\Delta t\to 0}\frac{|\Delta\boldsymbol{\tau}|}{\Delta t} = \lim_{\Delta t\to 0}\frac{2\sin(\Delta\theta/2)}{\Delta t} = \lim_{\Delta\theta\to 0}\frac{2\sin(\Delta\theta/2)}{(\Delta\theta/2)}\cdot\lim_{\Delta s\to 0}\frac{\Delta\theta}{|\Delta s|}\cdot\lim_{\Delta t\to 0}\frac{|\Delta s|}{\Delta t}$$

但
$$\lim_{\Delta\theta\to 0}\frac{2\sin(\Delta\theta/2)}{(\Delta\theta/2)} = 1,\quad \lim_{\Delta s\to 0}\frac{\Delta\theta}{|\Delta s|} = \frac{1}{\rho},\quad \lim_{\Delta t\to 0}\frac{|\Delta s|}{\Delta t} = |\boldsymbol{v}|$$

故有
$$\left|\frac{d\boldsymbol{\tau}}{dt}\right| = \frac{|\boldsymbol{v}|}{\rho}$$

导数 $d\boldsymbol{\tau}/dt$ 的方向与 $\Delta\boldsymbol{\tau}$ 的极限方向相同，即在密切面内，垂直于切线 MT，并与 $\boldsymbol{n}$ 的指向相同或相反。当动点向弧坐标增加的一方运动时(见图 7-10(a))，v 为正值，矢导数$\frac{d\boldsymbol{\tau}}{dt}$ 指向曲线的凹边即与 $\boldsymbol{n}$ 的指向相同。若速度 $\boldsymbol{v}$ 朝相反的方向(见图 7-10 (b))，v 为负值，则$\frac{d\boldsymbol{\tau}}{dt}$ 指向曲线的凸边即与 $\boldsymbol{n}$ 的指向相反。但是，无论哪种情况，矢量$\frac{v d\boldsymbol{\tau}}{dt}$ 总是指向曲线的凹边即与 $\boldsymbol{n}$ 的指向相同，因而$\frac{v d\boldsymbol{\tau}}{dt} = \frac{v^2}{\rho}\boldsymbol{n}$ 。

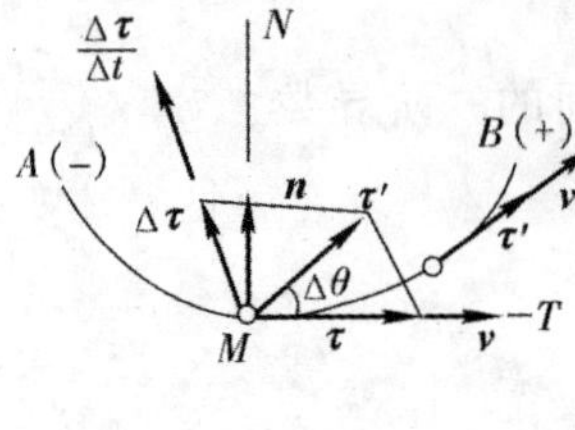

(a)

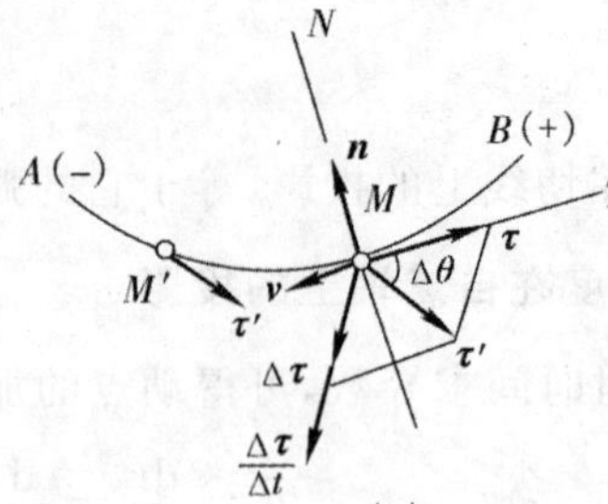

(b)

图 7-10

故加速度等于

$$\boldsymbol{a} = \frac{\mathrm{d}v}{\mathrm{d}t}\boldsymbol{\tau} + \frac{v^2}{\rho}\boldsymbol{n} \tag{7-22}$$

此公式将加速度分解为两个分量：分量 $\frac{\mathrm{d}v}{\mathrm{d}t}\boldsymbol{\tau}$ 沿着切线，大小等于 $\left|\frac{\mathrm{d}\boldsymbol{v}}{\mathrm{d}t}\right|$；它称为切向加速度，用 $\boldsymbol{a}_{\mathrm{t}}$ 表示，即

$$\boldsymbol{a}_{\mathrm{t}} = \frac{\mathrm{d}v}{\mathrm{d}t}\boldsymbol{\tau} \tag{7-23}$$

分量 $\frac{v^2}{\rho}\boldsymbol{n}$ 沿着主法线的正向，大小等于$\frac{v^2}{\rho}$，称为法向加速度，用 $\boldsymbol{a}_{\mathrm{n}}$ 表示，即

$$\boldsymbol{a}_{\mathrm{n}} = \frac{v^2}{\rho}\boldsymbol{n} \tag{7-24}$$

因为单位矢 $\boldsymbol{\tau}$，$\boldsymbol{n}$ 都在密切面内，所以加速度 $\boldsymbol{a}$ 也在密切面内。用 a_{t}，a_{n}，a_{b} 分别代表加速度 $\boldsymbol{a}$ 在自然轴系上的投影，则有下述加速度的分解式：

$$\boldsymbol{a} = a_{\mathrm{t}}\boldsymbol{\tau} + a_{\mathrm{n}}\boldsymbol{n} + a_{\mathrm{b}}\boldsymbol{b} \tag{7-25}$$

与式(7-22)比较，得

$$a_{\mathrm{t}} = \frac{\mathrm{d}v}{\mathrm{d}t}, \quad a_{\mathrm{n}} = \frac{v^2}{\rho}, \quad a_{\mathrm{b}} = 0 \tag{7-26}$$

即，动点的加速度在切线上的投影，等于速度在切线上的投影对时间的导数；加速度在主法线上的投影，等于速度的平方除以轨迹在动点处的曲率半径；加速度在副法线上的投影恒等于零。

当速度的投影值 v 随时间增大时，$\frac{\mathrm{d}v}{\mathrm{d}t} = \frac{\mathrm{d}^2 s}{\mathrm{d}t^2} > 0$，因而切向加速度 $\boldsymbol{a}_{\mathrm{t}}$ 沿着 $\boldsymbol{\tau}$ 的正向（弧坐标增大的一边），如图 7-11(a) 所示；反之则沿着 $\boldsymbol{\tau}$ 的负向（见图 7-11(b)）。因为加速度的两个分量 $\boldsymbol{a}_{\mathrm{t}}$ 与 $\boldsymbol{a}_{\mathrm{n}}$ 是相互垂直的，故得加速度 $\boldsymbol{a}$ 的大小为

$$a = \sqrt{a_{\mathrm{t}}^2 + a_{\mathrm{n}}^2} = \sqrt{\left(\frac{\mathrm{d}v}{\mathrm{d}t}\right)^2 + \left(\frac{v^2}{\rho}\right)^2} \tag{7-27}$$

加速度 $\boldsymbol{a}$ 与主法线所成的角度 θ（恒取绝对值），由下式确定：

$$\tan\theta = \frac{|a_{\mathrm{t}}|}{a_{\mathrm{n}}} \tag{7-28}$$

图 7-11(a)中所示为 $a_{\mathrm{t}} > 0$ 的情形；若 $a_{\mathrm{t}} < 0$，则 $\boldsymbol{a}$ 将偏到切线的负向，如图 7-11(b)所示。

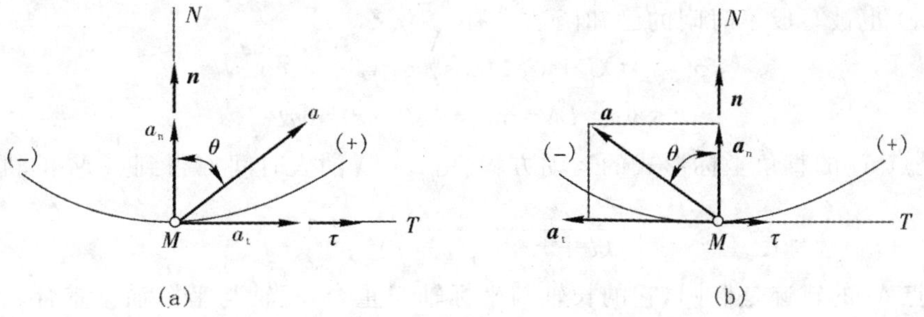

图　7-11

从推导的过程中可以明显看出：切向加速度反映了速度大小变化的快慢，而法向加速度则反映了速度方向变化的快慢。

现在讨论下列几种特殊情形：

1)匀速曲线运动：此时速度仅改变方向而不改变大小，因而切向加速度恒等于零。故总加速度 $\boldsymbol{a} = \boldsymbol{a}_n = \frac{v^2}{\rho}\boldsymbol{n}$（注意，在变速曲线运动中，仅在速度 v 到达极值的瞬时才出现这种情形）。

2)直线运动：因直线的曲率半径 $\rho = \infty$，故在这种运动中法向加速度恒等于零，因而总加速度 $\boldsymbol{a} = \boldsymbol{a}_t = \frac{dv}{dt}\boldsymbol{\tau}$。

3)匀速直线运动：此时速度的大小和方向都不变，点的加速度恒等于零。

最后指出，曲线运动中的 s, v, a_t 分别与直线运动中的 x, v, a 相对应。在曲线运动中，当 v 与 a_t 同号时，速度矢的模随时间而增大，此时点作加速运动；反之，当 v 与 a_t 异号时，速度矢的模随时间而减小，此时点做减速运动。通常所说的匀变速曲线运动，专指 a_t 为常数的情形，这时只要把 x, v, a 与 s, v, a_t 作对应代换，则一般用于匀变速直线运动的公式都可用于匀变速曲线运动，即

$$v = v_0 + a_t\tau \tag{7-29}$$

$$s = s_0 + v_0 t + \frac{1}{2}a_t t^2 \tag{7-30}$$

$$v^2 - v_0^2 = 2a_t(s - s_0) \tag{7-31}$$

此时，切向加速度 $\boldsymbol{a}_t$ 的方向在不断变化，因此它仍然是一个变矢量。

例 7-1　椭圆规的曲柄 OC 可绕定轴 O 转动，端点 C 与规尺 AB 的中点以铰链相连，而规尺的两端 A, B 则分别在两个互相垂直的滑槽中运动（见图 7-12）。已知 $OC = AC = BC = l, MC = r < l$；当曲柄转动时，角 $\varphi = \omega t$（其中 ω 是常量）。试求规尺 AB 上一点 M 的运动方程和轨迹方程。

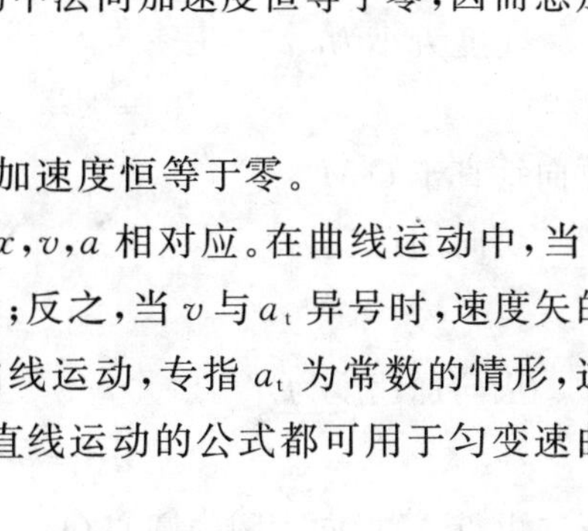

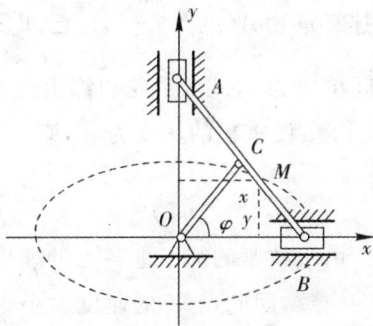

图　7-12

解：点 M 在图示平面内运动，选取坐标系 xOy 如图 7-12 所示。利用几何关系将点 M 的任意位置的坐标通过角 φ 来表示。由于 φ 是时间的已知函数，点 M 在任意瞬时 t

的坐标(x,y)也被写成了时间的已知函数。有

$$x=(OC+CM)\cos\varphi=(l+r)\cos\omega t$$
$$y=BM\sin\varphi=(l-r)\sin\omega t \qquad (1)$$

这就是点M的直角坐标形式的运动方程。由式(1)消去时间t,得到点M的轨迹方程为

$$\frac{x^2}{(l+r)^2}+\frac{y^2}{(l-r)^2}=1 \qquad (2)$$

可见,点M的轨迹是椭圆,它的长轴与坐标轴x重合,短轴与坐标轴y重合。

例 7-2 图 7-13 所示小环M同时套在细杆OA和半径$r=10$ cm的固定大圆环上。细杆绕固定轴O转动,它与水平直线的夹角$\varphi=\frac{\pi}{10}t$(φ以 rad 为单位,t以s为单位)。从而带动小环运动。试求小环M的速度、加速度。

解:因小环轨迹为已知大圆环,故宜用自然法求解。以小环M为动点。取其初瞬时位置M_0为弧坐标s的原点,沿轨迹逆时针方向为弧坐标正向,则点M的自然形式运动方程为

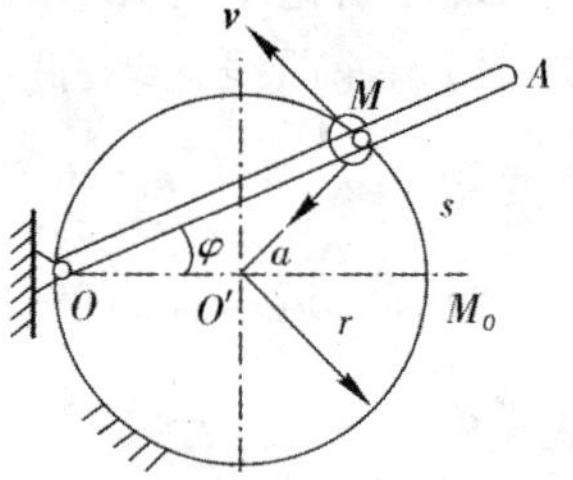

图 7-13

$$s=M_0M=2r\varphi=2\pi t$$

速度大小为

$$v=\dot{s}=2\pi \text{ cm/s}$$

方向垂直于$O'M$。

切向加速度为

$$a_t=\dot{v}=0$$

法向加速度为

$$a_n=v^2/r=(2\pi)^2/10=0.4\pi^2 \text{ cm/s}^2$$

方向由点M指向大圆的圆心O'。

点M的全加速度大小为

$$a=\sqrt{a_t^2+a_n^2}=a_n=0.4\pi^2 \text{ cm/s}^2$$

方向如图 7-13 所示。

例 7-3 半径为r的滑轮绕过点O的水平轴转动,滑轮上绕有不可伸长的绳索,绳索的一端挂有重物A(见图 7-14)。已知重物按照$s=\frac{c}{2}t^2$的规律运动,式中c为常数,长度单位为 m,时间单位为 s,试求滑轮边缘上点M的加速度。

解:设重物的速度为u,则

$$u=\frac{ds}{dt}=ct$$

由于拉紧的绳子上各点的速度大小相等,点M做单向运动,可令轨迹切线的正向和运动方向一致,因此点M的速度大小为

$$v=u=ct$$

点M加速度的切向投影为

$$a_t = \frac{dv}{dt} = c$$

点 M 加速度的法向投影为

$$a_n = \frac{v^2}{\rho} = \frac{c^2t^2}{r}$$

因此，点 M 的加速度 $\boldsymbol{a}$ 的大小为

$$a = \sqrt{a_t^2 + a_n^2} = \sqrt{c^2 + \left(\frac{c^2t^2}{r}\right)^2} = \frac{c}{r}\sqrt{r^2 + c^2t^4}$$

加速度 $\boldsymbol{a}$ 与 MO 的夹角 β 由下式求出：

$$\beta = \arctan\frac{|a_t|}{a_n} = \arctan\frac{r}{ct^2}$$

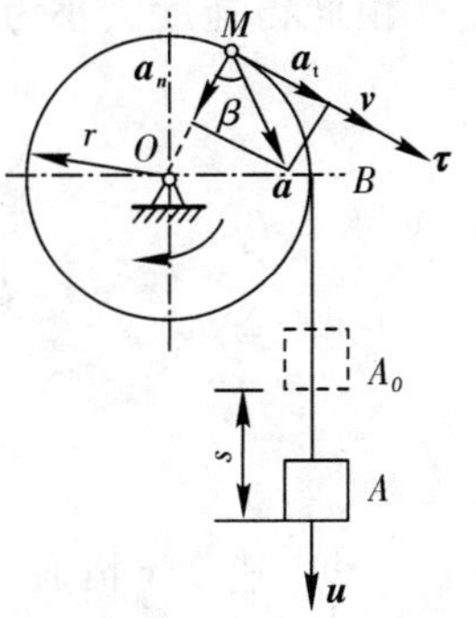

图　7-14

例 7-4　半径为 r 的车轮在直线轨道上滚动而不滑动，如图7-15 所示，已知轮心 C 的速度 $\boldsymbol{u}$ 是常矢量。求轮缘上一点 M 的轨迹、速度、加速度以及轨迹的曲率半径。

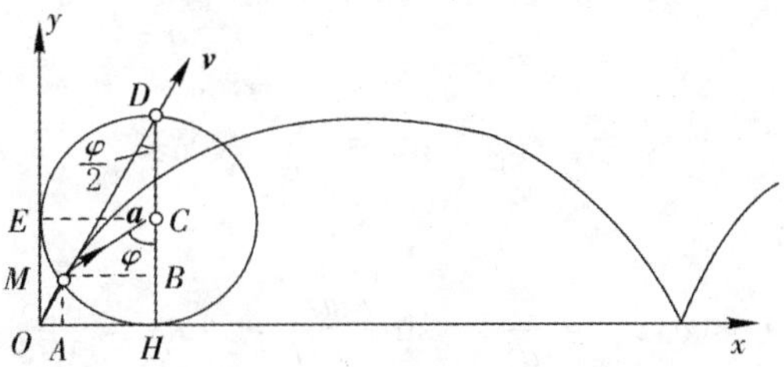

图　7-15

解：在点 M 的运动平面内取图示直角坐标系 xOy。设初瞬时($t=0$)轮心在 y 轴上，M 点与坐标原点 O 重合。

(1) 求运动方程。把动点 M 放在图示任意位置。由于车轮滚而不滑，所以有

$$OH = \overset{\frown}{MH} = CE = ut,\quad \varphi = \frac{\overset{\frown}{MH}}{r} = \frac{ut}{r}$$

点 M 的坐标为

$$x = OH = OH - AH = \overset{\frown}{MH} - MB = ut - r\sin\varphi$$
$$y = AM = HB = CH - CB = r - r\cos\varphi$$

因此，点 M 的运动方程为

$$\left.\begin{aligned} x &= ut - r\sin\left(\frac{ut}{r}\right) \\ y &= r - r\cos\left(\frac{ut}{r}\right) \end{aligned}\right\} \tag{1}$$

从式(1)中消去时间 t 就可得到点 M 的轨迹方程。此轨迹称为旋轮线(或摆线)。

(2) 求速度。方程(1)对时间 t 求一阶导数得

$$\left.\begin{aligned} v_x &= u\left[1 - \cos\left(\frac{ut}{r}\right)\right] \\ v_y &= u\sin\left(\frac{ut}{r}\right) \end{aligned}\right\} \tag{2}$$

由此得速度大小为

$$v = \sqrt{v_x^2 + v_y^2} = 2u\sin\left(\frac{ut}{2r}\right) \tag{3}$$

方向为

$$\cos(\boldsymbol{v},\boldsymbol{i}) = \frac{v_x}{v} = \sin\left(\frac{ut}{2r}\right) = \sin\left(\frac{\varphi}{2}\right) = \frac{MB}{MD}$$

$$\cos(\boldsymbol{v},\boldsymbol{j}) = \frac{v_y}{v} = \cos\left(\frac{ut}{2r}\right) = \cos\left(\frac{\varphi}{2}\right) = \frac{BD}{MD}$$

可见,速度 $\boldsymbol{v}$ 恒通过车轮的最高点 D 。

(3) 求加速度。方程(2)对时间 t 求一阶导数得

$$a_x = \frac{u^2}{r}\sin\left(\frac{ut}{r}\right)$$

$$a_y = \frac{u^2}{r}\cos\left(\frac{ut}{r}\right)$$

从而求得加速度的大小为

$$a = \sqrt{a_x^2 + a_y^2} = \frac{u^2}{r} = \text{常数} \tag{4}$$

方向为

$$\cos(\boldsymbol{a},\boldsymbol{i}) = \frac{a_x}{a} = \sin\left(\frac{ut}{r}\right) = \sin\varphi = \frac{MB}{MC}$$

$$\cos(\boldsymbol{a},\boldsymbol{j}) = \frac{a_y}{a} = \cos\left(\frac{ut}{r}\right) = \cos\varphi = \frac{BC}{MC}$$

可见,加速度 $\boldsymbol{a}$ 恒通过轮心 C 。

(4) 求曲率半径。因为

$$\left.\begin{aligned} a_t &= \frac{dv}{dt} = \frac{d}{dt}\left[2u\sin\left(\frac{ut}{2r}\right)\right] = \frac{u^2}{r}\cos\left(\frac{ut}{2r}\right) \\ a_n &= \sqrt{a^2 - a_t^2} = \frac{u^2}{r}\sin\left(\frac{ut}{2r}\right) \end{aligned}\right\} \tag{5}$$

由式(7-24),有

$$a_n = \frac{v^2}{\rho}$$

所以

$$\rho = \frac{v^2}{a_n} = \left[4u^2\sin^2\left(\frac{ut}{2r}\right)\right] \Big/ \left[\frac{u^2}{r}\sin\left(\frac{ut}{2r}\right)\right] = 4r\sin\left(\frac{ut}{2r}\right)$$

当 $ut = \pi r$(对应轨迹的最高点)时,曲率半径最大,$\rho_{max} = 4r$;当 $ut = 0$ 或 $ut = 2\pi r$(相当于点 M 在轨道上)时,曲率半径最大,$\rho_{min} = 0$。

习 题 七

7-1 曲柄滑块机构如题图 7-1 所示。曲柄 OA 长 r,连杆 AB 长 l,滑道与曲柄轴的高度

相差 h。已知曲柄按规律 $\varphi = \omega t$ 转动，且 ω 是常量。试求滑块 B 的运动方程。

7-2　已知点 M 按 $x = 20t - 5t^2$ 的规律做直线运动（长度以 cm 为单位，时间以 s 为单位）。试求：(1) 运动开始时点 M 的速度与加速度；(2) 经过 3 s 时点 M 的速度与加速度。

7-3　试根据点 M 的下列运动方程求轨迹方程（时间以 s 为单位，长度以 m 为单位，角度以 rad 为单位）：

(1) $x = 3\cos t$，　$y = 3 - 5\sin t$；

(2) $x = t^3 + 2$，　$y = 3 - t^3$；

(3) $x = 2\cos 2t$，　$y = 3\sin t$；

(4) $x = a(\sin kt + \cos kt)$，　$y = b(\sin kt - \cos kt)$；

(5) $x = 2\sin t^2$，　$y = 3\cos t^2$

7-4　如题图 7-2 所示杆 $OM = l$，可绕水平轴 Oz 转动，并插在套筒 A 中，由按规律 $\varphi = kt_2$（k 是常量，φ 以 rad 为单位，t 以 s 为单位）转动的曲柄 O_1A 带动。设 $O_1O = O_1A$，试求摇杆端点 M 在套筒滑出前的运动方程。

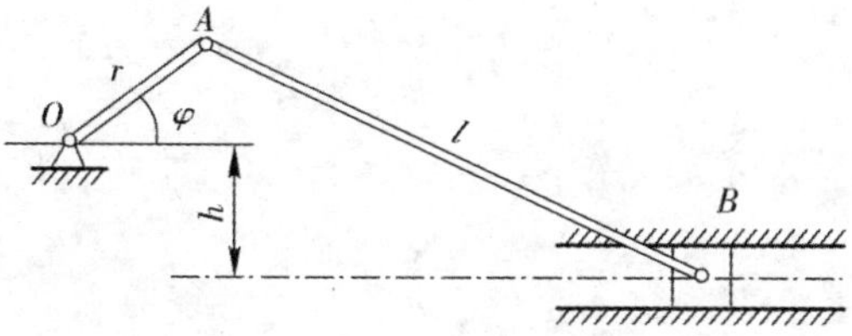

题图　7-1

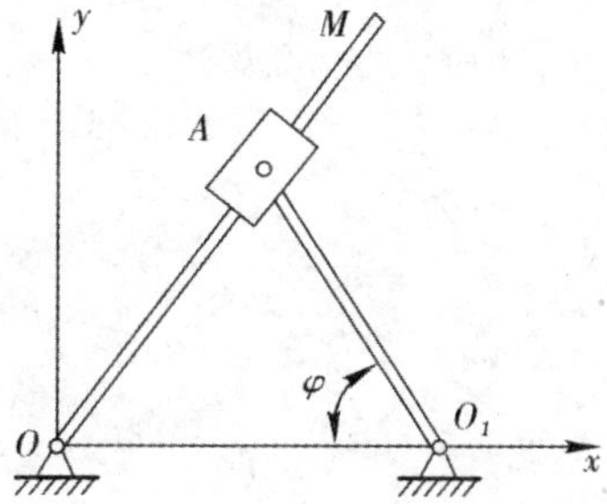

题图　7-2

7-5　一铰链机构由长度都等于 a 的各杆 OA_1，OB_1，CA_4，CB_4 和长度都等于 $2l$ 并在其中点铰接的各杆 B_1A_2，A_2B_3，B_3A_4，A_3B_4，A_3B_2，A_1B_2 构成，如题图 7-3 所示。试求当铰链 C 沿 x 轴运动时铰销 A_1，A_2，A_3，A_4 的运动轨迹。

7-6　点 M 的运动方程为

$$x = l(\sin kt + \cos kt)$$

$$y = l(\sin kt - \cos kt)$$

式中，长度 l 和角频率 k 都是常数。试求点 M 的速度和加速度的大小。

7-7　连接重物 A 的绳索，其另一端绕在半径 $R = 0.5$ m 的鼓轮上，如题图 7-4 所示。当 A 沿斜面下滑时带动鼓轮绕 O 转动。已知 A 的规律为 $s = 0.6t^2$ m，t 以 s 为单位。试求 $t = 1$ s 时，鼓轮轮缘最高点 M 的加速度。

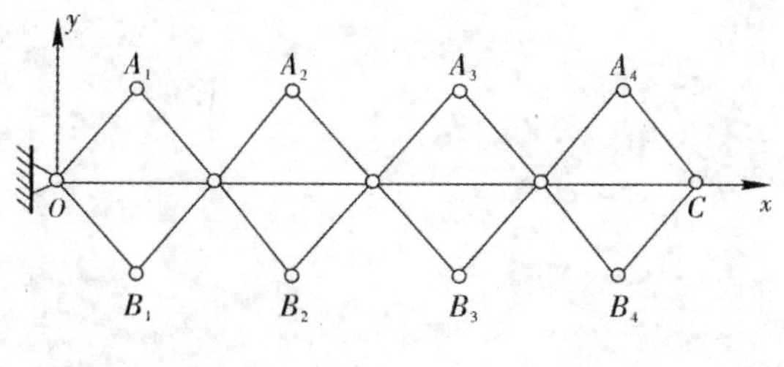

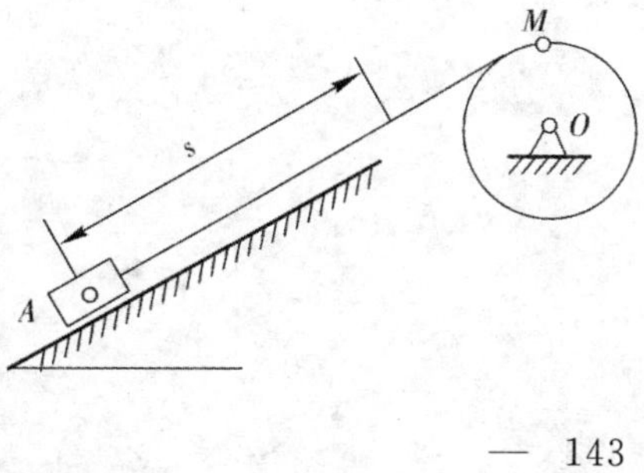

题图 7-3

题图 7-4

7-8 自飞机上扔出炸弹的运动方程是 $x = 139t, y = -4.9t^2$（x, y 以 m 为单位，t 以 s 为单位），飞机水平飞行的高度 $h = 4\ 000$ m。试问被炸弹扔中的地面目标 B 应在投弹点前方多远处？

第八章 刚体的基本运动

知识要点

刚体的两种基本运动：平动和定轴转动。刚体的复杂运动都可以分解为这两种基本运动。

1. 刚体的平动

(1)定义：当刚体运动时，其上任一直线始终平行于自己的最初位置，则这种运动称为刚体的平行移动，简称平动。

(2)平动的运动特征：当刚体平动时，其上各点的轨迹形状完全相同并且彼此平行，且每一瞬时各点的速度、加速度都彼此相等。因此平动刚体的运动可由其上任一点的运动来代表。

2. 刚体的定轴转动

(1)定义：当刚体运动时，若其上某一直线段始终保持不动，则这种运动称为刚体的定轴转动，简称转动。这条不动的直线称为转轴。

(2)定轴转动刚体的运动特征。

转动方程：$\varphi = f(t)$

角速度：$\omega = \dfrac{\mathrm{d}\varphi}{\mathrm{d}t} = f'(t)$，矢量表达式：$\boldsymbol{\omega} = \omega \boldsymbol{k} = \dfrac{\mathrm{d}\varphi}{\mathrm{d}t}\boldsymbol{k}$；

角加速度：$\alpha = \dfrac{\mathrm{d}\omega}{\mathrm{d}t} = \dfrac{\mathrm{d}^2\varphi}{\mathrm{d}t^2}$，矢量表达式：$\boldsymbol{\alpha} = \alpha \boldsymbol{k} = \dfrac{\mathrm{d}\omega}{\mathrm{d}t}\boldsymbol{k} = \dfrac{\mathrm{d}\boldsymbol{\omega}}{\mathrm{d}t}$。

(3)定轴转动刚体上各点的运动。

定轴转动刚体上各点都绕转轴作圆周运动。

各点的速度：$\boldsymbol{v} = \boldsymbol{\omega} \times \boldsymbol{r}$，$v = \omega r$；

各点的加速度：$\boldsymbol{a} = \boldsymbol{a}_\mathrm{t} + \boldsymbol{a}_\mathrm{n} = \boldsymbol{\alpha} \times \boldsymbol{r} + \boldsymbol{\omega} \times \boldsymbol{v}$，$a_\mathrm{t} = \alpha r$，$a_\mathrm{n} = \omega^2 r$。

8.1 刚体的平动

上一章研究了点的运动，这一章研究刚体的两种最简单的运动，即平动和定轴转动。通过之后的内容可知，刚体更复杂的运动可以看作这两种运动的合成。因此，平动和定轴转动也称为刚体的基本运动。

当刚体运动时，若其上任一直线始终平行于自己的最初位置，则这种运动称为刚体的平行移动，简称平动。

刚体平动的例子很多，例如，机车在直线轨道上行驶时平行杆的运动（见图 8－1(a)），摆式运输机上货物 G 的运动（见图 8－1(b)），升降机操作斗的运动（见图 8－1(c)）等等。应该注意的是，尽管刚体在做平动，但是刚体上任意一点的运动轨迹可以是任意的空间曲线。

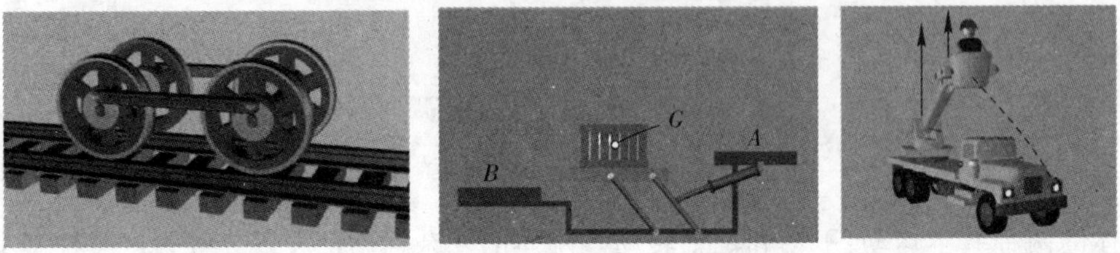

(a)　(b)　(c)

图 8－1

平动刚体上各点的轨迹、速度和加速度，具有以下重要特征，表述为如下定理：当刚体平动时，其上各点的轨迹形状完全相同并且彼此平行，且每一瞬时各点的速度、加速度都彼此相等。

上述结论可以证明如下：在平动刚体上任选一线段 AB，画出线段两端点 A 和 B 的轨迹（见图 8－2），以及该线段在不同瞬时 $t, t+\Delta t, t+2\Delta t\cdots$ 的位置。根据刚体平动的定义，折线 $AA_1A_2\cdots$ 和 $BB_1B_2\cdots$ 的对应边都相等而且平行，这两根折线的形状完全相同。当 $\Delta t \to 0$ 时，两根折线分别趋近于动点 A 和 B 的轨迹曲线。由此可见，平动刚体内任意两点的轨迹形状完全相同。

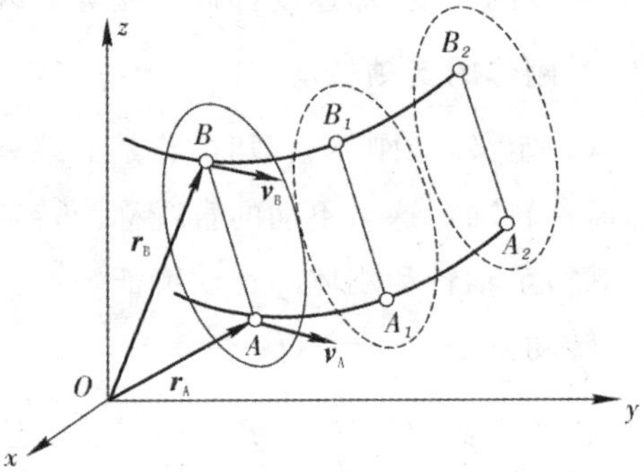

图 8－2

设从空间任一点 O 画出到刚体上任意两点 A 和 B 的矢径 $\boldsymbol{r}_A$ 和 $\boldsymbol{r}_B$（见图 8－2），则

$$\boldsymbol{r}_B = \boldsymbol{r}_A + \overrightarrow{AB}$$

将上式对时间 t 求导。注意到当刚体平动时，刚体内任一线段 $\overrightarrow{AB}$ 的长度和方向都保持不变，因而 $\frac{d}{dt}\overrightarrow{AB} = \mathbf{0}$。故

$$\frac{d\boldsymbol{r}_B}{dt} = \frac{d\boldsymbol{r}_A}{dt} \quad 或 \quad \boldsymbol{v}_B = \boldsymbol{v}_A$$

上式再对时间 t 求导一次，即得

$$\boldsymbol{a}_B = \boldsymbol{a}_A$$

由于 A，B 两点是在刚体内任意选取的，即在每一瞬时，平动刚体内任意两点的速度和加速度分别相等。

上述结论表明，刚体的平动可由其上任一点的运动来代表。这样，刚体的平动就可以归结

为点的运动学问题。注意平动的最一般情况是空间曲线平动；最简单的是直线平动和圆周平动。

8.2　刚体的定轴转动

1. 刚体的定轴运动

当刚体运动时，若其上某一直线段始终保持不动，则这种运动称为刚体的定轴转动，简称转动。这条不动的直线称为转轴。刚体的转动在工程实际中应用极为广泛。例如，电机带动的外啮合齿轮系统（见图 8-3(a)），垂直轴风力发电机（见图 8-3(b)），普通门绕门轴的转动（见图 8-3(c)），以及电机转子、飞轮、机床主轴等，都是转动的实例。

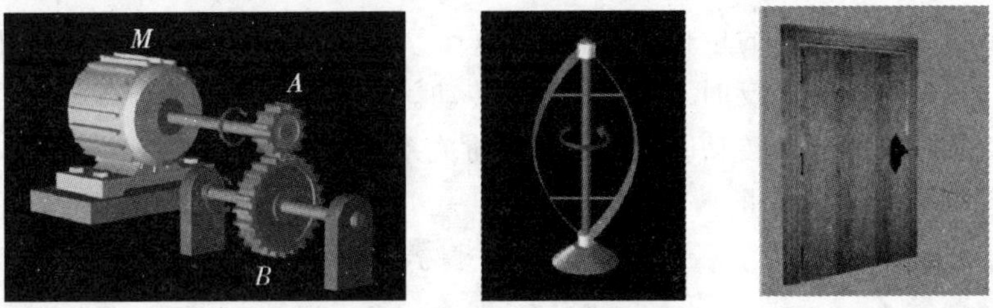

(a)　　(b)　　(c)

图 8-3　定轴转动实例

(a)电动带动的外啮合齿轮系统；（b)垂直轴风力发电机；（c)门绕门轴的转动

下面先来考虑如何确定转动刚体的位置并表示其位置随时间而变化的规律，即研究刚体的转动规律。设刚体绕定 z 轴转动，P_0 是通过 z 轴的固定半平面，P 是通过定轴 z 而与刚体相固连的半平面，它随刚体转动（见图 8-4）。现用 φ 表示半平面 P 相对于半平面 P_0 的转角。按右手规则，若从 z 轴的正端向下看，则由 P_0 起按逆时针方向量得的角 φ 取正值，反之取负值。这样，动平面 P 的位置即刚体的位置可由角 φ 完全确定。角 φ 称为角坐标，其单位通常用弧度 rad 表示。当刚体转动时，角坐标 φ 随时间 t 而变化，因而可表示为时间 t 的单值连续函数，即

$$\varphi = f(t) \tag{8-1}$$

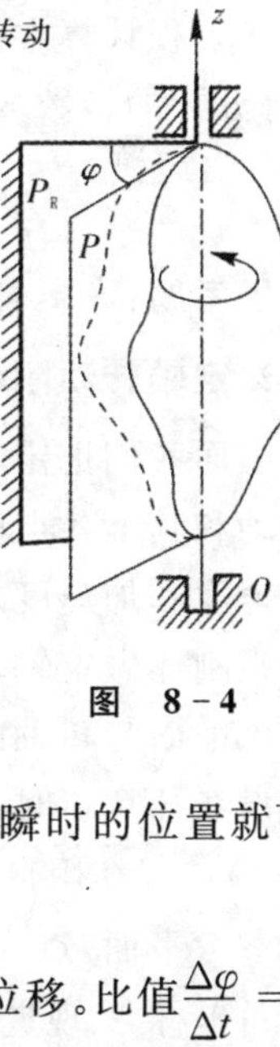

图　8-4

式(8-1)就是刚体的定轴转动方程。若已知这个方程，则刚体在任一瞬时的位置就可以确定。

设由瞬时 t 到瞬时 $t+\Delta t$，角坐标由 φ 变到 $\varphi+\Delta\varphi$，$\Delta\varphi$ 称为刚体的角位移。比值 $\dfrac{\Delta\varphi}{\Delta t} = \omega^*$ 称为在 Δt 时间内的平均角速度。当 $\Delta t \to 0$ 时，ω^* 的极限值称为刚体在瞬时 t 的角速度，用 ω 表示为

$$\omega = \frac{d\varphi}{dt} = f'(t) \tag{8-2}$$

即，定轴转动刚体的角速度，等于它的角坐标对时间的一阶导数。

按上面求出的刚体角速度是代数量，它的正负表示刚体的不同转向。当 ω 为正时，角坐标随时间而增大，刚体做逆时针转动；反之做顺时针转动。角速度的单位是弧度 / 秒(rad/s)。设从瞬时 t 到瞬时 $t+\Delta t$，角速度由 ω 改变到 $\omega+\Delta\omega$，即 Δt 时间内角速度的变化量是 $\Delta\omega$。则比值 $\frac{\Delta\omega}{\Delta t}=\alpha^*$ 称为刚体在 Δt 时间内的平均角加速度。当 $\Delta t \to 0$ 时，α^* 的极限值表示刚体在瞬时 t 的角加速度，用 α 表示为

$$\alpha = \frac{d\omega}{dt} = \frac{d^2\varphi}{dt^2} = f''(t) \tag{8-3}$$

即，定轴转动刚体的角加速度，等于它的角速度对时间的一阶导数，也等于它的角坐标对时间的二阶导数。

角加速度也是代数量，它的单位是弧度/秒^2(rad/s^2)。当 α 与 ω 的正负号相同时，刚体做加速转动；当 α 和 ω 正负号相反时，刚体做减速转动。

容易看出，当刚体做定轴转动时，α,ω,φ 间的关系和点做直线运动时 a,v,s 间的关系完全一样，对于匀变速转动($\alpha=$常量)，可直接写出

$$\omega = \omega_0 + \alpha t \tag{8-4}$$

$$\varphi = \varphi_0 + \omega_0 t + \frac{1}{2}\alpha t^2 \tag{8-5}$$

$$\omega^2 - \omega_0^2 = 2\alpha(\varphi - \varphi_0) \tag{8-6}$$

在工程计算中，转动物体的角速度常用每分钟若干转表示，以 n 代表(恒取正值)。可以看出，每分钟的转数 n(r/min) 与相对应的角速度 ω(rad/s) 的关系为

$$\omega = \frac{2n\pi}{60} = \frac{n\pi}{30} \approx \frac{\pi}{10} \tag{8-7}$$

思考题：在定轴转动刚体中任一条与转轴平行的直线(看成刚杆)做何种运动？

2. 定轴转动刚体上各点的速度和加速度

上面我们把定轴转动刚体作为整体研究了它的转动规律，现在来讨论定轴转动刚体的整体运动和其上各点的运动之间的关系，即研究定轴转动刚体的角速度和角加速度与其上任一点的速度和加速度之间的关系。

当刚体做定轴转动时，除转轴以外，刚体上各点都在垂直于转轴的平面内做圆周运动，圆心在该平面与转轴的交点上，该圆周轨迹的半径称为点的转动半径。

设在任意瞬时刚体的角速度为 ω，角加速度为 α，M 是刚体内转动半径等于 r 的一点(见图 8-5(a))。现在用自然法确定该点的运动。以点 M 的初位置 M_0 与转轴所组成的半平面 P_0 作为固定参考平面，点 M 与转轴所组成的半平面 P 作为动平面，则半径 OM 与 OM_0 的夹角就是刚体的角坐标 φ。现选 M_0 作为弧坐标的原点，并规定角坐标增加的方向为弧坐标的正向，这样，点 M 在任一瞬时的弧坐标 s 就可以表示成

$$s = r\varphi \tag{8-8}$$

式(8-8)即为以自然法表示的点 M 的运动方程。上式对时间求一阶导数，得

$$\frac{\mathrm{d}s}{\mathrm{d}t}=r\frac{\mathrm{d}\varphi}{\mathrm{d}t}$$

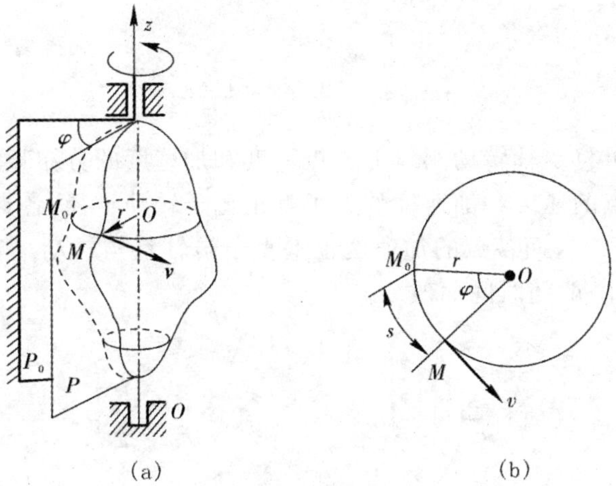

图　8-5

考虑到 $\frac{\mathrm{d}s}{\mathrm{d}t}=v,\frac{\mathrm{d}\varphi}{\mathrm{d}t}=\omega$，故有

$$v=\frac{\mathrm{d}s}{\mathrm{d}t}=r\frac{\mathrm{d}\varphi}{\mathrm{d}t}=r\omega \tag{8-9}$$

即，定轴转动刚体上任一点的速度，等于该点的转动半径与刚体角速度的乘积；方向沿圆周轨迹的切线而指向转动前进的一方(见图 8-5(b))。式(8-9)对时间求一阶导数，得

$$a_{\mathrm{t}}=\frac{\mathrm{d}v}{\mathrm{d}t}=r\frac{\mathrm{d}\omega}{\mathrm{d}t}=r\alpha \tag{8-10}$$

即，定轴转动刚体上任一点的切向加速度，等于该点的转动半径与刚体的角加速度的乘积；方向沿该点的圆周轨迹的切线而指向角加速度所指示的一方。这样，当加速转动即当 α 和 ω 正负号相同时，点的切向加速度 $\boldsymbol{a}_{\mathrm{t}}$ 和速度 $\boldsymbol{v}$ 的指向相同(见图 8-6(a))；当减速转动即当 α 和 ω 正负号相异时，则 $\boldsymbol{a}_{\mathrm{t}}$ 和 $\boldsymbol{v}$ 的指向相反(见图 8-6(b))。

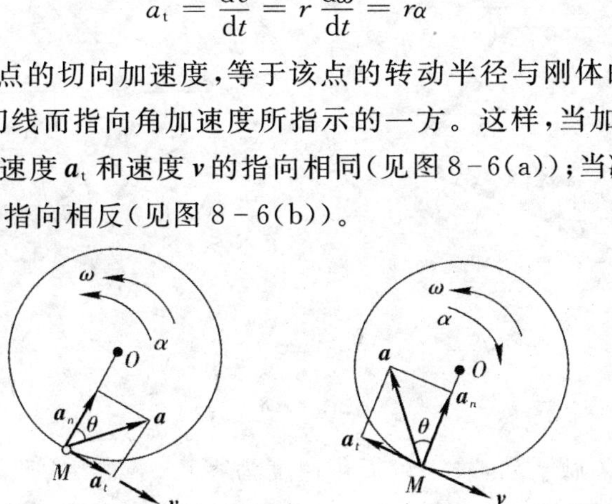

图　8-6

点 M 的法向加速度为

$$a_{\mathrm{n}}=\frac{v^2}{r}=\frac{(r\omega)^2}{r}=r\omega^2 \tag{8-11}$$

即，定轴转动刚体上任一点的法向加速度，等于该点的转动半径与角速度平方的乘积；方向永远指向转轴。所以也称为向心加速度。

点 M 的总加速度的大小为

$$a = \sqrt{a_t^2 + a_n^2} = r\sqrt{\alpha^2 + \omega^4} \tag{8-12}$$

加速度 $\boldsymbol{a}$ 与半径 OM 的夹角 θ 可由下式决定：

$$\tan\theta = \frac{|a_t|}{a_n} = \frac{|\alpha|}{\omega^2} \tag{8-13}$$

根据以上的讨论，可将定轴转动刚体上各点速度和加速度的分布规律总结如下：在每一瞬时，定轴转动刚体上各点的速度和加速度的大小都正比于转动半径；各点的速度都垂直于转轴和转动半径（见图 8-7(a)）；而各点的加速度也垂直于转轴且与转动半径成相等的夹角（见图 8-7(b)）。但这个夹角一般随时间而改变。

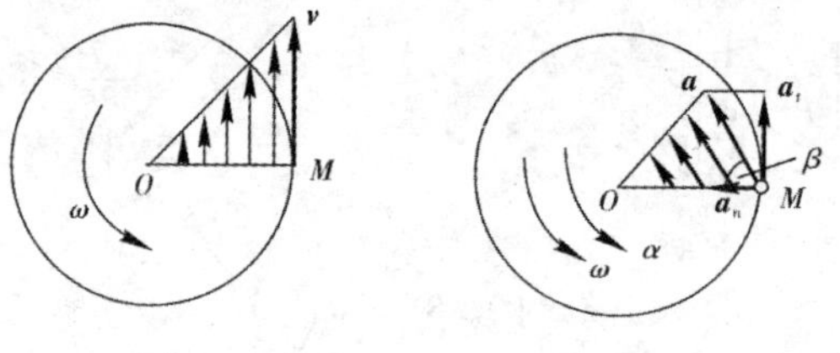

(a) (b)

图 8-7

例 8-1 如图 8-8(a)所示机构中，已知：$O_1A = O_2B = l$，$O_1O_2 = AB$，$AC = 0.5BC$，杆 O_1A 和 O_2B 有相同的角速度 ω，ω 为一常数。求：(1) 三角板 ABC 的角速度；(2) 三角板 BC 边中点 M 的速度和加速度。

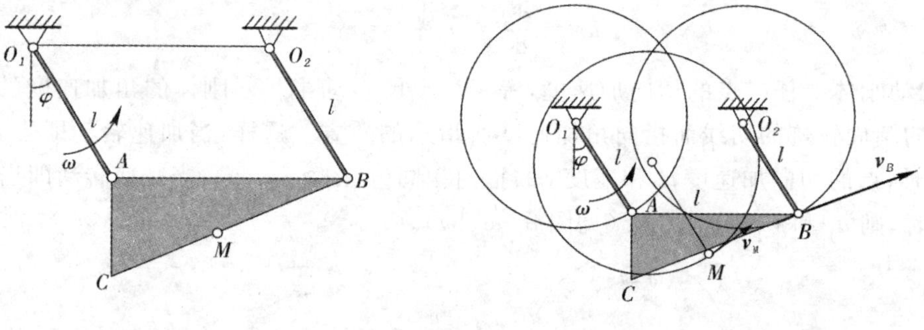

(a) (b)

图 8-8

解：(1)三角板 ABC 做平动，故三角板角速度为零。

(2) 因为三角板 ABC 做平动，故三角板上所有点具有相同的轨迹、速度和加速度。所以点 M 与点 B 有相同的速度和加速度，即

$$v_M = v_B = l\omega$$

$$a_M = a_B = l\omega^2$$

方向如图 8-8(b)所示

例 8-2 如图 8-9 所示，重物 A 和 B 用不可伸长的绳子分别绕在半径 $r_A = 50$ cm，$r_B = 30$ cm 的相固连的滑轮上，已知重物 A 具有匀加速度 $a_A = 100\ \text{cm/s}^2$，且 $v_A = 150$ cm/s，两者都向上。试求：(1) 滑轮在 3 s 内转过的转数；(2) 当 $t = 3$ s 时重物 B 的速度和经过的路程；

(3) 当 $t=0$ 时滑轮边缘上点 C 的速度。

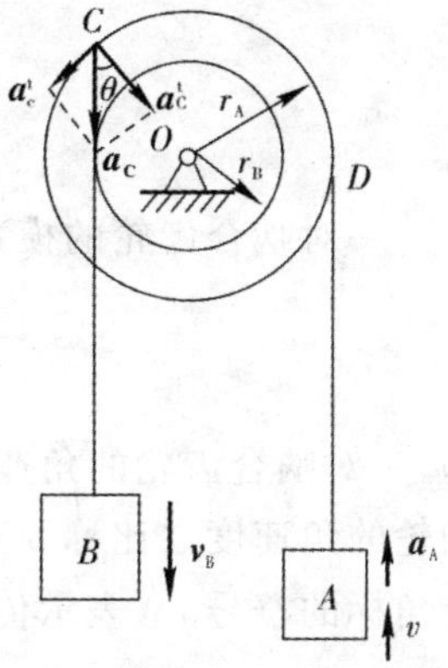

图　8-9

解：(1)滑轮边缘上点 C 的速度和切向加速度的大小分别等于点 A 的速度和加速度的大小。故有

$$v_{CO}=v_{AO}=150\ \text{cm/s}$$

$$a_C^t-a_A=100\ \text{cm/s}^2$$

滑轮的角加速度 α 是常量，等于

$$\alpha=\frac{a_C^t}{a_A}=\frac{100}{50}=2\ \text{rad/s}^2$$

根据匀加速转动的角速度公式和转角公式(8-5)，若令初转角 $\varphi_0=0$，可直接得当 $t=3$ s 时滑轮的转角，即

$$\varphi=\omega_0 t+\frac{1}{2}\alpha t^2=3\times3+\frac{1}{2}\times2\times3^2=18\ \text{rad}$$

所以，滑轮在 3 s 内转过的转数为

$$N=\frac{\varphi}{2\pi}=\frac{8}{2\times3.14}=2.86\ \text{r}$$

(2)由式(8-4)求出当 $t=3$ s 时滑轮的角速度，即

$$\omega=\omega_0+\alpha t=3+2\times3=9\ \text{rad/s}$$

从而求得这时点 B 的速度，即

$$v_B=r_B\omega=30\times9=270\ \text{cm/s}\quad(\text{向下})$$

重物 B 在 3 s 内所经过的路程为

$$s_B=r_B\varphi=30\times18=540\ \text{cm}$$

(3)当 $t=0$ 时滑轮边缘上点 C 的切向和法向加速度为

$$a_C^t=a_A=100\ \text{cm/s}^2$$

$$a_C^n=r_A\omega_0^2=50\times3^2=450\ \text{cm/s}^2$$

故点 C 在 $t=0$ 时的加速度的大小以及它和半径 CO 的夹角分别为

$$a_C=\sqrt{a_C^{t2}+a_C^{n2}}=\sqrt{100^2+450^2}=460\ \text{cm/s}^2$$

$$\theta=\arctan\frac{|\alpha|}{\omega^2}=\arctan\frac{2}{3^2}=12.5^\circ$$

且 $\boldsymbol{a}_C$ 偏向 CO 的左侧。

例 8-3　图 8-10(a)(b)分别表示一对外啮合和内啮合的圆柱齿轮。已知齿轮Ⅰ的角速度是 ω_1，角加速度是 α_1。试求齿轮Ⅱ的角速度 ω_2 和角加速度 α_2。齿轮Ⅰ和Ⅱ的节圆半径分别是 r_1 和 r_2，齿数分别是 z_1 和 z_2 。

解：齿轮的啮合可以看作两节圆之间的啮合。设 A 和 B 是齿轮Ⅰ和Ⅱ节圆上相啮合的点。设在这两啮合点间无相对滑动，因而它们必须具有相同的速度和相同的切向加速度。于是有

$$|v_A|=|v_B|,\quad |a_A^t|=|a_B^t|$$

而

$$|v_A|=r_1|\omega_1|,\quad |v_B|=r_2|\omega_2|;\quad |a_A^t|=r_1|\alpha_1|,\quad |a_B^t=r_2|\alpha_2|$$

故得

$$r_1|\omega_1|=r_2|\omega_2|,\quad r_1|\alpha_1|=r_2|\alpha_2|$$

或

$$\left|\frac{\omega_1}{\omega_2}\right| = \left|\frac{\alpha_1}{\alpha_2}\right| = \frac{r_2}{r_1}$$

一对啮合齿轮的模数 $\left(=\frac{\text{节圆直径}}{\text{齿数}}\right)$ 相等，因此它们的半径 r 与齿数 z 成正比。于是得

$$\left|\frac{\omega_1}{\omega_2}\right| = \left|\frac{\alpha_1}{\alpha_2}\right| = \frac{r_2}{r_1} = \frac{z_2}{z_1}$$

即，一对啮合齿轮的角速度和角加速度的大小都反比于节圆半径或齿数。通常把主动轮与从动轮的角速度之比称为这对齿轮啮合的传动比。设齿轮Ⅰ是主动轮，齿轮Ⅱ是从动轮，并以带有角标的符号 i_{12} 表示传动比，则有

$$i_{12} = \left|\frac{\omega_1}{\omega_2}\right| = \frac{r_2}{r_1} = \frac{z_2}{z_1} \tag{8-14}$$

但要注意：对于外啮合(见图 8-10(a))，两个齿轮的角速度方向相反；而对于内啮合(见图 8-10(b))，两个齿轮的角速度方向相同。

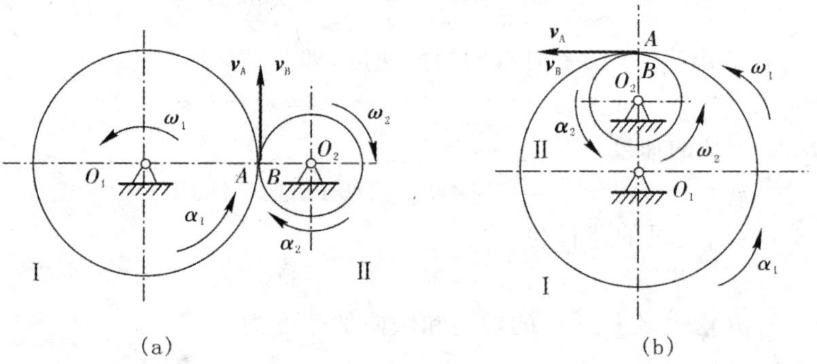

图 8-10

8.3 角速度和角加速度的矢量表示法・刚体内各点的速度和加速度的矢积表示法

1. 角速度和角加速度的矢量表示法

在 8.2 节中，我们把刚体转动的角速度和角加速度都看成标量，并用以导出刚体上任一点的速度和加速度的表达式。如果能够把刚体转动的角速度、角加速度以及刚体上一点的速度和加速度用矢量表示出来，对以后讨论刚体的其他运动形式将是很有意义的。

图 8-11 表示刚体转动的角速度矢量 $\boldsymbol{\omega} = \omega\boldsymbol{k}$ 应画在刚体的转轴上(其中 $\boldsymbol{k}$ 为 z 轴的单位矢)，$\boldsymbol{\omega}$ 称为刚体的角速度矢，它的作用线表示出转轴的位置，而它的模则以某一比例表示出角速度 ω 的绝对值。$\boldsymbol{\omega}$ 的指向由右手规则决定，即从 $\boldsymbol{\omega}$ 的末端看，刚体应按逆时针方向转动。因此，当角速度的代数值 ω 为正时，$\boldsymbol{\omega}$ 指向 z 轴的正端(见图 8-11)；反之，则指向 z 轴的负端。角速度矢 $\boldsymbol{\omega}$ 是滑动矢量，可从转轴上的任一点 O_1 画出。

同样，可以用矢量 $\boldsymbol{\alpha}=\alpha\boldsymbol{k}$ 表示刚体的角加速度，角加速度也是滑动矢量，沿转轴 z 画出。它的大小表示角加速度的模，它的指向则决定于 α 的正负，于是有

$$\boldsymbol{\omega}=\omega\boldsymbol{k}=\frac{\mathrm{d}\varphi}{\mathrm{d}t}\boldsymbol{k}$$

$$\boldsymbol{\alpha}=\alpha\boldsymbol{k}=\frac{\mathrm{d}\omega}{\mathrm{d}t}\boldsymbol{k}=\frac{\mathrm{d}\boldsymbol{\omega}}{\mathrm{d}t}$$

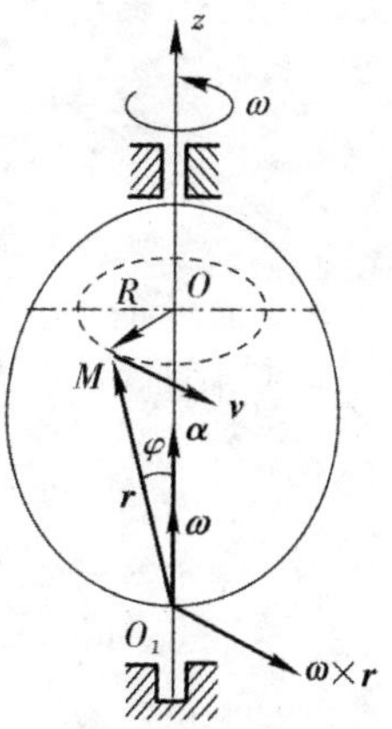

图　8-11

2. 刚体内各点的速度和加速度的矢积表示法

角速度和角加速度用矢量表示以后，可将刚体内任一点 M 的速度、切向加速度和法向加速度表示成矢积形式。

由于定轴转动刚体内任一点 M 的速度 $\boldsymbol{v}$ 垂直于由转轴 z 和转动半径 R 所决定的平面(见图 8-12)，指向转动前进的一方，且大小为 $|\boldsymbol{v}|=R|\boldsymbol{\omega}|$。设从转轴上任一点 O_1 画出点 M 的矢径 $\boldsymbol{r}$，用 γ 表示它与转轴正向间的夹角，则 $R=r\sin\gamma$，因而有

$$|\boldsymbol{v}|=R|\boldsymbol{\omega}|=|\boldsymbol{\omega}|r\sin\gamma$$

根据矢积的定义，矢积 $\boldsymbol{\omega}\times\boldsymbol{r}$ 的模也等于 $|\boldsymbol{\omega}|r\sin\gamma$，它的方向也与速度 $\boldsymbol{v}$ 的方向一致，故有下述矢积表达式：

$$\boldsymbol{v}=\boldsymbol{\omega}\times\boldsymbol{r} \tag{8-15}$$

即，定轴转动刚体内任意一点的速度矢量等于刚体的角速度矢量与该点矢径的矢积。

与点的速度一样，也可以用矢积表示点的切向加速度和法向加速度。为此，将式(8-15)对时间求导数，得

$$\frac{\mathrm{d}\boldsymbol{v}}{\mathrm{d}t}=\frac{\mathrm{d}}{\mathrm{d}t}(\boldsymbol{\omega}\times\boldsymbol{r})=\frac{\mathrm{d}\boldsymbol{\omega}}{\mathrm{d}t}\times\boldsymbol{r}+\boldsymbol{\omega}\times\frac{\mathrm{d}\boldsymbol{r}}{\mathrm{d}t}=\boldsymbol{\alpha}\times\boldsymbol{r}+\boldsymbol{\omega}\times\boldsymbol{v}$$

式中，第一个矢积 $\boldsymbol{\alpha}\times\boldsymbol{r}$ 的模为

$$|\boldsymbol{\alpha}\times\boldsymbol{r}|=|\boldsymbol{\alpha}|r\sin\gamma=R|\boldsymbol{\alpha}|=|\boldsymbol{a}_\mathrm{t}|$$

该矢积垂直于由转轴 z 和转动半径 OM 决定的平面 O_1OM，它的指向与图 8-12(a) 中自点 O_1 画出的矢量一致。可见，矢积 $\boldsymbol{\alpha}\times\boldsymbol{r}$ 按大小和方向都与点 M 的切向加速度 $\boldsymbol{a}_\mathrm{t}$ 相同。故有下述矢积表达式：

$$\boldsymbol{a}_\mathrm{t}=\boldsymbol{\alpha}\times\boldsymbol{r} \tag{8-16}$$

第二个矢积 $\boldsymbol{\omega}\times\boldsymbol{v}$ 的模为

$$|\boldsymbol{\omega}\times\boldsymbol{v}|=\omega v\sin90^\circ=R\omega^2=a_\mathrm{n}$$

其方向垂直于刚体的转轴($\boldsymbol{\omega}$)与点 M 的速度 $\boldsymbol{v}$ 所成的平面(即同时垂直于 $\boldsymbol{\omega}$ 和 $\boldsymbol{v}$)。即沿点 M 的转动半径 R，按照右手规则它是由点 M 指向轴心 O (见图 8-12(b))。可见，矢积 $\boldsymbol{\omega}\times\boldsymbol{v}$ 表示了点 M 的法向加速度 $\boldsymbol{a}_\mathrm{n}$，即有如下矢积表达式：

$$\boldsymbol{a}_\mathrm{n}=\boldsymbol{\omega}\times\boldsymbol{v} \tag{8-17}$$

故点 M 的加速度的矢积表达式为

$$\boldsymbol{a}=\boldsymbol{a}_\mathrm{t}+\boldsymbol{a}_\mathrm{n}=\boldsymbol{\alpha}\times\boldsymbol{r}+\boldsymbol{\omega}\times\boldsymbol{v} \tag{8-18}$$

即定轴转动刚体上任一点的加速度由两部分组成，其切向加速度等于刚体的角加速度矢量与该点矢径的矢积；法向(向心)加速度等于刚体的角速度矢量与该点速度的矢积。

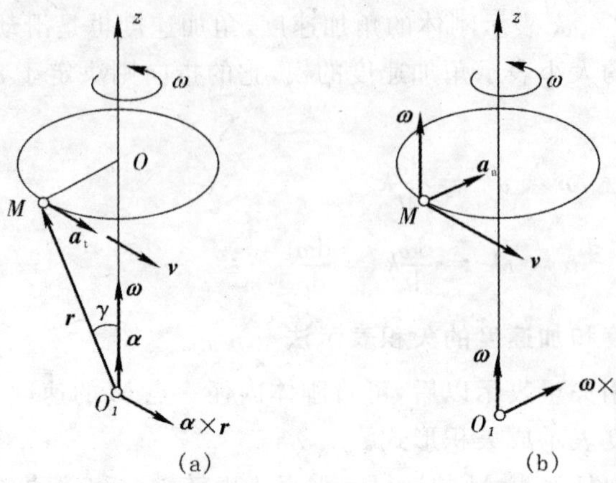

图 8-12

最后介绍以后将要用到的泊松公式。设转动刚体以角速度 $\boldsymbol{\omega}$ 绕定轴 Oz 转动，动坐标系 $O'x'y'z'$ 固连在刚体上(见图 8-13)，各轴单位矢分别是 $\boldsymbol{i}'$，$\boldsymbol{j}'$，$\boldsymbol{k}'$，各单位矢的端点分别是 A，B，C。现在来考察刚体上与 A，B，C 相重合的三点的速度。

显然，点 A 的矢径就是 $\boldsymbol{i}'$，由矢量法可得

$$\boldsymbol{v}_{\mathrm{A}} = \frac{\mathrm{d}\boldsymbol{i}'}{\mathrm{d}t}$$

因为 A 是转动刚体上的一点，所以也可由公式(8-15)求出它的速度，即

$$\boldsymbol{v}_{\mathrm{A}} = \boldsymbol{\omega} \times \boldsymbol{i}'$$

比较以上两式可得

$$\frac{\mathrm{d}\boldsymbol{i}'}{\mathrm{d}t} = \boldsymbol{\omega} \times \boldsymbol{i}'$$

同理，分别考察点 B，C 的速度，可得两个类似的公式。归并起来，有

$$\frac{\mathrm{d}\boldsymbol{i}'}{\mathrm{d}t} = \boldsymbol{\omega} \times \boldsymbol{i}', \quad \frac{\mathrm{d}\boldsymbol{j}'}{\mathrm{d}t} = \boldsymbol{\omega} \times \boldsymbol{j}', \quad \frac{\mathrm{d}\boldsymbol{k}'}{\mathrm{d}t} = \boldsymbol{\omega} \times \boldsymbol{k}' \quad (8-19)$$

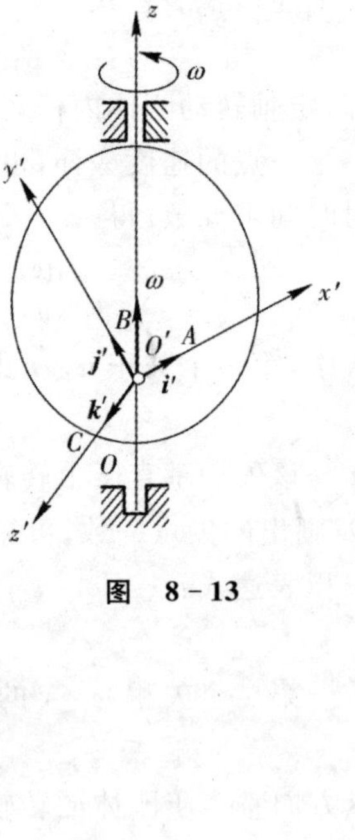

图 8-13

式(8-19)就是泊松公式。可以证明，若坐标系 $x'y'z'$ 的原点 O' 不在定轴 Oz 上，式(8-19)仍然成立。

习 题 八

8-1 如题图 8-1 所示，半径都是 $2r$ 的一对平行曲轴 O_1A 和 O_2B 以匀角速度 ω_0 分别绕轴 O_1 和 O_2 转动，固连于连杆 AB 的中间齿轮Ⅱ带动同样大小的定轴齿轮Ⅰ。试求齿轮Ⅰ节圆上任一点的加速度的大小。

8-2 题图 8-2 所示带轮轮缘上一点 A 的速度 $v_{\mathrm{A}} = 50\ \mathrm{cm/s}$，和点 A 在同一半径上的点 B 的速度 $v_{\mathrm{B}} = 10\ \mathrm{cm/s}$，距离 $AB = 20\ \mathrm{cm}$。求带轮的角速度及其直径。

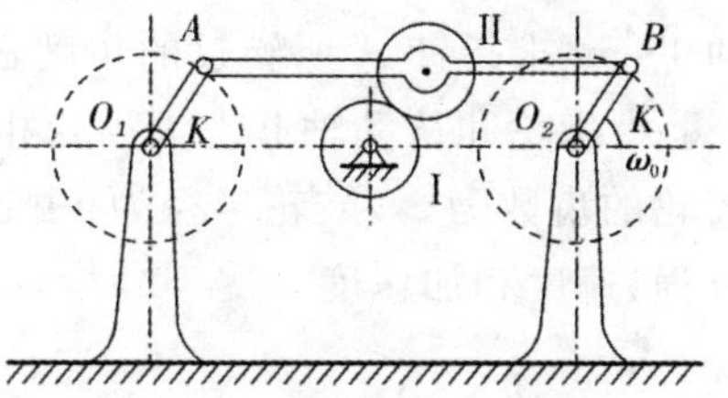

题图　8-1

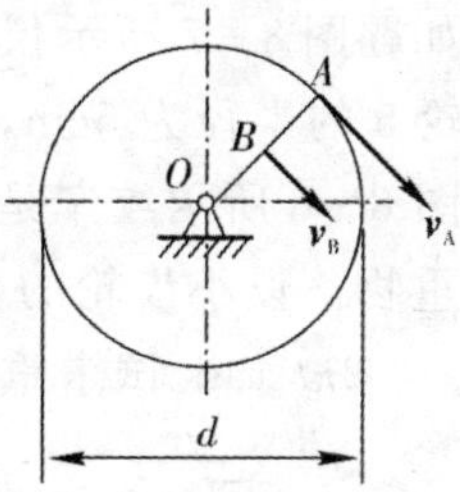

题图　8-2

8-3　在输送散粒的摆动式运输机中，摆杆长 $OA = O_1B = l$，且 $OO_1 = AB$。已知当摆杆与铅直线成 θ 角时的角速度和角加速度分别是 ω_0 和 α_0（转向如题图 8-3 所示）。试求运输槽上任一点 M 的速度和加速度的大小。

8-4　题图 8-4 所示半径 $r_1 = 10$ cm 的锥齿轮 O_1 由半径 $r_2 = 15$ cm 的锥齿轮 O_2 带动。已知齿轮 O_2 由静止开始以角加速度 4π rad/s^2 转动。问经过多长时间锥齿轮 O_1 到达 $n_1 = 4\ 320$ r/min 的转速？

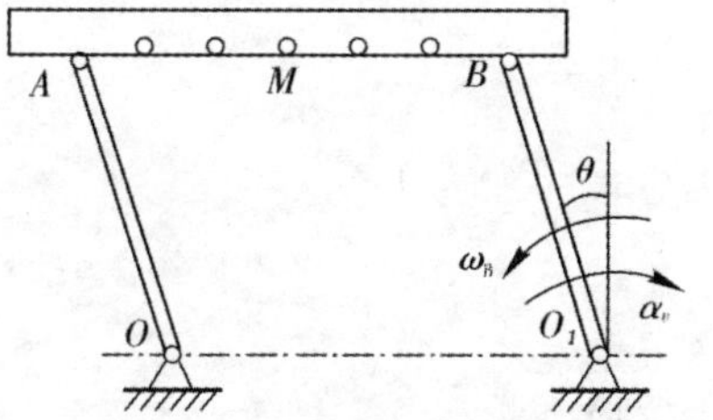

题图　8-3

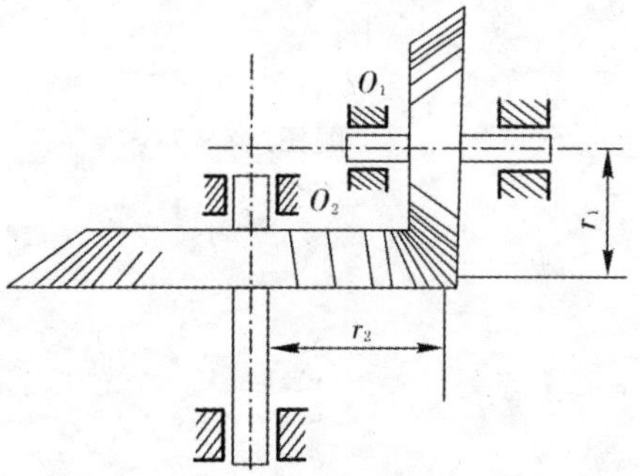

题图　8-4

8-5　题图 8-5 所示摩擦传动主动轴 I 以转数 $n = 600$ r/min 转动，两轮的接触点按箭头所指方向移动，距离 d 按规律 $d = (1-0.5t)$cm（t 以 s 为单位）而变化。已知两轮的半径分别是 $r = 5$ cm 和 $R = 15$ cm，求：(1) 以距离 d 的函数表示轴 II 的角加速度；(2) 当 $d = r$ 时，轮 II 边缘上一点 B 的加速度。

8-6　题图 8-6 所示电动绞车由带轮I，II和鼓轮III组成，鼓轮III和带轮II固连在同一轴上。各轮半径分别是 $r_1 = 30$ cm，$r_2 = 75$ cm 和 $r_3 = 40$ cm。求当轮 I 的转速 $n_1 = 100$ r/min 时重物 A 上升的速度。

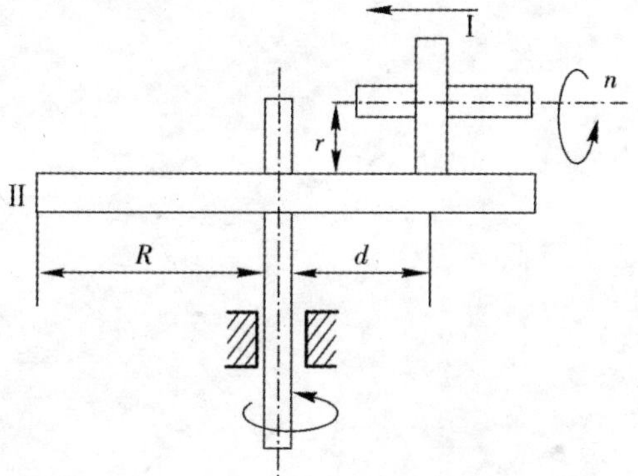

题图　8-5

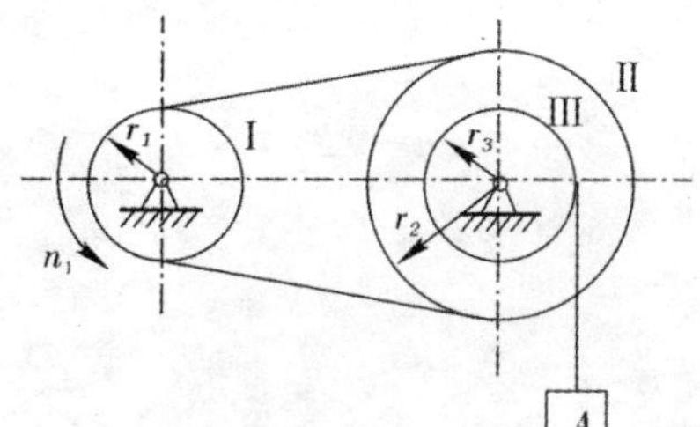

题图　8-6

8-7　在如题图 8-7 所示仪表结构中，齿轮 1，2，3，4 的函数分别为 $z_1=6$，$z_2=24$，$z_3=8$，$z_4=32$；齿轮 5 的半径为 5cm，若齿条 B 移动 1 cm。求指针 A 所转过的角度 φ 。

8-8　题图 8-8 所示绞车是通过主动轴Ⅰ上小齿轮和从动轴Ⅱ上大齿轮相互啮合，使鼓轮转动而提升重物。设小齿轮的齿数为 z_1，大齿轮的齿数为 z_2，鼓轮半径为 r 并已知主动轴Ⅰ的转动方程 $\varphi_1=2\pi t^2$ rad。试求重物 A 的运动方程、速度和加速度。

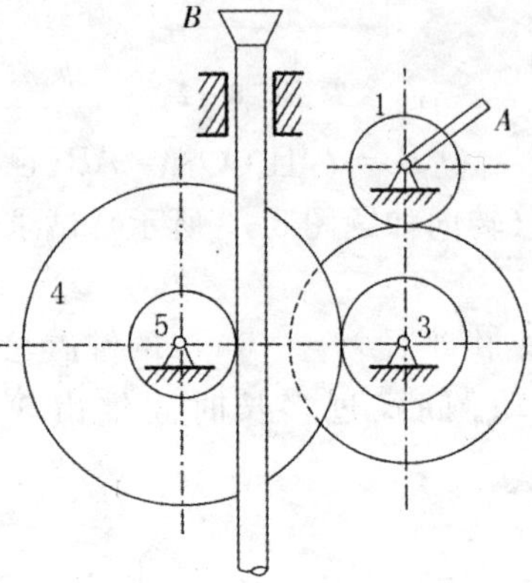

题图　8-7

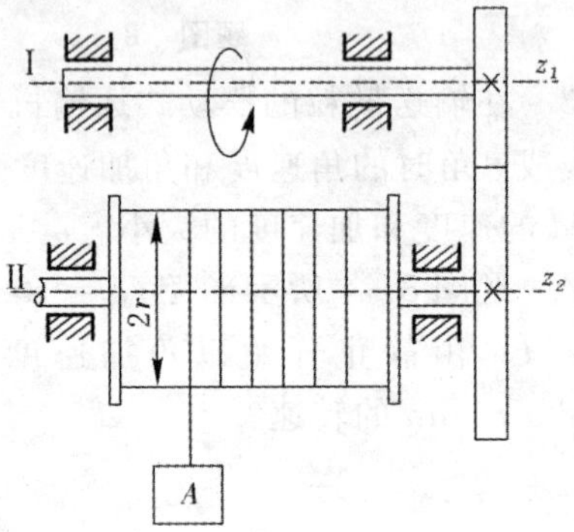

题图　8-8

第九章　点的复合运动

知识要点

1. 基本概念

(1)两种坐标系。

1)定系：所选取的认为静止的参考系称为固定参考系，简称定系。

2)动系：相对于定系作某种运动的参考系称为活动参考系，简称动系。

(2)点的三种运动。

1)绝对运动：动点相对于定系的运动。

2)相对运动：动点相对于动系的运动。

3)牵连运动：动系相对于定系的运动。

(3)三种速度和加速度，科氏加速度。

1)绝对速度 $\boldsymbol{v}_a$(加速度 $\boldsymbol{a}_a$)：动点相对于定系的速度(加速度)。

2) 相对速度 $\boldsymbol{v}_r$(加速度 $\boldsymbol{a}_r$)：动点相对于动系的速度(加速度)。

3) 牵连速度 $\boldsymbol{v}_e$(加速度 $\boldsymbol{a}_e$)：动系上与动点瞬时重合的那一点(牵连点)相对于定系的速度(加速度)。

4)科氏加速度：$\boldsymbol{a}_c = 2\boldsymbol{\omega} \times \boldsymbol{v}_r$：它是牵连转动和相对运动相互影响的结果。

2. 点的速度合成定理

复合运动中的每一瞬时，动点的绝对速度等于它的牵连速度和相对速度的矢量和：

$$\boldsymbol{v}_a = \boldsymbol{v}_e + \boldsymbol{v}_r$$

3. 点的加速度合成定理

(1)牵连运动是平动时点的加速度合成定理。

当牵连运动是平动时，动点在每一瞬时的绝对加速度，等于它的牵连加速度和相对加速度的矢量和，即

$$\boldsymbol{a}_a = \boldsymbol{a}_e + \boldsymbol{a}_r$$

(2)牵连运动是定轴转动时点的加速度合成定理。

当牵连运动是定轴转动时，动点在每一瞬时的绝对加速度，等于它的牵连加速度、相对加速度和科氏加速度三者的矢量和，即

$$\boldsymbol{a}_a = \boldsymbol{a}_e + \boldsymbol{a}_r + \boldsymbol{a}_c$$

9.1 基本概念

上一章中研究点和刚体的运动都是以地面作为参考系的,然而在实际问题中,还常常需要在相对于地面而运动的参考系上观察和研究物体的运动。显然,在不同的参考系上观察到同一物体的运动情况是不相同的。例如,在无风下雨天,站在地面上的人看到雨点是铅直降落的,站在行进中的车辆上的人却看到雨点是向后偏斜降落的;又如,站在地面上观察到汽车是向前行驶的,而在与汽车平行前进且速度大于汽车的火车上则看到汽车是向后运动的。这说明站在不同的参考系上看,物体的运动情况是不同的。本章将研究同一物体相对于不同的参考系的运动间的差别和联系,要建立同一物体相对于不同参考系的运动速度和加速度之间的关系。

1. 两种参考系

我们把所选取的认为静止的参考系称为固定参考系,简称定系。若不特别说明,则认为它固连于地面,本书中用 $Oxyz$ 表示。而把相对于定系作某种运动的参考系称为活动参考系,简称动系,本书中用 $O'x'y'z'$ 表示。物体相对于定参考系与相对于动参考系的运动之间的关系,显然取决于动参考系相对于定参考系运动的情况。下面具体分析几个实例。

图 9-1(a)所示为直升机,当直升机垂直降落时,研究旋翼上一点 P 的运动,此时将该点 P 称为动点,即本章的研究对象。将动参考系固连在机身上,定参考系固连在地面上,则 P 点相对于定系的运动(空间螺旋线运动)可以看成是动点相对于机身的运动(圆周运动)和机身相对于地面的运动(向下的直线运动)的合成运动。又如图 9-1(b) 所示汽车的运动,取轮子上一点 P 为动点,将动系固连在汽车车身上,定系固连在地面上,当汽车直线前进时,则轮上 P 点的运动(摆线运动)可以看成是轮子的定轴转动和汽车车身的直线平动的合成运动。为了区别以上几种运动,引入三个重要的概念,即绝对运动、相对运动和牵连运动。

(a)

(b)

图 9-1

2. 三种运动

动点相对于定系的运动称为绝对运动;动点相对于动系的运动称为相对运动;动系相对于定系的运动称为牵连运动。在上述的直升机中,取动点为旋翼上的 P 点,将定系固连于地面,动系固连于机身。则旋翼上 P 点相对于机身(动系)的圆周运动是相对运动;机身相对于地面(定系)的铅垂直线平动是牵连运动;P 点相对于地面(定系)的螺旋线曲线运动则是绝对运动。又如上述汽车运动中，取动点为车轮上的 P 点，将定系固连于地面，动系固连于车身。轮上 P 点相对于车身（动系）的圆周运动是相对运动，车身相对于地面（定系）的直线平动是牵连运动，P 点相对于地面的摆线运动是绝对运动。再如，乘客在行驶的车厢里走动，如果把动系固连在车厢上，定系固连在地面上，则乘客对于地面的运动（即站在地面上的人所看到的乘客的运动）是绝对运动；乘客相对于车厢的运动（即坐在车厢内的其他人所看到的该乘客的运动）是相对运动；车厢对于地面的运动（即站在地面上的人看到的车厢的运动）是牵连运动。

由以上三例可见，由于牵连运动的存在，使物体的绝对运动和相对运动发生差异。显然，如果没有牵连运动，则物体的相对运动将等同于它的绝对运动；而如果没有相对运动，则物体固连在动系上将随动系一起运动。由此可见，物体的绝对运动可以看成是相对运动和牵连运动合成的结果。因此绝对运动也称为复合运动或合成运动。例如上例中直升机旋翼上 P 点的运动可以看成是，P 点相对于机身（动系）的相对运动和机身相对于地面的牵连运动的合成运动；又如上述汽车运动中，轮上 P 点的运动可看成是 P 点相对于车体的相对运动和车体相对于地面的牵连运动的合成运动。

应当注意，绝对运动和相对运动都是指一个点的运动（直线运动，曲线运动），而牵连运动是指动系对定系的运动，是刚体的运动（平动，定轴转动或其他较为复杂的运动）。

3. 三种速度 · 三种加速度

动点相对于定系的运动速度（加速度）称为绝对速度（绝对加速度），用 $\boldsymbol{v}_a(\boldsymbol{a}_a)$ 表示，动点相对于动系的运动速度（加速度）称为相对速度（相对加速度），用 $\boldsymbol{v}_r(\boldsymbol{a}_r)$ 表示；动系上与动点瞬时重合的点，即牵连点，相对于定系的运动速度（加速度）则称为动点的牵连速度（牵连加速度），用 $\boldsymbol{v}_e(\boldsymbol{a}_e)$ 表示。

这里牵连速度和牵连加速度较难理解。牵连速度和牵连加速度分别指的是牵连点的速度和加速度。而牵连点指的是动系上和动点瞬时重合的点。牵连点具有瞬时性。

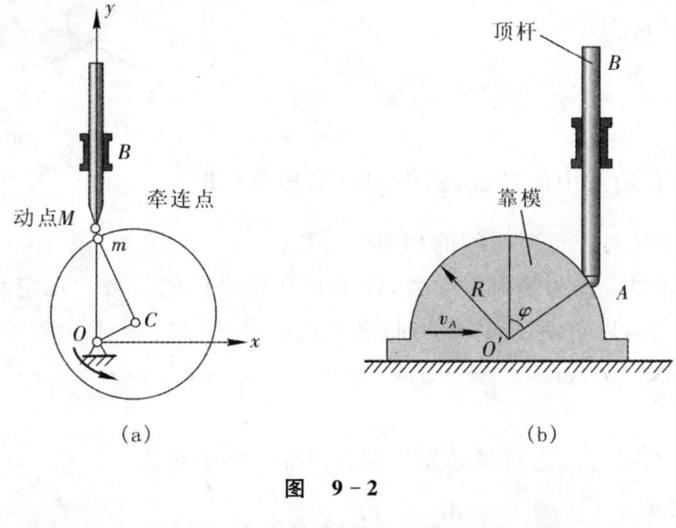

图　9-2

如图 9-2(a)所示凸轮顶杆机构，凸轮绕 O 点转动，带动顶杆 MB 上下运动。若取顶杆上 M 点为动点，动系固连于凸轮，随凸轮一起定轴转动。则在此瞬时，凸轮上的 m 点就是动点 M 在此瞬时的牵连点，而 m 点的速度和加速度就是动点 M 的牵连速度和牵连加速度。但是下一时刻，M 点将和凸轮上的另一个点重合，那么另一个点就是下一时刻的牵连点，而 m 就不再是下一时刻的牵连点了。又如图 9-2(b) 中的靠模顶杆机构，同样取顶杆上 A 点为动点，动系固连于靠模上，则此时靠模上和 A 点相重合的 C 点就是动点在此瞬时的牵连点。而此例中动系随靠模一起平动，所以动系上所有点都有相同的速度和加速度，因此 A 点的牵连速度和牵连加速度就是靠模的速度和加速度。

9.2　点的相对运动

由于物体对某一参考系运动的几何描述与该参考系本身的运动无关，所以可以用第七章所述的点的运动学来研究点的相对运动。因此，类比式(7-1)及式(7-7)，可以分别写出动点的矢量形式和直角坐标形式的相对运动方程，即

$$\boldsymbol{r}' = \boldsymbol{r}'(t) \tag{9-1}$$

$$x' = x'(t), \quad y' = y'(t), \quad z' = z'(t) \tag{9-2}$$

且有

$$\boldsymbol{r}' = x'\boldsymbol{i}' + y'\boldsymbol{j}' + z'\boldsymbol{k}'$$

式中，$\boldsymbol{r}'$，x'，y'，z' 分别为动点在动系中的矢径和直角坐标，即相对矢径和相对直角坐标；$\boldsymbol{i}'$，$\boldsymbol{j}'$，$\boldsymbol{k}$ 分别为动系各轴上的单位矢量，如图 9-3 所示。

现在用矢量法讨论点的相对速度。因为

$$\frac{\mathrm{d}\boldsymbol{r}'}{\mathrm{d}t} = \frac{\mathrm{d}}{\mathrm{d}t}(x'\boldsymbol{i}' + y'\boldsymbol{j}' + z'\boldsymbol{k}') =$$

$$(\dot{x}'\boldsymbol{i}' + \dot{y}'\boldsymbol{j}' + \dot{z}'\boldsymbol{k}') + (x'\dot{\boldsymbol{i}}' + y'\dot{\boldsymbol{j}}'z'\dot{\boldsymbol{k}}') \tag{9-3}$$

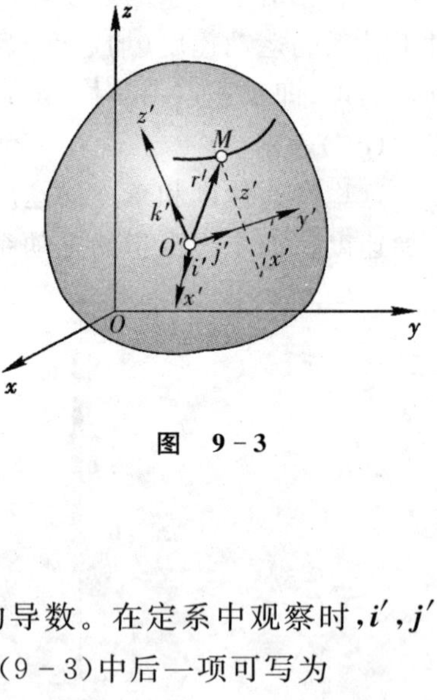

图　9-3

如果从动系中观察，$\boldsymbol{i}'$，$\boldsymbol{j}'$，$\boldsymbol{k}'$ 都是常矢量，其导数为零。则动点的相对速度为

$$\boldsymbol{v}_{\mathrm{r}} = \frac{\tilde{\mathrm{d}}\boldsymbol{r}'}{\mathrm{d}t} = \dot{x}'\boldsymbol{i}' + \dot{y}'\boldsymbol{j}' + \dot{z}'\boldsymbol{k}' \tag{9-4}$$

式中，$\dfrac{\tilde{\mathrm{d}}\boldsymbol{r}'}{\mathrm{d}t}$ 表示矢量在动系中的导数，称为相对矢导数。即动点的相对速度等于相对矢径对时间的相对矢导数。

与相对矢导数相对应的为绝对矢导数，即矢量在定系中的导数。在定系中观察时，$\boldsymbol{i}'$，$\boldsymbol{j}'$，$\boldsymbol{k}'$ 均为变矢量。当动系以角速度 $\boldsymbol{\omega}$ 转动时，利用泊松公式，式(9-3)中后一项可写为

$$x'\dot{\boldsymbol{i}}' + y'\dot{\boldsymbol{j}}' + z'\dot{\boldsymbol{k}}' = x'(\boldsymbol{\omega}\times\boldsymbol{i}') + y'(\boldsymbol{\omega}\times\boldsymbol{j}') + z'(\boldsymbol{\omega}\times\boldsymbol{k}') = \boldsymbol{\omega}\times(x'\boldsymbol{i}' + y'\boldsymbol{j}' + z'\boldsymbol{k}') \tag{9-5}$$

因此，由式(9-3)可得出绝对矢导数与相对矢导数的关系为

$$\frac{\mathrm{d}\boldsymbol{r}'}{\mathrm{d}t} = \frac{\tilde{\mathrm{d}}\boldsymbol{r}'}{\mathrm{d}t^2} + \boldsymbol{\omega}\times\boldsymbol{r}' \tag{9-6}$$

对式(9-4)求相对矢导数，可得动点的相对加速度为

$$\boldsymbol{a}_{\mathrm{r}} = \frac{\tilde{\mathrm{d}}\boldsymbol{v}'_{\mathrm{r}}}{\mathrm{d}t} = \frac{\tilde{\mathrm{d}}^2\boldsymbol{r}'}{\mathrm{d}t^2} = \ddot{x}'\boldsymbol{i}' + \ddot{y}'\boldsymbol{j}' + \ddot{z}'\boldsymbol{k}' \tag{9-7}$$

即，动点的相对加速度等于相对速度对时间的相对矢导数，或相对矢径对时间的二阶相对矢导数。

9.3　点的速度合成定理

上一节已指出，点的绝对运动可以看成是相对运动和牵连运动的合成运动。本节研究点的绝对速度、相对速度和牵连速度之间的关系。

设小球 M 沿着钢管 AB 运动，而 AB 在固定空间做某种运动。如图 9-4 所示，在瞬时 t，钢管位于 AB 位置，动点在位置 M，AB 上与动点 M 相重合的点是 m。在瞬时 $t+\Delta t$，AB 运动到位置 A_1B_1，动点 M 位于新位置 M'。则点 M 的运动可以分解为两步：首先，让小球 M 在钢管内保持不动，将钢管从位置 AB 移动至位置 A_1B_1（此时，小球 M 将位于 A_1B_1 上的 M_1 处），然后再将小球 M 沿钢管运动至 M'；或者也可以这样做，先让钢管不动，将小球在钢管内移动至末位置 M_2，然后再将钢管从 AB 移动至位置 A_1B_1。现在取小球 M 为动点，动系固定于钢管 AB，定系固定于地面。在第一种分解方法中，初始时刻小球 M 与 AB 上的 m 点相重合，所以 m 点是初始时刻小球 M 的牵连点，在 $t+\Delta t$ 时刻，m 点运动至 m_1，则 $\overrightarrow{mm_1}$ 即 $\overrightarrow{MM_1}$ 是 Δt 时间内牵连点的位移。小球 M 沿钢管 AB 从 M_1 运动至 M'，则 $\overrightarrow{M_1M'}$ 就是相对位移。而小球初始时刻在 M 点，末位置在 M' 点，则 $\overrightarrow{MM'}$ 就是绝对位移。

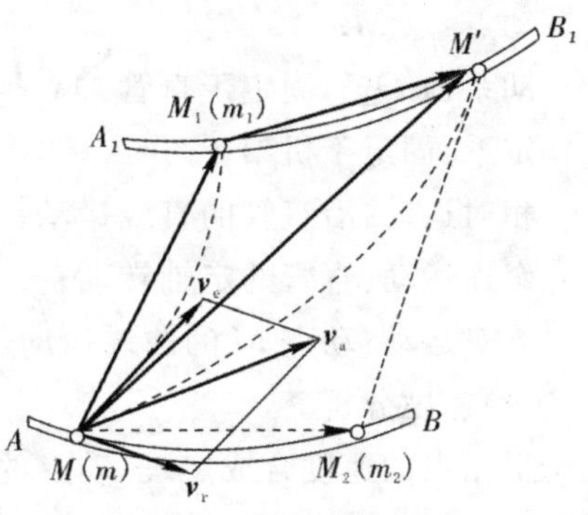

图　9-4

由图 9-4 可知

$$\overrightarrow{MM'}=\overrightarrow{MM_1}+\overrightarrow{M_1M'}$$

将上式两端都除以 Δt，并取 $\Delta t\to 0$ 的极限，有

$$\lim_{\Delta t\to 0}\frac{\overrightarrow{MM'}}{\Delta t}=\lim_{\Delta t\to 0}\frac{\overrightarrow{MM_1}}{\Delta t}+\lim_{\Delta t\to 0}\frac{\overrightarrow{M_1M'}}{\Delta t}$$

其中，$\lim\limits_{\Delta t\to 0}\dfrac{\overrightarrow{MM'}}{\Delta t}=\boldsymbol{v}_{\mathrm{a}}$，即动点在瞬时 t 的绝对速度，它的方向沿着绝对轨迹 MM' 的切线。

$\lim\limits_{\Delta t\to 0}\dfrac{\overrightarrow{MM_1}}{\Delta t}=\lim\limits_{\Delta t\to 0}\dfrac{\overrightarrow{mm_1}}{\Delta t}=\boldsymbol{v}_{\mathrm{m}}=\boldsymbol{v}_{\mathrm{e}}$，它等于瞬时 t 牵连点 m（对定系）的速度，即动点 M 在该瞬时的牵连速度 $\boldsymbol{v}_{\mathrm{e}}$，它的方向沿着牵连点 m 自身运动轨迹的切线。

$\lim\limits_{\Delta t\to 0}\dfrac{\overrightarrow{M_1M'}}{\Delta t}=\boldsymbol{v}_{\mathrm{r}}$，它等于动点在瞬时 t 的相对速度 $\boldsymbol{v}_{\mathrm{r}}$，它的方向沿着相对轨迹 M_1M' 的切线方向。于是，得如下关系式：

$$\boldsymbol{v}_{\mathrm{a}}=\boldsymbol{v}_{\mathrm{e}}+\boldsymbol{v}_{\mathrm{r}}\tag{9-8}$$

式(9-8)就是点的复合运动的速度合成定理：在复合运动中的每一瞬时，动点的绝对速度等于它的牵连速度和相对速度的矢量和。该定理对任何形式的牵连运动(平动、定轴转动或其他复杂运动)都是成立的。

式(9-8)是一个矢量方程，将其向两个正交方向投影可以得到两个独立的代数方程，因此可以解出两个未知数，即三个速度的大小和方向这六个量中的任意两个未知量。

例 9-1 如图 9-5 所示，直管 OA 在平面内绕定轴 Oz 转动，管内有一动点 M 沿直管运动。已知 $r=OM$ 和转角 φ 的变化规律为 $r=r(t)$，$\varphi=\varphi(t)$。试求点 M 的绝对速度。

解：(1)运动分析。

动点：点 M；

动系：$x'Oy'$，固定于直管 OA；

定系：固定于机架。

相对运动：沿直管的直线运动；

牵连运动：直管的定轴转动；

绝对运动：动点 M 的曲线运动。

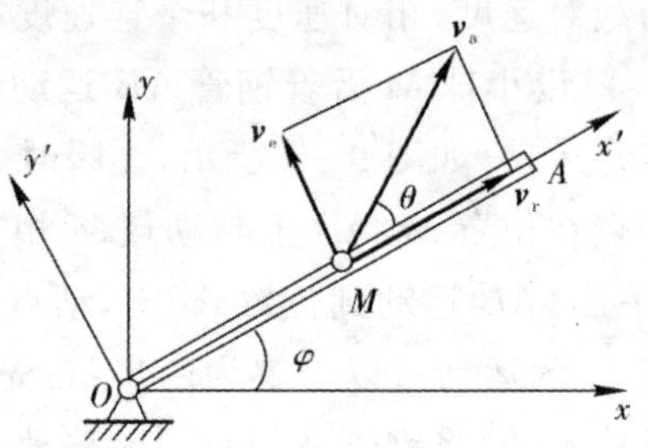

图 9-5

(2)速度分析。

根据点的速度合成定理，动点的绝对速度为

$$\boldsymbol{v}_a=\boldsymbol{v}_e+\boldsymbol{v}_r$$

其中，$\boldsymbol{v}_a$，$\boldsymbol{v}_e$，$\boldsymbol{v}_r$ 的大小和方向见表 9-1。

表 9-1

速度	$\boldsymbol{v}_a$	$\boldsymbol{v}_e$	$\boldsymbol{v}_r$
大小	未知	$r\dfrac{d\varphi}{dt}$	$\dfrac{dr}{dt}$
方向	未知	$\perp OM$	沿 OM

参考表 9-1 数据，解得动点 M 的绝对速度的大小和方向为

$$v_a=\sqrt{v_e^2+v_r^2}=\sqrt{\left(r\frac{d\varphi}{dt}\right)^2+\left(\frac{dr}{dt}\right)^2}=\sqrt{\dot{r}^2+(r\dot{\varphi})^2},\quad \tan\theta=\frac{|v_e|}{|v_r|}=\frac{|r\dot{\varphi}|}{|\dot{r}|}$$

例 9-2 如图 9-6 所示，具有曲面 AB 的靠模沿水平方向运动时，推动顶杆 MN 沿铅垂固定导槽运动。已知在图中瞬时，靠模具有水平向右的速度 $\boldsymbol{v}_1$，曲线 AB 在杆端 M 接触点的切线与水平线的夹角为 θ；试求顶杆 MN 在该瞬时的速度。

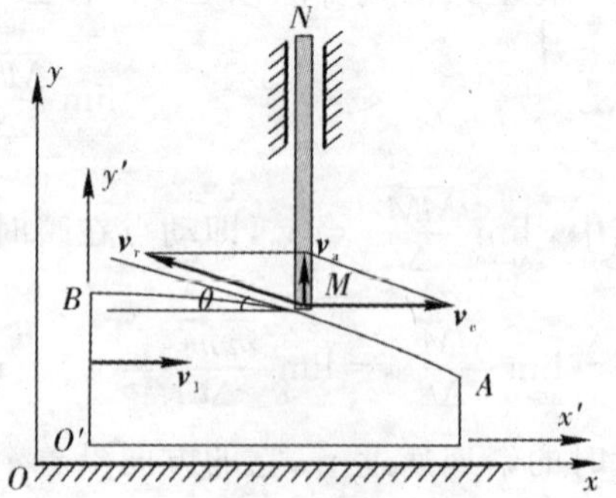

图 9-6

解：(1)运动分析。

动点：顶杆端点 M；

动系：固连于靠模上；

定系：固连于机座。

绝对运动：M 点沿铅垂方向的直线运动；

相对运动：相对于靠模沿其表面 AB 的线运动；

牵连运动：靠模水平向右的平动。

(2)速度分析和计算。

根据点的速度合成定理,动点的绝对速度为

$$\boldsymbol{v}_a = \boldsymbol{v}_e + \boldsymbol{v}_r$$

其中,$\boldsymbol{v}_a$,$\boldsymbol{v}_e$,$\boldsymbol{v}_r$ 的大小和方向见表 9-2。

表　9-2

速度	$\boldsymbol{v}_a$	$\boldsymbol{v}_e$	$\boldsymbol{v}_r$
大小	未知	v_1	未知
方向	沿铅垂线	水平向右	沿 M 点在 AB 的切线

可求得动点 M 的绝对速度即顶杆 MN 速度的大小为

$$v_a = v_e \tan\theta = v_1 \tan\theta$$

方向沿铅垂向上。相对速度的大小为

$$v_r = v_e \sec\theta = v_1 \sec\theta$$

例 9-3　刨床的摆动摇杆机构如图 9-7 所示。曲柄 OM 以匀角速度 ω_0 绕 O 点逆时针向转动,曲柄长 $OM = r$,曲柄转轴与摇杆转轴之间距离 $OA = \sqrt{3}r$。求当曲柄在水平位置时摇杆的角速度 ω_{AB}。

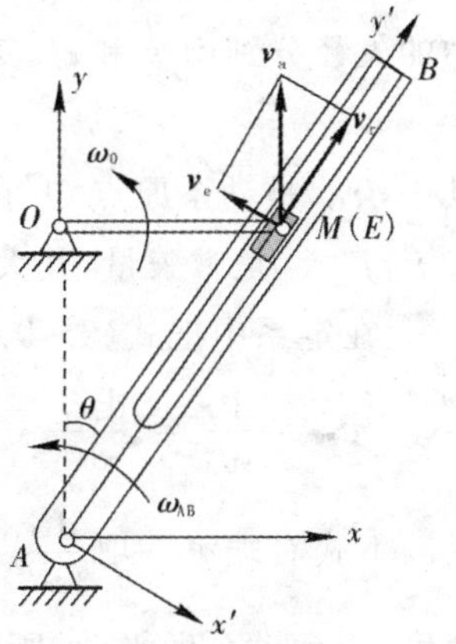

图　9-7

解:(1)运动分析。

动点:滑块 M;

动系:$O_1x'y'$,固连于摇杆 AB;

定系:固连于机座。

绝对运动:以 O 为圆心的圆周运动;

相对运动:沿 AB 的直线运动;

牵连运动:摇杆绕 A 轴的摆动。

(2)速度分析。

根据点的速度合成定理,动点的绝对速度为

$$\boldsymbol{v}_a = \boldsymbol{v}_e + \boldsymbol{v}_r$$

其中,$\boldsymbol{v}_a$,$\boldsymbol{v}_e$,$\boldsymbol{v}_r$ 的大小和方向见表 9-3。

表　9-3

速度	$\boldsymbol{v}_a$	$\boldsymbol{v}_e$	$\boldsymbol{v}_r$
大小	$r\omega_0$	$AM \cdot \omega_{AB}$(未知)	未知
方向	$\perp OM$ 向上	$\perp OM$	沿 AB

则

$$v_e = v_a \sin\theta = \frac{1}{2} r\omega_0$$

设摇杆在此瞬时的角速度为 ω_{AB},则

$$v_e = AE \cdot \omega_{AB} = AM \cdot \omega_{AB}$$

解得

$$\omega_{AB}=\frac{v_e}{AM}=\frac{1}{4}r\omega_0$$

相对速度的大小为

$$v_r=v_a\cos\theta=\frac{\sqrt{3}}{2}r\omega_0$$

9.4 牵连运动是平动的点的加速度合成定理

当点做复合运动时，它的各种加速度之间也有一定关系。由于加速度的分析较复杂，本节先讨论牵连运动是平动时的情形。

如图 9-8 所示，动系 $O'x'y'z'$ 相对定系 $Oxyz$ 做着某种形式的平动，动点 M 的相对运动轨迹如图中曲线所示。设在任意时刻 M 点在动系中的坐标为 (x',y',z')，动点 M 在定系和动系中的矢径分别用 $\boldsymbol{r}$ 和 $\boldsymbol{r}'$ 表示。则有以下关系式：

$$\boldsymbol{r}=\boldsymbol{r}_{O'}+\boldsymbol{r}'=\boldsymbol{r}_{O'}+x'\boldsymbol{i}'+y'\boldsymbol{j}'+z'\boldsymbol{k}' \tag{9-9}$$

其中，$\boldsymbol{r}_{O'}$ 是动系原点 O' 在定系中的矢径。因为动系 $O'x'y'z'$ 做平动，因此动系中动轴的单位矢 $\boldsymbol{i}',\boldsymbol{j}',\boldsymbol{k}'$ 是常矢量，其大小方向都不随时间而变，故它们对时间的绝对导数都等于零。

在定系中把式(9-9)对时间 t 求二阶导数，有

$$\boldsymbol{a}_a=\frac{d^2\boldsymbol{r}}{dt^2}=\frac{d^2\boldsymbol{r}_{O'}}{dt^2}+\frac{d^2x'}{dt^2}\boldsymbol{i}'+\frac{d^2y'}{dt^2}\boldsymbol{j}'+\frac{d^2z'}{dt^2}\boldsymbol{k}'$$

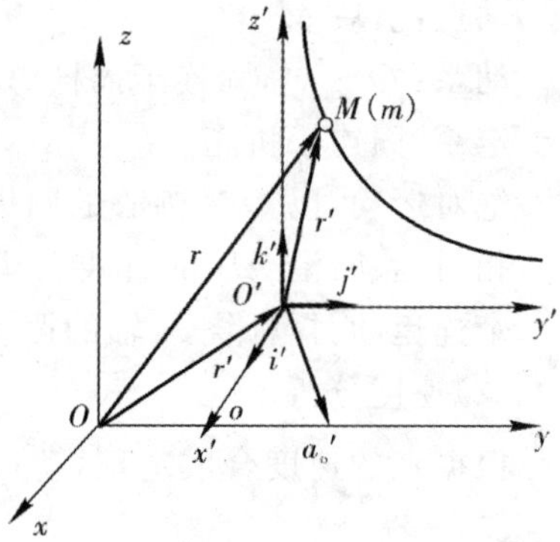

图 9-8

上式右端第一项 $\frac{d^2\boldsymbol{r}_{O'}}{dt^2}=\boldsymbol{a}_{O'}$，是动系原点 O' 的绝对加速度，因为动系做平动，所以动系上所有点都有相同的速度和加速度，因此，该加速度也等于牵连点 m 的加速度即动点 M 的牵连加速度 $\boldsymbol{a}_e$。右端其余三项之和等于动点 M 的相对加速度 $\boldsymbol{a}_r$（见式(9-7)）。故得

$$\boldsymbol{a}_a=\boldsymbol{a}_e+\boldsymbol{a}_r \tag{9-10}$$

式(9-10)表示了牵连运动是平动时点的加速度合成定理，即当牵连运动是平动时，动点在每一瞬时的绝对加速度，等于它的牵连加速度和相对加速度的矢量和。

例 9-4 具有曲面 AB 的靠模沿水平方向运动时，推动顶杆 MN 沿铅垂固定导槽运动，如图 9-9 所示。已知在图中瞬时靠模具有水平向右的速度 $\boldsymbol{v}_1$，曲线 AB 在杆端 M 接触点的切线与水平线的夹角为 θ；试求顶杆 MN 在该瞬时的加速度。

解：因为在例 9-2 中已经进行了速度分析，故在此不再做速度分析，直接求解加速度。动点动系的选择也同例 9-2。

由点的加速度合成定理可知：

$$\boldsymbol{a}_a=\boldsymbol{a}_e+\boldsymbol{a}_r^t+\boldsymbol{a}_r^n$$

其中，$\boldsymbol{a}_a,\boldsymbol{a}_e,\boldsymbol{a}_r^t,\boldsymbol{a}_r^n$ 的大小和方向见表 9-4。

表 9-4

加速度	$\boldsymbol{a}_a$	$\boldsymbol{a}_e$	$\boldsymbol{a}_r^t$	$\boldsymbol{a}_r^n$
大小	未知	a_1	未知	$v^2 r/\rho$
方向	铅垂	水平向右	沿相对轨迹的切线	沿相对轨迹的法线

将式(1)投影到与 $\boldsymbol{a}_r^t$ 相垂直的 x_1 轴上，得

$$a_a\cos\theta = a_e\sin\theta - a_r^n$$

可求得顶杆在该瞬时的加速度为

$$a_a = a_1\tan\theta - \frac{v_1^2\sec^3\theta}{\rho}$$

若上式求得 a_a 是负值，说明 $\boldsymbol{a}_a$ 的实际指向与图示假定指向相反。

注意：对式(1)投影时，应将式(1)等号两端分别向 x_1 轴投影。

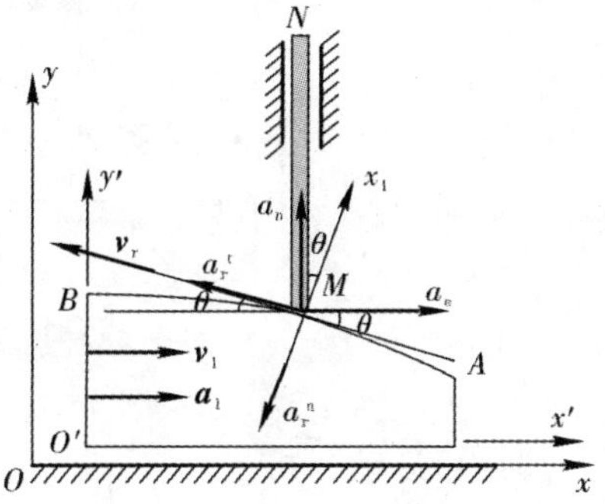

图　9-9

例 9-5　如图 9-10 所示，曲柄 OA 绕固定轴 O 转动，T 形杆 BC 沿水平方向往复平动，如图所示。铰接在曲柄 A 端的滑块，可在 T 形杆的铅直槽 DE 内滑动。设曲柄以角速度 $\boldsymbol{\omega}$ 做匀角速转动，$OA = r$，试求杆 BC 的加速度。

解：(1)运动分析。

动点：滑块 A；

动系：$Bx'y'$，固连于 T 形杆；

定系：固连于机座。

绝对运动：A 点的圆周运动；

相对运动：沿 ABE 的直线运动；

牵连运动：随 T 形杆的直线平动。

(2)加速度分析。

根据点的加速度合成定理可得

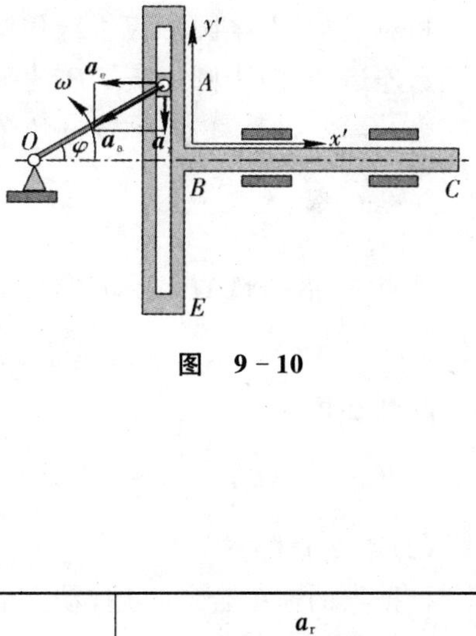

图　9-10

$$\boldsymbol{a}_a = \boldsymbol{a}_e + \boldsymbol{a}_r$$

其中，$\boldsymbol{a}_a,\boldsymbol{a}_e,\boldsymbol{a}_r$ 的大小和方向见表 9-5。

表 9-5

加速度	$\boldsymbol{a}_a$	$\boldsymbol{a}_e$	$\boldsymbol{a}_r$
大小	$OA\omega^2$	未知	未知
方向	沿 AO 方向	沿水平方向	沿 DE 方向

求解三角形得杆 BC 的加速度为

$$a_{BC} = a_e = a_a\cos\varphi = r\omega^2\cos\varphi$$

例 9-6　如图 9-11(a)所示机构由杆 O_1A，O_1B 和半圆形平板 ADB 组成。已知 $O_1A = O_2B = r = 20$ cm，$O_1O_2 = AB = 2R = 32$ cm。曲柄 O_1A 以 $\varphi = \frac{1}{12}\pi t^3$ rad 的规律绕 O_1

定轴转动。同时点 M 相对于半圆形平板以 $s = \overset{\frown}{AM} = \pi t^2$ cm 的规律沿板的边缘运动，试求 $t = 2$ s 时点 M 的绝对速度和绝对加速度。

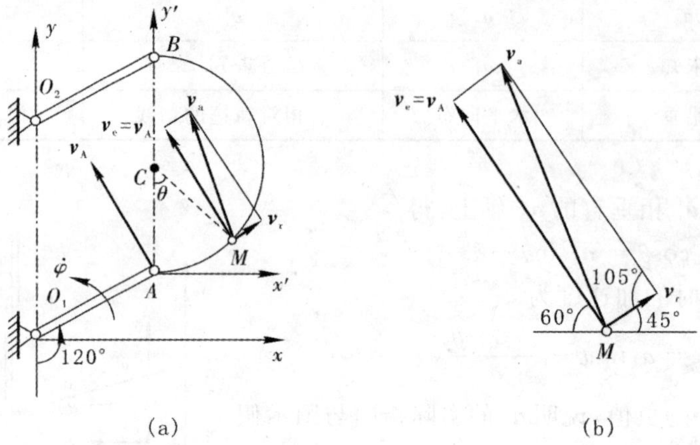

图 9-11

解：(1)运动分析。

动点：M 点；

动系：$Ax'y'$，固连于半圆形板 AB；

定系：固连于机座。

绝对运动：未知曲线；

相对运动：沿半圆形板边缘作圆周运动；

牵连运动：随半圆形板 AB 的平动。

当 $t = 2$ s 时，杆 O_1A 转过的角度为

$$\varphi = \frac{1}{12}\pi t^3 = \frac{2\pi}{3} = 120°$$

动点 M 沿圆弧 $\overset{\frown}{AB}$ 运动的弧坐标为

$$s = \overset{\frown}{AM} = \pi t^2 = 4\pi \text{ cm}$$

相应的圆心角为

$$\theta = \frac{s}{R} = \frac{4\pi}{16} = \frac{\pi}{4}$$

(2)速度分析。

根据点的速度合成定理，动点的绝对速度为

$$\boldsymbol{v}_a = \boldsymbol{v}_e + \boldsymbol{v}_r \tag{1}$$

其中，$\boldsymbol{v}_a$，$\boldsymbol{v}_e$，$\boldsymbol{v}_r$ 的大小和方向见表 9-6。

表 9-6

速度	$\boldsymbol{v}_a$	$\boldsymbol{v}_e$	$\boldsymbol{v}_r$
大小	未知	$v_A = r\dot{\varphi}$	$\dot{s}$
方向	未知	$\perp O_1A$	$\perp CM$

解得

$$v_e = v_A = r\dot{\varphi} = r(\frac{1}{4}\pi t^2) = 20\pi \text{ cm/s}$$

$$v_r = \dot{s} = 2\pi t = 4\pi \text{ cm/s}$$

可得点 M 绝对速度的大小为

$$v_a = \sqrt{v_e^2 + v_r^2 - 2v_e v_r \cos 105^\circ} = 66.19 \text{ cm/s}$$

(3)加速度分析。

根据点的加速度合成定理有

$$\boldsymbol{a}_a = \boldsymbol{a}_e^t + \boldsymbol{a}_e^n + \boldsymbol{a}_r^t + \boldsymbol{a}_r^n \tag{2}$$

其中，$\boldsymbol{a}_a$，$\boldsymbol{a}_e^t$，$\boldsymbol{a}_e^n$，$\boldsymbol{a}_r^t$，$\boldsymbol{a}_r^n$ 的大小和方向见表 9－7，加速分解如图 9－12 所示。

表　9－7

速度	$\boldsymbol{a}_a$	$\boldsymbol{a}_e^t$	$\boldsymbol{a}_e^n$	$\boldsymbol{a}_r^t$	$\boldsymbol{a}_r^n$
大小	未知	$r\ddot{\varphi}$	$r\dot{\varphi}^2$	$\ddot{s}$	$\frac{\dot{s}^2}{r}$
方向	未知	$\perp O_1A$	$/\!/ AO_1$	$\perp CB$	$B \to C$

其中

$$a_e^t = a_A^t = r\ddot{\varphi} = r(\frac{1}{2}\pi t) = 20\pi \text{ cm/s}^2$$

$$a_e^n = a_A^n = r\dot{\varphi}^2 = r(\frac{1}{4}\pi t^2)^2 = 20\pi^2 \text{ cm/s}^2$$

$$a_r^t = \ddot{s} = 2\pi \text{ cm}^2/\text{s}$$

$$a_r^n = \frac{\dot{s}^2}{R} = \frac{(4\pi)^2}{16} = \pi^2 \text{ cm/s}^2$$

将式(2)两端向 x 轴投影得

$$a_{ax} = -a_e^t \sin 30^\circ - a_e^n \cos 30^\circ + a_r^t \cos 45^\circ - a_r^n \cos 45^\circ =$$
$$-204.90 \text{ cm/s}^2$$

将式(2)两端向 y 轴投影得

$$a_{ay} = a_e^t \cos 30^\circ - a_e^n \sin 30^\circ + a_r^t \sin 45^\circ + a_r^n \sin 45^\circ = -32.87 \text{ cm/s}^2$$

点 M 的绝对加速度的大小和方向分别为

$$a_a = \sqrt{a_{ax}^2 + a_{ay}^2} = 207.52 \text{ cm/s}^2$$

$$\cos(\boldsymbol{a}_a, \boldsymbol{i}) = \frac{a_{ax}}{a_a} = -0.987$$

$$\cos(\boldsymbol{a}_a, \boldsymbol{j}) = \frac{a_{ay}}{a} = -0.158$$

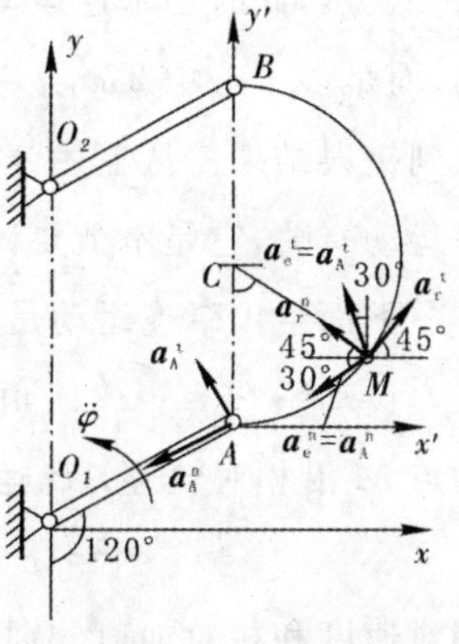

图　9－12

9.5 牵连运动是定轴转动时点的加速度合成定理

当牵连运动是定轴转动时，加速度的合成较为复杂。现在先来分析一个简单的例子。假设圆盘以匀角速度 $\boldsymbol{\omega}$ 绕垂直于盘面的固定中心轴 O 转动（见图 9－13），则动点 M 在圆盘上半径是 r 的圆槽内按 $\boldsymbol{\omega}$ 的转向以匀速率 $\boldsymbol{v}_r$ 相对于圆盘运动。现考察动点 M 的加速度。

取动系固连于圆盘，定系固连于支座。动点 M 的相对运动是匀速圆周运动，相对速度是 $\boldsymbol{v}_r$，故相对加速度 $\boldsymbol{a}_r$ 的大小为

$$a_r = a_r^n = \frac{v_r^2}{r} \tag{9-11}$$

方向指向圆心 O。牵连运动是盘以匀角速度 ω 绕定轴 O 转动，故点 M 的牵连速度 $\boldsymbol{v}_e$ 的大小 $v_e = r\omega$，方向与 $\boldsymbol{v}_r$ 一致；M 的牵连加速度 $\boldsymbol{a}_e$ 的大小为

$$a_e = a_e^n = r\omega^2 \tag{9-12}$$

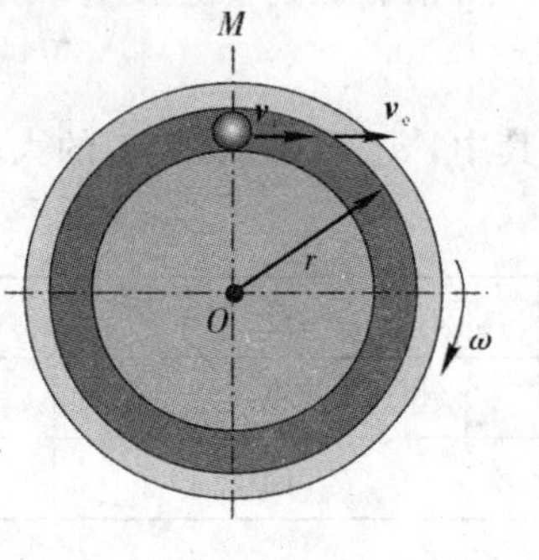

图 9－13

方向也指向点 O。由于 $\boldsymbol{v}_r$ 和 $\boldsymbol{v}_e$ 方向相同，故点 M 的绝对速度 $\boldsymbol{v}_a$ 的大小为

$$v_a = v_e + v_r = r\omega + v_r = \text{常数}$$

可见，点 M 的绝对运动也是沿槽的匀速圆周运动。于是，点 M 的绝对加速度 $\boldsymbol{a}_a$ 的大小为

$$a_a = a_a^n = \frac{v_a^2}{r} = \frac{(r\omega + v_r)^2}{r} a_a = \frac{v_r^2}{r} + r\omega^2 + 2\omega v_r \tag{9-13}$$

方向也是指向点 O 。把式（9－11）和（9－12）代入上式，有

$$a_a = a_e + a_r + 2\omega v_r \tag{9-14}$$

显然，此时当牵连运动是定轴转动时，绝对加速度不再是牵连加速度和相对加速度的矢量和，而是多了一项 $2\omega v_r$ 。如果这时仍应用牵连运动是平动时点的加速度合成公式（9－10），将得到错误结果。从上述分析可知，式（9－14）是正确结果，其右端补充项 $2\omega v_r$ 与牵连转动和相对运动有关，它是本节要讨论的主题。

下面给出牵连运动是定轴转动时点的加速度合成定理。

设动系 $O'x'y'z'$ 以角速度 $\boldsymbol{\omega}$ 和角加速度 $\boldsymbol{\alpha}$ 绕定系 $Oxyz$ 的 z 轴转动，如图 9－14 所示。设动点 M 沿相对轨迹 AB 运动，则动点 M 的相对矢径为

$$\boldsymbol{r}' = x'\boldsymbol{i}' + y'\boldsymbol{j}' + z'\boldsymbol{k}'$$

相对速度和相对加速分别为

$$\boldsymbol{v}_r = \dot{x}'\boldsymbol{i}' + \dot{y}'\boldsymbol{j}' + \dot{z}'\boldsymbol{k}' \tag{9-15a}$$

$$\boldsymbol{a}_r = \ddot{x}'\boldsymbol{i}' + \ddot{y}'\boldsymbol{j}' + \ddot{z}'\boldsymbol{k}' \tag{9-15b}$$

动点 M 的牵连运动和牵连加速度，分别等于动系上在该瞬时与动点 M 相重合的牵连点 m 对于定系的速度和加速度，根据第八章定轴转动刚体上点的速度和加速度的矢积表达式(8－15)和式(8－18)，得

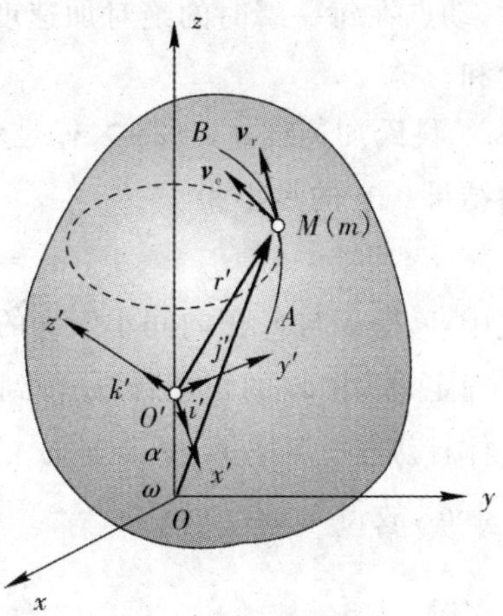

图　9－14

牵连速度：

$$\boldsymbol{v}_e = \boldsymbol{v}_m = \boldsymbol{\omega} \times \boldsymbol{r}$$

牵连加速度：

$$\boldsymbol{a}_e = \boldsymbol{a}_m = \boldsymbol{a}_m^t + \boldsymbol{a}_m^n = \boldsymbol{a}_e^t + \boldsymbol{a}_e^n = \boldsymbol{\alpha} \times \boldsymbol{r} + \boldsymbol{\omega} \times \boldsymbol{v}_e \tag{9-16}$$

由点的速度合成定理：

$$\boldsymbol{v}_a = \boldsymbol{v}_e + \boldsymbol{v}_r$$

可得

$$\boldsymbol{a}_a = \frac{d\boldsymbol{v}_a}{dt} = \frac{d\boldsymbol{v}_e}{dt} + \frac{d\boldsymbol{v}_r}{dt} \tag{9-17}$$

因为

$$\frac{d\boldsymbol{v}_e}{dt} = \frac{d}{dt}(\boldsymbol{\omega} \times \boldsymbol{r}) = \frac{d\boldsymbol{\omega}}{dt} \times \boldsymbol{r} + \boldsymbol{\omega} \times \frac{d\boldsymbol{r}}{dt} = \boldsymbol{\alpha} \times \boldsymbol{r} + \boldsymbol{\omega} \times \boldsymbol{v} =$$
$$\boldsymbol{\alpha} \times \boldsymbol{r} + \boldsymbol{\omega} \times (\boldsymbol{v}_e + \boldsymbol{v}_r) = \boldsymbol{\alpha} \times \boldsymbol{r} + \boldsymbol{\omega} \times \boldsymbol{v}_e + \boldsymbol{\omega} \times \boldsymbol{v}_r$$

考虑到式(9－16)，故

$$\frac{d\boldsymbol{v}_e}{dt} = \boldsymbol{a}_e + \boldsymbol{\omega} \times \boldsymbol{v}_r \tag{9-18}$$

又因为

$$\frac{d\boldsymbol{v}_r}{dt} = \frac{d}{dt}(\dot{x}'\boldsymbol{i}' + \dot{y}'\boldsymbol{j}' + \dot{z}'\boldsymbol{k}') = (\ddot{x}\boldsymbol{i}' + \ddot{y}\boldsymbol{j}' + \ddot{z}\boldsymbol{k}') + (\dot{x}'\frac{d\boldsymbol{i}'}{dt} + \dot{y}'\frac{d\boldsymbol{j}'}{dt} + \dot{z}'\frac{d\boldsymbol{k}'}{dt})$$

考虑到泊松公式：

$$\frac{d\boldsymbol{i}'}{dt} = \boldsymbol{\omega} \times \boldsymbol{i}', \quad \frac{d\boldsymbol{j}'}{dt} = \boldsymbol{\omega} \times \boldsymbol{j}', \quad \frac{d\boldsymbol{k}'}{dt} = \boldsymbol{\omega} \times \boldsymbol{k}'$$

故

$$\frac{d\boldsymbol{v}_r}{dt} = (\ddot{x}'\boldsymbol{i}' + \ddot{y}\boldsymbol{j}' + \ddot{z}'\boldsymbol{k}') + \dot{x}' \cdot (\boldsymbol{\omega} \times \boldsymbol{i}') + \dot{y}' \cdot (\boldsymbol{\omega} \times \boldsymbol{j}') + \dot{z}' \cdot (\boldsymbol{\omega} \times \boldsymbol{k}') =$$
$$(\ddot{x}'\boldsymbol{i}' + \ddot{y}\boldsymbol{j}' + \ddot{z}'\boldsymbol{k}') + \boldsymbol{\omega} \times (\dot{x}'\boldsymbol{i}' + \dot{y}'\boldsymbol{j}' + \dot{z}'\boldsymbol{k}')$$

考虑到式(9－15a)及式(9－15b)，故

$$\frac{d\boldsymbol{v}_r}{dt} = \boldsymbol{a}_r + \boldsymbol{\omega} \times \boldsymbol{v}_r \tag{9-19}$$

将式(9－18)和(9－19)代入式(9－17)得

$$\boldsymbol{a}_a = \boldsymbol{a}_e + \boldsymbol{a}_r + 2\boldsymbol{\omega} \times \boldsymbol{v}_r$$

令 $\boldsymbol{a}_c = 2\boldsymbol{\omega} \times \boldsymbol{v}_r$，称为科氏加速度。于是有

$$\boldsymbol{a}_a = \boldsymbol{a}_e + \boldsymbol{a}_r + \boldsymbol{a}_c \tag{9-20}$$

式(9－20)表示牵连运动是定轴转动时点的加速度合成定理，即当牵连运动是定轴转动

时，动点在每一瞬时的绝对加速度，等于它的牵连加速度、相对加速度和科氏加速度三者的矢量和。

科氏加速度 $\boldsymbol{a}_c = 2\boldsymbol{\omega}\times\boldsymbol{v}_r$ 是牵连转动($\boldsymbol{\omega}$)和相对运动($\boldsymbol{v}_r$)相互影响的结果。它的大小为

$$a_c = 2\omega v_r \sin\theta \tag{9-21}$$

式中，θ 是 $\boldsymbol{\omega}$ 与 $\boldsymbol{v}_r$ 正向间小于 π 的夹角。$\boldsymbol{a}_c$ 的方向可根据右手法则由 $\boldsymbol{\omega}\times\boldsymbol{v}_r$ 确定，即由 $\boldsymbol{a}_c$ 的正端看，$\boldsymbol{\omega}$ 转到 $\boldsymbol{v}_r$ 是逆时针方向的(见图 9-15)。但在具体计算中，常把 $\boldsymbol{v}_r$ 投影到 $\boldsymbol{\omega}$ 的垂直面上，它的投影 $\boldsymbol{v}_r^n$ 的大小 $v_r^n = v_r\sin\theta$，故得 a_c 的大小为

$$a_c = 2\omega v_r^n \tag{9-22}$$

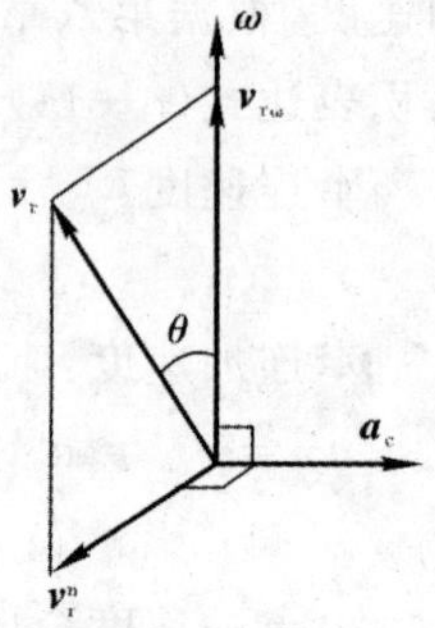

图 9-15

将投影矢 $\boldsymbol{v}_r^n$ 顺着 $\boldsymbol{\omega}$ 的转向转过 90°，就得到 $\boldsymbol{a}_c$ 的方向。

由式(9-21)可知，在一些特殊情况下科氏加速度 $\boldsymbol{a}_c$ 等于零：

1)当 $\omega = 0$ 的瞬时；

2) 当 $v_r = 0$ 的瞬时；

3) 当 $\boldsymbol{\omega} \parallel \boldsymbol{v}_r$ 的瞬时。

例 9-7 同例 9-1，直管 OA 在平面内绕定轴 Oz 转动，管内有一动点 M 沿直管运动，如图9-16(a)所示。已知 $r = OM$ 和转角 φ 的变化规律为 $r = r(t)$，$\varphi = \varphi(t)$。试求点 M 的绝对加速度。

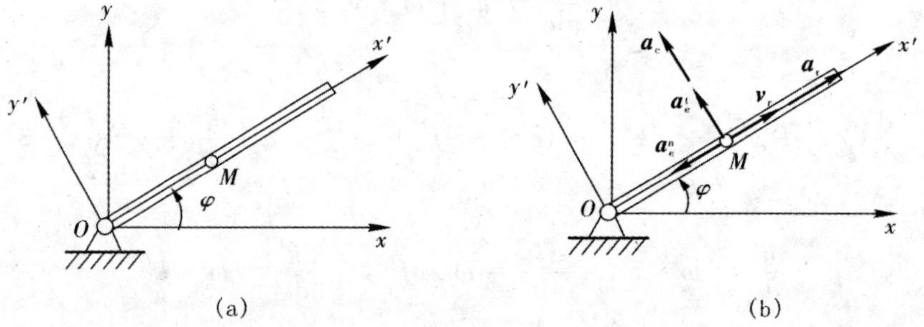

图 9-16

解：(1)运动分析。

动点：点 M；

动系：$Ox'y'$，固定于直管 OA；

定系：固定于机架。

相对运动：沿直管的直线运动；

牵连运动：直管的定轴转动；

绝对运动：动点 M 的曲线运动。

(2)速度分析见例 9-1。

(3)加速度分析。

加速度图如图 9-16(b)所示。根据加速度合成定理有

$$\boldsymbol{a}_a = \boldsymbol{a}_e^t + \boldsymbol{a}_a^n + \boldsymbol{a}_r + \boldsymbol{a}_c \tag{1}$$

其中，$\boldsymbol{a}_a$,$\boldsymbol{a}_e^t$,$\boldsymbol{a}_e^n$,$\boldsymbol{a}_r$,$\boldsymbol{a}_c$ 的大小和方向见表 9-8。

表 9-8

加速度	$\boldsymbol{a}_a$	$\boldsymbol{a}_e^t$	$\boldsymbol{a}_e^n$	$\boldsymbol{a}_r$	$\boldsymbol{a}_c$
大小	未知	$r\left\lvert\frac{d^2\varphi}{dt^2}\right\rvert$	$r\left(\frac{d\varphi}{dt}\right)^2$	$\left\lvert\frac{d^2 r}{dt^2}\right\rvert$	$2\left\lvert\frac{d\varphi}{dt}\right\rvert\left\lvert\frac{dr}{dt}\right\rvert$
方向	未知	$\perp MO$	沿 MO	沿 Ox'	$\perp MO$ 向上

将式(1)投影到径向和横向得点 M 加速度的极坐标表示形式为

$$a_a^r = \frac{d^2 r}{dt^2} - r\left(\frac{d\varphi}{dt}\right)^2, \quad a_a^\varphi = r\frac{d^2\varphi}{dt^2} + 2\frac{d\varphi}{dt}\cdot\frac{dr}{dt}$$

例 9-8 在如图 9-17 所示滑块导杆机构中，由一绕固定轴 O 做顺时针方向转动的导杆 OB 带动滑块 A 沿水平直线轨道运动，O 到导轨的距离是 h。已知在图示瞬时导杆的倾角是 φ，角速度大小是 ω，角加速度 $\alpha=0$。试求该瞬时滑块 A 的绝对加速度。

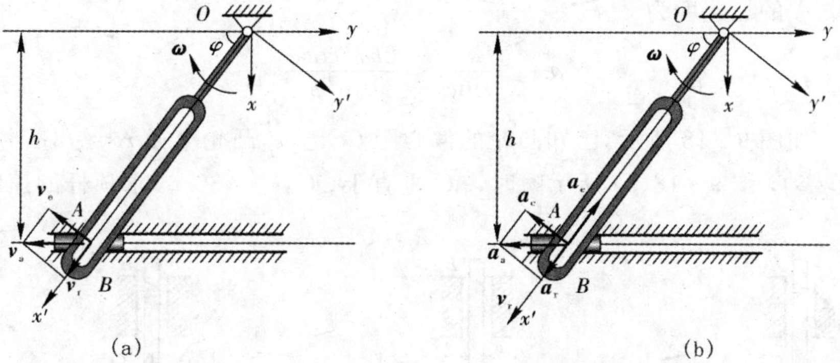

图 9-17

解:(1)选择动点，动系与定系。

动点:取滑块 A 为动点；

动系:$Ax'y'$ 固连于导杆；

定系:固连于机座。

(2) 运动分析。

绝对运动:沿导轨的水平直线运动；

牵连运动:导杆 OB 绕轴 O 的匀速转动；

相对运动:沿导杆 OB 的直线运动。

应用速度合成定理:

$$\boldsymbol{v}_a = \boldsymbol{v}_e + \boldsymbol{v}_r$$

画出速度图,如图 9-17(a)所示,求得

$$v_r = v_e \cot\varphi = \frac{h\omega}{\sin\varphi}\cot\varphi = \frac{h\omega\cos\varphi}{\sin^2\varphi}$$

(3) 加速度分析。

$$\boldsymbol{a}_a = \boldsymbol{a}_e + \boldsymbol{a}_r + \boldsymbol{a}_c$$

各加速度大小和方向见表 9-9。

表 9-9

加速度	$\boldsymbol{a}_a$	$\boldsymbol{a}_e$	$\boldsymbol{a}_r$	$\boldsymbol{a}_c$
大小	未知	$a_e = \dfrac{h}{\sin\varphi}\omega^2$	未知	$a_c = 2\omega v_r$
方向	沿水平方向	沿 AO 方向	沿 OB 方向	$\perp OB$ 向上方

将加速度合成定理投影到 Oy' 轴上,得

$$-a_a\sin\varphi = -a_c$$

求得滑块 A 的加速度为

$$a_a = \frac{a_c}{\sin\varphi} = \frac{2h\omega^2\cos\varphi}{\sin^3\varphi}$$

例 9-9 如图 9-18 所示,已知凸轮的偏心距 $OC = e$,凸轮半径 $r = \sqrt{3}e$,并且以等加速度 $\boldsymbol{\omega}$ 绕 O 轴转动,图 9-18(a) 所示瞬时,AC 垂直于 OC,$\varphi = 30°$。求顶杆的速度与加速度。

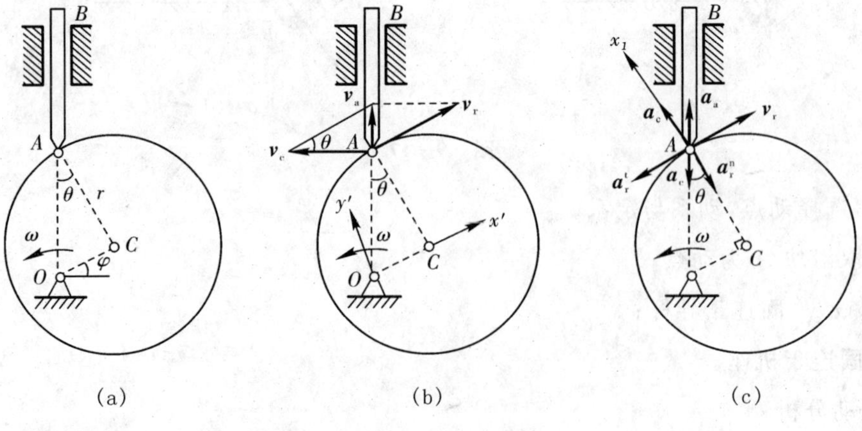

图 9-18

解:(1)运动分析。在机构运动过程中,顶杆上的端点 A 恒为接触点,凸轮上与杆端 A 的

接触点在不断变化。因此，可选杆端 A 为动点，动系 $Ox'y'$ 与凸轮固连，定系与固定支座固连。因而有：

绝对运动：点 A 沿铅直导轨的直线运动；

相对运动：点 A 沿凸轮表面的圆运动；

牵连运动：随凸轮绕过点 O 的固定轴的定轴转动。

(2)速度分析和计算。根据速度合成定理，动点 A 的绝对速度为

$$\boldsymbol{v}_a = \boldsymbol{v}_e + \boldsymbol{v}_r$$

式中各参数见表 9-10。

表　9-10

加速度	$\boldsymbol{v}_a$	$\boldsymbol{v}_e$	$\boldsymbol{v}_r$
大小	未知	$OA \times \omega$	未知
方向	铅直	水平向左	$\perp AC$

作出速度平行四边形如图 9-18(b)所示，可得顶杆 AB 的速度大小为

$$v_a = v_e \tan\theta = 2\sqrt{3}\, e\omega/3$$

其方向为铅直向上。相对速度的大小为

$$v_r = \frac{v_e}{\cos\theta} = \frac{4\sqrt{3}}{3}e\omega$$

(3)加速度分析和计算。根据牵连运动是定轴转动的加速度合成定理，有

$$\boldsymbol{a}_a = \boldsymbol{a}_e + \boldsymbol{a}_r^t + \boldsymbol{a}_r^n + \boldsymbol{a}_c$$

式中各参数见表 9-11。

表　9-11

加速度	$\boldsymbol{a}_a$	$\boldsymbol{a}_e$	$\boldsymbol{a}_r^t$	$\boldsymbol{a}_r^n$	$\boldsymbol{a}_c$
大小	未知	$OA \times \omega^2$	未知	v_r^2/r	$2\omega v_r$
方向	铅直	铅直	$\perp AC$	$A \to C$	沿 CA

把式(2)投影到与不需求的未知量 a_r^t 相垂直的轴 x_1 上，如图 9-18(c)所示，得

$$a_a \cos\theta = -a_e \cos\theta - a_r^n + a_c$$

故顶杆 AB 的加速度为

$$a_a = -a_e - (a_r^n - a_c)/\cos\theta = -2e\omega^2/9$$

可见，$\boldsymbol{a}_a$ 的真实方向是铅直向下。

习 题 九

9－1　题图 9－1 所示是两种不同的滑道摇杆机构。已知 $O_1O = 20\text{cm}$。试求当 $\theta = 20°$，$\varphi = 27°$，且 $\omega_1 = 6$ rad/s(逆时针) 时这两种机构中的摇杆 O_1A 和 O_1B 的角速度 ω_2 。

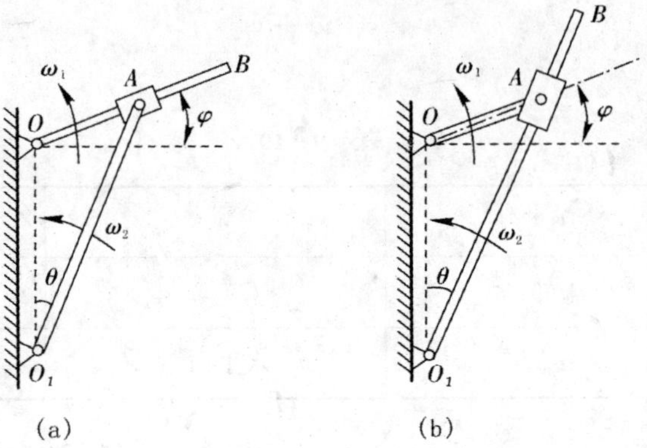

题图　9－1

9－2　题图 9－2 所示曲柄滑道机构中，曲柄长 $OA = r$，以匀角速度 ω 绕过点 O 的固定轴转动，固连在水平杆上的滑道 DE 与水平线成 60°。求当曲柄与水平线的交角分别为 $\varphi = 0°$，30°，60° 时，杆 BC 的速度。

9－3　L 形杆 OAB 以匀角速度 ω 绕过点 O 的固定轴运动，$OA = l$，$OA \perp AB$，通过滑套 C 推动杆 CD 沿铅直导槽运动。在题图 9－3 所示位置，$\angle AOC = \varphi$，试求此时杆 CD 的速度。

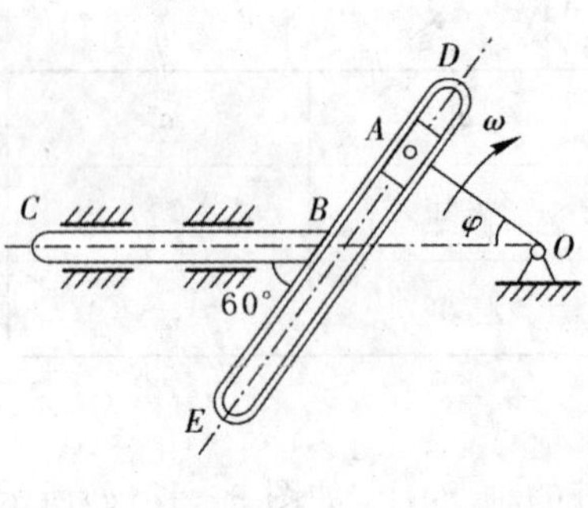

题图　9－2

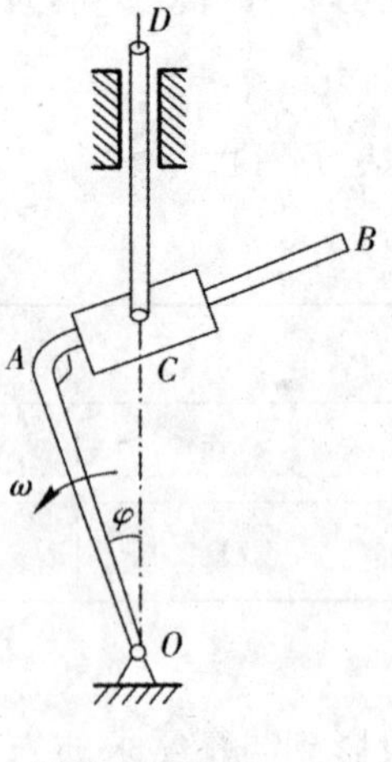

题图　9－3

9－4　题图 9－4 所示的摆杆滑道机构的曲柄长 $OA = r$，以转速 n(r/min) 绕过点 O 的固定轴转动。曲柄通过套筒 A 带动摆杆 O_1D 绕过 O_1 点的固定轴转动，摆杆再通过套筒 B 带动杆 BC 沿铅直导轨运动。设当在图示位置时，$O_1A = AB = 2r$，$\angle OAO_1 = \theta$，$\angle O_1BC = \varphi$。试求此瞬时杆 BC 的速度。

9-5　杆 OC 绕过点 O 的固定轴往复摆动，杆上有一套筒 A 带动铅直杆 AB 上下运动，如题图 9-5 所示。已知 $l=30$ cm，当 $\theta=30^\circ$ 时，$\omega=2$ rad/s。求此时杆 AB 的速度和套筒 A 在杆 OC 上滑动的速度。

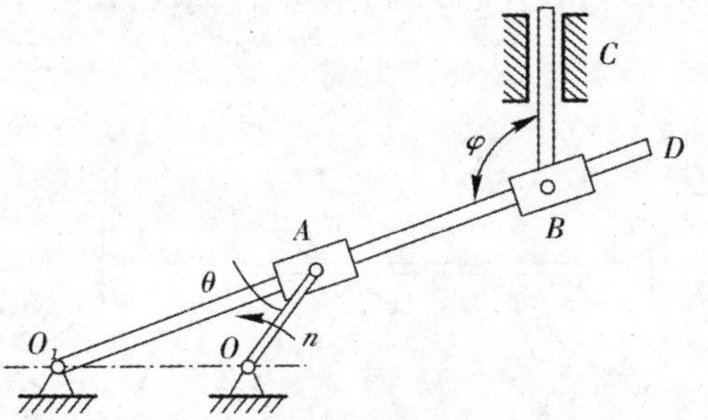

题图　9-4

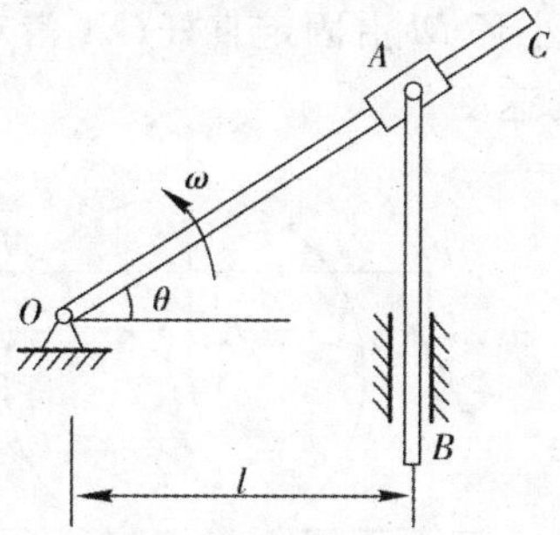

题图　9-5

9-6　题图 9-6 所示铰接四边形机构中，$O_1A=O_2B=10$ cm，$O_1O_2=AB$。杆 O_1A 以匀角速度 $\omega=2$ rad/s 绕过点 O_1 的固定轴转动。杆 AB 上有一套筒 C，套筒与杆 CD 铰接，机构各构件都在同一铅直平面内。求当 $\varphi=60^\circ$ 时杆 CD 的速度。

9-7　摇杆 OC 带动齿条 AB 上下移动，齿条又带动半径是 10 cm 的齿轮绕过点 O_1 的固定轴摆动。在题图 9-7 所示位置时，杆 OC 的角速度 $\omega_0=0.5$ rad/s。求此时齿轮 O_1 的角速度。

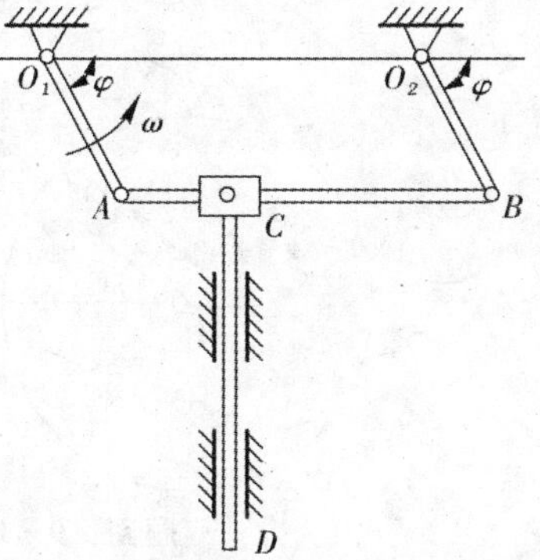

题图　9-6

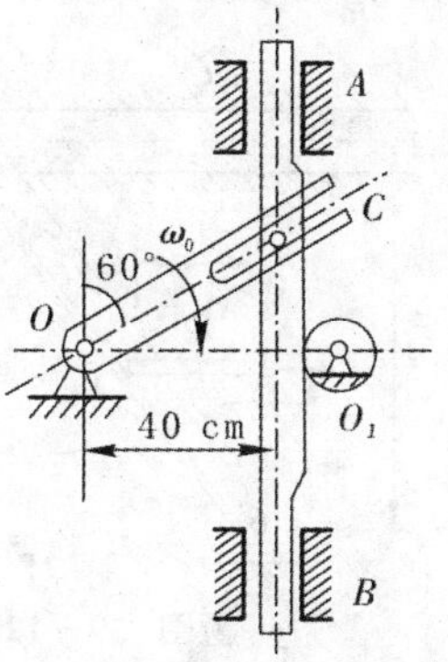

题图　9-7

9-8　杆 OA 长 l，由推杆 BCD 推动而在题图 9-8 所示面内绕过点 O 的轴转动。假设推杆的速度 $\boldsymbol{u}$ 向左，弯头的长度是 b。求当 $OC=x$ 时，杆端 A 的速度大小（表示为距离 x 的函数）。

9-9　在题图 9-9 所示曲柄滑道机构中，杆 BC 水平，而杆 DE 保持铅垂。曲柄长 $OA=10$ cm，并以匀角速度 $\omega=20$ rad/s 绕过点 O 的轴转动，通过套筒 A 使杆 BC 做往复运动。求当曲柄与水平线的交角 $\varphi=0^\circ,30^\circ,90^\circ$ 时，杆 BC 的速度。

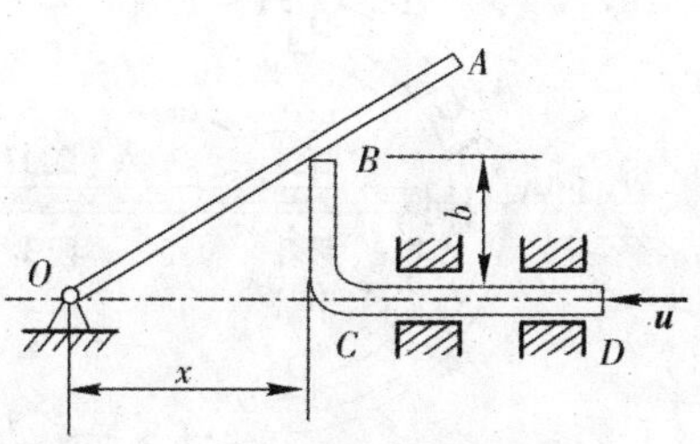

题图　9-8

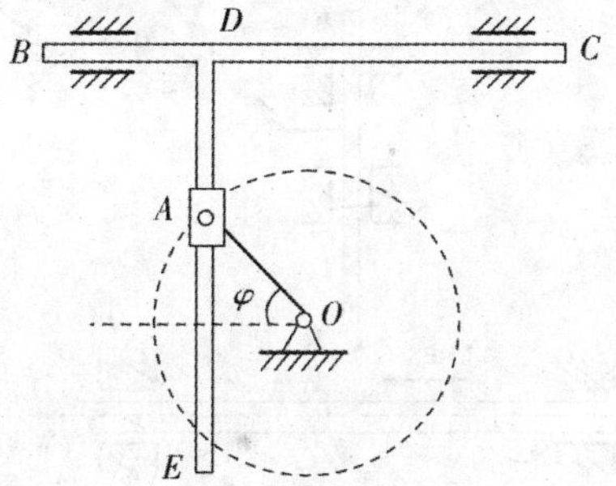

题图　9-9

9-10　题图 9-10 所示水平直线 AB 在半径为 r 的固定圆平面上以匀速度 $\boldsymbol{u}$ 铅直地落下。求套在该直线和圆周交点处的小环 M 的速度。

9-11　题图 9-11 所示曲杆 OBC 以匀角速度 $\omega = 0.5$ rad/s 绕过点 O 的轴转动，使套在其上的小环 M 沿固定直杆 OA 滑动。已知 $OB = 10$ cm，且 OB 与 BC 垂直。求当 $\varphi = 60°$ 时，小环 M 的速度。

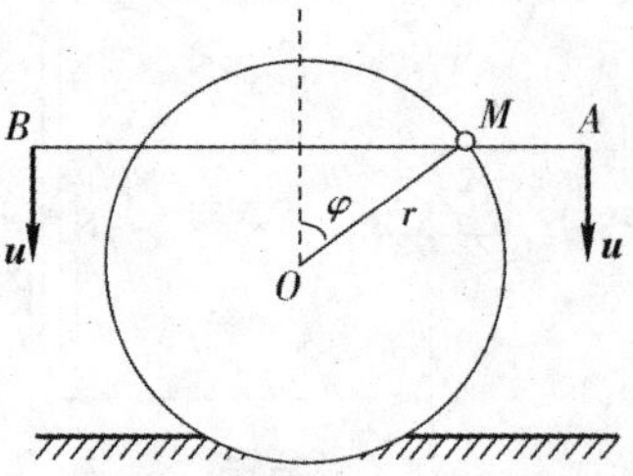

题图　9-10

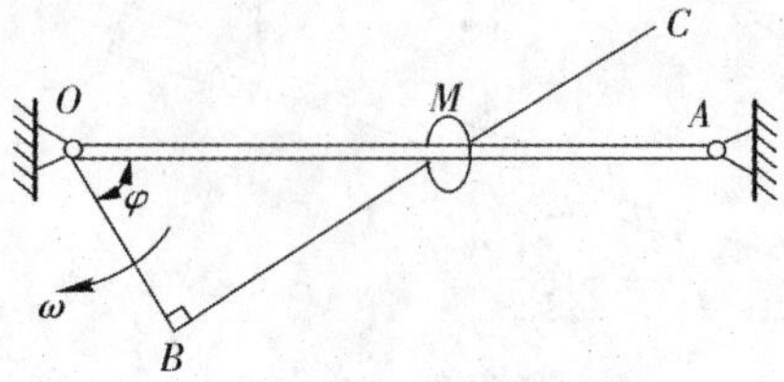

题图　9-11

9-12　在题图 9-12 所示牛头刨传动机构中，曲柄 OA 的转速 $n = 50$ r/min(逆时针)。求当在图示位置时滑块 C 沿水平滑道 MN 运动的速度。

9-13　题图 9-13 所示圆盘按方程 $\varphi = 1.5t^2$ 绕过点 O 且垂直于圆盘平面的中心轴转动，式中 φ 以 rad 为单位，t 以 s 为单位计。其上一点 M 又沿圆盘半径按方程 $s = OM = 1 + t^2$ 运动，式中 t 以 s 为单位，s 以 cm 为单位。求当 $t = 1$ s 时，点 M 绝对速度的大小。

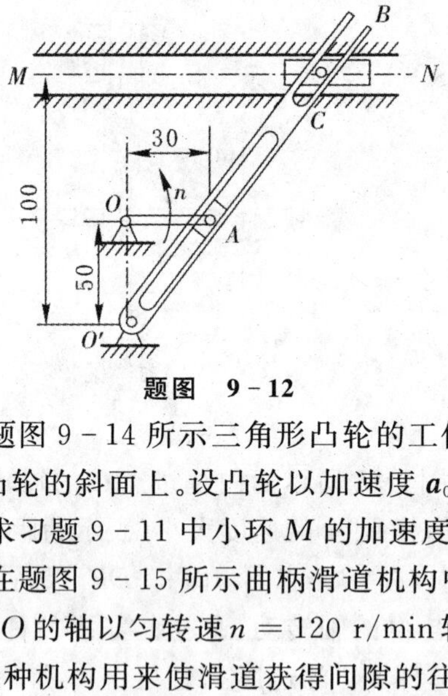

题图　9-12

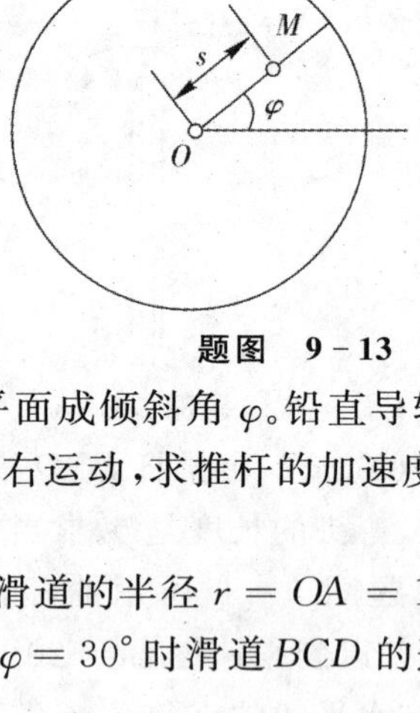

题图　9-13

9-14　题图 9-14 所示三角形凸轮的工作面与水平面成倾斜角 φ。铅直导轨中的推杆下端 A 依靠在凸轮的斜面上。设凸轮以加速度 $\boldsymbol{a}_0$ 沿水平向右运动，求推杆的加速度。

9-15　求习题 9-11 中小环 M 的加速度。

9-16　在题图 9-15 所示曲柄滑道机构中，圆弧形滑道的半径 $r = OA = 10$ cm。已知曲柄 OA 绕过点 O 的轴以匀转速 $n = 120$ r/min 转动，求当 $\varphi = 30°$ 时滑道 BCD 的速度和加速度的大小(注：这种机构用来使滑道获得间隙的往复运动)。

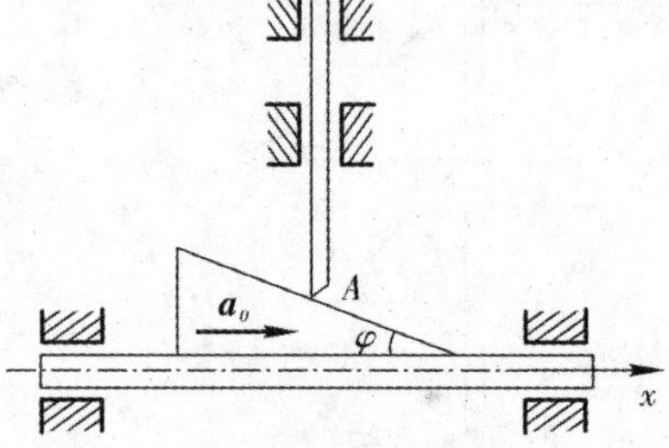

题图　9-14

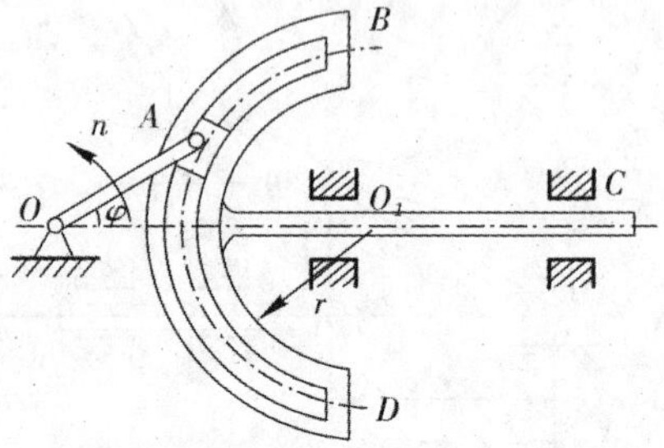

题图　9-15

9-17　题图 9-16 所示小车沿水平向右做加速运动，其加速度为 $a = 49.2\ \text{cm/s}^2$。在小车上有一轮绕过点 O 的轴转动，转动的规律为 $\varphi = \dfrac{\pi}{6}t^2$，其中 t 以 s 为单位，φ 以 rad 为单位。当 $t = 1$ s 时，轮缘上点 A 的位置如图所示，$\varphi = 30°$。若轮的半径 $r = 18$ cm，求此时点 A 的绝对加速度的大小。

9-18　题图 9-17 所示点 M 以大小不变的相对速度 $\boldsymbol{v}_r$ 沿管子运动。管子中部弯成半径等于 r 的半圆周，并绕半圆周直径上的固定轴 AB 以匀角速度转动，在点 M 由 C 运动到 D 的时间内，弯管绕轴 AB 转过半转。试求点 M 的绝对加速度的大小(表示为角 φ 的函数)。

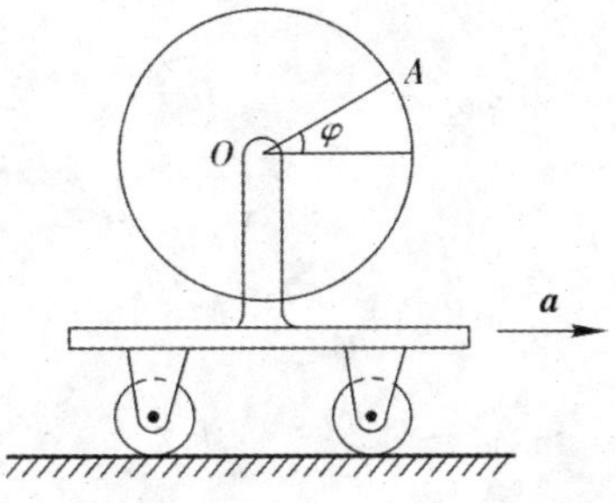

题图　9-16

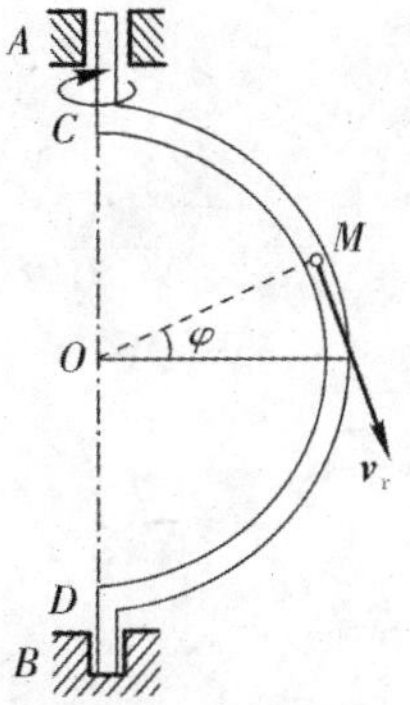

题图　9-17

9-19　如题图 9-18 所示，半径等于 1 m 的圆盘在自身平面内以匀角速度 ω 绕过圆周上点 O 的轴转动；点 M 沿圆周做匀速相对运动，在圆盘转一圈的时间内绕过两周。已知当 $\varphi = 90°$ 时点 M 的绝对加速度等于 $\sqrt{82}\ \text{m/s}^2$。试求圆盘的角速度大小。点的运动方向和圆盘的转动方向如图所示。

9-20　如题图 9-19 所示，半径 $r = 1$ m 的环形管以匀角速度 $\omega = 1$ rad/s 绕过点 O 的轴做顺时针方向转动。小球 M 在管上点 A 附近做相对振动，角度按规律 $\varphi = \sin\pi t$ 变化(角度以 rad 为单位，时间以 s 为单位)。求当 $t = 2\dfrac{1}{6}$ s 时小球的绝对加速度的切向和法向分量。

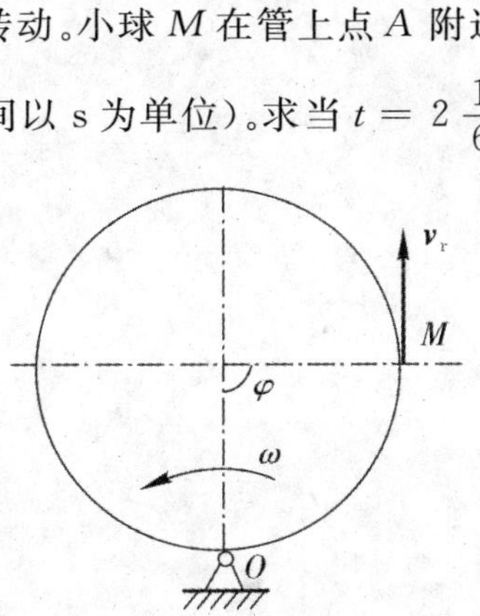

题图　9-18

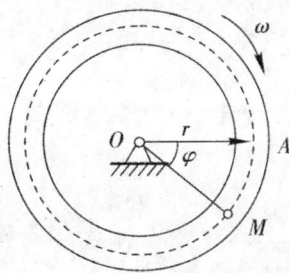

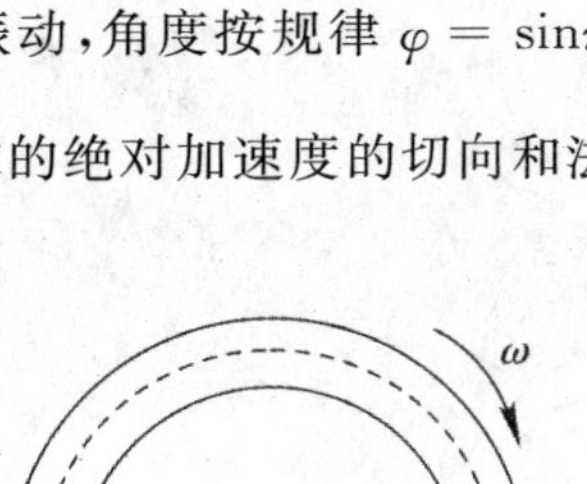

题图　9-19

9－21　如题图 9－20 所示，圆盘以变角速度 $\omega = 2t$ rad/s 绕 O_1O_2 轴转动。点 M 沿圆盘的半径 OA 离圆心做相对运动，其运动规律为 $OM = 4t^2$（长度以 cm 为单位，时间以 s 为单位）。半径 OA 与轴 O_1O_2 成夹角 60°。求当 $t = 1$ s 时点 M 的绝对加速度的大小。

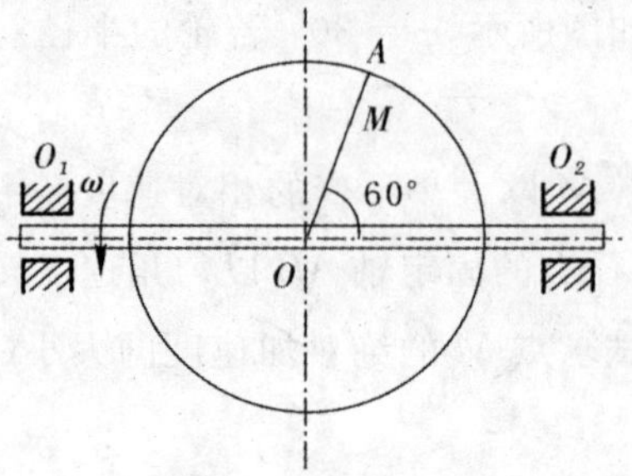

题图　9－20

第十章　刚体的平面运动

知识要点

1. 平面运动

在刚体运动过程中，若其上任一点到某个固定平面间的距离始终不变，具有这种特征的运动则称为刚体的平面运动。

刚体的平面运动可简化为平面图形在自身所在平面内的运动。平面图形的运动又可看成随基点的平动和相对基点的定轴转动的合成运动。

2. 平面图形上各点速度的分析方法

(1)基点法：平面图形上任意一点 M 的速度等于基点 O 的速度 $\boldsymbol{v}_O$ 与该点绕基点转动的速度 $\boldsymbol{v}_{MO}$ 的矢量和，即

$$\boldsymbol{v}_M = \boldsymbol{v}_O + \boldsymbol{v}_{MO}$$

(2)速度投影定理：平面图形上任意两点的速度在它们连线方向上的投影相等。

$$[\boldsymbol{v}_O]_{OM} = [\boldsymbol{v}_M]_{OM}$$

(3)瞬时速度中心法：平面图形内各点的速度大小与该点至速度瞬心的距离成正比，方向垂直于该点与速度瞬心的连线，指向转动前进一方，有

$$v_M = MC \cdot \omega$$

3. 平面图形上各点加速度分析的基点法

平面图形上任一点 M 的加速度等于基点 O 的加速度与该点随图形绕基点转动的切向加速度 $\boldsymbol{a}_{MO}^{t}$ 与法向加速度 $\boldsymbol{a}_{MO}^{n}$ 之和，即

$$\boldsymbol{a}_M = \boldsymbol{a}_O + \boldsymbol{a}_{MO}^{t} + \boldsymbol{a}_{MO}^{n}$$

10.1　刚体平面运动的运动方程

第七章研究了刚体的两种基本运动，本章研究刚体的另一类较复杂的运动形式——平面运动。在刚体运动过程中，其上任一点到某个固定平面间的距离始终不变，或者说刚体内各点都在平行于某个固定平面的一些平面内运动，具有这种特征的运动称为刚体的平面运动。例如，火车轮子沿着直线轨道滚动(见图 10-1(a))，机械臂抓举物体时小臂的运动(见图 10-1(b))，内啮合齿轮系中内齿轮的运动(见图 10-1(c))等。

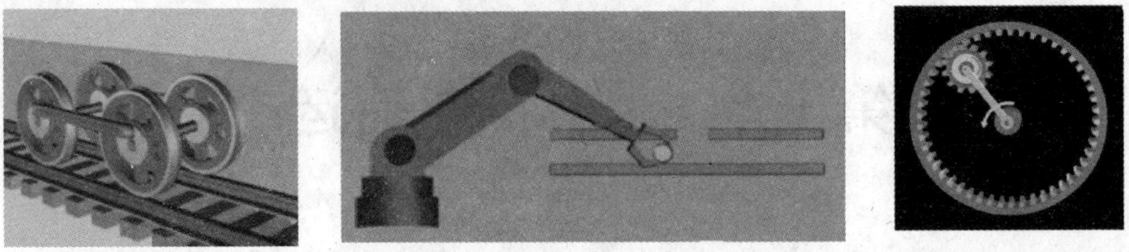

(a)　　　　(b)　　　　(c)

图　10-1

设刚体上任一点到某固定平面Ⅰ间的距离保持不变，现取一个与平面Ⅰ平行的平面Ⅱ截割此刚体，得平面图形 S(见图 10-2)。由刚体平面运动的定义可知，当刚体运动时，平面图形 S 将始终保持在平面 Ⅱ 内。而刚体上任一条垂直于平面图形 S 的线段 A_1A_2 则始终平行于自身初始位置而平动，所以它的运动可由它和平面图形 S 的交点 A 的运动来代表。同理，与图形 S 相垂直的任一线段(与 A_1A_2 平行) 的运动均可由它和平面图形 S 的交点的运动来代表。因此，平面图形 S 的运动代表了整个刚体的运动。也就是说，刚体的平面运动，可以简化为平面图形在其自身所在平面内的运动。

平面图形在其自身所在平面上的位置完全可以由图形内的任一线段 $O'A$ 的位置来确定(见图 10-3)。而要确定此线段在平面内的位置，只需确定线段上任一点 O' 的位置和线段 $O'A$ 与固定坐标轴 Ox 的夹角 φ 即可，称点 O' 为基点。当图形运动时，点 O' 的坐标和 φ 角都是时间 t 的单值连续函数，即

$$x_{O'} = f_1(t), \quad y_{O'} = f_2(t), \quad \varphi = f_3(t) \tag{10-1}$$

式(10-1)就是平面图形的运动方程，也称为刚体平面运动的运动方程。

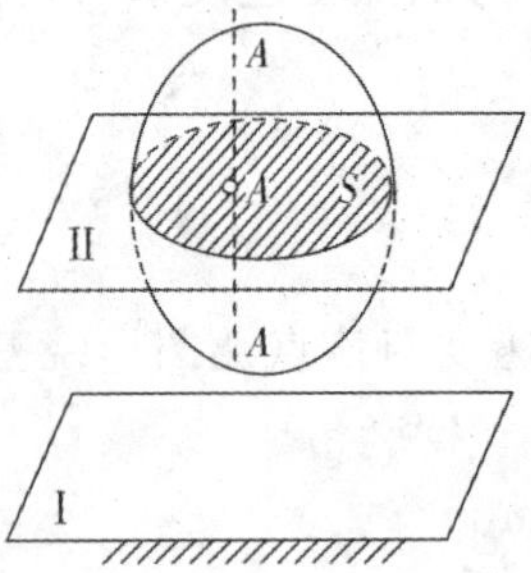

图　10-2

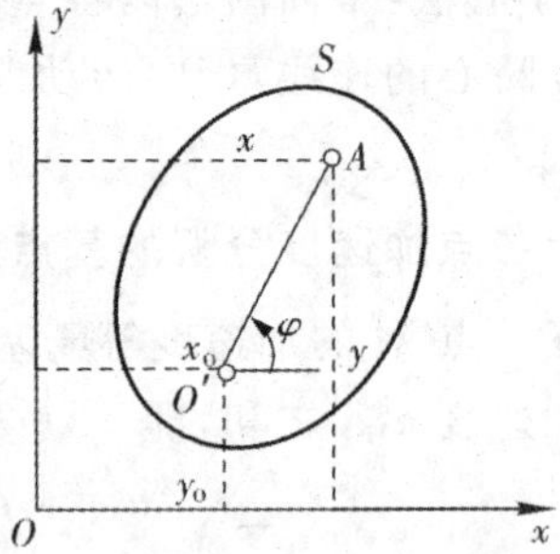

图　10-3

10.2　平面运动的分解

刚体的平面运动可以简化成平面图形在其自身所在平面内的运动。设平面图形在初始时刻 t 位于Ⅰ位置(见图 10-4)，Δt 时间后运动到 Ⅱ 位置。运用第九章合成运动的知识，该运动可看成两种运动的合成，即首先可将平面图形绕 O' 点旋转 φ 角到位置 Ⅲ(相对运动)，然后再从位置 Ⅲ 随 O' 点平移至位置 Ⅱ(牵连运动)；或者，可先让其从位置 Ⅰ 随 O' 点平移至位置 Ⅳ，然后再绕点 O' 旋转 φ 角至位置 Ⅱ。这样，图形 S 的平面运动可以分解为下列两种运动：

1)随着基点 O'（代表平动系 $O'x'y'$）的牵连平动；

2)绕着基点 O'（绕通过 O' 且垂直于图形 S 的轴 $O'z'$）的相对转动。

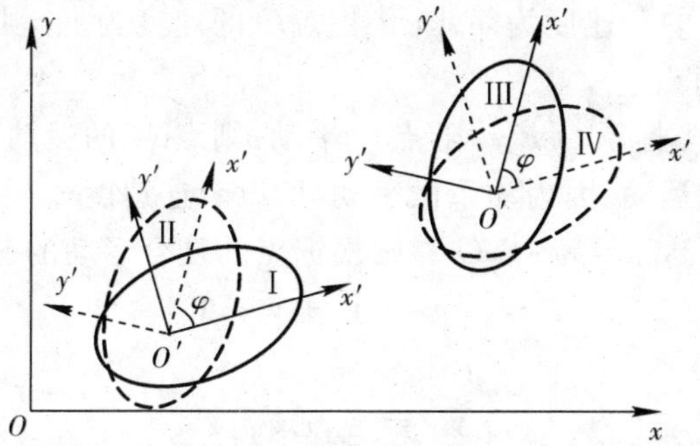

图　10－4

如果基点 O' 不动，则图形的运动化成绕基点 O' 的转动。反之，如果角 φ 不变，则图形的运动化成为平面平动（刚体内各点的轨迹都是平面曲线），可见，定轴转动和平面平动都是平面运动的特例。

图形 S 的牵连平动，可以用基点 O' 的运动来代表，基点 O' 的速度 $\boldsymbol{v}_{O'}$ 在定轴 x 和 y 上的投影为

$$v_{O'x} = \frac{\mathrm{d}x_{O'}}{\mathrm{d}t} = f_1'(t), \quad v_{O'y} = \frac{\mathrm{d}y_{O'}}{\mathrm{d}t} = f_2'(t) \tag{10-2}$$

显然，牵连平动的加速度也可以由基点 O' 的加速度来代表，并可由式(10－2)的导数来求出。显然选择不同的基点，图形 S 的牵连平动的速度将不同，牵连平动的加速度也将不同。可见，牵连平动的速度和加速度与基点的选择有关。因此，当选择不同基点时，随基点平动的运动轨迹、速度、加速度也会有不同的形式。

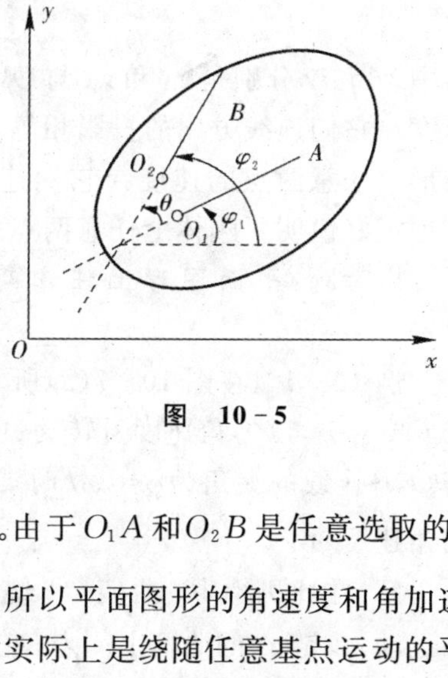

图　10－5

由于平面图形上任意两点的运动都是不一样的，而当选择不同的基点 O_1，O_2 和线段 O_1A，O_2B 时，如图 10－5 所示，由于 O_1A 和 O_2B 是刚体上的两条线段，在刚体运动过程中，这两条线段之间的夹角 θ 是常数。即在任意时刻都有 $\varphi_2 = \varphi_1 + \theta$，两边求导可得 $\frac{\mathrm{d}\varphi_2}{\mathrm{d}t} = \frac{\mathrm{d}\varphi_1}{\mathrm{d}t} = \omega$，$\frac{\mathrm{d}^2\varphi_2}{\mathrm{d}t^2} = \frac{\mathrm{d}^2\varphi_1}{\mathrm{d}t^2} = \alpha$。由于 O_1A 和 O_2B 是任意选取的，由此可知，刚体绕任意基点转动的角速度和角加速度都相同，所以平面图形的角速度和角加速度与基点的选择无关（应该注意的是，这里绕任意基点的转动实际上是绕随任意基点运动的平动系的转动）。因此以后我们只提刚体转动的角速度和角加速度，而不说是相对哪个基点的。

10.3　平面图形上各点速度分析的基点法和投影法

1. 基点法

由上一节的分析可知，平面图形的运动可以看成是随基点的平动（牵连运动）和相对基点

的转动(相对运动)的合成,因此可以应用上一章点的复合运动的知识求解平面运动刚体上各点的速度。

设平面图形在某瞬时的角速度为 ω。图形上点 O 的速度为 $\boldsymbol{v}_O$,则图形上任一点 M 的速度(见图 10-6)可由下法求得:

取点 O 为基点,并取坐标系 $O'x'y'$ 随点 O 平动。则点 M 的运动可看成随动系的平动和相对动系的定轴转动的合成运动。因为动系做平动,所以牵连速度 $v_e = v_O$。因为相对运动是定轴转动,所以相对速度 $v_r = v_{MO} = \omega \cdot MO$ 。则根据点的复合运动的速度合成定理:

$$\boldsymbol{v}_a = \boldsymbol{v}_e + \boldsymbol{v}_r$$

得点 M 的绝对速度为

$$\boldsymbol{v}_M = \boldsymbol{v}_O + \boldsymbol{v}_{MO} \tag{10-3}$$

即,平面图形上任意一点的速度等于基点的速度与该点绕基点转动的速度之和。此即求解平面图形上任意一点速度的基点法。

式(10-3)是一个矢量方程,将其向两个相互垂直的方向投影可以得到两个独立的代数方程,因而可以解出两个未知量,即可解出式(10-3)中任一速度的大小和任一速度的方向。

2. 投影法

将式(10-3)向 OM 方向投影,由于 $\boldsymbol{v}_{MO} \perp OM$,故可得

$$[\boldsymbol{v}_O]_{OM} = [\boldsymbol{v}_M]_{OM} \tag{10-4}$$

或

$$v_O \cos\theta = v_M \cos\gamma \tag{10-5}$$

其中,θ 和 γ 分别是 $\boldsymbol{v}_O$ 和 $\boldsymbol{v}_M$ 与 OM 的夹角。即点 O 和点 M 的速度在它们连线方向的投影相等。此即速度投影定理:平面图形上任意两点的速度在它们连线方向上的投影相等。该定理正好说明了刚体上任意两点之间的距离不变的特性。

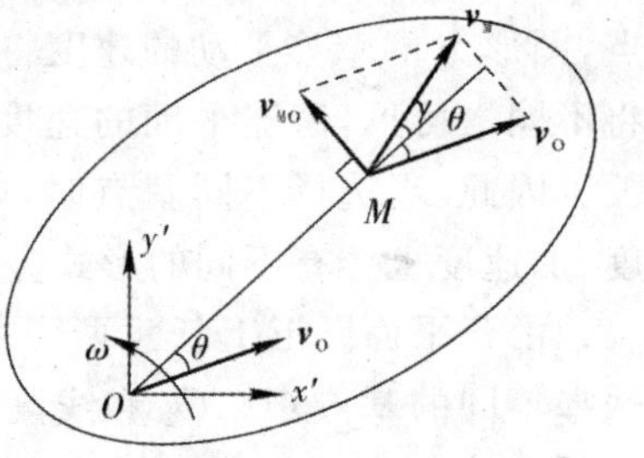

图 10-6

思考题:平面图形上任意两点的速度方向能否任意假定?

例 10-1 在图 10-7(a)所示的曲柄滑块机构中,曲柄长 $OA = r$,以匀角速度 ω 转动;连杆长 $AB = l$。试求当曲柄与 O,B 连线的夹角为 $\varphi = \omega t$ 时,滑块 B 的速度 $\boldsymbol{v}_B$ 和连杆 AB 的角速度 ω_{AB} 。

解:在此机构中,曲柄 OA 绕过点 O 的固定轴转动,滑块 B 做水平直线平动,连杆 AB 做平面运动。铰链 A 的曲柄上一点,它的速度大小 $v_A = r\omega$,方向垂直于曲柄 OA,指向与 ω 转向一致。

连杆 AB 做平面运动。铰链 A 也是连杆 AB 上的一点。取点 A 为基点,根据基点法的式(10-3) 滑块 B 的速度可表示为

$$\boldsymbol{v}_B = \boldsymbol{v}_A + \boldsymbol{v}_{BA}$$

式中,点 B 的速度 $\boldsymbol{v}_B$ 的方位已知,应沿 OB 直线;$\boldsymbol{v}_A$ 为已知量,点 B 相对于点 A 的速度 $\boldsymbol{v}_{BA}$ 的大小 $v_{BA} = l\omega_{AB}$ 是未知量,其方向垂直于 AB 杆。按矢量方程作速度平行四边形,由 $\boldsymbol{v}_A$ 的指向可确定 $\boldsymbol{v}_B$ 和 $\boldsymbol{v}_{BA}$ 的指向,如图 10-7(a)所示。

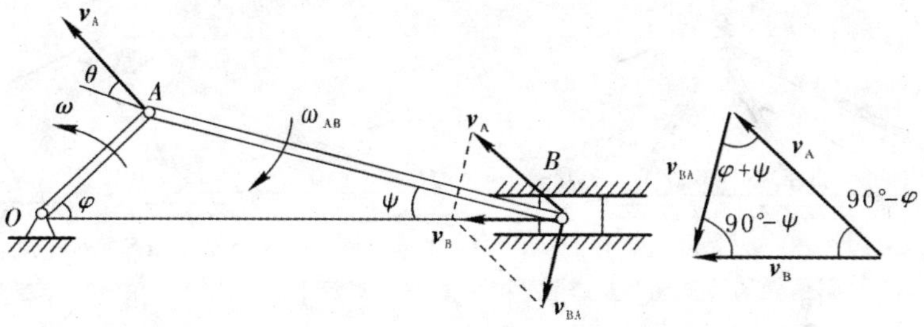

(a)　　　　　　　　(b)

图　10-7

由图 10-7(b)的矢量三角形,根据正弦定理,有

$$\frac{v_{BA}}{\sin(90^\circ-\varphi)}=\frac{v_B}{\sin(\varphi+\psi)}=\frac{v_A}{\sin(90^\circ-\psi)}$$

从而可得滑块 B 的速度和点 B 相对于点 A 的速度大小为

$$v_B=\frac{\sin(\varphi+\psi)}{\sin(90^\circ-\psi)}v_A=\frac{\sin(\varphi+\psi)}{\cos\psi}r\omega$$

$$v_{BA}=\frac{\sin(90^\circ-\varphi)}{\sin(90^\circ-\psi)}v_A=\frac{\cos\psi}{\cos\varphi}r\omega$$

因为

$$v_{BA}=AB\cdot\omega_{AB}=l\omega_{AB}$$

可得连杆 AB 的角速度为

$$\omega_{AB}=\frac{v_{BA}}{l}=\frac{r\cos\varphi}{l\cos\psi}\omega$$

ω_{AB} 的转向应与 $\boldsymbol{v}_{BA}$ 的指向一致,故应为顺时针方向。式中,角 ψ 值可由 ΔOAB 的几何关系求得,由正弦定理得

$$\sin\psi=\frac{r}{l}\sin\varphi$$

$\boldsymbol{v}_A$ 杆 AB 夹角为 θ,由图 10-7(a)几何关系知

$$\theta=90^\circ-(\varphi+\psi)$$

由式(10-4)有

$$v_B\cos\psi=v_A\cos[90^\circ-(\varphi+\psi)]$$

而

$$v_A=r\omega$$

所以

$$v_B=\frac{\sin(\varphi+\psi)}{\cos\psi}r\omega$$

显然,计算结果与基点法完全相同。但若要求杆 AB 的角速度 ω_{AB},则无法由速度投影定理解出。

例 10-2　如图 10-8(a)所示,在双滑块摇杆机构中,滑块 A 和 B 可沿水平导槽滑动,摇杆 OC 可绕定轴 O 转动,连杆 CA 和 CB 可在图示平面内运动,且 $CA=CB=l$。当机构处于图所示位置时,已知滑块 A 的速度 $\boldsymbol{v}_A$,试求该瞬时滑块 B 的速度 $\boldsymbol{v}_B$ 以及连杆 CB 的角速度 ω_{CB}。

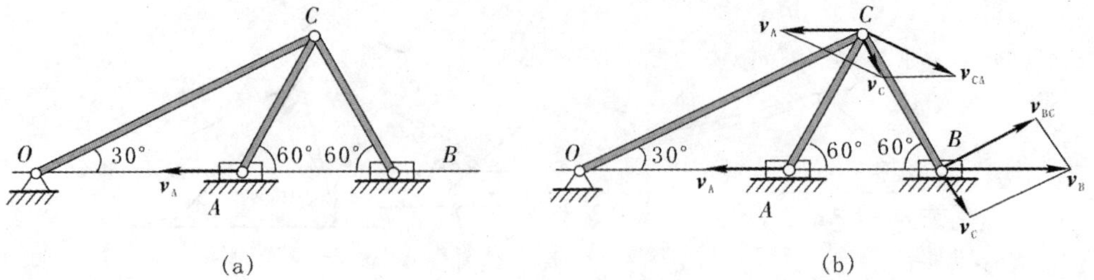

图 10-8

解:因为 A 点速度 $\boldsymbol{v}_A$ 已知,故选 A 为基点。应用速度合成定理,C 点的速度可表示为

$$\boldsymbol{v}_C = \boldsymbol{v}_A + \boldsymbol{v}_{CA}$$

由几何关系直接可得

$$\boldsymbol{v}_C = \boldsymbol{v}_A$$

方向如图所示。

选 C 为基点, B 点的速度可表示为

$$\boldsymbol{v}_B = \boldsymbol{v}_C + \boldsymbol{v}_{BC}$$

滑块 B 的速度 $\boldsymbol{v}_B$ 大小为

$$v_B = \frac{v_C}{\cos 60^\circ} = 2v_C = 2v_A$$

其方向水平向右。

又 $$v_{BC} = v_C \tan 60^\circ = \sqrt{3}\, v_C$$

由于 $$v_{BC} = BC \cdot \omega_{BC}$$

得连杆 BC 角速度的大小为

$$\omega_{BC} = \frac{v_{BC}}{BC} = \frac{\sqrt{3}}{l} v_A$$

转向沿逆时针方向。

例 10-3 如图 10-9 所示,半径 $r = 75$ cm 的圆轮以匀角速度 $\omega = 2\pi$ rad/s 沿直线地面滚动而无滑动(即做纯滚动),求其中心 O 和轮缘上 B,A 两点的速度。

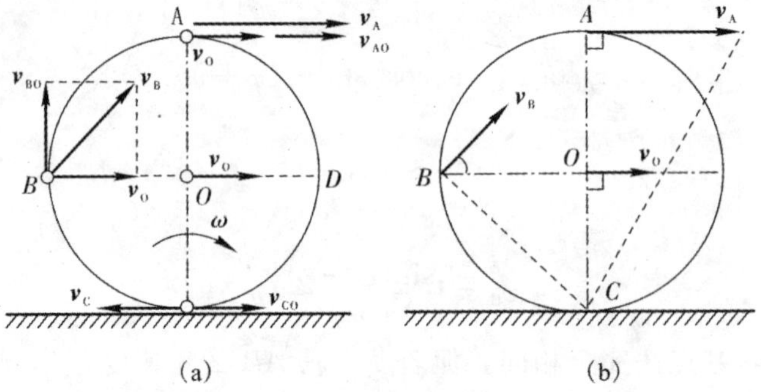

图 10-9

解法一:圆轮做平面运动,由于轮子在地面无滑动,所以轮与地面的接触点应具有与地面相同的速度。因地面上的点的速度为零,故轮与地面的接触点 C 的速度 $\boldsymbol{v}_C$ 也为零,因此,可通

过点 C 的速度求得点 O 的速度。

取点 O 为其点，由式(10－3)有

$$\boldsymbol{v}_C = \boldsymbol{v}_O + \boldsymbol{v}_{CO}$$

式中，$\boldsymbol{v}_{CO}$ 是点 C 相对于基点 O 转动的速度，其大小为

$$v_{CO} = CO \cdot \omega = r\omega = 2\pi r \text{ cm/s}$$

方向垂直于 CO，指向由 ω 的转向确定，即水平向左。

由于 $\boldsymbol{v}_C = \boldsymbol{0}$，由矢量方程可知，$\boldsymbol{v}_O = -\boldsymbol{v}_{CO}$，所以轮心点 O 的速度大小为

$$v_O = v_{CO} = 471 \text{ cm/s}$$

方向为水平向右。

同理，仍取点 O 为基点，轮缘上点 B 的速度为

$$\boldsymbol{v}_B = \boldsymbol{v}_O + \boldsymbol{v}_{BO}$$

式中，$\boldsymbol{v}_O$ 的大小和方向为已知，$\boldsymbol{v}_{BO}$ 的大小为

$$v_{BO} = BO \cdot \omega = r\omega$$

方向垂于 BO，指向由 ω 的转向确定。

在点 B 作速度平行四边形，由 $\boldsymbol{v}_O$ 和 $\boldsymbol{v}_{BO}$ 可确定 $\boldsymbol{v}_B$ 的大小及方向，即

$$v_B = \sqrt{v_O^2 + v_{BO}^2} = \sqrt{2}\, v_O = 666 \text{ cm/s}$$

方向与水平线成 45°角，指向右上方。

至于轮缘上最高点 A 的速度，由于 $\boldsymbol{v}_O$ 和 $\boldsymbol{v}_{AO}$ 平行且指向相同，故

$$v_A = v_O + v_{AO} = v_O + r\omega = 942 \text{ cm/s}$$

方向为水平向右。

解法二：由上面分析可知，因为圆轮做纯滚动，故其与地面接触点 C 点速度为零，现以圆轮上 C 点为基点，点 B 和点 A 的速度分别为

$$\boldsymbol{v}_B = \boldsymbol{v}_C + \boldsymbol{v}_{BC} = \boldsymbol{v}_{BC},\quad \boldsymbol{v}_A = \boldsymbol{v}_C + \boldsymbol{v}_{AC} = \boldsymbol{v}_{AC}$$

其大小为

$$v_B = v_{BC} = BC \cdot \omega = \sqrt{2}\, r\omega = 666 \text{ cm/s}$$

$$v_A = v_{AC} = AC \cdot \omega = 2r\omega = 942 \text{ cm/s}$$

其中，$\boldsymbol{v}_B$ 垂直于 BC，$\boldsymbol{v}_A$ 垂直于 AC，如图 10－9(b)所示。

由以上分析可知，若能在平面图形上找到速度为零的一点，以此点为基点，则平面图形上其他点的速度就等于其相对于基点的速度。这就是下节要介绍的速度瞬心法。

10.4　平面图形上点的速度分析的瞬心法

应用基点法求平面图形上任一点的速度时，基点是可以任意选取的。如果选取图形上瞬时速度等于零的一点作为基点，将使计算大为简化。这时图形上任一点的速度只等于该点绕瞬时速度为零的基点转动的速度。平面图形上某瞬时速度为零的点称为平面图形在该瞬时的瞬时速度中心，简称速度瞬心。

问题一：是否在任意时刻平面图形上都存在速度为零的一点？

下面就来证明速度瞬心的存在性。

设在某一瞬时，图形上某点 O 的速度是 $\boldsymbol{v}_O$，图形的角速度是 ω（见图 10-10）。现选取点 O 为基点，过点 O 做垂直于 $\boldsymbol{v}_O$ 的直线，设 OA 为把 $\boldsymbol{v}_O$ 沿角速度 ω 的转向转过 $90°$ 的半直线，在 OA 上各点的牵连速度 $\boldsymbol{v}_e$ 与相对速度 $\boldsymbol{v}_r$ 方向都相反，而对于 OA 上各点都有 $\boldsymbol{v}_e = \boldsymbol{v}_O$，且 $\boldsymbol{v}_r$ 的大小正比于该点到基点的距离。因此，其中必有一点 C，它的相对速度和牵连速度大小相等而方向相反，则该点绝对速度等于零。由此可见，只要平面图形的角速度 ω 不等于零，则在任一瞬时，图形上（或其延伸部分）总有速度等于零的一个点，这个点就是该瞬时平面图形的速度瞬心。至此速度瞬心的存在性就得以证明。

速度瞬心 C 到 O 点的距离可这样计算，由于 $\boldsymbol{v}_C = \boldsymbol{v}_O + \boldsymbol{v}_{CO} = \boldsymbol{0}$，又 $\boldsymbol{v}_{CO} = CO \cdot \omega$，故 $CO = \dfrac{v_O}{\omega}$。如果取速度瞬心 C 为基点，则平面图形上任一点 M 的速度为

$$\boldsymbol{v}_M = \boldsymbol{v}_C + \boldsymbol{v}_{MC} = \boldsymbol{v}_{MC}$$

又因为 $\boldsymbol{v}_C = \boldsymbol{0}$，所以

$$\boldsymbol{v}_M = \boldsymbol{v}_{MC} \tag{10-6}$$

大小为 $v_M = MC \cdot \omega$，方向垂直于 MC，指向与 ω 转动方向一致。

求出速度瞬心的位置后，根据图形的转动角速度，就可以求得图形上各个点的速度，这种方法称为瞬时速度中心法，简称速度瞬心法或瞬心法。即平面图形内各点的速度大小与该点至速度瞬心的距离成正比，方向垂直于该点与速度瞬心的连线，指向转动前进的一方。图形上各点的速度分布与图形在该瞬时以角速度 ω 绕速度瞬心 C 转动时一样（见图 10-10）。

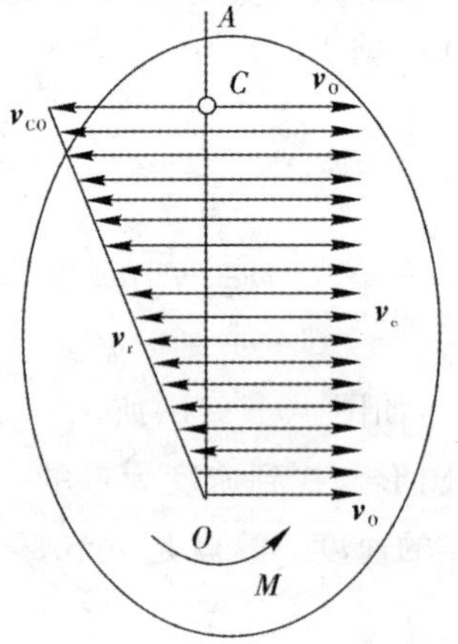

图 10-10

应该指出的是，在每一瞬时，平面图形上必有一点成为速度瞬心，而在不同瞬时，速度瞬心在图形上的位置是不同的。

综上所述，若已知平面图形在某一瞬时的角速度及其速度瞬心的位置，则平面图形上任一点的速度的大小和方向都可确定。

问题二：如何确定平面图形的速度瞬心？

通常有如下几种方法：

(1)已知图形上某一点的速度 $\boldsymbol{v}_O$ 以及图形的角速度 $\boldsymbol{\omega}$(大小和转向)。这种情况在上面论证速度瞬心的存在时已给出，即此速度瞬心 C 必定在过点 O 并垂直于 $\boldsymbol{v}_O$ 的线段上，速度瞬心 C 至点 O 的距离 $CO=\dfrac{v_O}{\omega}$(见图 10-11)。

(2)已知平面图形上 A，B 两点的速度方位，且 $\boldsymbol{v}_A$ 和 $\boldsymbol{v}_B$ 不平行。分别过 A，B 两点作 $\boldsymbol{v}_A$ 和 $\boldsymbol{v}_B$ 的垂线，其交点就是图形的速度瞬心(见图 10-12)。此时图形角速度为

$$\omega=\frac{v_A}{CA}=\frac{v_B}{CB}$$

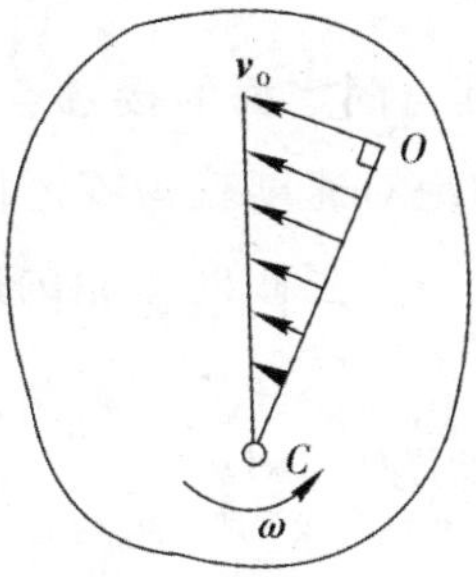

图　10-11

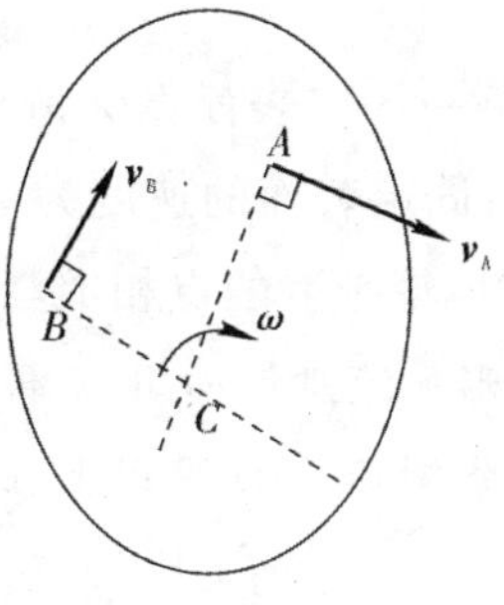

图　10-12

(3)已知平面图形上 A，B 两点的速度方位，且 $\boldsymbol{v}_A$ 和 $\boldsymbol{v}_B$ 平行。对此分为下面两种情况加以讨论。

1)若这两个速度矢量同时垂直于这两点的连线，且速度大小不等，如图 10-13(a)所示，或指向相反，如图 10-13(b)所示，其速度瞬心 C 必在连线 AB 与速度矢量 $\boldsymbol{v}_A$ 和 $\boldsymbol{v}_B$ 端点连线的交点上。此时图形的角速度为

$$\omega=\frac{v_A}{CA}=\frac{v_B}{CB}$$

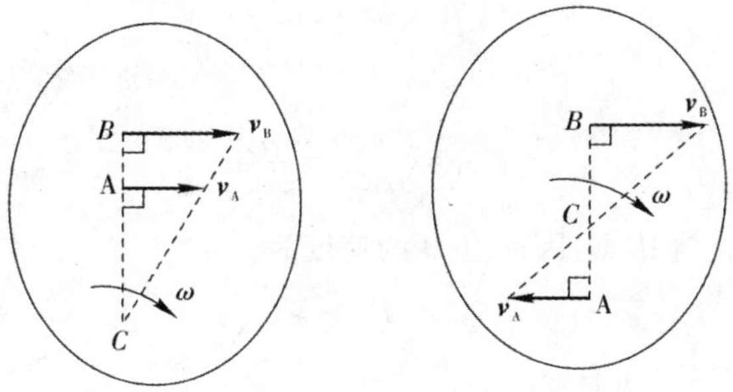

图　10-13

2)若这两个速度矢量与连线 AB 不垂直(见图 10-14(a))。这时速度瞬心在无穷远处，因而在该瞬时的角速度 $\omega=0$。应用速度投影定理也可以证明 $\boldsymbol{v}_A=\boldsymbol{v}_B$。该瞬时图形上各点的速度都相同，其速度分布情况与刚体平动时一样，这种情况下图形的运动称为瞬时平动。若已知 $\boldsymbol{v}_A=\boldsymbol{v}_B$，并且两个速度同时垂直于连线 AB(见图 10-14(b))，这时图形也做瞬时平动。注意：当做瞬时平动时，图形上各点的速度相等，但各点的加速度未必相等，因为图形的角加速度

一般不为零。

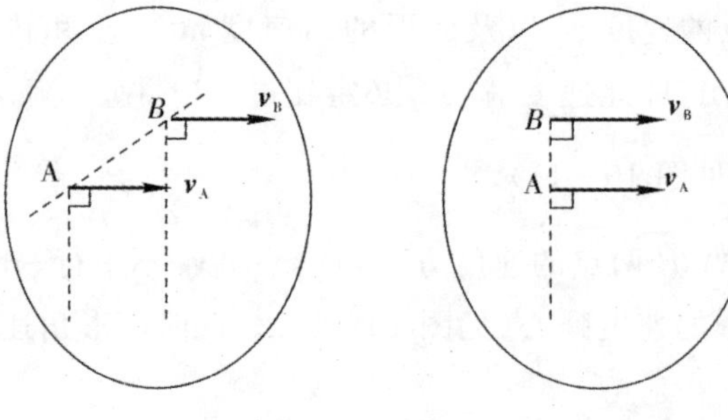

(a) (b)

图 10-14

(4)平面图形沿某一固定表面做无滑动滚动时，其与固定面的接触点 C 就是速度瞬心。因为在此瞬时，C 点相对固定表面的速度为零，所以它的绝对速度就为零。例如，图 10-15 所示的车轮，在不同的瞬时，轮缘上的点相继与地面接触而成为各瞬时车轮的速度瞬心。

思考题：*平面图形的速度瞬心具有唯一性吗？*

思考题：*能否任意给定平面图形上任意两点的速度大小和方向？*

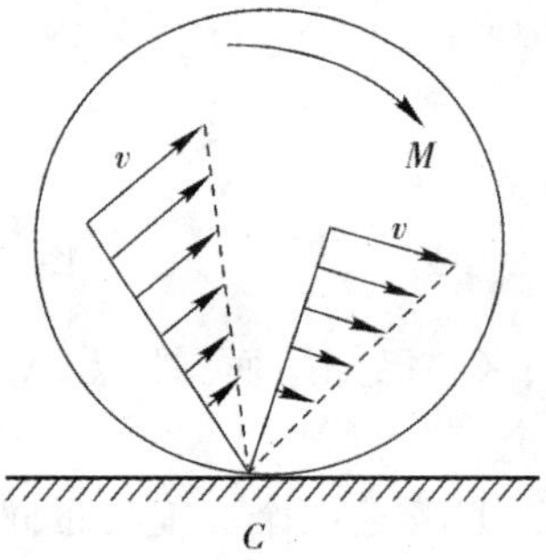

图 10-15

例 10-4 试用速度瞬心法求例 10-1 中滑块 B 的速度和连杆 AB 的速度 ω_{AB} 。

解：连杆 AB 做平面运动，A，B 两点速度的方位都已知。通过 A，B 两点分别作出 $\boldsymbol{v}_A$，$\boldsymbol{v}_B$ 的垂线，两者的交点 C 就是连杆 AB 的速度瞬心(见图 10-16)。

由于点 A 是曲柄 OA 和连杆 AB 的连接点，故点 A 的速度 $\boldsymbol{v}_A$ 应同时满足这两构件的运动情况，即

$$v_A - OA \cdot \omega = AC \cdot \omega_{AB}$$

所以

$$\omega_{AB} = \frac{v_A}{AC} = \frac{r\omega}{AC} \tag{1}$$

点 B 是连杆与滑块的连接点，因此点 B 的速度为

$$v_B = BC \cdot \omega_{AB} \tag{2}$$

在图 10-16 的 $\triangle OAB$ 中，有

$$\frac{AB}{\sin(90^\circ - \varphi)} = \frac{AC}{\sin(90^\circ - \psi)} = \frac{BC}{\sin(\varphi + \psi)}$$

所以

$$AC = \frac{\sin(90^\circ - \psi)}{\sin(90^\circ - \varphi)} AB = \frac{\cos\psi}{\cos\varphi} l$$

$$BC = \frac{\sin(\varphi + \psi)}{\sin(90^\circ - \varphi)} AB = \frac{\sin(\varphi + \psi)}{\cos\varphi} l$$

将 AC 之值代入式(1)得连杆 AB 的角速度为

$$\omega_{AB} = \frac{\cos\varphi}{\cos\psi} \cdot \frac{r}{l}\omega$$

式中，$\psi = \arcsin\left(\frac{r}{l}\sin\varphi\right)$，由 $\boldsymbol{v}_A$ 的指向可知 ω_{AB} 是顺时针的。

将 BC 和 ω_{AB} 之值代入式(2)，得滑块 B 的速为

$$v_B = \frac{\sin(\varphi+\psi)}{\cos\psi} r\omega$$

由 ω_{AB} 的转向可知，$\boldsymbol{v}_B$ 的指向如图 10-16 所示。

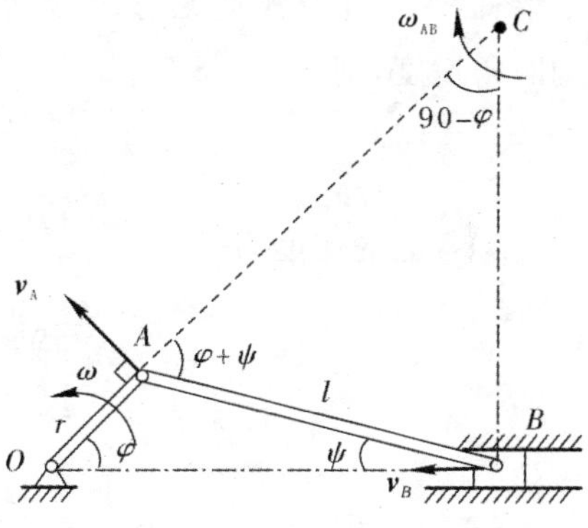

图　10-16

例 10-5　试用瞬心法求例 10-2。

解：先求连杆 AC 的速度瞬心。由点 A 和 C 分别作出其速度 $\boldsymbol{v}_A$ 和 $\boldsymbol{v}_C$ 的垂线，得交点 C_1，它就是杆 AC 的速度瞬心。由图 10-17 可知，$C_1A = C_1C$，所以有

$$v_C = v_A$$

同样，由点 C,B 速度 $\boldsymbol{v}_C,\boldsymbol{v}_B$ 的已知方向，可求出连杆 CB 的速度瞬心 C_2 。

因为

$$C_2C = CB \cdot \tan30^\circ = \frac{\sqrt{3}}{3}l$$

故得连杆 CB 角速度的大小为

$$\omega_{CB} = \frac{v_C}{C_2C} = \frac{\sqrt{3}}{l}v_A$$

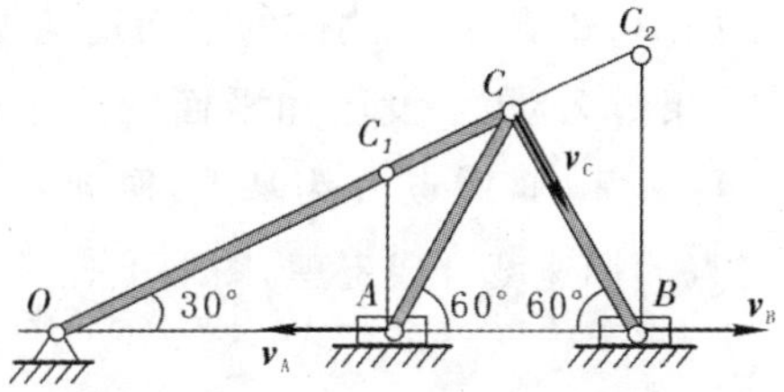

图　10-17

转向沿逆时针。于是滑块 B 速度的大小为

$$v_B = C_2B \cdot \omega_{CB} = \frac{2}{\sqrt{3}}l \times \frac{\sqrt{3}}{l}v_A = 2v_A$$

其方向水平向右。结果和例 10-2 相同。

例 10-6　火车轮子沿直线轨道滚动而无滑动，如图 10-18(b)所示。已知车轮中心 A 的速度为 $\boldsymbol{v}_A$。若半径 R 和 r 已知，求轮上 B,D,E 点的速度(见图 10-18(a))。

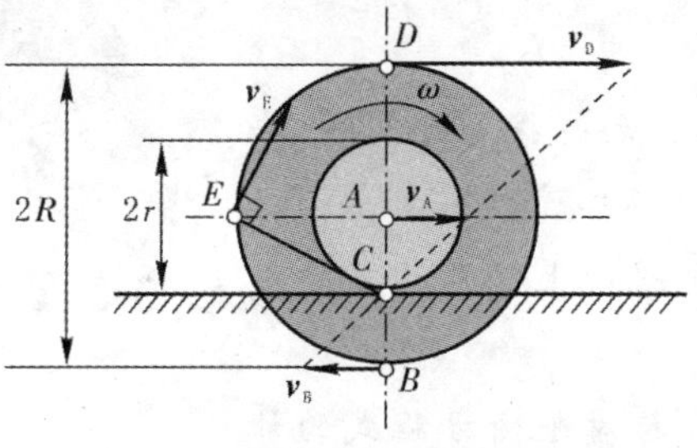

(a)

(b)

图　10-18

解:因为车轮只滚动无滑动,故车轮与轨道的接触点 C 就是车轮的速度瞬心。令 ω 为车轮转动的角速度,则

$$\omega = \frac{v_A}{r}$$

计算各点的速度为

$$v_B = BC \cdot \omega = \frac{R-r}{R} v_A$$

$$v_E = EC \cdot \omega = \frac{\sqrt{R^2+r^2}}{r} v_A$$

$$v_D = DC \cdot \omega = \frac{R+r}{r} v_A$$

方向如图 10-18(a)所示。

10.5　平面图形上各点加速度分析的基点法

如 10.2 节所述,刚体的平面运动可分解为随基点的平动(牵连运动)与相对于基点的定轴转动(相对运动)。设已知平面图形上某点 A 的速度,及图形的角速度 ω,角加速度 α,如图 10-19 所示。现取点 A 为基点,取动系随基点 O 平动,则根据点的复合运动中当牵连运动是平动时点的加速度合成定理,图形上任一点 B 的加速度为

$$\boldsymbol{a}_a = \boldsymbol{a}_e + \boldsymbol{a}_r$$

式中,牵连加速度 $\boldsymbol{a}_e = \boldsymbol{a}_A$,相对加速度 $\boldsymbol{a}_r$ 就是点 B 相对基点 A 的加速度 $\boldsymbol{a}_{BA}$,可分为相对切向加速度 $\boldsymbol{a}_{BA}^t$ 和相对法向加速度 $\boldsymbol{a}_{BA}^n$,如图 10-19 所示,则点 B 的加速度可表示为

$$\boldsymbol{a}_B = \boldsymbol{a}_A + \boldsymbol{a}_{BA}^t + \boldsymbol{a}_{BA}^n \tag{10-7}$$

式中,$a_{BA}^t = BA \cdot \alpha, a_{BA}^n = BA \cdot \omega^2$ 。即平面图形上任一点的加速度等于基点的加速度与该点随图形绕基点转动的切向加速度与法向加速度之和。

式(10-7)是一个矢量方程,通常可向两个正交方向投影得到两个相互独立的代数方程,用以求解其中任一加速度的大小或任一加速度的方向。

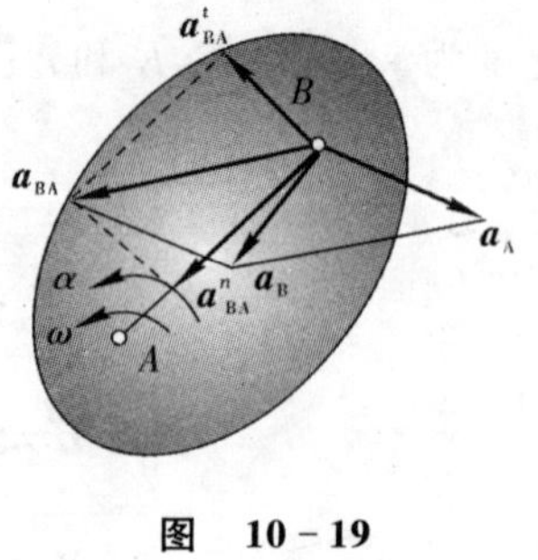

图　10-19

思考题:平面图形上有没有加速度瞬心?怎样找加速度瞬心?如何应用加速度瞬心求解平面图形上任一点的加速度?

思考题:有没有加速度的投影法?平面图形上任意两点的加速度在其连线上的投影相等吗?

思考题:对加速度合成公式作投影计算与对平衡方程式的计算有何区别?

例 10-7　外啮合行星齿轮机构如图 10-20(a)所示。曲柄 OA 绕轴 O 做定轴转动,带动齿轮 Ⅱ 沿固定齿轮 Ⅰ 的齿面滚动。已知定齿轮和动齿轮的节圆半径分别是 r_1 和 r_2,曲柄 OA

在某瞬时的角速度是 ω_O，角加速度是 α_O，试求该瞬时齿轮 Ⅱ 上的速度瞬心 C 和节圆上 M 点的加速度。

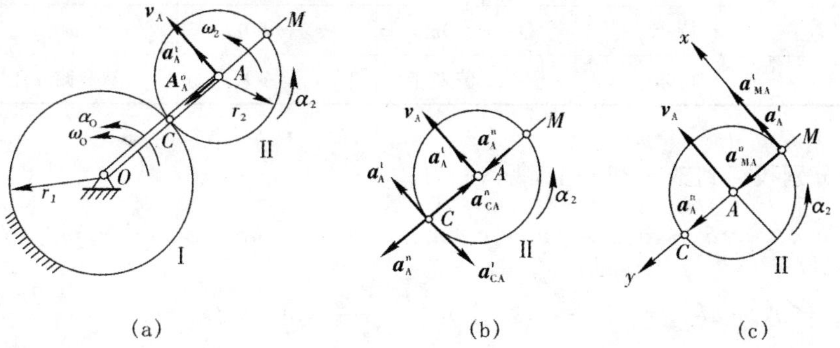

图　10-20

解：齿轮Ⅱ做平面运动，它与固定齿轮Ⅰ的啮合点 C 是速度瞬心。轮心 A 速度 $\boldsymbol{v}_A$ 的大小为

$$v_A = (r_1 + r_2)\omega_O$$

方向垂直于 OA 并与 ω_O 的转向一致。点 A 加速度的切合分量 $\boldsymbol{a}_A^t$ 和法向分量 $\boldsymbol{a}_A^n$ 的大小分别为

$$a_A^t = (r_1 + r_2)\alpha_O, \quad a_A^n = (r_1 + r_2)\omega_O^2$$

齿轮Ⅱ的角速度可表示为

$$\omega_2 = \frac{v_A}{r_2} = \frac{r_1 + r_2}{r_2}\omega_O \tag{1}$$

它的角速度为

$$\alpha_2 = \frac{d\omega_2(t)}{dt} = \frac{r + r_2}{r_2} \cdot \frac{d\omega_O(t)}{dt} = \frac{r_1 + r_2}{r_2}\alpha_O$$

式中，$\alpha_O = \dfrac{d\omega_O}{dt}$ 是曲柄的角加速度。

选轮心 A 为基点，则点 C 的加速度为

$$\boldsymbol{a}_C = \boldsymbol{a}_A^t + \boldsymbol{a}_A^n + \boldsymbol{a}_{CA}^t + \boldsymbol{a}_{CA}^n \tag{2}$$

式中，点 C 对于基点 A 相对转动加速度的切向分量 $\boldsymbol{a}_{CA}^t$ 和法向分量 $\boldsymbol{a}_{CA}^n$ 的大小分别为

$$a_{CA}^t = r_2\alpha_2 = (r_1 + r_2)\alpha_O$$

$$a_{CA}^n = r_2\omega_2^2 = \frac{(r_1 + r_2)^2}{r_2}\omega_O^2$$

两者的方向分别如图 10-20(b)所示。由上式分析可知，$a_A^t = -a_{CA}^t$，a_A^n 与 a_{CA}^n 的方向相反，故速度瞬心 C 的加速度 $\boldsymbol{a}_C$ 大小为

$$a_C = a_{CA}^n + a_A^n = \frac{(r_1 + r_2)^2}{r_2}\omega_O^2 - (r_1 + r_2)\omega_O^2 = \frac{r_1}{r_2}(r_1 + r_2)\omega_O^2$$

方向沿 CA。可见速度瞬心的加速度一般不等于零。

同理，可得点 M 的加速度为

$$\boldsymbol{a}_M = \boldsymbol{a}_A^t + \boldsymbol{a}_A^n + \boldsymbol{a}_{MA}^t + \boldsymbol{a}_{MA}^n \tag{3}$$

式中各加速度的大小和方向见表 10-1。

表 10-1

加速度	a_M	a_A^t	a_A^n	a_{MA}^t	a_{MA}^n
大小	待求	$(r_1+r_2)\alpha_O$	$(r_1+r_2)\omega_O^2$	$r_2\alpha_2$	$r_2\omega_2^2$
方向	待求	$\perp OA$ 偏左上	沿 AO	$\perp MA$ 偏左上	沿 MA

把式(3)分别投影到轴 x 和 y 上,得

$$a_{Mx}=a_A^t+a_{MA}^t=(r_1+r_2)\alpha_O+r_2\frac{r_1+r_2}{r_2}\alpha_O=2(r_1+r_2)\alpha_O$$

$$a_{My}=a_A^n+a_{MA}^n=(r_1+r_2)\omega_O^2+r_2\left(\frac{r_1+r_2}{r_2}\omega_O\right)^2=(r_1+r_2)\frac{r_1+2r_2}{r_2}\omega_O^2$$

从而求得 M 加速度 $\boldsymbol{a}_M$ 的大小为

$$a_M=\sqrt{a_{Mx}^2+a_{My}^2}=(r_1+r_2)\sqrt{4\alpha_O^2+\left(\frac{r_1+2r_2}{r_2}\right)^2\omega_O^4}$$

且 $\boldsymbol{a}_M$ 对 MA 的偏角 θ 由下式决定,即

$$\tan\theta=\frac{a_{Mx}}{a_{My}}=\frac{2r_2\alpha_O}{(r_1+2r_2)\omega_O^2}$$

例 10-8 曲柄滑块机构如图 10-21 所示,曲柄 OA 长 r,连杆 AB 长 l。设曲柄以匀角速度 ω 沿逆时针方向绕定轴 O 转动。试求当曲柄转角为 φ 时滑块 B 的加速度和连杆 AB 的角加速度。

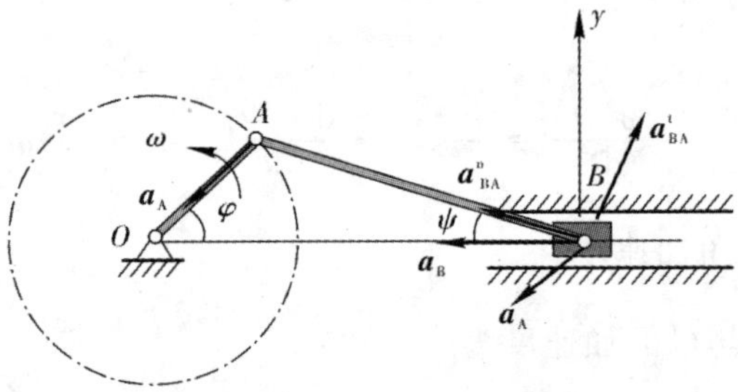

图 10-21

解:杆 AB 做平面运动,可用基点法求滑块 B 的加速度。选点 A 作为基点,它的加速度大小为

$$a_A=r\omega^2$$

其方向指向点 O。

当以点 A 作为基点,滑块 B 的加速度为

$$\boldsymbol{a}_B=\boldsymbol{a}_A+\boldsymbol{a}_{BA}^t+\boldsymbol{a}_{BA}^n \tag{1}$$

这里求解 $\boldsymbol{a}_{BA}^n$ 时,需要用到杆 AB 的角速度 ω_{AB},在例 10-1 中已经求解得到了,$\omega_{AB}=\frac{r\cos\varphi}{l\cos\psi}\omega$,沿顺时针方向。

式(1)中 $\boldsymbol{a}_A$ 已求出,$\boldsymbol{a}_{BA}^n$ 也可以根据已求得的 ω_{AB} 来确定,而只知 $\boldsymbol{a}_{BA}^t$ 垂直于 AB,其大小为 $a_{BA}^t=AB\cdot\alpha_{AB}$,其中连杆的角加速度 α_{AB} 待求并暂时假定沿逆时针方向;$\boldsymbol{a}_B$ 是水平并暂时假定向左,大小也待求出。所以,利用平面矢量等式(1),可以求出上述两个未知量。

式(1)中各加速度的大小和方向可见表 10-2。

表　10-2

加速度	$\boldsymbol{a}_{B}$	$\boldsymbol{a}_{A}$	$\boldsymbol{a}_{BA}^{t}$	$\boldsymbol{a}_{BA}^{n}$
大小	未知	$r\omega^{2}$	$AB \cdot \alpha_{AB}$	$AB \cdot \omega_{AB}^{2}$
方向	水平向左	沿 AO	$\perp AB$ 沿偏右上	沿 CA

画出各速度矢量图如图 10-21 所示，把式(1)投影到与 $\boldsymbol{a}_{BA}^{t}$ 相垂直的方向 BA 上，得

$$a_{B}\cos\psi = a_{A}\cos(\varphi+\psi)+a_{BA}^{n}$$

从而求得滑块 B 的加速度为

$$a_{B}=\frac{1}{\cos\psi}[a_{A}\cos(\varphi+\psi)+a_{BA}^{n}]$$

下面再来求解连杆 AB 的角加速度。将式(1)投影到铅直轴 y 上，有

$$0=-a_{A}\sin\varphi+a_{BA}^{t}\cos\psi+a_{BA}^{n}\sin\psi$$

从而求得

$$a_{BA}^{t}=\frac{1}{\cos\psi}(a_{A}\sin\varphi-a_{BA}^{n}\sin\psi)$$

连杆 AB 的角加速度大小为

$$\alpha_{AB}=\frac{a_{BA}^{t}}{AB}=\frac{1}{l\cos\psi}(a_{A}\sin\varphi-a_{BA}^{n}\sin\psi)$$

方向为逆时针方向。

10.6　刚体绕平行轴转动的合成

平面运动除了可以分解为平移与转动外，在某些情况下也可看作是绕两个平行轴转动的复合运动。

例如图 10-22 中小齿轮的平面运动可以看成是小齿轮绕自身轴心轴 O_1 的转动与自身轴心轴绕内齿轮轴心轴 O 的转动的合成运动。又如图 10-23 所示机械臂小臂的平面运动可以看成是小臂绕 A 轴的转动和 A 轴绕大臂支点 B 轴的转动的合成运动。而这里的 O_1 轴与 O 轴互相平行，A 轴和 B 轴互相平行。因此这时小齿轮和机械臂小臂的平面运动就可以看成是绕两根平行轴转动的合成运动。本节主要分析当刚体绕平行轴转动时，各角位移之间、各角速度之间以及各角加速度之间的关系。

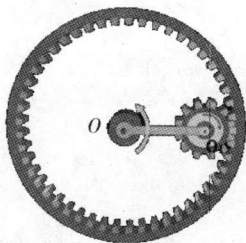

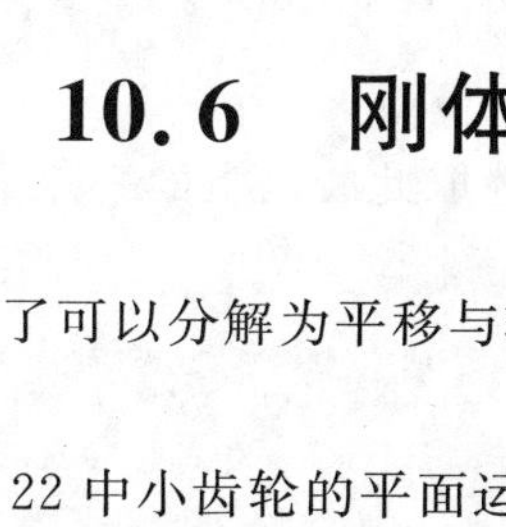

图　10-22

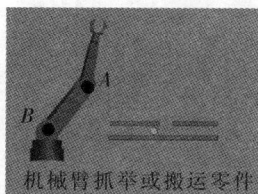

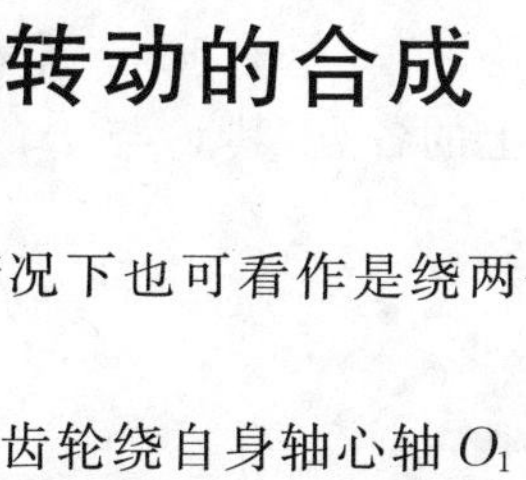

图　10-23

1. 刚体绕两个平行轴转动的分解

在运动过程中平面图形内有一个点做圆周运动，例如图 10－24 中齿轮Ⅱ上的点 A。此时若将动系 $Ox'y'$ 固连于曲柄 OA，则齿轮的平面运动可以分解为如下绕两个平行轴的转动的合成运动：

1)齿轮Ⅱ随同曲柄 OA 一起绕垂直于轮面的固定轴 O 的转动，这是牵连运动；

2)齿轮Ⅱ相对于曲柄绕自身中心轴 A 的转动，则是相对运动。

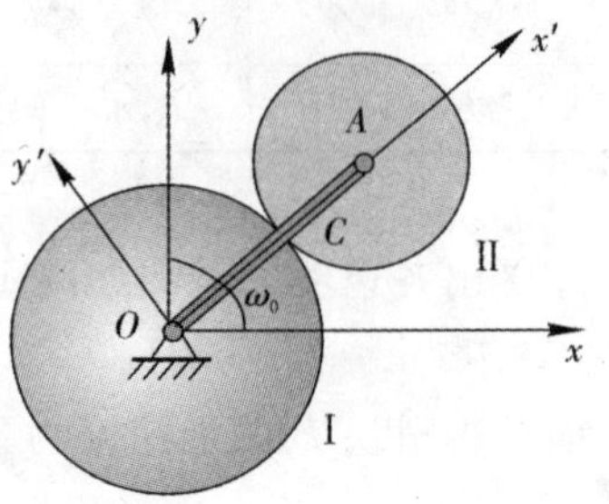

图 10－24

这样，当平面运动刚体内有一个点做圆周运动时，则这平面运动可以分解为绕平行轴的两个转动。反之，绕某轴转动的刚体，设转轴本身同时又绕另一与之平行的轴转动，则该刚体的合成运动就是具有上述特征的平面运动。

用 $\boldsymbol{\omega}_r$，$\boldsymbol{\omega}_e$ 和 $\boldsymbol{\omega}_a$ 代表刚体的相对、牵连和绝对角速度矢量，其中 $\boldsymbol{\omega}_r$ 和 $\boldsymbol{\omega}_e$ 沿已知的平行轴画出。又用 ω_r，ω_e 和 ω_a 代表这些矢量的模。

2. 同向转动的合成

如图 10－25 所示，平面图形 S 的牵连运动是绕定轴 O 的转动，相对运动是绕动轴 O' 的转动，假定两个转动都是逆时针方向的。这时矢量 $\boldsymbol{\omega}_r$ 和 $\boldsymbol{\omega}_e$ 的指向相同。

图形内任一点 M 的绝对速度为

$$\boldsymbol{v}_M = \boldsymbol{v}_e + \boldsymbol{v}_r$$

其中

$$v_e = OM \cdot \omega_e, \quad v_r = O'M \cdot \omega_r$$

在连线 OO' 上的各点，其 $\boldsymbol{v}_e$ 与 $\boldsymbol{v}_r$ 的方向相反。如果选取此线段上的一点 P，使 $\boldsymbol{v}_{Pe}$ 和 $\boldsymbol{v}_{Pr}$ 的大小相等，即

$$OP \cdot \omega_e = PO' \cdot \omega_r$$

或

$$\frac{OP}{PO'} = \frac{\omega_r}{\omega_e} \tag{10-8}$$

则点 P 的绝对速度等于零。可见点 P 是图形 S 在瞬时的速度瞬心。

动系上的点 O' 具有速度 $v_{O'} = OO' \cdot \omega_e$，但是 O' 又可看作是刚体上的一个点。根据速度瞬心法可知：

$$v_{O'} = PO' \cdot \omega_a$$

因此

$$\omega_a = \frac{OO'}{PO'}\omega_e = \frac{OP + PO'}{PO'}\omega_e = \frac{OP}{PO'}\omega_e + \omega_e$$

考虑到式(10－8)，可得绝对角速度 $\boldsymbol{\omega}_a$ 的大小为

$$\omega_a = \omega_e + \omega_r \tag{10-9}$$

转向与 $\boldsymbol{\omega}_e$ 和 $\boldsymbol{\omega}_r$ 的转向相同。

综合式(10－8)和式(10－9)可得结论：当刚体同时绕平行轴作同向转动时，合成运动是绕另一平行的瞬轴的同向转动。绝对角速度的大小等于牵连角速度与相对角速度大小之和。瞬

轴在原两平行的平面上，并在这两轴之间；瞬轴到这两轴的距离与刚体绕这两轴转动的角速度大小成反比。

沿各轴作出各角速度 $\boldsymbol{\omega}_a$，$\boldsymbol{\omega}_r$ 与 $\boldsymbol{\omega}_e$，可得角速度矢的合成图，如图 10－26 所示。

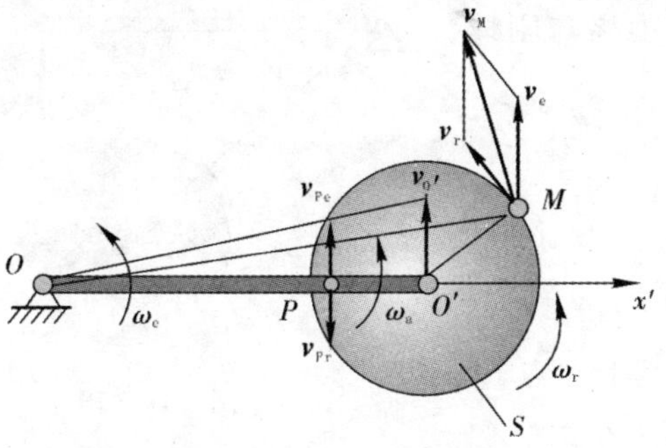

图　10－25

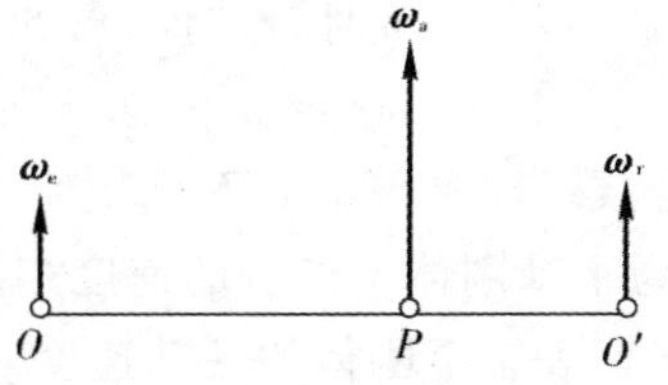

图　10－26

3. 反向转动的合成

下面讨论当 $\boldsymbol{\omega}_r$ 与 $\boldsymbol{\omega}_e$ 指向相反时的情形。分两种情况讨论，即这两个角速度大小不等和大小相等。

(1)假定 $\omega_r \neq \omega_e$，且 $\omega_r > \omega_e$ 。

此时在图形内连线 OO' 的 O' 端延长线上可以选取一点 P，如图 10－27 所示，使

$$v_{Pe} = - v_{Pr}$$

即满足关系式

$$\frac{OP}{PO'} = \frac{\omega_r}{\omega_e} \tag{10-10}$$

从而可知该点 P 的绝对速度等于零，这个点就是图形在该瞬时的速度瞬心。

因为

$$v_{O'} = OO' \cdot \omega_e = O'P \cdot \omega_a$$

所以

$$\omega_a = \frac{OO'}{O'P}\omega_e = \frac{OP - O'P}{O'P}\omega_e = \frac{OP}{O'P}\omega_e - \omega_e$$

考虑到式(10－10)，可得绝对角速度 $\boldsymbol{\omega}_a$ 的大小为

$$\omega_a = \omega_r - \omega_e \tag{10-11}$$

其转向与较大分角速度 $\boldsymbol{\omega}_r$ 的转向相同。各角速度矢的合成关系如图 10－28 所示。

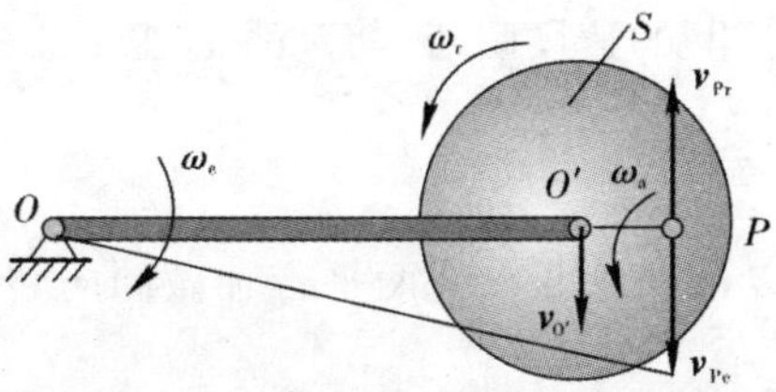

图　10－27

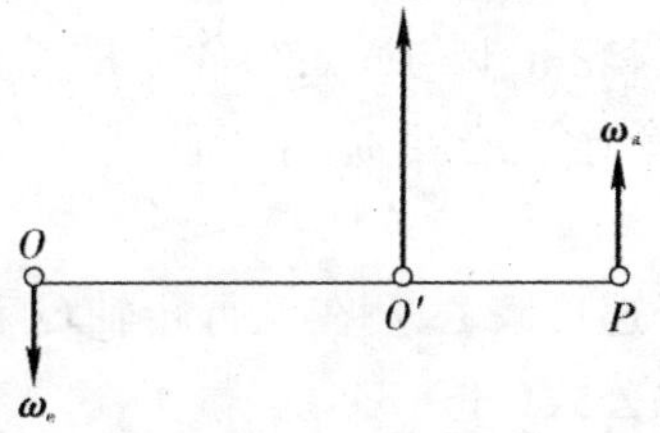

图　10－28

由上面讨论可得：当刚体同时以大小不等的角速度绕两平行轴做反向转动时，合成运动是

绕另一平行的瞬轴的转动。绝对角速度的大小等于牵连角速度与相对角速度大小之差，绝对角速度的转向与较大分角速度的转向相同。瞬轴在原两平行轴的平面上，并在较大分角速度的外侧；瞬轴到这两轴的距离与刚体绕这两轴的转动角速度大小成反比。

(2) $\omega_e = -\omega_r$ 的情形——转动偶。

当 $\omega_e = \omega_r = \omega$ 时，这时图形的绝对角速度为

$$\omega_a = \omega_e - \omega_r = 0$$

刚体的合成运动是平动而不是转动。

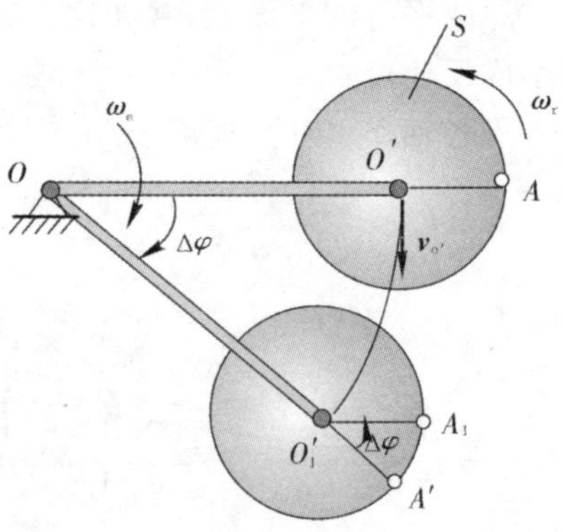

图 10-29

因为平动刚体上各点的速度相同，可用其上一点 O' 的速度来代表整个刚体的平动速度 $\boldsymbol{v}_{O'}$，它的大小为

$$v = v_{O'} = OO' \cdot w$$

方向垂直于 OO'，指向如图 10-29 所示。

可见，当刚体以大小相等的角速度同时绕两平行轴作反向转动时，合成运动是平动。这种运动情况称为转动偶 $(\boldsymbol{\omega}_e, \boldsymbol{\omega}_r)$。

图 10-30

其实，为了证明在转动偶情况下图形的确做平动，只需考察图形上任取线段 $O'A$ 的位移(见图10-29)。可令 $O'A$ 的初位置在 OO' 延长线上(见图 10-29)。经过某一时间间隔，杆 OO' 转过角 $\Delta\varphi$。如果图形固连于杆 OO'，则这时所取线段将在位置 $O_1'A'$。但是，在动系 OO' 上，图形还以大小相等、转向相反的角速度 ω_r 绕 O' 转动，在这个时间间隔内，图形按相反的方向转回了角度 $\Delta\varphi$。结果，该线段在这一瞬时是在位置 $O_1'A_1$。显然 $O_1'A_1 \parallel O'A$。这就说明了图形 S 做平动。

例如常在公园里看到的摩天轮就是转动偶的实例，如图 10-30 所示。当摩天轮转动时，轿厢一直做平动，因此人在轿厢内不会翻转，可以始终保持直立姿势。

例 10-9 外啮合行星齿轮机构如图 10-31 所示。曲柄 OA 绕轴 O 做定轴转动，带动齿轮 Ⅱ 沿固定齿轮 Ⅰ 的齿面滚动。已知定齿轮和动齿轮的节圆半径分别是 r_1 和 r_2，曲柄 OA 在某瞬时的角速度是 $\boldsymbol{\omega}_0$，试求齿轮 Ⅱ 对于曲轴 OA 的相对角速度 $\boldsymbol{\omega}_{2r}$ 以及它的绝对角速度 $\boldsymbol{\omega}_2$。

解：齿轮Ⅱ上与固定齿轮Ⅰ的啮合点 P 是齿轮 Ⅱ 的速度瞬心。将动系固连于曲柄 OA 上，轮 Ⅱ 的牵连角速度 ω_e 等于曲柄的角速度 ω_0，即

$$\omega_e = \omega_0$$

由于速度瞬心 P 在平行转轴 O 和 A 之间，所以可知轮Ⅱ在绕两平行轴做同向转动。根据内分反比公式(10-8)，有

$$\frac{OP}{PA} = \frac{\omega_r}{\omega_e} = \frac{\omega_{2r}}{\omega_0}$$

从而可得轮Ⅱ对于曲柄 OA 绕轴 A 转动的相对角速度为

$$\omega_{2r} = \frac{OP}{PA}\omega_0 = \frac{r_1}{r_2}\omega_0$$

方向为逆时针方向。由绕两平行轴同向转动合成公式：

$$\boldsymbol{\omega}_a = \boldsymbol{\omega}_e + \boldsymbol{\omega}_r$$

求得齿轮Ⅱ的绝对角速度为

$$\omega_2 = \omega_e + \omega_{2r} = \omega_0 + \frac{r_1}{r_2}\omega_0 = \frac{r_1 + r_2}{r_2}\omega_0$$

沿逆时针方向。

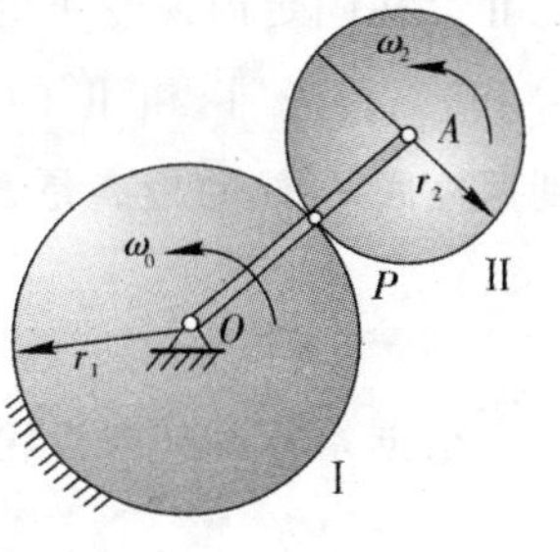

图　10－31

例 10－10　行星齿轮减速机构如图 10－32 所示。由做定轴转动的齿轮Ⅰ，经过啮合于固定内齿轮Ⅲ的行星齿轮Ⅱ，带动系杆Ⅳ（OA）转动。已知各齿轮的齿数分别是 z_1，z_2 和 z_3。假定齿轮Ⅰ角速度的大小是 ω_1，转向沿逆时针方向，试求系杆Ⅳ即 OA 的角速度 $\boldsymbol{\omega}_4$。

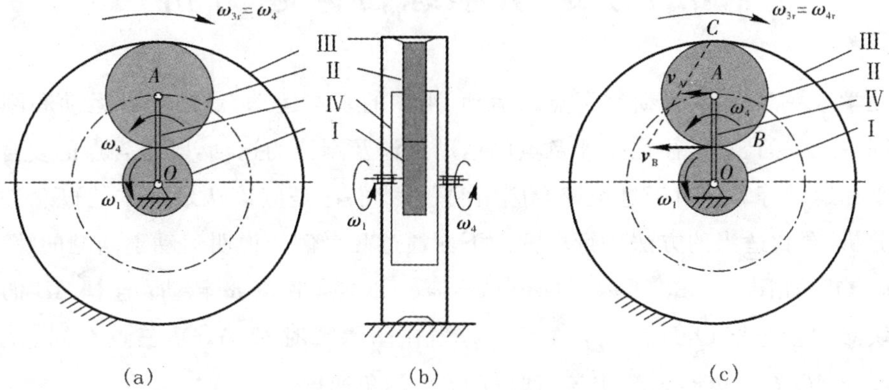

图　10－32

解：把动系固连于系杆 OA 上，则牵连角速度 $\boldsymbol{\omega}_e$ 就是待求的角速度 $\boldsymbol{\omega}_4$，即 $\boldsymbol{\omega}_e = \boldsymbol{\omega}_4$。

轮系对于动系的相对运动是定轴轮系传动，这时内齿轮Ⅲ以与系杆 OA 相反的角速度 $\boldsymbol{\omega}_4$ 绕定轴沿顺时针方向转动，即有 $\omega_{3r} = \omega_4$。

由相对运动应用定轴系的传动比公式，有

$$\frac{\omega_{1r}}{\omega_{2r}} = \frac{z_2}{z_1},\quad \frac{\omega_{2r}}{\omega_{3r}} = \frac{z_3}{z_2}$$

由此可得齿轮Ⅰ的相对角速度为

$$\omega_{1r} = \frac{z_3}{z_1}\omega_{3r} = \frac{z_3}{z_1}\omega_4$$

转向为逆时针方向。根据刚体绕两平行轴同向转动合成公式，求得齿轮Ⅰ的绝对角速度为

$$\omega_1 = \omega_e + \omega_{1r} = \omega_4 + \frac{z_1}{z_2}\omega_4$$

转向为逆时针方向。最后可求得系杆Ⅳ角速度的大小为

$$\omega_4 = \frac{z_1}{z_1 + z_3}\omega_1$$

转向为逆时针方向。工程中常根据减速要求，利用上式设计齿数 z_1 和 z_3。

本题也可以通过平面运动刚体上点的速度分析的瞬心法求解。如图 10－32(c)所示，齿

轮Ⅱ上和固定内齿轮Ⅲ的啮合点 C 是齿轮 Ⅱ 的速度瞬心。设齿轮 Ⅰ 和 Ⅲ 的节圆半径分别是 r_1 和 r_3，齿轮 Ⅰ 和 Ⅱ 的啮合点 B 的公共速度大小是 $v_B = r_1\omega_1$。显然，由于齿轮 Ⅱ 中心 A 点到速度瞬心 C 的距离是 B 点到 C 点距离的一半，所以 A 点的速度大小为

$$v_A = \frac{1}{2}v_B = \frac{1}{2}r_1\omega_1$$

根据系杆 OA 与齿轮 Ⅱ 铰接的公共点 A 的速度 $\boldsymbol{v}_A$，可得系杆角速度的大小为

$$\omega_A = \frac{v_A}{OA} = \frac{r_1\omega_1}{2OA} = \frac{r_1}{r_1+r_3}\omega_1 = \frac{z_1}{z_1+z_3}\omega_1$$

转向沿逆时针方向。

10.7　运动学综合问题分析

在运动学这一部分，我们研究了点的运动、刚体的基本运动、点的复合运动和刚体的平面运动。在同一工程问题中，往往既涉及点的运动又涉及刚体的运动，既包含点的复合运动又包含刚体的平面运动等等。对于这类综合应用问题，我们还是应该从最基本的概念、原理出发，对其进行分析，寻找适当的方法进行求解。下面通过几个例子说明运动学问题的综合应用。

例 10－11　如图 10－33 所示，曲柄 $OA = r$，以匀角速度 $\boldsymbol{\omega}$ 转动，连杆 AB 的中点 C 处铰接一滑块 C 可沿导槽 O_1D 滑动，$AB = l$，当在图示瞬时 O, A, O_1 三点在同一水平线上，$OA \perp AB$，$\angle AO_1C = \theta = 30°$。求该瞬时杆 O_1D 的角速度。

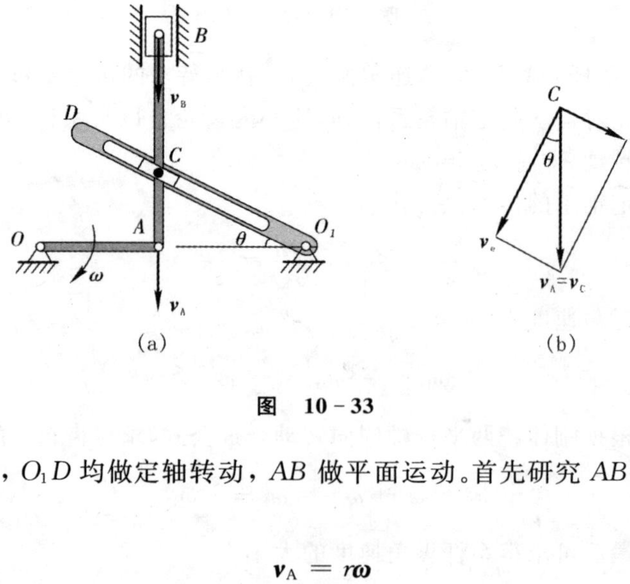

图　10－33

解：系统中 OA，O_1D 均做定轴转动，AB 做平面运动。首先研究 AB 的运动。

因为

$$\boldsymbol{v}_A = r\boldsymbol{\omega}$$

方向如图 10－33(a)所示，而 $\boldsymbol{v}_B$ 方向此时也是垂直向下的，因此容易看出，在此瞬时，杆 AB 做瞬时平动。所以，有

$$v_B = v_A = r\omega$$

而杆 AB 上的 C 点的速度为

$$v_C = v_A = r\omega$$

然后用点的复合运动的方法研究点 C 的运动。取滑块 C 为动点，动系固连于 O_1D 杆，定系固连于机架。则点 C 运动可进行如下分解：

绝对运动：曲线运动，$v_a = v_C = r\omega$，方向铅直向下；

相对运动：直线运动，$\boldsymbol{v}_r$ 大小未知，方向平行于 O_1D；

牵连运动：定轴转动，$\boldsymbol{v}_e$ 大小未知，方向垂直于 O_1D。

根据 $\boldsymbol{v}_a = \boldsymbol{v}_e + \boldsymbol{v}_r$，作速度平行四边形，如图 10－33(b)所示。

又因为

$$v_e = O_1C \cdot \omega_{O_1D}$$

且有

$$v_e = v_C \cdot \cos\theta = r\omega\cos\theta = \frac{\sqrt{3}}{2}r\omega$$

所以

$$\omega_{O_1D} = \frac{v_e}{O_1C} = \frac{\sqrt{3}/2r\omega}{\frac{l}{2}/\sin\theta} = \frac{\sqrt{3}r}{2l}\omega$$

这是一个需要联合应用点的复合运动和刚体平面运动理论求解的综合性问题。

例 10－12　如图 10－34 所示系统，AB 杆可以沿水平槽滑动，B 处铰接套筒 B，可沿 OC 杆滑动，OC 杆可绕点 O 做定轴转动，在 D 处铰接连杆 DE，E 端铰连滑块 E，滑块 E 可沿水平槽滑动。已知杆 AB 的速度 v = 常量，尺寸 b，如图 10－34(a) 所示瞬时，$OD = BD$，$\varphi = 60°$，$\theta = 30°$。求此时杆 OC 的角速度和角加速度，以及滑块 E 的速度和加速度。

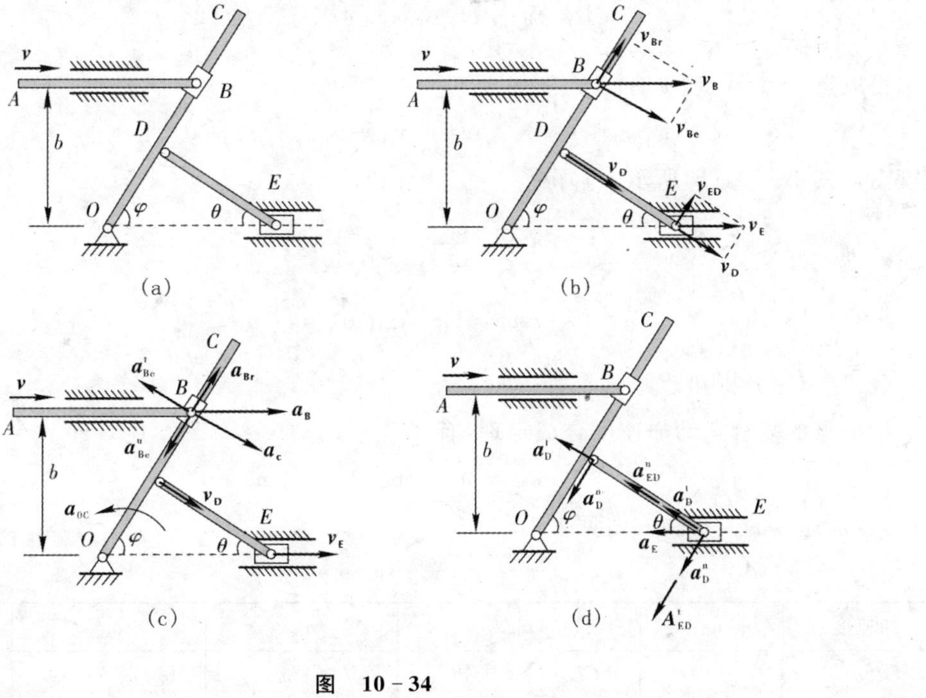

图　10－34

解:(1)速度分析和计算。

取滑块 B 为动点,动系固连于杆 OC,定系固连于机架。根据点的复合运动速度合成定理,有

$$\boldsymbol{v}_{B} = \boldsymbol{v}_{Be} + \boldsymbol{v}_{Br} \tag{1}$$

其中,$\boldsymbol{v}_{B}$,$\boldsymbol{v}_{Be}$,$\boldsymbol{v}_{Br}$ 的大小和方向见表 10-3。

表 10-3

加速度	$\boldsymbol{v}_{B}$	$\boldsymbol{v}_{Be}$	$\boldsymbol{v}_{Br}$
大小	v	$OB \cdot \omega_{OB}$(未知)	未知
方向	水平向右	$\perp OB$	沿 OC

各速度方向如图 10-34(b)所示,其中 ω_{OB} 是 OB 杆的角速度。解得

$$v_{Be} = v_{B}\sin\varphi = \frac{\sqrt{3}}{2}v$$

则
$$\omega_{OB} = \frac{v_{Be}}{OB}$$

又因为
$$OB = \frac{b}{\sin\varphi}$$

所以
$$\omega_{OB} = \frac{3v}{4b} \tag{2}$$

则
$$v_{D} = OD \cdot \omega_{OB} = \frac{1}{2}OB \cdot \omega_{OB} = \frac{\sqrt{3}}{4}v$$

再以点 D 为基点,则有

$$\boldsymbol{v}_{E} = \boldsymbol{v}_{D} + \boldsymbol{v}_{ED} \tag{3}$$

速度图如图 10-34(b)所示。解得

$$v_{E} = \frac{v_{D}}{\cos\theta} = \frac{v_{D}}{\cos 30^\circ} = \frac{v}{2}$$

$$v_{ED} = v_{D} \cdot \tan 30^\circ = \frac{1}{4}v \tag{4}$$

(2)加速度分析和计算。

根据点的复合运动加速度合成定理,有

$$\boldsymbol{a}_{B} = \boldsymbol{a}_{Be}^{t} + \boldsymbol{a}_{Be}^{n} + \boldsymbol{a}_{Br} + \boldsymbol{a}_{c} \tag{5}$$

其中,各加速度的大小和方向见表 10-4。

表 10-4

加速度	$\boldsymbol{a}_{B}$	$\boldsymbol{a}_{Be}^{t}$	$\boldsymbol{a}_{Be}^{n}$	$\boldsymbol{a}_{Br}$	$\boldsymbol{a}_{c}$
大小	0	$OB \cdot \alpha_{OC}$(未知)	$BO \cdot \omega_{OC}^{2}$	未知	$2\omega_{OC} \cdot v_{Br}$
方向	—	$\perp OB$	$B \to O$	沿 OC	$\perp OB$

各加速度方向如图 10-34(c)所示。

将式(5)投影到 $\boldsymbol{a}_{Be}^{t}$ 方向,得

$$0 = a_{Be}^{t} - a_{C}$$

$$a_{Be}^{t} = a_{C} = \frac{3v^2}{4b}$$

解得杆 OC 的角加速度为

$$\alpha_{OC} = \frac{a_{Be}^{t}}{OB} = \frac{3\sqrt{3}\,v^2}{8b^2}$$

方向为逆时针。

为求 E 点的加速度，取 D 点为基点,则有

$$\boldsymbol{a}_{E} = \boldsymbol{a}_{D}^{t} + \boldsymbol{a}_{D}^{n} + \boldsymbol{a}_{ED}^{t} + \boldsymbol{a}_{ED}^{n} \tag{6}$$

其中,各加速度大小和方向见表 10-5。

表 10-5

加速度	$\boldsymbol{a}_{E}$	$\boldsymbol{a}_{D}^{t}$	$\boldsymbol{a}_{D}^{n}$	$\boldsymbol{a}_{ED}^{t}$	$\boldsymbol{a}_{ED}^{n}$
大小	未知	$OC \cdot \alpha_{OC}$	$OC \cdot \omega_{OC}^{2}$	未知	v_{ED}^{2}/ED
方向	水平向左	$\perp DO$	$D \to O$	$\perp ED$	$E \to D$

各加速度方向如图 10-34(d)所示,其中 $\omega_{OC} = \omega_{OB}$,已由式(2)求出,$v_{ED}$ 已由式(4)求出。

将式(6)投影到 ED 方向,得

$$a_{E}\cos\theta = a_{D}^{t} + a_{ED}^{n}$$

其中

$$a_{D}^{t} = OD \cdot \alpha_{OC} = \frac{3v^2}{8b}$$

$$a_{ED}^{n} = \frac{v_{ED}^{2}}{DE} = \frac{v^2}{16b}$$

解得

$$a_{E} = \frac{a_{D}^{t} + a_{ED}^{n}}{\cos\theta} = \frac{7\sqrt{3}\,v^2}{24}$$

方向水平向左。

例 10-13 如图 10-35(a)所示平面机构中,曲柄 O_1A 长为 r,以匀角速度 $\boldsymbol{\omega}_1$ 绕水平固定轴 O_1 转动。通过长为 l 的连杆 AB,带动滑块 B 在水平导轨内滑动。在连杆 AB 的中点用铰链连接一滑块 M,它可带动滑道摇杆 O_2D 绕水平固定轴 O_2 转动,且 O_1O_2 和 B 在同一水平线上。试求 O_1A 和 O_2D 处于图示铅垂位置时摇杆 O_2D 的角速度 $\boldsymbol{\omega}_2$ 和角加速度 $\boldsymbol{\alpha}_2$ 。

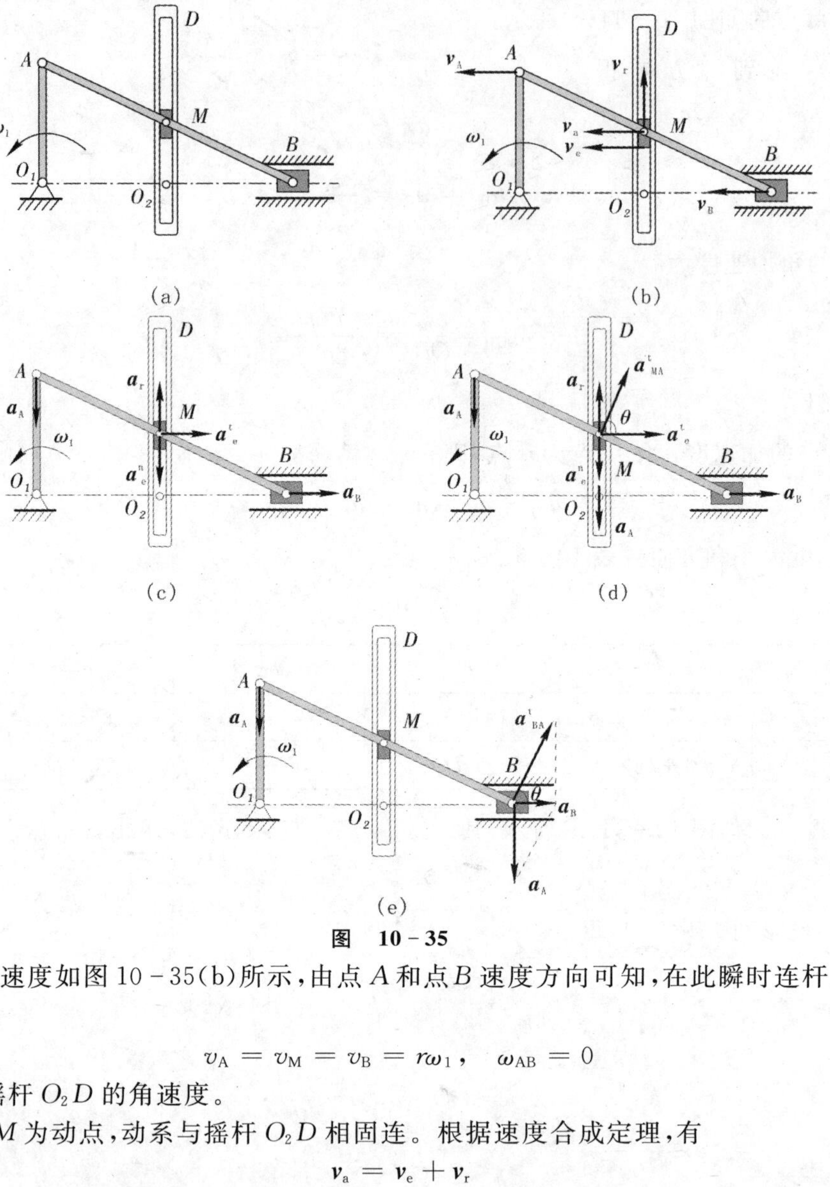

图　10－35

解:各点速度如图 10－35(b)所示,由点 A 和点 B 速度方向可知,在此瞬时连杆 AB 做瞬时平动,有

$$v_A = v_M = v_B = r\omega_1,\quad \omega_{AB} = 0$$

(1) 求摇杆 O_2D 的角速度。

取滑块 M 为动点,动系与摇杆 O_2D 相固连。根据速度合成定理,有

$$\boldsymbol{v}_a = \boldsymbol{v}_e + \boldsymbol{v}_r \tag{1}$$

其中,各速度大小和方向见表 10－6。

表　10－6

加速度	$\boldsymbol{v}_a$	$\boldsymbol{v}_e$	$\boldsymbol{v}_r$
大小	$r\omega_1$	未知	未知
方向	水平向左	水平方向	铅垂方向

因为图示瞬时 $\boldsymbol{v}_a$ 与 $\boldsymbol{v}_e$ 均垂直于 $\boldsymbol{v}_r$,故

$$v_r = 0,\quad v_a = v_e$$

则有

$$v_e = v_a = v_M = r\omega_1$$

而摇杆 O_2D 的角速度为

$$\omega_2 = \frac{v_e}{O_2M} = \frac{r\omega_1}{r/2} = 2\omega_1$$

方向为逆时针。

(2) 求摇杆 O_2D 的角加速度。

根据加速度合成定理，滑块 M 的绝对加速度为

$$\boldsymbol{a}_a = \boldsymbol{a}_e^t + \boldsymbol{a}_e^n + \boldsymbol{a}_r + \boldsymbol{a}_c \tag{2}$$

其中，各加速度大小和方向见表 10－7。

表　10－7

加速度	$\boldsymbol{a}_a$	$\boldsymbol{a}_e^t$	$\boldsymbol{a}_e^n$	$\boldsymbol{a}_r$	$\boldsymbol{a}_c$
大小	未知	$O_2M \cdot \alpha_2$ (未知)	$O_2M \cdot \omega_2^2$	未知	$2\omega_2 \cdot v_r$
方向	未知	$\perp O_2M$	沿 MO_2	沿 O_2M	—

各加速度如图 10－35(c)所示。式(2)中含有 4 个未知量，不能求解。取点 A 为基点，并考虑到杆 AB 的角速度在图示瞬时为零，则点 M 的加速度为

$$\boldsymbol{a}_M = \boldsymbol{a}_A + \boldsymbol{a}_{MA}^t \tag{3}$$

其中，各加速度的大小和方向见表 10－8。

表　10－8

加速度	$\boldsymbol{a}_M$	$\boldsymbol{a}_A$	$\boldsymbol{a}_{MA}^t$
大小	未知	$r\omega_1^2$	$MA \cdot \alpha_{AB}$
方向	未知	铅垂向下	$\perp MA$

各加速度如图 10－35(d)所示。联立式(2)和式(3)，可得

$$\boldsymbol{a}_e^t + \boldsymbol{a}_e^n + \boldsymbol{a}_r = \boldsymbol{a}_A + \boldsymbol{a}_{MA}^t \tag{4}$$

将式(4)投影到与摇杆 O_2D 相垂直的方向上，得

$$a_e^t = a_{MA}^t \cos\theta = MA \cdot \alpha_{AB} \cos\theta \tag{5}$$

式中，α_{AB} 为未知量。可见，欲求 a_e^t 还须先求出连杆 AB 的角加速度 α_{AB} 。

取点 A 为基点，则滑块 B 的加速度为

$$\boldsymbol{a}_B = \boldsymbol{a}_A + \boldsymbol{a}_{BA}^t \tag{6}$$

其中，各加速度的大小和方向见表 10－9。

表　10－9

加速度	$\boldsymbol{a}_B$	$\boldsymbol{a}_A$	$\boldsymbol{a}_{BA}^t$
大小	未知	$r\omega_1^2$	$l \cdot \alpha_{AB}$
方向	水平向左	沿 AO	$\perp AB$

各加速度如图 10－35(e)所示。将式(6)沿铅垂方向投影，得

$$0 = -a_A + a_{BA}^t \sin\theta$$

即

$$a_{BA}^t = \frac{a_A}{\sin\theta} = \frac{r\omega_1^2 l}{\sqrt{l^2 - r^2}}$$

故

$$\alpha_{AB} = \frac{a_{BA}^t}{l} = \frac{r\omega_1^2}{\sqrt{l^2 - r^2}}$$

方向为逆时针，有

$$a_e^t = a_{MA}^t \cos\theta = MA \cdot \alpha_{AB} \cos\theta$$

由式(5)得摇杆 O_2D 的角加速度为

$$\alpha_2 = \frac{a_e^t}{O_2M} = \frac{MA}{O_2M}\cos\theta \cdot \alpha_{AB} = \frac{(l/2)r/l}{r/2}\alpha_{AB} = \alpha_{AB} = \frac{r\omega_1^2}{\sqrt{l^2 - r^2}}$$

方向为顺时针。

例 10-14 如图 10-36(a)所示，半径 $r = 1$ m的轮子，沿水平固定轨道滚动而不滑动，轮心具有匀加速度 $a_C = 0.5$ m/s^2，借助于铰接在轮缘 A 点上的滑块，带动杆 OB 绕垂直图画的轴 O 转动，在初瞬时($t = 0$)轮处于静止状态，当 $t = 3$ s时机构的位置如图 10-36(a)所示。试求杆 OB 在此瞬时的角速度和角加速度。

解：(1)速度分析和计算(见图 10-36(b))。

当 $t = 3$ s时，轮心 C 的速度为

$$v_C = a_C t = 0.5 \times 3 = 1.5 \text{ m/s}$$

由于轮子做纯滚动，故它与地面的接触点 P 为速度瞬心，由速度瞬心法可得

$$v_A = 2v_C = 3 \text{ m/s}$$

方向为水平向右。

取滑块 A 为动点，动参考系固连于 OB 杆上，则有

绝对运动：轮缘 A 点的滚轮线运动；

相对运动：沿 OB 杆的直线运动；

牵连运动：随杆 OB 绕 O 轴的定轴转动。

根据点的速度合成定理，动点 A 的绝对速度为

$$\boldsymbol{v}_a = \boldsymbol{v}_e + \boldsymbol{v}_r \tag{1}$$

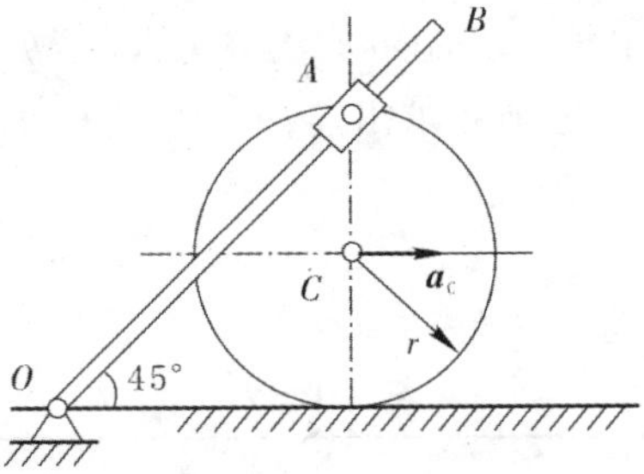

(a)

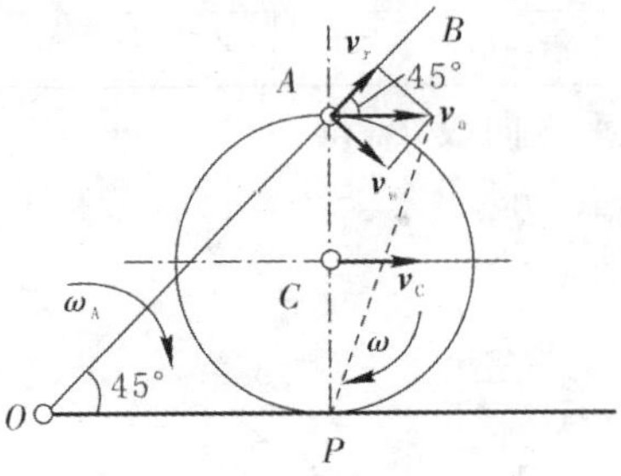

(b)

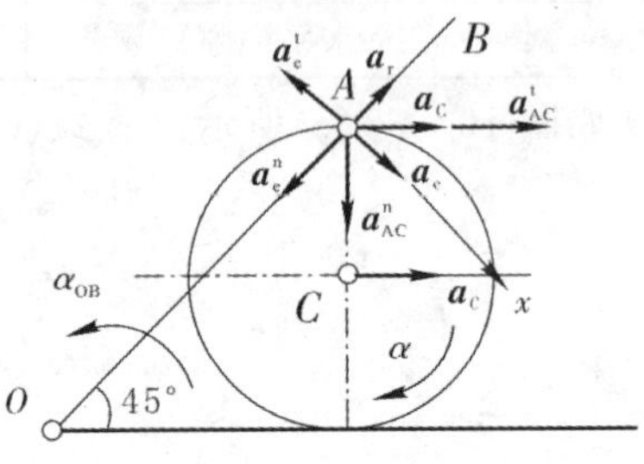

(c)

图 10-36

式中，各速度大小和方向见表 10-10。

表　10－10

速度	$\boldsymbol{v}_a$	$\boldsymbol{v}_e$	$\boldsymbol{v}_r$
大小	$2v_C$	$OA\cdot\omega_{OB}$(未知)	未知
方向	水平向右	AO	沿 OB

由图 10－36(b)的速度平行四边形得

$$v_a\cos45° = v_e = v_r$$

故

$$v_e = v_r = 3\sqrt{2}/2\ \mathrm{m/s}$$

于是，杆 OB 的角速度为

$$\omega_{OB} = v_e/OA = 3/4\ \mathrm{rad/s}\quad(\text{顺时针})$$

(2)加速度分析和计算(见图 10－36)。

用基点法求 A 点的加速度。取点 C 为基点，有

$$\boldsymbol{a}_A = \boldsymbol{a}_C + \boldsymbol{a}_{AC}^t + \boldsymbol{a}_{AC}^n \tag{2}$$

式中，各项的大小和方向见表 10－11。

表　10－11

加速度	$\boldsymbol{a}_A$	$\boldsymbol{a}_C$	$\boldsymbol{a}_{AC}^t$	$\boldsymbol{a}_{AC}^n$
大小	未知	a_C	$r\alpha = a_C$	$r\omega^2$
方向	未知	水平向右	水平向右	由 $A\rightarrow C$

根据牵连运动为定轴转动时点的加速度合成定理，动点 A 的绝对加速度可表示为

$$\boldsymbol{a}_a = \boldsymbol{a}_e^t + \boldsymbol{a}_e^n + \boldsymbol{a}_r + \boldsymbol{a}_C \tag{3}$$

式中，各项的大小和方向见表 10－12。

表　10－12

加速度	$\boldsymbol{a}_a$	$\boldsymbol{a}_e^t$	$\boldsymbol{a}_e^n$	$\boldsymbol{a}_r$	$\boldsymbol{a}_C$
大小	未知	$OA\cdot\alpha_{OB}$(未知)	$OA\cdot\omega_{OB}^2$	未知	$2\omega_A v_r$
方向	未知	$\perp OB$	由 $A\rightarrow O$	沿 OB	$\perp OB$

由式(2)和(3)得

$$\boldsymbol{a}_C + \boldsymbol{a}_{AC}^t + \boldsymbol{a}_{AC}^n = \boldsymbol{a}_e^t + \boldsymbol{a}_e^n + \boldsymbol{a}_r + \boldsymbol{a}_C$$

将上式投影到与不需求的未知量 $\boldsymbol{a}_r$ 相垂直的轴 x 上，得

$$(a_C + a_{AC}^t + a_{AC}^n)\sqrt{2}/2 = -a_e^t + a_C$$

故

$$a_e^t = a_C - (a_C + a_{AC}^t + a_{AC}^n)\sqrt{2}/2 = 0.88\ \mathrm{m/s^2}$$

于是，杆 OB 的角加速度为

$$\alpha_{OB} = a_e^t/OA = 0.31\ \mathrm{rad/s^2}$$

沿逆时针方向。

习 题 十

10－1　题图10－1所示椭圆规尺 A 端的滑块以速度 $v_A = 30$ m/s沿水平导槽向右运动，滑块 B 在铅直槽中运动，已知杆 AB 长24 cm，在图示瞬时杆 AB 与水平线成角 $\varphi = 45°$，试求此时杆 AB 中点 C 的速度大小及杆 AB 的速度。

10－2　题图10－2所示轮子做逆时针方向有滑动地滚动，轮心 O 向左的速度大小 $v_0 = 3$ m/s，轮缘上点 A 的速度为6 m/s，轮子的直径为0.9 m，试求轮子的角速度。

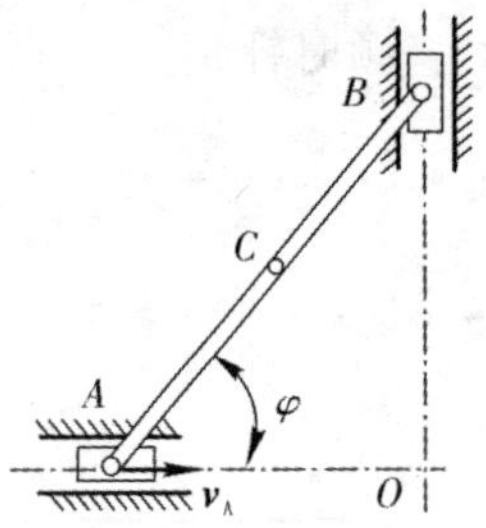

题图　10－1

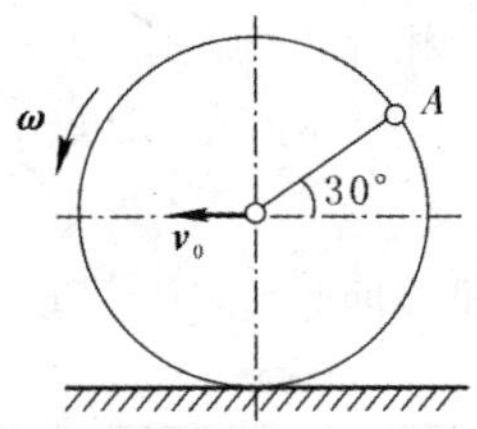

题图　10－2

10－3　题图10－3所示曲柄 OA 长20 cm，绕过点 O 的轴以匀角速度 $\omega_O = 10$ rad/s，连杆 AB 长100 cm。当曲柄与连杆相垂直并分别与水平线成 α 和 β 角，且 $\alpha = \beta = 45°$ 时，试求连杆 AB 的角速度以及滑块 B 的速度。

10－4　题图10－4所示四连杆机构中，曲柄 OA 以匀角速度 ω_O 绕过点 O 的轴转动，且 $OA = O_1B = r$。当 $\angle AOO_1 = 90°$，$\angle BAO = \angle BO_1O = 45°$ 时，求曲柄 O_1B 的角速度。

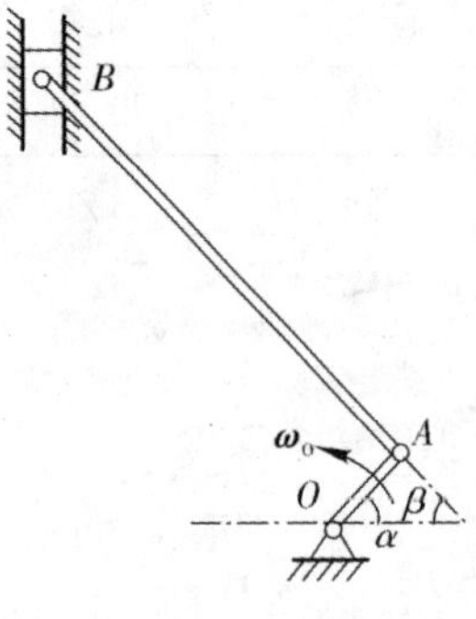

题图　10－3

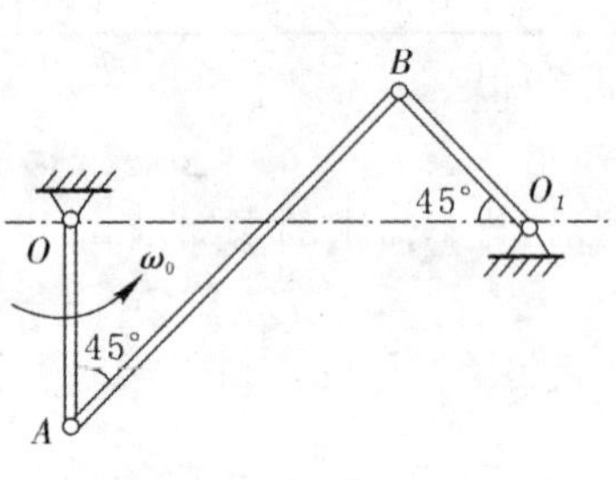

题图　10－4

10－5　试找出题图10－5中做平面运动刚体在图示位置的速度瞬心，并确定角速度的转向以及点 M 的速度方向。

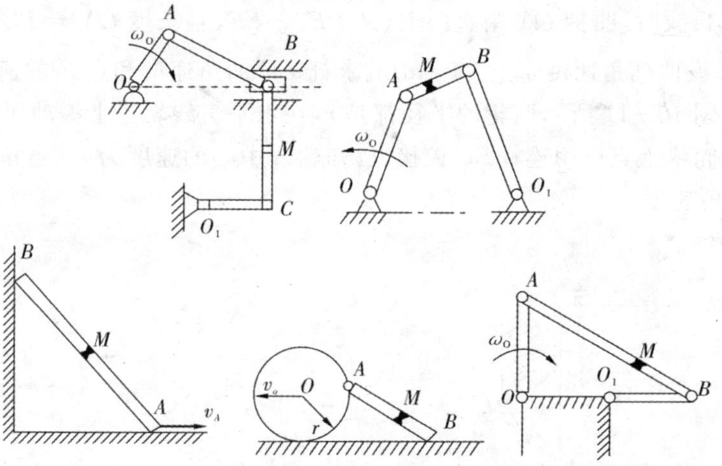

题图　10-5

10-6　滚轮直径为 10 cm，沿水平轨道向右做纯滚动，如题图 10-6 所示。轮心 C 的运动规律为 $x = 3t^3 - 3t^2 - 14t + 19$（$t$ 以 s 为单位，x 以 cm 为单位）。试求 $t = 2$ s 时，轮子的角速度。

10-7　题图 10-7 所示机构中，$AB = 250$ mm，$CD = 200$ mm，在图示瞬时，杆 AB 的角速度 $\omega = 2$ rad/s 转向如图所示。试求该瞬时杆 BC 和 CD 的角速度。

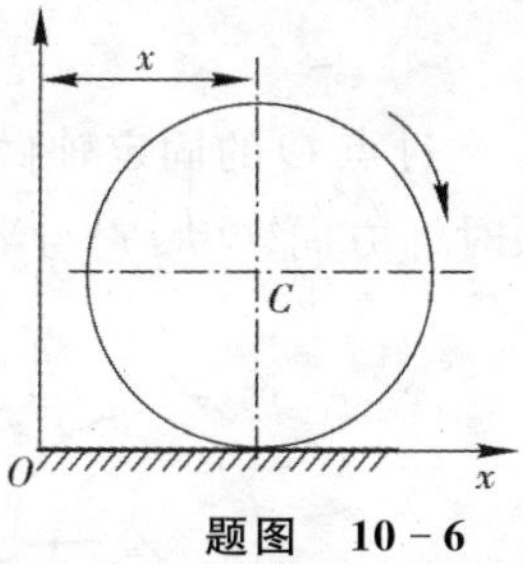

题图　10-6

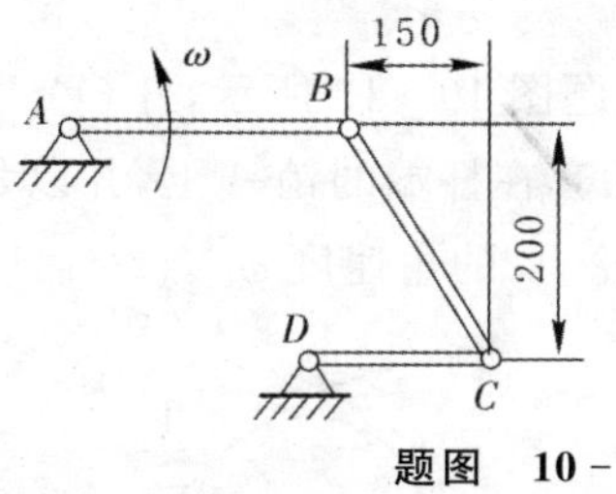

题图　10-7

10-8　直杆 AB 在题图 10-8 所示面内运动，杆端 A 始终在半圆 CAD 上，而直杆的侧面则始终搁在水平直径 CD 的一端 C。当杆端 A 在圆心 O 的铅直下方时，$v_A = 4$ m/s，方向水平向左。试求这时直杆上与 C 相接触的点的速度大小和方向。

10-9　题图 10-9 所示滚压机构的滚子沿水平面滚动而不滑动。曲柄 OA 的半径 $r_1 = 10$ cm，并以匀角速度 $\omega_O = 30$ r/min 绕过点 O 的轴逆时针方向转动。若滚子半径 $R = 10$ cm，当曲柄与水平线的交角 $\alpha = 60°$，OA 与 AB 垂直时，试求：(1)滚子的角速度；(2)杆 AB 的角速度。

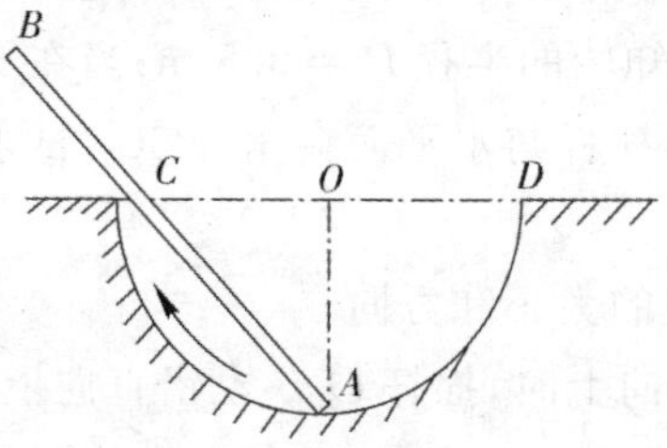

题图　10-8

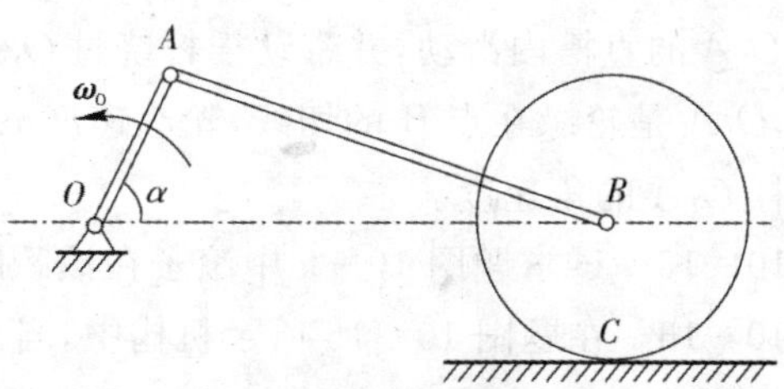

题图　10-9

10-10　题图 10-10 所示是一种把运动传递到空气泵的机构。OB 线水平，DF 线铅直，已知

当 B 通过 DF 延长线时，曲柄 OA 铅直向上，又 $DE \perp EF$，且长度 $OA = BD = DE = 10$ cm，$EF = 10\sqrt{3}$ cm。设曲柄角速度 $\omega_O = 4$ rad/s。求杆 EF 的角速度和点 F 的速度。

10－11　题图 10－11 所示两轮的半径都是 r，在水平直线轨道上滚动而不滑动。一轮中心 B 和另一轮 A 的轮缘上点 C 用连杆 BC 铰接。已知轮 A 中心的速度为 $\boldsymbol{v}_A$，当角 β 分别为 0° 和 90° 时。试求轮 B 的角速度。

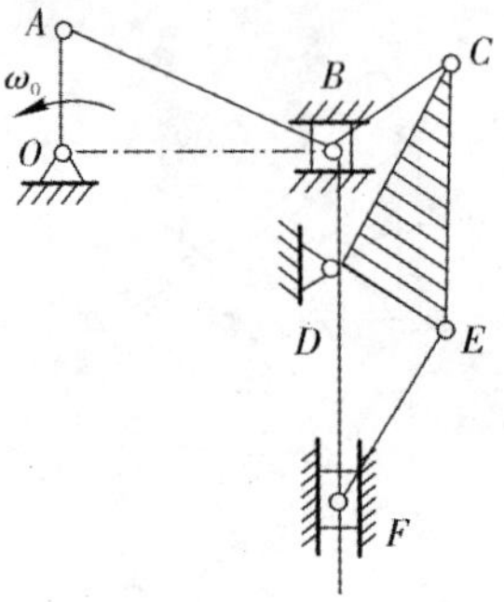

题图　10－10

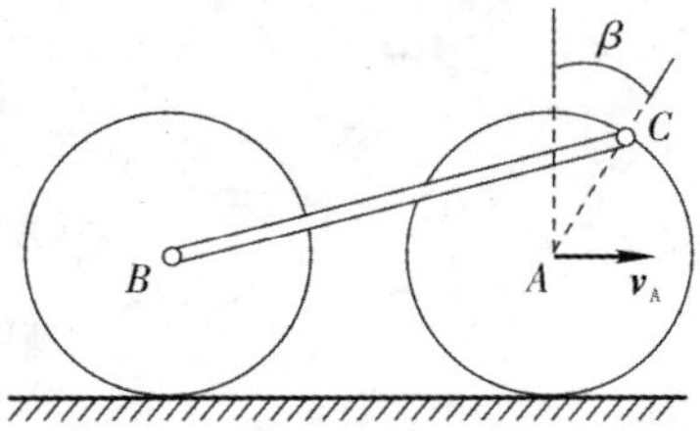

题图　10－11

10－12　如题图 10－12 所示，齿轮Ⅱ被曲柄Ⅲ带动沿固定内齿轮Ⅰ滚动而无滑动。已知曲柄 O_1O_2 的角速度为 ω_3，且逆时针转动，齿轮 Ⅰ 和 Ⅱ 的半径分别是 r_1 和 r_2。试求齿轮 Ⅱ 的角速度 ω_2。

10－13　如题图 10－13 所示，杆 OA 以角速度 ω_O 绕过点 O 的固定轴做逆钟向转动；半径是 r 的齿轮 Ⅱ 活套在杆端的销 A 上，并以角速度 ω_2 顺时针方向转动，它与半径是 R 的齿轮 Ⅰ 相啮合。试求齿轮 Ⅰ 的角速度 ω_1。

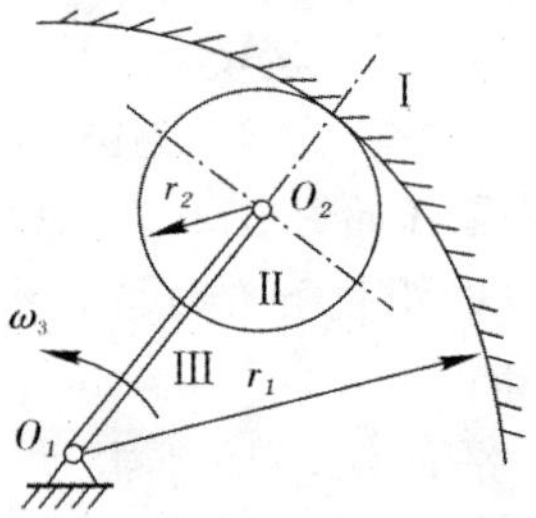

题图　10－12

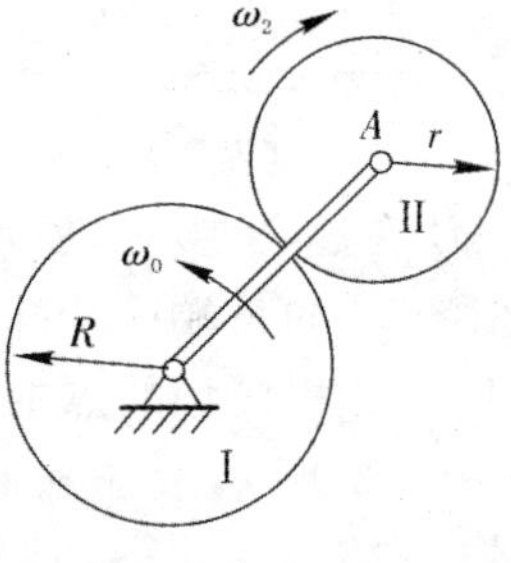

题图　10－13

10－14　如题图 10－14 所示，轮 O 在水面上做纯滚动，销钉 B 固定在轮缘上，此销钉可在摇杆 O_1A 的直槽内滑动，并带动摇杆绕过 O_1 的轴转动。已知轮的半径 $R = 0.5$ m；当在图示位置时，O_1A 是轮缘在点 B 的切线，轮心速度 $v_O = 20$ cm/s，摇杆与水平面夹角为 60°。试求该瞬时摇杆 O_1A 的角速度。

10－15　试求题图 10－9 中滚子在该瞬时的角加速度的大小和方向。

10－16　在题图 10－15 所示机构中，当曲柄 OA 铅直向上时，摇杆 O_1B 也铅直向上，且点 B 落在点 O 的水平线上。曲柄 OA 具有顺时针方向匀角加速度 $\alpha_0 = 5$ rad/s²，且在该瞬时具有顺时针方向角速度 $\omega_0 = 10$ rad/s。设 $OA = r = 20$ cm，$O_1B = 100$ cm，$AB = l = 120$ cm，试求在该瞬时点 B 的速度和加速度的法向及切向分量。

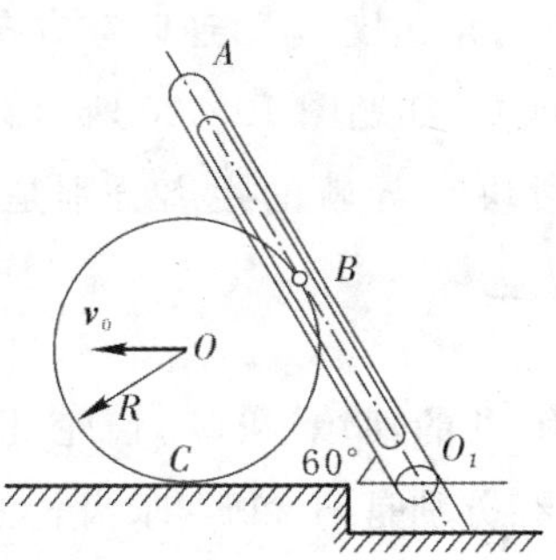

题图　10－14

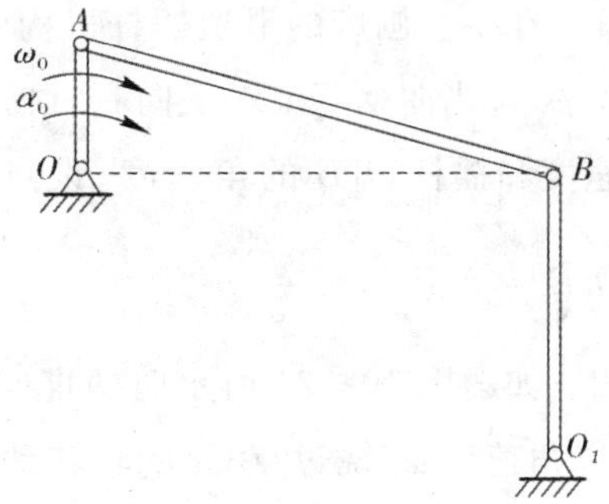

题图　10－15

10－17　如题图 10－16 所示，曲柄连杆机构的连杆 ABD 带动滑道摇杆 O_1C。摇杆轴 O_1，曲柄轴 O 以及滑块 B 在同一水平线上，且 $OA = r = 5$ cm，$AB = BD = l = 13$ cm。设曲柄具有逆时针方向匀角速度 $\omega = 10$ rad/s。当曲柄在铅直向上位置时，滑道与 O_1O 成 60° 角。试求该瞬时摇杆 O_1C 的角速度和滑块 B 的加速度大小。

10－18　题图 10－17 所示半径为 R 的卷筒沿水平面滚动而不滑动。卷筒上固连有半径为 r 的同轴鼓轮，缠在鼓轮上的绳子由下边水平地伸出，绕过定滑轮，并于下端悬有重物 M。设在已知瞬时重物具有向下的速度 $\boldsymbol{v}$ 和加速度 $\boldsymbol{a}$。试求该瞬时卷筒铅直直径两端点 C 和 B 的加速度的大小。提示：取卷筒中心作为基点，须先求出它的加速度。

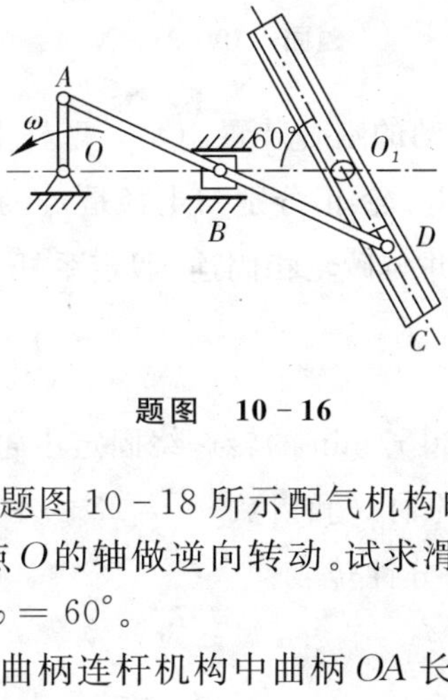

题图　10－16

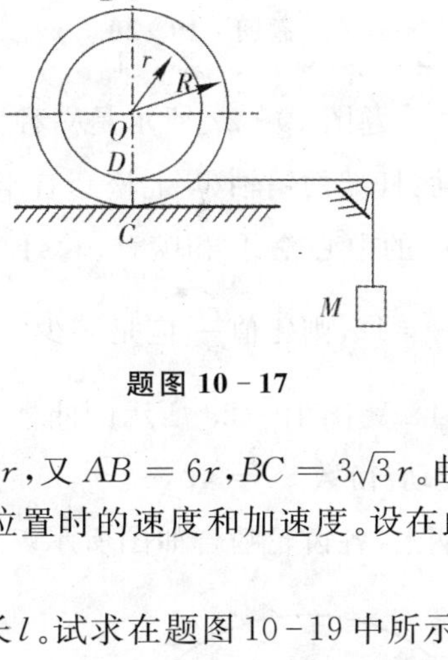

题图 10－17

10－19　题图 10－18 所示配气机构的曲柄 OA 长 r，又 $AB = 6r$，$BC = 3\sqrt{3}r$。曲柄以匀角速度 ω_O 绕过点 O 的轴做逆向转动。试求滑块 C 在图示位置时的速度和加速度。设在此时 AB 水平，BC 铅直，$\varphi = 60°$。

10－20　曲柄连杆机构中曲柄 OA 长 r，连杆 AB 长 l。试求在题图 10－19 中所示位置（$\varphi = \frac{\pi}{2}$）时曲柄的角速度和角加速度。已知这时滑块 B 的速度是 $\boldsymbol{v}$，加速度是 $\boldsymbol{a}$，方向均水平向右。

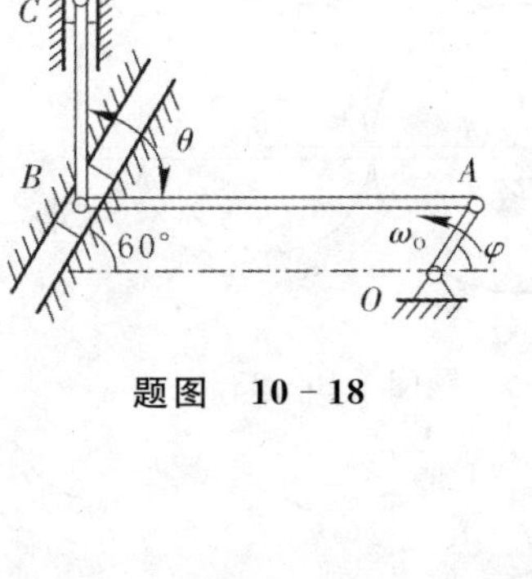

题图　10－18

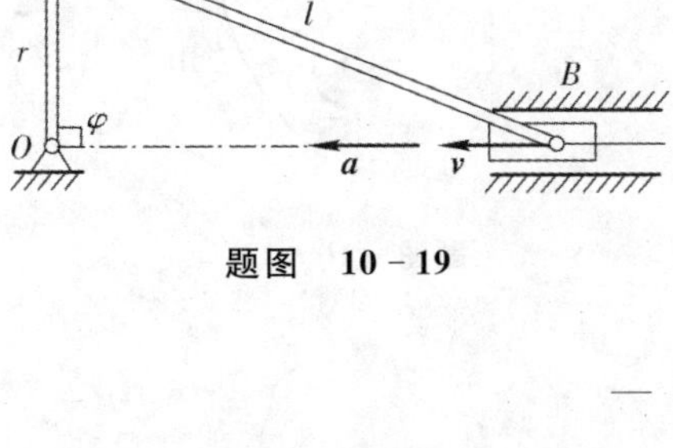

题图　10－19

10-21　在牛头刨床的滑道摆杆机构中，曲柄 OA 以匀角速度 ω_O 沿逆时针方向转动。滑块 C 的导轨水平，且当曲柄 OA 水平向右时摇杆 O_1B 水平向左，如题图 10-20 所示。试求该瞬时滑块 C 的速度和摇杆 O_1B 的角速度。设点 O 和 O_1 到滑块 C 导轨的距离分别是 b 和 $2b$，又 $OA=R, O_1B=r, BC=\frac{4\sqrt{3}}{3}b$。

10-22　如题图 10-21 所示曲柄Ⅲ连接两齿轮Ⅰ和Ⅱ的轴 O_1 和 O_2，齿轮Ⅰ是固定的，而曲柄Ⅲ以角速度 ω_3 绕过点 O_1 的轴转动。已知齿轮半径分别是 r_1 和 r_2，求齿轮Ⅱ的绝对角速度 ω_2 及其对曲柄的相对角速度 ω_3。

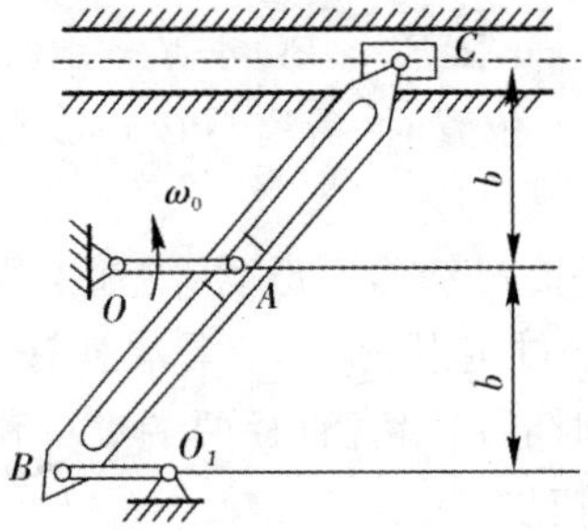

题图　10-20

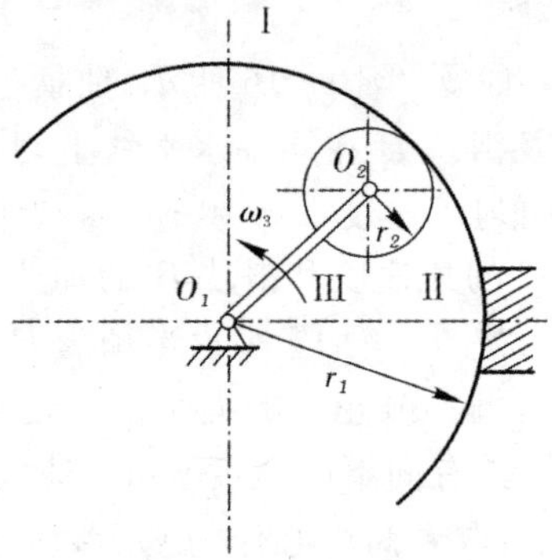

题图　10-21

10-23　题图 10-22 所示是一种使砂轮高速转动的啮合装置。O_1O_2 系杆Ⅳ可绕过点 O_1 固定轴转动；杆端的销轴 O_2 上松套着半径是 r_2 的轮Ⅱ。轮Ⅱ分别与半径是 r_3 的固定圆环齿轮和半径是 r_1 的中心轮Ⅰ相啮合。轮Ⅰ松套在轴 O_1 并与砂轮相固连。假定系杆Ⅳ的角速度是 ω_4。欲使 $\frac{\omega_1}{\omega_4}=12$，则比值 $\frac{r_1}{r_3}$ 应是多少？

10-24　题图 10-23 所示的曲柄 OA 以 $n_0=30$ r/min 的转速绕固定齿轮（其齿数 $z_0=60$）的轴转动。齿数 $z_1=40, z_2=50$ 的双级齿轮块的轴 B 和齿数 $z_3=25$ 的小齿轮的轴 A 都安装在曲柄上，各齿轮啮合如图所示。求小齿轮的每分钟转数。

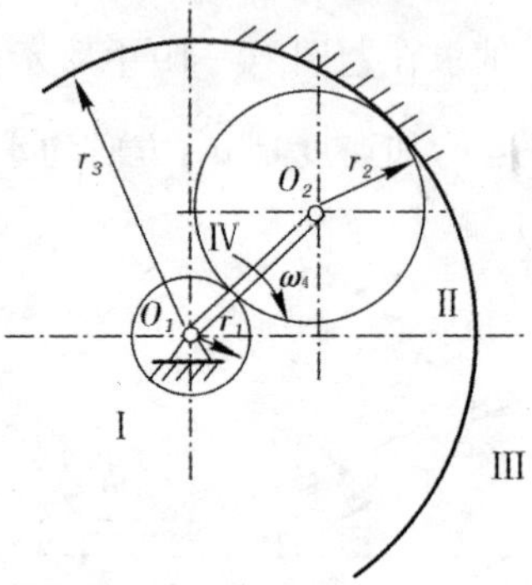

题图　10-22

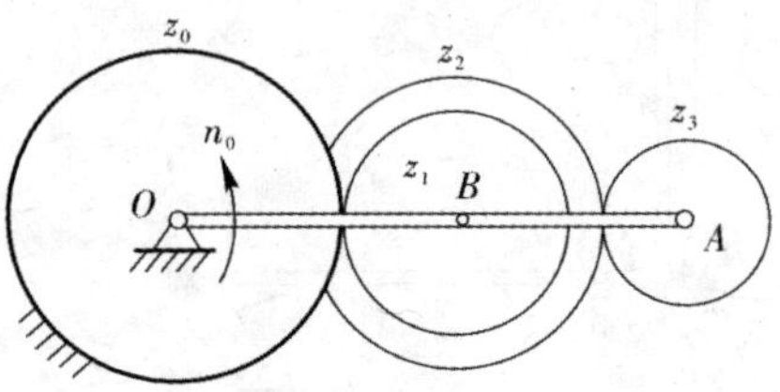

题图　10-23

10－25　题图 10－24 所示减速器主动轴 Ⅰ 的转速 $n_1 = 1200$ r/min，已知内啮的定齿轮数 $z_1 = 180$，结合成整体的两个走轴齿轮齿数分别是 $z_2 = 60$，$z_3 = 40$，安装在从动轴上中心齿轮的齿数 $z_4 = 80$ 。求从动轴 Ⅱ 的每分钟转数。

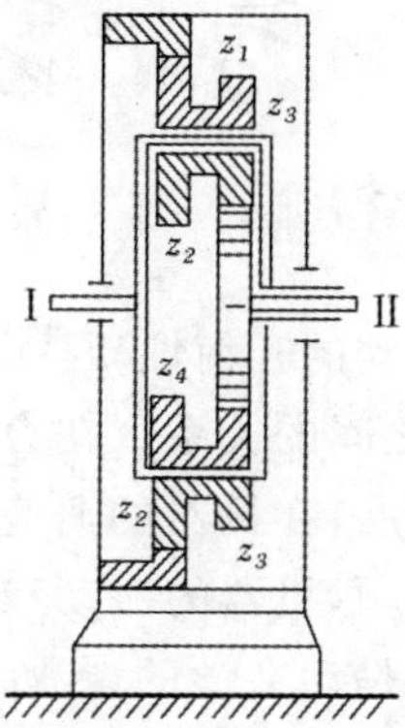

题图　10－24

动　力　学

在运动学中,我们只研究了物体运动的几何性质,而未考虑物体所受的力。现在将研究作用于物体上的力与物体运动状态变化之间的关系。在力学中,把这部分叫作动力学。

现在,机器向着精密和高速方向发展,在机器的研究和设计中,愈来愈广泛地需要进行动力计算。例如,各种机械的动力分析问题,机器的振动和均衡问题,电动机功率的计算问题,以及运动构件的强度计算问题等,这些都是动力学的课题。本书虽然不可能对这些问题一一加以研究,但是动力学的基本知识,却是了解与处理这些问题的基础。因此学习动力学的基本理论,有着十分重要的意义。

动力学是以牛顿定律为基础的,所以也称古典力学。科学技术的进一步发展表明,只有当研究宏观物体的运动而且它的速度远小于光速(3×10^{8} m/s)时,古典力学才是正确的。如果物体运动的速度接近光速,或者研究的是微观粒子的运动,古典力学就不适用了。

在工程实际问题中,我们所遇到的机械运动一般都是宏观物体的运动,而且物体运动速度远小于光速。因此,应用古典力学的规律去解决工程问题是足够精确的,其计算也比较简单。所以,无论是在一般技术还是在新的技术领域中,研究古典力学的规律,仍然是十分重要的。

为了叙述方便,在动力学里把所考察的物体分为质点和质点系来研究。有限个或无限个有联系的质点所组成的质点群,称为质点系。刚体就可看成由无限个质点组成的不变质点系。质点系既包括刚体,也包括变形的固体和流体;既包括单个物体,也包括多个物体的组合。因而,质点系动力学概括了机械运动中最一般的规律。

第十一章　质点动力学

知识要点

1. 基本概念

(1)惯性：任何物体都有保持其静止或匀速直线运动状态的属性。

(2)惯性参考系：在一般的工程问题中，把固定于地面的坐标系或相对于地面做匀速直线平动的坐标系作为惯性参考系。

2. 动力学的四个定律

(1)第一定律：惯性定律。

(2)第二定律：力与加速度关系定律。

(3)第三定律：作用与反作用定律。

(4)第四定律：力的独立作用定律。

3. 质点动力学可分为两类基本问题

(1)已知质点的运动，求作用于质点的力。

(2)已知作用于质点的力，求质点的运动。

求解第一类问题时，需先求得质点的加速度；求解第二类问题时，一般是积分的过程。质点的运动规律不仅决定于作用力，也与质点的运动初始条件有关。这两类问题的综合问题称为混合问题。

11.1　动力学的任务

动力学研究作用于物体的力和物体运动之间的一般关系，它将建立物体运动和作用力间的力学规律，以便确定它们之间的数量关系。

在静力学里，我们研究了力系的简化理论和物体在力的作用下处于平衡的条件，而没有涉及受不平衡力系作用的物体将如何运动。在运动学里，我们只从几何的观点描述了物体的运动过程，而未涉及作为物体运动改变原因的力。在动力学里我们将综合运用静力学里的受力分析和运动学里的运动分析方法，建立起力与运动之间的关系。动力学的研究对象为质点和质点系（一群具有某种联系的质点称为质点系），刚体可以看成是不变形的质点系。

动力学包括两个方面的基本内容，即牛顿力学和分析力学。在牛顿动力学基本定律基础上建立动力学关系的方法称为牛顿力学。它由牛顿基本定律出发，推导出动力学普遍定理，即动能定律、动量定律和动量矩定理。用牛顿力学的方法建立受约束系统运动的动力学方程，不可避免地要出现约束力，因而不便于求解。而分析力学则是以虚位移原理和达朗伯原理为基础，建立受约束系统的动力学普遍方程，从而推导出拉格朗日方程。通过引入标量形式的广义坐标，采用纯粹的分析方法避免系统内的理想约束力。以拉格朗日方程为基础的分析力学称为拉格朗日力学。

牛顿力学具有直观、基本概念清楚、物理意义明确等优点，因而在工程中得到广泛的应用。但随着现代计算技术的发展，目前对复杂工程对象的动力学计算已越来越多地使用分析力学方法。本书将介绍牛顿力学的基本理论和方法，以及分析力学的一些基本内容。

11.2　动力学基本定律

动力学的理论基础概括为四个定律，即牛顿三定律和作为这三个定律的补充的“力的独立作用定律”。这些定律由牛顿在总结前人研究的基础上首先在《自然哲学的数学原理》(1687年)一书中完整地提出(牛顿定律中将物体视为质点)，包括下述陈述。

动力学第一定律(惯性定律)：质点如不受力作用，则保持其运动状态不变，即做匀速直线运动或静止。

该定律说明，任何物体都有保持其静止或匀速直线运动状态的属性。这种属性，称为惯性。所以，上述定律又称为惯性定律。

在实际生产和生活中，我们经常遇到物体惯性的表现。例如，汽车突然开动时，车中站着的人并不立即随车运动，暂时还要保持原来的静止状态，于是就有向后倾倒的趋势。当车突然刹车时，人也并不立即随车停止，暂时还要保持原来的运动状态，于是就有向前倾倒的趋势。又如，当锤柄松动时，人们常常握住手锤柄，在工作台上冲几下就可以套紧，这是由于手锤柄碰到工作台迅速停止，而锤头由于惯性，仍继续向下运动，于是就和手锤柄套紧了。

这一定律说明，如果要使物体的原来运动状态发生改变，必须有力的作用。也就是说，力是改变物体运动状态的原因。

动力学第二定律(力与加速度关系定律)：质点因受力作用而产生的加速度，其方向与力相同，大小与力成正比而与质量成反比。

用方程表示为

$$\boldsymbol{a} = \boldsymbol{F}/m$$

故

$$\boldsymbol{F} = m\boldsymbol{a} \tag{11-1}$$

式中，$\boldsymbol{F}$ 表示作用在质点上的力(指合力)，m 表示质点的质量，$\boldsymbol{a}$ 表示质点的加速度，上式称为动力学的基本方程，是矢量式。这个方程将作用在质点上的力与质点的运动状态变化联系起来，它是动力分析计算的依据。

从式(11-1)看出，对质量相同的质点来说，作用力大，则加速度大；若用同样大小的力作用在不同质量的质点上，质量大的，加速度就小。这说明了质点的质量愈大，愈不易改变它的运动状态，也就是说，它的惯性愈大。因此质量是质点惯性的度量。

在应用这个定律时，应注意两点：

1)力和加速度间的关系是瞬时的关系。也就是说，只有力(指合力)作用时，物体才有加速度。当力为零时，加速度也就等于零。如果作用于物体上的力不变时，加速度也不变。如果力改变时，加速度也随着改变。

2)力和加速度间的关系是矢量的关系。也就是说，加速度方向始终和力（指合力）方向相同。如果力的方向与物体运动的方向相同，那么加速度的方向就与运动方向一致，此时物体作加速运动，如自由落体运动。如果力的方向与物体运动的方向相反，那么加速度的方向就与运动方向相反，此时物体作减速运动，如汽车刹车过程的运动。如果力的方向与物体运动方向成一角度时，那么加速度的方向就与运动方向也成同一角度，此时物体做曲线运动，如抛射体运动。

质量与重量的关系：一个物体的重量为 $\boldsymbol{W}$，即其受到地球的引力为 $\boldsymbol{W}$，在这个 $\boldsymbol{W}$ 力作用下，它的加速度是 $\boldsymbol{g}$，称为重力加速度。因此由动力学的基本方程（数量关系式）$\boldsymbol{W} = m\boldsymbol{a}$，得

$$\boldsymbol{W} = m\boldsymbol{g}$$

故

$$m = \frac{W}{g}$$

应该注意，虽然物体的质量和重量存在着上述关系，但是它们的意义却是完全不同的。质量是物体惯性的度量，而重量却是物体所在地的重力。物体的质量在古典力学中作为常量，但物体的重量是一个随地域不同而变的量。因为在不同的地区有不同的 g 值。例如，北京地区的重力加速度 $g = 9.801\ 22\ \mathrm{m/s^2}$，上海地区的重力加速度 $g = 9.794\ 36\ \mathrm{m/s^2}$。一般取 $g = 9.8\ \mathrm{m/s^2}$。

在国际单位制中，长度单位是 m(米)，时间单位是 s(秒)，质量单位是 kg(千克)，由 $F = ma$ 式导出力的单位是 $\mathrm{kg \cdot m/s^2}$（千克·米/秒²），称为牛顿，其代号为 N(牛)。把能使 1 kg 质量的物体产生 $1\ \mathrm{m/s^2}$ 的加速度的力取为 1 N，即

$$1\ \mathrm{N} = 1\ \mathrm{kg} \times 1\ \mathrm{m/s^2} = 1\ \mathrm{kg \cdot m/s^2}$$

在工程实际中，常用 kN 或 MN 作为力的单位，其中 $1\ \mathrm{kN} = 10^3\ \mathrm{N}$，$1\ \mathrm{MN} = 10^6\ \mathrm{N}$。

动力学第三定律（作用与反作用定律）：任何两个质点之间相互作用的力，总是大小相等、方向相反、沿同一直线同时分别作用在这两个质点上。

这个定律不仅在物体平衡时适用，而且也适用于作任何形式运动的物体。

对于不同的参考系，质点的运动是不一样的。那么，基本定律中的所谓静止、匀速直线运动、加速运动等，是对于什么样的参考系而言的呢？按照牛顿的论述，基本定律是相对于一个“绝对静止”的参考系而言的。但实际上要想选取这样一个绝对静止的参考系是不可能的，因为绝对静止的物体在宇宙中根本不存在，因而我们所能选取的参考系只能在一定的范围内近似地看成是静止的。

大量实践表明，在一般工程技术问题中，动力学基本定律对于与地球固联的参考系是适用的，人们将基本定律适用的这种参考系叫作惯性参考系（或基础参考系）。

动力学第四定律（力的独立作用定律）：几个力同时作用于一个质点所引起的加速度，等于每个力单独作用于这个质点时所引起的加速度的矢量和。

古典力学中认为，质量不变，力的测定不因参考系选择的不同而改变。但质点的加速度却随参考系选择的不同而不同。显然，第二定律不可能适用于一切参考系。凡使牛顿定律成立的参考坐标系，称为基础坐标系。

牛顿假想存在绝对静止的坐标系，定律在此前提下成立。但任何物质都是运动的，静止是相对的，宇宙间不存在一个绝对静止的物体，因而也找不到绝对精确的基础参考坐标系。这并不影响牛顿动力学理论的实用价值。实践证明：在根据精度要求所选择的许多近似精确的基础参考坐标系中，应用牛顿动力学理论，能很好地解决实际问题。如在一般工程问题中，把固连于地球的坐标系作为基础坐标系；若地球自转的影响不能忽略不计时，取以地球中心为原点，三个坐标轴分别指向三个恒星的地心坐标系为基础坐标系；研究天体运动时，取太阳中心为原点，三个轴指向三个恒星的日心坐标系为基础坐标系。本书中，如不特别指明，均取固连于地球的坐标系为近似的基础坐标系，将所选的基础坐标系看成固定坐标系。

思考题：做匀速曲线运动的质点是否受到力的作用？

11.3　质点运动微分方程

设质点 M 的质量是 m，受合力 $\boldsymbol{F}$ 作用，对固定点 O 的矢径为 $\boldsymbol{r}$（见图 11－1），由运动学知加速度 $\boldsymbol{a}=\ddot{\boldsymbol{r}}$，则式(11－1)可写成

$$m\ddot{\boldsymbol{r}}=\boldsymbol{F} \tag{11-2}$$

式(11－2)就是质点运动微分方程的矢量形式。

具体计算时，需根据各问题的特点选择适当的坐标系，列写相应的投影式。

将式(11－2)投影到固定直角坐标系 $Oxyz$ 各轴上，得到质点运动微分方程的直角坐标形式：

$$\left.\begin{aligned} m\ddot{x}&=F_x\\ m\ddot{y}&=F_y\\ m\ddot{z}&=F_z\end{aligned}\right\} \tag{11-3}$$

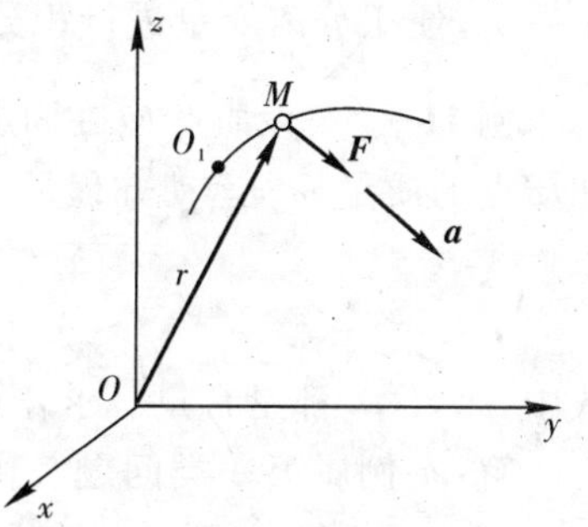

图　11－1

将式(11－3)投影到自然轴系 $M\tau nb$ 的各轴上，得到质点运动微分方程的自然形式，即

$$\left.\begin{aligned} m\ddot{s}&=F_{\mathrm{t}}\\ m\frac{v^2}{\rho}&=F_{\mathrm{n}}\\ 0&=F_{\mathrm{b}}\end{aligned}\right\} \tag{11-4}$$

式(11－4)说明作用于质点的合力与加速度 $\boldsymbol{a}$ 一样，恒在密切面内。

类似地可得到式(11－2)在极坐标、柱坐标和球坐标系等中的投影形式。

11.4　质点动力学的基本问题

由质点动力学基本方程及运动微分方程求解质点动力学基本问题，通常分为两类：第一类，已知运动求力；第二类，已知力求运动；还有综合型问题。

对第一类问题，已知质点的运动规律或速度，通过求导、分析得到加速度，代入式

(11-1)~式(11-4),可求得作用力,这不会遇到数学上的困难。

对第二类问题,已知质点所受的力,如果求加速度,也不困难,这时只需由式(11-1)通过矢量代数运算即可得出结果;但如果是求速度或运动方程,则是解微分方程组的积分问题。作用于质点的力一般情况下可能表示为时间、质点位置坐标和速度的函数 $F=F(r,\dot{r},t)$,代入式(11-2)~(11-4)得到微分方程组。少数情况下,该方程组可以通过分离变量进行积分,并根据质点运动初始条件来求解(见例 11-3,例 11-4),也有很少量的问题可将二阶微分方程简化为线性的,能用数学分析方法精确求解。但对大多数问题,由于方程组的严重非线性,我们只能满足于数值解法,用计算机求得近似解。

一般的解题步骤可归纳如下:

1) 根据题意适当选取某物体或质点为研究对象。

2) 根据运动特点(直线、曲线、轨迹是否已知等)选取坐标系。若需建立运动微分方程,应将质点放在一般位置处进行运动分析,分析各运动特征量之间的关系。

3) 受力分析,画受力图。

4) 建立动力学方程并求解。

这样得到的一组动力学方程对应一个质点。对系统则可取多个质点为研究对象,分别列写相应的动力学方程组,联合求解。对第二类问题,有时需灵活运用循环求导($\dfrac{\mathrm{d}\dot{\varphi}}{\mathrm{d}t}=\dfrac{\mathrm{d}\dot{\varphi}}{\mathrm{d}\varphi}\dfrac{\mathrm{d}\varphi}{\mathrm{d}t}=\dot{\varphi}\dfrac{\mathrm{d}\dot{\varphi}}{\mathrm{d}\varphi}$),便于分离变量进行积分。下面举例说明。

例 11-1 设质点 M 在固定平面 xOy 内运动(见图 11-2),已知质点的质量 m,运动方程是

$$\begin{cases} x=A\cos kt \\ y=B\sin kt \end{cases}$$

式中,A,B,k 都是常量。求作用于质点 M 的力 $\boldsymbol{F}$。

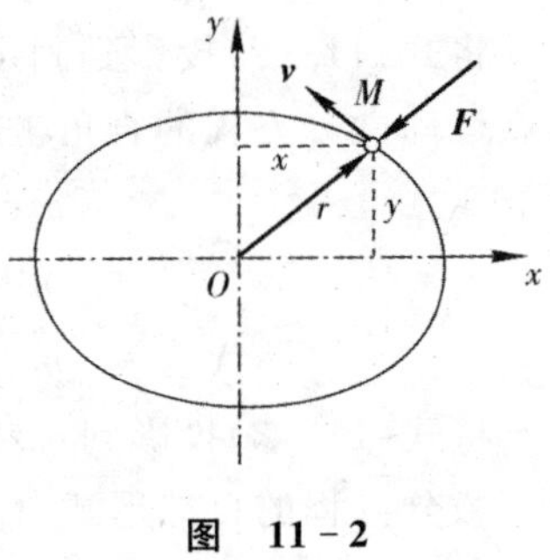

图 11-2

解:本例属第一类问题。由运动方程求导得到质点的加速度在固定坐标轴 x 和 y 上的投影,即

$$a_x=\ddot{x}=-k^2A\cos kt=-k^2x$$

$$a_y=\ddot{y}=-k^2A\sin kt=-k^2y$$

代入方程(11-3)得

$$F_x=-mk^2x\ ,\ F_y=-mk^2y$$

于是力 $\boldsymbol{F}$ 可表示成

$$\boldsymbol{F}=F_x\boldsymbol{i}+F_y\boldsymbol{j}=-mk^2(x\boldsymbol{i}+y\boldsymbol{j})=-mk^2\boldsymbol{r}$$

将质点置于固定坐标系 xOy 的一般位置分析如图。可见力 $\boldsymbol{F}$ 与点 M 的矢径 $\boldsymbol{r}$ 方向相反,恒指向固定点 O。这种作用线恒通过固定点的力称为有心力,这个固定点称为力心。

例 11-2 小球 A 重 $\boldsymbol{G}$,以绳 AB,AC 挂起,如图 11-3(a)所示。现把绳 AB 突然剪断,试求此瞬时绳 AC 的拉力 $\boldsymbol{T}$,并求未剪断时 AC 的拉力 $\boldsymbol{T}_0$。

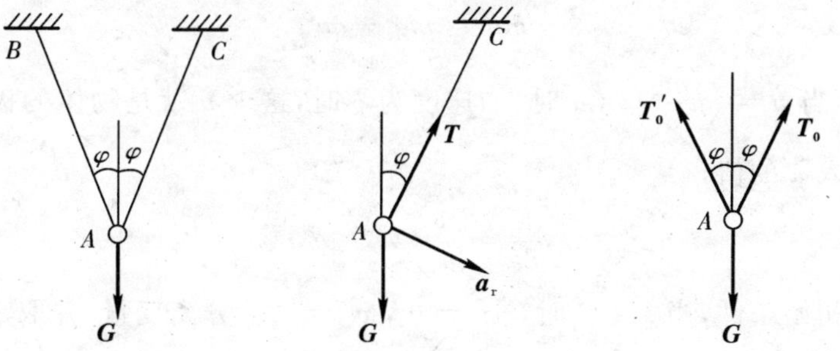

图　11 - 3

解：取小球 A 为研究对象，分析绳 AB 剪断瞬时的特定情况。受力分析如图 11 - 3(b)所示；球 A 运动轨迹为圆弧，用自然法分析运动。

此瞬时 $v_0=0$，故 $a_n=0$；a_τ 方向垂直于 AC，大小未知。建立小球 A 的动力学基本方程，即

$$m\boldsymbol{a}=\boldsymbol{G}+\boldsymbol{T}$$

投影到 AC 方向，有

$$0=T-G\cos\varphi$$

得拉力为

$$T=G\cos\varphi$$

对绳未剪断前小球 A 的受力分析如图 11 - 3(c)，由平衡方程得 $T_0=\dfrac{G}{2\cos\varphi}$。

注意，本例中小球 A 置于特定位置进行分析的，不必在一般位置上分析。

例 11 - 3　质量是 m 的物体 M 在均匀重力场中沿铅直线由静止落下，受到空气阻力的作用。假定阻力 R 与速度平方成比例，即 $R=\delta v^2$，阻力系数 δ 单位为 kg/m，数值由实验测定。试求物体的运动规律。

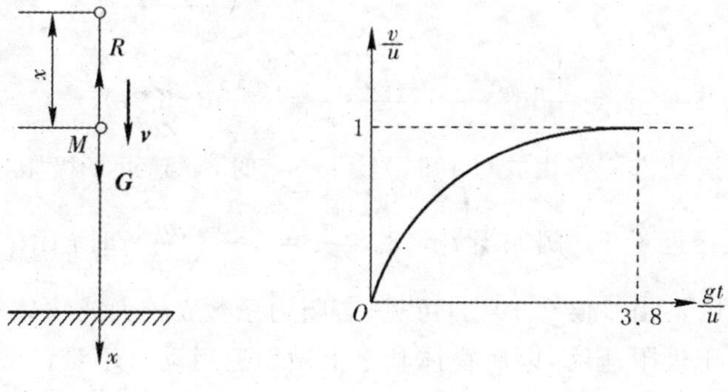

图　11 - 4

解：本例属第二类问题。物体初速为零，受重力和阻力作用，必沿铅垂方向做直线运动，所以取固定坐标轴 Ox 铅垂向下如图 11 - 4(a)所示，原点 O 为物体的初始位置。将物体置于 Ox 轴正向的一般位置处分析受力和运动，则物体的运动微分方程为

$$m\dot{\boldsymbol{v}}=\boldsymbol{G}+\boldsymbol{R}$$

投影到 Ox 轴上，有

$$m\dot{v} = mg - \delta v^2 \tag{1}$$

由上式可知，当 $v = \sqrt{\dfrac{mg}{a}} = u$ 时，加速度为零时，这个 u 就是物体的极限速度。以 m 除式(1)两端，并代入 u 的值，得

$$\frac{\mathrm{d}v}{\mathrm{d}t} = \frac{g}{u^2}(u^2 - v^2)$$

考虑到运动初始条件，当 $t = 0$ 时，$x_0 = 0$，$v_0 = 0$。分离变量，并取定积分，有

$$\int_0^v \frac{u\mathrm{d}v}{u^2 - v^2} = \int_0^t \frac{g}{u}\mathrm{d}t$$

式中，$\dfrac{1}{u^2 - v^2} = \dfrac{1}{2u}(\dfrac{1}{u - v} + \dfrac{1}{u + v})$。

对上式求积分，得

$$\frac{1}{2}\ln(\frac{u + v}{u - v}) = \frac{g}{u}t$$

即

$$\frac{u + v}{u - v} = \mathrm{e}^{(2g/u)t}$$

解得

$$v = u\,\frac{\mathrm{e}^{(2g/u)t} - 1}{\mathrm{e}^{(2g/u)t} + 1} = u\,\frac{\mathrm{e}^{(g/u)t} - \mathrm{e}^{-(g/u)t}}{\mathrm{e}^{(g/u)t} + \mathrm{e}^{-(g/u)t}} \tag{2}$$

利用双曲函数，式(2)可表示为

$$v = u\mathrm{th}(\frac{g}{u}t) \tag{3}$$

式(3)就是物体速度随时间变化的规律(见图 11-4(b))，其中 th 是双曲正切符号。

为求出物体的运动规律 $x(t)$，需把式(2)再积分一次，有

$$\int_0^x \mathrm{d}x = \int_0^t \frac{u^2}{g}\,\frac{\mathrm{d}[\mathrm{e}^{(g/u)t} + \mathrm{e}^{-(g/u)t}]}{\mathrm{e}^{(g/u)t} + \mathrm{e}^{-(g/u)t}}$$

于是得

$$x = \frac{u^2}{g}\ln\frac{\mathrm{e}^{(g/u)t} + \mathrm{e}^{-(g/u)t}}{2} = \frac{u^2}{g}\ln(\mathrm{ch}\,\frac{gt}{u})$$

上式即为物体的运动方程。由式(3)知，当 $t \to \infty$ 时，v 趋近于极限速度 u。实际上，当 t 增大时，$\mathrm{th}\left(\dfrac{gt}{u}\right)$ 很快接近于 1。例如当 $t = 3.8\dfrac{u}{g} = \dfrac{3.8}{g}\sqrt{\dfrac{mg}{\delta}}$ 时，$\mathrm{th}\left(\dfrac{gt}{u}\right) = 0.999$，这时质点的速度 v 与极限速度 u 相差仅 0.1%。可见，若阻力系数 δ 较大或物体较轻，则不需要多久，物体速度就十分接近于极限速度，以后物体基本上做匀速运动。不难证明，若物体的初速度超过 u，最后的极限速度仍然变成 u。

本例所述具有重要的实用意义。例如，跳伞者自飞行器跳出后，为了较快地降落，起初并不张伞，这时空气阻力系数 δ_1 较小，因而下落速度的稳定值(即对应于 δ_1 的极限速度)较大(一般可达到 5～60 m/s)。张伞后，阻力系数骤然增到 δ_2，而重量不变，因而速度将减小，迅速趋向新的稳定值，并以比较小的速度落到地面。由于安全的要求，落地速度一般不超过4～5 m/s。

例 11-4 单摆的摆锤 M 重 G，绳长 l，悬于固定点 O，绳的质量不计。设开始时绳与铅

垂线成偏角 $\varphi_0 \leqslant \frac{\pi}{2}$，并被无初速地释放(见图 11－5(a))。求绳中拉力及其最大值。

解:取摆锤 M 为研究对象。其轨迹为圆弧,所以选取角坐标 φ,逆时针为正,切线方向 τ 斜向上为正,对 M 进行受力分析。

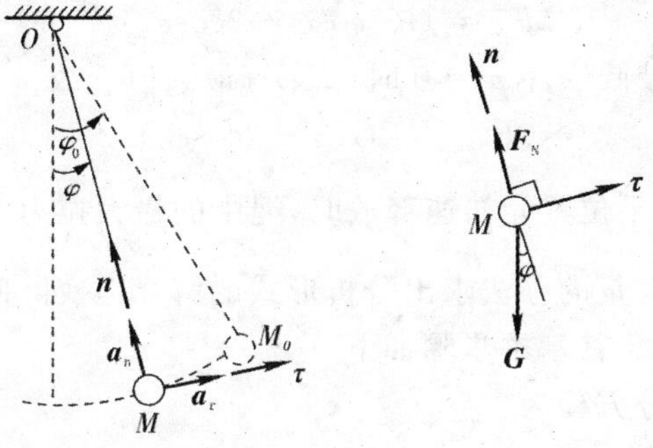

(a)　　　　(b)

图　11－5

如图 11－5(b)所示。其加速度沿切向、法向的投影为

$$a_\tau = l\ddot{\varphi}, \quad a_n = l\dot{\varphi}^2$$

将摆锤 M 的运动微分方程:

$$m\boldsymbol{a} = \boldsymbol{g} + \boldsymbol{F}_{\mathrm{N}}$$

投影于自然轴系的轴上,有

$$ma_\tau = \frac{G}{g}l\ddot{\varphi} = -G\sin\varphi \tag{1}$$

$$ma_n = \frac{G}{g}l\dot{\varphi} = F_{\mathrm{N}} - G\sin\varphi \tag{2}$$

式(1)和式(2)为关于 φ 的一组非线性常微分方程。式(1)中不包含未知力 F_{N}，可先求解。为此,常采用循环求导的方法,把式(1)变换成易于求积的形式。利用变换式

$$\ddot{\varphi} = \frac{\mathrm{d}\dot{\varphi}}{\mathrm{d}t} = \frac{\mathrm{d}\dot{\varphi}}{\mathrm{d}\varphi}\frac{\mathrm{d}\varphi}{\mathrm{d}t} = \frac{1}{2}\frac{\mathrm{d}\dot{\varphi}^2}{\mathrm{d}\varphi} \tag{3}$$

将式(1)化为

$$\frac{1}{2}\frac{\mathrm{d}\dot{\varphi}^2}{\mathrm{d}\varphi} = -\frac{g}{l}\sin\varphi$$

即

$$\mathrm{d}\dot{\varphi}^2 = -\frac{2g}{l}\sin\varphi\mathrm{d}\varphi$$

考虑到运动初始条件,当 $t = 0$ 时 $\varphi = \varphi_0$，$\dot{\varphi} = 0$；对上式取定积分，有

$$\int_0^{\varphi}\mathrm{d}(\dot{\varphi}^2) = \int_{\varphi_0}^{\varphi}\left(-\frac{2g}{l}\sin\varphi\right)\mathrm{d}\varphi$$

从而得

$$\dot{\varphi}^2 = \frac{2g}{l}(\cos\varphi - \cos\varphi_0) \tag{4}$$

也可采用不定积分,由运动初始条件确定积分常数,得到上式。如欲求出运动规律 $\varphi(t)$，需对上式再积分一次(值得注意的是,式 (4)的再次积分,数学上已不是一个简单问题)。

为求约束反力 $\boldsymbol{F}_N$ ，把式(4)的 $\dot{\varphi}$ 值代入式(2)，有

$$\frac{G}{g}l\times\frac{2g}{l}(\cos\varphi-\cos\varphi_0)=F_N-G\cos\varphi$$

从而解得绳中拉力为

$$F_N=G(3\cos\varphi-2\cos\varphi_0)$$

显然，当摆锤 M 到达最低位置 $\varphi=0$ 时，F_N 有最大值。故

$$F_{N\max}=G(3-2\cos\varphi_0)$$

当 $\varphi_0=\frac{\pi}{2}$ ，即绳由水平位置元初速释放时，绳中的最大拉力 $F_{N\max}=3G$ 。

上述各例都通过分离变量的办法求出分析形式的解。但实际问题中大多数不能得到分析形式的解，而采用数值解法。其基本步骤如下。

假设质点直线运动微分方程为

$$m\ddot{x}=F_x(x,\dot{x},t) \tag{5}$$

已知瞬时 t_0 的位置 x_0 与速度 v_0 ，由式(5)可知加速度 a_0 为

$$a_0=\frac{1}{m}F_x(x_0,v_0,t_0)$$

取很小的时间间隔 Δt ，可近似地表示 $t_0+\Delta t$ 时刻的位置与速度为

$$t_1=t_0+\Delta t,\quad x_1=x_0+v_0t,\quad v_1=v_0+a_0\Delta t$$

依次重复计算，可得到 $t=t_0+n\Delta t$ 时刻的 x 和 v ，即

$$x_n=x_{n-1}+v_{n-1}\Delta t,\quad v_n=v_{n-1}+a_{n-1}\Delta t \tag{6}$$

式(6)就是运动微分方程的数值解。对实践中遇到的各种力 $F_x(x,\dot{x},t)$ ，总可以求出运动微分方程的唯一解。

思考题：质点的运动方向是否就是作用于质点上的合力的方向？

11.5 质点相对运动微分方程

牛顿第一和第二定律仅适用于基础坐标系。如果非匀速直线平动的车辆、舰船、飞行器等的运动用牛顿定律无法解释，这种情况下，如何利用牛顿定律求解此类质点动力学问题呢？可以有两种解决方法：一种利用坐标变换，先求出质点对定系（基础坐标系）的绝对运动规律，再变换成对动系（非基础坐标系）的相对运动规律；另一种直接在所选的非基础坐标系中研究质点的相对运动，建立相对运动的动力学基本方程，本节所讨论即属后一种。

设动系 $O'x'y'z'$ 相对基础坐标系 $Oxyz$ 运动。质量为 m 的质点 M ，在力 $\boldsymbol{F}$ 作用下对动系 $O'x'y'z'$ 做相对运动，其相对轨迹如图 11 - 6 所示。

质点 M 对基础坐标系 $Oxyz$ 的运动是绝对运动，根据牛顿定律有

$$m\boldsymbol{a}_a=\boldsymbol{F}$$

式中，$\boldsymbol{a}_a$ 表示质点的绝对加速度。

由运动学知

$$\boldsymbol{a}_a=\boldsymbol{a}_e+\boldsymbol{a}_r+\boldsymbol{a}_c$$

式中，$\boldsymbol{a}_e$ 为牵连加速度，$\boldsymbol{a}_r$ 为相对加速度，$\boldsymbol{a}_c$ 为科氏加速度。代入前式，得

$$m(\boldsymbol{a}_e + \boldsymbol{a}_r + \boldsymbol{a}_c) = \boldsymbol{F}$$

或

$$m\boldsymbol{a}_r = \boldsymbol{F} + (-m\boldsymbol{a}_e) + (-m\boldsymbol{a}_c)$$

令

$$\boldsymbol{Q}_e = m\boldsymbol{a}_e, \quad \boldsymbol{Q}_c = -m\boldsymbol{a}_c$$

则上式写成与牛顿第二定律类似的形式，即

$$m\boldsymbol{a}_r = F + \boldsymbol{Q}_e + \boldsymbol{Q}_c \tag{11-5}$$

式(11－5)就是质点相对运动动力学基本方程。其中 $\boldsymbol{Q}_e$ 称为质点的牵连惯性力，$\boldsymbol{Q}_c$ 称为科氏惯性力，统称为欧拉惯性力。按牛顿力学观点，$\boldsymbol{Q}_e$ 和 $\boldsymbol{Q}_c$ 不是真实的作用力，而是假想的虚拟力，它们随坐标系的不同而变化；但另一方面，$\boldsymbol{Q}_e$ 和 $\boldsymbol{Q}_c$ 在质点相对运动中所起的作用与真实力完全一样，并可像真实力一样处理(如分解、合成、简化等)。

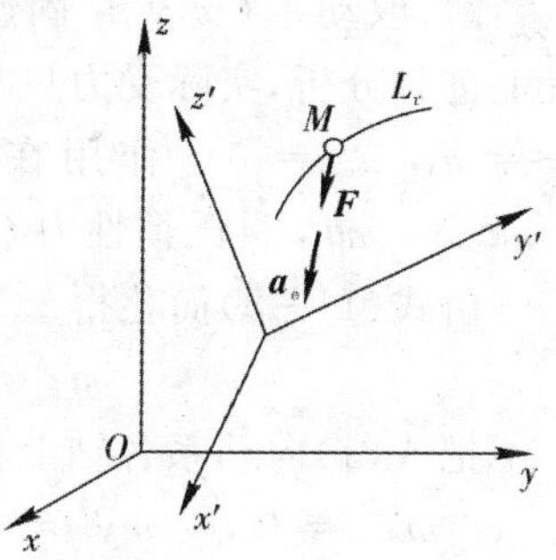

图　11－6

将式(11－5)与质点动力学基本方程式(11－1)比较，可见两者在形式上相似，只是多了两个虚拟力 $\boldsymbol{Q}_e$ 和 $\boldsymbol{Q}_c$，把它们看成按牛顿第二定律列质点相对运动的动力学基本方程时所引入的两个修正项。这样修正后，牛顿第二定律可推广应用到非基础坐标系中。

下面讨论几种特殊情况。

(1)相对于平动坐标系。

此时，科氏加速度 $\boldsymbol{a}_c = \boldsymbol{0}$，则 $\boldsymbol{Q}_c = \boldsymbol{0}$，式(11－5)简化成

$$m\boldsymbol{a}_r = \boldsymbol{F} + \boldsymbol{Q}_e$$

(2)相对于惯性坐标系。

此时，则 $\boldsymbol{a}_c = \boldsymbol{a}_e = \boldsymbol{0}$，则 $\boldsymbol{Q}_c = \boldsymbol{Q}_e = \boldsymbol{0}$，式(11－5)简化成

$$m\boldsymbol{a}_r = \boldsymbol{F}$$

上式与相对于基础坐标系的动力学基本方程(11－1)形式相似，并有 $a_a = a_r$。这说明当所选动系相对基础参考系作惯性运动时，牛顿定律可直接应用，无须修正，这种坐标系就称为惯性坐标系。确定一个基础坐标系，就可得到任意多个相应的惯性坐标系，质点对所有这些坐标系的运动都符合同样的规律，基础坐标系也成为一个惯性坐标系。因此，在惯性坐标系中发生的任何力学现象，都不能确定该坐标系本身的运动情况，这就是古典力学的伽利略-牛顿相对性原理。

(3)相对平衡和相对静止。

当质点在非惯性坐标系 $Ox'y'z'$ 中做匀速直线运动时，质点处于相对平衡状态，$a_r = 0$。这时非惯性坐标系对基础坐标系作任意运动，a_e 一般不等于零，因而 $Q_e \neq 0$；且 $\boldsymbol{v}_r$ 为常矢，Q_c 一般也不等于零，则式(11－5)简化成

$$\boldsymbol{F} + \boldsymbol{Q}_e + \boldsymbol{Q}_c = \boldsymbol{0} \tag{11-6}$$

即，当质点在非惯性坐标系中处于相对平衡时，作用在质点上的力和牵连惯性力、科氏惯性力组成平衡力系。

质点在 $Ox'y'z'$ 中 $\boldsymbol{v}_r = \boldsymbol{0}$，$\boldsymbol{a}_r = \boldsymbol{0}$，则质点相对静止。这时 $\boldsymbol{Q}_e \neq \boldsymbol{0}$，但 $\boldsymbol{a}_c = \boldsymbol{0}$，$\boldsymbol{Q}_c = \boldsymbol{0}$，于是式(11－5)简化成

$$\boldsymbol{F} + \boldsymbol{Q}_e = \boldsymbol{0} \tag{11-7}$$

即，当质点在非惯性坐标系中处于相对静止时，作用于质点上的力与牵连惯性力组成平衡力系。

质点相对运动问题的解法与绝对运动的解法类似，仅在受力分析、列方程时要考虑 $\boldsymbol{Q}_e$，$\boldsymbol{Q}_c$ 两个虚拟力。

例 11－5 车厢以匀加速度 $\boldsymbol{a}$ 沿水平直线轨道向右行驶（见图 11－7）。求由车厢棚顶 M_0 处自由落下的质点 M 的相对运动规律。

解：取动系 $Ox'y'z'$ 固连于车厢。将点 M 置于一般位置上进行分析，实际受力只有重力 $\boldsymbol{G}$；动系做直线平动，则 $a_e = a$，$a_c = 0$。作用在质点上的牵连惯性力 $\boldsymbol{Q}_e = -m\boldsymbol{a}_e = m\boldsymbol{a}$，科氏惯性力 $\boldsymbol{Q}_c = \boldsymbol{0}$。

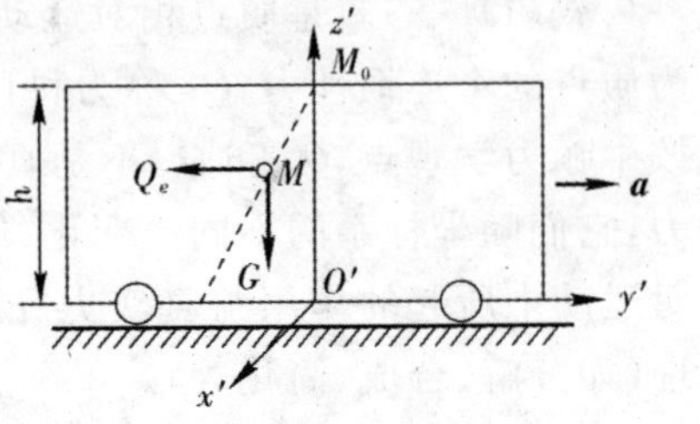

图 11－7

由式(11－5)简化得

$$m\boldsymbol{a}_r = \boldsymbol{G} + \boldsymbol{Q}_e \tag{1}$$

把式(1)向动系各轴上投影，得相对运动微分方程为

$$m\ddot{x}' = 0,\quad m\ddot{y}' = -ma,\quad m\ddot{z}' = -mg,$$

$$\ddot{x}' = 0,\quad \ddot{y}' = -a,\quad \ddot{z}' = -g \tag{2}$$

当质点相对运动的初始条件为 $t = 0$ 时，则有

$$x' = y' = 0,\quad z' = h$$

$$\dot{x}' = \dot{y}' = \dot{z}' = 0 \tag{3}$$

将式(2)积分，并利用初始条件式(3)，可求得质点 M 的相对运动规律，即

$$x' = 0,\quad y' = -\frac{1}{2}at^2,\quad z' = h - \frac{1}{2}gt^2$$

消去时间 t 得相对轨迹方程为

$$z' = h + \frac{g}{a}y'$$

上式所表示的相对轨迹是向后偏斜的直线，如图 11－7 中虚线所示。

例 11－6 质量是 m 的小环 M 套在半径为 r 的光滑圆环上，并可沿大圆环滑动。大圆环在水平面内以匀角速度 ω 绕过点 O 的铅垂轴转动，如图 11－8 所示。初瞬时小环位于 M_0 处，$\theta = 0$，$\dot{\theta} = 2\omega$。求小环 M 相对大圆环的运动微分方程，以及大圆环对小环的法向约束反力。

解：取动系 $Ox'y'z'$ 与大圆环固连。小环的相对位置用弧坐标 s 表示，M_0 为原点，正方向与 θ 一致，则

$$s = \widehat{M_0M} = r\theta$$

作用于小环的力有重力 $m\boldsymbol{g}$，大圆环约束反力（沿铅垂线方向的铅垂约束反力 $\boldsymbol{F}_{N1}$ 和在平面 $Ox'y'$ 内的法向约束反力 $\boldsymbol{F}_{N2}$。

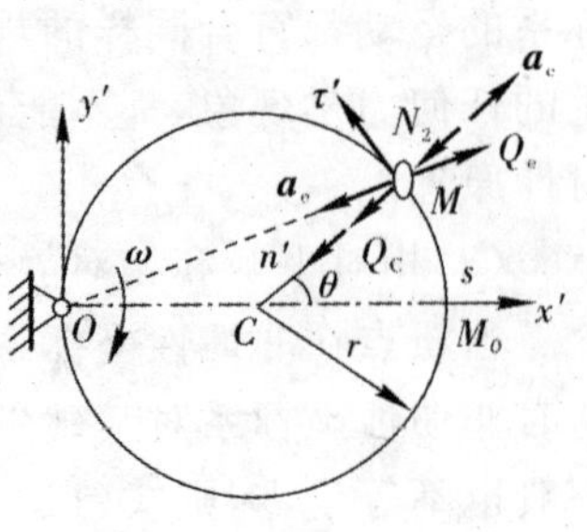

图 11－8

动系以匀角速度 ω 转动，则小环 M 的牵连加速度 $\boldsymbol{a}_e$ 的大小为

$$a_e = 2r\omega^2\cos\frac{\theta}{2}$$

其方向沿 $\overrightarrow{MO}$。小环的科氏加速度 $a_c = 2\omega v_r$，其大小为

$$a_c = 2\omega r\dot{\theta}$$

其方向沿 $\overrightarrow{CM}$。故小环的牵连惯性力的大小为

$$Q_e = 2mr\omega^2\cos\frac{\theta}{2}$$

科氏惯性力的大小为

$$Q_c = 2m\omega r\dot{\theta}$$

其方向分别与 $\boldsymbol{a}_e$，$\boldsymbol{a}_c$ 方向相反。

将小环 M 的相对运动的动力学基本方程：

$$m\boldsymbol{a}_r = m\boldsymbol{g} + \boldsymbol{F}_{N1} + \boldsymbol{F}_{N2} + \boldsymbol{Q}_e + \boldsymbol{Q}_c$$

向轴 τ' 和 n' 上投影，得

$$\left.\begin{aligned} mr\ddot{\theta} &= -Q_e\sin\frac{\theta}{2} \\ mr\dot{\theta}^2 &= F_{N2} + Q_c - Q_e\cos\frac{\theta}{2} \\ 0 &= F_{N1} - mg \end{aligned}\right\}$$

由式(1)得

$$\ddot{\theta} = -\omega^2\sin\theta \tag{4}$$

这就是小环相对大圆环的运动微分方程。

由式(3)得　　$\boldsymbol{F}_{N1} = m\boldsymbol{g}$

将循环变换 $\ddot{\theta} = \dot{\theta}\dfrac{d\dot{\theta}}{d\theta}$ 代入式(4)，并利用初始条件进行积分，则有

$$\int_{2\omega}^{\dot{\theta}}\dot{\theta}d\dot{\theta} = \int_0^{\theta} -\omega^2\sin\theta d\theta$$

于是有

$$\dot{\theta}^2 = 2\omega^2(1+\cos\theta)$$

将 $\dot{\theta}^2$ 代入式(2)得

$$F_{N2} = 2mr\omega^2(1+\cos\theta) - Q_c + Q_e\cos\frac{\theta}{2}$$

由于　　$Q_c = 2m\omega r\sqrt{2\omega^2(1+\cos\theta)} = 4mr\omega^2\cos\dfrac{\theta}{2}$

所以得法向约束力为

$$F_{N2} = mr\omega^2\left[3(1+\cos\theta) - 4\cos\frac{\theta}{2}\right]$$

例 11－7　细管 AB 以匀角速度 ω 绕铅直轴 $O'z'$ 转动，管内放一质量为 m 的光滑小球 M（见图 11－9），欲使小球在管内任何位置处于相对静止，或沿管做匀速相对运动，则细管应在铅直面 $y'O'z'$ 内弯成何种曲线？

解：设细管弯成图示形状。小球处在细管内任一位置时的坐标是 (y',z')。实际作用于小球的力有重力 $\boldsymbol{G}$ 和管壁的法向反力 $\boldsymbol{F}_N$。

当小球沿管匀速相对运动时，牵连加速度 $a_e = \omega^2 y'$，$\boldsymbol{a}_c$ 的方向垂直于 $y'Oz'$ 平面，则其牵连惯性力的大小为

$$Q_e = m\omega^2 y'$$

方向水平向右，如图所示。科氏惯性力 $\boldsymbol{Q}_c$ 方向也垂直于 $y'Oz'$ 平面，相应有与 $\boldsymbol{Q}_c$ 方向相反的管壁的反力 $\boldsymbol{F}_N'$（图 11－9 中未画出这两个力）。小球的相对加速度 $\boldsymbol{a}_r$ 方向垂直于细管曲线的切线。

将相对运动的动力学基本方程为

$$m\boldsymbol{a}_r = \boldsymbol{G} + \boldsymbol{F}_N + \boldsymbol{F}_N{}' + \boldsymbol{Q}_e + \boldsymbol{Q}_c$$

投影到细管曲线的切线方向，注意 $\boldsymbol{a}_r$，$\boldsymbol{F}_N$，$\boldsymbol{F}_N{}'$和 $\boldsymbol{Q}_c$ 都垂直于切线，得

$$Q_e^t - G_\tau = 0 \qquad (1)$$

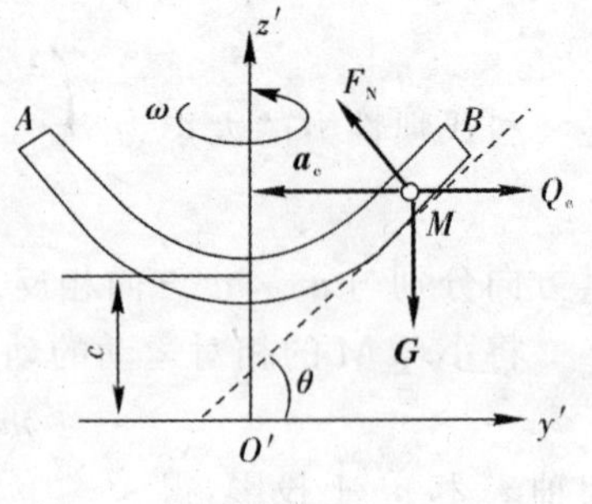

图 11-9

同理，当小球相对静止时 $v_r = 0$，则 $Q_c = 0$，$Q_e = m\omega^2 y'$，且 $a_r = 0$。由相对静止时的式(11-7)有

$$\boldsymbol{G} + \boldsymbol{F}_N + \boldsymbol{Q}_e = \boldsymbol{0}$$

仍投影到细管曲线切线方向，有

$$Q_e^t - G_t = 0 \qquad (2)$$

可见，上式与式(1)完全相同，即

$$my'\omega^2\cos\theta - mg\sin\theta = 0$$

式中，θ 是切线对 $O'y'$ 轴的倾角，由此得切线的斜率为

$$\tan\theta = \frac{dz'}{dy'} = \frac{\omega^2}{g}y'$$

对上式求积分，并确定积分常量，得

$$z' = \frac{\omega^2}{2g}y'^2 + c$$

式中，c 为细管最低点的纵坐标。可见，细管应弯成抛物线形状。

本例的结论也适用于绕铅直轴转动的容器中自由液面的相对平衡。

习题十一

11-1 题图 11-1 所示重 $G = 9.8$ N 的小球 M 系结在长 $l = 30$ cm 的线上，线的另一端系结在固定点 O。小球 M 在水平面内做匀速圆周运动，呈一圆锥摆形状，已知线与铅直线间在夹角 $\varphi = 30°$。求小球 M 的速度 $\boldsymbol{v}$ 和线的拉力 $\boldsymbol{F}_T$ 的大小。

11-2 物块 A，B 的质量分别是 $m_A = 20$ kg，$m_B = 40$ kg，两物块用弹簧连接如题图 11-2所示。已知物块 A 的铅直运动规律 $y = \sin 8\pi t$，其中，y 以 cm 为单位，t 以 s 为单位。试求 B 对支承面 CD 的压力，并求此力的极大值和极小值。弹簧质量忽略不计。

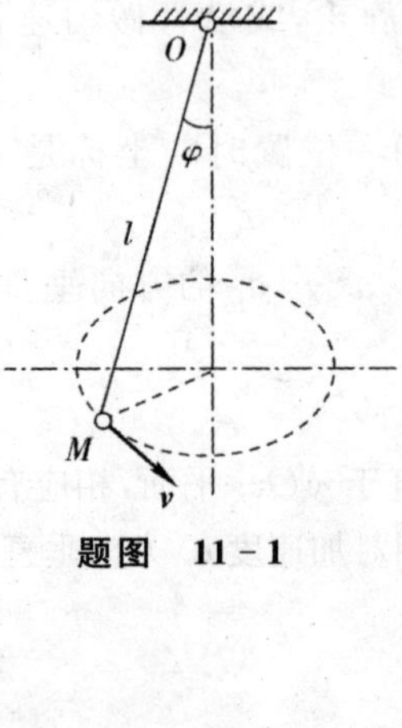

题图 11-1

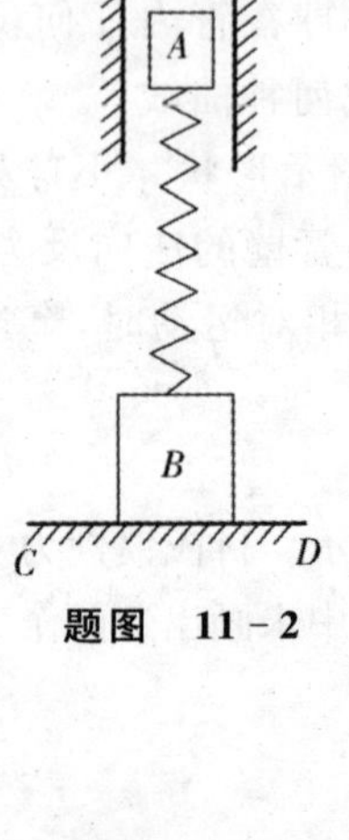

题图 11-2

11 - 3　研磨细矿石所用的球磨机可简化为如题图 11 - 3 所示。当圆筒绕过点 O 的水平纵轴转动时，带动筒内的许多钢球一起运动，当钢球转到一定角度 φ 时，开始和筒壁脱离沿抛物线落下借以打击矿石。打击力与 φ 角有关，且已测知当 $\varphi = 45°40'$ 时，可以得到最大打击力。设圆筒内径 $d = 3.2$ m，问圆筒转动的转速 n 应为多少？

11 - 4　为了使列车对铁轨的压力垂直于路基，在铁道弯曲部分外轨要比内轨稍为提高。如题图 11 - 4 所示，轨道的曲率半径为 $\rho = 300$ m，列车的速度为 $v = 12$ m/s，内外轨道间的距离为 $b = 1.6$ m。求外轨高于内轨的高度 h。

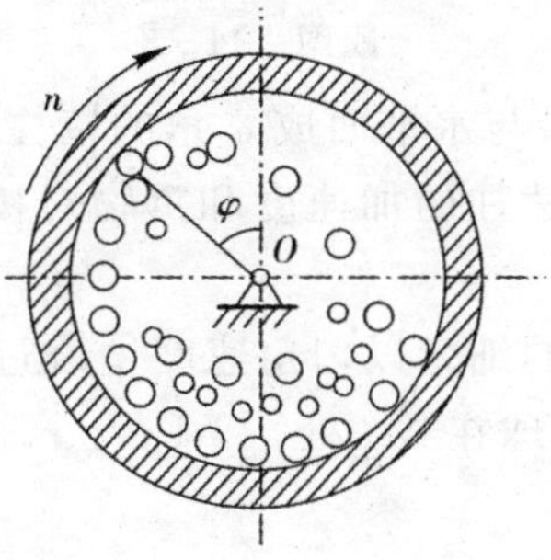

题图　11 - 3

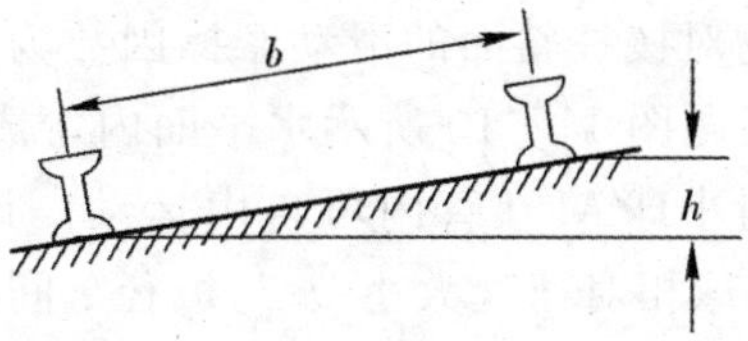

题图　11 - 4

11 - 5　潜水器中的加速度测量仪如题图 11 - 5 所示。当潜水器加速下沉时，指针对水平线有一极小的偏角 φ。已知为使弹簧伸缩，单位长度需加力 k N。球 A 的质量是 m，距离 $OA = l$，平衡时指针在水平位置。不计弹簧和指针的质量，求潜水器的下沉加速度。

11 - 6　题图 11 - 6 所示单摆的悬绳长为 l，摆锤质量是 m。单摆由偏离铅直线 30°的位置 OA 无初速地释放，当摆到铅直位置时，绳的中点被木钉 C 挡住，只有下半段继续摆动。求当摆绳升到与铅直线成 φ 角时摆锤的速度以及绳中的拉力。

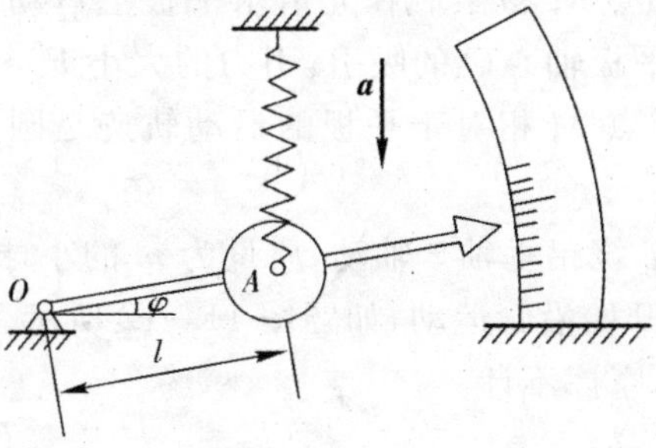

题图　11 - 5

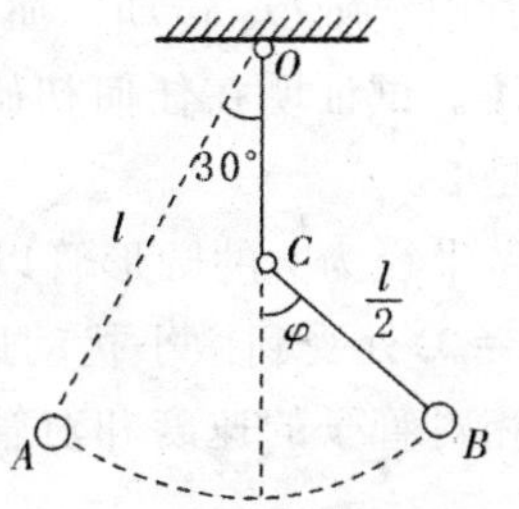

题图　11 - 6

11 - 7　物体自地球表面以速度 v_0 铅直上抛，试求该物体返回地面时的速度 v_1。假定空气阻力 $R = mkv^2$。其中 k 是比例常量，按数值它等于单位质量当速度为单位速度时所受的阻力；m 是物体质量；v 是物体速度；重力加速度认为不变。

11 - 8　题图 11 - 7 所示静止中心 O 以引力 $F = k^2 mr$ 吸引质量是 m 的质点 M，其中 k 是比例常量，$\boldsymbol{r} = \overrightarrow{OM}$ 是点 M 的矢径。运动开始时 $OM_0 = b$，初速度是 v_0 并与 $\overrightarrow{OM}$ 成夹角 φ。求质点 M 的运动方程。

11 - 9　题图 11 - 8 所示单摆 M 的悬线长 l，摆重 $\boldsymbol{G}$，支点 B 具有水平向左的匀加速度 $\boldsymbol{a}$。若将摆在 $\varphi = 0$ 处无初速释放，试确定悬线的张力 $\boldsymbol{T}$（表示成 φ 的函数）。

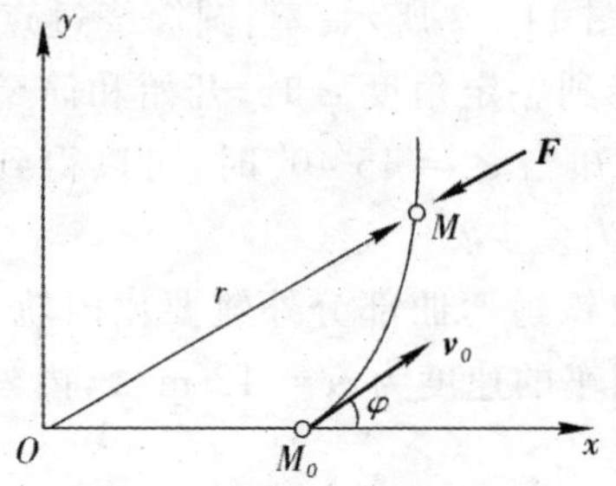

题图 11-7

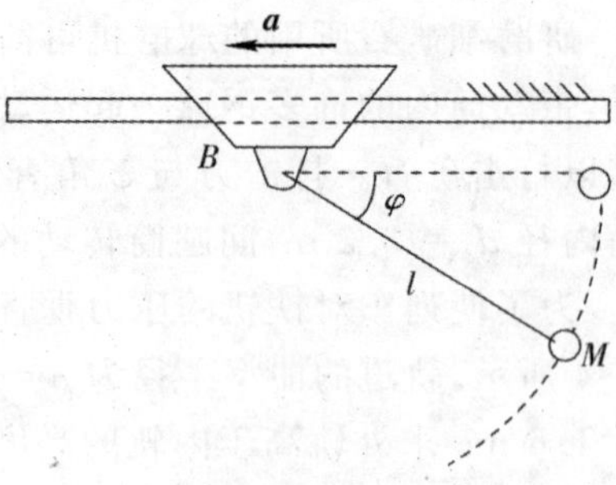

题图 11-8

11-10 题图 11-9 所示为一重为 $\boldsymbol{P}$ 的重物 A，沿与水平面成 φ 角的棱柱的斜面下滑。棱柱沿水平面以加速度 $\boldsymbol{a}$ 向右运动。试求重物相对于棱柱的加速度和重物对棱柱斜面的压力。假定重物对棱柱斜面的滑动摩擦因数为 f。

11-11 题图 11-10 所示水平面内弯成任意形状的细管以匀角速度 ω 绕过点 O 的铅垂轴转动。光滑小球 M 在管内可自由运动。设初瞬时小球在 M_0 处，$\overrightarrow{OM_0} = \boldsymbol{r}_0$，相对初速度 $\boldsymbol{v}_{rv} = 0$。求小球相对速度大小 v_r 与极径 $\boldsymbol{r}$ 间的关系。

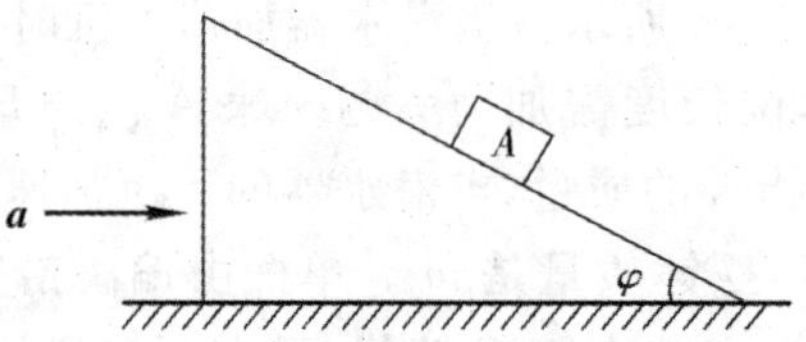

题图 11-9

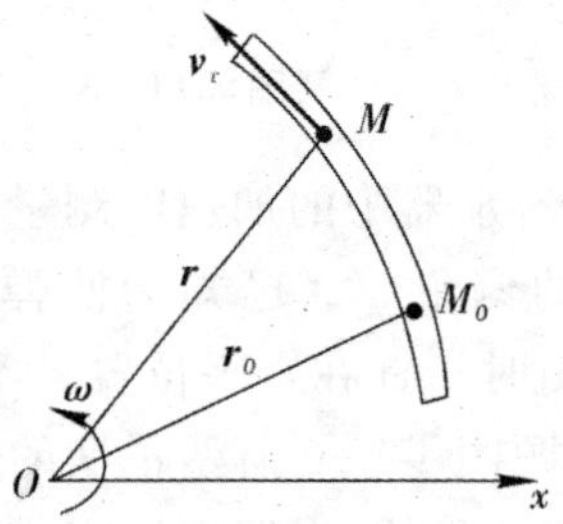

题图 11-10

11-12 题图 11-11 所示质量为 m 的质点 M 被限制在光滑水平板上运动，平板以匀角速度 ω 绕铅直固定轴 Oz 转动。质点 M 受到平板轴心 O 的吸引，引力的大小 $F = m\omega^2 r$，其中 r 代表距离 OM。试证明在任何初始条件下，质点 M 相对于平板的运动轨迹是圆周，环绕此圆周的角速度是 2ω。

11-13 半径为 r 的圆形管以匀角速度 ω 绕铅垂轴 z 轴动，质量为 m 的小球 M 在管内的最高位置($\varphi = 0$)处受到微小扰动后，由静止开始沿管运动，如题图 11-12 所示。试求小球在任意位置时相对管子的速度和对管壁的压力，摩擦不计。

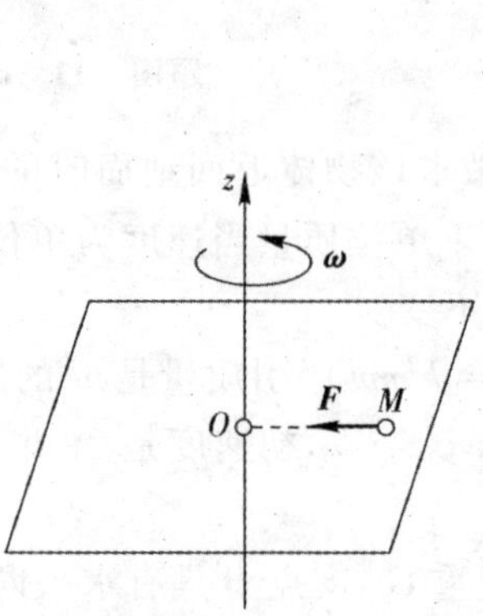

题图 11-11

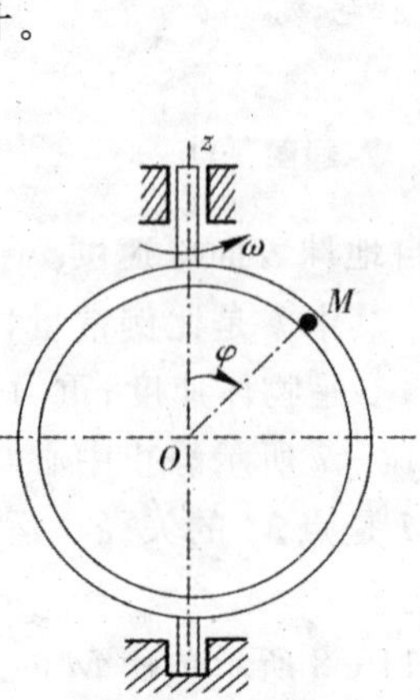

题图 11-12

11－14　一河流由北向南流动，在北纬 30°处，河面宽 500 m，流速为 5 m/s，试求东西两岸的水面高度相差多少？地球自转角速度 $\omega = 7.29 \times 10^{-5}$ rad/s。提示：水面应垂直于重力和科氏惯性力矢量和的方向。

11－15　题图 11－13 所示质量为 m 的小球 M，用两根各长 l 的杆所支持，此机构以不变的角速度 ω 绕铅直轴 AB 转动。若 $AB = 2b$，两杆的各端均为铰接，且杆重忽略不计，求杆的内力。

11－16　题图 11－14 所示套管 A 的质量为 m，因受绳子牵引沿铅直杆滑动。绳子的另一端绕过与杆距离为 l 的滑车 B 而缠在鼓轮 O 上。当鼓轮转动时，其边缘上各点的速度大小为 v_0。求绳子拉力与距离 x 之间的关系。

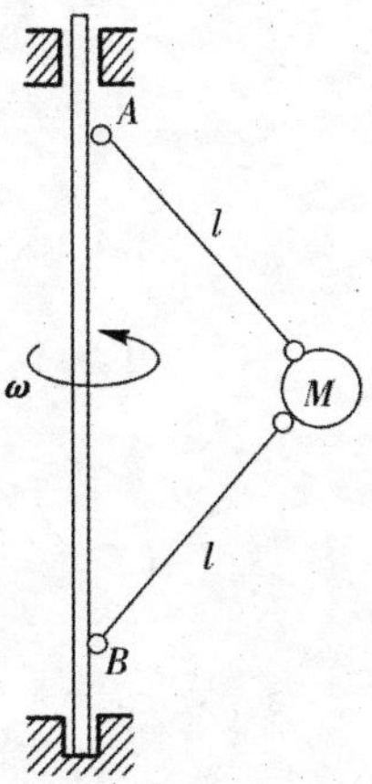

题图　11－13

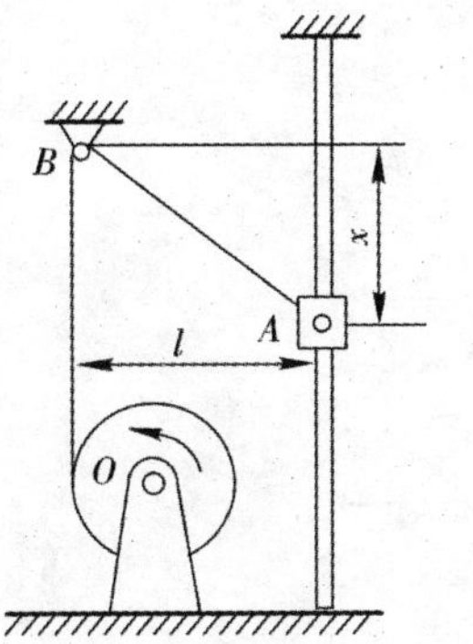

题图　11－14

11－17　题图 11－15 所示滑水运动员刚接触跳台斜面时，具有平行于斜面方向的速度 40.2 km/s。忽略摩擦，并假设他一经接触跳台后，牵引绳就不再对运动员有作用力。试求滑水运动员从飞离斜面到再落水时的水平距离。

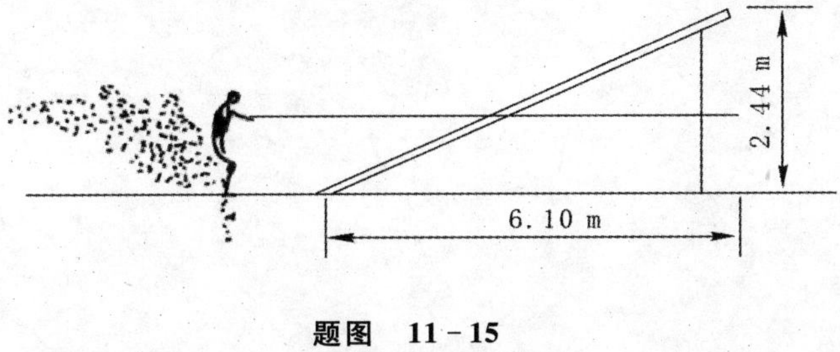

题图　11－15

11－18　题图 11－16 所示蹦极跳者重 888.9 N，弹性带的原长为 18.3 m，刚度系数 $k = 0.204$ N/mm。当运动员从距河 39.6 m 高的桥上跳下，弹性带拉力使其减速为零时，试求该瞬时运动员距河面的高度，以及弹性带作用于运动员的最大力。

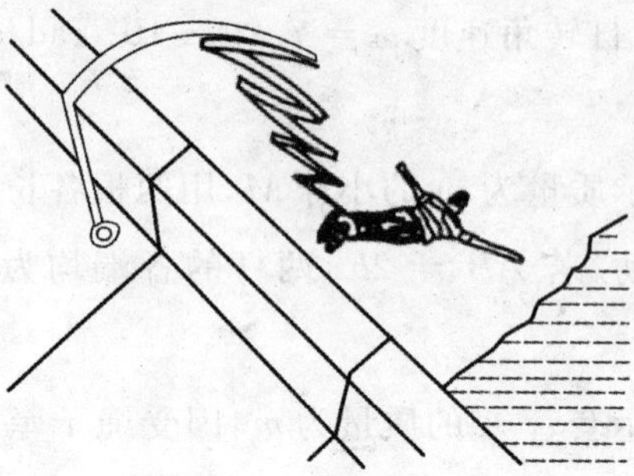

题图 11-16

第十二章　动能定理

知识要点

1. 基本概念

(1) 力的功是力对物体作用的积累效应的度量：

$$W=\int(F_x\mathrm{d}x+F_y\mathrm{d}y+F_z\mathrm{d}z)$$

重力的功：　$W_{12}=mg(z_1-z_2)$；

弹性力的功：　$W_{12}=\frac{k}{2}(\delta_1{}^2-\delta_2{}^2)$；

定轴转动刚体上力的功：　$W=\int_{\varphi_1}^{\varphi_2}m_z\mathrm{d}\varphi$。

(2)动能是物体机械运动的一种度量。

质点的动能：$T=\frac{1}{2}mv^2$；

质点系的动能：$T=\sum\frac{1}{2}m_iv_i^2$；

平动刚体的动能：$T=\frac{1}{2}Mv_C^2$；

绕定轴转动刚体的动能：$T=\frac{1}{2}J_z\omega^2$；

平面运动刚体的动能：$T=\frac{1}{2}Mv_C^2+\frac{1}{2}J_C\omega^2$。

2. 动能定理

微分形式：$\mathrm{d}T=\sum\mathrm{d}'W$；

积分形式：$T_2-T_1=\sum W$。

理想约束条件下，只计算主动力的功，内力有时做功之和不为零。

3. 功率

功率是力在单位时间内所做的功：

$$P=\frac{\mathrm{d}'W}{\mathrm{d}t}=Fv$$

功率方程：

$$\frac{\mathrm{d}T}{\mathrm{d}t}=P_{入}-P_{出}-P_{无}$$

4. 机器的机械效率

$$\eta = \frac{P_{出}}{P_{入}} = \frac{P_{入} - P_{无}}{P_{入}} = 1 - \frac{P_{无}}{P_{入}}$$

5. 有势力的功

有势力的功只与物体运动的起点和终点的位置有关，而与物体内各点轨迹的形状无关。

6. 机械能守恒定理

对于只有有势力做功的质点系来说，其机械能保持不变，即

$$T_2 + V_2 = T_1 + V_1$$

12.1 动力学普遍定理的概述

上一章所讨论的是质点动力学问题。应该指出，只有在特殊情形下，才能把物体抽象为质点。在多数工程技术问题中，应将所研究的物体看作质点系（包括流体、弹性体、刚体和多体系统等）。因此从本章开始，将讨论质点系的动力学问题。

质点系是有限或无限个质点的集合。动力学问题集合，原则上仍然可以采用第十一章的方法来研究质点系动力学问题，即分别建立质点系中每个质点的运动微分方程组——质点系运动微分方程组，这样确定质点系的运动规律归结为求解质点系运动微分方程组的解。但在一般情况下，由于这样的微分方程组的复杂性，加之当质点系中所含质点的个数又很多时，求解这样的微分方程组是十分困难的，有时甚至是不可能的。更重要的是在许多工程技术问题中，并不需要了解质点系中每个质点的运动规律，而只要知道整个质点系整体运动特征的一些物理量（如质点系的动能、动量和动量矩）与那些表示力系对质点系作用效果的量（如力系的功、力系的主矢、主矩）之间的关系。利用这些关系求解质点系动力学问题，既便捷又更符合工程需求。

动力学普遍定理包括动能定理、动量定理、动量矩定理以及由这三个基本定理所推导出的其他一些定理。本章介绍动能定理，该定理建立了质点系动能的变化和作用于质点系上力的功的关系。

12.2 力 的 功

1. 力的功的一般表达式

在物理学中，已给出了常力在直线运动中的功的定义，其定义式如下：

$$W = FS\cos\theta \tag{12-1}$$

式中，F，S，θ，W 分别表示常力，常力的作用点沿直线运动的位移，该常力和位移方向的夹角，以及常力在该运动中的功。

在工程实际中，作用在物体（质点）上的力可能是常力也可能是变力，物体运动的轨迹可能是直线，也可能是曲线，为此有必要给出一种适合于计算任意力（变力或常力）在其作用点的任意曲线运动中的功的表达式。

如图 12-1 所示，设某一物体受任意力 $\boldsymbol{F}$ 的作用，其作用点 A 沿任意一条曲线 A_1A_2 运动。$\boldsymbol{r}$ 表示点 A 在任意瞬时的矢径，$\mathrm{d}\boldsymbol{r}$ 可以理解为在 $\mathrm{d}t$ 时间内点 A 的无限小位移（元位移）。因在 $\mathrm{d}t$ 时间内，力 $\boldsymbol{F}$ 可以看作常力，且在该无限小的时间内，力 $\boldsymbol{F}$ 的作用点 A 所经过的曲线段可以看作直线段，所以在 $\mathrm{d}t$ 时间内力 $\boldsymbol{F}$ 所做的功为 $\boldsymbol{F}\cdot\mathrm{d}\boldsymbol{r}$，该功称为力 $\boldsymbol{F}$ 在微小位移 $\mathrm{d}\boldsymbol{r}$ 上的元功，并用符号 $\mathrm{d}'W$ 表示（因元功一般不是某个函数 W 的全微分，故不记为 $\mathrm{d}W$，而记为 $\mathrm{d}'W$），有

$$\mathrm{d}'W = \boldsymbol{F}\cdot\mathrm{d}\boldsymbol{r} \tag{12-2}$$

考虑到 $\mathrm{d}\boldsymbol{r}=\boldsymbol{v}\mathrm{d}t$，$\boldsymbol{v}$ 为作用点 A 的速度，则上式可以写成

$$\mathrm{d}'W = \boldsymbol{F}\cdot\boldsymbol{v}\mathrm{d}t \tag{12-3}$$

如果用 F_x, F_y, F_z 分别表示力 $\boldsymbol{F}$ 在坐标轴 x,y,z 上的投影；x,y,z 表示作用点 A 的坐标。则有

$$\boldsymbol{F} = F_x\boldsymbol{i} + F_y\boldsymbol{j} + F_z\boldsymbol{k} \tag{12-4}$$

$$\mathrm{d}\boldsymbol{r} = \mathrm{d}x\boldsymbol{i} + \mathrm{d}y\boldsymbol{j} + \mathrm{d}z\boldsymbol{k} \tag{12-5}$$

将式(12-4)与(12-5)分别代入式(12-2)，得

$$\mathrm{d}'W = F_x\mathrm{d}x + F_y\mathrm{d}y + F_z\mathrm{d}z \tag{12-6}$$

即，力 $\boldsymbol{F}$ 在其作用点 A 的有限路径 $\overset{\frown}{A_1A_2}$ 上的总功 W 是该力在这段路程中所有元功的代数和，即

$$W = \sum \mathrm{d}'W \tag{12-7}$$

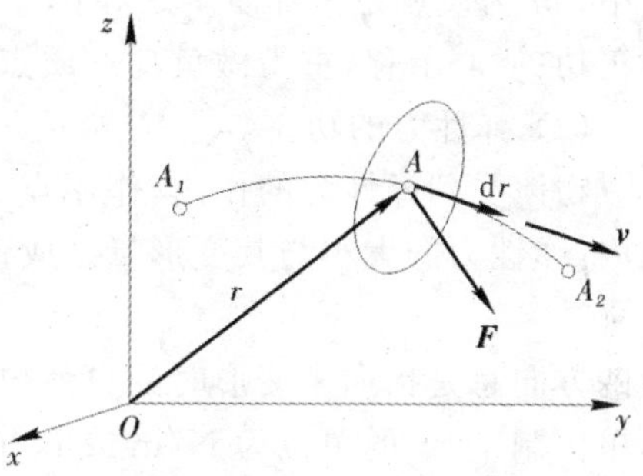

图　12-1

若用曲线积分来计算，则

$$W = \int_{\overset{\frown}{A_1A_2}} \mathrm{d}'W = \int_{\overset{\frown}{A_1A_2}} \boldsymbol{F}\cdot\mathrm{d}\boldsymbol{r} = \int_{\overset{\frown}{A_1A_2}} (F_x\mathrm{d}x + F_y\mathrm{d}y + F_z\mathrm{d}z) \tag{12-8}$$

以上二式即为任意力在其作用点的任意曲线运动中的功的一般表达式。功是代数量，其量纲为[功]=[力]·[长度]。在国际单位制中，功的单位是焦耳(J)，1 J =1 N·m。

在图 12-1 中，如果力 $\boldsymbol{F}$ 为作用在点 A 上的 n 个力 $\boldsymbol{F}_1, \boldsymbol{F}_2, \cdots, \boldsymbol{F}_n$ 的合力，则由式(12-8)可得

$$W = \int_{\overset{\frown}{A_1A_2}} \boldsymbol{F}\cdot\mathrm{d}\boldsymbol{r} = \int_{\overset{\frown}{A_1A_2}} \left(\sum_{i=1}^{n}\boldsymbol{F}_i\right)\cdot\mathrm{d}\boldsymbol{r} = \sum_{i=1}^{n}\int_{\overset{\frown}{A_1A_2}} \boldsymbol{F}_i\cdot\mathrm{d}\boldsymbol{r} = \sum_{i=1}^{n} W_i \tag{12-9}$$

即，合力在其作用点的任一路程上的功，等于各分力在同一路程上的功的代数和。这就是合力的功定理。

2. 几种常见力的功

(1)重力的功。

设质点沿轨道由 M_1 运动到 M_2，如图 12-2 所示。

其重力 $\boldsymbol{G}=m\boldsymbol{g}$ 在直角坐标轴上的投影为

$$F_x = 0,\quad F_y = 0,\quad F_z = -mg$$

重力做功为

$$W_{12} = \int_{z_1}^{z_2} -mg\,\mathrm{d}z = mg(z_1 - z_2) \tag{12-10}$$

可见，重力做功仅与质点运动开始和末了位置的高度差 $(z_1 - z_2)$ 有关，与运动轨迹的形

状无关。

对于质点系，设质点 i 的质量为 m_i，运动始末的高度差为 $(z_{i1}-z_{i2})$，则全部重力做功之和为

$$\sum W_{12}=\sum m_i g(z_{i1}-z_{i2})$$

由质心坐标公式，有

$$mz_c=\sum m_i z_i$$

由此可得

$$\sum W_{12}=mg(z_{c1}-z_{c2})$$

式中，m 为质点系全部质量之和；$z_{c1}-z_{c2}$ 为运动始末位置其质心的高度差。质心下降，重力做正功；质心上移，重力做负功。质点系重力做功仍与质心的运动轨迹形状无关。

(2) 弹性力的功。

物体受到弹性力的作用，作用点 A 的轨迹为图 12-3 所示的曲线 A_1A_2 在弹簧的弹性极限内，弹性力的大小与其变形量 δ 成正比，即

$$F=k\delta$$

力的方向总是指向未变形时的自然位置。比例系数 k 称为弹簧刚度系数(或刚性系数)。在国际单位制中，k 的单位为 N/m 或 N/mm。

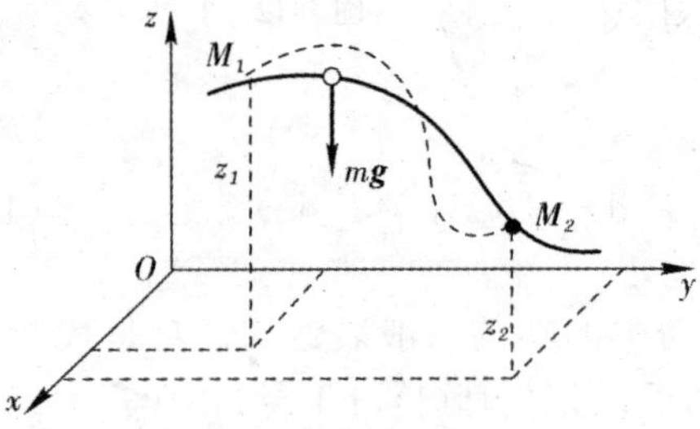

图 12-2

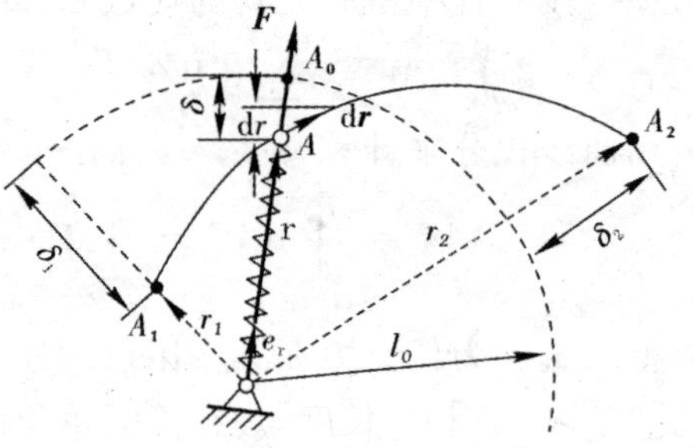

图 12-3

以点 O 为原点，点 A 的矢径为 $\boldsymbol{r}$，其长度为 r。令沿矢径方向的单位矢量为 $\boldsymbol{e}_r$，弹簧的自然长度为 l_0，则弹性力为

$$\boldsymbol{F}=-k(r-l_0)\boldsymbol{e}_r \tag{12-11}$$

当弹簧伸长时，$r>l_0$，力 $\boldsymbol{F}$ 与 $\boldsymbol{e}_r$ 的方向相反；当弹簧被压缩时，$r<l_0$，力 $\boldsymbol{F}$ 与 $\boldsymbol{e}_r$ 的方向一致。应用式(12-9)，当点 A 由 A_1 到 A_2 时，弹性力做功为

$$W_{12}=\int_{A_1}^{A_2}\boldsymbol{F}\mathrm{d}\boldsymbol{r}=\int_{A_1}^{A_2}-k(r-l_0)\boldsymbol{e}_r\mathrm{d}\boldsymbol{r} \tag{12-12}$$

因为

$$\boldsymbol{e}_r\mathrm{d}\boldsymbol{r}=\frac{\boldsymbol{r}}{r}\mathrm{d}\boldsymbol{r}=\frac{1}{2r}\mathrm{d}(\boldsymbol{r}\cdot\boldsymbol{r})=\frac{1}{2r}\mathrm{d}(r^2)=\mathrm{d}r$$

于是得

$$W_{12}=\int_{r_1}^{r_2}-k(r-l_0)\mathrm{d}r=\frac{k}{2}[(r_1-l_0)^2-(r_2-l_0)^2]$$

或

$$W_{12}=\frac{k}{2}(\delta_1{}^2-\delta_2{}^2) \tag{12-13}$$

可见,弹性力的功等于弹簧初变形的平方与未变形的平方之差乘以弹簧刚度系数的一半。

上述推导中轨迹 A_1A_2 可以是空间任意曲线。由此可见,弹性力做的功只与弹簧在初始和末了位置的变形量 δ 有关,与力作用点 A 的轨迹形状元关。由式 (12-13)可见,当 $\delta_1>\delta_2$ 时,弹性力做正功;当 $\delta_1<\delta_2$ 时,弹性力做负功。

(3)牛顿引力的功。

由牛顿万有引力定律知,若两个质点的质量分别是 M 和 m,相互间的距离是 r,则相互间的引力 $\boldsymbol{F}$ 和 $\boldsymbol{F}'$ 的大小等于

$$F=f\frac{Mm}{r^2}$$

式中,引力常量 $f=6.673\times10^{-11}\,\mathrm{m^3\cdot kg^{-1}\cdot s^{-2}}$ 。

假设质量是 M 的质点 O 固定不动(固定引力中心),而质量是 m 的质点 A 沿轨迹 A_1A_2 运动(见图 12-4)。于是,引力可以写成

$$\boldsymbol{F}=-\frac{fMm}{r^2}\cdot\frac{\boldsymbol{r}}{r}$$

元功为

$$\mathrm{d}'W=\boldsymbol{F}\cdot\mathrm{d}\boldsymbol{r}=-\frac{fMm}{r^3}(\boldsymbol{r}\cdot\mathrm{d}\boldsymbol{r})=-\frac{fMm}{r^3}(r\mathrm{d}r)=-f\frac{Mm}{r^2}\mathrm{d}r$$

将上式代入式(12-8),则可得到质点 A 由位置 A_1 运动至 A_2 过程中,万有引力 $\boldsymbol{F}$ 所做的功为

$$W=-\int_{r_1}^{r_2}f\frac{Mm}{r^2}\mathrm{d}r=fMm\left[\frac{1}{r}\right]\Bigg|_{r_1}^{r_2}$$

即

$$W=fMm\left(\frac{1}{r_2}-\frac{1}{r_1}\right)\tag{12-14}$$

(4)质点系内力的功。

质点系的内力都是成对地出现的,彼此大小相等、方向相反且作用在同一条直线上。因此,质点系所有内力的矢量和恒等于零。但是,质点系所有内力的功之和却不一定等于零。例如,人从地面跳起,汽车加速,炸弹爆炸,都是靠内力做功。

现在来给出内力做功的具体表达式。设质点系内有两个质点 A_1 和 A_2 彼此间以力 $\boldsymbol{F}_1$ 和 $\boldsymbol{F}_2(=-\boldsymbol{F}_1)$ 互相吸引,质点的微小位移是 $\mathrm{d}\boldsymbol{r}_1$ 和 $\mathrm{d}\boldsymbol{r}_2$ (见图 12-5),则内力 $\boldsymbol{F}_1$ 和 $\boldsymbol{F}_2$ 的元功之和为

$$\sum\mathrm{d}'W=\boldsymbol{F}_1\mathrm{d}\boldsymbol{r}_1+\boldsymbol{F}_2\mathrm{d}\boldsymbol{r}_2=\boldsymbol{F}_1\mathrm{d}\boldsymbol{r}_1-\boldsymbol{F}_2\mathrm{d}\boldsymbol{r}_2=\boldsymbol{F}_1\mathrm{d}(\boldsymbol{r}_1-\boldsymbol{r}_2)=\boldsymbol{F}_1\mathrm{d}\,\overrightarrow{A_2A_1}$$

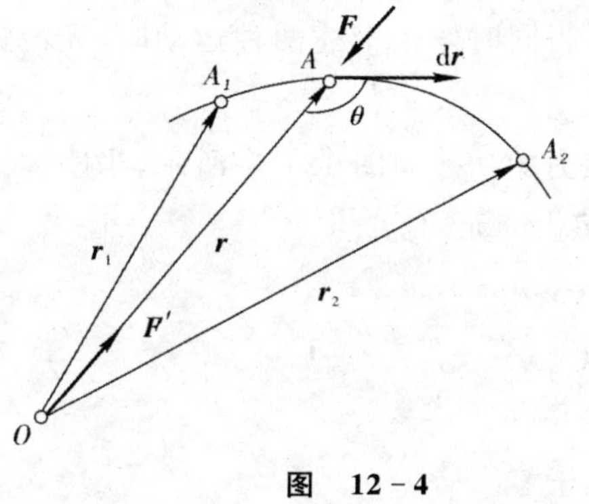

图　12-4

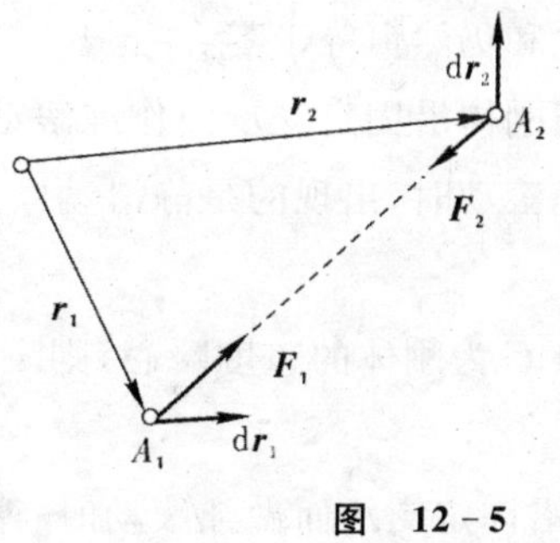

图　12-5

考虑到 $d\overrightarrow{A_2A_1}$ 中包含着两个变化量：方向的变化和长度的变化。前一变化垂直于 $\boldsymbol{F}_1$，在标积中不起作用；后一变化与 $\boldsymbol{F}_1$ 共线，给出标积 $-F_1 \mid d\overrightarrow{A_1A_2} \mid$。所以有

$$\sum d'W = -F_1 \mid d\overrightarrow{A_1A_2} \mid \qquad (12-15)$$

其中，$\mid d\overrightarrow{A_1A_2} \mid$ 代表两质点间的距离 A_1A_2 的变化量。在一般质点系中，两个质点之间的距离是可变的，因此，质点系内力所做功的总和不一定等于零。弹性力就是一个例子。当弹簧的长度改变时，弹簧的内力做正功或负功。但是，刚体内任何两点间的距离始终保持不变，所以刚体内力所做功的总和恒等于零。

(5)约束力的功之和等于零的理想情况。

作用于质点系的约束力一般要做功，但在许多理想情形下，约束力不做功或做功之和等于零。下面通过实例来说明。

1)光滑的固定支承面(见图 12-6(a))、轴承、销钉(见图 12-6(b))和活动支座(见图 12-6(c))的约束力总是和它作用点的元位移 $d\boldsymbol{r}$ 相垂直。所以，这些约束力的功恒等于零。

2)不可伸长的柔绳的拉力。由于柔绳仅在拉紧时才受力，而任何一段拉直的绳子就承受拉力来说，都和刚杆一样，因而其内力的元功之和等于零。如果绳子绕过某个光滑物体(如滑轮)的表面，则因绳子不能伸长，绳子上各点沿物体表面的位移大小相等。与此同时，绳中各处的拉力大小并不因绕过光滑物体而改变。所以，这段柔绳的内力的元功的总和等于零。

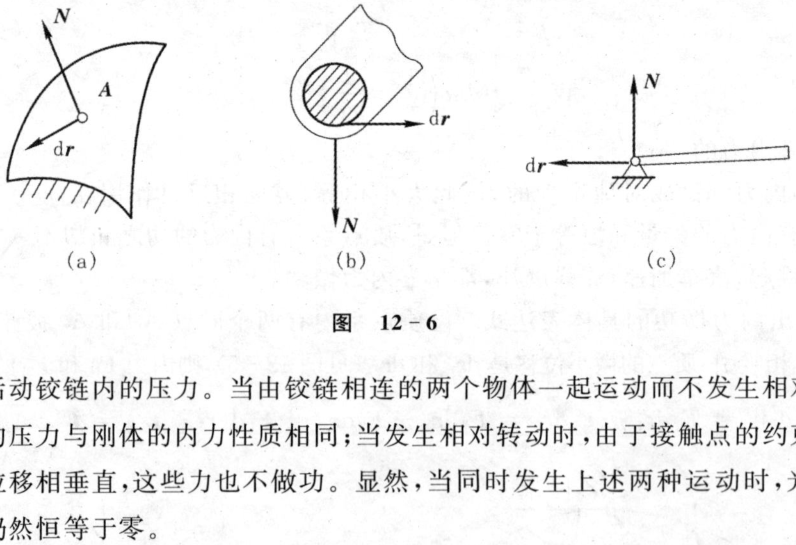

图 12-6

3)光滑活动铰链内的压力。当由铰链相连的两个物体一起运动而不发生相对转动时铰链间相互作用的压力与刚体的内力性质相同；当发生相对转动时，由于接触点的约束力总是和它作用点的元位移相垂直，这些力也不做功。显然，当同时发生上述两种运动时，光滑铰链内压力做功之和仍然恒等于零。

4)当刚体沿固定支承面作纯滚动时滑动摩擦力的功。如图 12-7 所示，当刚体沿固定支承面做纯滚动时，出现的是静滑动摩擦力，此摩擦力的元功为

$$d'W = \boldsymbol{F} \cdot \boldsymbol{v}_C dt$$

因点 C 为刚体的速度瞬心，则 $v_C = 0$。所以

$$d'W = 0$$

即，刚体沿固定支承面做纯滚动时，摩擦力的功等于零。

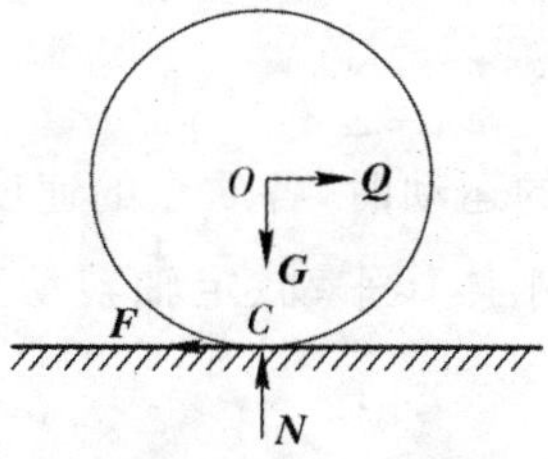

图　12-7

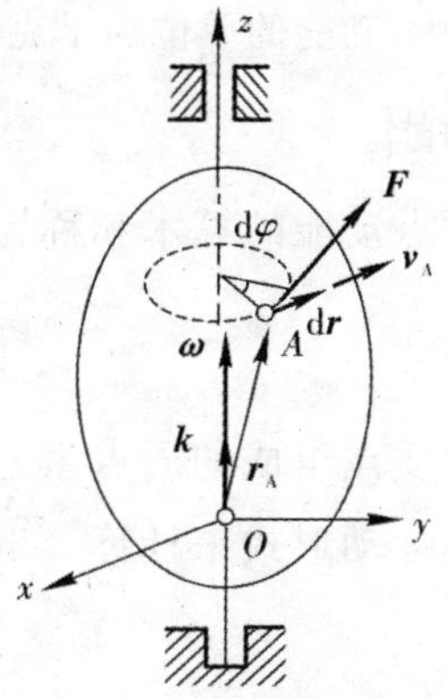

图　12-8

(6)作用在定轴转动刚体上的力的功。

如图 12-8 所示，设一力 $\boldsymbol{F}$ 作用在绕固定轴 z 转动的刚体上，作用点为 A，力 $\boldsymbol{F}$ 的元功为

$$\mathrm{d}'W = \boldsymbol{F}\cdot\boldsymbol{v}_{\mathrm{A}}\mathrm{d}t = \boldsymbol{F}\cdot(\boldsymbol{\omega}\times\boldsymbol{r}_{\mathrm{A}})\mathrm{d}t = \boldsymbol{\omega}\cdot(\boldsymbol{r}_{\mathrm{A}}\times\boldsymbol{F})\mathrm{d}t =$$

$$\omega\,\boldsymbol{k}\cdot\boldsymbol{m}_{\mathrm{O}}(\boldsymbol{F})\mathrm{d}t = \omega\,m_z(\boldsymbol{F})\mathrm{d}t = m_z(\boldsymbol{F})\mathrm{d}\varphi \tag{12-16}$$

刚体从角坐标 φ_1 转至 φ_2 的过程中，力 $\boldsymbol{F}$ 所做的功为

$$W = \int_{\varphi_1}^{\varphi_2}\mathrm{d}'W = \int_{\varphi_1}^{\varphi_2} m_z(\boldsymbol{F})\mathrm{d}\varphi \tag{12-17}$$

当 $m_z(\boldsymbol{F})$ ＝常量时，则上式变为

$$W = m_z(\boldsymbol{F})(\varphi_2-\varphi_1) = m_z(\boldsymbol{F})\Delta\varphi \tag{12-18}$$

当上述定轴转动刚体受一力偶作用时(设力偶矩矢为 l，那么可以证明(留给读者完成)该力偶的元功与总功分别为

$$\mathrm{d}'W = l_z\mathrm{d}\varphi \tag{12-19}$$

$$W = \int_{\varphi_1}^{\varphi_2} l_z\mathrm{d}\varphi \tag{12-20}$$

式中，l_z 表示 l 在 z 轴上的投影。当 l_z ＝常量时，则式(12-20)变为

$$W = l_z(\varphi_2-\varphi_1) = l_z\Delta\varphi \tag{12-21}$$

12.3　动　　能

1. 质点的动能

设质点的质量为 m，速度为 v，则质点的动能为

$$T = \frac{1}{2}mv^2$$

动能是标量，显然动能为正值，其量纲为

$$[\text{动能}] = [\text{质量}]\cdot[\text{长度}]^2\cdot[\text{时间}]^{-2} = [\text{力}]\cdot[\text{长度}]$$

在国际单位制中，动能的单位为千克·米^2·秒$^{-2}$($kg\cdot m^2\cdot s^{-2}$)＝牛·米(N·m)＝焦(J)。

2. 质点系的动能

质点系内各质点动能的算术和称为质点系的动能，即

$$T=\sum \frac{1}{2}m_i v_i^2 \tag{12-22}$$

刚体是由无数质点组成的质点系。刚体作不同的运动时，各质点的速度分布不同，刚体的动能应按照刚体的运动形式来计算。下面分别给出刚体作平动、定轴转动和平面运动的动能表达式。

(1)平动刚体的动能。

刚体做平动时，在同一瞬时，刚体上各点的速度都相同，如以 v_C 表示刚体质心的速度，则平动刚体的动能可表示为

$$T=\sum \frac{1}{2}m_i v_i^2=\frac{1}{2}v_C^2\sum m_i$$

即

$$T=\frac{1}{2}Mv_C^2 \tag{12-23}$$

式中，$M=\sum m_i$ 为刚体的质量。上式说明：平动刚体的动能等于刚体的质量与其质心速度大小的平方的乘积的一半。

(2)定轴转动刚体的动能。

当刚体绕定 z 轴转动时，如图 12-9 所示，其中任一点 m_i 的速度为

$$v_i=r_i\omega$$

式中，ω 是刚体的角速度，r_i 是质点到 m_i 转轴的垂距。于是绕定轴转动刚体的动能为

$$T=\sum \frac{1}{2}m_i v_i^2=\sum\left(\frac{1}{2}m_i r_i^2\omega^2\right)=\frac{1}{2}\omega^2\sum m_i r_i^2$$

其中，$\sum m_i r_i^2=J_z$，是刚体对于 z 轴的转动惯量，于是得

$$T=\frac{1}{2}J_z\omega^2 \tag{12-24}$$

可见，定轴转动刚体的动能，等于刚体对转轴的转动惯量与角速度平方乘积的一半。

(3)平面运动刚体的动能。

由运动学可知，当刚体作平面运动时，其上各点速度的分布与刚体绕瞬轴(通过速度瞬心并与运动平面相垂直的轴)转动时一样。如图 12-10 所示，设平面运动刚体的角速度为 ω，速度瞬心为点 P，刚体对瞬轴的转动惯量是 J_P，则平面运动刚体的动能便可利用式(12-24)计算，但应把式中的 J_z 改成 J_P，即

$$T=\frac{1}{2}J_P\omega^2 \tag{12-25}$$

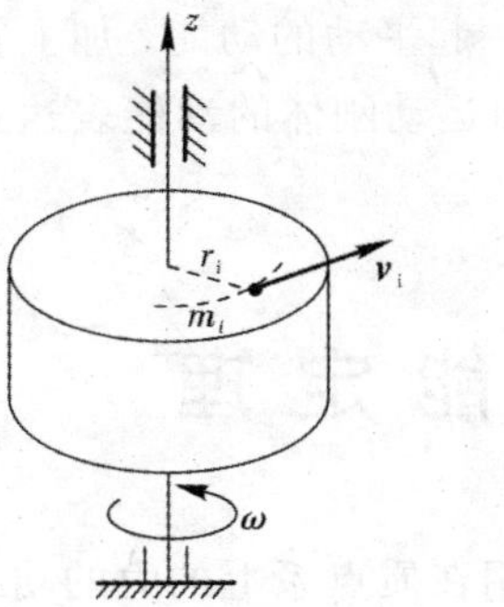

图　12－9

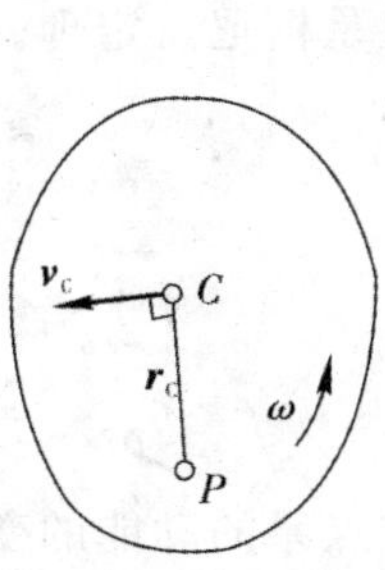

图　12－10

因瞬轴在刚体内的位置是变化的，因此，刚体对瞬轴的转动惯量一般是变量，所以通常把上式改写成如下形式：

$$T=\frac{1}{2}J_P\omega^2=\frac{1}{2}(J_C+Mr_C)^2\omega^2$$

即

$$T=\frac{1}{2}Mv_C^2+\frac{1}{2}J_C\omega^2 \qquad (12-26)$$

式中，J_C为刚体对于平行于瞬轴的质心轴的转动惯量，M是刚体的质量。上式说明：平面运动刚体的动能，等于它以质心速度作平动时的动能与相对于质心轴转动时的动能之和。

(4)柯尼希定理。

柯尼希定理建立了质点系在绝对运动中的动能与质点系在相对于质心平动系运动中的动能之间的关系，下面就来推导这个关系。

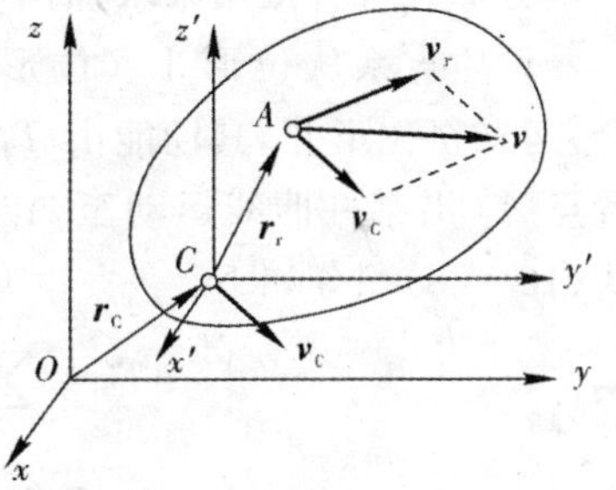

图　12－11

如图 12－11 所示，设有任一质点系，该质点系中的任一质点 A 的质量为 m，它相对于定系 $Oxyz$ 的速度为 $\boldsymbol{v}$，取质点系的质心 C 为原点建立一个相对于定系 $Oxyz$ 做平动的坐标系 $Cx'y'z'$（简称为质心平动系），质点 A 相对质心平动系的速度为 $\boldsymbol{v}_C$，根据点的速度合成定理，则有

$$\boldsymbol{v}=\boldsymbol{v}_e+\boldsymbol{v}_r$$

考虑到动系 $Cx'y'z'$ 相对定系 $Oxyz$ 做平动，故 $\boldsymbol{v}_e=\boldsymbol{v}_C$，于是上式可以写为

$$\boldsymbol{v}=\boldsymbol{v}_C+\boldsymbol{v}_r$$

质点系在绝对运动中的动能为

$$T=\sum\frac{1}{2}mv^2=\sum\frac{1}{2}m\boldsymbol{v}\cdot\boldsymbol{v}=\sum\frac{1}{2}m(\boldsymbol{v}_C+\boldsymbol{v}_r)\cdot(\boldsymbol{v}_C+\boldsymbol{v}_r)=$$

$$\sum\frac{1}{2}m(v_C^2+\boldsymbol{v}_r^2+2\boldsymbol{v}_C\cdot\frac{\tilde{\mathrm{d}}\boldsymbol{r}_r}{\mathrm{d}t})=\frac{1}{2}(\sum m)v_C{}^2+\sum\frac{1}{2}mv_r{}^2+v_C\frac{\tilde{\mathrm{d}}(\sum mr_r)}{\mathrm{d}t}$$

式中，$M=\sum m$ 为质点系的总质量。考虑到质点系在相对于质心平动系的运动中的动能 $T_r=\sum\frac{1}{2}mv_r{}^2$，又 $\sum mr_r=Mr_r=0$，所以上式可以写为

$$T=\frac{1}{2}Mv_C^2+T_r \qquad (12-27)$$

即，质点系在绝对运动中的动能，等于它随质心一起平动的动能，加上它在相对于质心平动系的运动中的动能。这就是柯尼希定理。显然平面运动刚体的动能表达式(12-26)可以看成是式(12-27)的特殊情形。

12.4 动 能 定 理

动能定理建立了质点系的动能的变化与作用在质点系上的力的功之间的关系。下面就来推导这个定理。

如图 12-12 所示，设有任一质点系，该质点系中的任一质点 A 的质量为 m，速度与加速度分别为 $\boldsymbol{v}$ 与 $\boldsymbol{a}$，作用在该质点上的所有力的合力为 $\boldsymbol{F}$，根据质点系动能的定义，质点系的动能可表示为

$$T = \sum \frac{1}{2}mv^2 = \sum \frac{1}{2}m\boldsymbol{v} \cdot \boldsymbol{v}$$

将上式微分，并注意到对每个质点有 $m\boldsymbol{a} = \boldsymbol{F}$，所以有

$$\mathrm{d}T = \sum m\boldsymbol{v} \cdot \mathrm{d}\boldsymbol{v} = \sum m\boldsymbol{v} \cdot \boldsymbol{a}\mathrm{d}t = \sum m\boldsymbol{a} \cdot \boldsymbol{v}\mathrm{d}t = \sum \boldsymbol{F} \cdot \boldsymbol{v}\mathrm{d}t = \sum \mathrm{d}'W \quad (12-28)$$

式中，$\mathrm{d}'W$ 为作用在质点 A 上的所有力的合力 $\boldsymbol{F}$ 的元功。由式(12-28)可知，质点系动能的微分等于作用在质点系上的所有力的元功的代数和。这就是动能定理的微分形式。动能定理的微分形式可直接用来求加速度或建立系统的运动微分方程。

设质点系从位形Ⅰ（位形：质点系内各质点位置的集合）运动至位形Ⅱ，其动能由 T_1 变化至 T_2，其中质点 A 由位置点 A_1 沿某一曲线运动至 A_2，考虑到这组边界条件后，将式(12-28)积分如下：

$$\int_{T_1}^{T_2} \mathrm{d}T = \sum \int_{\overset{\frown}{A_1A_2}} \mathrm{d}'W$$

即

$$T_2 - T_1 = \sum W \quad (12-29)$$

式中，$W = \int_{\overset{\frown}{A_1A_2}} \mathrm{d}'W$ 为质点 A 由位置 A_1 沿轨迹运动至 A_2 的过程中作用在其上的所有力的合力的功。于是 $\sum W$ 就等于或者可以理解为作用在质点系上的所有力在质点系由位形Ⅰ运动至位形Ⅱ的过程中的功的代数和。由式(12-29)可知：质点系的动能在某一运动过程中的变化量，等于作用在质点系上的所有力在此过程中的功的代数和。这就是动能定理的积分形式。从动能定理的积分形式可以看出，利用它可以求解物体运动的路程始、末速度及做 功的力(包括内力)。

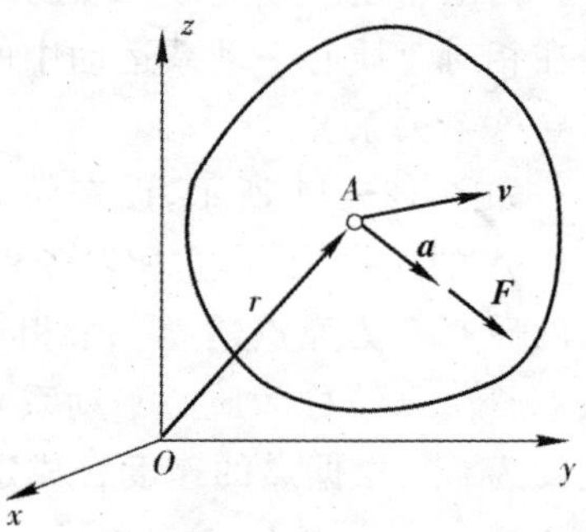

图 12-12

以上介绍了动能定理的两种表达形式——微分形式和积分形式，应该说这两种表达形式是针对质点系而言的，当然它们对于单个质点来说同样也是适用的(因为单个质点可以看作是一个简单的质点系)。

下面以动能定理的积分形式(12-29)为例，说明在具体计算 $\sum W$ 时的注意事项：$\sum W$ 为作

用于质点系上的所有力之功的代数和，在具体计算时，通常根据质点系的受力特征，将作用在质点系上的力分为两类——外力和内力或主动力和约束反力。如果是按前者分类的，则有

$$\sum W = \sum W^{(e)} + \sum W^{(i)}$$

式中，$\sum W^{(e)}$ 表示作用在质点系上的所有外力之功的代数和，$\sum W^{(i)}$ 表示作用在质点系上所有内力之功的代数和。

对于刚体而言，因 $\sum W^{(i)} = 0$，故有

$$\sum W = \sum W^{(e)}$$

即，作用在刚体上的所有力之功的代数和等于作用在其上的所有外力之功的代数和。

如果将作用在质点系上的力分为主动力和约束反力，则有

$$\sum W = \sum W^{(F)} + \sum W^{(N)}$$

式中，$\sum W^{(F)}$ 表示作用在质点系上的所有主动力之功的代数和，$\sum W^{(N)}$ 表示作用在质点系上所有约束反力之功的代数和。

如果质点系所受的约束均为理想约束，即 $\sum W^{(N)} \equiv 0$ 的理想情形，则有

$$\sum W = \sum W^{(F)}$$

这就是说，如果质点系所受的约束均为理想约束，则作用于质点系上的所有力之功的代数和等于作用于质点系上的所有主动力之功的代数和。若质点系所受的个别约束反力（如摩擦力）也做功，则可把它们当作特殊的主动力看待，这时上式仍可应用。

以上所述是针对 $\sum W$ 计算而言的，应该指出，它们同样也适用于计算 $\sum \mathrm{d}'W$。

例 12-1　运送重物的卷扬机如图 12-13 所示。已知鼓轮重 G_1，半径是 r，对转轴 O 的回转半径是 ρ。在鼓轮上作用着常值转矩 M_0，使重 G_2 的物体 A 沿倾角为 φ 的斜面向上运动。已知物体 A 与斜面间的动摩擦因数是 f'；假设系统从静止开始运动，绳的倾斜段与斜面平行，绳的质量和轴承 O 的摩擦都忽略不计。试求当物体 A 沿斜面上升了距离 s 时的速度和加速度。

解：此题需求距离与速度间的关系，宜用动能定理的积分形式进行求解。

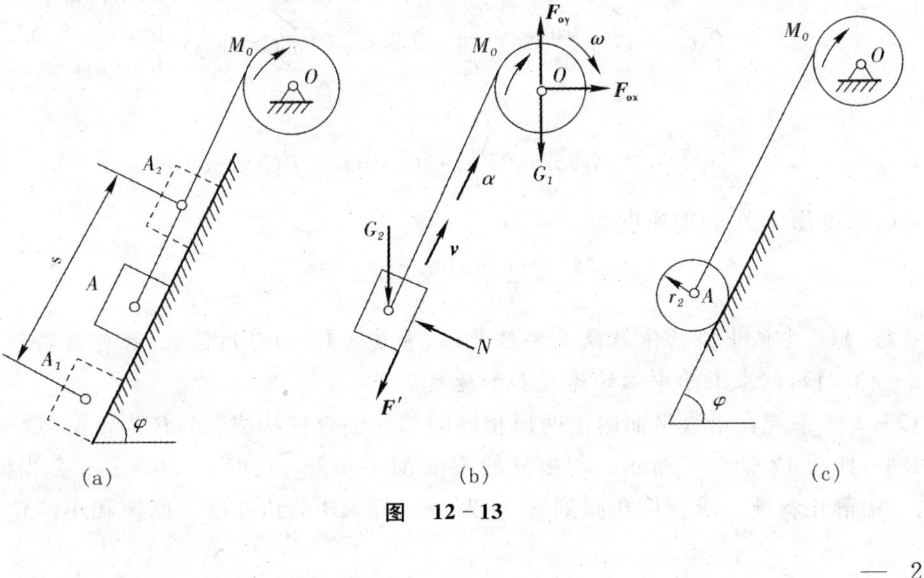

图　12-13

取鼓轮、绳索和物体 A 组成的质点系为研究对象(见图 12-13(b))。根据动能定理的积分形式,有

$$T_2 - T_1 = \sum W \tag{1}$$

因质点系从静止开始运动,故初动能为

$$T_1 = 0 \tag{2}$$

当物体 A 沿斜面上升距离 s 时,质点系的动能 T_2 可以按以下方式计算。用 v 表示物体 A 的速度大小,则鼓轮的角速度大小 $\omega = \dfrac{v}{r}$,从而有

$$T_2 = \frac{1}{2}J_O\omega^2 + \frac{1}{2}\frac{G_2}{g}v^2 = \frac{1}{2}(\frac{G_1}{g}\rho^2)(\frac{v}{r})^2 + \frac{1}{2}\frac{G_2}{g}v^2$$

即

$$T_2 = \frac{v^2}{2g}(\frac{\rho^2}{r^2}G_1 + G_2) \tag{3}$$

质点系所受的外力有鼓轮重力 $\boldsymbol{G}_1$,转矩 $\boldsymbol{M}_0$,轴承 O 的反力 $\boldsymbol{F}_{Ox}$ 和 $\boldsymbol{F}_{Oy}$ 以及物体 A 的重力 $\boldsymbol{G}_2$,斜面的法向反力 $\boldsymbol{N}$ 和滑动摩擦力 $\boldsymbol{F}'$。其中做功的力只有转矩 $\boldsymbol{M}_0$,重力 $\boldsymbol{G}_2$ 和滑动摩擦力 $\boldsymbol{F}'$,如图 12-13(b)所示。又考虑到物体 A、鼓轮均视为刚体,而绳索又不可伸长,故作用在质点系上的所有内力之功的代数和恒为零,于是有

$$\sum W = \sum W^{(e)} = W(\boldsymbol{M}_0) + W(\boldsymbol{G}_2) + W(\boldsymbol{F}') =$$

$$M_0\frac{s}{r} - G_2 s\sin\varphi - f'G_2 s\cos\varphi = (\frac{M_0}{r} - G_2\sin\varphi - f'G_2\cos\varphi)s \tag{4}$$

将式(2)~式(4)代入式(1),得

$$\frac{v^2}{2g}(\frac{\rho^2}{r^2}G_1 + G_2) - 0 = (\frac{M_0}{r} - G_2\sin\varphi - f'G_2\cos\varphi)s \tag{5}$$

由此求得物体 A 的速度为

$$v = \sqrt{\frac{2[M_0 - G_2 r(\sin\varphi + f'\cos\varphi)]rgs}{G_1\rho^2 + G_2 r^2}}$$

式中,根号内必须是正值,当满足条件 $M_0 > G_2 r(\sin\alpha + f'\cos\alpha)$ 时,卷扬机才能开始工作。

为了求出物体 A 的加速度 $\boldsymbol{a}$,可以把式(5)中的 s 看作变量,并求两端对时间 t 的导数,有

$$\frac{v}{g}(\frac{\rho^2}{r^2}G_1 + G_2)\frac{\mathrm{d}v}{\mathrm{d}t} = (\frac{M_0}{r} - G_2\sin\varphi - f'G_2\cos\varphi)\frac{\mathrm{d}s}{\mathrm{d}t}$$

即

$$\frac{v}{g}(\frac{\rho^2}{r^2}G_1 + G_2)a = (\frac{M_0}{r} - G_2\sin\varphi - f'G_2\cos\varphi)v$$

由此可求得物体 A 的加速度为

$$a = \frac{M_0 - G_2 r(\sin\varphi + f'\cos\varphi)}{G_1\rho^2 + G_2 r^2}rg$$

思考题:如果本例中将物体 A 改成半径是 r_2,重量为 $\boldsymbol{G}_2$ 的匀质圆柱,并可沿斜面做纯滚动(见图 12-13(c)),试求滚子中心的速度和加速度。

例 12-2 系统在铅直平面内由两根相同的匀质细直杆构成。A,B 为铰链,D 为小滚轮,且 AD 水平,如图 12-14(a)所示。每根杆的质量 $M = 6$ kg,长度 $l = 0.75$ m。当仰角 $\varphi_1 = 60°$ 时系统由静止释放。求当仰角减到 $\varphi_2 = 20°$ 时,杆 AB 的角速度。摩擦和小滚轮的质量都

不计。

解：取整个系统为研究对象，其中杆 AB 做定轴转动，而杆 BD 做平面运动。在计算系统的动能时，必须找出杆 AB 的角速度大小 ω_{AB}，杆 BD 的角速度大小 ω_{BD} 和其质心 E 的速度大小 v_E 之间的关系。

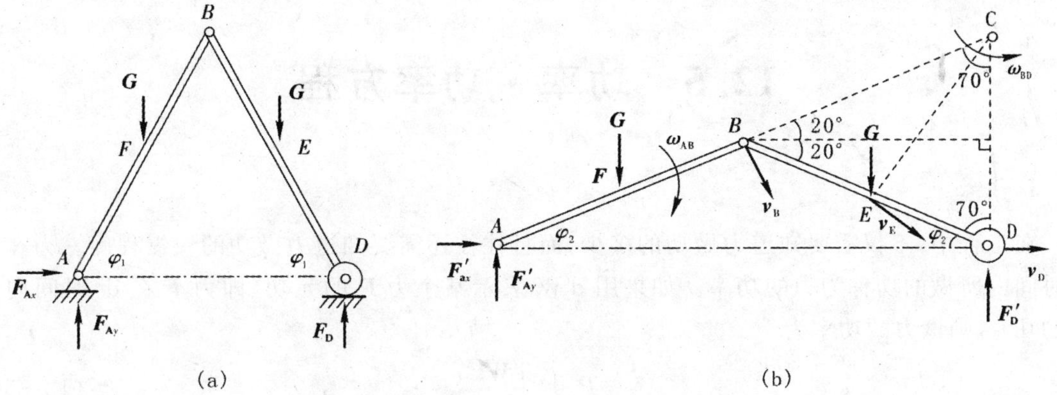

图　12-14

由图 12-14(b)知，杆 BD 的速度瞬心是 C。分析点 B 的速度，有

$$AB \cdot \omega_{AB} = BC \cdot \omega_{BD}$$

由于 $\triangle BCD$ 是等腰三角形，所以 $BC = BD = AB$，代入上式求得

$$\omega_{AB} = \omega_{BD}$$

但两者的转向相反。另外，当 $\varphi_2 = 20^\circ$ 时，有

$$CD = 2l\sin 20^\circ = 2 \times 0.75 \times 0.342 = 0.513\ \text{m}$$

在 $\triangle CDE$ 中，根据余弦定理，求得

$$CD = \sqrt{(CD)^2 + (DE)^2 - 2CD \cdot DE\cos 70^\circ} = \sqrt{0.513^2 + 0.375^2 - 2 \times 0.513 \times 0.375 \times 0.342} = 0.522\ \text{m}$$

从而求得 BD 质心 E 的速度大小为

$$v_E = CE \cdot \omega_{BD}$$

系统开始时处于静止，初动能 $T_1 = 0$，而末动能为

$$T_2 = \frac{1}{2}J_A\omega_{AB}^2 + (\frac{1}{2}Mv_E{}^2 + \frac{1}{2}J_B\omega_{BD}^2) = \frac{1}{2} \times \frac{1}{3}Ml^2\omega_{AB}^2 + \frac{1}{2}M(CE \cdot \omega_{BD})^2 + \frac{1}{2} \times \frac{1}{12}Ml^2\omega_{BD}^2 = \frac{1}{24}M\omega_{AB}^2[5l^2 + 12(CE)^2]$$

代入已知数据，得

$$T_2 = \frac{1}{24} \times 6\omega_{AB}^2(5 \times 0.75^2 + 12 \times 0.522^2) = 1.52\omega_{AB}^2$$

在运动过程中，只有杆的重力 $\boldsymbol{G}$ 做功。所以作用在系统中的力在运动过程中的总功为

$$\sum W = 2G\frac{l}{2}(\sin 60^\circ - \sin 20^\circ) = 23.1\ \text{J}$$

把上述各值代入动能定理积分形式的方程 $T_2 - T_1 = \sum W$，有

$$1.52\omega_{AB}^2 - 0 = 23.1$$

从而求得杆 A 的角速度大小为

$$\omega_{AB}=\sqrt{\frac{23.1}{1.52}}=3.9\ \mathrm{rad/s}\quad(\text{顺时针})$$

思考题:本例中能否通过对 ω_{AB} 求导求得 AB 杆的角加速度?

12.5 功率·功率方程

1. 功率

在工程中,不仅需要知道力做功的多少,而且往往还需要知道力做功的快慢程度。力在单位时间内所做的功称为力的功率。如果用 $\mathrm{d}'W$ 表示某个力 $\boldsymbol{F}$ 的元功(即力 $\boldsymbol{F}$ 在 $\mathrm{d}t$ 时间内所做的功),则该力的功率为

$$P=\frac{\mathrm{d}'W}{\mathrm{d}t}\tag{12-30}$$

将式(12-3)代入上式,得

$$P=F\cdot v\tag{12-31}$$

上式说明,力的功率等于力与其作用点的速度的标积。在国际单位制中,功率的单位是瓦[特](W),1 瓦(W)=1 焦/秒(J/s)。

将式(12-16)代入式(12-30),可得到作用在定轴转动刚体上的力的功率为

$$P=m_z(F)_\omega\tag{12-32}$$

即,作用在定轴转动刚体上的力的功率,等于该力对转轴的矩乘以刚体的角速度。

2. 功率方程

当机器工作时,必须输入一定的功,以便在克服无用阻力(如无用摩擦、碰撞以及其他物理原因产生的阻力)引起的损耗后,付出有用阻力(如机床加工时的切削力)的功,而完成指定工作。若以 $\mathrm{d}'W_{入}$ 表示在微小时间 $\mathrm{d}t$ 内输入的元功(例如电机提供),$\mathrm{d}'W_{有}$ 和 $\mathrm{d}'W_{无}$ 分别表示对应的有用阻力和无用阻力所消耗的元功,则根据动能定理的微分形式(12-28),有

$$\mathrm{d}T=\mathrm{d}'W_{入}-\mathrm{d}'W_{有}-\mathrm{d}'W_{无}$$

上式两边同除以 $\mathrm{d}t$,且用 $P_{入}=\mathrm{d}'W_{入}/\mathrm{d}t$,$P_{出}=\mathrm{d}'W_{有}/\mathrm{d}t$,$P_{无}=\mathrm{d}'W_{无}/\mathrm{d}t$ 分别表示相应的输入、输出和元用功率,则得

$$\frac{\mathrm{d}T}{\mathrm{d}t}=P_{入}-P_{出}-P_{无}\tag{12-33}$$

即,机器的动能对时间的导数,等于它的输入功率减去输出功率和无用功率。这就是机器的功率方程。它建立了机器的动能变化率与功率的关系。

机器的运转过程一般分成三个阶段:

1)启动加速阶段。由于速度逐渐增大,$\frac{\mathrm{d}T}{\mathrm{d}t}>0$,故要求 $P_{入}>P_{出}+P_{无}$;

2)稳定运转阶段,即正常工作阶段。这时机器一般做匀速运动,$\frac{\mathrm{d}T}{\mathrm{d}t}>0$,即 $P_{入}=P_{出}+P_{无}$;

3)制动减速阶段。在制动或负载增加后,机器做减速运动,$\frac{dT}{dt}<0$,此时,$P_{入}<P_{出}+P_{无}$。

在工程中,一般把机器在稳定运转阶段中的输出功率与输入功率的比值,称为机器的机械效率,用 η 表示。即

$$\eta=\frac{P_{出}}{P_{入}}=\frac{P_{入}-P_{无}}{P_{入}}=1-\frac{P_{无}}{P_{入}} \tag{12-34}$$

例 12-3 某车床中电动机 A 的功率 $P_{入}=4.5\ \mathrm{kW}$,传动的机械效率 $\eta=0.7$。若工件 B 的转速 $n=42\ \mathrm{rad/s}$,工件的直径 $d=100\ \mathrm{mm}$。求车刀 C 作用在工件上的周向切削力(见图 12-15)。

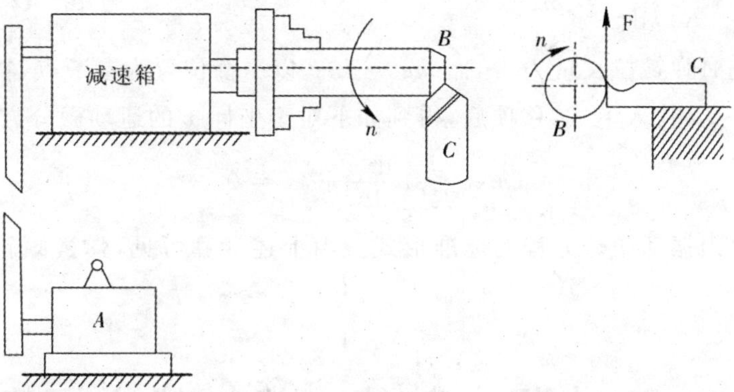

图 12-15

解:车床正常工作属于稳定运转阶段,这时工件做匀速转动,$\frac{dT}{dt}=0$。由功率方程(12-33)有

$$P_{入}=P_{出}+P_{无}$$

由机械效率公式(12-34)求得

$$P_{出}=\eta P_{入}=0.7\times4.5=3.15\ \mathrm{kW}$$

有用阻力就是周向切削力 $\boldsymbol{F}$,它对转轴的矩 $M=F\frac{d}{2}$,所以输出功率为

$$P_{出}=M\omega=F\frac{d}{2}\frac{\pi n}{30}=\frac{nF\pi d}{60}$$

最后求得周向切削力为

$$F=\frac{60P_{出}}{n\pi d}=\frac{60\times3\ 150}{0.1\times42\pi}=14320\ \mathrm{N}=14.32\ \mathrm{kN}$$

例 12-4 图 12-16 中,物块质量为 m,用不计质量的细绳跨过滑轮与弹簧相连。弹簧原长为 l_0,刚度系数为 k,质量不计。滑轮半径为 R,转动惯量为 J。不计轴承摩擦,试建立此系统的运动微分方程。

解:若弹簧由自然位置拉长任一长度 s,滑轮转过 φ 角,物块下降 s,显然有 $s=R\varphi$。此时系统的动能为

$$T=\frac{1}{2}m(\frac{ds}{dt})^2+\frac{1}{2}J(\frac{d\varphi}{dt})^2=\frac{1}{2}(m+\frac{J}{R^2})(\frac{ds}{dt})^2$$

重物下降速度 $v=\frac{ds}{dt}$，重力功率为 $mg\frac{ds}{dt}$；弹性力大小为 ks，其功率为 $-ks\frac{ds}{dt}$。代入功率方程，得

$$\frac{dT}{dt}=(m+\frac{J}{R^2})\frac{ds}{dt}\frac{d^2s}{dt^2}=mg\frac{ds}{dt}-ks\frac{ds}{dt}$$

两端各消去 $\frac{ds}{dt}$，得到如下对于坐标 s 的运动微分方程：

$$\left(m+\frac{J}{R^2}\right)\frac{d^2s}{dt^2}=mg-ks$$

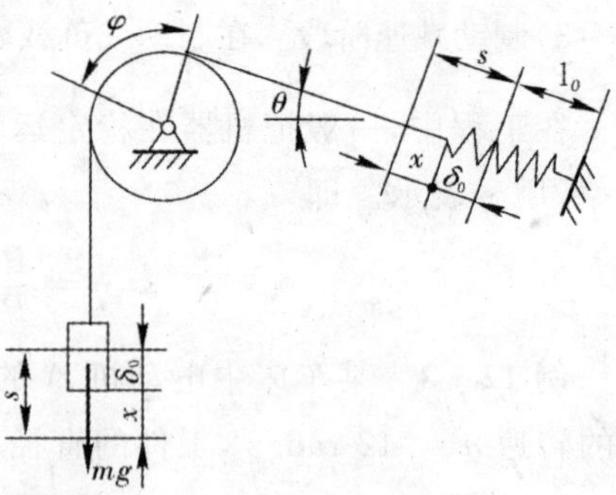

图 12-16

若此系统静止时弹簧拉长量为 δ_0，而 $mg=k\delta_0$。以平衡位置为参考点，物体下降 x 时弹簧拉长量为 $s=\delta_0+x$，代入上式，移项后，得到如下对于坐标 x 的运动微分方程为

$$(m+\frac{J}{R^2})\frac{d^2x}{dt^2}+ks=0$$

上式是系统自由振动微分方程的标准形式。由上述计算可见，弹簧倾斜角度 θ 与系统运动微分方程无关。

12.6 势力场·势能·机械能守恒定理

1. 势力场与势能

在 12.2 节中曾经讨论了重力、弹性力和牛顿引力的功，从式(12-10)，式(12-13)和式(12-14)可以看出，这些力的功与作用点的始末位置有关，而与作用点所经过的路径无关。具有这种特征的力称为有势力。有势力是一种场力，它出现在特定的空间，这种空间称为势力场。重力场、弹性力场和牛顿引力场是势力场最常见的例子。

为了描述势力场对质点做功的能力，引入势能的概念。在势力场中，质点的势能只有相对值。通常预先任意地选定场中某个点 A_0 处势能为零，称 A_0 为势能零点。质点在场中其他点 A 处的势能用 V 表示，定义为该质点由点 A 运动到势能零点 A_0 的过程中，有势力所做的功 $W_{A\to A_0}$，即有

$$V=W_{A\to A_0} \tag{12-35}$$

下面介绍几种常见势力场的势能。

(1)重力场(见图 12-2)。

利用重力的功的表达式(12-10)，并取 $A_0(x_0,y_0,z_0)$ 为势能零点，则质点在重力场 A 处的势能为

$$V=G(z-z_0) \tag{12-36}$$

(2)弹性力场(见图 12-3)。

通常取弹簧无变形的位置作为势能零点，利用弹性力的功的表达式(12-13)，即得质点在

弹性力场中变形为 λ 的 A 处的势能为

$$V = -\frac{1}{2}k\lambda^2 \tag{12-37}$$

(3)牛顿引力场(见图 12-4)。

通常取无穷远处($r=\infty$)作为势能零点 A_0，故利用牛顿引力的功的表达式(12-14)，即得在牛顿引力场中极径为 r 的 A 处的势能为

$$V = -\frac{fMm}{r} \tag{12-38}$$

注意，改变零点的选择，将使势能的值改变一个常量。但是，不论零点选在何处，质点在场中任何两个位置的势能之差却是不变的。

在一般情形下，质点的势能可以表示成质点位置坐标 (x,y,z) 的单值连续函数，即

$$V = V(x,y,z) \tag{12-39}$$

式(12-39)称为势能函数。

势力场中，满足条件 $V(x,y,z)=$ 常量的各点确定的每个曲面，称为等势面。例如，重力场的等势面是不同高度的水平面($z=$ 常值)；牛顿引力场的等势面是以引力中心为球心的不同半径的同心球面($r=$ 常量)。由全部零点构成的等势面称为零势面。

以上所述可以很容易地推广到质点系。这时只需把质点系内所有各质点的势能加在一起，就得到质点系在势力场中的势能。这样，质点系的势能一般可以表示成质点系内各质点的坐标 $x_1,y_1,z_1;\cdots;x_n,y_n,z_n$ 的单值连续函数，即

$$V = V(x_1,y_1,z_1;\cdots;x_n,y_n,z_n) \tag{12-40}$$

例如，可以证明质点系在重力场中的势能为

$$V = \sum mg(z-z_0) = Mg(z_C - z_{C0}) \tag{12-41}$$

2. 机械能守恒定理

设一质点系在某势力场中由位形Ⅰ运动至位形Ⅱ，在此运动过程中只有作用在质点系上的有势力做功(其他力不做功或做功的代数和为零)。质点 B_i 为质点系中的任一质点，当质点系处于位形Ⅰ时，质点 B_i 处于点 B_{i1} 的位置；当质点系处于位形Ⅱ时，质点 B_i 处于点 B_{i2} 的位置。设点 A_0 为势能零点，则质点 B_i 在位置 B_{i1} 和 B_{i2} 时所具有的势能分别为

$$V_{i1} = W_{(B_{i1}\to A_0)}\ ,\quad V_{i2} = W_{(B_{i2}\to A_0)}$$

因质点 B_i 由 B_{i1} 运动至 B_{i2} 的过程中，作用在其上的有势力的功与运动路径元关，故有

$$W_{(B_{i1}\to B_{i2})} = W_{(B_{i1}\to A_0)} + W_{(A_0\to B_{i2})} = W_{(B_{i1}\to A_0)} - W_{(B_{i2}\to A_0)}$$

即

$$W_{(B_{i1}\to B_{i2})} = V_{i1} - V_{i2} \tag{12-42}$$

质点系在位形Ⅰ和位形Ⅱ所具有的势能分别为

$$V_1 = \sum V_{i1},\quad V_2 = \sum V_{i2}$$

故

$$V_1 - V_2 = \sum (V_{i1} - V_{i2}) = \sum W_{(B_{i1}\to B_{i2})} \tag{12-43}$$

式中，$\sum W_{(B_{i1}-B_{i2})}$ 为质点系由位形Ⅰ运动至位形Ⅱ的过程中作用于质点系上的所有有势力

之功的代数和。由于已假定在此运动过程中只有有势力做功，故 $\sum W_{(B_{i1}-B_{i2})}$ 等于质点系由位形Ⅰ运动至位形Ⅱ的过程中作用于其上的所有力之功的代数和，根据动能定理的积分形式，进而有

$$T_2 - T_1 = \sum W_{(B_{i1}\to B_{i2})} \tag{12-44}$$

比较式(12-43)与(12-44)，得

$$V_1 - V_2 = T_2 - T_1$$

即

$$T_2 + V_2 = T_1 + V_1 \tag{12-45}$$

质点系的动能与势能之和称为质点系的机械能。式(12-45)可以解释为：对于只有有势力做功的质点系来说，其机械能保持不变。这个结论就是所谓的机械能守恒定理。

仅在有势力作用下的质点系称为保守系统。显然保守系统的机械能是保持不变的。如果除有势力外，质点系还受非有势力(如摩擦力、发动机驱动力等)的作用，特别是当这些非有势力之功的代数和不为零时，质点系的机械能将会发生变化。这时机械能与其他形态的能量(如热能、电能等)之间发生相互转化，但机械能与其他形态的能量的总和仍然保持不变。这就是普遍的能量守恒定律。

例 12-5 平台的质量 $m = 30$ kg，固连在刚度系数 $k = 18$ kN/m 的弹性支承上(见图12-17)。现在从平衡位置给平台以向下的初速度 $v = 5$ m/s，求平台位置下沉的最大距离 δ，以及弹性支承中承受的最大力。假设平台做平动。

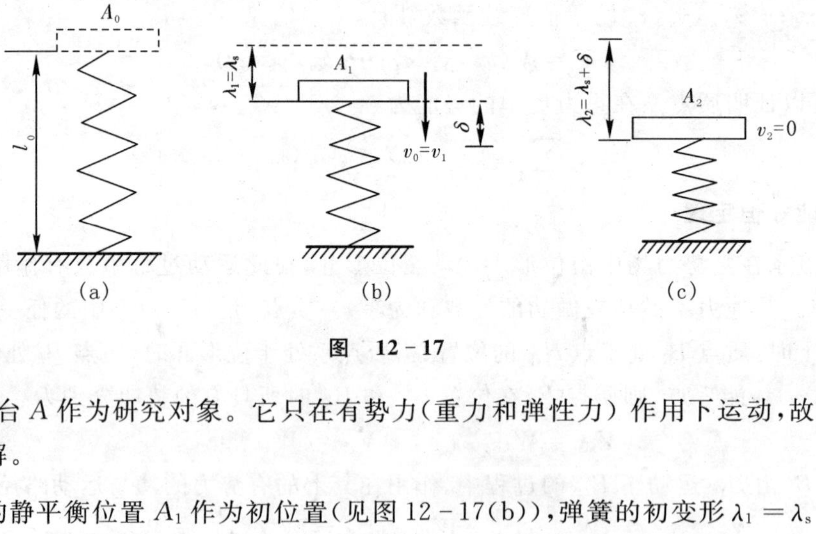

图 12-17

解：取平台 A 作为研究对象。它只在有势力(重力和弹性力)作用下运动，故可用机械能守恒定理求解。

取平台的静平衡位置 A_1 作为初位置(见图12-17(b))，弹簧的初变形 $\lambda_1 = \lambda_s = \dfrac{mg}{k}$，平台的初速度 $v_1 = v_0$，因而初动能 $T_1 = \dfrac{1}{2}mv_0{}^2$。以平台最大下沉点 A_2 作为末位置(见图12-17(c))，则弹簧的末变形 $\lambda_2 = \lambda_s + \delta$；平台的末动能 $T_2 = 0$。

势能的零点位置可任意选择。这里不妨取弹簧未变形时的位置作为弹性力场的势能零点位置，取 A_0 作为重力场的势能零点位置(见图12-17(a))。于是，初势能 $V_1 = \dfrac{k}{2}\lambda_1{}^2 - mg\lambda_1$，而末势能 $V_2 = \dfrac{k}{2}\lambda_2{}^2 - mg\lambda_2$。

把上述各值代入机械能守恒定理的式(12-45),有

$$0+\frac{k}{2}\lambda_2{}^2-mg\lambda_2=\frac{1}{2}mv_0{}^2+\frac{k}{2}\lambda_1{}^2-mg\lambda_1$$

考虑到 $\lambda_1=\lambda_s,\lambda_2=\lambda_s+\delta,k\lambda_s=mg$,并将上式整理后,得

$$\frac{k}{2}\delta^2=\frac{m}{2}v_0{}^2$$

从而最大下沉距离为

$$\delta=\sqrt{\frac{m}{k}}v_0=\sqrt{\frac{30}{18\times1\ 000}}\times5=0.204\ \text{m}=204\ \text{mm}$$

而弹性支承所承受的最大压力为

$$F_{\max}=k(\lambda_s+\delta)=mg+k\delta=30\times9.8+18\times10^3\times0.204\approx4\times10^3\text{N}=4\ \text{kN}$$

例 12-6 如图 12-18 所示的鼓轮 D 匀速转动,使绕在轮上钢索下端的重物以 $v=0.5$ m/s 匀速下降,重物质量为 $m=250$ kg。设当鼓轮突然被卡住时,钢索的刚度系数 $k=3.35\times10^6$ N/m 。求此后钢索的最大张力。

解:当鼓轮做匀速转动时,重物处于平衡状态,临卡住的前一瞬时钢索的伸长量 $\delta_m=\dfrac{mg}{k}$,钢索的张力 $F=k\delta_{st}=mg=2.45$ kN。

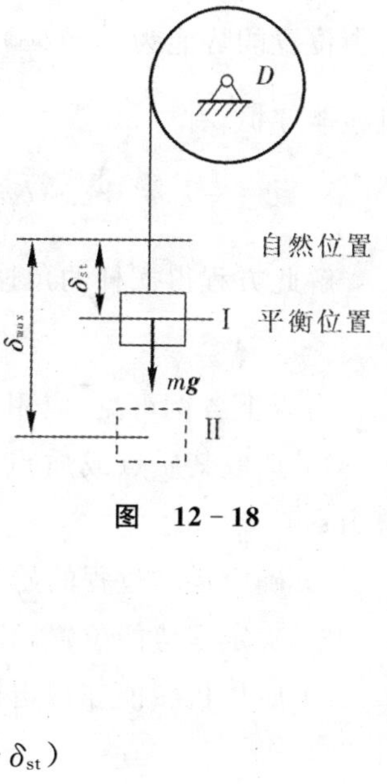

图 12-18

当鼓轮被卡住后,由于惯性,重物将继续下降,钢索继续伸长,钢索的弹性力逐渐增大,重物的速度逐渐减小。当速度等于零时,弹性力达到最大值。

因重物只受重力和弹性力的作用,因此系统的机械能守恒。取重物平衡位置Ⅰ为重力和弹性力的零势能点,在Ⅱ位置处张力最大。则在Ⅰ,Ⅱ两位置系统的势能分别为

$$V_1=0$$

$$V_2=\frac{k}{2}(\delta_{\max}^2-\delta_{st}^2)-mg(\delta_{\max}-\delta_{st})$$

因 $T_1=\dfrac{1}{2}mv^2,T_2=0$,由机械能守恒有

$$\frac{1}{2}mv^2+0=0+\frac{k}{2}(\delta_{\max}^2-\delta_{st}^2)-mg(\delta_{\max}-\delta_{st})$$

注意到 $k\delta_{st}=mg$,上式可改写为

$$\delta_{\max}^2-2\delta_{st}\delta_{\max}+(\delta_{st}^2-\frac{v^2}{g}\delta_{st})=0$$

解得

$$\delta_{\max}=\delta_{st}(1\pm\sqrt{\frac{v^2}{g\delta_{st}}})$$

由于 $\delta_{\max}$ 应大于 δ_{st} ,因此上式应取正号。

钢索的最大张力为

$$F_{\max}=k\delta_{\max}=k\delta_{st}(1+\sqrt{\frac{v^2}{g\delta_{st}}})=mg(1+\frac{v}{g}\sqrt{\frac{k}{m}})$$

代入数据，求得

$$F_{max} = 2.45(1 + \frac{0.5}{9.8}\sqrt{\frac{3.35 \times 10^6}{250}}) = 16.9 \text{ kN}$$

由此可见，当鼓轮被突然卡住后，钢索的最大张力为16.9 kN。

例 12－7 如图12－19所示，摆的质量为m，点C为其质心，O端为光滑铰支，在点D处用弹簧悬挂，可在铅直平面内摆动。设摆对水平轴O的转动惯量为J_0，弹簧的刚度系数为k；摆杆在水平位置处平衡。设$OD = CD = b$。求当摆从水平位置处以初角速度ω_0向下做微幅摆动时，摆的角速度与φ角的关系。

解：研究摆的运动。作用于摆的力有弹簧力$\boldsymbol{F}$，重力$m\boldsymbol{g}$和支座约束力$\boldsymbol{F}_{Ox}$和$\boldsymbol{F}_{Oy}$。前两力为保守力，后两力不做功，因此摆的机械能守恒。

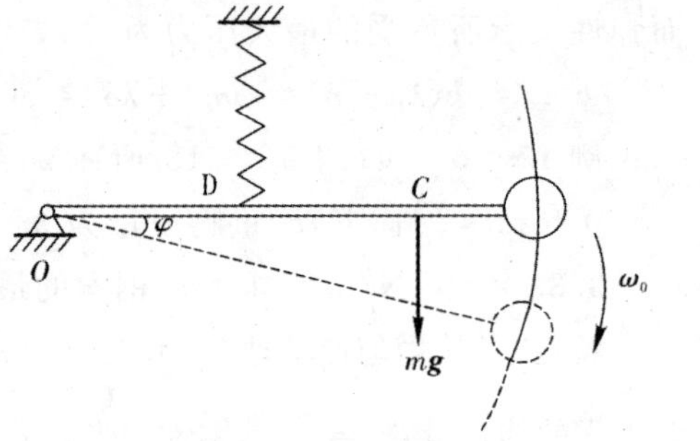

图 12－19

取水平位置为摆的零势能位置，此时机械能等于动能$\frac{1}{2}J_0\omega_0^2$。摆做微幅摆动，φ角极小，系统对平衡位置的势能为$\frac{1}{2}k(b\varphi)^2$，而动能为$\frac{1}{2}J_0\omega^2$。由机械能守恒，有

$$\frac{1}{2}J_0\omega^2 + \frac{k}{2}(b\varphi)^2 = \frac{1}{2}J_0\omega_0^2$$

解此方程得摆杆的角速度为

$$\omega = \sqrt{\omega_0^2 - kb^2\varphi^2/J_0}$$

由以上各例可见，应用机械能守恒定律解题的步骤如下：

1）选取某质点或质点系为研究对象，分析研究对象所受的力，所有做功的力都应为有势力；

2）确定运动过程的始、末位置；

3）确定零势能位置，分别计算两位置的动能和势能；

4）应用机械能守恒定律求解未知量。

习题十二

12－1 题图12－1所示弹簧的刚度系数为k，其一端连在铅直平面内的圆环顶点O，另一端与可沿光滑圆环滑动的小套环A相连。设小套环重$\boldsymbol{G}$；弹簧的原长等于圆环的半径r。试求下列各情形中重力和弹性力的功：(1)套环A由A_1到A_3；(2)套环A由A_2到A_3；(3)套环A由A_3到A_4；(4)套环A由A_2到A_4。

12－2 题图12－2所示皮带轮半径$r = 500$ mm，皮带紧边拉力$T_1 = 1\,800$ N，松边拉力$T_2 = 600$ N。求当皮带轮转速$n = 120$ r/min时，每分钟内皮带两边拉力所做的总功。

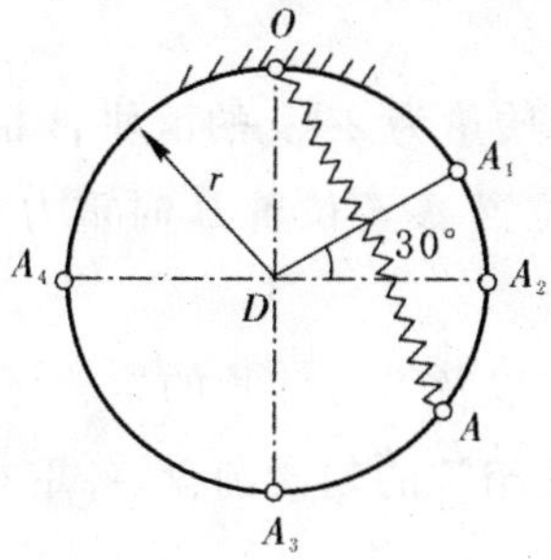

题图　12－1

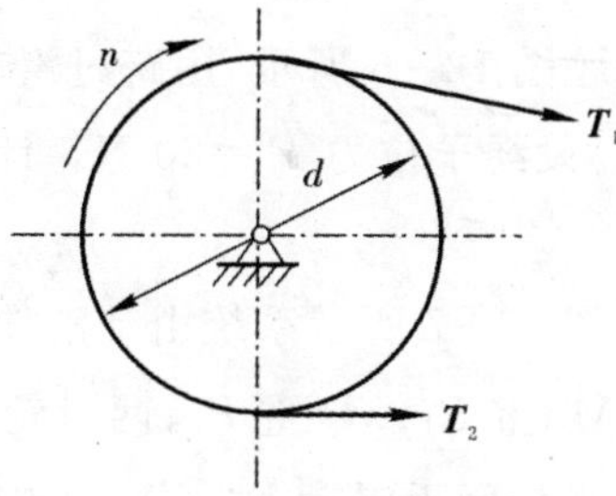

题图　12－2

12－3　题图 12－3(a)～(c)中的各匀质物体分别绕过点 O 的固定轴转动，题图 12－3(d)中的匀质圆盘在水平面上做纯滚动。设各物体的质量都是 M，物体的角速度都是 ω，杆子长度是 l，圆盘半径是 r，试分别计算各物体的动能。

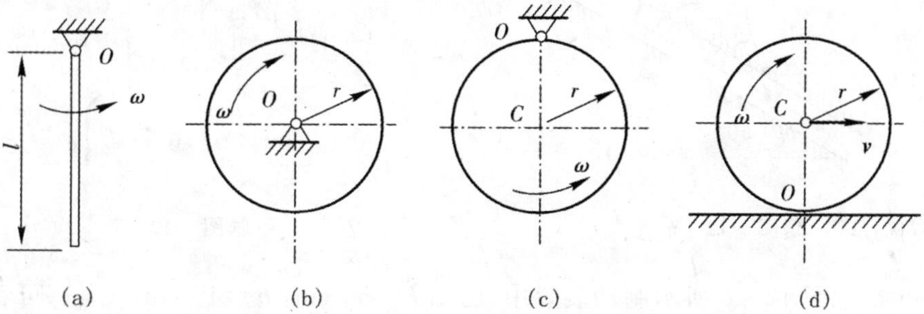

题图　12－3

12－4　在外啮合的行星齿轮机构中，题图 12－4 所示齿轮Ⅰ由曲柄 OA 带动沿定齿轮 2 做纯滚动。已知齿轮Ⅰ和Ⅱ的质量分别是 $\boldsymbol{m}_1$ 和 $\boldsymbol{m}_2$，并可看成半径分别是 $\boldsymbol{r}_1$ 和 $\boldsymbol{r}_2$ 的匀质圆盘；而曲柄 OA 的质量是 m，并可看成匀质细杆。求当曲柄角速度是 ω 时整个系统的动能。

12－5　题图 12－5 所示托架 ABC 缓慢地绕过点 B 的水平轴转动。当角 $\varphi = 15°$ 时，托架停止转动，质量 $m = 6$ kg 的物块 D 开始沿斜面 CB 下滑，当下滑距离 $s = 250$ mm 时压到刚度系数 $k = 1.6$ kN/m 的弹簧上。已测得弹簧最大变形 $\lambda = 50$ mm，试求物块斜面间的静摩擦因数和动摩擦因数。

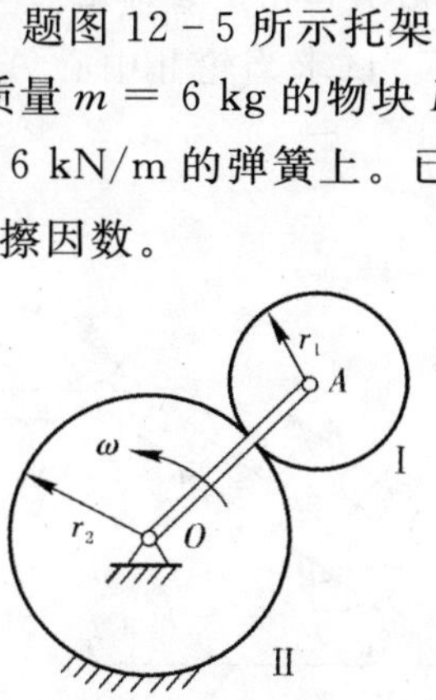

题图　12－4

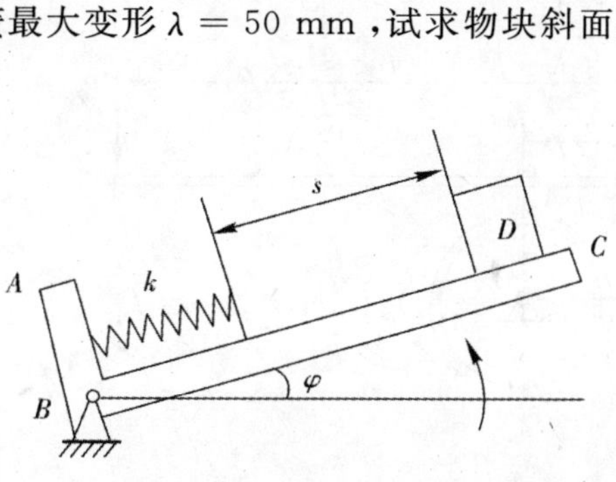

题图　12－5

12－6　某飞轮的质量 $m = 500$ kg，对转轴的回转半径 $\rho = 40$ cm。当转速 $n = 240$ r/min 时飞轮与主轴脱离，在只有常值摩擦阻力矩作用下转过 300 转而停止。求该阻力矩的大小。

12－7　如题图 12－6 所示，用跨过滑轮的绳子牵引质量为 2 kg 的滑块 A 沿倾角为 30°的光滑斜槽运动。设绳子拉力 $F=20$ N。计算当滑块由位置 A 至位置 B 时重力与拉力 $\boldsymbol{F}$ 所做的总功。

12－8　题图 12－7 所示系统由动滑轮 O，定滑轮 O_1 以及不可伸长的柔软绳索和物块 M_1，M_2 组成。物块 M_1 重 P_1，M_2 重 P_2；两滑轮都可看成半径相等的匀质圆盘，各重 Q。不计绳重和轴承摩擦，绳与滑轮间无滑动。试求物块 M_2 的加速度。

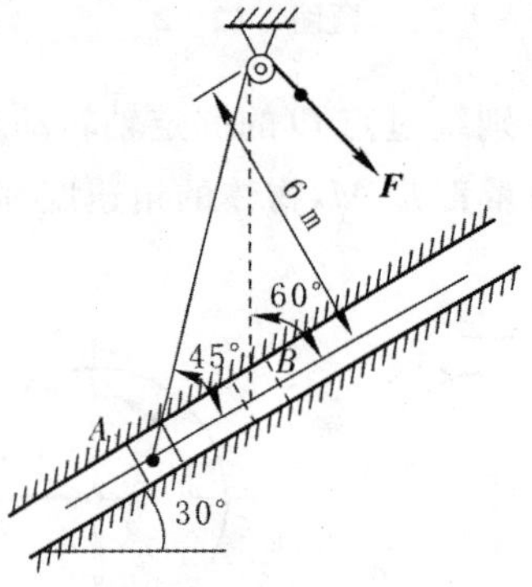

题图　12－6

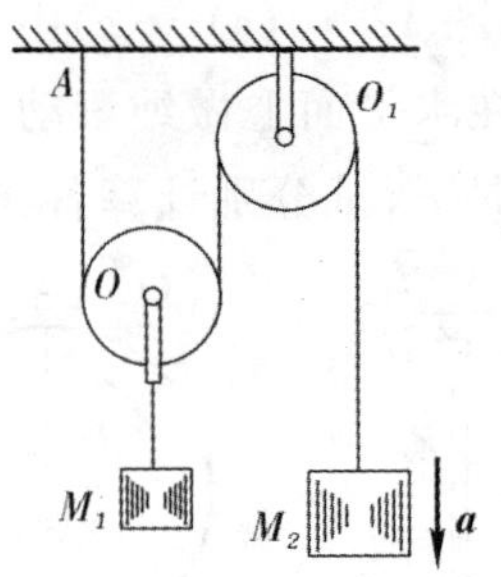

题图　12－7

12－9　在题图 12－8 所示制动装置中，已知 $l=50$ cm，$b=10$ cm，飞轮（可看作匀质薄圆环）质量 $m=20$ kg，半径 $r=10$ cm，以转速 $n=1\,000$ r/min 转动。闸瓦与飞轮阔的动摩擦因数 $f'=0.6$，轴承摩擦和闸瓦的厚度都可不计。要使开始制动后飞轮转过 100 转而停止，试求在手柄上应作用的垂直力 $\boldsymbol{P}$ 的大小。

12－10　题图 12－9 所示绞车的鼓轮Ⅰ重 $\boldsymbol{P}_1$ 半径是 r，轴上受不变转矩是 M 作用。由绞车提升的轮子Ⅱ重 $\boldsymbol{P}_2$，沿倾角是 φ 的斜面做纯滚动。假定鼓轮Ⅰ和轮子Ⅱ都是匀质圆柱，开始相对处于静止。绞索平行于斜面，不计绳重和轮轴上的摩擦。试求当轮Ⅱ中心 A 走过距离 s 时的速度大小 v_A。

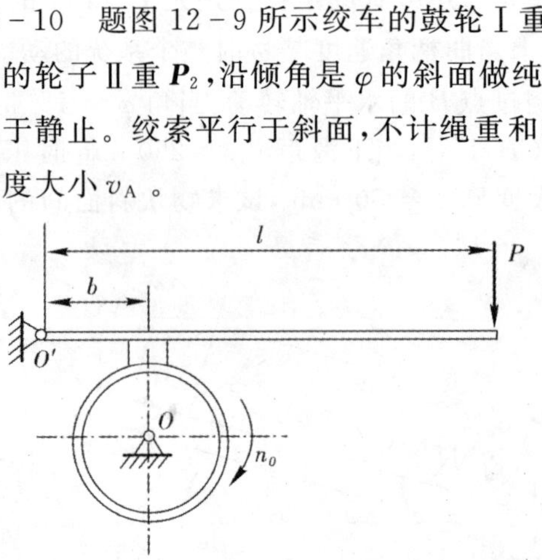

题图　12－8

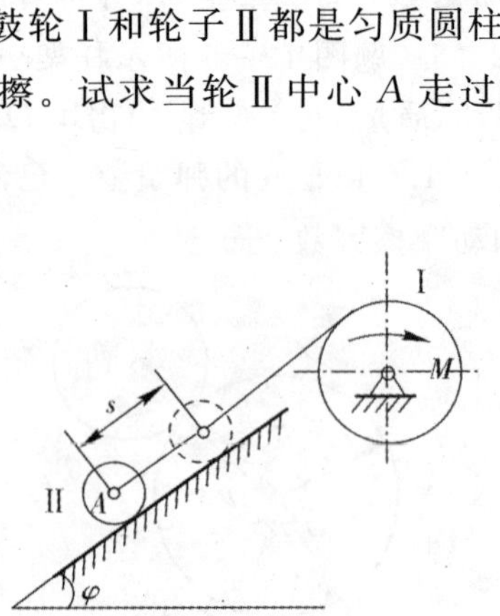

题图　12－9

12－11　题图 12－10 所示椭圆规机构由曲柄 OA，规尺 BD 以及滑块 B 和 D 组成。已知曲柄长 l，质量是 m_1；规尺长 $2l$，质量是 $2m_1$。两者都可以看作匀质细杆，而两滑块的质量各是 m_2。

整个机构放在水平面内，在曲柄上作用着常值转矩 M_0，试写出机构动能的表达式，并求曲柄的角加速度大小。摩擦不计。

12-12　在题图 12-11 所示水平面内的曲柄滑道连杆机构中，曲柄 OA 受常值转矩 M_0 的作用，初瞬时机构处于静止，且角 $\varphi = \varphi_0$；假设曲柄长 r，对过点 O 且垂直于图面的轴的转动惯量是 J_0；滑块 A 的重量是 G_1；滑道连杆的重量是 G_2；滑块与滑槽间的摩擦力可认为是常力并等于 F。试求当曲柄转过一整转时的角速度。

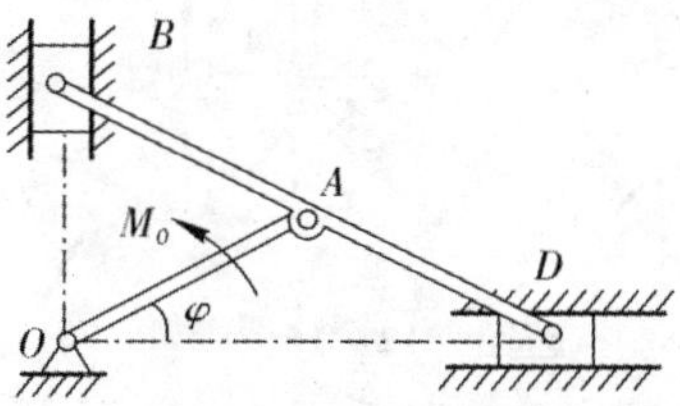

题图　12-10

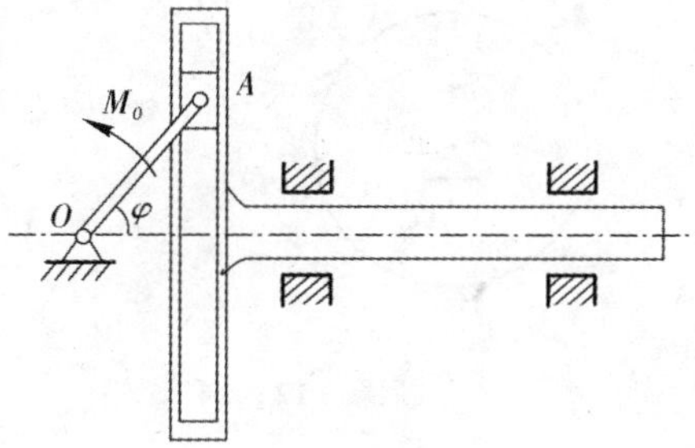

题图　12-11

12-13　题图 12-12 所示小车车身 A 的质量是 m_1，支承在两对相同的车轮上。每个车轮的质量是 m_2，并可看成半径是 r 的匀质圆盘。在水平常力 $\boldsymbol{F}$ 作用下，小车从静止开始运动。试写出系统的动能表达式。并求当小车前进了距离 s 时的速度和加速度大小。假设车轮不打滑，且轴承中摩擦不计。

12-14　题图 12-13 所示齿轮 A 的质量 $m_1 = 10$ kg，节圆半径 $r_1 = 250$ mm，对自身转轴的回转半径 $\rho_1 = 200$ mm；而齿轮 B 的质量 $m_2 = 3$ kg，节圆半径 $r_2 = 100$ mm，对自身转轴的回转半径 $\rho_2 = 80$ mm。今在齿轮 B 上作用常值转矩 $M_0 = 6$ N·m，系统从静止开始运动，摩擦不计。试求：(1)齿轮 B 在转速到达 $r = 600$ r/min 时所转过的转数；(2)齿轮 B 作用在齿轮 A 的切向力。

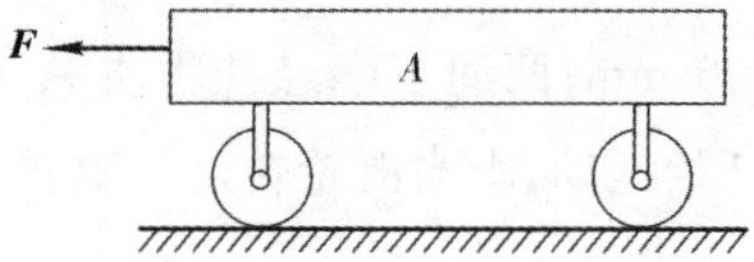

题图　12-12

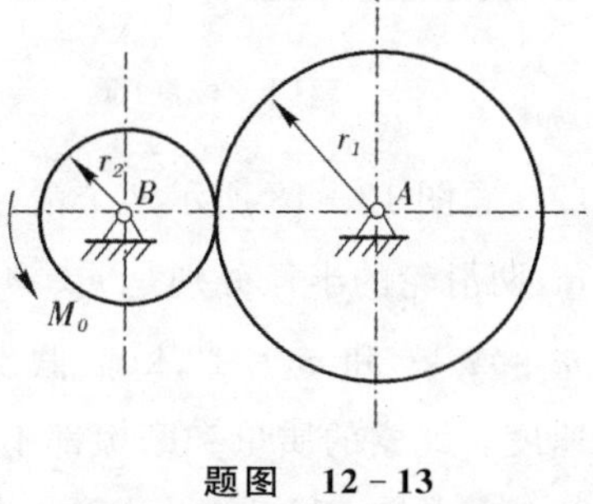

题图　12-13

12-15　外啮合的行星齿轮机构放在水平面内，如题图 12-14 所示。今在曲柄 OA 上作用常值转矩 M_0 来带动齿轮 Ⅰ 沿定齿轮 Ⅱ 做纯滚动。已知轮 Ⅰ 和 Ⅱ 的质量分别是 m_1 和 m_2，并可看成半径分别是 r_1 和 r_2 的匀质圆盘；曲柄质量是 m，并可看成是匀质细杆。假设机构由静止开始运动，摩擦不计，试求曲柄的角速度与其转角 φ 之间的关系。

12-16　如题图 12-15 所示，在绞车的主动轮Ⅰ上作用有常值转矩 M_0，通过皮带轮带动从动轮Ⅱ和鼓轮，借以提升质量为 m 的重物 A。已知主动轮的半径是 r_1，对自身转轴的转动惯量是 J_1；固连于一体的从动轮和轮的半径分别是 r_2 和 r，两者对自身转轴的转动惯量总共是 J_2。皮带质量和轴承摩擦都不计，试求图示重物 A 当从静止提升到高度 h 处时的速度和加速度的大小。

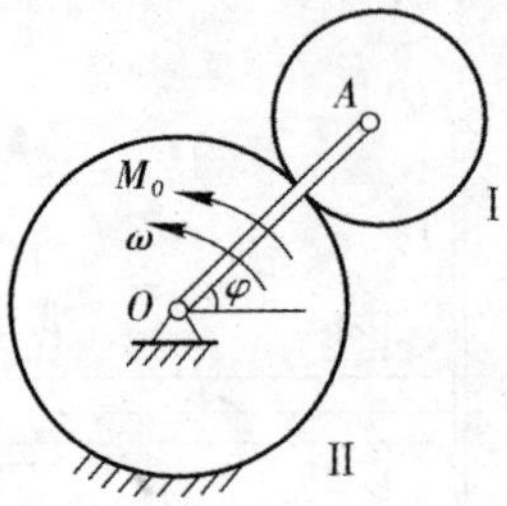

题图 12-14

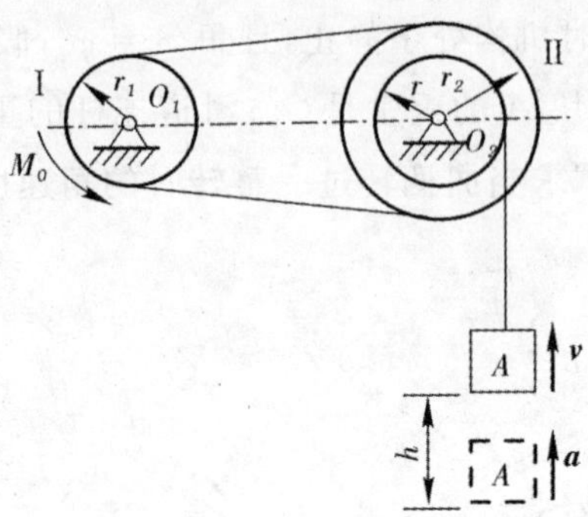

题图 12-15

12-17 在题图 12-16 所示系统中，做纯滚动的匀质圆轮与物块 A 的质量均为 m，轮的半径为 r，斜面倾角为 φ，物块 A 与斜面间的摩擦因数为 f'。不计杆 OA 的质量，试求轮心 O 的加速度和杆 OA 的内力。

12-18 题图 12-17 所示匀质细杆长 l，由静止自铅直位置开始滑动，上端 A 沿墙壁向下，下端 B 沿地板向右。不计各处摩擦。求细杆未脱离墙壁时的角速度 ω 和角加速度 α 与角 φ 的关系。

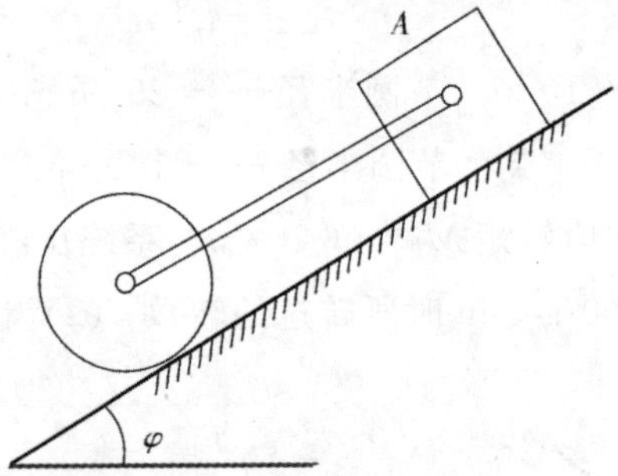

题图 12-16

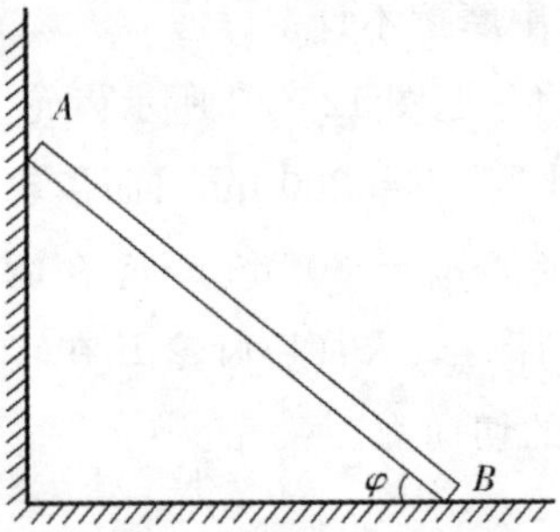

题图 12-17

12-19 题图 12-18 所示两个滑轮固定在一起，总质量 $m = 10$ kg，对转轴的回转半径 $\rho = 300$mm，两滑轮的半径分别是 $r_1 = 400$ mm，$r_2 = 200$ mm；两绳下端悬挂物块 A 和 B 的质量分别是 $m_1 = 9$ kg 和 $m_2 = 12$ kg。假设系统从静止开始运动，求当滑轮转过一整转时的角速度和角加速度。绳索的质量和摩擦都不计。

12-20 在题图 12-19 所示矿井提升设备中，鼓轮由两个固连在一起的滑轮组成，总质量是 m，对转轴 O 的回转半径是 ρ。在半径为 r_1 的滑轮上用钢绳悬挂质量等于 m_1 的平衡锤 A，而在半径为 r_2 的滑轮上用钢绳牵引小车 B 沿斜面运动。小车的质量为 m_2，斜面与水平面的倾角为 φ。已知在鼓轮上作用着转矩 M_0，求小车向上运动的加速度和两根钢绳的拉力。钢绳的质量和摩擦都不计。

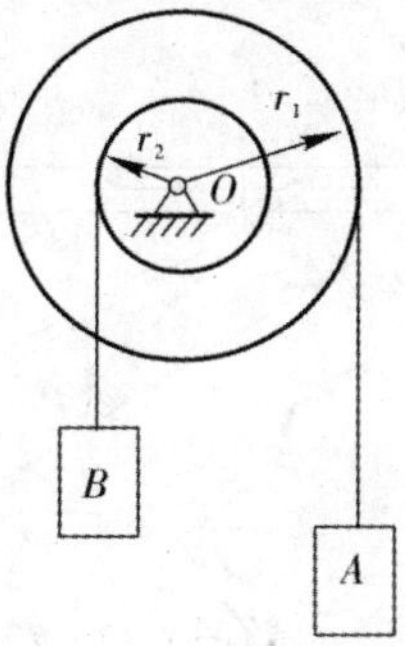

题图　12－18

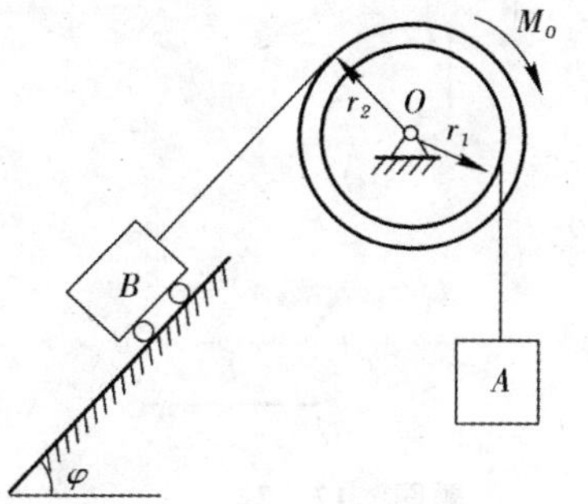

题图　12－19

12－21　测量机器功率的动力计由皮带 $ACDB$ 和杠杆 BF 组成,皮带套在被测机器滑轮 E 的下半部,并具有铅直伸出的两段 AC 和 BD,而杠杆则搁在支点 O 上。调整支点 O 的高度,可使皮带松紧适度,从而当机器以额定转速运转时皮带轮正好处于打滑状态。如题图12－20所示,在 F 处挂有质量 $m=3$ kg 的重锤 G,使杠杆 BF 处于水平平衡位置,力臂 $l=50$ cm,转速 $n=240$ r/min。杠杆质量不计,求发动机的功率 P。

12－22　题图 12－21 所示单级齿轮减速器的电动机功率 $P_{\mathrm{I}}=7.5$ kW,转速 $n=1\,450$ r/min。已知齿轮的节圆半径 $r_1=150$ mm,$r_2=60$ mm 减速器的机械效率 $\eta=0.90$,试求输出轴Ⅱ传递的力矩 M_{II} 和功率 P_{II}。

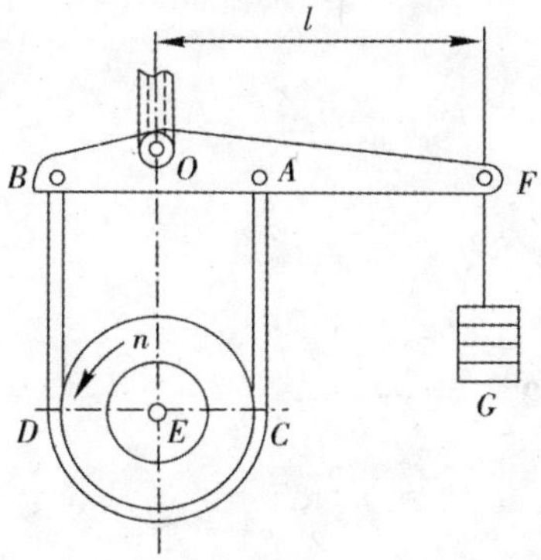

题图　12－20

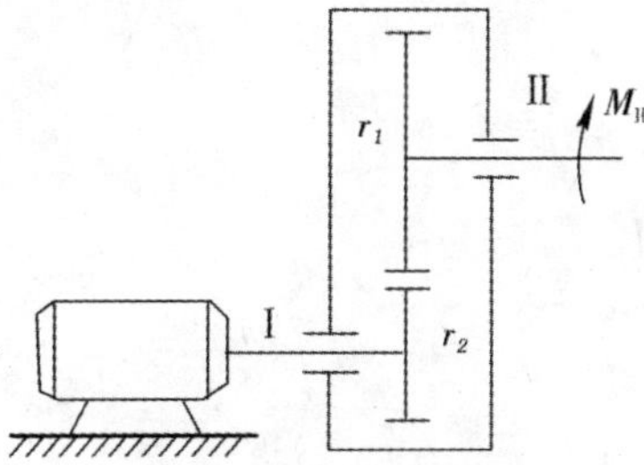

题图　12－21

12－23　在题图 12－22 所示平面机构的铰接 A 处,作用一铅垂向下的力 $P=60$ N,它使位于铅直面内两杆 OA,AB 张开,而圆柱 B 沿水平向右做纯滚动,点 O 与圆柱轴心 B 位于同一高度。此两匀质杆的长度均为 1 m,质量均为 2 kg。圆柱的半径为 250 mm,质量为 4 kg,在两杆的中点 D,E 处用一刚度系数 $k=50$ N/m 的弹簧连接着,弹簧的自然长度为 1 m,若系统在 $\theta=60°$ 的位置处静止,试求当系统运动到 $\theta=0°$ 时,杆 A 的角速度。

12－24　如题图 12－23 所示,质量为 $m=10$ kg 的杆 AB 两端与水平和竖直滑槽内的两个滑块铰接,而滑块 B 与一端固定的弹簧相连,弹簧刚度系数 $k=800$ N/m,且当 $\theta=0°$ 时,弹簧无变形。如果滑块质量均略去不计,杆 AB 在 $\theta=30°$ 处静止释放,求当滑块 B 滑到 $\theta=0°$ 位置时的速度。

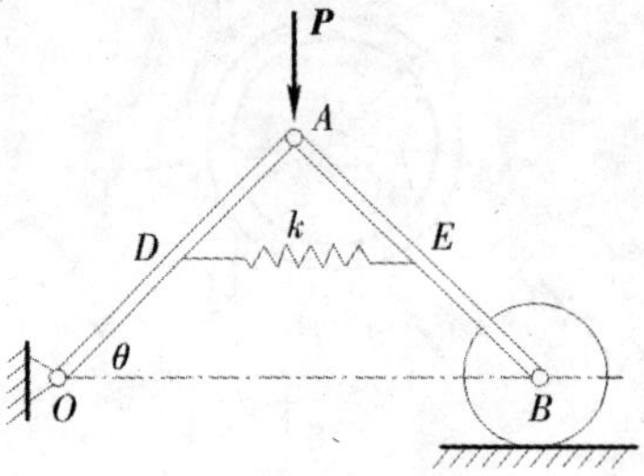

题图 12-22

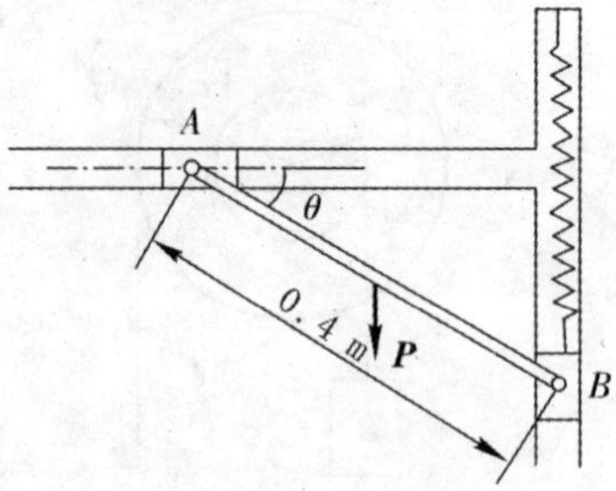

题图 12-23

12-25 自动弹射器如题图 12-24 所示放置，弹簧在未受力时的长度为 200 mm，恰好等于筒长。欲使弹簧改变 10 mm，需加力 2N。若弹簧被压缩到 100 mm，然后让质量为 30 g 的小球自弹射器中射出。求小球离开弹射器筒口时的速度。

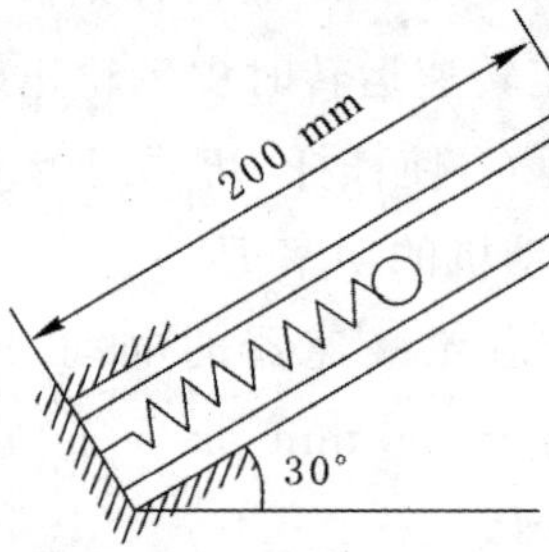

题图 12-24

第十三章 动量定理

知识要点

1. 基本概念

质点的质量 m 与它的速度 $\boldsymbol{v}$ 的乘积 $m\boldsymbol{v}$，称为该质点的动量 $\boldsymbol{P}$，即

$$\boldsymbol{P}=m\boldsymbol{v}$$

质点系中所有质点的动量的矢量和称为该质点系的动量 $\boldsymbol{P}$，即

$$\boldsymbol{P}=\sum m\boldsymbol{v}=Mv_{\mathrm{C}}$$

在微小时间间隔 $\mathrm{d}t$ 内作用力的冲量，称为元冲量 $\mathrm{d}\boldsymbol{I}$，即

$$\mathrm{d}\boldsymbol{I}=\boldsymbol{F}\mathrm{d}t$$

力 $\boldsymbol{F}$ 的作用时间间隔从时刻 t_1 至时刻 t_2，则称积分 $\int_{t_1}^{t_2}\boldsymbol{F}\mathrm{d}t$ 为力 $\boldsymbol{F}$ 在该段时间间隔内的冲量 $\boldsymbol{I}$，即

$$\boldsymbol{I}=\int_{t_1}^{t_2}\boldsymbol{F}\mathrm{d}t\text{。}$$

2. 动量定理

质点系的动量对时间的导数，等于作用在质点系上所有外力的矢量和，这就是动量定理，即

$$\frac{\mathrm{d}\boldsymbol{P}}{\mathrm{d}t}=\sum\boldsymbol{F}^{(\mathrm{e})}$$

直角坐标轴的投影形式如下：

$$\left.\begin{aligned}\frac{\mathrm{d}P_x}{\mathrm{d}t}&=\sum F_x^{(\mathrm{e})}\\\frac{\mathrm{d}P_y}{\mathrm{d}t}&=\sum F_y^{(\mathrm{e})}\\\frac{\mathrm{d}P_z}{\mathrm{d}t}&=\sum F_z^{(\mathrm{e})}\end{aligned}\right\}$$

动量定理的两种特殊情形：

(1) 如果 $\sum\boldsymbol{F}^{(\mathrm{e})}\equiv\boldsymbol{0}$，$\boldsymbol{P}=$ 常矢量；

(2) 如果 $F_x^{(\mathrm{e})}\equiv 0$，$P_x=$ 常量。

3. 冲量定量

在任一时间间隔内质点系动量的变化，等于作用在质点系上所有外力在该时间间隔内的冲量的矢量和。这就是冲量定理，即

$$\boldsymbol{P}_2-\boldsymbol{P}_1=\sum \boldsymbol{I}^{(e)}$$

4. 质心运动定理

质点系的质量与质心加速度的乘积，等于作用于该质点系上所有外力的矢量和，这就是质心运动定理，即

$$M\boldsymbol{a}_C=\sum \boldsymbol{F}^{(e)}$$

质心运动定理的两种特殊情形，质心运动守恒定理：

1）当 $\sum \boldsymbol{F}^{(e)}\equiv \boldsymbol{0}$，则 $\boldsymbol{a}_C\equiv \boldsymbol{0}$，所以 $\boldsymbol{v}_{Cx}\equiv$常矢量。

2）当 $\sum F_x^{(e)}\equiv 0$，则$\dfrac{d^2x_C}{dt^2}=\dfrac{dv_C}{dt}\equiv 0$，所以 $v_{Cx}\equiv$ 常量。

13.1 动　　量

1. 质点的动量

质点的质量 m 与其速度 $\boldsymbol{v}$ 的乘积 $m\boldsymbol{v}$，称为该质点的动量。根据此定义，质点的动量是一个矢量，其方向与质点的速度方向相同。

动量的量纲为

$$[动量]=[质量]\cdot[速度]=[力]\cdot[时间]$$

在国际单位制中，动量的单位是千克·米·秒$^{-1}$（kg· m·s^{-1}）或牛·秒（N·s）。

2. 质点系的动量

质点系中所有质点的动量的矢量和称为该质点系的动量。并用 $\boldsymbol{P}$ 表示，即有

$$\boldsymbol{P}=\sum m\boldsymbol{v} \tag{13-1}$$

将式(13－1)沿参考系 $Oxyz$ 各坐标轴上投影，得

$$\left.\begin{aligned}P_x&=\sum mv_x\\P_y&=\sum mv_y\\P_z&=\sum mv_z\end{aligned}\right\} \tag{13-2}$$

式中，P_x,P_y,P_z 分别表示质点系的动量 $\boldsymbol{P}$ 在 x,y,z 轴上的投影。

从质点系动量的定义式(13－1)可以看出，直接利用该式计算质点系的动量往往是不方便的，特别是当质点系中所含的质点个数很多时，更是如此。为此下面推导一种质点系动量的简捷的表达式。将质心 C 的矢径表达式 $\boldsymbol{r}_C=\sum m\boldsymbol{r}/M$ 两端乘以质点系的质量，得

$$\sum m\boldsymbol{r}=M\boldsymbol{r}_C$$

将上式对时间求导数，得

$$\boldsymbol{P}=\sum m\boldsymbol{v}=M\boldsymbol{v}_C \tag{13-3}$$

可见，质点系的动量等于质点系的质量与质心速度的乘积。

13.2　动量定理

下面来推导动量定理。如图 13－1 所示，设有任一质点系，该质点系上任一质点 B 的质量为 m，它相对于固定参考系 $Oxyz$ 的速度和加速度分别为 $\boldsymbol{v}$ 和 $\boldsymbol{a}$，质点 B 所受的所有力的合力为 $\boldsymbol{F}$。质点系的动量为

$$\boldsymbol{P}=\sum m\boldsymbol{v}$$

将上式对时间 t 求导数，得

$$\frac{\mathrm{d}\boldsymbol{P}}{\mathrm{d}t}=\sum m\frac{\mathrm{d}\boldsymbol{v}}{\mathrm{d}t}=\sum m\boldsymbol{a}=\sum\boldsymbol{F} \tag{13-4}$$

因 $\boldsymbol{F}$ 等于作用在质点 B 上所有力的矢量和，所以 $\sum\boldsymbol{F}$ 应等于作用在质点系上所有力的矢量和。如果将作用在质点系上的力分为内力与外力，那么 $\sum\boldsymbol{F}$ 等于作用在质点系上的所有内力的矢量和加上作用在质点系上的所有外力的矢量和。根据牛顿第三定律可知，作用在质点系上的所有内力的矢量和恒为零，这样 $\sum\boldsymbol{F}$ 就应等于作用在质点系上所有外力的矢量和 $\sum\boldsymbol{F}^{(e)}$，即有 $\sum\boldsymbol{F}=\sum\boldsymbol{F}^{(e)}$，于是式(13－4)可以写为

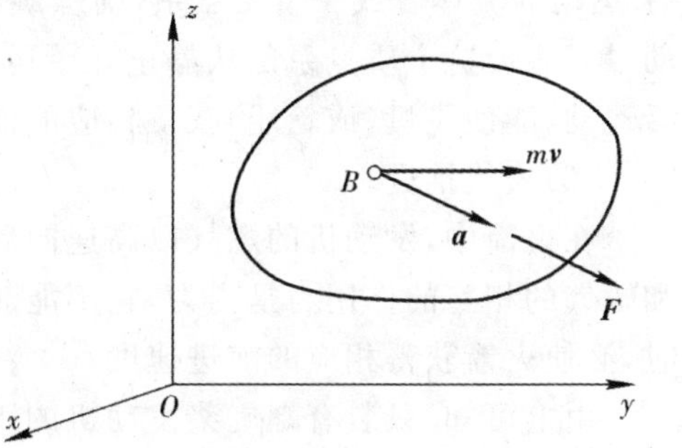

图　13－1

$$\frac{\mathrm{d}\boldsymbol{P}}{\mathrm{d}t}=\sum\boldsymbol{F}^{(e)} \tag{13-5}$$

可见，质点系的动量对时间的导数，等于作用在质点系上所有外力的矢量和，这就是动量定理。为了便于应用，通常把式(13－5)投影到固定直角坐标轴上，有

$$\left.\begin{aligned}\frac{\mathrm{d}P_x}{\mathrm{d}t}&=\sum F_x^{(e)}\\\frac{\mathrm{d}P_y}{\mathrm{d}t}&=\sum F_y^{(e)}\\\frac{\mathrm{d}P_z}{\mathrm{d}t}&=\sum F_z^{(e)}\end{aligned}\right\} \tag{13-6}$$

可见，质点系的动量在某固定轴上的投影对时间的导数，等于作用在质点系上的所有外力在该轴上的投影的代数和。

应该指出，以上所述的动量定理是针对质点系而言的，当然它对单个质点来说同样也是适用的。

下面根据动量定理，讨论两种特殊情形：

1) 如果 $\sum\boldsymbol{F}^{(e)}\equiv\boldsymbol{0}$，则由式(13－5)可知，$\boldsymbol{P}=$ 常矢量；

2) 如果 $\sum F_x^{(e)}\equiv 0$，则由式(13－6)可知，$P_x=$ 常量。

总结以上所讨论的这两种特殊情形，便可以得出以下结论：如果作用于质点系上所有外力

的矢量和(或在某固定轴上投影的代数和)恒为零,则质点系的动量(或在该轴上的投影)保持不变。这就是动量守恒定理。

作用在质点系上的内力虽不能改变整个系统的动量,但能改变质点系内各部分的动量。如果仅受内力作用的质点系内有某个部分的速度改变了,则必然有另一部分的速度也改变。现举例说明如下。

(1) 炮筒的反座。

把炮筒和炮弹看成一个质点系,则在发射时弹药(其质量忽略不计)爆炸所产生的气体压力是内力,它不能改变整个质点系的动量。但是,爆炸力一方面使弹丸获得一个向前的动量,同时使炮筒沿相反方向获得同样大小的向后动量。炮筒的后退现象称为反座。

(2)螺旋推进器(螺旋桨)的作用。

螺旋桨驱使某部分流体(空气或水等)沿螺旋轴向后运动。如果把飞机(或轮船)和被推向后 运动的流体看成一个质点系,则螺旋桨与流体之间的作用力是内力,它不能改变质点系的动量。假设这个质点系是从静止开始运动的,则在保持动量主矢为零的条件下,利用流体的向后运动,能使飞机(或轮船)获得相应的前进速度。

(3)喷气推进。

在火箭中,发动机的燃气以高速向后喷出。把火箭和喷出的燃气作为一个质点系,则火箭和燃气的相互的作用力是内力,它不能改变整个质点系的动量主矢。但在燃气向后喷射的同时,必使火箭获得相应的前进速度。

由上可知,只装有螺旋桨发动机的飞机,是靠螺旋桨向后驱动空气而使飞机前进的。在空气非常稀薄的高空,这种飞机是不能正常飞行的。而火箭是靠本身的发动机以高速向后喷气而获得向前速度的,因此在空间技术中,火箭是目前唯一能采用的运输工具。

例 13-1 火炮(包括炮车与炮筒)的质量是M,炮弹的质量是 m ,炮弹相对炮车的发射速度是 $\boldsymbol{v}_r$,炮筒对水平面的仰角是 φ(见图 13-2(a))。设火炮放在光滑水平面上,且炮筒与炮车相固连,试求火炮的后座速度和炮弹的发射速度。

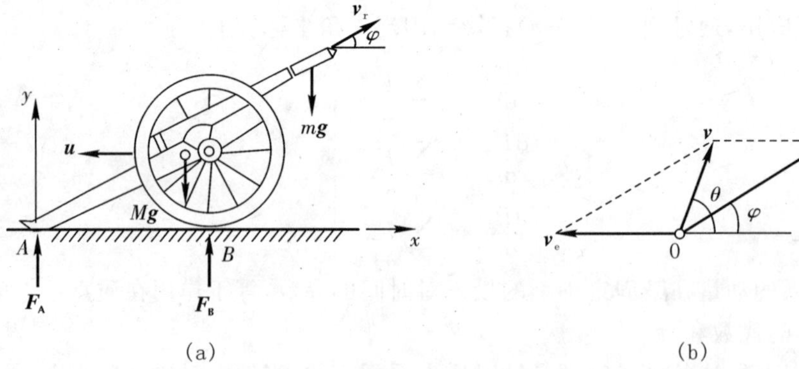

图 13-2

解:取火炮和炮弹(包括炸药)这个系统作为研究对象。设火炮的反座速度是 $\boldsymbol{u}$,炮弹的发射速度是 $\boldsymbol{v}$,对水平面的仰角是 θ(见图 13-2(b))。炸药(其质量略去不计)的爆炸力是内力,作用在系统上的外力有重力 $M\boldsymbol{g}$ 和 $m\boldsymbol{g}$ 以及水平地面给火炮的铅直反力 $\boldsymbol{N}_A$ 和 $\boldsymbol{N}_B$,它们在水平 x 轴上的投影都是零,即有 $\sum F_x^{(e)}=0$。可见,系统的动量在 x 轴上的投影守恒。考虑到初始瞬时系统处于静止,即有 $P_{Ox}=0$,于是有

$$P_x = mv\cos\theta - Mu = 0 \tag{1}$$

另一方面，对于炮弹应用速度合成定理，可得

$$\boldsymbol{v} = \boldsymbol{v}_e + \boldsymbol{v}_r$$

考虑到 $\boldsymbol{v}_e = \boldsymbol{u}$，并将上式投影到 x 轴和 y 轴上，有

$$v\cos\theta = v_r\cos\varphi - u \tag{2}$$

和

$$v\sin\theta = v_r\sin\varphi \tag{3}$$

联立方程(1)(2)(3)，解得

$$u = \frac{m}{m+M}v_r\cos\theta$$

$$v = v_r\sqrt{1 - \frac{(2M+m)m}{(m+M)^2}\cos^2\varphi} \tag{4}$$

$$\tan\theta = \left(1 + \frac{m}{M}\right)\tan\varphi \tag{5}$$

式(5)表示炮弹离开炮口时速度方向已不同于炮筒的方向。

例 13－2　物体 A，B 各重 $\boldsymbol{G}_A$ 和 $\boldsymbol{G}_B$，如图 13－3 所示，滑轮重 $\boldsymbol{G}$，并可看作半径等于 r 的匀质圆盘。不计绳索质量和轴承摩擦，求轴承 O 的约束反力。

解：考虑由物体 A，B，滑轮和绳索所组成的质点系为研究对象。设物体 A 的速度为 v，取固定坐标系 xOy。作用在系统的外力有重力 $\boldsymbol{G}_A$，$\boldsymbol{G}_B$，$\boldsymbol{G}$ 和轴承约束反力 $\boldsymbol{F}_{Ox}$ 和 $\boldsymbol{F}_{Oy}$，受力图如图 13－3 所示。系统的动量在 x，y 轴上的投影分别为

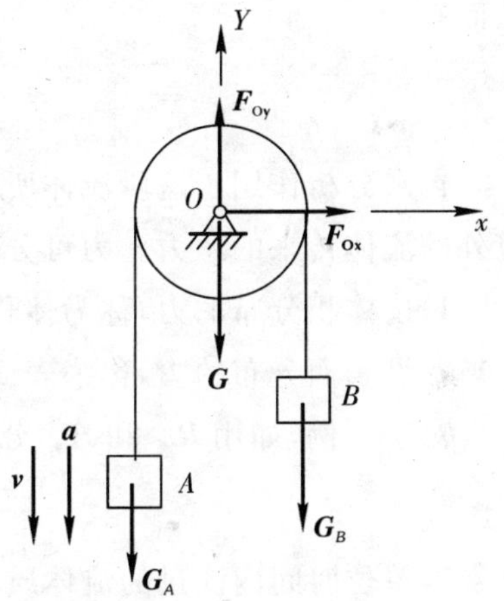

图　13－3

$$\left.\begin{aligned} P_x &= 0 \\ P_y &= \frac{G_B}{g}v - \frac{G_A}{g}v = \frac{v}{g}(G_B - G_A) \end{aligned}\right\} \tag{1}$$

根据动量定理的投影形式，有

$$\left.\begin{aligned} \frac{\mathrm{d}P_x}{\mathrm{d}t} &= F_{Ox} \\ \frac{\mathrm{d}P_y}{\mathrm{d}t} &= F_{Oy} - G - G_A - G_B \end{aligned}\right\} \tag{2}$$

将式(1)代入式(2)，得

$$\left.\begin{aligned} F_{Ox} &= 0 \\ \frac{1}{8}(G_B - G_A)\frac{\mathrm{d}v}{\mathrm{d}t} &= F_{Oy} - G - G_A - G_B \end{aligned}\right\}$$

改写上式，有

$$F_{Oy} = G + G_A + G_B - (G_A - G_B)\frac{\mathrm{a}}{g} \tag{3}$$

式中，a 为物体 A 的加速度，可以根据动能定理求出

$$a = 2g\frac{G_A - G_B}{2(G_A + G_B) + G}$$

将上式代入式(3)，得到轴承 O 处的约束反力为

$$F_O = F_{Oy} = G + G_A + G_B - 2\,\frac{(G_A - G_B)^2}{(G_A + G_B) + G}$$

方向向上。

例 13-3 流体在管道中定常流动时会对管壁产生附加动压力。图 13-4 所示为任一弯曲管道，流体从中流动，流量（每秒流过的体积）$Q=$ 常量，流体的密度 $\sigma=$ 常量，流体在截面 AB 和 CD 处的平均流速各是 $\boldsymbol{v}_1$ 和 $\boldsymbol{v}_2$。求因流体流动使管壁受到的附加动压力.

解：取管内 $ABCD$ 一段流体作为研究对象。先求这段流体的动量在时间 $\mathrm{d}t$ 内的微小改变量。设这段时间内，$ABCD$ 内的流体流到位置 $A'B'C'D'$，所求动量的改变量，等于当流体在容积 $A'B'C'D'$ 时的动量与它在 $ABCD$ 时的动量之差。由于流量 $Q=$ 常量，且管内各处速度不随时间而变，即流动是定常的。因此，公共容积 $A'B'CD$ 内的流体的动量保持不变。从而，所求的动量的改变量，等于容积 $DCC'D'$ 内的流体的动量与容积 $ABB'A'$ 内的流体的动量之差。这两个容积都等于 $Q\mathrm{d}t$，则在时间 $\mathrm{d}t$ 内所论系统的动量的改变量为

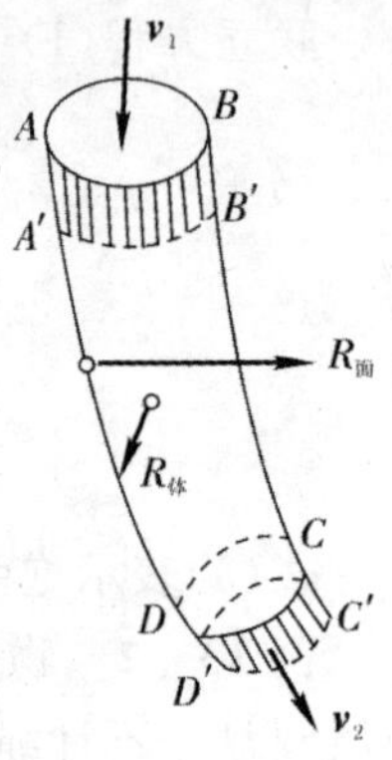

图 13-4

$$\mathrm{d}\boldsymbol{P} = \sigma Q\mathrm{d}t \cdot \boldsymbol{v}_2 - \sigma Q\mathrm{d}t \cdot \boldsymbol{v}_1$$

从而有

$$\frac{\mathrm{d}\boldsymbol{P}}{\mathrm{d}t} = \sigma Q\boldsymbol{v}_2 - \sigma Q\boldsymbol{v}_1$$

再来分析作用于这段流体所受的外力。它们包括重力、管壁的反力、两端截面 AB 和 CD 以外的流体传来的压力。力可分成两类：

1)按体积分布的力，称为体积力，如重力；

2)沿表面分布的力，称为表面力，如管壁反力、截面 A 和 CD 处的流体压力。

对于本例，如用 $\boldsymbol{R}_{体}$ 和 $\boldsymbol{R}_{面}$ 分别表示这两类力的主矢，则由动量定理可得

$$\sigma Q\boldsymbol{v}_2 - \sigma Q\boldsymbol{v}_1 = \boldsymbol{R}_{体} + \boldsymbol{R}_{面}$$

因单位时间内流过的流体质量（即质量流率）为 $\dot{M} = \sigma Q$ 。故上式又可写成

$$\dot{M}\boldsymbol{v}_2 - \dot{M}\boldsymbol{v}_1 = \boldsymbol{R}_{体} + \boldsymbol{R}_{面}$$

式中，$\dot{M}\boldsymbol{v}_2$ 和 $\dot{M}\boldsymbol{v}_1$ 分别表示单位时间内流出和流入的动量（即动量流率）。上式表明，在定常流动中，管内流体在单位时间内流出的动量和流入的动量之差，等于作用于管内流体上的体积力和表面力的矢量和（主矢）。这就是关于流体的欧拉定理。

把 $\boldsymbol{R}_{面}$ 分成两部分：管壁反力的主矢 $\boldsymbol{R}_{壁}$ 与截面 A 和 CD 处管外流体压力的主矢 $\boldsymbol{R}_{截}$，于是上式又可写成

$$\dot{M}\boldsymbol{v}_2 - \dot{M}\boldsymbol{v}_1 = \boldsymbol{R}_{体} + \boldsymbol{R}_{面} + \boldsymbol{R}_{壁}$$

从而求得管壁反力为

$$\boldsymbol{R}_{壁} = (\dot{M}\boldsymbol{v}_2 - \dot{\mathrm{M}}\boldsymbol{v}_1) - (\boldsymbol{R}_{体} + \boldsymbol{R}_{壁})$$

管内流体作用于管壁的压力主矢 $\boldsymbol{R}_{壁} = -\boldsymbol{R}_{壁}$，即

$$\boldsymbol{R}_{壁} = (\dot{M}\boldsymbol{v}_1 - \dot{M}\boldsymbol{v}_2) + \boldsymbol{R}_{体} + \boldsymbol{R}_{壁}$$

通常，把 $\boldsymbol{R}_{体} + \boldsymbol{R}_{壁}$ 对应的压力称为静压力，对应于动量变化的压力称为附加动压力。用 $\boldsymbol{N}$ 代表管壁上的附加动压力，则由上式得

$$\boldsymbol{N} = (\dot{M}\boldsymbol{v}_1 - \dot{M}\boldsymbol{v}_2) = \rho Q(\boldsymbol{v}_1 - \boldsymbol{v}_2)$$

即，管内流体流动时给予管壁的附加动压力，等于单位时间内流入该管的动量与流出该管的动量之差。由上述可知，流量以及进出口截面处速度的矢量差越大，则管壁所受的附加动压力也越大。设计高速管道时，应考虑附加动压力的影响。与此同时，还要注意有静压力存在。

13.3　冲量定理

从工程实际中，我们知道：一个物体受力作用后所引起的运动状态变化的程度，不仅取决于作用力的大小和方向，而且与力所作用的时间的长短有关。在力学中引入一个物理量——冲量，以表征力在该时间间隔内的累积效应。

1. 冲量

设常力 $\boldsymbol{F}$ 作用于物体的时间为 t，则此常力的冲量为

$$\boldsymbol{I} = \boldsymbol{F}t \tag{13-7}$$

冲量也是一个矢量，它与力 $\boldsymbol{F}$ 的方向相同。

如果力 $\boldsymbol{F}$ 是变化的，把力作用的时间 t 分成许多微小的间隔 $\mathrm{d}t$，在每一微小时间间隔内将力近似地看作不变，这样便得出在微小时间间隔 $\mathrm{d}t$ 内作用力的冲量，称为元冲量。设力 $\boldsymbol{F}$ 的作用时间间隔从时刻 t_1 至时刻 t_2，则称积分 $\int_{t_1}^{t_2}\boldsymbol{F}\mathrm{d}t$ 为力 $\boldsymbol{F}$ 在该段时间间隔内的冲量（$\boldsymbol{F}\mathrm{d}t = \mathrm{d}\boldsymbol{I}$ 称为力的元冲量），并用符号 $\boldsymbol{I}$ 表示，即

$$\boldsymbol{I} = \int_{t_1}^{t_2}\boldsymbol{F}\mathrm{d}t \tag{13-8}$$

冲量的量纲为

[冲量] = [力]·[时间] = [质量]·[速度]

在国际单位制中，冲量的单位是牛·秒(N·s)或千克·米·秒$^{-1}$(kg·m·s^{-1})。显然，冲量与动量的单位相同。

2. 冲量定理

将动量定理的表达式(13-5)改写为如下的微分形式，即

$$\mathrm{d}\boldsymbol{P} = \sum \boldsymbol{F}^{(e)}\mathrm{d}t \tag{13-9}$$

设质点系从时刻 t_1 运动至时刻 t_2，其动量由 $\boldsymbol{P}_1$ 变为 $\boldsymbol{P}_2$，考虑到这样一个边界条件后，将上式积分，有

$$\int_{P_1}^{P_2}\mathrm{d}\boldsymbol{P} = \sum\int_{t_1}^{t_2}\boldsymbol{F}^{(e)}\mathrm{d}t$$

即

$$\boldsymbol{P}_2-\boldsymbol{P}_1=\sum\int_{t_1}^{t_2}\boldsymbol{F}^{(e)}\mathrm{d}t=\sum\boldsymbol{I}^{(e)} \tag{13-10}$$

上式说明,在任一时间间隔内质点系动量的变化,等于作用在质点系上所有外力在该时间间隔内的冲量的矢量和。这就是冲量定理。

将式(13-10)沿固定坐标轴 x,y,z 投影,得

$$\left.\begin{aligned}P_{2x}-P_{1x}&=\sum\int_{t_1}^{t_2}F_x^{(e)}\mathrm{d}t=\sum I_x^{(e)}\\P_{2y}-P_{1y}&=\sum\int_{t_1}^{t_2}F_y^{(e)}\mathrm{d}t=\sum I_y^{(e)}\\P_{2z}-P_{1z}&=\sum\int_{t_1}^{t_2}F_z^{(e)}\mathrm{d}t=\sum I_z^{(e)}\end{aligned}\right\} \tag{13-11}$$

上式表明,在任一时间间隔内质点系的动量在任一固定轴上的投影的变化量,等于作用在质点系上的所有外力在同一时间间隔内的冲量在同一轴上的投影的代数和。

应该指出,以上所述的冲量定理是针对质点系而言的,当然它对单个质点也是适用的。

例 13-4 如图 13-5 所示,平射炮的炮弹质量 $m_1=5$ kg,炮身质量 $m_2=1\ 000$ kg。设炮弹出口速度 $v=800$ m/s,方向成水平。若不计发射过程中的阻力,试求炮身后座的速度。

解:将炮弹和炮身看成一个质点系,取为研究对象。若不计阻力,则作用于该质点系上的外力只有重力和地面约束力。由于它们在 x 轴上的投影等于零,所以该质点系的动量在 x 轴上的投影保持不变,即

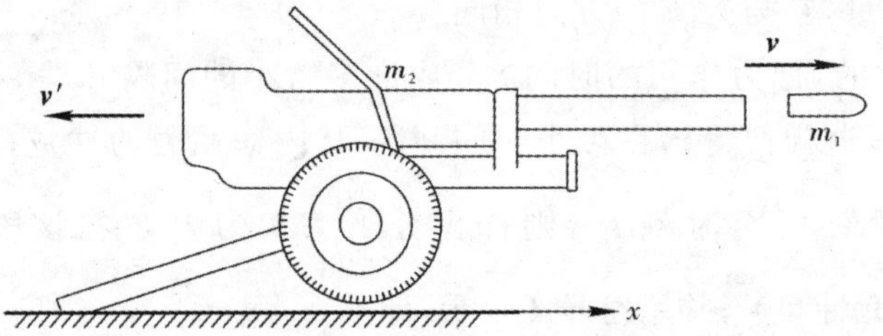

图 13-5

$$P_x=\sum mv_x=\text{常量}$$

因发射前质点系静止,总动量在 x 轴上的投影为零,所以,发射后总动量在 x 轴上的投影也应等于零。

设炮身后座速度为 v',炮弹的速度已知为 $v=800$ m/s,根据 $P_x=P_{0x}=0$,得

$$m_1v-m_2v'=0$$

所以

$$v'=m_1v/m_2=5\times 1\ 000\ \text{m/s}$$

13.4 质心运动定理

质心运动定理建立了质点系质心的加速度与作用在质点系上 的外力之间的关系。下面

来推导该定理。

将质点系动量的表达式 $\boldsymbol{P} = M\boldsymbol{v}_C$ 代入动量定理的表达式 $\frac{d\boldsymbol{P}}{dt} = \sum \boldsymbol{F}^{(e)}$，得

$$M\boldsymbol{a}_C = \sum \boldsymbol{F}^{(e)} \tag{13-12}$$

式中，$\boldsymbol{a}_C = \frac{d\boldsymbol{v}_C}{dt}$ 为质心的加速度。

上式表明，质点系的质量与质心加速度的乘积，等于作用于该质点系上所有外力的矢量和。这就是质心运动定理。

将式(13-12)投影到固定直角坐标轴上，有

$$\left.\begin{aligned} M\frac{d^2 x_C}{dt^2} &= \sum F_x^{(e)} \\ M\frac{d^2 y_C}{dt^2} &= \sum F_y^{(e)} \\ M\frac{d^2 z_C}{dt^2} &= \sum F_z^{(e)} \end{aligned}\right\} \tag{13-13}$$

式(13-13)称为质心运动微分方程的直角坐标形式。当质点系质心轨迹已知时，读者也可自行写出质心运动微分方程的自然坐标形式。

下面根据质心运动定理讨论两种特殊情形：

1)当 $\sum \boldsymbol{F}^{(e)} \equiv \boldsymbol{0}$ 时，则由式(13-12)可知 $\boldsymbol{a}_C \equiv \boldsymbol{0}$，所以 $\boldsymbol{v}_{Cx} \equiv$ 常矢量 。于是可以得出结论：当作用在质点系上的所有外力的矢量和恒为零时，则质心作惯性运动。在这种情形下，如果质心的初速度为零，则质心将始终保持静止。

2)当 $\sum F_x^{(e)} \equiv 0$ 时，则由式(13-13)可知 $\frac{d^2 x_C}{dt^2} = \frac{dv_{Cx}}{dt} \equiv 0$，所以 $v_{Cx} \equiv$ 常量 。于是可以得出结论：当作用在质点系上的所有外力在某一固定轴上的投影的代数和恒为零时，则质心的速度在该轴上的投影保持不变。在这种情形下，如果质心的初速度在该轴上的投影为零，则质心在该轴上的坐标保持不变。

总结以上两种特殊情形所得出的结论，便构成了质心运动守恒定理。

质心运动定理指出，质心的运动完全决定于质点系的外力，而与质点系的内力元关。这一性质对于实践极为重要，现举例说明如下。

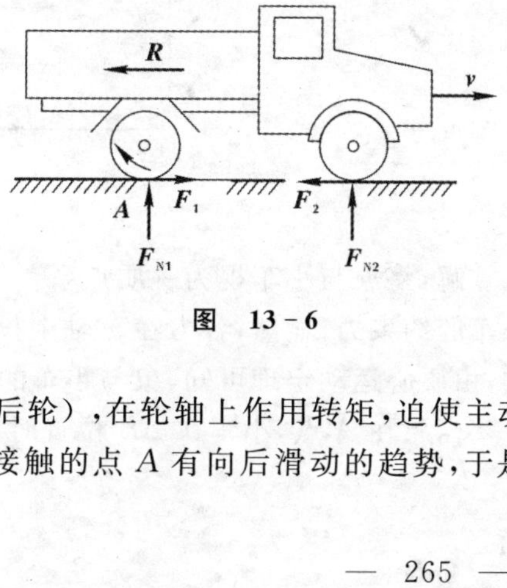

图　13-6

1)当人在水平地面行走时，全靠地面给鞋底的摩擦力，才使它的质心获得水平方向的加速度。地面的摩擦力起着有利的作用，它是作用于人体的外力。在冰上起跑比较困难，因为冰面能给鞋底的摩擦力较小。在绝对光滑的水平面上的人，不能靠内力去改变其质心的水平速度。

2)当汽车起动时，作为内力的发动机中燃气压力并不能直接产生质心加速度，使汽车前进。但是当发动机运转时，燃气压力可通过传动机构给主动轮(一般是后轮)，在轮轴上作用转矩，迫使主动轮相对于车身转动(见图13-6)。这时主动轮上与地面接触的点 A 有向后滑动的趋势，于是

地面在该点产生对车轮的向前摩擦力 $\boldsymbol{F}_1$ 来阻止这种滑动。正是这个摩擦力才是使汽车起动的外力，它是有用摩擦力。车轮的外胎做成各种花纹，就是为了使车轮与地面的摩擦因数增大，从而增大有用摩擦力。冰冻天气由于路面很光滑，常在汽车轮子上缠防滑链，或在火车的铁轨上喷砂。这些做法 都是为了提高摩擦因数，增大有用摩擦力。汽车的前轮一般是被动轮（不受发动机的传动），它是被车身通过轮轴推动着向前滚动的；在起动和向前加速时，被动轮受到小量的向后摩擦力 $\boldsymbol{F}_2$（与该轮本身的质量有关），该力使汽车质心减速，因此是有害摩擦力。当然，空气阻力 $\boldsymbol{R}$ 也起有害作用。

当汽车制动时，闸块与车轮间的摩擦力是内力，它也不直接改变汽车质心的运动状态，但能阻止车轮相对于车身转动。结果接触点 A 就有滑动趋势，引起路面对车轮的向后摩擦力，这个力和空气阻力一起使汽车减速。如果路面是绝对光滑的，则发动机和制动器都丝毫不能改变汽车质心的运动。

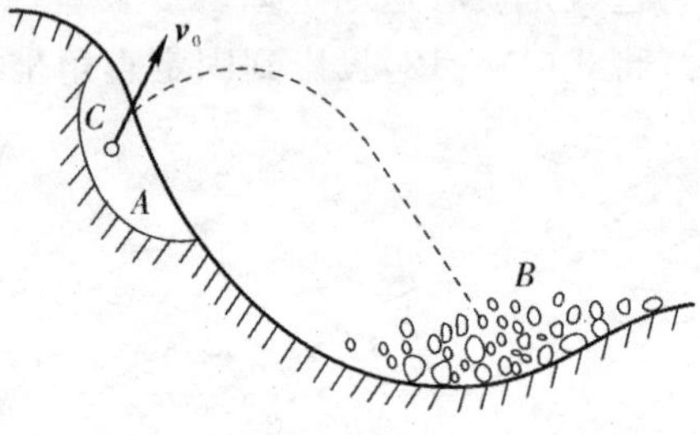

图 13-7

3)空中飞行的弹丸如不受空气阻力，则其质心将沿抛物线轨道运动。假设弹丸在空中爆炸。爆炸力是内力，只能使爆炸后弹丸的各个碎片的运动重新分配；各碎片可以脱离轨道四散飞开，但所有碎片（包括火药爆炸余物）所组成系统的质心仍将继续沿爆炸前弹丸质心的抛物线轨道运动，直到任一弹片碰到其他物体为止。

工程上，常用定向爆破的施工法来搬山造田和平整土地，这时也会用到质心运动定理。假定要把 A 处的土石方抛掷到 B 处（见图 13-7），可采用定向爆破的方法。这时可以把被炸掉的土石方 A 看作一个质心系。若不计空气阻力，质心将沿抛物线轨道运动。根据地形、地层结构、炸药性能以及爆破施工技术等因素，要合理地选取初速度 v_0 的大小和方向，可使较多土石方落到低凹的 B 处。

例 13-5 今有长为 $AB = 2a$，质量为 m_1 的小车，放在光滑轨道上。一只象质量为 m_2，立于车上 A 点，如图 13-8 所示。开始时，车与象均为静止。试求当象在车上由 A 走到 B 点处，小车在轨道上移动的距离。

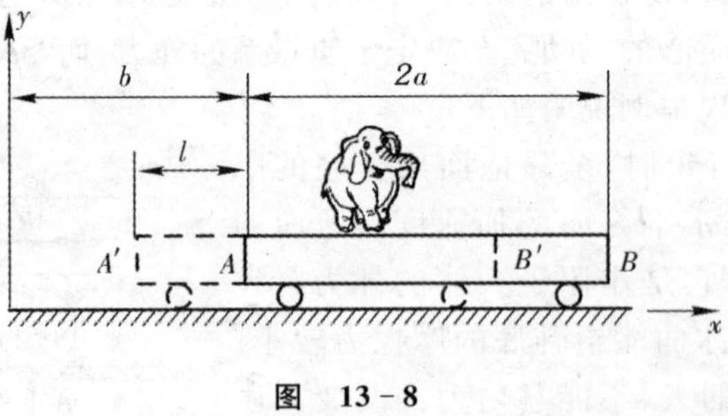

图 13-8

解：将象与小车视为一质点系。作用于此质点系上的外力只有象和小车的重力，轨道对于小车的约束力；显然，各力在 x 轴上投影的代数和等于零。根据题意，象与小车最初都是静止的，由质心运动定理可知，象与小车的质心的位置保持不变。取坐标轴如图 13-8 所示。

当象在 A 点，小车在 AB 位置时，质心的坐标为

$$x_C = \frac{\sum m_i x_i}{m} = \frac{m_1(a+b)+m_2 b}{m_1+m_2}$$

当象走到 B 点处时，设小车向左移动的距离为 l，这时小车在 $A'B'$ 位置，在此情形下象与小车的质心的坐标为

$$x'_C = \frac{m_1(a+b-l)+m_2(b+2a-l)}{m_1+m_2}$$

但在这两种情形下质心的位置应保持不变，即 $x_C = x'_C$，于是得到

$$\frac{m_1(a+b)+m_2 b}{m_1+m_2} = \frac{m_1(a+b-l)+m_2(b+2a-l)}{m_1+m_2}$$

由此求得小车在轨道上移动的距离为

$$l = \frac{m_2 \times 2a}{m_1+m_2}$$

设 $2a = 4\ \mathrm{m}, m_1 = 500\ \mathrm{kg}, m_2 = 120\ \mathrm{kg}$，代入上式，则有

$$l = \frac{120 \times 4}{500+120} = 0.774\ \mathrm{m}$$

13.5　变质量质点的运动微分方程

在日常生活或工程实践中，经常碰到这样的物体，在运动过程中，不断地有质量从这个物体中分出去，或者有质量从外界并入这个物体，或者同时有质量的分出和并入。一般说来，物体的质量是随时间而改变的（当然，在某些特殊情况下它的质量可以保持不变，如例 13 - 3 中讨论的管道中的流体），这样的物体称为变质量物体。煤和水逐渐消耗的机车，向外喷出燃气的火箭，一面从外界吸入空气同时又喷出燃气的喷气式飞机，以及因冻结而使质量增加或因溶解而使质量逐渐减少的浮冰等，都是变质量物体的实例。如果变质量物体本身的尺寸和它的运动范围相比很小，则可将它看作一个变质量质点。

现在考察变质量质点在固定参考系中的运动。用 $M(t)$ 表示它的可变质量。则导数 $\dot{M} = \frac{\mathrm{d}M}{\mathrm{d}t}$ 为质量随时间的变化率。当 $\dot{M} > 0$ 时，表示有质量从外界并入；当 $\dot{M} < 0$ 时，表示有质量从原质点中分出去。考察由瞬时 t 到 $t+\mathrm{d}t$ 的一微小时间内质点动量的变化。在这段时间内，若 $\dot{M} > 0$，则有 $\mathrm{d}m = \dot{M}\mathrm{d}t$ 的小质量由外界并入，如图 13 - 11(a)所示；若 $\dot{M} < 0$，则有 $\mathrm{d}m = (-\dot{M})\mathrm{d}t$ 的小质量从原质点中分出，如图 13 - 11(b)所示。

假定 $\mathrm{d}m$ 是分出去的，且从原质点来看，当 $\mathrm{d}m$ 分出时具有相对速度 $\boldsymbol{v}_r$，因而它在分出后的绝对速度变成 $\boldsymbol{u}=\boldsymbol{v}+\boldsymbol{v}_r$。把原质点和这个分出去的小质量合在一起当作质点系来看，并以 $\boldsymbol{F}$ 代表这个质点系所受全部外力的平均值。而原质点的质量则由 M 变成 $M+\dot{M}\mathrm{d}t$，速度由 $\boldsymbol{v}$ 变成 $\boldsymbol{v}+\mathrm{d}\boldsymbol{v}$。因此，由冲量定理，有

$$[(M+\dot{M}\mathrm{d}t)(\boldsymbol{v}+\mathrm{d}\boldsymbol{v})+\mathrm{d}m\boldsymbol{u}]-M\boldsymbol{v} = \boldsymbol{F}\mathrm{d}t$$

（质点系在瞬时 $t+\mathrm{d}t$ 的动量）－（瞬时 t 的动量）＝（外力的冲量）

忽略二阶微量 $\dot{M}\mathrm{d}t\mathrm{d}\boldsymbol{v}$，并考虑到关系 $\mathrm{d}m=-\dot{M}\mathrm{d}t$ 和 $\boldsymbol{u}=\boldsymbol{v}+\boldsymbol{v}_{\mathrm{r}}$，得

$$M\mathrm{d}\boldsymbol{v}=\boldsymbol{F}\mathrm{d}t-\dot{M}\boldsymbol{v}\mathrm{d}t+\dot{M}\mathrm{d}t(\boldsymbol{v}+\boldsymbol{v}_{\mathrm{r}})$$

于是，得到变质量质点 M 的运动微分方程为

$$M\frac{\mathrm{d}\boldsymbol{v}}{\mathrm{d}t}=\boldsymbol{F}+\frac{\mathrm{d}M}{\mathrm{d}t}\boldsymbol{v}_{\mathrm{r}} \tag{13-14}$$

如果小质量 $\mathrm{d}m$ 是由外面并入的，也可以采用同样的分析，所不同的只是现在 $\mathrm{d}m=\dot{M}\mathrm{d}t$，但最后得到的仍是同样的结果(读者可自行推导)。

式(13－13)常被写成另一种更直观的形式。为此引入一个新的量

$$\boldsymbol{\varphi}=\frac{\mathrm{d}M}{\mathrm{d}t}\boldsymbol{v}_{\mathrm{r}} \tag{13-15}$$

式中，矢量 $\boldsymbol{\varphi}$ 具有力的量纲，它的力学意义可说明如下：当有质量由外界并入时，$\frac{\mathrm{d}M}{\mathrm{d}t}>0$，所以 $\boldsymbol{\varphi}$ 的方向和 $\boldsymbol{v}_{\mathrm{r}}$ 相同，这时 $\boldsymbol{\varphi}$ 表示 $\mathrm{d}m$ 在并入时沿着相对速度 $\boldsymbol{v}_{\mathrm{r}}$ 的同一方向给予质点 M 的附加推力；反之，当有质量从 M 质点分出时，$\frac{\mathrm{d}M}{\mathrm{d}t}<0$，所以 $\boldsymbol{\varphi}$ 的方向和 $\boldsymbol{v}_{\mathrm{r}}$ 相反，这时 $\boldsymbol{\varphi}$ 表示质量在分出时按相对速度 $\boldsymbol{v}_{\mathrm{r}}$ 的相反方向给予质点 M 的附加推力。只要单独分析 M 或 $\mathrm{d}m$ 的动量变化，可以证实这个论断。于是，式(13－13)可以写成

$$M\frac{\mathrm{d}\boldsymbol{v}}{\mathrm{d}t}=\boldsymbol{F}+\boldsymbol{\varphi} \tag{13-16}$$

可见，变质量质点的运动微分方程(13－15)在形式上和常质量质点的运动微分方程相似，只不过增加了一个表示附加推力的修正项 $\boldsymbol{\varphi}$。于是得结论：变质量质点的瞬时质量与加速度的乘积，等于作用在质点上的全部外力和附加推力(或反推力)的矢量和。由于这个方程常被应用于有质量分出的情况，$\boldsymbol{\varphi}$ 所代表的是和相对速度 $\boldsymbol{v}_{\mathrm{r}}$ 方向相反的附加推力，因而习惯上把 $\boldsymbol{\varphi}$ 称为反推力。但应记住，当有质量并入时，这个附加推力的方向是和相对速度 $\boldsymbol{v}_{\mathrm{r}}$ 相同的，而不是相反。

例 13－6 喷气式发动机在 A 处吸入空气，每秒钟吸入的质量是 70 kg，燃料消耗率是 135 kg/s。在 B 处喷出的燃气对飞机的相对速度是 1 800 m/s(见图 13－9)。设大气是平静的，飞机沿水平直线飞行。求当飞行速度是 1 332 m/s 时，发动机总附加推力的大小和作用线的位置。

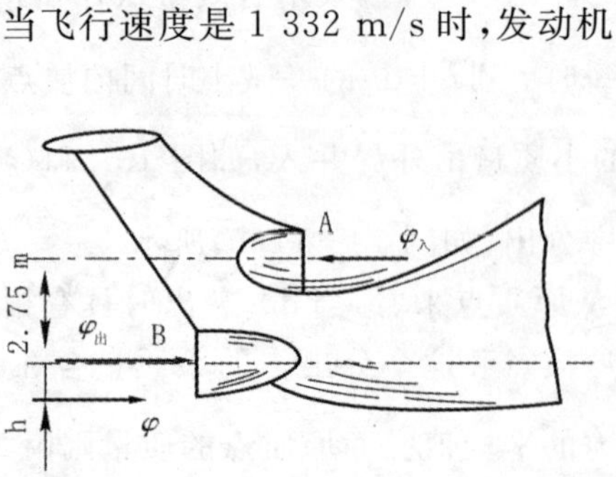

图 13－9

解：由于大气是平静的，因而吸入空气的相对速度与飞机的飞行速度等值而反向，即 $v_{\mathrm{r}}=-v$，于是有

$$v_{r入} = v = \frac{1\ 332 \times 10^3}{60 \times 60} = 370\ \text{m/s}$$

方向朝后，由公式

$$\varphi_入 = \frac{\mathrm{d}M_入}{\mathrm{d}t} v_{r入}$$

可知，当飞机吸入空气时所受附加推力的大小为

$$\varphi_入 = \frac{\mathrm{d}M_入}{\mathrm{d}t} v_{r入} = 70 \times 370 = 25\ 900\ \text{N}$$

方向朝后。

由于排出的质量包括吸入的空气和消耗的燃料，故有

$$\frac{\mathrm{d}M_出}{\mathrm{d}t} = -(70 + 1.35) = -71.35\ \text{kg/s}$$

由公式

$$\varphi_出 = \frac{\mathrm{d}M_出}{\mathrm{d}t} v_{r出}$$

可知，当飞机排出燃气时，所受附加推力的大小为

$$\varphi_出 = \frac{\mathrm{d}M_出}{\mathrm{d}t} v_{r出} = 71.35 \times 1\ 800 = 128\ 400\ \text{N}$$

方向朝前。

飞机所受的总附加推力为

$$\boldsymbol{\varphi} = \boldsymbol{\varphi}_入 + \boldsymbol{\varphi}_出$$

可见，总附加推力的大小为

$$\varphi = \varphi_出 - \varphi_入 = 128\ 400 - 25\ 900 = 102\ 500\ \text{N}$$

方向朝前。至于总附加推力作用线的位置(用 h 表示)，则可用合力矩定理求得。

习 题 十 三

13-1　如题图 13-1 所示，物 A 质量为 5 kg，物 B 质量为 10 kg，A，B 与水平面间的摩擦因数为 0.25。A 向右运动而撞击 B 之前，B 处于静止状态；撞击后，A，B 一同向右运动，历时 4s 而停止。试求撞击前 A 的速度，并求撞击时 A，B 相互作用的冲量。

13-2　题图 13-2 所示为质量是 m 的炮弹自水平面点 O 射出，初速是 $\boldsymbol{v}_0$，与水平面成 φ 角。不计空气阻力，试求：(1)炮弹从发射点 O 到最高点 A 的过程中重力的冲量；(2)炮弹从发射点回到原高度的过程中重力的冲量。

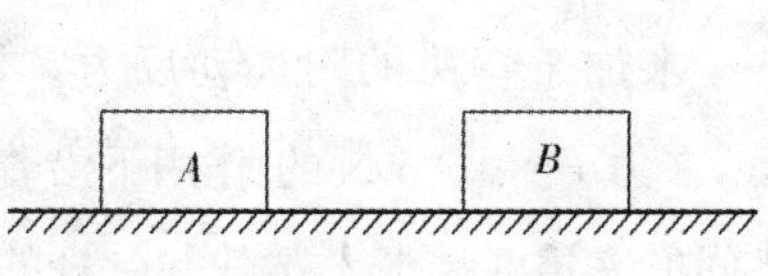

题图　13-1

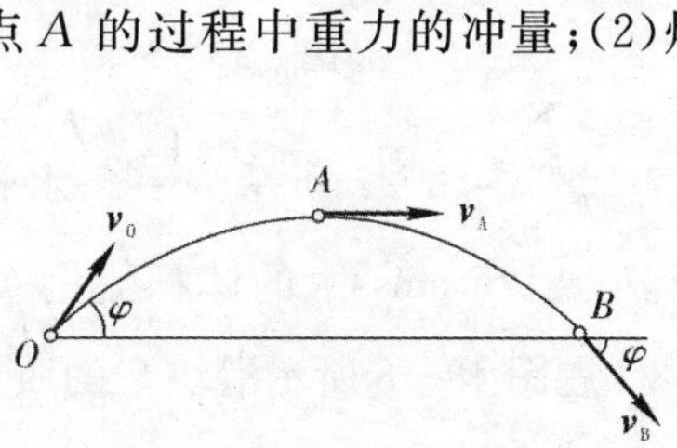

题图　13-2

13－3　如图 13－3 所示，在一质量为 6 000 kg 的驳船上，用绞车拉动一质量为 1 000 kg 的箱子 A。开始时，船与箱均为静止。试求：(1)当箱子在船上拉过 10 m 时，试求驳船移动的水平距离(不计水的阻力)；(2)设在船上测得木箱移动的速度为 3 m/s，试求驳船移动的速度及木箱的绝对速度。

13－4　题图 13－4 所示小球的质量 $m = 1$ kg，以速度 $v_1 = 25$ m/s 铅直地落到地板上，又以速度 $v_2 = 10$ m/s 铅直地跳起。(1)求小球与地板碰撞期间，碰撞力作用在小球上的冲量；(2)若小球与地板的碰撞时间 $\tau = 0.02$ s，求小球在地板上的平均压力。

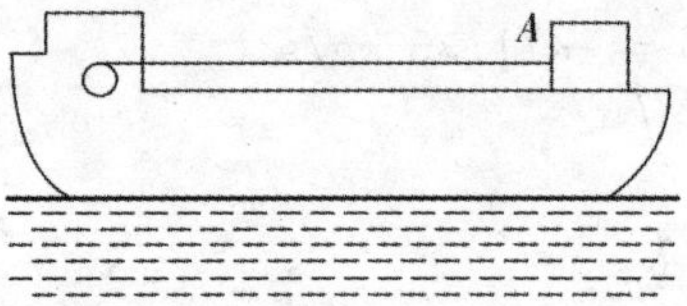

题图　13－3

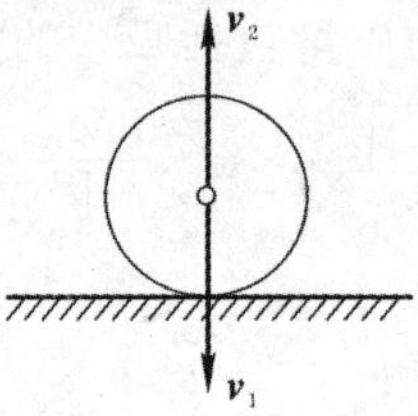

题图　13－4

13－5　题图 13－5 所示锻床锻压毛坯，落锤质量是 1 000 kg，提升高度是 3.5 m。不计机械摩擦损耗，试求：(1) 毛坯对落锤的冲量；(2) 设冲击时间是 0.05 s，落锤对毛坯的平均锻压力。

13－6　题图 13－6 所示水柱打在叶片上的速度是 v_1(m/s)，方向沿水平向左；水柱流出叶片的速度是 v_2(m/s)，方向与水平面成 φ 角，且 $v_2' = v_2$。已知水的体积流量 Q(m^3/s)，密度 ρ(kg/m)，求该喷水柱对涡轮固定叶片压力的水平分力。

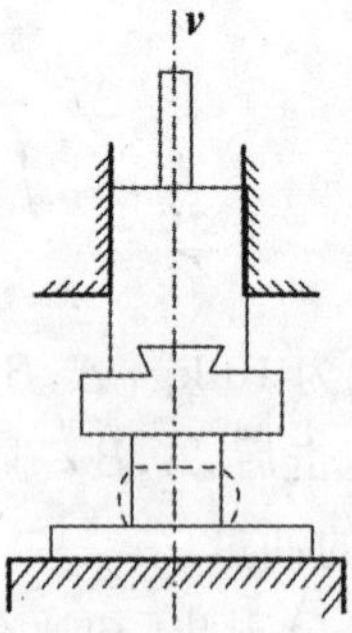

题图　13－5

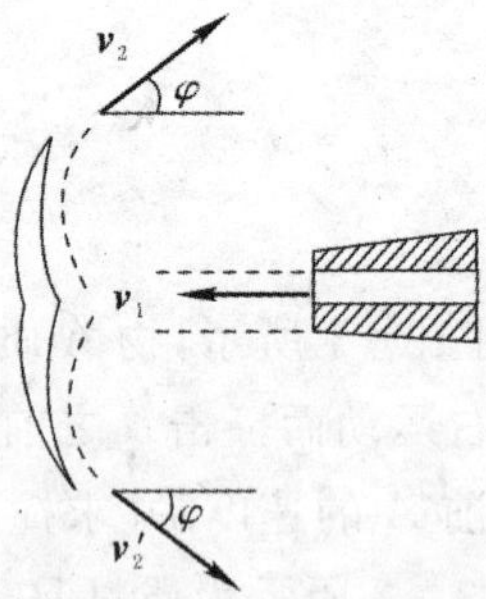

题图　13－6

13－7　题图 13－7 所示为一条水管道有一个 45°的缩小弯头，其进口直径 $d_1 = 45$ cm，出口直径 $d_2 = 25$ cm，水的体积流量 $Q = 0.25\ m^3/s$。求加于弯头的附加动反力。

13－8　题图 13－8 所示滑块 C 的质量 $m = 19.6$ kg，在力 $P = 686$ N 的 作用下沿着与水平面成倾角 $\varphi = 30°$ 的导杆 AB 运动。已知力 $\boldsymbol{P}$ 与导杆 A 之间的夹角 $\theta = 45°$，滑块与导杆的动摩擦因数 $f' = 0.2$，初瞬时滑块处于静止。试求滑块的速度增到 $v = 2$ m/s 所需的时间。

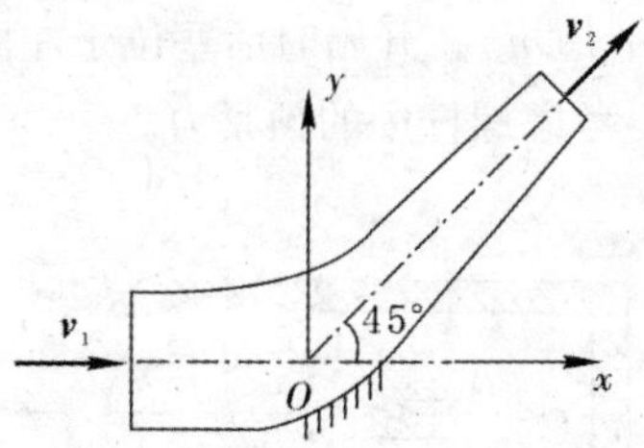

题图　13-7

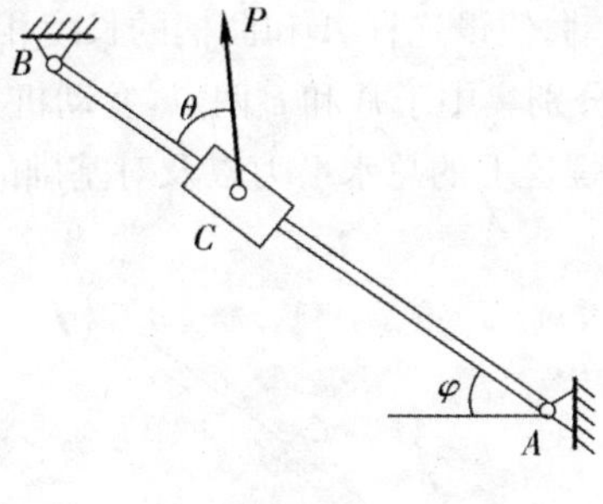

题图　13-8

13-9　题图 13-9 所示匀质杆 OA 长 $2l$，重 P，绕着通过 O 端的水平轴在铅直面内转动。当转到与水平线成 φ 角时，角速度和角加速度分别为 ω 和 α。求此时 O 端的约束反力。

13-10　题图 13-10 所示系统中两重物 A 和 B 的质量分别是 m_A 和 m_B，匀质滑轮 D 和 E 质量分别是 m_D 和 m_E。若重物 B 下降的加速度为 $\boldsymbol{a}$，试求轴承 O 处的反力。不计绳索质量和摩擦。

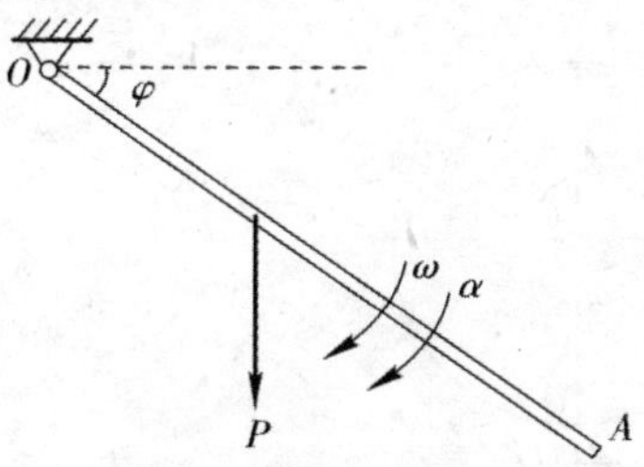

题图　13-9

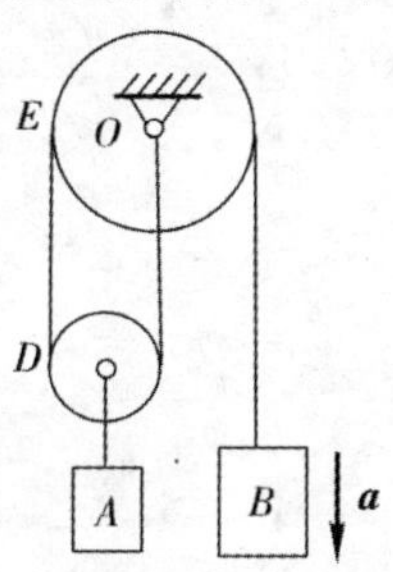

题图　13-10

13-11　题图 13-11 所示物体 A 和 B 的质量是 m_1 和 m_2，用跨过滑轮 C 的绳索相连而放在直角三棱柱的两个光滑斜面上。三棱柱质量是 m_3，底面 DE 放在光滑水平面上，初瞬时系统处于静止。设 $m_3 = 4m_1 = 16m_2$，试求物体 A 降落高度 $h = 10$ cm 时，三棱柱沿水平面的位移。绳索和滑轮的质量不计。

13-12　题图 13-12 所示汽车车身和货物 A 的总质量 $m_1 = 7\ 660$ kg，而车架和车轮 B 的总质量 $m_2 = 1\ 550$ kg。已知车身在铅直方向按规律 $x = 5\sin 10t$ cm（t 以 s 为单位）做简谐运动。试求汽车对地面的最大和最小法向总压力。假设车轮是刚性的。

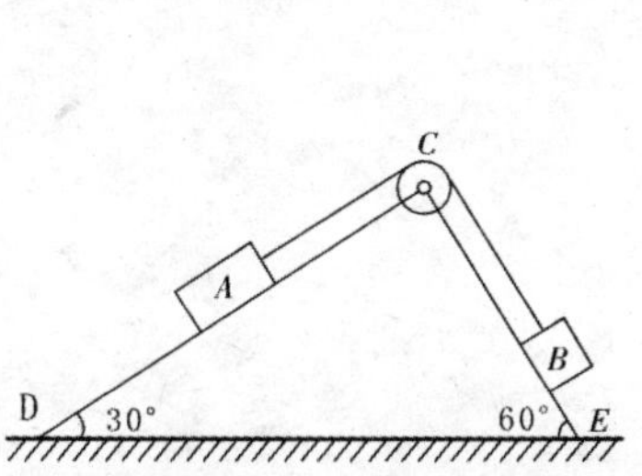

题图　13-11

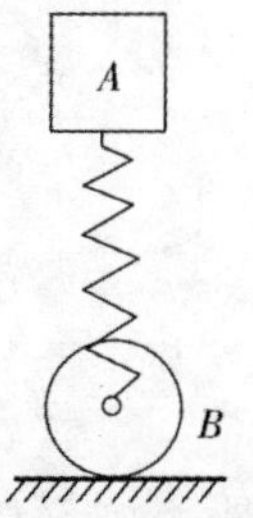

题图　13-12

13-13　题图 13-13 所示匀质杆 A 长为 l，重为 P，其 A 端放在光滑水平面上。求杆从铅直位置无初速地倒下时，当杆端 A 不脱离水平面以前另一端 B 的轨迹方程。

13-14　卧式活塞发动机的底脚用螺栓固定于水平基础。题图 13-14 所示曲柄 OA 长 r，以匀

角速度 ω 转动。假设连杆 A 和曲柄的长度相等，而运动部分的质量可简化成质量分别是 m_1 和 m_2 的两个质点，分别集中于 A 和 B 两点，发动机其余部分的质量是 m_3 。开始时活塞位于左面边缘位置。试求作用在螺栓上的总水平力以及对基础的法向压力。不考虑螺杆中的预紧力。

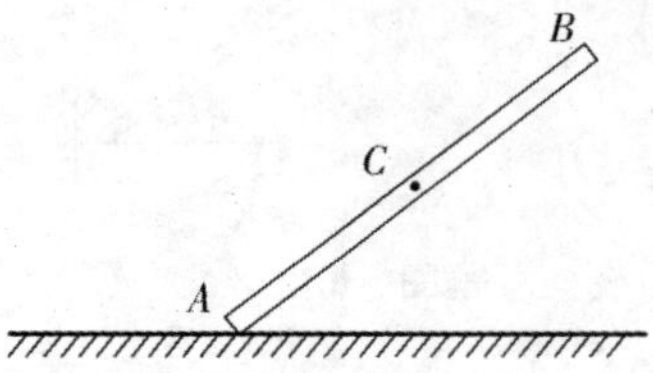

题图　13－13

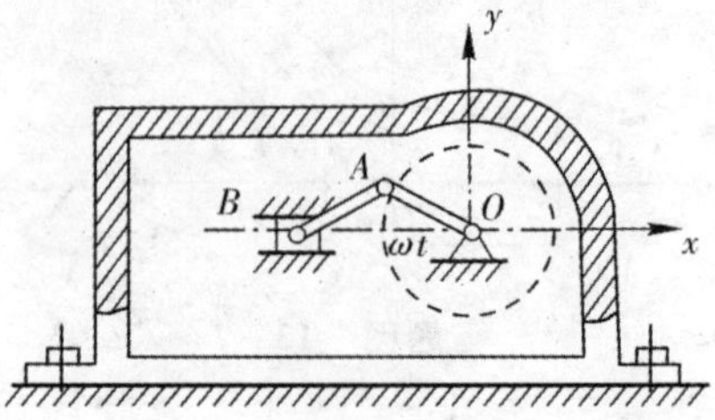

题图　13－14

13－15　题图 13－15 所示匀质圆盘质量是 m，半径是 r，可绕通过边缘 O 点 且垂直于盘面的水平轴转动。设圆盘从最高位置无初速地开始绕 O 轴转动。试求：当半径 OC 转到水平位置时轴承 O 的总反力。

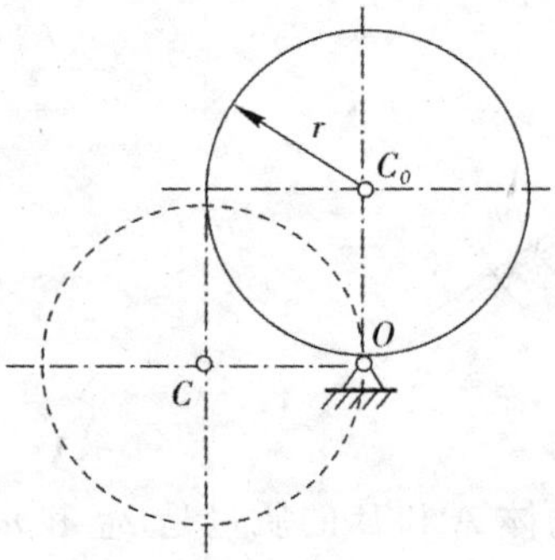

题图　13－15

第十四章　动量矩定理·动力学普遍定理综合应用

知 识 要 点

1. 基本概念

质点对点 O 的动量矩：$\boldsymbol{m}_O(m\boldsymbol{v})=\boldsymbol{r}\times m\boldsymbol{v}$

质点系中所有各质点的动量对某点 O 的动量矩的矢量和，称为质点系对该点 O 的动量矩，记为 $\boldsymbol{L}_O$，则

$$\boldsymbol{L}_O=\sum \boldsymbol{m}_O(m\boldsymbol{v})$$

质点系中所有质点的动量对某轴 z 的动量矩的代数和，称为质点系对该轴的动量矩，记为 L_z，则

$$L_z=\sum m_z(m\boldsymbol{v})$$

2. 动量矩定理

质点系对固定点的动量矩对时间的导数等于作用在质点系上的所有外力对该点之矩的矢量和。这就是动量矩定理，即

$$\frac{\mathrm{d}\boldsymbol{L}_O}{\mathrm{d}t}=\sum \boldsymbol{m}_O(\boldsymbol{F}^{(e)})$$

质点系对任一固定轴的动量矩对时间的导数等于作用在质点系上的所有外力对该轴之矩的代数和，即

$$\left.\begin{aligned}\frac{\mathrm{d}L_x}{\mathrm{d}t}&=\sum m_x(F^{(e)})\\ \frac{\mathrm{d}L_y}{\mathrm{d}t}&=\sum m_y(F^{(e)})\\ \frac{\mathrm{d}L_z}{\mathrm{d}t}&=\sum m_z(F^{(e)})\end{aligned}\right\}$$

动量矩守恒定理：

(1)如果作用在质点系上的所有外力对固定点 O 之矩矢量和 $\sum \boldsymbol{m}_O(\boldsymbol{F}^{(e)})\equiv\boldsymbol{0}$，则质点系对点 O 的动量矩 $\boldsymbol{L}_O=$ 常矢量。

(2)如果作用在质点系上的所有外力对固定轴 z 之矩的代数和 $\sum m_z(F^{(e)})\equiv 0$，则质点系对 z 轴的动量矩 $L_O=$ 常量。

3. 刚体定轴转动微分方程

$$J_z \frac{\mathrm{d}^2\varphi}{\mathrm{d}t^2} = J_z\alpha = \sum m_z(\boldsymbol{F})$$

4. 相对于质心的动量矩定理

质点系在相对于质心平动坐标系的运动中对质心的动量矩对时间的导数，等于作用在质点系上的所有外力对质心之矩的矢量和，即

$$\frac{\mathrm{d}\boldsymbol{L}'_{\mathrm{C}}}{\mathrm{d}t^2} = \sum \boldsymbol{m}_{\mathrm{C}}(\boldsymbol{F}^{(\mathrm{e})})$$

5. 刚体平面运动微分方程

$$\left.\begin{aligned} M\frac{\mathrm{d}^2 x_{\mathrm{C}}}{\mathrm{d}t^2} &= \sum F_x \\ M\frac{\mathrm{d}^2 x_{\mathrm{C}}}{\mathrm{d}t^2} &= \sum F_y \\ J_{\mathrm{C}z'}\frac{\mathrm{d}^2\varphi}{\mathrm{d}t^2} &= \sum m_{\mathrm{C}z'}(\boldsymbol{F}) \end{aligned}\right\}$$

14.1 动 量 矩

动量矩定理建立了质点系动量矩的变化率与作用在质点系上外力主矩之间的关系。下面先给出动量矩的定义及计算方法。

1. 质点对点 O 的动量矩

如图 14-1 所示，设有任一质点 A，其质量为 m，它相对于固定参考系 $Oxyz$ 的速度为 $\boldsymbol{v}$，其矢径为 $\boldsymbol{r}$，则称 $\boldsymbol{r}\times m\boldsymbol{v}$ 为质点 A 的动量对点 O 的动量矩(也称为角动量)，记为 $\boldsymbol{m}_{\mathrm{O}}(m\boldsymbol{v})$，即

$$\boldsymbol{m}_{\mathrm{O}}(m\boldsymbol{v}) = \boldsymbol{r}\times m\boldsymbol{v} \tag{14-1}$$

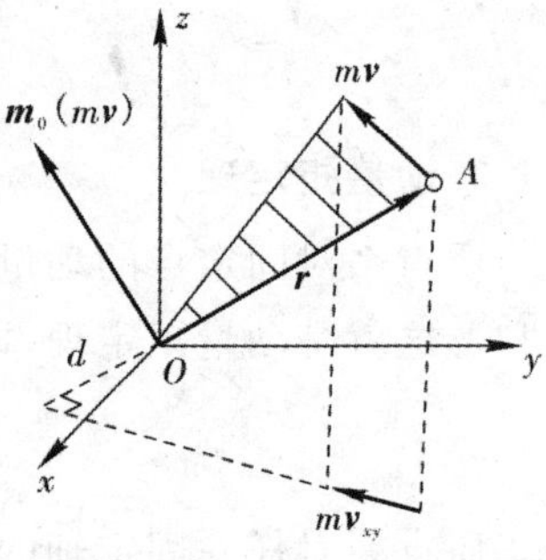

图 14-1

从式(14-1)可知，$\boldsymbol{m}_{\mathrm{O}}(m\boldsymbol{v})$垂直于矢径 $\boldsymbol{r}$ 和动量 $m\boldsymbol{v}$ 所决定的平面，其指向由右手规则来确定，$\boldsymbol{m}_{\mathrm{O}}(m\boldsymbol{v})$按规定由矩心 O 画出。

2. 质点对轴的动量矩

如图 14-1 所示，设质点 A 的动量在 xOy 平面上的投影为 mv_{xy}，点 O 到 mv_{xy} 所在直线的垂直距离为 d，则称 $\pm mv_{xy}d$ 为质点 A 对 z 轴的动量矩，记作为 $m_z(m\boldsymbol{v})$，即

$$m_z(m\boldsymbol{v}) = \pm mv_{xy}d \tag{14-2}$$

式(14-2)中的正负号规定与力对轴之矩的正负号规定相同，即从 z 轴的正端向负端看，若 mv_{xy} 与 z 轴构成的旋转方向是逆钟向，则取正号；反之，取负号。

从以上所介绍的质点对点的动量矩和质点对轴的动量矩的概念可以看出，它们分别类似于力对点的矩和力对轴的矩的概念。同样有类似于力对点的矩和力对轴的矩的关系，即：质点对某点的动量矩在通过该点的任一轴上的投影等于质点对该轴的动量矩，即

$$[\boldsymbol{m}_{\mathrm{O}}(m\boldsymbol{v})]_z = m_z(m\boldsymbol{v}) \tag{14-3}$$

这里 $[\boldsymbol{m}_O(m\boldsymbol{v})]_z$ 表示 $\boldsymbol{m}_O(m\boldsymbol{v})$ 在 z 轴上的投影。

动量矩的量纲为

[动量矩]=[长度]·[动量]=[质量]·[长度]^2· [时间]$^{-1}$= [长度]· [力]·[时间]

在国际单位制中，动量矩的单位是千克·米^2·秒$^{-1}$（kg·m^2·s^{-1}）或牛·米·秒(N·m·s)。

3. 质点系对点 O 的动量矩

质点系中所有各质点的动量对某点 O 的动量矩的矢量和，称为质点系对该点 O 的动量矩，记作为 $\boldsymbol{L}_O$，即

$$\boldsymbol{L}_O = \sum \boldsymbol{m}_O(m\boldsymbol{v}) \tag{14-4}$$

式中，$\boldsymbol{m}_O(m\boldsymbol{v})$ 表示质点系中任一质点对点 O 的动量矩。

4. 质点系对轴的动量矩

质点系中所有质点的动量对某轴 z 的动量矩的代数和，称为质点系对该 z 轴的动量矩，记作为 L_z，即

$$L_z = \sum m_z(m\boldsymbol{v}) \tag{14-5}$$

式中，$m_z(m\boldsymbol{v})$ 表示质点系中任一质点对某轴 z 的动量矩。将式 (14-4) 沿 z 轴（该轴通过点 O）投影，得

$$[\boldsymbol{L}_O]_z = \sum [\boldsymbol{m}_O(m\boldsymbol{v})]_z = \sum m_z(m\boldsymbol{v}) = L_z \tag{14-6}$$

式(14-6)说明，质点系对点的动量矩在通过该点的任一轴上的投影，等于质点系对该轴的动量矩。于是有

$$\boldsymbol{L}_O = L_x\boldsymbol{i} + L_y\boldsymbol{j} + L_z\boldsymbol{k} \tag{14-7}$$

式中，$\boldsymbol{i}$，$\boldsymbol{j}$，$\boldsymbol{k}$ 分别为沿坐标轴 x，y，z 的正向单位矢。

5. 定轴转动刚体对转轴的动量矩

如图 14-2 所示，设刚体以角速度 ω 绕定轴 z 转动。在刚体内任取一质点 A，其质量为 m，它的转动半径为 r，则刚体对 z 轴的动量矩为

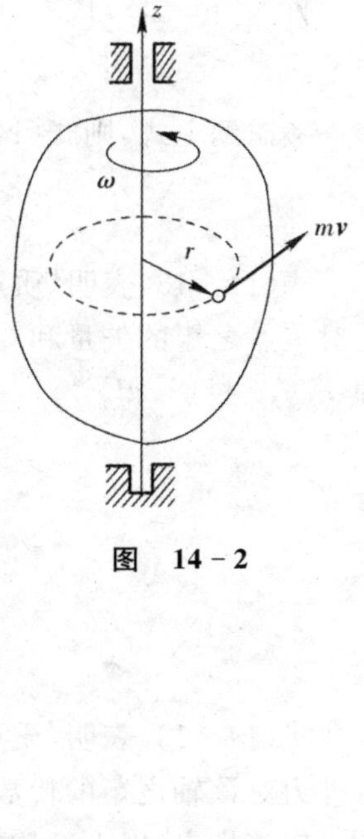

图　14-2

$$L_z = \sum m_z(m\boldsymbol{v}) = \sum rmv = \sum rmr\omega = (\sum mr^2)\omega$$

即

$$L_z = J_z\omega \tag{14-8}$$

式中，$J_z = \sum mr^2$ 为刚体对 z 轴的转动惯量。可见，定轴转动的刚体对转轴的动量矩，等于刚体对转轴的转动惯量与角速度的乘积。

14.2　动量矩定理

下面来推导动量矩定理。如图 14-3 所示，设有任一质点系，该质点系中的任一质点 B 的质量为 m，任意瞬时该质点相对固定参考系 $Oxyz$ 的矢径、速度和加速度分别为 $\boldsymbol{r}$，$\boldsymbol{v}$ 和 $\boldsymbol{a}$，作用在该质点上的所有力的合力为 $\boldsymbol{F}$。

质点系的动量矩为

$$L_O = \sum m_O(mv) = \sum r \times mv \qquad (14-9)$$

将式(14-9)对时间求导数,得

$$\frac{dL_O}{dt} = \sum\left(\frac{dr}{dt} \times mv + r \times m\frac{dv}{dt}\right) =$$

$$\sum(v \times mv + r \times ma) = \sum(r \times F)$$

即

$$\frac{dL_O}{dt} = \sum m_O(F) \qquad (14-10)$$

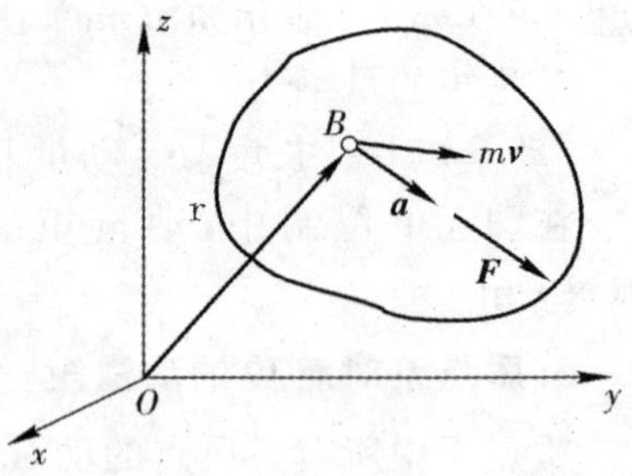

图 14-3

根据合力矩定理,$m_O(F)$ 应等于作用在质点 B 上的所有力对点 O 之矩的矢量和,故 $\sum m_O(F)$ 等于作用在质点系上的所有力对点 O 之矩的矢量和。如果将作用在质点系上的力分为内力与外力,那么 $\sum m_O(F)$ 等于作用在质点系上的所有内力对点 O 之矩的矢量和 $\sum m_O(F^{(i)})$ 以及作用在质点系上的所有外力对点 O 之矩的矢量和 $\sum m_O(F^{(e)})$,即

$$\sum m_O(F) = \sum m_O(F^{(i)}) + \sum m_O(F^{(e)}) \qquad (14-11)$$

根据牛顿第三定律,质点系中任意两个质点之间的相互作用力总是等值、反向和共线的,因此有

$$\sum m_O(F^{(i)}) = \mathbf{0} \qquad (14-12)$$

将式(14-12)代入(14-11),得

$$\sum m_O(F) = \sum m_O(F^{(e)})$$

考虑到上式,则式(14-10)可写成

$$\frac{dL_O}{dt} = \sum m_O(F^{(e)}) \qquad (14-13)$$

式(14-13)表明,质点系对固定点的动量矩对时间的导数等于作用在质点系上的所有外力对该点之矩的矢量和。这就是动量矩定理。为了便于应用,将式(14-13)分别沿固定坐标轴 x,y,z 投影,得

$$\left.\begin{aligned}\frac{dL_x}{dt} = \sum m_x(F^{(e)})\\ \frac{dL_y}{dt} = \sum m_y(F^{(e)})\\ \frac{dL_z}{dt} = \sum m_z(F^{(e)})\end{aligned}\right\} \qquad (14-14)$$

式(14-14)表明,质点系对任一固定轴的动量矩对时间的导数等于作用在质点系上的所有外力对该轴之矩的代数和。

应该指出,以上所述的动量矩定理是针对质点系而言的,当然它对单个质点来说同样也是适用的。

动量矩守恒定理:

1)如果作用在质点系上的所有外力对固定点 O 之矩矢量和 $\sum m_O(F^{(e)}) \equiv \mathbf{0}$,根据式(14-13),则质点系对点 O 的动量矩 $L_O =$ 常矢量 。

2)如果作用在质点系上的所有外力对固定轴 z 之矩的代数和 $\sum m_z(\boldsymbol{F}^{(e)}) \equiv 0$，根据式(14-14)，则质点系对 z 轴的动量矩 $L_O =$ 常量。

总结以上所讨论的两种特殊情形，便可以得出以下结论：如果作用在质点系上的所有外力对某固定点(或固定轴)之主矩恒为零，则质点系对该点(或该轴)的动量矩保持不变。这就是动量矩守恒定理。

例 14-1　摩擦离合器靠接合面的摩擦进行传动。在接合前，已知主动轴 1 以角速度 ω_0 转动，而从动轴 2 处于静止(见图 14-4(a))。一经接合，轴 1 的转速迅速减慢，轴 2 的转速迅速加快，两轴最后以共同角速度 ω 转动(见图 14-4(b))。已知轴 1 和轴 2 连同各自的附件对转轴的转动惯量分别是 J_1 和 J_2，试求接合后的共同角速度 ω。轴承的摩擦不计。

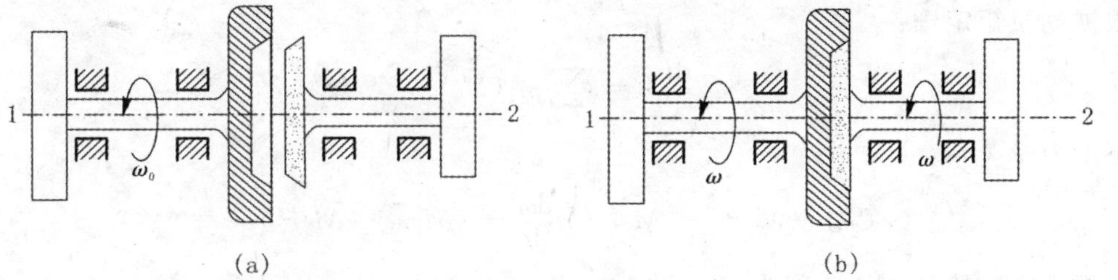

图　14-4

解：取轴 1 和轴 2 组成的系统作为研究对象。接合时作用在两轴的外力对公共转轴的矩都等于零，故系统对转轴的总动量矩不变。接合前，系统的动量矩是 $(J_1\omega_0 + J_2 \times 0)$。离合器接合后，系统的动量矩是 $(J_1 + J_2)\omega$。由于动量矩守恒，故有

$$(J_1 + J_2)\omega = J_1\omega_0$$

从而求得接合后的共同角速度为

$$\omega = \frac{J_1}{J_1 + J_2}\omega_0$$

其转向与 ω_0 相同。

例 14-2　两个鼓轮固连在一起的总质量为 M，水平转轴的转动惯量是 J_O，鼓轮的半径分别为 r_1 和 r_2。绳端悬挂的重物 A 和 B 质量分别是 M_1 和 M_2(见图 14-5(a))，且 $M_1 > M_2$。若轴承摩擦和绳重都忽略不计，试求：(1)鼓轮的角加速度；(2)绳索的拉力；(3)轴承 O 的反力。

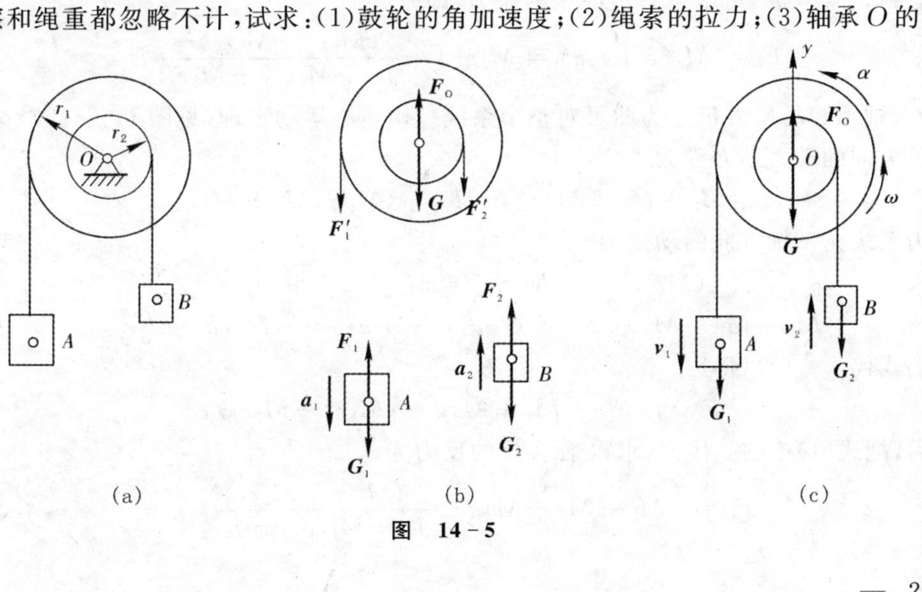

图　14-5

解:(1) 求鼓轮的角加速度。可应用动量矩定理,取鼓轮、绳索和重物 A 和 B 组成的系统为研究对象(见图 14-5(b))。它受重力 $\boldsymbol{G}_1,\boldsymbol{G}_2,\boldsymbol{G}$ 和轴承反力 $\boldsymbol{F}_O$ 的作用。当重物 A 向下做平动时,带动鼓轮沿逆钟向做定轴转动,而重物 B 则向上做平动。该系统对鼓轮转轴 z(垂直于图面,指向读者)的动量矩为

$$L_z = J_O\omega + M_1 v_1 r_1 + M_2 v_2 r_2$$

考虑到 $v_1 = r_1\omega, v_2 = r_2\omega$,则上式可以写为

$$L_z = (J_O + M_1 r_1{}^2 + M_2 r_2{}^2)\omega$$

外力对转轴的主矩为

$$\sum m_z(F^{(e)}) = (M_1 r_1 - M_2 r_2)g$$

根据动量矩定理:

$$\frac{\mathrm{d}L_z}{\mathrm{d}t} = \sum m_z(\boldsymbol{F}^{(e)})$$

得以下动力学关系:

$$(J_O + M_1 r_1{}^2 + M_2 r_2{}^2)\frac{\mathrm{d}\omega}{\mathrm{d}t} = (M_1 r_1 - M_2 r_2)g$$

从而求得鼓轮的角加速度为

$$\alpha = \frac{\mathrm{d}\omega}{\mathrm{d}t} = \frac{M_1 r_1 - M_2 r_2}{J_O + M_1 r_1{}^2 + M_2 r_2{}^2}g \quad (\text{逆时针}) \qquad (1)$$

(2)求绳索的拉力 $\boldsymbol{F}_1$ 和 $\boldsymbol{F}_2$。这些力都是系统的内力,为了显示这些力,可分别取重物 A,B 或鼓轮来研究(见图 14-5(c))。若以重物 A 作为研究对象,有如下动力学方程:

$$M_1 a_1 = G_1 - F_2$$

考虑到 $a_1 = r_1\alpha$,可求得左边绳索的拉力,即

$$F_1 = M_1(g - r_1\alpha) = M_1 g\left[1 - \frac{(M_1 r_1 - M_2 r_2)r_1}{J_O + M_1 r_1{}^2 + M_2 r_2{}^2}\right] \qquad (2)$$

类似地,以重物 B 作为研究对象,有动力学方程:

$$M_2 a_2 = F_2 - M_2 g$$

考虑到 $a_2 = r_2\alpha$,可求得右边绳索的拉力,即

$$F_2 = M_2(g + r_2\alpha) = M_2 g\left[1 + \frac{(M_1 r_1 - M_2 r_2)r_2}{J_O + M_1 r_1{}^2 + M_2 r_2{}^2}\right] \qquad (3)$$

(3)求轴承 O 的反力 F_O。为此可对整个系统应用质心运动定理(见图 14-5(b))。质点在铅直轴 y 方向的动力学方程为

$$(M_1 + M_2 + M)a_{Cy} = F_O - (M_1 + M_2 + M)g \qquad (4)$$

因为系统在 y 轴方向的动量为

$$(M_1 + M_2 + M)v_{Cy} = M_1(-v_1) + M_2 v_2$$

故

$$(M_1 + M_2 + M)a_{Cy} = M_1(-a_1) + M_2 a_2 = -(M_1 r_1 - M_2 r_2)\alpha$$

把上式代入式(4),得

$$F_O = (M_1 + M_2 + M)g - (M_1 r_1 - M_2 r_2)\alpha$$

最后,把式(1)中的 α 代入,求得轴承 O 的反力为

$$F_O = (M_1 + M_2 + M)g - \frac{(M_1 r_1 - M_2 r_2)^2}{J_O + M_1 r_1{}^2 + M_2 r_2{}^2}g$$

14.3 刚体定轴转动微分方程

动量矩定理的一个直接应用是推导刚体定轴转动微分方程。如图 14－6 (a)所示，设某一刚体在主动力 $\boldsymbol{F}_1,\boldsymbol{F}_2,\cdots,\boldsymbol{F}_n$ 的作用下绕固定轴 z 转动。

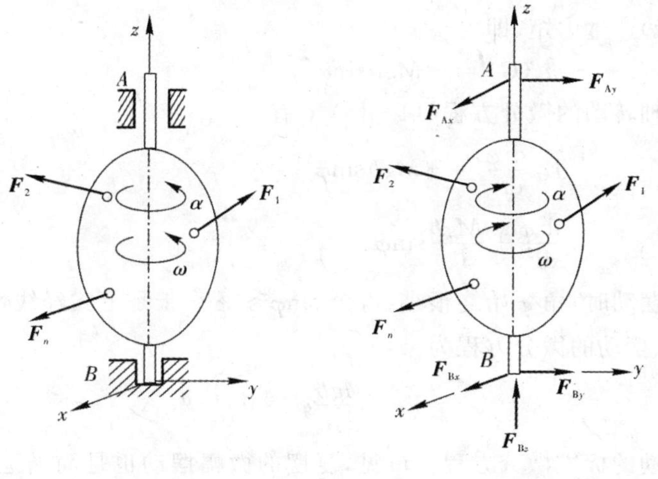

图　14－6

将作用在刚体上的外力分成两类：一类是主动力 $\boldsymbol{F}_1,\boldsymbol{F}_2,\cdots,\boldsymbol{F}_n$，另一类是轴承约束力 $\boldsymbol{F}_{Ax},\boldsymbol{F}_{Ay},\boldsymbol{F}_{Bx},\boldsymbol{F}_{By},\boldsymbol{F}_{Bz}$，受力图如图 14－6(b)所示。根据动量定理，有

$$\frac{\mathrm{d}L_z}{\mathrm{d}t}=\sum m_z(\boldsymbol{F}^{(e)}) \tag{14-15}$$

由于 $\boldsymbol{F}_{Ax},\boldsymbol{F}_{Ay},\boldsymbol{F}_{Bx},\boldsymbol{F}_{By},\boldsymbol{F}_{Bz}$ 对 z 轴之矩均为零，故作用在刚体上的所有外力对 z 轴之矩的代数和就等于作用在刚体上的所有主动力对 z 轴之矩的代数和，即

$$\sum m_z(\boldsymbol{F}^{(e)})=\sum m_z(\boldsymbol{F}) \tag{14-16}$$

考虑到刚体绕固定轴 z 转动，所以刚体对 z 轴的动量矩为

$$L_z=J_z\omega \tag{14-17}$$

式中，J_z 和 ω 分别表示刚体对 z 轴的转动惯量和刚体的角速度。将式(14－16)与式(14－17)代入式(14－15)，得

$$J_z\frac{\mathrm{d}\omega}{\mathrm{d}t}=\sum m_z(\boldsymbol{F})$$

考虑到 $\frac{\mathrm{d}\omega}{\mathrm{d}t}=\frac{\mathrm{d}^2\varphi}{\mathrm{d}t^2}$（$\varphi$ 为刚体的角坐标），于是上式可以写为

$$J_z\frac{\mathrm{d}^2\varphi}{\mathrm{d}t^2}=\sum m_z(\boldsymbol{F}) \tag{14-18}$$

式(14－18)称为刚体定轴转动微分方程。又考虑到刚体的角加速度 $\alpha=\frac{\mathrm{d}^2\varphi}{\mathrm{d}t^2}$，则式(14－18)可以写为

$$J_z\alpha = \sum m_z(\boldsymbol{F}) \tag{14-19}$$

例 14-3 复摆由可绕水平轴转动的刚体构成。已知复摆的质量是 M，重心 C 到转轴 O 的距离 $OC = b$（见图 14-7），复摆对转轴 O 的转动惯量是 J_O，设摆动在与铅直线的偏角为 φ_0 的位置静止释放，试求复摆的微幅摆动规律。轴承摩擦和空气阻力不计。

解：分析方法和单摆的情况类似。复摆所受的外力有重力 $\boldsymbol{G}$ 和轴承反力 $\boldsymbol{F}_1, \boldsymbol{F}_2$。当复摆对于铅直线成偏角 φ 时，只有重力 $\boldsymbol{G}$ 对转轴 z（通过 O 垂直于图面，指向读者）产生力矩，即

$$m_z(\boldsymbol{G}) = -Mgb\sin\varphi$$

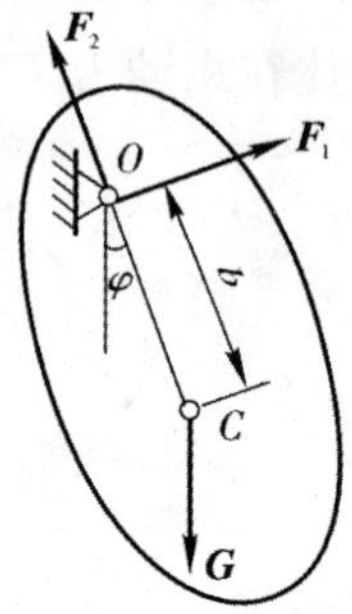

图 14-7

根据刚体绕定轴转动的微分方程（14-18），有

$$J_O\frac{d^2\varphi}{dt^2} = -Mgb\sin\varphi$$

从而有

$$\frac{d^2\varphi}{dt^2} + \frac{Mgb}{J_O}\sin\varphi = 0$$

当复摆做微小摆动时，角 φ 始终很小，可令 $\sin\varphi \approx \varphi$。于是上式经线性化后，可得复摆微幅摆动的微分方程为

$$\ddot{\varphi} + \frac{Mgb}{J_O}\varphi = 0$$

上式是简谐运动的标准微分方程。可见，复摆的微幅摆动也是简谐运动。考虑到复摆运动的初条件：当 $t = 0$ 时，$\varphi = \varphi_0, \dot{\varphi} = 0$。则复摆的运动规律可写为

$$\varphi = \varphi_0\cos\sqrt{\frac{Mgb}{J_O}}t \tag{1}$$

摆动的频率 k 和周期 τ 分别为

$$k = \sqrt{\frac{Mgb}{J_O}}, \quad \tau = \frac{2\pi}{k} = 2\pi\sqrt{\frac{J_O}{Mgb}} \tag{2}$$

利用式(2)可以测定刚体的转动惯量。为此，把刚体做成复摆并用试验测出它的摆动周期 τ，然后由式(2)求得转动惯量为

$$J_O = \frac{Mgb\tau^2}{4\pi^2} \tag{3}$$

14.4 相对质心的动量矩定理

前面所介绍的动量矩定理，其矩心为固定点，下面来推导当矩心取为质心时的动量矩定理——相对于质心的动量矩定理。

如图 14-8 所示，设有任一质点系，其中任一质点 B 的质量为 m，在任意瞬时该质点相对固定参考系 $Oxyz$ 的矢径、速度和加速度分别为 $\boldsymbol{r}, \boldsymbol{v}$ 和 $\boldsymbol{a}$，作用在该质点上的所有力的合力为 $\boldsymbol{F}$，该质点相对于质点系的质心 C 的矢径为 $\boldsymbol{p}$，质心 C 相对于点 O 的矢径为 $\boldsymbol{r}_C$，质点系在相对于固定参考系的运动中对质心的动量矩为

$$\boldsymbol{L}_C = \sum \boldsymbol{m}_C(m\boldsymbol{v}) = \sum \boldsymbol{p} \times m\boldsymbol{v} \tag{14-20}$$

将上式对时间 t 求导数，得

$$\frac{\mathrm{d}\boldsymbol{L}_C}{\mathrm{d}t}=\sum\left(\frac{\mathrm{d}\boldsymbol{p}}{\mathrm{d}t}\times m\boldsymbol{v}+\boldsymbol{p}\times m\frac{\mathrm{d}\boldsymbol{v}}{\mathrm{d}t}\right)=\sum\left[\frac{\mathrm{d}(\boldsymbol{r}-\boldsymbol{r}_C)}{\mathrm{d}t}\times m\boldsymbol{v}+\boldsymbol{p}\times m\boldsymbol{a}\right]=$$
$$\sum\left[\left(\frac{\mathrm{d}\boldsymbol{r}}{\mathrm{d}t}-\frac{\mathrm{d}\boldsymbol{r}_C}{\mathrm{d}t}\right)\times m\boldsymbol{v}+\boldsymbol{p}\times\boldsymbol{F}\right]=\sum\left[(\boldsymbol{v}-\boldsymbol{v}_C)\times m\boldsymbol{v}+\boldsymbol{m}_C(\boldsymbol{F})\right]=$$
$$-\boldsymbol{v}_C\times\sum m\boldsymbol{v}+\boldsymbol{m}_C(\boldsymbol{F})=-\boldsymbol{v}_C\times M\boldsymbol{v}_C+\boldsymbol{m}_C(\boldsymbol{F})$$

即

$$\frac{\mathrm{d}\boldsymbol{L}_C}{\mathrm{d}t}=\sum\boldsymbol{m}_C(\boldsymbol{F})\tag{14-21}$$

根据合力矩定理，$\boldsymbol{m}_C(\boldsymbol{F})$ 应等于作用在质点 B 上的所有力对质心之矩的矢量和，故 $\boldsymbol{m}_C(\boldsymbol{F})$ 等于作用在质点系上的所有力对质心之矩的矢量和，如果将作用在质点系上的力分为内力和外力，那么 $\boldsymbol{m}_C(\boldsymbol{F})$ 等于作用在质点系上的所有内力对质心之矩的矢量和 $\boldsymbol{m}_C(\boldsymbol{F}^{(i)})$ 再加上作用在质点系上的所有外力对质心之矩的矢量和 $\boldsymbol{m}_C(\boldsymbol{F}^{(e)})$，即

$$\boldsymbol{m}_C(\boldsymbol{F})=\boldsymbol{m}_C(\boldsymbol{F}^{(i)})+\boldsymbol{m}_C(\boldsymbol{F}^{(e)})\tag{14-22}$$

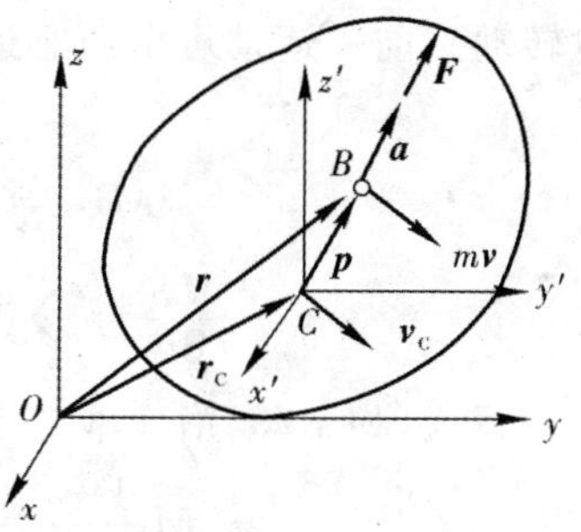

图　14-8

根据牛顿第三定律，质点系中任意两个质点之间的相互作用力总是等值、反向和共线的，因此有

$$\sum\boldsymbol{m}_C(\boldsymbol{F}^{(i)})=\boldsymbol{0}\tag{14-23}$$

将式(14-23)代入式(14-22)，得

$$\boldsymbol{m}_C(\boldsymbol{F})=\boldsymbol{m}_C(\boldsymbol{F}^{(e)})\tag{14-24}$$

考虑到式(14-24)，则(14-21)可以写成

$$\frac{\mathrm{d}\boldsymbol{L}_C}{\mathrm{d}t}=\sum\boldsymbol{m}_C(\boldsymbol{F}^{(e)})\tag{14-25}$$

取质心 C 为原点，建立一个相对于固定参考系 $Oxyz$ 做平动的坐标系 $Cx'y'z'$（简称为质心平动系），引入质心平动系后，可以容易证明，质点系在相对固定参考系的运动中对质心的动量矩 L_C，等于质点系在相对质心平动系的运动中对质心的动量矩 L_C^r。证明如下：将坐标系 $Oxyz$ 与 $Cx'y'z'$ 分别看作为定系与动系，根据点的速度合成定理，有

$$\boldsymbol{v}=\boldsymbol{v}_e+\boldsymbol{v}_r$$

考虑到牵连运动为平动，故 $\boldsymbol{v}_e=\boldsymbol{v}_C$，于是上式可以写成

$$\boldsymbol{v}=\boldsymbol{v}_C+\boldsymbol{v}_r\tag{14-26}$$

将式(14-26)代入式(14-20)，得

$$\boldsymbol{L}_C=\sum\boldsymbol{p}\times m(\boldsymbol{v}_C+\boldsymbol{v}_r)=\left(\sum m\boldsymbol{p}\right)\times\boldsymbol{v}_C+\sum\boldsymbol{p}\times m\boldsymbol{v}_r=\boldsymbol{0}\times\boldsymbol{v}_C+\boldsymbol{L}_C^r$$

即

$$\boldsymbol{L}_C=\boldsymbol{L}_C^r\tag{14-27}$$

证毕。

将式(14-27)代入式(14-25)，得

$$\frac{\mathrm{d}\boldsymbol{L}_C^r}{\mathrm{d}t}=\sum\boldsymbol{m}_C(\boldsymbol{F}^{(e)})\tag{14-28}$$

式(14-28)表明，质点系在相对于质心平动坐标系的运动中对质心的动量矩对时间的导

数，等于作用在质点系上的所有外力对质心之矩的矢量和。这就是相对于质心的动量矩定理。该定理在研究质点系动力学时具有广泛应用。

14.5 刚体平面运动微分方程

如图 14－9 所示，设坐标系 $Oxyz$ 为定系，刚体在外力 $\boldsymbol{F}_1,\boldsymbol{F}_2,\cdots,\boldsymbol{F}_n$ 的作用下平行于坐标平面 xOy 运动，且质心 C 在此平面内，取质心平动系 $Cx'y'z'$（其中轴 x',y',z' 正分别与轴 x，y,z 指向相同）。由运动学可知，刚体的平面运动可分解为随质心 C 的平动和绕质心轴 C 的相对转动。前一运动可由质心运动定理确定，后一运动可由相对于质心的动量矩定理确定。于是，有

$$M\boldsymbol{a}_C = \sum \boldsymbol{F} \tag{14-29}$$

$$\frac{d\boldsymbol{L}_C^r}{dt} = \sum \boldsymbol{m}_C(\boldsymbol{F}^{(e)}) \tag{14-30}$$

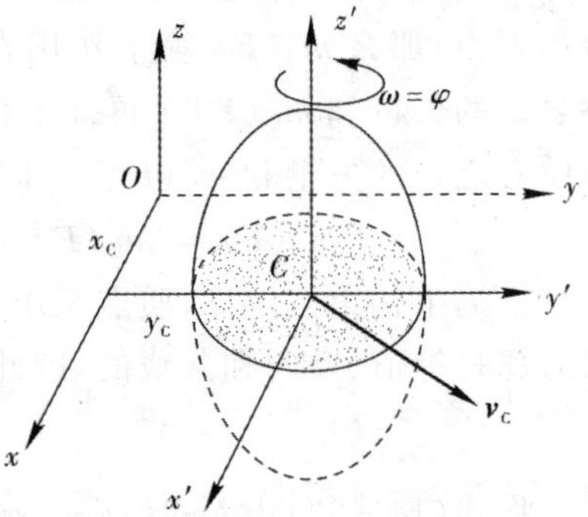

图 14－9

将式(14－29)沿 x,y 轴投影，得

$$M\frac{d^2x_C}{dt^2} = \sum F_x \tag{14-31}$$

$$M\frac{d^2y_C}{dt^2} = \sum F_y \tag{14-32}$$

式中，(x_C,y_C) 表示质心 C 在定系 xOy 中的坐标。将式(14－30) 沿 Cz' 轴投影，得

$$\left[\frac{d\boldsymbol{L}_C^r}{dt}\right]_{Cz'} = \frac{dL_{Cz'}^r}{dt} = \sum m_{Cz'}(\boldsymbol{F}) \tag{14-33}$$

式中，$L_{Cz'}^r$ 为刚体相对质心平动系的运动中对质心轴 Cz' 的动量矩，考虑到刚体相对质心平动系的运动为刚体绕质心轴的转动，故有

$$L_{Cz'}^r = J_{Cz'}\omega = J_{Cz'}\frac{d\varphi}{dt} \tag{14-34}$$

式中，ω 与 φ 分别为刚体的角坐标与角速度。将式(14－34)代入式(14－33)，得

$$J_{Cz'}\frac{d^2\varphi}{dt^2} = \sum m_{Cz'}(\boldsymbol{F}) \tag{14-35}$$

联立式(14－31)、式(14－32)和式(14－35)构成以下微分方程组：

$$\left.\begin{aligned} M\frac{d^2x_C}{dt^2} &= \sum F_x \\ M\frac{d^2x_C}{dt^2} &= \sum F_y \\ J_{Cz'}\frac{d^2\varphi}{dt^2} &= \sum m_{Cz'}(\boldsymbol{F}) \end{aligned}\right\} \tag{14-36}$$

式(14－36)就是刚体平面运动微分方程。可以应用它来求解刚体平面运动的动力学问题。

例 14－4 匀质细杆 A 的质量是 M，长度是 $2l$，放在铅直面 内，两端分别沿光滑的铅直墙壁和光滑水平地面滑动（见图 14－10）。假设杆的初位置与墙成交角 φ_0，初角速度等于零。试求杆沿铅直墙

壁下滑时的角速度 $\dot{\varphi}$ 和角加速度 $\ddot{\varphi}$ 以及杆开始脱离墙壁时它与墙壁所成的角度 φ_1。

解:在杆的 A 端脱离墙壁以前,作用于杆 AB 的外力有重力 $\boldsymbol{G}$,约束力 $\boldsymbol{F}_A$ 和 $\boldsymbol{F}_B$。杆做平面运动,取坐标系 xOy 如图所示,则杆的平面运动微分方程写为

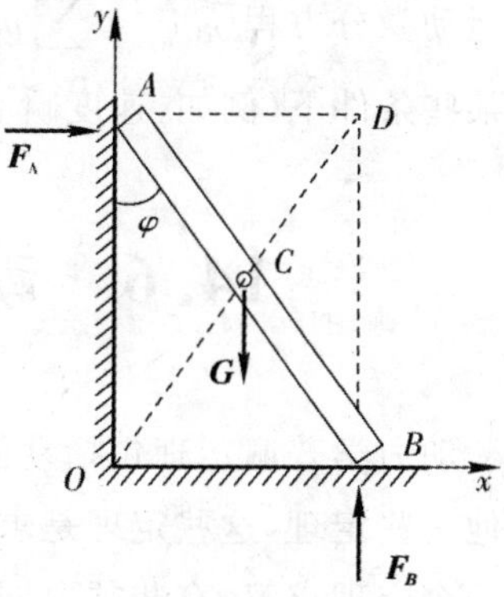

图　14-10

$$M\ddot{x}_C = F_A \tag{1}$$

$$M\ddot{y}_C = F_B - Mg \tag{2}$$

$$J_C\ddot{\varphi} = F_B l\sin\varphi - F_A l\cos\varphi \tag{3}$$

上述三个方程中共有五个未知量 $\ddot{x}_C, \ddot{y}_C, N_A, N_B$ 和 $\ddot{\varphi}$,并须根据约束的性质,引入如下两个几何关系:

$$x_C = l\sin\varphi \tag{4}$$

$$y_C = l\cos\varphi \tag{5}$$

求式(4)和式(5)对时间的导数,得

$$\dot{x}_C = l\dot{\varphi}\cos\varphi, \quad \dot{y}_C = l\dot{\varphi}\sin\varphi$$

$$\ddot{x}_C = l\ddot{\varphi}\cos\varphi - l\dot{\varphi}^2\sin\varphi \tag{6}$$

$$\ddot{y}_C = -l\ddot{\varphi}\sin\varphi - l\dot{\varphi}^2\cos\varphi \tag{7}$$

把式(6)和式(7)分别代入式(1)和式(2),再把 $\boldsymbol{F}_A$ 和 $\boldsymbol{F}_B$ 的值代入式(3),最后求得杆 A 的角加速度为

$$\ddot{\varphi} = \frac{Mgl\sin\varphi}{J_C + Ml^2} \tag{8}$$

把 $J_C = \frac{1}{3}Ml^2$ 代入上式,得

$$\ddot{\varphi} = \frac{3g\sin\varphi}{4l} \tag{9}$$

对上式积分,考虑到 $\ddot{\varphi} = \frac{d\dot{\varphi}}{dt}\frac{d\varphi}{d\varphi} = \frac{\dot{\varphi}d\dot{\varphi}}{d\varphi}$ 有

$$\int_0^{\dot{\varphi}} \dot{\varphi}d\dot{\varphi} = \frac{3g}{4l}\int_{\varphi_0}^{\varphi} \sin\varphi d\varphi$$

积分后,可求得杆 A 的角速度为

$$\dot{\varphi} = \sqrt{\frac{3g}{2l}(\cos\varphi_0 - \cos\varphi)} \tag{10}$$

当杆 A 脱离墙时,$N_A = 0$,从而由式(1) 知 $\ddot{x}_C = 0$,根据式 (6)得

$$l\ddot{\varphi}\cos\varphi_1 = l\dot{\varphi}^2\sin\varphi_1$$

将式(9)中的 $\ddot{\varphi}$ 和式(10) 中的 $\dot{\varphi}$ 在 $\varphi = \varphi_1$ 时的值代入上式,得

$$l\,\frac{3g}{4l}\sin\varphi_1\cos\varphi_1 = l\,\frac{3g}{2l}(\cos\varphi_0 - \cos\varphi_1)\sin\varphi_1$$

整理后,求得杆 AB 开始脱离墙壁时与墙所成的夹角,即

$$\varphi_1 = \arccos\left(\frac{2}{3}\cos\varphi_0\right)$$

讨论:式(8)的分母 $J_C + Ml^2 = J_D$,它是杆对瞬轴 D(通过速度瞬心 D 且垂直于图面的轴)

的转动惯量；而分子 $Mgl\sin\varphi$ 等于作用在杆上的外力对瞬轴 D 的矩。这表明，可对此动瞬轴写出运动微分方程 $J_D\ddot{\varphi}=\sum m_D(\boldsymbol{F})$，也称为相对于速度瞬心的动量矩定理。但是，该定理只有在某些条件下(例如，速度瞬心到质心的距离保持不变)才是正确的。

14.6 动力学普遍定理综合应用举例

动力学普遍定理包括动能定理、动量定理、动量矩定理以及由这三个基本定理所推导出的其他一些定理，这些定理是求解工程中动力学问题的理论依据。对于具体问题，有些可只用其中一个定理求解，有些须要同时应用几个定理求解。下面举例说明动力学普遍定理在工程中的综合应用。

例 14-5 图示圆轮半径为 r，质量为 m，受到轻微扰动后，在半径为 R 的圆弧上往复滚动，如图 14-11 所示。设表面足够粗糙，使圆轮在滚动时无滑动，试建立圆轮质心的运动微分方程。

解：运用功率方程建立该方程。匀质圆轮做平面运动，如图 14-11 所示，动能为

$$T=\frac{1}{2}mv_C^2+\frac{1}{2}J_C\omega^2=\frac{3}{4}mv_C^2$$

轮与地面接触点为瞬心，接触点的约束力不做功。

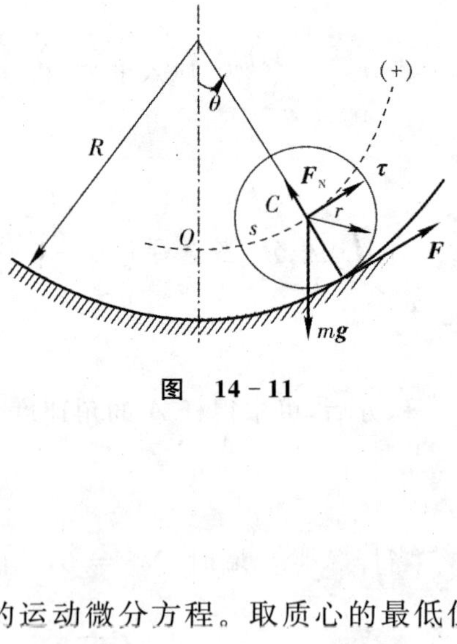

图 14-11

重力的功率为

$$P=mgv=mg\left(\frac{\mathrm{d}s}{\mathrm{d}t}\tau\right)=m\frac{\mathrm{d}s}{\mathrm{d}t}(-g\sin\theta)=-mg\sin\theta\frac{\mathrm{d}s}{\mathrm{d}t}$$

应用功率方程：

$$\frac{\mathrm{d}T}{\mathrm{d}t}=P$$

得

$$\frac{3}{4}m\times 2v_C\frac{\mathrm{d}v_C}{\mathrm{d}t}=-mg\sin\theta\frac{\mathrm{d}s}{\mathrm{d}t}$$

因 $\frac{\mathrm{d}v_C}{\mathrm{d}t}=\frac{\mathrm{d}^2s}{\mathrm{d}t^2}$，$\frac{\mathrm{d}^2s}{\mathrm{d}t^2}=v_C$，$\theta=\frac{s}{R-r}$，$\theta$ 很小时 $\sin\theta\approx\theta$，于是得质心 C 的运动微分方程为

$$\frac{\mathrm{d}^2s}{\mathrm{d}t^2}+\frac{2g}{3(R-r)}s=0$$

此系统的机械能守恒，也可通过机械能守恒建立质心的运动微分方程。取质心的最低位置 O 为重力场零势能点，圆轮在任一位置的势能为

$$V=mg(R-r)(1-\cos\theta)$$

同一瞬时的动能为

$$T=\frac{3}{4}mv_C^2$$

由机械能守恒，有

$$\frac{\mathrm{d}}{\mathrm{d}t}(V+T)=0$$

把 V 和 T 的表达式代入，取导数后得

$$mg(R-r)\sin\theta\frac{\mathrm{d}\theta}{\mathrm{d}t}+\frac{3}{2}mv_{C}\frac{\mathrm{d}v_{C}}{\mathrm{d}t}=0$$

因

$$\frac{\mathrm{d}\theta}{\mathrm{d}t}=\frac{v_{C}}{R-r},\quad \frac{\mathrm{d}v_{C}}{\mathrm{d}t}=\frac{\mathrm{d}^2 s}{\mathrm{d}t^2}$$

于是得

$$\frac{\mathrm{d}^2 s}{\mathrm{d}t^2}+\frac{2}{3}g\sin\theta=0$$

当 θ 很小时，$\sin\theta\approx\theta=\dfrac{s}{R-r}$，于是得同样的质心运动微分方程。通过本例题可见，同一个问题可用不同的理论求解，结果是相同的。

例 14-6　图 14-12 所示的系统中，物块及两均质轮的质量皆为 m，轮半径皆为 R。滚轮上缘绕一刚度为 k 的无重水平弹簧，轮与地面间无滑动。现于弹簧的原长处自由释放重物，试求当重物下降 h 时的速度、加速度以及滚轮与地面间的摩擦力。

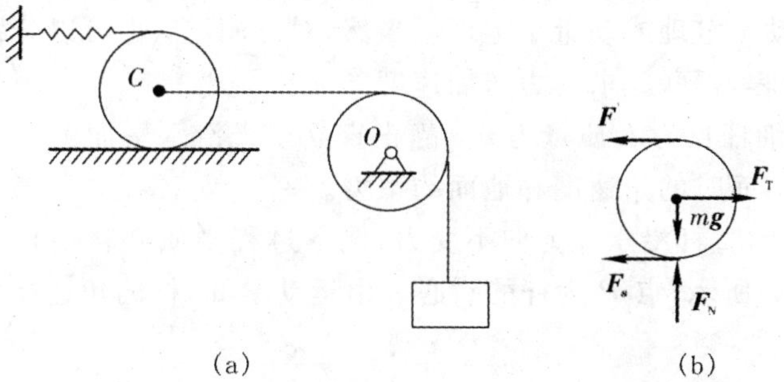

图　14-12

解：为求重物下降 h 时的速度和加速度，可用动能定理。系统初始动能为零，当物块有速度 v 时，两轮的角速度皆为 $\omega=\dfrac{v}{R}$，系统动能为

$$T=\frac{1}{2}mv^2+\frac{1}{2}\times\frac{1}{2}mR^2\omega^2+\frac{1}{2}(mv^2+\frac{1}{2}mR^2\omega^2)=\frac{3}{2}mv^2$$

重物下降 h 时弹簧拉长 $2h$，重力和弹簧力做功和为

$$W=mgh-\frac{1}{2}k(2h)^2=mgh-2kh^2$$

由动能定理，有

$$\frac{3}{2}mv^2-0=mgh-2kh^2 \tag{1}$$

求得重物的速度为

$$v=\sqrt{\frac{2(mg-2kh)h}{3m}}$$

为求重物加速度，式(1) 已给出速度 v 与下降距离 h 之间的函数关系，式(1)两端对时间求一次导数，得

$$3mv\frac{\mathrm{d}v}{\mathrm{d}t} = (mg - 4kh)\frac{\mathrm{d}h}{\mathrm{d}t}$$

从而求得重物加速度为

$$a = \frac{g}{3} - \frac{4kh}{3m}$$

为求地面摩擦力，可取滚轮为研究对象，如图 14－12(b)所示，其中弹簧力 $F = 2kh$。应用对质心 C 的动量矩定理，即

$$\frac{\mathrm{d}}{\mathrm{d}t}(\frac{1}{2}mR^2 \cdot \frac{v}{R}) = (F_s - F)R \tag{2}$$

求得地面摩擦力为

$$F_s = F + \frac{1}{2}ma \tag{3}$$

代入 $\boldsymbol{F}$ 及 $\boldsymbol{a}$ 的值，得地面摩擦力为

$$F_s = \frac{mg}{6} + \frac{4}{3}kh$$

由此例可见，为求系统运动时的作用力，需先计算加速度，为此可用动能定理的微分形式；而求作用力时，应用动量定理或动量矩定理。当然，对此问题，也可以分别对两轮以及重物各列出其相应的微分方程，再联立求解力与加速度。

例 14－7 均质细杆长为 l，质量为 m，静止直立于光滑水平面上。当杆受微小干扰而倒下时，求当杆刚达到地面时的角速度和地面约束力。

解：由于地面光滑，直杆沿水平方向不受力，倒下过程中质心将铅直下落。设杆左滑任一角度。如图 14－13(a)所示，点 P 为杆的瞬心。由运动学知，杆的角速度为

$$\omega = \frac{v_C}{CP} = \frac{2v_C}{l\cos\theta}$$

此时杆的动能为

$$T = \frac{1}{2}mv_C^2 + \frac{1}{2}J_C\omega^2 = \frac{1}{2}m(1 + \frac{1}{3\cos^2\theta})v_C^2$$

由于初始动能为零，此过程中只有重力做功，由动能定理：

$$\frac{1}{2}m(1 + \frac{1}{3\cos^2\theta})v_C^2 = mg\frac{l}{2}(1 - \sin\theta)$$

当 $\theta = 0$ 时，解得

$$v_C = \frac{1}{2}\sqrt{3gl},\quad \omega = \sqrt{\frac{3g}{l}}$$

杆刚达到地面时，受力及加速度如图 14－13(b)所示，由刚体平面运动微分方程，得

$$mg - F_N = ma_C \tag{1}$$

$$F_N\frac{l}{2} = J_C\alpha = \frac{ml^2}{12}\alpha \tag{2}$$

点 A 的加速度 $\boldsymbol{a}_A$ 为水平，由质心守恒，$\boldsymbol{a}_C$ 应为铅垂。由运动学知

$$\boldsymbol{a}_C = \boldsymbol{a}_A + \boldsymbol{a}_{CA}^n + \boldsymbol{a}_{CA}^t$$

沿铅垂方向投影，得

$$a_C = a_{CA}^t = \alpha\frac{l}{2} \tag{3}$$

式(1)，式(2)及式(3)联立，解得

$$F_N = \frac{mg}{4}$$

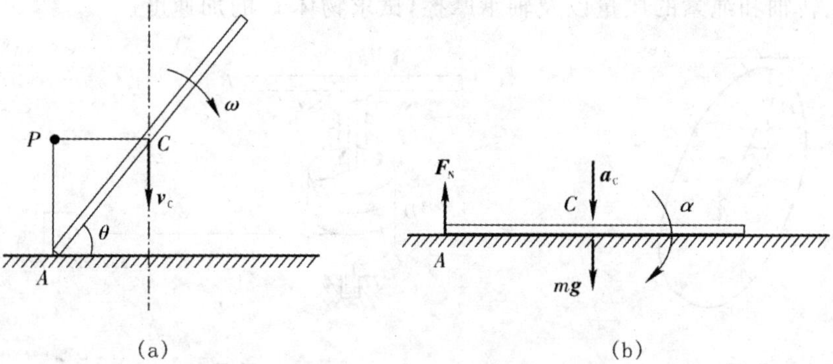

图　14-13

由此例可见，求解动力学问题常要按运动学知识分析速度、加速度之间的关系；有时还要先判明是否属于动量或动量矩守恒情况。如果是守恒的，则要利用守恒条件给出的结果，才能进一步求解。

习题十四

14-1　题图14-1所示匀质水平管子OB的质量是m，长度是$2l$。在光滑管壁内的中点有一质量为m_1的小球A，用细线连在管端O。假设管子连同小球在水平面内以匀角速度ω_0绕通过点O的固定铅直轴转动，某时绳子被切断。试求当小球飞离到管端B时管子的角速度大小。

14-2　如题图14-2所示，离心调速器的水平杆A长$2b$，固连在铅直轴z上，两侧铰接的细杆AC和BD各长l，其下端各连有质量相同的小球C和D。两球起初用长$2b$的细线系住，如图中虚线所示；整个调速器以匀角速度ω_0绕轴z转动。现在割断细线，两球因而分开，当稳态转动时AC和BD杆与铅直线成夹角φ。若不计细杆质量，试求这时调速器的角速度ω。

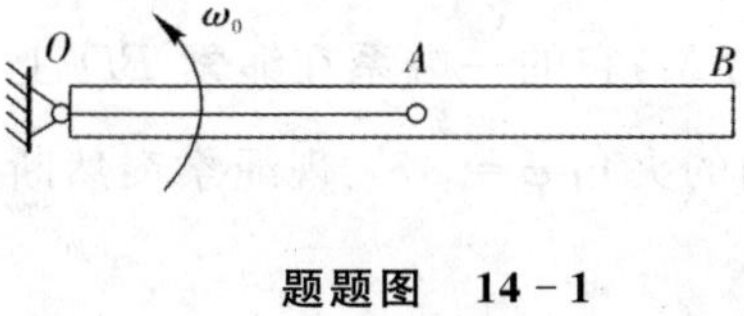

题题图　14-1

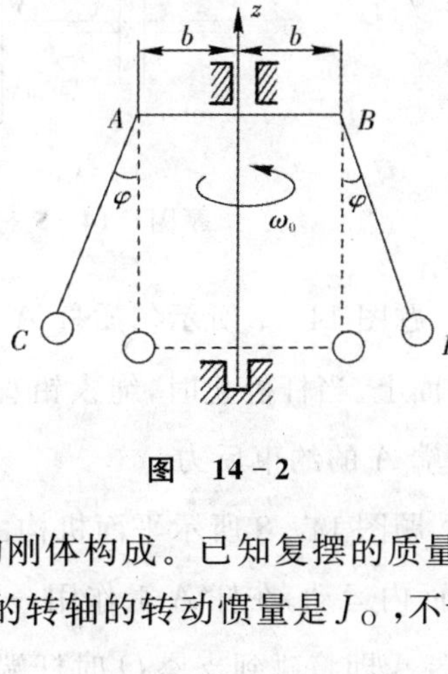

图　14-2

14-3　题图14-3所示复摆由可绕水平轴转动的刚体构成。已知复摆的质量是m，质心C到转轴的距离$OC=b$，复摆对过点O且垂直于图面的转轴的转动惯量是J_O，不计轴承摩擦和空气阻力，试求复摆微幅摆动的周期。

14－4　如题图 14－4 所示，在绞车手柄 AB 上施加常值转矩 M_O，通过鼓轮 D 拖动物体 C。鼓轮可看成匀质圆柱，半径是 r，重力是 G_1；物体 C 的重力是 G_2，它与水平面间的动摩擦因数是 f'。不计手柄、转轴和绳索的质量以及轴承摩擦，试求物体 C 的加速度。

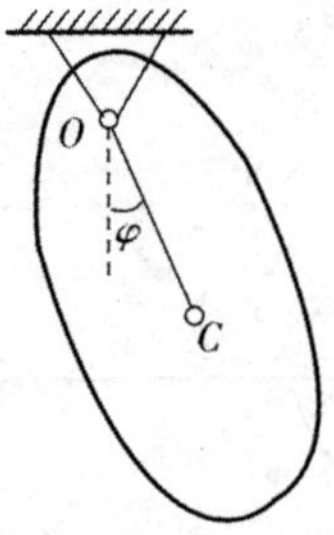

题图　14－3

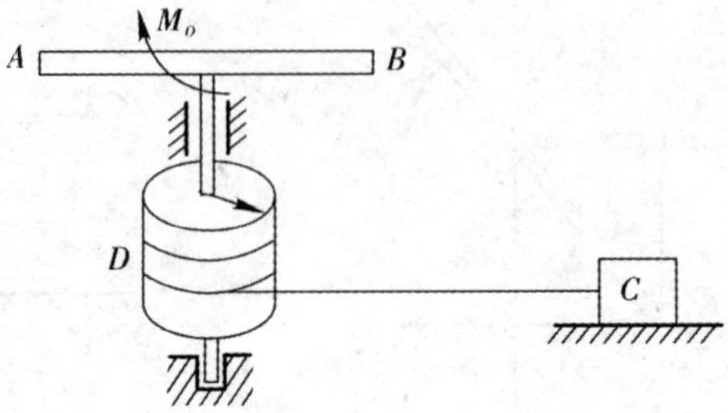

题图　14－4

14－5　在题图 14－5 所示机构的主动轴 1 上作用常值转矩 $M_O = 49\ \mathrm{N \cdot m}$，通过齿轮传动带动从动轴 2。已知轴 1 和轴 2 连同各自的附件对各转轴的转动惯量分别是 $J_1 = 49\mathrm{kN \cdot m^2}$ 和 $J_2 = 50\ \mathrm{kN \cdot m^2}$，又齿轮传动比 $i = n_1/n_2 = 15$，大齿轮的节圆半径 $r_2 = 24\ \mathrm{cm}$。试求轴 1 和轴 2 的角加速度以及小齿轮作用在大齿轮上的切向力。摩擦不计。

14－6　题图 14－6 所示滑轮可看成匀质圆盘，其质量为 M，半径为 r。滑轮上套有不可伸长的柔绳，绳的两端分别系有质量为 m_A 和 m_B 的物块 A 和 B，且 $m_A > m_B$。假定绳与轮缘之间无相对滑动，绳的质量和轴承摩擦都可忽略不计，试求物块 A 的加速度和支点 O 的反力。

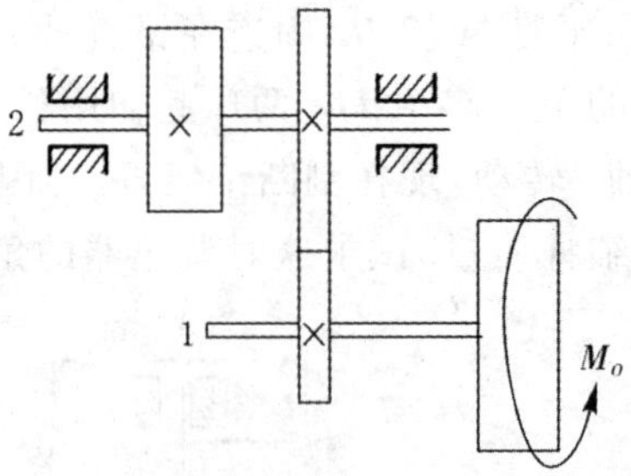

题图　14－5

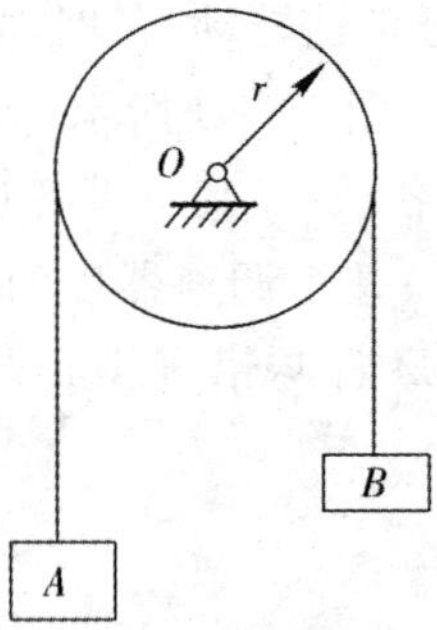

题图　14－6

14－7　题图 14－7 所示匀质杆 A 长为 l，质量为 M，它的一端系在绳索 BD 上，另一端搁在光滑水平面上。当杆静止时，绳索铅直，杆与水平面的夹角 $\varphi = 45°$。现绳索突然断掉，求此瞬时作用在杆端 A 的约束反力。

14－8　题图 14－8 所示平面机构由两匀质杆 AB，BO 组成，两杆的质量均为 m，长度均为 l，在铅垂平面内运动。在杆 A 上作用一不变的力偶矩 M，从图示位置由静止开始运动，不计摩擦。求当杆端 A 即将碰到支座 O 时杆端 A 的速度。

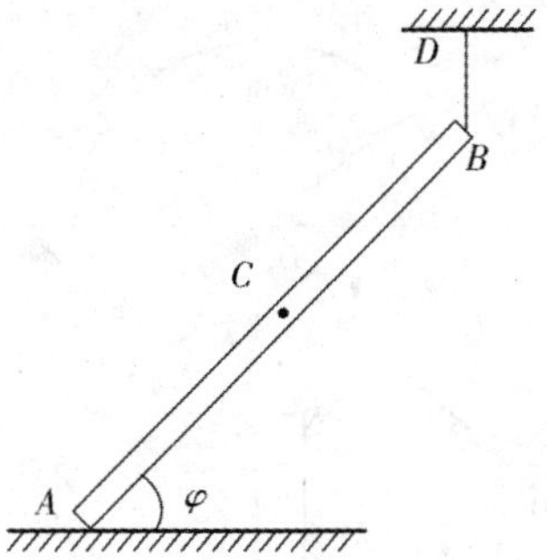

题图　14－7

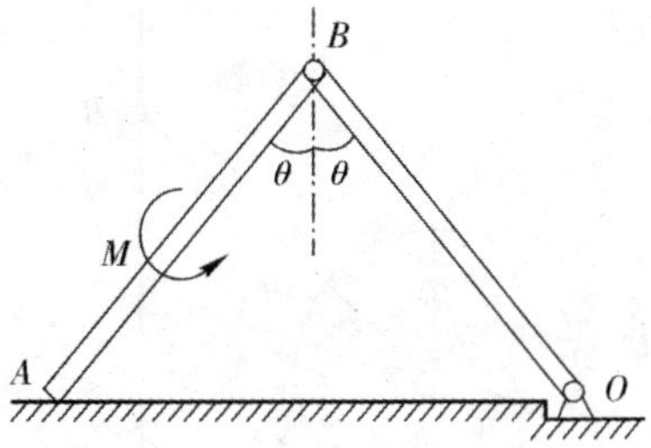

题图　14－8

14－9　在题图 14－9 所示滑轮组中悬挂两个重物，其中重物Ⅰ的质量为 m_1，重物Ⅱ的质量为 m_2。定滑轮 O_1 的半径为 r_1，质量为 m_3；动滑轮 O_2 的半径为 r_2，质量为 m_4。两轮都视为均质圆盘。若绳重和摩擦略去不计，并设 $m_2 > 2m_1 - m_4$。求重物Ⅱ由静止下降距离 h 时的速度。

14－10　如题图 14－10 所示的均质连杆 AB 质量为 4 kg，长 $l = 600$ mm。均质圆盘质量为 6 kg，半径 $r = 100$ mm。弹簧刚度为 $k = 2$ N/mm，不计套筒 A 及弹簧的质量。若连杆在图示位置被无初速释放后，A 端沿光滑杆滑下，圆盘做纯滚动。求：(1) 当 A 达水平位置而接触弹簧时，圆盘与连杆的角速度；(2) 弹簧的最大压缩量 δ。

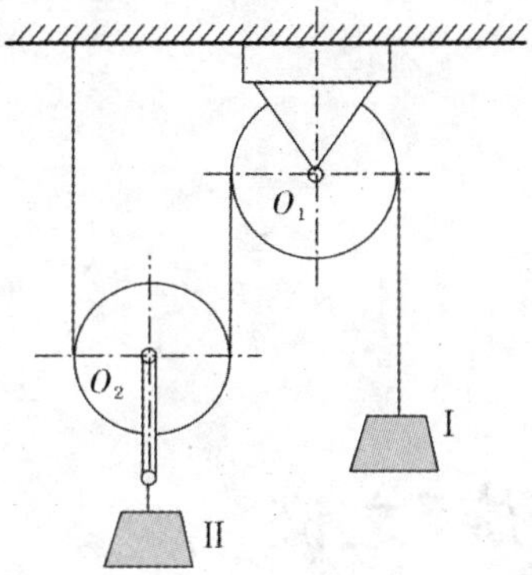

题图　14－9

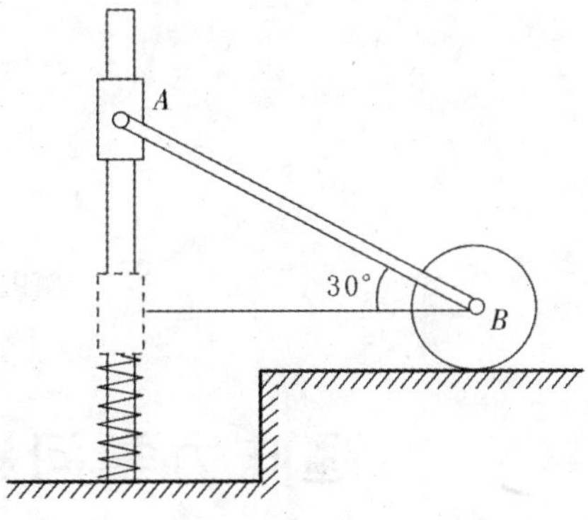

题图　14－10

14－11　如题图 14－11 所示，均质细杆 AB 长 l，质量为 m_1，上端 B 靠在光滑的墙上，下端 A 以铰链与均质圆柱的中心相连。圆柱质量为 m_2，半径为 R，放在粗糙水平面上，自图示位置由静止开始滚动而不滑动，杆与水平线的交角 $\varphi = 45°$。求点 A 在初瞬时的加速度。

14－12　滑块 M 的质量为 m，可在固定于铅垂面内、半径为 R 的光滑圆环上滑动，如题图 14－12 所示。滑块 M 上系有一刚度系数为 k 的弹性绳 MOA，此绳穿过固定环 O，并固结在点 A。已知当滑块在点 O 时绳的张力为零。开始时滑块在点 B 静止；当它受到微小扰动时，即沿圆环滑下。求下滑速度 v 与 φ 角的关系和圆环的约束力。

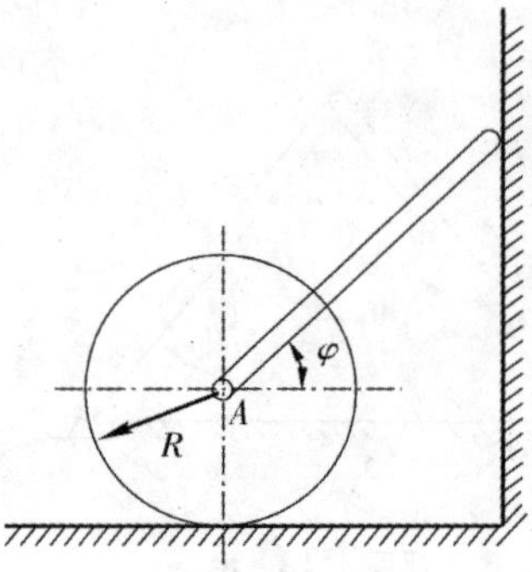

题图 14-11

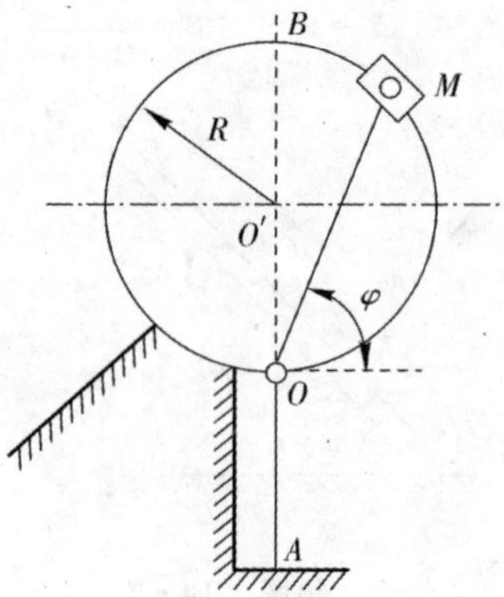

题图 14-12

14-13 如题图 14-13 所示，一撞击试验机主要部分为一质量 $m=20$ kg 的钢铸物，固定在杆上，杆重和轴承摩擦均忽略不计。钢铸物的中心到铰链 O 的距离为 $l=1$ m，钢铸物由最高位置 A 无初速地落下。求轴承约束力与杆的位置 φ 之间的关系。并讨论当 φ 等于多少时杆受力为最大或最小。

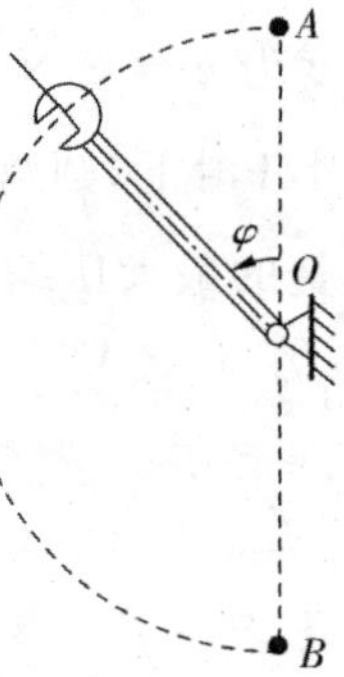

题图 14-13

趣味力学问题 2："猫旋"之谜

猫儿翻筋斗的本领非常高强，当它从高处落下时，即使是肚皮朝天，落地的一瞬间也总能四脚着地而毫无损伤，科学家称之为"猫旋"。

究竟是什么力量使猫能在空中旋转身子呢？这个看似十分简单的问题，却在将近 100 年的时间里难倒过许多力学家。有的人甚至认为，猫在空中不可能发生任何整体转动。其理由是，一个物体之所以会转动，关键要有外力矩的作用；外力矩越大，物体的角动量（等于物体的转动惯量乘以角速度）改变也就越大。即使猫在空中四足朝天时没有角动量，而外力（即猫的重力）又通过重心当然就不存在外力矩，因此猫在下落过程中就只能一直保持着原来的姿势，不可能发生任何整体旋转。

然而，检验真理的标准是实践 1894 年，法国科学家马雷用高速摄影机拍下了"猫旋"的全过程。照片令人信服地表明，猫仅需 1/8 秒的时间，就能将肚皮朝天的姿势翻转过来。

那么，如何解释这种现象呢？苏联著名力学家洛强斯基提出一种所谓“转尾巴”的理论，曾在一个时期里被奉为经典，他在其名著《理论力学教程》中是这样解释猫儿在空中翻筋斗的：“只要将尾巴急速地转动，猫就能使自己的身体沿相反的方向翻过来，此时猫体对其质心的角动量，如同在开始落下时一样，仍然保持为零”(见图 14-14)。

但遗憾的是，这种“转尾巴”理论并不能自圆其说。根据一些科学家的计算，为了维持猫体总的角动量为零，必须将尾巴急速旋转达到每分钟几千转时，才能使猫体在 1/8 秒内翻过身来。这么高的转尾巴速度恰好与飞机的螺旋桨转速相当，这显然是荒谬的。所以，当 1960 年英国生理学家麦克唐纳用一组天生没有尾巴的曼克斯猫(这种猫产于英国西北部的曼克斯岛，无尾巴，后腿长，前腿短，跑起来很像兔子)做试验，发现猫照样能灵巧地在空中转身后，“转尾巴”理论也就不攻自破了。

图　14-14　洛强斯基的“转尾巴”理论

正是这位麦克唐纳博士，在其著名论文《猫在下跌过程中是如何用脚着地的?》中对“猫旋”作了比较正确的分析。他指出，像猫、兔、豚鼠等动物之所以能在空中发起旋转，决不能从刚体的角度看问题。因为在空中开始角运动时，相互作用的身体各部位的转动惯量是不同的。图 14-15(a)表示猫在开始下跌时先从中间屈曲身体，然后前腿向内靠近头部，上体旋转 180°(见图 14-15(b))。反作用则使离转轴较远的躯干下部、后腿和尾部向相反方向旋转。但是，由于这些部分的转动惯量比上体要大得多。所以转动的角度也就小得多，大约转动 5°。紧接着，为了完成 180°转体，猫就使其后腿和尾部与躯干下部转成一条直线，并使这些部分绕一根纵向通过后腿的轴(见图 14-15(c))旋转。由于相对这根转轴而言，下体旋转的反作用仍然很小；因此还需做一些必要的小调整，于是猫又沿相反于身体的旋转方向再转动尾部直至四爪朝地的姿势(见图 14-15(d))。

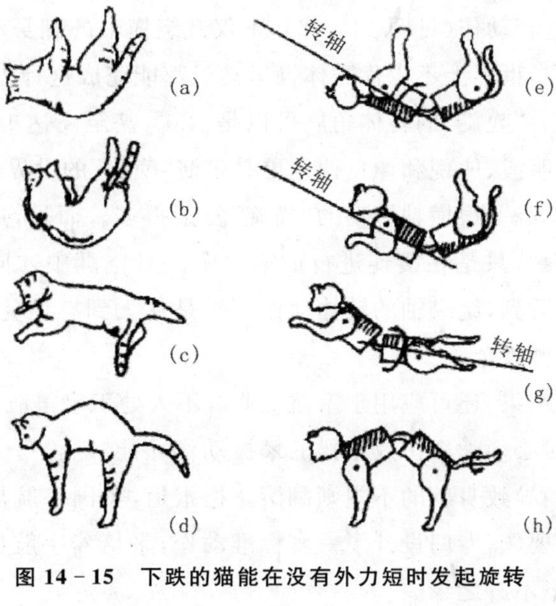

图 14-15　下跌的猫能在没有外力短时发起旋转

这个理论告诉我们，在空中发起旋转的整个过程中，依靠对变形的控制，身体一部分的角动量就会受到另外一部分大小相等、方向相反的角动量的“对抗”，以保持总体角动量不变，并从中改变身体的旋转方向。

1969年，美国斯坦福大学的力学教授凯恩又对上面这种解释作了一些改进。他以两段刚体中间相连(见图14－15(e)～(h))来模拟猫的前后半身(洛强斯基的错误在于，他将猫模拟成在尾巴根部相连的两段刚体，这两段的转动惯量相差过于悬殊，因而导致尾巴必须高速旋转才能使猫身翻过来的荒谬结论)，并列出了它们的运动散分方程，然后将这组复杂的方程编成程序输入电子计算机计算。有趣的是，计算机结果与高速摄影记录的猫旋过程完全吻合。可见，麦克唐纳和凯恩的理论是目前解释“猫旋”的最佳理论。

到目前为止，关于“猫旋”的研究结果，还有几则有趣的报道：

(1)将猫四爪朝天落下时，它能在自己的站立高度(并不需要从高处下跌)内翻过身来。

(2)猫的眼睛和内耳机制在感受旋转的需要方面均起到一定作用，不过眼睛似乎更重要——蒙住眼睛的猫从只有1 m的高度下跌时，落地动作就很笨拙；内耳机制不健全的猫却仍能使身体恢复平稳。但是，这两种感官都被去掉的猫，四爪朝天下跌时，就不再有翻转的功能了。

(3)将一只蒙住眼睛的猫放在一个特别的装置中转动，以便干扰它的内耳器官。当它的四个爪先被甩出来时，竟翻过身来背着地落下。

也许读者会问，区区一个“猫旋”问题，竟然使这么多科学家争论了近一个世纪，这究竟又是为了什么呢，原来，它设计到一门崭新的交叉科学——运动生物力学。

在几年前发表的《“猫案”——运动生物力学简介》这篇文章中，列举了几则受“猫旋”启发的力学新课题，深入地研究它们将有助于运动生物力学的发展。

不过，“猫旋”问题的研究，并不能解释所有的腾空运动问题。例如1972年，日本著名体操运动员家原光男在第20届奥运会上成功地表演了单杠团身后空翻两周加转体360°的高难新动作，荣获单杠金牌。这套动作(见图14－16)，不仅有绕横轴的翻身动作，而且还要同时完成绕纵轴的旋转动作，现在，世界上不少优秀体操运动员都能完成这种先团身(也可直体空翻)后转体侧旋的所谓“晚旋”。“晚旋”的转体角度可以是720°，甚至高达1080°，而我国的优秀跳水运动员高敏、孙淑伟、伏明霞、熊倪和谭良德则更是表演“晚旋”的世界超级明星(见图14－17)。这些动作的机理，要比单绕一根横轴转动的“猫旋”复杂得多。而且，这种新颖的“晚旋”，开始时只有绕横轴旋转的空翻，只是在接连进行的第二个团身空翻中才同时出现绕纵轴的转体。从高速摄影记录中可以看到，绕纵轴的转体动作似乎是从无到有地凭空出现的。人们至今还不能圆满地解释这种奇妙现象。

“猫旋”问题的研究结果，还可应用于宇航工业。不人处于宇宙航行的失重状态时，就会有飘浮于半空的感觉，此时必须学会仿效猿猴的攀援动作才能“立稳”。要想作一个普通的迈步动作，都会因惯性作用而导致身躯的不规则翻滚。据报道，美国宇航局按照“猫旋”，体操和跳水运动中“晚旋”的基本要领，专门设计了一套标准动作，来培养宇航员的转体功能。区区“猫旋”竟然会与宇航业结下不解之缘。

图　14－16　团身后空翻加转体

图　14－17　“晚旋”的优美姿势

第十五章 碰 撞

知识要点

1. 碰撞现象的特点

碰撞现象的特点是,碰撞时间极短(一般为 $10^{-4}\sim10^{-3}$ s),速度变化为有限值,加速度变化相当巨大,碰撞力极大。

2. 碰撞问题的简化

研究一般的碰撞问题时,通常做如下两点简化:

(1) 在碰撞过程中,由于碰撞力非常大,重力、弹性力等普通力远远不能与之相比,因此这些普通力的冲量忽略不计;

(2) 由于碰撞过程非常短促,碰撞过程中,速度变化为有限值,物体在碰撞开始和碰撞结束时的位置变化很小,因此在碰撞过程中,物体的位移忽略不计。

3. 研究碰撞问题时的动力学定理

(1)用于碰撞过程的动量定理——冲量定理:

$$m\boldsymbol{v}'_{\mathrm{C}}-m\boldsymbol{v}_{\mathrm{C}}=\sum_{\mathrm{i}=1}^{\mathrm{n}}\boldsymbol{I}_i^{(\mathrm{e})}$$

(2)用于碰撞过程的动量矩定理——冲量矩定理:

$$\boldsymbol{L}_{\mathrm{O2}}-\boldsymbol{L}_{\mathrm{O1}}=\sum_{\mathrm{i}=1}^{\mathrm{n}}\boldsymbol{r}_i\times\boldsymbol{I}_i^{(\mathrm{e})}=\sum_{i=1}^{n}\boldsymbol{M}_{\mathrm{O}}(\boldsymbol{I}_i^{(\mathrm{e})})$$

(3)刚体平面运动的碰撞方程(用于刚体平面运动碰撞过程中的基本原理):

$$J_{\mathrm{C}}\boldsymbol{\omega}_2-J_{\mathrm{C}}\boldsymbol{\omega}_1=\sum M_{\mathrm{C}}(\boldsymbol{I}_i^{(\mathrm{e})})$$

4. 恢复因数

两个物体碰撞的恢复因数定义为

$$k=\left|\frac{\boldsymbol{v}'^{\mathrm{n}}_{\mathrm{r}}}{\boldsymbol{v}^{\mathrm{n}}_{\mathrm{r}}}\right|$$

式中,$\boldsymbol{v}'^{\mathrm{n}}_{\mathrm{r}}$ 和 $\boldsymbol{v}^{\mathrm{n}}_{\mathrm{r}}$ 分别为碰撞后和碰撞前两物体接触点沿接触面法线方向的相对速度。当 $0<k<1$ 时为弹性碰撞;当 $k=1$ 时为完全弹性碰撞;当 $k=0$ 时为非弹性碰撞或塑性碰撞。

5. 碰撞中的冲量问题

作用于绕定轴转动刚体的外碰撞冲量,将引起轴承支座的反碰撞冲量。如果外碰撞冲量作用在刚体质量对称面内的撞击中心上,且垂直于质心与轴心的连线,则轴承反碰撞冲量等于零。撞击中心 C 到轴心 O 的距离为

$$l = \frac{J_z}{ma}$$

式中，a 为质心 C 到轴 O 的距离。

15.1 碰撞的分类·碰撞问题的简化

两个或两个以上相对运动的物体在瞬间接触，速度发生突然改变的力学现象称为碰撞。锤锻、打桩、各种球类活动中球的弹射与反跳、火车车厢挂钩的连接等等都是碰撞的实例。飞机着陆、飞船对接与溅落中也有碰撞问题。碰撞是工程与日常生活中一种常见而又非常复杂的动力学问题，本章在一定的简化条件下，讨论两个物体间的碰撞过程中的一些基本规律。

1. 碰撞的分类

两物体相碰时，按其相处位置，可分为对心碰撞、偏心碰撞与正碰撞、斜碰撞。碰撞时两物体间的相互作用力，称为碰撞力。若碰撞力的作用线通过两物体的质心，称为对心碰撞，否则称为偏心碰撞（见图 15-1(a)(b)）。图 15-1 中，$A—A$ 表示两物体在接触处的公切面，$B—B$ 为其在接触处的公法线，若当碰撞时各自质心的速度均沿着公法线，则称为正碰撞，否则称为斜碰撞。按此分类还有对心正碰撞、偏心正碰撞等，图 15-1(a)所示为对心正碰撞。

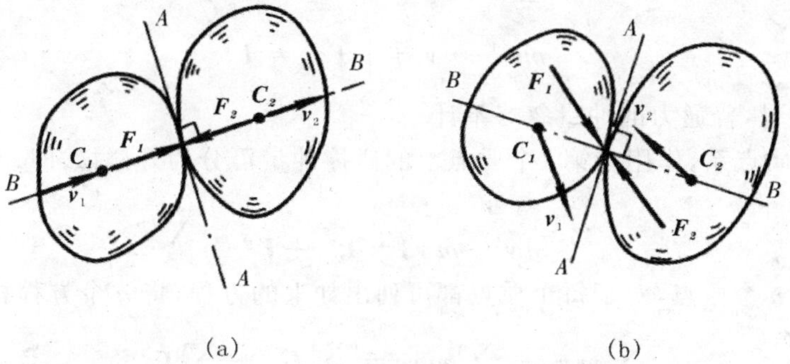

图 15-1

两物体相碰时，按其接触处有无摩擦，还可分为光滑碰撞与非光滑碰撞。当两物体相碰撞时，按物体碰撞后变形的恢复程度（或能量有无损失），可分为完全弹性碰撞、弹性碰撞与塑性碰撞。

2. 对碰撞问题的两点简化

碰撞现象的特点是，碰撞时间极短（一般为 $10^{-4} \sim 10^{-3}$ s），速度变化为有限值，加速度变化相当巨大，碰撞力极大。例如，一锤头重 30 N，以速度 $v_1 = 3$ m/s 打在钉子上，测得碰撞时间为 0.002 s，锤头反弹速度为 $v_2 = 0.5$ m/s，为简化计算起见，设碰撞过程为匀减速运动，可得碰撞力为 3 856 N，碰撞力约为锤头重力的 129 倍。此为平均值，若测得其最大峰值，碰撞力会更大。又如，鸟与飞机相撞而形成所谓的“鸟祸”时，碰撞力甚至可达鸟重力的 2 万倍。

由于碰撞时的碰撞力极大而碰撞时间极短，在研究一般的碰撞问题时，通常做如下两点简化：

(1) 在碰撞过程中,由于碰撞力非常大,重力、弹性力等普通力远远不能与之相比,因此这些普通力的冲量忽略不计;

(2) 由于碰撞过程非常短促,碰撞过程中,速度变化为有限值,物体在碰撞开始和碰撞结束时的位置变化很小,因此在碰撞过程中,物体的位移忽略不计。

15.2 用于碰撞过程的基本定理

由于碰撞过程时间短而碰撞力的变化规律很复杂,因此不宜直接用力来量度碰撞的作用,也不宜用运动微分方程描述每一瞬时力与运动变化的关系,常用的分析方法是只分析碰撞前、后运动的变化。

同时,碰撞将使物体变形、发声、发热,甚至发光,因此碰撞过程中几乎都有机械能的损失。机械能损失的程度决定于碰撞物体的材料性质以及其他复杂的因素,难以用力的功来计算其机械能的消耗,因此,碰撞过程中一般不便于应用动能定理。因此,一般采用动量定理和动量矩定理的积分形式,来确定力的作用与运动变化的关系。

1. 用于碰撞过程的动量定理——冲量定理

设质点的质量为 m ,碰撞过程开始瞬时的速度为 $\boldsymbol{v}$,结束时的速度为 $\boldsymbol{v}'$,则质点的动量定理为

$$m\boldsymbol{v}' - m\boldsymbol{v} = \int_0^t \boldsymbol{F}\mathrm{d}t = \boldsymbol{I} \tag{15-1}$$

式中,$\boldsymbol{I}$ 为碰撞冲量,普通力的冲量忽略不计。

对于碰撞的质点系,作用在第 i 个质点上的碰撞冲量可分为外碰撞冲量 $\boldsymbol{I}_i^{(e)}$ 和内碰撞冲量 $\boldsymbol{I}_i^{(i)}$,按照上式有

$$m_i\boldsymbol{v}'_i - m_i\boldsymbol{v}_i = \boldsymbol{I}_i^{(e)} + \boldsymbol{I}_i^{(i)}$$

设质点系有 n 个质点,对于每个质点都可列出如上的方程,将 n 个方程相加,得

$$\sum_{i=1}^{n} m_i\boldsymbol{v}_i' - \sum_{i=1}^{n} m_i\boldsymbol{v}_i = \sum_{i=1}^{n}\boldsymbol{I}_i^{(e)} + \sum_{i=1}^{n}\boldsymbol{I}_i^{(i)}$$

因为内碰撞冲量总是大小相等,方向相反,且成对地存在的,因此 $\sum_{i=1}^{n}\boldsymbol{I}_i^{(i)} = \boldsymbol{0}$,于是得

$$\sum_{i=1}^{n} m_i\boldsymbol{v}_i' - \sum_{i=1}^{n} m_i\boldsymbol{v}_i = \sum_{i=1}^{n}\boldsymbol{I}_i^{(e)} \tag{15-2}$$

式(15-2)是用于碰撞过程的质点系动量定理。在形式上,它与用于非碰撞过程的动量定理一样,但式(15-2)中不计普通力的冲量,因此又称为冲量定理:质点系在碰撞开始和结束时动量的变化,等于作用于质点系的外碰撞冲量的主矢。

质点系的动量可用总质量 m 与质心速度的乘积计算,于是式(15-2)可写为

$$m\boldsymbol{v}'_C - m\boldsymbol{v}_C = \sum_{i=1}^{n}\boldsymbol{I}_i^{(e)} \tag{15-3}$$

式中,$\boldsymbol{v}_C$ 和 $\boldsymbol{v}'_C$ 分别是碰撞开始和结束时质心的速度。

2. 用于碰撞过程的动量矩定理——冲量矩定理

质点系动量矩定理的一般表达式为导数形式,即

$$\frac{\mathrm{d}}{\mathrm{d}t}\boldsymbol{L}_{\mathrm{O}} = \sum_{i=1}^{n}\boldsymbol{M}_{O}(\boldsymbol{F}_i^{(e)}) = \sum_{i=1}^{n}\boldsymbol{r}_i \times \boldsymbol{F}_i^{(e)}$$

式中，$\boldsymbol{L}_{\mathrm{O}}$ 为质点系对于定点 O 的动量矩矢，$\sum \boldsymbol{r}_i \times \boldsymbol{F}_i^{(e)}$ 为作用于质点系的外力对点 O 的主矩。上式可写成

$$\mathrm{d}\boldsymbol{L}_{\mathrm{O}} = \sum_{i=1}^{\mathrm{n}}\boldsymbol{r}_i \times \boldsymbol{F}_i^{(e)}\,\mathrm{d}t = \sum_{i=1}^{n}\boldsymbol{r}_i \times d\boldsymbol{I}_i^{(e)}$$

对上式积分，得

$$\int_{L_{\mathrm{O1}}}^{L_{\mathrm{O2}}}\mathrm{d}\boldsymbol{L}_{\mathrm{O}} = \sum_{i=1}^{n}\int_0^t \boldsymbol{r}_i \times \mathrm{d}\boldsymbol{I}_i^{(e)}$$

或

$$\boldsymbol{L}_{\mathrm{O2}} - \boldsymbol{L}_{\mathrm{O1}} = \sum_{i=1}^{n}\int_0^t \boldsymbol{r}_i \times \mathrm{d}\boldsymbol{I}_i^{(e)}$$

一般情况下，上式中 $\boldsymbol{r}_i$ 是未知的变量，上式难以积分。但在碰撞过程中，按基本假设，各质点的位置都是不变的，因此碰撞力作用点的矢径 $\boldsymbol{r}_i$ 是个恒量，于是有

$$\boldsymbol{L}_{\mathrm{O2}} - \boldsymbol{L}_{\mathrm{O1}} = \sum_{i=1}^{n}\boldsymbol{r}_i \times \int_0^t \mathrm{d}\boldsymbol{I}_i^{(e)}$$

或

$$\boldsymbol{L}_{\mathrm{O2}} - \boldsymbol{L}_{\mathrm{O1}} = \sum_{i=1}^{n}\boldsymbol{r}_i \times \boldsymbol{I}_i^{(e)} = \sum_{i=1}^{n}\boldsymbol{M}_{\mathrm{O}}(\boldsymbol{I}_{\mathrm{i}}^{(e)}) \tag{15-4}$$

式中，$\boldsymbol{L}_{\mathrm{O1}}$ 和 $\boldsymbol{L}_{\mathrm{O2}}$ 分别是碰撞开始和结束时质点系对点 O 的动量矩；$\boldsymbol{I}_i^{(e)}$ 是外碰撞冲量，称 $\boldsymbol{r}_{\mathrm{i}} \times \boldsymbol{I}_i^{(e)}$ 为冲量矩，其中不计普通力的冲量矩。式(15－4)是用于碰撞过程的动量矩定理，又称为冲量矩定理：质点系在碰撞开始和结束时对点 O 的动量矩的变化，等于作用于质点系的外碰撞冲量对同一点的主矩。

3. 刚体平面运动的碰撞方程(用于刚体平面运动碰撞过程中的基本定理)

质点系相对于质心的动量矩定理与对于固定点的动量矩定理具有相同的形式。与此推证相似，可以得到用于碰撞过程的质点系相对于质心的动量矩定理，即

$$\boldsymbol{L}_{\mathrm{C2}} - \boldsymbol{L}_{\mathrm{C1}} = \sum \boldsymbol{M}_{\mathrm{C}}(\boldsymbol{I}_i^{(e)}) \tag{15-5}$$

式中，$\boldsymbol{L}_{\mathrm{C1}}$，$\boldsymbol{L}_{\mathrm{C2}}$ 为碰撞前后质点系相对于质心 C 的动量矩，右端项为外碰撞冲量对质心之矩的几何和(对质心的主矩)。对于平行于其对称面的平面运动刚体，相对于质心的动量矩在其平行平面内可视为代数量，且有

$$L_{\mathrm{C}} = J_{\mathrm{C}}\boldsymbol{\omega}$$

式中，J_{C} 为刚体对于通过质心 C 且与其对称平面垂直的轴的转动惯量，ω 为刚体的角速度。由此，式(15－5)可写为

$$J_{\mathrm{C}}\boldsymbol{\omega}_2 - J_{\mathrm{C}}\boldsymbol{\omega}_1 = \sum M_{\mathrm{C}}(\boldsymbol{I}_i^{(e)}) \tag{15-6}$$

式中，ω_1，ω_2 分别为平面运动刚体碰撞前后的角速度。上式中不计普通力的冲量矩。

式(15－6)与式(15－3)结合起来，可用来分析平面运动刚体的碰撞问题，称为刚体平面运动的碰撞方程。

15.3　质点对固定面的碰撞·恢复因数

设一小球铅直地落到固定的平面上，如图 15－2 所示，此为正碰撞。当碰撞开始时，质心

速度为 $\boldsymbol{v}$，由于受到固定面的碰撞冲量的作用，质心速度逐渐减小，物体变形逐渐增大，直至速度等于零为止。此后弹性变形逐渐恢复，物体质心获得反向的速度。当小球离开固定面的瞬时，质心速度为 $\boldsymbol{v}'$，此时碰撞结束。

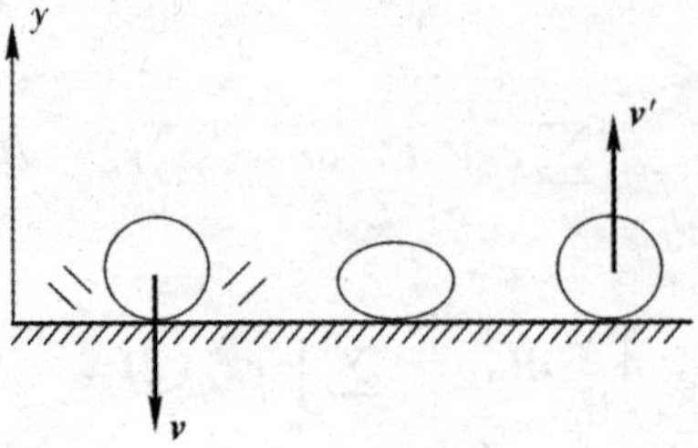

图 15-2

上述碰撞过程已分为两个阶段，在第一阶段中，物体的动能减小到零，变形增加，设在此阶段的碰撞冲量为 $\boldsymbol{I}_1$，则应用冲量定理在 y 轴的投影式，有

$$0-(-mv)=I_1$$

在第二阶段中，弹性变形逐渐恢复，动能逐渐增大，设在此阶段的碰撞冲量为 $\boldsymbol{I}_2$，则应用冲量定理在 y 轴的投影式，有

$$mv'-0=I_2$$

于是得

$$\frac{v'}{v}=\frac{I_2}{I_1} \tag{15-7}$$

由于在碰撞过程中，总要出现发热、发声、甚至发光等物理现象，许多材料经过碰撞后总保留或多或少的残余变形，因此，在一般情况下，物体将损失动能，或者说物体在碰撞结束时的速度 $\boldsymbol{v}'$ 小于碰撞开始时的速度 $\boldsymbol{v}$。

牛顿在研究正碰撞的规律时发现，对于材料确定的物体，碰撞结束与碰撞开始的速度大小的比值几乎是不变的，即

$$\frac{v}{v'}=k \tag{15-8}$$

式中，常数 k 恒取正值，称为恢复因数。

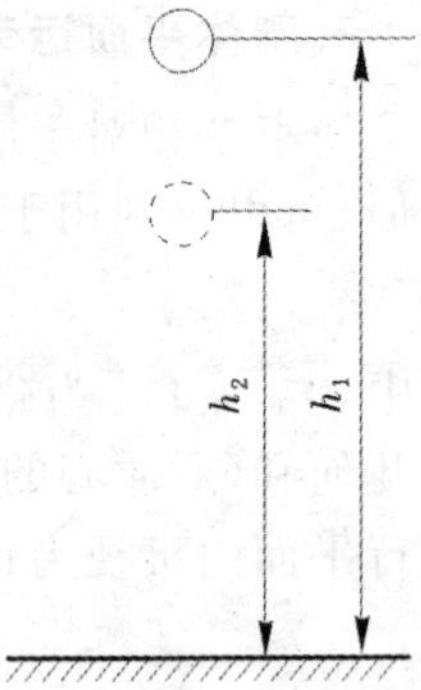

图 15-3

恢复因数需用试验测定。用待测恢复因数的材料做成小球和质量很大的平板。将平板固定，令小球自高 h_1 处自由落下，与固定平板碰撞后，小球返跳，记下达到最高点的高度 h_2，如图 15-3 所示。

小球与平板接触的瞬时是碰撞开始的时刻，小球的速度为

$$v=\sqrt{2gh_1}$$

小球离开平板的瞬时是碰撞结束的时刻，小球的速度为

$$v'=\sqrt{2gh_2}$$

于是得恢复因数为

$$k=\frac{v'}{v}=\sqrt{\frac{h_2}{h_1}}$$

几种材料的恢复因数见表 15-1。

表 15-1

碰撞物体的材料	铁对铅	木对胶木	木对木	钢对钢	象牙对象牙	玻璃对玻璃
恢复因数	0.14	0.26	0.50	0.56	0.89	0.94

恢复因数表示物体在碰撞后速度恢复的程度，也表示物体变形恢复的程度，并且反映出碰撞过程中机械能损失的程度。对于各种实际的材料，均有 $0<k<1$，由这些材料做成的物体发生碰撞，称为弹性碰撞。物体在弹性碰撞结束时，变形不能完全恢复，动能有损失。

$k=1$ 为理想情况，物体在碰撞结束时，变形完全恢复，动能没有损失，这种碰撞称为完全弹性碰撞。

$k=0$ 是极限情况，在碰撞结束时，物体的变形丝毫没有恢复，这种碰撞称为非弹性碰撞或塑性碰撞。

由式(15-7)和式(15-8)有

$$k=\frac{v'}{v}=\frac{I_2}{I_1}$$

即，恢复因数又等于正碰撞的两个阶段中作用于物体的碰撞冲量大小的比值。

如果小球与固定面碰撞，碰撞开始瞬时的速度 $\boldsymbol{v}$ 与接触点法线的夹角为 θ，碰撞结束时返跳速度 $\boldsymbol{v}'$ 与法线的夹角为 β，如图 15-4 所示，此为斜碰撞。设不计摩擦，两物体只在法线方向发生碰撞，此时定义恢复因数为

$$k=\left|\frac{v_n'}{v_n}\right|$$

式中，v_n' 和 v_n 分别是速度 $\boldsymbol{v}'$ 和 $\boldsymbol{v}$ 在法线方向的投影。

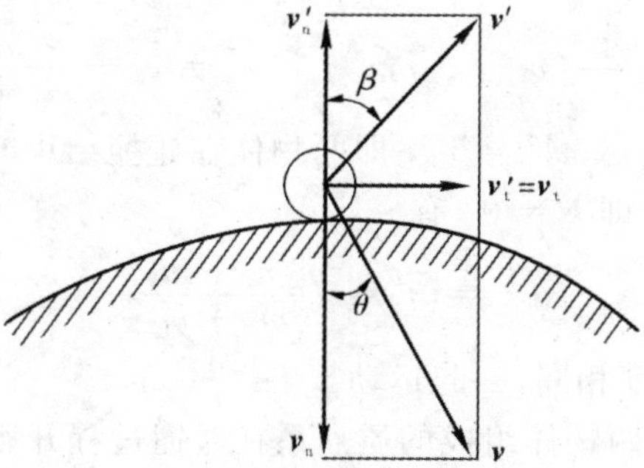

图 15-4

由于不计摩擦，$\boldsymbol{v}'$ 和 $\boldsymbol{v}$ 在切线方向的投影相等，由图可知

$$|v_n'|\tan\beta=|v_n|\tan\theta$$

于是有

$$k=\left|\frac{v_n'}{v_n}\right|=\frac{\tan\theta}{\tan\beta}$$

对于实际材料有 $k<1$。由上式可见，当碰撞物体表面光滑时，应有 $\beta>\theta$。

在不考虑摩擦的一般情况下，碰撞前后的两个物体都在运动，此时恢复因数定义为

$$k = \left| \frac{v'^{n}_{r}}{v^{n}_{r}} \right| \tag{15-9}$$

式中，$\boldsymbol{v}'^{n}_{r}$ 和 $\boldsymbol{v}^{n}_{r}$ 分别为碰撞后和碰撞前两物体接触点沿接触面法线方向的相对速度。

15.4 碰撞问题举例

应用动量定理和动量矩定理的积分形式，并用恢复因数建立补充方程，可以分析碰撞前后物体运动变化与其受力之间的关系。下面举例说明。

例 15-1 两物体的质量分别为 m_1 和 m_2，恢复因数为 k，产生对心正碰撞，如图 15-1(a)所示。求当碰撞结束时各自质心的速度和碰撞过程中动能的损失。

解：两物体能碰撞的条件是 $v_1 > v_2$，取两物体为研究的质点系，因没有外碰撞冲量，质点系动量守恒。设当碰撞结束时，两物体质心的速度分别为 $\boldsymbol{v}_1'$ 和 $\boldsymbol{v}_2'$，由冲量定理，取 BB 直线为投影轴，有

$$m_1 v_1 + m_2 v_2 = m_1 v_1' + m_2 v_2' \tag{1}$$

由恢复因数定义，以及式(15-9)，有

$$k = \frac{v_2' - v_1'}{v_1 - v_2} \tag{2}$$

联立式(1)和式(2)，解得

$$\left.\begin{aligned} v_1' &= v_1 - (1+k)\frac{m_2}{m_1+m_2}(v_1 - v_2) \\ v_2' &= v_2 + (1+k)\frac{m_1}{m_1+m_2}(v_1 - v_2) \end{aligned}\right\} \tag{3}$$

在理想情况下，$k = 1$，有

$$v_1' = v_1 - \frac{2m_2}{m_1+m_2}(v_1 - v_2), \qquad v_2' = v_2 + \frac{2m_1}{m_1+m_2}(v_1 - v_2)$$

如果 $m_1 = m_2$，则 $v_1' = v_2$，$v_2' = v_1$，即两物体在碰撞结束时交换了速度。

当两物体做塑性碰撞时，即 $k = 0$，有

$$v_1' = v_2' = \frac{m_1 v_2 + m_2 v_2}{m_1 + m_2}$$

即，当碰撞结束时，两物体速度相同，一起运动。

以 T_1 和 T_2 分别表示此两物体组成的质点系在碰撞过程开始和结束时的动能，则有

$$T_1 = \frac{1}{2}m_1 v_1^2 + \frac{1}{2}m_2 v_2^2, \quad T_2 = \frac{1}{2}m_1 v'^2_1 + \frac{1}{2}m_2 v'^2_2$$

在碰撞过程中质点系损失的动能为

$$\Delta T = T_1 - T_2 = \frac{1}{2}m_1(v_1^2 - v'^2_1) + \frac{1}{2}m_2(v_2^2 - v'^2_2) =$$

$$\frac{1}{2}m_1(v_1 - v_1')(v_1 + v_1') + \frac{1}{2}m_2(v_2 - v_2')(v_2 + v_2')$$

将式(3)代入上式，得两物体在正碰撞过程中损失的动能为

$$\Delta T = T_1 - T_2 = \frac{1}{2}(1+k)\frac{m_1 m_2}{m_1+m_2}(v_1 - v_2)[(v_1 + v_1') - (v_2 + v_2')]$$

由式(2)得

$$v_1' - v_2' = -k(v_1 - v_2)$$

于是,得

$$\Delta T = T_1 - T_2 = \frac{m_1 m_2}{2(m_1 + m_2)}(1 - k^2)(v_1 - v_2)^2 \tag{4}$$

在理想情况下, $k = 1$, $\Delta T = T_1 - T_2 = 0$。可见,在完全弹性碰撞时,系统动能没有损失,即碰撞开始时的动能等于碰撞结束时的动能。

在塑性碰撞时, $k = 0$, 动能损失为

$$\Delta T = T_1 - T_2 = \frac{m_1 m_2}{2(m_1 + m_2)}(v_1 - v_2)^2$$

如果第二个物体在塑性碰撞开始时处于静止,即 $v_2 = 0$,则动能损失为

$$\Delta T = T_1 - T_2 = \frac{m_1 m_2}{2(m_1 + m_2)} v_1^2$$

注意到 $T_1 = \frac{1}{2} m_1 v_1{}^2$,上式可改写为

$$\Delta T = T_1 - T_2 = \frac{m_2}{m_1 + m_2} T_1 = \frac{1}{\frac{m_1}{m_2} + 1} T_1 \tag{5}$$

可见,在此塑性碰撞过程中损失的动能与两物体的质量比有关。

例 15－2　图 15－5 所示为一测量子弹速度的装置,称为射击摆,其是一个悬挂于水平轴 O 的填满砂土的筒。在子弹水平射入砂筒后,使筒绕轴 O 转过一偏角 φ,测量偏角的大小即可求出子弹的速度。已知摆的质量为 m_1,对于轴 O 的转动惯量为 J_O,摆的重心 C 到轴 O 的距离为 h。子弹的质量为 m_2,子弹射入砂筒时子弹到轴 O 的距离为 d。悬挂索的质量不计, 求子弹的速度。

解:以子弹与摆组成的质点系为研究对象,子弹射入砂筒直到与砂筒一起运动可近似为碰撞过程。外碰撞冲量对轴 O 的矩等于零,因此碰撞开始时质点系的动量矩 L_{O1} 等于碰撞结束时的动量矩 L_{O2}。

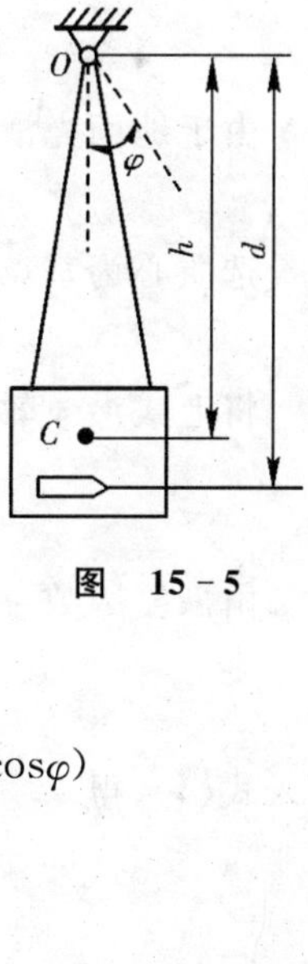

图　15－5

设碰撞开始时子弹速度为 v ,则

$$L_{O1} = m_2 d v$$

设碰撞结束时摆的角速度为 ω ,则

$$L_{O2} = J_O \omega + m_2 d^2 \omega = (J_O + m_2 d^2)\omega$$

因 $L_{O1} = L_{O2}$,解得

$$v = \frac{J_O + m_2 d^2}{m_2 d}\omega$$

碰撞结束后,摆与子弹一起绕轴 O 转过角度 φ ,应用动能定理,有

$$0 - \left(\frac{1}{2} J_O \omega^2 + \frac{1}{2} m_2 d^2 \omega^2\right) = -m_1 g(h - h\cos\varphi) - m_2 g(d - d\cos\varphi)$$

即

$$\frac{1}{2}(J_O + m_2 d^2)\omega^2 = (m_1 h + m_2 d)(1 - \cos\varphi) g$$

因 $1-\cos\varphi = 2\sin^2\dfrac{\varphi}{2}$，代入上式中，解得

$$\omega = \sqrt{\frac{m_1 h + m_2 d}{J_O + m_2 d^2} g} \times 2\sin\frac{\varphi}{2}$$

于是得子弹射入砂筒前的速度为

$$v = \frac{2\sin\frac{\varphi}{2}}{m_2 d}\sqrt{(J_O + m_2 d^2)(m_1 h + m_2 d) g}$$

例 15-3 均质细杆长 l，质量为 m，速度 $\boldsymbol{v}$ 平行于杆，杆与地面成 θ 角，斜撞于光滑地面，如图 15-6 所示。若为完全弹性碰撞，求撞后杆的角速度。

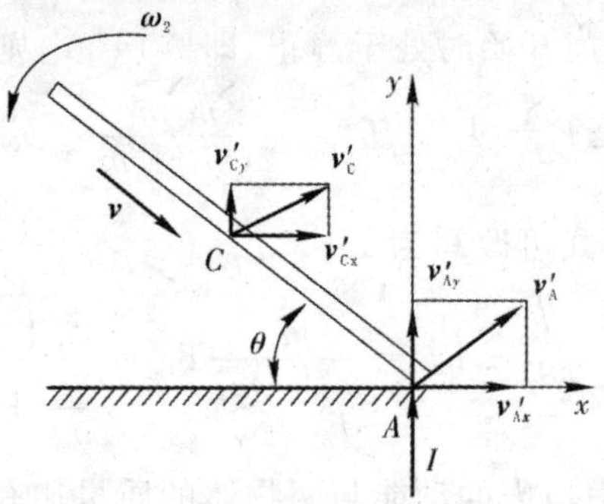

图 15-6

解：杆在碰撞过程中做平面运动，$\omega_1 = 0$，则刚体平面运动碰撞方程为

$$mv'_{Cx} - mv_{Cx} = \sum I_x \tag{1}$$

$$mv'_{Cy} - mv_{Cy} = \sum I_y \tag{2}$$

$$J_C\omega_2 - J_C\omega_1 = \sum M_C(I^{(e)}) \tag{3}$$

由于地面光滑，则杆只受有 y 方向的碰撞冲量 $\boldsymbol{I}$，即 $I_x = 0$，因此有

$$v'_{Cx} = v_{Cx} = v\sin\theta$$

选质心为基点，有

$$\boldsymbol{v}'_A = \boldsymbol{v}'_C + \boldsymbol{v}'_{AC}$$

将上式沿 y 轴投影，有

$$v'_{Ay} = v'_{Cy} + \frac{l}{2}\cos\theta \cdot \omega_2 \tag{4}$$

由恢复因数

$$k = \frac{v'_{Ay}}{v_{Ay}} = \frac{v'_{Ay}}{v\sin\theta} = 1$$

代入式(4)，得

$$v\sin\theta = v'_{Cy} + \frac{l}{2}\omega_2\cos\theta \tag{5}$$

由式(2)和(3)两式得

$$mv'_{Cy} + mv\sin\theta = I \tag{6}$$

$$\frac{1}{12}ml^2\omega_2 = I \times \frac{l}{2}\cos\theta \tag{7}$$

由式(6)和式(7)消去 I，得

$$v'_{Cy} = \frac{l\omega_2}{6\cos\theta} - v\sin\theta$$

代入式(5)，解得

$$\omega_2 = \frac{6v\sin 2\theta}{(1+3\cos^2\theta)l}$$

15.5　碰撞冲量对绕定轴转动刚体的作用·撞击中心

1. 定轴转动刚体受碰撞时角速度的变化

设绕定轴转动的刚体受到外碰撞冲量的作用，如图 15－7 所示。根据冲量矩定理在 z 轴上的投影式，有

$$L_{z2} - L_{z1} = \sum_{i=1}^{n} M_z(I_i^{(e)})$$

式中，L_{z1} 和 L_{z2} 是当碰撞开始和结束时刚体对 z 轴的动量矩。设 ω_1 和 ω_2 分别是这两个瞬时的角速度，J_z 是刚体对于转轴的转动惯量，则上式成为

$$J_z\omega_2 - J_z\omega_1 = \sum_{i=1}^{n} M_z(I_i^{(e)})$$

角速度的变化为

$$\omega_2 - \omega_1 = \frac{\sum M_z(I_i^{(e)})}{J_z} \tag{15-10}$$

2. 支座的反碰撞冲量·撞击中心

绕定轴转动的刚体，如图 15－8 所示，受到外碰撞冲量 $\boldsymbol{I}$ 的作用时，轴承与轴之间将发生碰撞。

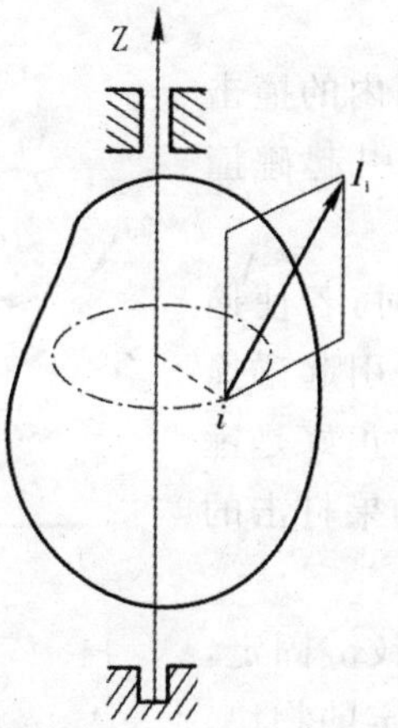

图　15－7

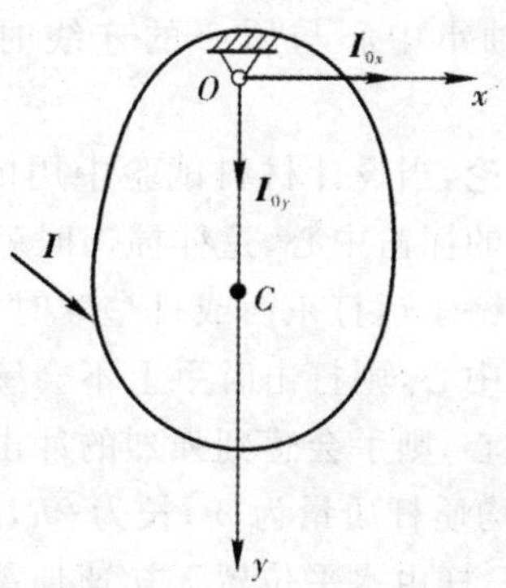

图　15－8

设刚体有质量对称平面，且绕垂直于此对称面的轴转动，并设图示平面图形是刚体的质量对称面，则刚体的质心 C 必在图面内。今有外碰撞冲量 $\boldsymbol{I}$ 作用在此对称面内，求轴承 O 的反碰撞冲量 $\boldsymbol{I}_{Ox}$ 和 $\boldsymbol{I}_{Oy}$。

取 Oy 轴通过质心 C，x 轴与 y 轴垂直。应用冲量定理有

$$mv_{Cx}' - mv_{Cx} = I_x + I_{Ox}$$
$$mv_{Cy}' - mv_{Cy} = I_y + I_{Oy}$$

式中，m 为刚体质量；v_{Cx}，v_{Cx}' 和 v_{Cy}，v_{Cy}' 分别为碰撞前后质心速度沿 x，y 轴的投影。

若图示位置是发生碰撞的位置，且轴承没有被撞坏，则有

$$v_{Cy} = v_{Cy}' = 0$$

于是

$$I_{Ox} = m(v_{Cx}' - v_{Cx}) - I_x, \quad I_{Oy} = -I_y \tag{15-11}$$

由此可见，一般情况下，在轴承处将引起碰撞冲量。

分析式(15－11)可见，若 $I_y = 0$，且 $I_x = m(v_{Cx}' - v_{Cx})$ 则有

$$I_{Ox} = 0, \quad I_{Oy} = 0$$

这就是说，如果外碰撞冲量 $\boldsymbol{I}$ 作用在物体质量对称平面内，并且满足以上两个条件，则轴承反碰撞冲量等于零，即轴承处不发生碰撞。

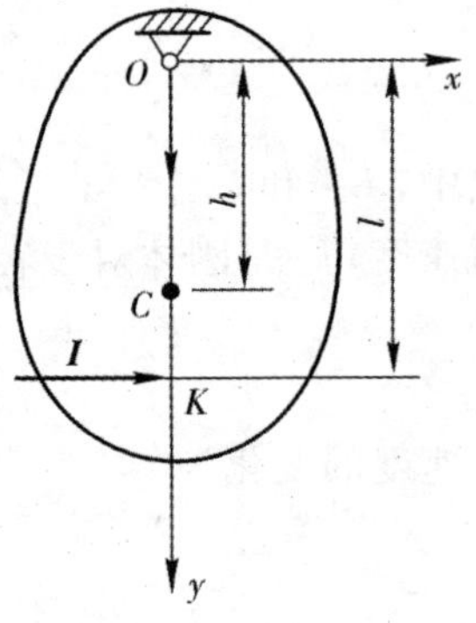

图 15－9

由于 $I_y = 0$，即要求外碰撞冲量与 y 轴垂直，则 $\boldsymbol{I}$ 必须垂直于支点 O 与质心 C 的连线，如图 15－9 所示。

由于 $I_x = m(v_{Cx}' - v_{Cx})$，设质心 C 到轴 O 的距离为 h，则 $I_x = mh(\omega_2 - \omega_1)$，将式(15－10)代入，得

$$mh\frac{Il}{J_z} = I$$

式中，$l = OK$，点 K 是外碰撞冲量 $\boldsymbol{I}$ 的作用线与线 OC 的交点。解得

$$l = \frac{J_z}{mh} \tag{15-12}$$

满足式(15－12)的点 K 称为撞击中心。

于是得结论：当外碰撞冲量作用于物体质量对称平面内的撞击中心，且垂直于轴承中心与质心的连线时，在轴承处不引起碰撞冲量。

根据上述结论，当设计材料试验中用的摆式撞击机时，若使撞击点正好位于摆的撞击中心，这样撞击时就不致在轴承处引起碰撞力。在使用各种锤子锤打东西或打垒球时，若打击的地方正好是锤杆或棒杆的撞击中心，则打击时手上不会感到有冲击。如果打击的地方不是撞击中心，则手会感到强烈的冲击。

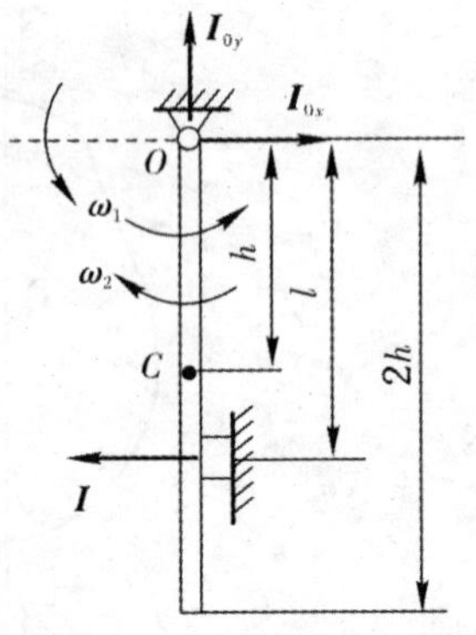

图 15－10

例 15－4 均质杆质量为 m，长为 $2h$，其上端由圆柱铰链固定，如图 15-10 所示。杆由水平位置无初速地落下，撞上一固定的物块。设恢复因数为 k。求：(1)轴承的碰撞冲量；(2)撞击中心的位置。

解:杆在铅直位置与物块碰撞,设当碰撞开始和结束时,杆的角速度分别为 ω_1 和 ω_2 。

在碰撞前,杆自水平位置自由落下,应用动能定理,有

$$\frac{1}{2}J_O\omega_1^2-0=mgh$$

求得

$$\omega_1=\sqrt{\frac{2mgh}{J_O}}=\sqrt{\frac{3g}{2h}}$$

撞击点碰撞前后的速度为 $\boldsymbol{v}$ 和 $\boldsymbol{v}'$,由恢复因数

$$k=\frac{v'}{v}=\frac{\omega_2 l}{\omega_1 l}=\frac{\omega_2}{\omega_1}$$

得

$$\omega_2=k\omega_1$$

对点 O 的冲量矩定理为

$$J_O\omega_2+J_O\omega_1=Il$$

于是碰撞冲量为

$$I=\frac{J_O}{l}(\omega_2+\omega_1)=\frac{4mh^2}{3l}(1+k)\omega_1$$

代入 ω_1 的值,得

$$I=\frac{2mh}{3l}(1+k)\sqrt{6hg}$$

根据冲量定理,有

$$m(-\omega_2 h-\omega_1 h)=I_{Ox}-I,\quad I_{Oy}=0$$

则

$$I_{Ox}=-mh(\omega_1+\omega_2)+I=I-(1+k)hm\omega_1=(1+k)m(\frac{2h}{3l}-\frac{1}{2})\sqrt{6hg}$$

由上式可见,当

$$\frac{2h}{3l}-\frac{1}{2}=0$$

时,$I_{Ox}=0$。此时于撞撞击中心,由上式得

$$l=\frac{4h}{3}$$

与式(15-12)的结果相同。

习 题 十 五

15-1　如题图 15-1 所示,用打桩机打入质量为 50 kg 的桩柱,打桩机的重锤质量为 450 kg,由高度 $h=2$ m 处落下,其初速度为零。如果恢复因数 $k=0$,经过一次锤击后,桩柱

深入 1 cm,试求桩柱进入土地时的平均阻力。

15-2　如题图 15-2 所示,带有几个齿的凸轮绕水平的轴 O 转动,并使桩锤运动。设在凸轮与桩 锤碰撞前桩锤是静止的,凸轮的角速度为 ω。若凸轮对轴 O 的转动惯量为 J_O,锤的质量为 m,并且碰撞是非弹性的,碰撞点到轴 O 的距离为 r 。求碰撞后凸轮的角速度、锤的速度和碰撞时凸轮与锤间的碰撞冲量。

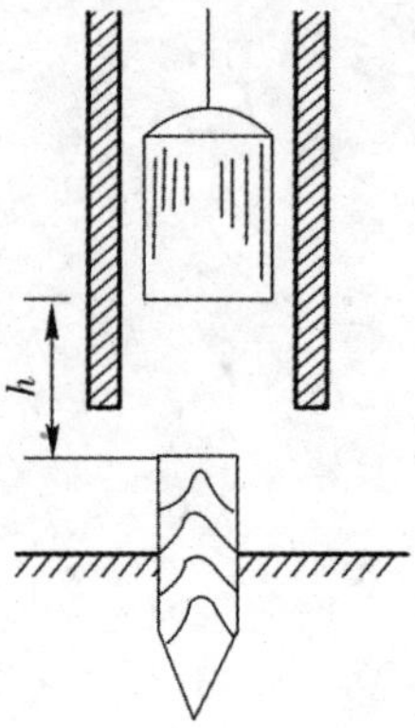

题图　15-1

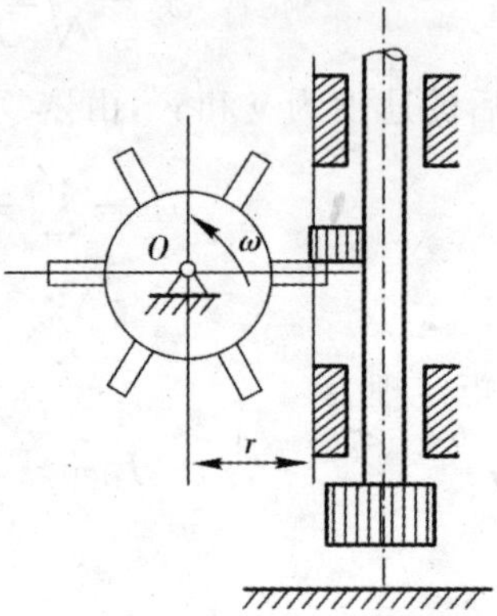

题图　15-2

15-3　球 1 速度 $v_1 = 6$ m/s ,方向与静止球 2 相切,如题图 15-3 所示。两球半径相同、质量相等,不计摩擦。碰撞的恢复因数 $k=0.6$。求碰撞后两球的速度。

15-4　如题图 15-4 所示,马尔特间隙机构的均质拨杆 OA 长为 l,质量为 m。马氏轮盘对转轴 O_1 的转动惯量为 J_{O1},半径为 r。在图示瞬时,OA 水平,杆端销子 A 撞入轮盘光滑槽的外端,槽与水平线成 θ 角。撞前,OA 的角速度是 ω_0,轮盘静止。求:(1) 撞击后轮盘的角速度和点 A 的撞击冲量;(2) 当 θ 为多大时,不出现冲击力?

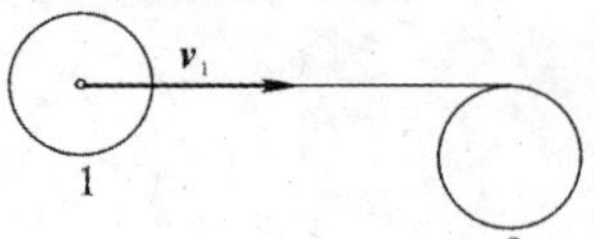

题图　15-3

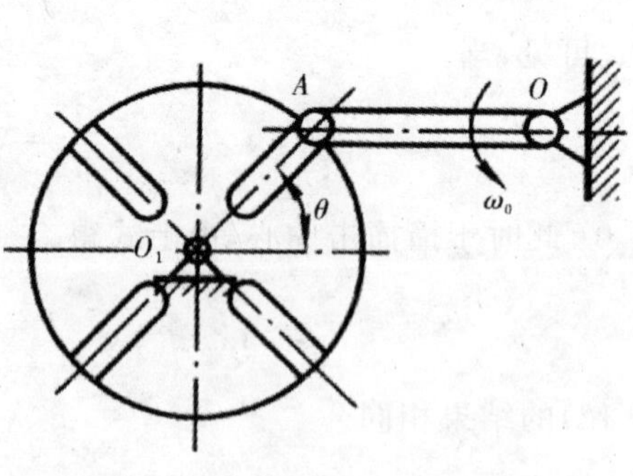

题图　15-4

15-5　一均质杆的质量为 m_1 长为 l,其上端固定在圆柱铰链 O 上,如题图 15-5 所示。杆由水平位置落下,其初角速度为零。杆在铅直位置处撞到一质量为 m_2 的重物,使后者沿着粗糙的水平面滑动,动滑动摩擦因数为 f 。如果碰撞是非弹性的,求重物移动的路程。

15-6　平台车以速度 v 沿水平路轨运动，其上放置均质正方形物块 A，边长为 a，质量为 m，如题图 15-6 所示。在平台上靠近物块有一凸出的棱 B，它能阻止物块向前滑动，但不能阻止它绕棱转动。求当平台车突然停止时，物块绕棱 B 转动的角速度。

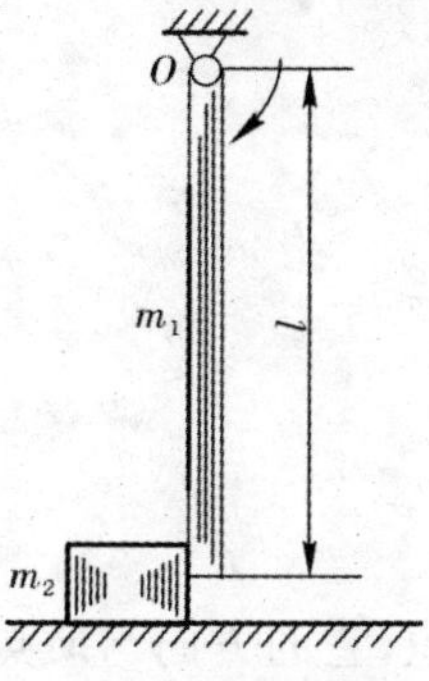

题图　15-5

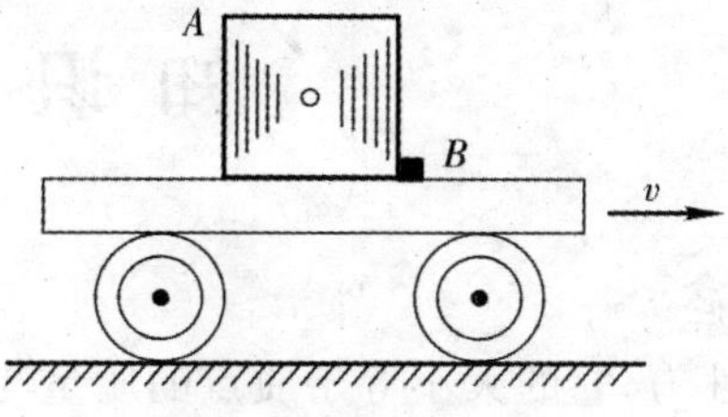

题图　15-6

第十六章　达朗贝尔原理

知 识 要 点

1. 基本概念

质点的惯性力，它的大小等于质点的质量与加速度的乘积，它的方向与质点加速度的方向相反：$F_I = -ma$

2. 质点的达朗贝尔原理

作用在质点上的主动力、约束力和虚加的惯性力在形式上组成平衡力系。这就是质点的达朗贝尔原理，即

$$\boldsymbol{F} + \boldsymbol{F}_N + \boldsymbol{F}_I = \boldsymbol{0}$$

3. 质点系的达朗贝尔原理

质点系中每个质点上作用的主动力、约束力和它的惯性力在形式上组成平衡力系，这就是质点系的达朗贝尔原理，即

$$\left.\begin{aligned} &\sum \boldsymbol{F}_i^{(e)} + \sum \boldsymbol{F}_{Ii} = \boldsymbol{0} \\ &\sum \boldsymbol{M}_O(\boldsymbol{F}_i^{(e)}) + \sum \boldsymbol{M}_O(\boldsymbol{F}_{Ii}) = \boldsymbol{0} \end{aligned}\right\}$$

4. 刚体惯性力系的简化结果

(1) 平动刚体的惯性力系可以简化为通过质心 C 的合力，其大小等于刚体的质量与加速度的乘积，合力的方向与加速度方向相反，即

$$F_I = -ma_C,\quad M_{IC} = 0$$

(2)当刚体绕定轴转动时，惯性力系向转轴上一点 O 简化，主矢和主矩为

$$\boldsymbol{F}_I = -m\boldsymbol{a}_C,\qquad \boldsymbol{M}_{IO} = M_{Ix}\boldsymbol{i} + M_{Iy}\boldsymbol{j} + M_{Iz}\boldsymbol{k}$$

如果刚体有质量对称平面且该平面与转轴 z 垂直，简化中心 O 取为此平面与转轴 z 的交点，主矢和主矩为

$$\boldsymbol{F}_I = -m\boldsymbol{a}_C,\qquad \boldsymbol{M}_{IO} = -J_z\boldsymbol{\alpha}$$

(3)有质量对称平面的刚体，当平行于此平面运动时，刚体的惯性力系简化为在此平面内的一个力和一个力偶。这个力通过质心 C，其大小等于刚体的质量与质心加速度的乘积，其方向与质心加速度的方向相反；这个力偶的矩等于刚体对过质心且垂直于质量对称面的轴的转动惯量与角加速度的乘积，转向与角加速度相反，即

$$F_I = -ma_C,\quad M_{IC} = -J_C\alpha$$

5. 当刚体绕定轴转动时，避免出现轴承动约束力的条件

当刚体绕定轴转动时，避免出现轴承动约束力的条件是刚体的转轴应是刚体的中心惯性

主轴。

设刚体的转轴通过质心，且刚体除重力外，没有受到其他主动力作用，则刚体可以在任意位置静止不动，称这种现象为静平衡。当刚体的转轴通过质心且为惯性主轴时，刚体转动时不出现轴承动约束力，称这种现象为动平衡。

16.1　惯性力的概念·质点的达朗贝尔原理

达朗贝尔原理提供了研究动力学问题的一个新的普遍的方法，即用静力学中研究平衡问题的方法来研究动力学问题，因此又称为动静法。

设一质量为 m 的质点 M，在主动力 $\boldsymbol{F}$ 及约束力 $\boldsymbol{F}_N$ 的作用下，沿图 16-1 所示的轨迹运动，其加速度为 $\boldsymbol{a}$。根据质点动力学基本方程有

$$\boldsymbol{F}_R = \boldsymbol{F} + \boldsymbol{F}_N = m\boldsymbol{a}$$

完全从数学的角度看，上式可以写为

$$\boldsymbol{F} + \boldsymbol{F}_N - m\boldsymbol{a} = \boldsymbol{0}$$

令

$$\boldsymbol{F}_I = -m\boldsymbol{a} \tag{16-1}$$

则有

$$\boldsymbol{F} + \boldsymbol{F}_N + \boldsymbol{F}_I = \boldsymbol{0} \tag{16-2}$$

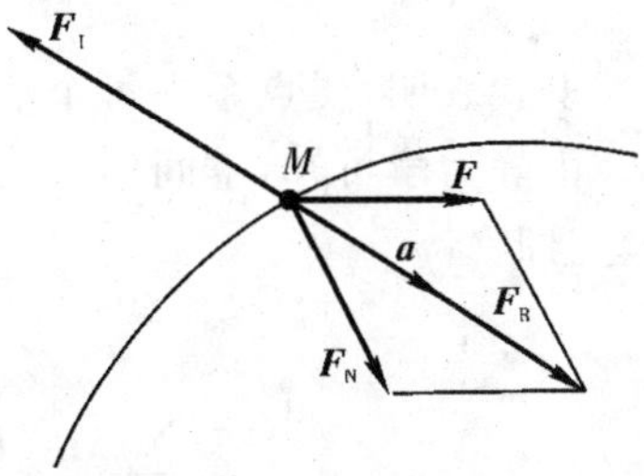

图　16-1

式中，$\boldsymbol{F}_I$ 具有力的量纲，且与质点的质量有关，称其为质点的惯性力，它的大小等于质点的质量与加速度的乘积，它的方向与质点加速度的方向相反。式(16-2)可解释为：作用在质点上的主动力、约束力和虚加的惯性力在形式上组成平衡力系。这就是质点的达朗贝尔原理。

应该强调指出，质点并非处于平衡状态，这样做的目的是将动力学问题转化为静力学问题求解。对质点系动力学问题，这一方法具有很多优越性，因此在工程中应用比较广泛。

例 16-1　一圆锥摆，如图 16-2 所示。质量 $m = 0.1$ kg 的小球系于长 $l = 0.3$ m 的绳上，绳的另一端系在固定点 O，并与铅直线成 $\theta = 60^\circ$ 角。若小球在水平面内做匀速圆周运动，求小球的速度 $\boldsymbol{v}$ 与绳的张力 $\boldsymbol{F}_T$ 的大小。

解：视小球为质点，其受重力(主动力) $m\boldsymbol{g}$ 与绳拉力(约束力) $\boldsymbol{F}_T$ 作用。质点做匀速圆周运动，只有法向加速度，加上法向惯性力，如图 16-2 所示，有

$$F_I^n = ma_n = m\frac{v^2}{l\sin\theta}$$

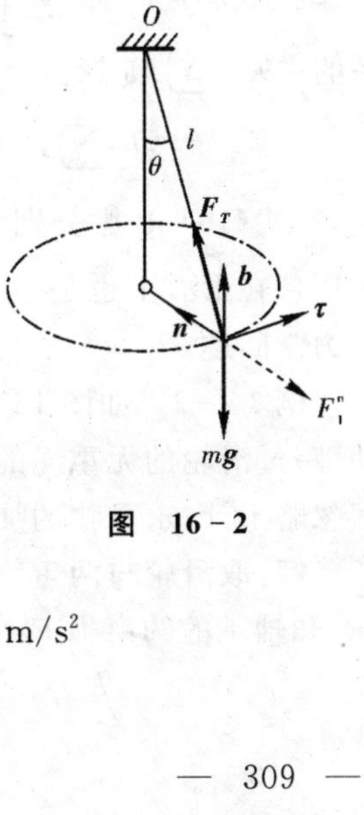

图　16-2

根据质点的达朗贝尔原理，这三力在形式上组成平衡力系，即

$$m\boldsymbol{g} + \boldsymbol{F}_T + \boldsymbol{F}_I^n = \boldsymbol{0}$$

取上式在图示自然轴上的投影式，有

$$\sum F_b = 0,\quad F_T\cos\theta - mg = 0$$

$$\sum F_n = 0,\quad F_T\sin\theta - F_I^n = 0$$

解得

$$F_T = \frac{mg}{\cos\theta} = 1.96\ \text{N},\quad v = \sqrt{\frac{F_T l\sin^2\theta}{m}} = 2.1\ \text{m/s}^2$$

16.2 质点系的达朗贝尔原理

设质点系由 n 个质点组成，其中任一质点 i 的质量为 m_i，加速度为 $\boldsymbol{a}_i$，把作用于此质点上的所有力分为主动力的合力 $\boldsymbol{F}_i$ 以及约束力的合力 $\boldsymbol{F}_{\mathrm{N}i}$，对这个质点假想地加上它的惯性力 $\boldsymbol{F}_{\mathrm{N}i}=-m\boldsymbol{a}_i$，由质点的达朗贝尔原理，有

$$\boldsymbol{F}_i+\boldsymbol{F}_{\mathrm{N}i}+\boldsymbol{F}_{\mathrm{I}i}=\boldsymbol{0}\quad(i=1,2\cdots,n)\tag{16-3}$$

上式表明，质点系中每个质点上作用的主动力、约束力和它的惯性力在形式上组成平衡力系，这就是质点系的达朗贝尔原理。

把作用于第 i 个质点上的所有力分为外力的合力 $\boldsymbol{F}_i^{(\mathrm{e})}$，内力的合力 $\boldsymbol{F}_i^{(\mathrm{i})}$，则式(16－3)可改写为

$$\boldsymbol{F}_i^{(\mathrm{e})}+\boldsymbol{F}_i^{(\mathrm{i})}+\boldsymbol{F}_{\mathrm{I}i}=\boldsymbol{0}\qquad(i=1,2\cdots,n)$$

上式表明，质点系中每个质点上作用的外力、内力和它的惯性力在形式上组成平衡力系。

由静力学可知，空间任意力系平衡的充分必要条件是力系的主矢和对于任一点的主矩等于零，即

$$\sum\boldsymbol{F}_i^{(\mathrm{e})}+\sum\boldsymbol{F}_i^{(\mathrm{i})}+\sum\boldsymbol{F}_{\mathrm{I}i}=\boldsymbol{0}$$
$$\sum\boldsymbol{M}_{\mathrm{O}}(\boldsymbol{F}_i^{(\mathrm{e})})+\sum\boldsymbol{M}_{\mathrm{O}}(\boldsymbol{F}_i^{(\mathrm{i})})+\sum\boldsymbol{M}_{\mathrm{O}}(\boldsymbol{F}_{\mathrm{I}i})=\boldsymbol{0}$$

由于质点系的内力总是成对存在且等值、反向、共线，因此有 $\sum\boldsymbol{F}_i^{(\mathrm{i})}=\boldsymbol{0}$ 和 $\sum\boldsymbol{M}_{\mathrm{O}}(\boldsymbol{F}_i^{(\mathrm{i})})=\boldsymbol{0}$，于是有

$$\left.\begin{aligned}&\sum\boldsymbol{F}_i^{(\mathrm{e})}+\sum\boldsymbol{F}_{\mathrm{I}i}=\boldsymbol{0}\\&\sum\boldsymbol{M}_{\mathrm{O}}(\boldsymbol{F}_i^{(\mathrm{e})})+\sum\boldsymbol{M}_{\mathrm{O}}(\boldsymbol{F}_{\mathrm{I}i})=\boldsymbol{0}\end{aligned}\right\}\tag{16-4}$$

式(16－4)表明，作用在质点系上的所有外力与虚加在每个质点上的惯性力在形式上组成平衡力系，这是质点系达朗贝尔原理的又一表述。

在静力学中，称 $\sum\boldsymbol{F}_i=\boldsymbol{0}$ 为主矢，$\sum\boldsymbol{M}_{\mathrm{O}}(\boldsymbol{F}_i)=\boldsymbol{0}$ 为对点 O 的主矩，现在称 $\sum\boldsymbol{F}_{\mathrm{I}i}$ 为惯性力系的主矢，$\sum\boldsymbol{M}_{\mathrm{O}}(\boldsymbol{F}_{\mathrm{I}i})=\boldsymbol{0}$ 为惯性力系对点 O 的主矩。与静力学中空间任意力系的平衡条件：

$$\boldsymbol{F}_{\mathrm{R}}=\sum\boldsymbol{F}_i=\sum\boldsymbol{F}_{\mathrm{i}}^{(\mathrm{e})}=\boldsymbol{0},\quad\boldsymbol{M}_{\mathrm{O}}=\sum\boldsymbol{M}_{\mathrm{O}}(\boldsymbol{F}_i^{(\mathrm{i})})=\sum\boldsymbol{M}_{\mathrm{O}}(\boldsymbol{F}_i^{(\mathrm{i})})=\boldsymbol{0}$$

比较，式(16－4)中分别多出了惯性力的主矢 $\sum\boldsymbol{F}_{\mathrm{I}i}$ 与主矩 $\sum\boldsymbol{M}_{\mathrm{O}}(\boldsymbol{F}_{\mathrm{I}i})$，由于质点系的达朗贝尔原理在形式上也是一个平衡力系，因而可用静力学各章所述求解各种平衡力系的方法求解动力学问题。

例 16－2 如图 16－3 所示，定滑轮的半径为 r，质量 m 均匀分布在轮缘上，绕水平轴 O 转动。跨过滑轮的无重绳的两端挂有质量为 m_1 和 m_2 的重物($m_1>m_2$)，绳与轮间不打滑，轴承摩擦忽略不计，求重物的加速度。

解：取滑轮与两重物组成的质点系为研究对象，作用于此质点系的外力有重力 $m_1\boldsymbol{g}$，$m_2\boldsymbol{g}$，$m\boldsymbol{g}$ 和轴承的约束力 $\boldsymbol{F}_{\mathrm{O}x}$，$\boldsymbol{F}_{\mathrm{O}y}$。对两重物加惯性力如图 16－3 所示，大小分别为

$$F_{\mathrm{I1}}=m_1a,\qquad F_{\mathrm{I2}}=m_2a$$

记滑轮边缘上任一点 i 的质量为 m_i，加速度有切向、法向之分，加惯性力如图，大小分别为

$$F_{Ii}^{t} = m_1 r\alpha = m_i a, \qquad F_{Ii}^{n} = m_i \frac{v^2}{r}$$

列如下平衡方程：

$$\sum M_O = 0, \quad (m_1 g - F_{I1} - m_2 g - F_{I2})r - \sum F_{Ii}^{t} r = 0$$

即
$$(m_1 g - m_1 a - m_2 g - m_2 a)r - \sum m_i a r = 0$$

注意到

$$\sum m_i a r = (\sum m_i) a r = m a r$$

解得
$$a = \frac{m_1 - m_2}{m_1 + m_2 + m} g$$

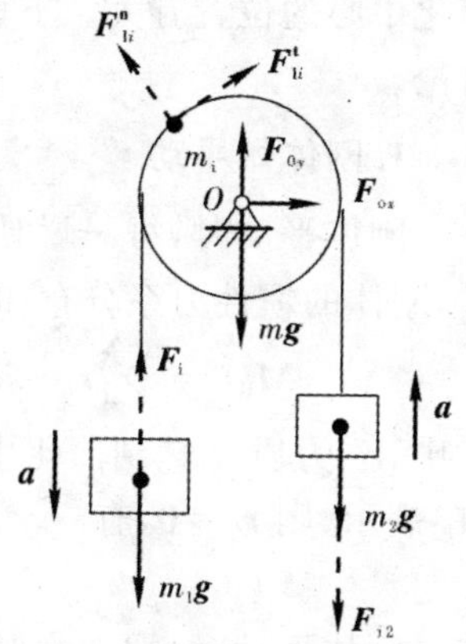

图 16-3

例 16-3 飞轮质量为 m，半径为 R，以匀角速度 ω 定轴转动，设轮辐质量不计，质量均布在较薄的轮缘上，不考虑重力的影响，求轮缘横截面的张力。

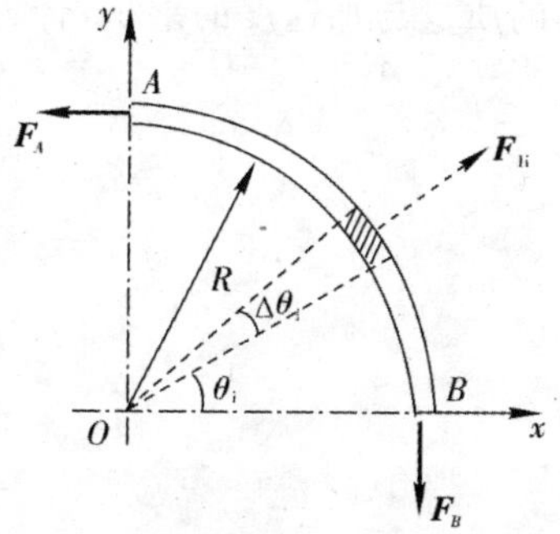

图 16-4

解：由于轮对称，取 1/4 轮缘为研究对象，如图 16-4 所示，取微小弧段，每段加惯性力 $F_{Ii} = m_i a_i^{n}$，即

$$F_{Ii} = m_i a_i^{n} = \frac{m}{2\pi R} R \Delta\theta_i \cdot R\omega^2$$

列平衡方程，有

$$\sum F_x = 0, \qquad \sum F_{Ii}\cos\theta_i - F_A = 0$$

$$\sum F_y = 0, \qquad \sum F_{Ii}\sin\theta_i - F_B = 0$$

令 $\Delta\theta_i \to 0$，则有

$$F_A = \int_0^{\frac{\pi}{2}} \frac{m}{2\pi} R\omega^2 \cos\theta \mathrm{d}\theta = \frac{mR\omega^2}{2\pi}, \qquad F_B = \int_0^{\frac{\pi}{2}} \frac{m}{2\pi} R\omega^2 \sin\theta \mathrm{d}\theta = \frac{mR\omega^2}{2\pi}$$

由于对称性，则任一横截面张力相同。

16.3 刚体惯性力系的简化

用质点系的达朗贝尔原理求解质点系动力学问题，需要对质点系内每个质点加上各自的惯性力，这些惯性力也形成一个力系，称为惯性力系。若利用静力学的力系简化理论，求出惯性力系的主矢和主矩，代替具体求解时对每一个质点所加的惯性力，将给解题带来方便。下面只讨论刚体平动、定轴转动和平面运动时惯性力系的简化。以 $\boldsymbol{F}_{IR}$ 表示惯性力系的主矢，由式(16-4)中第一式及质心运动定理，有

$$\boldsymbol{F}_{IR} = -\sum \boldsymbol{F}_i^{(e)} = -m\boldsymbol{a}_C \tag{16-5}$$

式(16-5)对任何质点系做任意运动均成立，当然适用于做平动、定轴转动与平面运动的刚体。

由静力学中任意力系简化理论知，主矢的大小和方向与简化中心的位置无关，主矩一般与

简化中心的位置有关。下面对当刚体做平动、定轴转动、平面运动时惯性力系简化的主矩进行讨论。

1. 刚体做平动

刚体平动时，每一瞬时刚体内任一质点 i 的加速度 $\boldsymbol{a}_i$ 与质心 C 的加速度 $\boldsymbol{a}_C$ 相同，有 $a_i = a_C$，刚体的惯性力系分布如图 16-5 所示，任选一点 O 为简化中心，主矩用 M_{IO} 表示，有

$$\boldsymbol{M}_{IO} = \sum \boldsymbol{r}_i \times \boldsymbol{F}_{Ii} = \sum \boldsymbol{r}_i \times (-m_i \boldsymbol{a}_i) = (\sum m_i \boldsymbol{r}_i) \times \boldsymbol{a}_C = -m\boldsymbol{r}_C \times \boldsymbol{a}_C$$

式中，$\boldsymbol{r}_C$ 为质心 C 到简化中心 O 的矢径，此主矩一般不为零。若选质心 C 为简化中心，主矩以 $\boldsymbol{M}_{IC}$ 表示，则 $\boldsymbol{r}_C = \boldsymbol{0}$，有

$$\boldsymbol{M}_{IC} = \boldsymbol{0} \tag{16-6}$$

刚体平动时，惯性力对任意点 O 的主矩一般不为零。若选质心为简化中心，其主矩为零，简化为一合力。因此有结论：平动刚体的惯性力系可以简化为通过质心的合力，其大小等于刚体的质量与加速度的乘积，合力的方向与加速度方向相反。

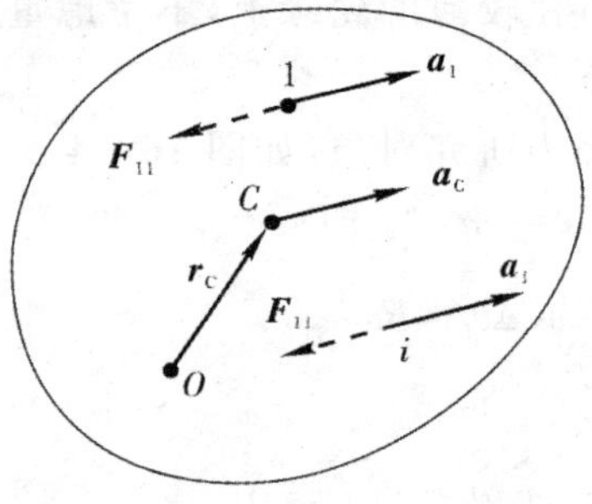

图 16-5

2. 刚体做定轴转动

刚体定轴转动时，设刚体的角速度为 ω，角加速度为 α，刚体内任一质点的质量为 m_i，到转轴的距离为 r_i，则刚体内任一质点的惯性力为 $F_{Ii} = -m_i a_i$。

为简单起见，在转轴上任选一点 O 为简化中心，由第四章知，力对点的矩矢在通过该点的某轴上的投影，等于力对该轴的矩，所以建立直角坐标系如图 16-6 所示，质点的坐标为 x_i，y_i，z_i，现在分别计算惯性力系对 x，y，z 轴的矩，分别以 M_{Ix}，M_{Iy}，M_{Iz} 表示。

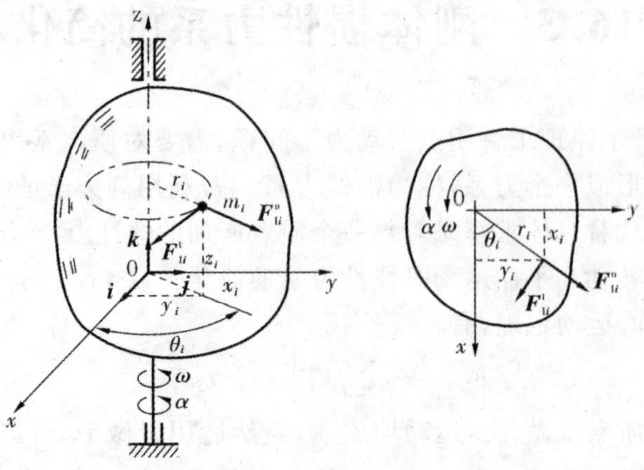

图 16-6

质点的惯性力 $F_{Ii}=-m_ia_i$ 可分解为切向惯性力 F_{Ii}^{t} 与法向惯性力 F_{Ii}^{n}，它们的方向如图 16－6 所示，大小分别为

$$F_{Ii}^{t}=m_ia_i^{t}=m_ir_i\alpha,\quad F_{Ii}^{n}=m_ia_i^{n}=m_ir_i\omega^2$$

惯性力系对 x 轴的矩为

$$M_{Ix}=\sum M_x(\boldsymbol{F}_{Ii})=\sum M_x(\boldsymbol{F}_{Ii}^{t})+\sum M_x(\boldsymbol{F}_{Ii}^{n})=$$
$$\sum m_ir_i\alpha\cos\theta_i\cdot z_i+(\sum -m_ir_i\omega^2\sin\theta_i\cdot z_i)$$

而
$$\cos\theta_i=\frac{x_i}{r_i}\sin\theta_i=\frac{y_i}{r_i}$$

则
$$M_{Ix}=\alpha\sum m_ix_iz_i-\omega^2\sum m_iy_iz_i$$

记
$$J_{yz}=\sum m_iy_iz_i,\quad J_{xz}=\sum m_ix_iz_i \tag{16-7}$$

式(16－7)其为惯性力系对于 z 轴的惯性积，它取决于刚体质量对于坐标轴的分布情况。于是，惯性力系对于 x 轴的矩为

$$M_{Ix}=J_{xz}\alpha-J_{yz}\omega^2 \tag{16-8}$$

同理可得惯性力系对于 y 轴的矩为

$$M_{Iy}=J_{yz}\alpha-J_{xz}\omega^2 \tag{16-9}$$

惯性力系对于 z 轴的矩为

$$M_{Iz}=\sum M_z(\boldsymbol{F}_{Ii}^{t})+\sum M_z(\boldsymbol{F}_{Ii}^{n})$$

由于各质点的法向惯性力均通过轴 z，$\sum M_z(\boldsymbol{F}_{Ii}^{n})=0$，有

$$M_{Iz}=\sum M_z(\boldsymbol{F}_{Ii}^{t})=\sum(-m_ir_i\alpha\cdot r_i)=-(\sum m_ir_i^2)\alpha=-J_z\alpha \tag{16-10}$$

综上可得，当刚体定轴转动时，惯性力系向转轴上一点 O 简化的主矩为

$$\boldsymbol{M}_{IO}=M_{Ix}\boldsymbol{i}+M_{Iy}\boldsymbol{j}+M_{Iz}\boldsymbol{k} \tag{16-11}$$

如果刚体有质量对称平面且该平面与转轴 z 垂直，简化中心 O 取为此平面与转轴 z 的交点，则

$$J_{xz}=\sum m_ix_iz_i=0,\qquad J_{yz}=\sum m_iy_iz_i=0$$

则惯性力系简化的主矩为

$$M_{IO}=M_{Iz}=-J_z\alpha$$

工程中绕定轴转动的刚体常常有质量对称平面。

于是得结论：当刚体有质量对称平面且绕垂直于此对称面的轴做定轴转动时，惯性力系向转轴简化为此对称面内的一个力和一个力偶。这个力等于刚体质量与质心加速度的乘积，方向与质心加速度方向相反，作用线通过转轴；这个力偶的矩等于刚体对转轴的转动惯量与角加速度的乘积，转向与角加速度相反。

3. 刚体做平面运动(平行于质量对称平面)

工程中，做平面运动的刚体常常有质量对称平面，且平行于此平面运动，现仅限于讨论这种

情况下惯性力系的简化。与刚体绕定轴转动相似，刚体做平面运动，其上各质点的惯性力组成的空间力系，可简化为在质量对称平面内的平面力系。取质量对称平面内的平面图形如图 16－7 所示。

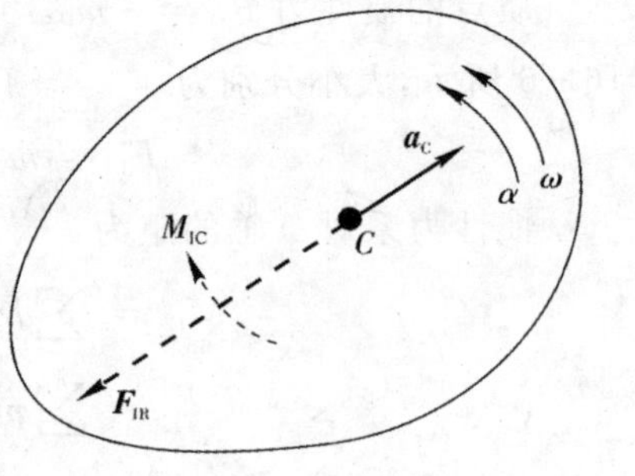

图　16－7

由运动学知，平面图形的运动可分解为随基点的平移与绕基点的转动。现取质心 C 为基点，设质心的加速度为 $\boldsymbol{a}_C$，绕质心转动的角速度为 $\boldsymbol{\omega}$，角加速度为 $\boldsymbol{\alpha}$，与刚体绕定轴转动相似，此时惯性力系向质心 C 简化的主矩为

$$\boldsymbol{M}_{IC} = -J_C\boldsymbol{\alpha} \tag{16-12}$$

式中，J_C 为刚体对通过质心且垂直于质量对称平面的轴的转动惯量。

于是得结论：若质量对称平面的刚体平行于此平面运动时，刚体的惯性力系简化为在该平面内的一个力和一个力偶。这个力通过质心，其大小等于刚体的质量与质心加速度的乘积，其方向与质心加速度的方向相反；这个力偶的矩等于刚体对过质心且垂直于质量对称面的轴的转动惯量与角加速度的乘积，转向与角加速度相反。

例 16－4　如图 16－8(a)所示均质杆的质量为 m，长为 l，绕定轴 O 转动的角速度为 ω，角加速度为 α。求惯性力系向 O 点简化的结果。

解：该杆做定轴转动，惯性力系向 O 点简化的主矢、主矩大小为

$$F_{IO}^{t} = m\times\frac{l}{2}\alpha,\quad F_{IO}^{n} = m\times\frac{l}{2}\omega^2,\quad M_{IO} = \frac{1}{3}ml\alpha$$

方向如图 16－8(b)所示。

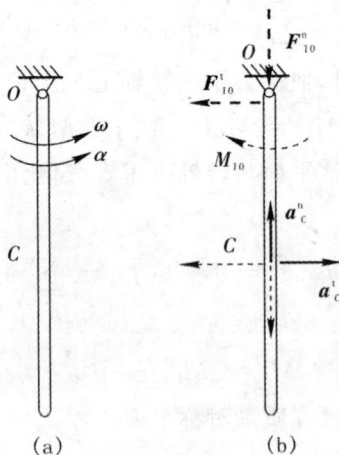

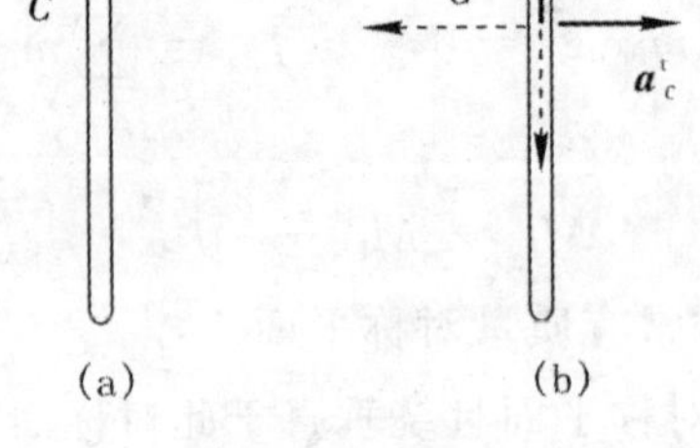

图　16－8

例 16－5　如图 16－9 所示，电动机定子及其外壳总质量为 m_1，质心位于 O 处。转子的质量为 m_2，质心位于 C 处，偏心距 $OC = e$，图示平面为转子的质量对称平面。电动机用地脚螺钉固定于水平基础上，转轴 O 与水平基础间的距离为 h。当运动开始时，转子质心 C 位于最低位置，转子以匀角速度 ω 转动。求基础与地脚螺钉给电动机总的约束力。

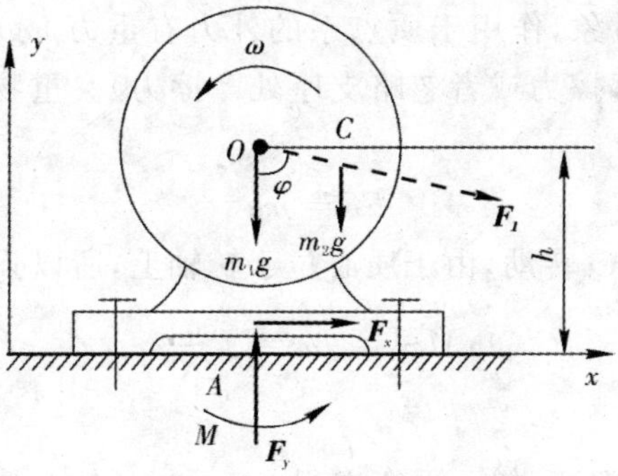

图　16-9

解:取电动机整体为研究对象,作用于其上的外力有重力 m_1g 与 m_2g,基础与地脚螺钉给电动机的约束力向点 A 简化,得一力偶 M 与一力 $\boldsymbol{F}$,$\boldsymbol{F}$ 以其分力 $\boldsymbol{F}_x$,$\boldsymbol{F}_y$ 表示。定子与外壳无需加惯性力,对转子来说,由于角加速度 $\alpha=0$,无需加惯性力矩,而质心加速度为 $e\omega^2$,所以只需加惯性力 $\boldsymbol{F}_\mathrm{I}$,如图 16-9 所示,其大小为

$$\boldsymbol{F}_\mathrm{I}=me\omega^2$$

根据质点系的达朗贝尔原理,此电动机上的外力与惯性力形成一个平衡力系,列如下平衡方程:

$$\sum F_x=0,\quad F_x+F_\mathrm{I}\sin\varphi=0$$

$$\sum F_y=0,\quad F_y-(m_1+m_2)g-F_\mathrm{I}\cos\varphi=0$$

$$\sum M_\mathrm{A}=0,\quad M-m_2ge\sin\varphi-F_\mathrm{I}h\sin\varphi=0$$

因 $\varphi=\omega t$,解上述方程组,得

$$F_x=-m_2e\omega^2\sin\omega t$$

$$F_y=(m_1+m_2)g+m_2e\omega^2\cos\omega t$$

$$M=m_2ge\sin\omega t+m_2e\omega^2h\sin\omega t$$

例 16-6　如图 16-10 所示,电动绞车安装在梁上,梁的两端搁在支座上,绞车与梁共重为 $\boldsymbol{G}$。绞盘半径为 R,与电机转子固结在一起,转动惯量为 J,质心位于 O 处。绞车以加速度 $\boldsymbol{a}$ 提升质量为 m 的重物,其他尺寸如图所示。求支座 A,B 受到的附加约束力。

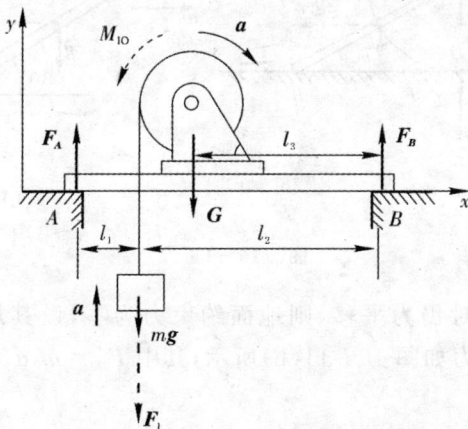

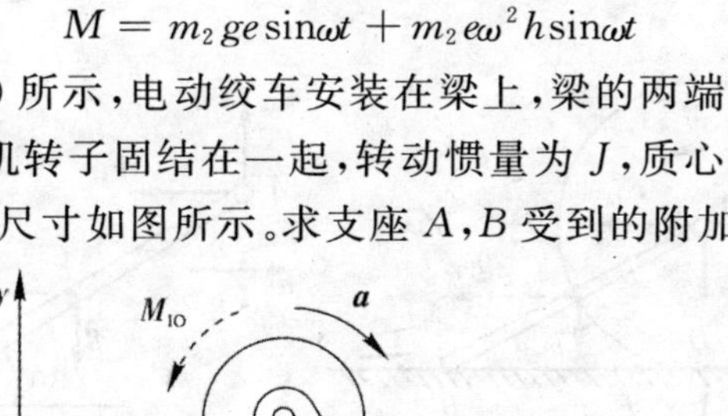

图　16-10

解:取整个系统为研究对象,作用于质点系的外力有重力 $m\boldsymbol{g}$,$\boldsymbol{G}$ 及支座 A,B 对梁的法向约束力 $\boldsymbol{F}_A$,$\boldsymbol{F}_B$(没画支座处摩擦力或者忽略支座处摩擦力)。重物做平移,加惯性力如图 16-10 所示,其大小为

$$F_I = ma$$

绞盘与电机转子共同绕 O 转动,由于质心位于转轴上,所以只有惯性力矩,其大小为

$$M_{IO} = J\alpha = J\frac{a}{R}$$

方向如图 16-10 所示。

由质点系的达朗贝尔原理,列如下平衡方程:

$$\sum M_B = 0,\quad mgl_2 + F_I l_2 + Gl_3 + M_{IO} - F_A(l_1 + l_2) = 0$$

$$\sum F_y = 0,\quad F_A + F_B - mg - G - F_I = 0$$

解得

$$F_A = \frac{1}{l_1 + l_2}[mgl_2 + Gl_3 + a(ml_2 + \frac{J}{R})]$$

$$F_B = \frac{1}{l_1 + l_2}[mgl_1 + G(l_1 + l_2 - l_3) + a(ml_1 - \frac{J}{R})]$$

上面两式中,前两项均为支座静约束力,因此支座 A,B 受到的附加压力分别为

$$F'_A = \frac{a}{l_1 + l_2}(ml_2 + \frac{J}{R}),\quad F'_B = \frac{a}{l_1 + l_2}(ml_1 - \frac{J}{R})$$

附加压力(或附加动约束力)决定于惯性力系,只求附加压力时,列方程时可以不考虑惯性力以外的其他力。

例 16-7 均质圆盘质量为 m_1,半径为 R。均质细长杆长 $l = 2R$,质量为 m_2。杆端 A 与轮心为光滑铰接,如图 16-11(a)所示。若在 A 处加一水平拉力 $\boldsymbol{F}$,使轮沿水平面做纯滚动。问:力 $\boldsymbol{F}$ 为多大方能使杆的 B 端刚好离开地面?为保证纯滚动,轮与地面间的静滑动摩擦因数应为多大?

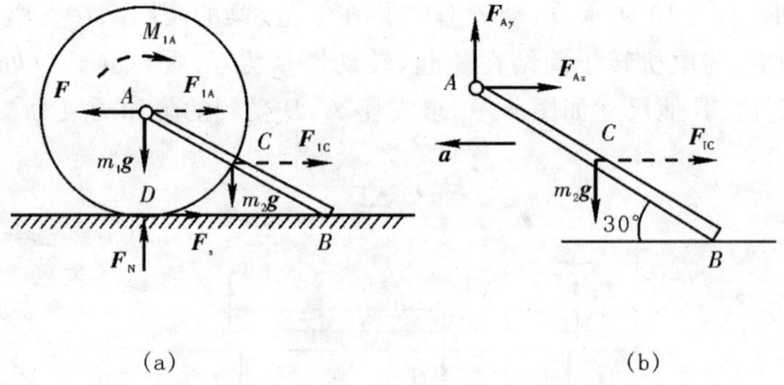

图 16-11

解:细杆刚好离开地面时仍为平移,则地面约束力为零,设其加速度为 $\boldsymbol{a}$,取杆为研究对象,杆承受的力并加上惯性力如图 16-11(b)所示,其中 $\boldsymbol{F}_{IC} = m_2\boldsymbol{a}$。按达朗贝尔原理列平衡方程,有

$$\sum M_A = 0,\quad m_2 aR\sin 30^\circ - m_2 gR\cos 30^\circ = 0$$

解得
$$a=\sqrt{3}g$$

取整体为研究对象，承受的力并加上惯性力如图 16-11(a)所示，其中

$$F_{IA}=m_1 a,\quad M_{IA}=\frac{1}{2}m_1R^2\frac{a}{R}$$

由

$$\sum M_D=0,\quad FR-F_{IA}R-M_{IA}-F_{IC}R\sin 30^\circ-m_2gR\cos 30^\circ=0$$

解得
$$F=(\frac{3}{2}m_1+m_2)\sqrt{3}g$$

由

$$\sum F_x=0,\quad F-F_s-(m_1+m_2)a=0$$

解出
$$F_s=\frac{\sqrt{3}}{2}m_1g$$

而
$$F_s\leqslant f_sF_N=f_s(m_1+m_2)g$$

解得
$$F_s\geqslant\frac{f_s}{F_N}=\frac{\sqrt{3}m_1}{2(m_1+m_2)}$$

16.4　绕定轴转动刚体的轴承动约束力

在日常生活和工程实际中，有大量绕定轴转动的刚体（电动机、柴油机、电风扇、车床主轴等等）。如何使这些机械在转动时不产生破坏、振动与噪声，是工程师相当关心的问题。如果这些机械在转动起来之后轴承受力与不转时轴承受力一样，则一般说来这些机械不会产生破坏，也不会产生振动与噪声。从理论上以及实践上，这一点是能够做到的。由前面已知静约束力与动约束力的概念，对绕定轴转动的刚体，如果能够消除轴承动约束力，使轴承只受到静约束力的作用，就可以做到这一点。为此，先把任意一个绕定轴转动刚体的轴承的全约束力（包括静约束力与动约束力）求出来，然后再推出消除动约束力的条件。设任一刚体绕轴 AB 定轴转动，角速度为 ω，角加速度为 α，取此刚体为研究对象，转轴上一点 O 为简化中心，其上所有的主动力向 O 点简化的主矢与主矩以 $\boldsymbol{F}_R$ 与 $\boldsymbol{M}_O$ 表示，惯性力系向 O 点简化的主矢与主矩以 $\boldsymbol{F}_{IR}$ 与 $\boldsymbol{M}_{IO}$ 表示（注意 $\boldsymbol{F}_{IR}$ 没有沿 z 方向的分量），轴承 A,B 处的五个全约束力分别以 $\boldsymbol{F}_{Ax}$，$\boldsymbol{F}_{Ay}$，$\boldsymbol{F}_{Bx}$，$\boldsymbol{F}_{By}$，$\boldsymbol{F}_{Bz}$ 表示，均如图 16-12 所示。

为求出轴承 A,B 处的全约束力，建立坐标系如图 16-12 所示。这形成一个空间任意平衡力系，列如下平衡方程：

$$\sum F_x=0,\quad F_{Ax}+F_{Bx}+F_{Rx}+F_{Ix}=0$$
$$\sum F_y=0,\quad F_{Ay}+F_{By}+F_{Ry}+F_{Iy}=0$$
$$\sum F_z=0,\quad F_{Bz}+F_{Rz}=0$$
$$\sum M_x=0,\quad F_{By}\cdot OB-F_{Ay}\cdot OA+M_x+M_{Ix}=0$$
$$\sum M_y=0,\quad F_{Ax}\cdot OA-F_{Bx}\cdot OB+M_y+M_{Iy}=0$$

由上述五个方程解得轴承全约束力为

$$\left.\begin{aligned}F_{Ax}&=-\frac{1}{AB}[(M_y+F_{Rx}\cdot OB)+(M_{Iy}+F_{Ix}\cdot OB)]\\F_{Ay}&=-\frac{1}{AB}[(M_x-F_{Ry}\cdot OB)+(M_{Ix}-F_{Iy}\cdot OB)]\\F_{Bx}&=-\frac{1}{AB}[(M_y-F_{Rx}\cdot OA)+(M_{Iy}-F_{Ix}\cdot OA)]\\F_{By}&=-\frac{1}{AB}[(M_x+F_{Ry}\cdot OA)+(M_{Ix}+F_{Iy}\cdot OA)]\\F_{Bz}&=-F_{Rx}\end{aligned}\right\}\tag{16-13}$$

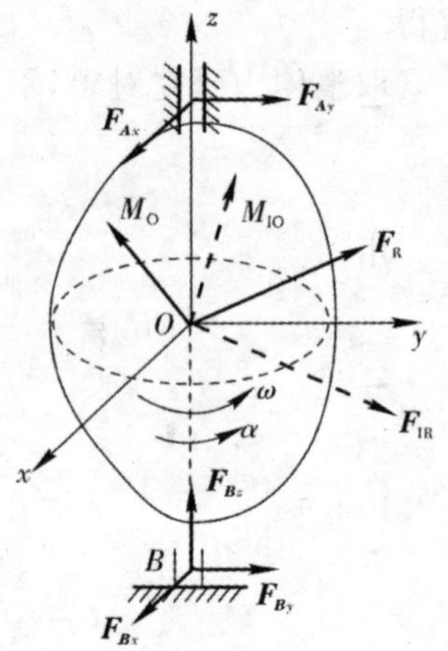

图 16-12

由于惯性力没有沿 z 轴方向的分量，所以止推轴承 B 沿 z 轴的约束力 $\boldsymbol{F}_{Bz}$ 与惯性力无关，而与 z 轴垂直的轴承约束力 $\boldsymbol{F}_{Ax}$，$\boldsymbol{F}_{Ay}$，$\boldsymbol{F}_{Bx}$，$\boldsymbol{F}_{By}$ 显然与惯性力系的主矢 $\boldsymbol{F}_{IR}$ 与主矩 $\boldsymbol{M}_{IO}$ 有关。由于 $\boldsymbol{F}_{IR}$，$\boldsymbol{M}_{IO}$ 引起的轴承约束力称为动约束力，要使动约束力等于零，必须有

$$F_{Ix}=F_{Iy}=0,\quad M_{Ix}=M_{Iy}=0$$

即，要使轴承动约束力等于零的条件是：惯性力系的主矢等于零，惯性力系对于 x 轴和 y 轴的主矩等于零。

由式(16-5)，式(16-8)和式(16-9)，应有

$$F_{Ix}=-ma_{Cx}=0,\qquad F_{Iy}=-ma_{Cy}=0$$

$$M_{Ix}=J_{xz}\alpha-J_{yz}\omega^2=0,\qquad M_{Iy}=J_{yz}\alpha-J_{xz}\omega^2=0$$

由此可见，要使惯性力系的主矢等于零，必须有 $a_C=0$，即转轴必须通过质心。而要使 $M_{Ix}=0$，$M_{Iy}=0$，必须有 $J_{xz}+J_{yz}=0$，即刚体对于转轴 z 的惯性积必须等于零。

于是得结论，当刚体绕定轴转动时，避免出现轴承动约束力的条件是：转轴通过质心，刚体对转轴的惯性积等于零。

如果刚体对于通过某点的 z 轴的惯性积 J_{xz} 和 J_{yz} 等于零，则称此轴为过该点的惯性主轴。通过质心的惯性主轴，称为中心惯性主轴。所以上述结论也可叙述为：避免出现轴承动约束力的条件是，刚体的转轴应是刚体的中心惯性主轴。

设刚体的转轴通过质心，且刚体除重力外，没有受到其他主动力作用，则刚体可以在任意位置静止不动，称这种现象为静平衡。当刚体的转轴通过质心且为惯性主轴时，刚体转动时不出现轴承动约束力，称这种现象为动平衡。能够静平衡的定轴转动刚体不一定能够实现动平衡，但能够动平衡的定轴转动刚体肯定能够实现静平衡。

事实上，由于材料的不均匀或制造、安装误差等原因，都可能使定轴转动刚体的转轴偏离中心惯性主轴。为了避免出现轴承动约束力，确保机器运行安全可靠，在有条件的地方，可在专门的静平衡与动平衡试验机上进行静、动平衡试验，根据试验数据，在刚体的适当位置附加一些质量或去掉一些质量，使其达到静、动平衡。静平衡试验机可以调整质心在转轴上或尽可能地在转轴上，动平衡试验机可以调整对转轴的惯性积，使其对转轴的惯性积为零或尽可能地为零。

当然，在工程中也有相反的实例，即当制造定轴转动刚体时，故意制造出偏心距，如某些打夯机，正是利用偏心块的运动来夯实地基的，这种情况另当别论。

例 16-8　如图 16-13 所示，轮盘（连同轴）的质量 $m=20$ kg，转轴 AB 与轮盘的质量对称面垂直，但轮盘的质心 C 不在转轴上，偏心距 $e=0.1$ mm。当轮盘以匀转速 $n=12\ 000$ r/min 转动时，求轴承 A，B 的约束力。

解：由于转轴 AB 与轮盘的质量对称面垂直，所以转轴 AB 为惯性主轴，即对此轴的惯性积为零，又由于是匀速转动，$\alpha=0$，所以惯性力矩均为零，取此刚体为研究对象，当重心 C 位于最下端时，轴承处约束力最大，受力图如图 16-13 所示，由于轮盘为匀速转动，质心 C 只有法向加速度，即

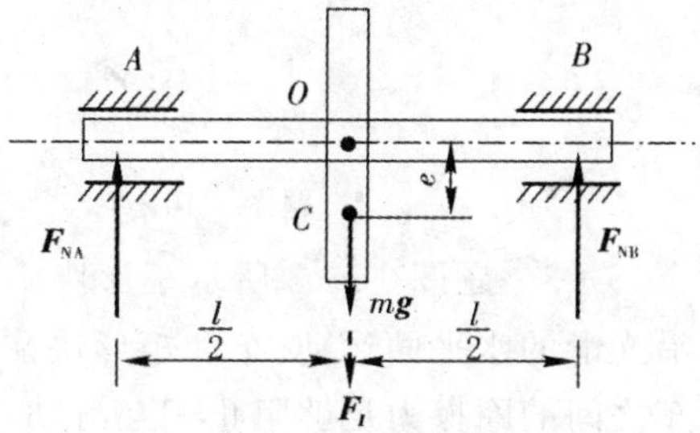

图　16-13

$$a_n=e\omega^2=\frac{0.1}{1\ 000}\times\left(\frac{12\ 000\pi}{30}\right)^2=158\ \text{m/s}^2$$

因此惯性力大小为

$$F_I^n=ma_n=3\ 160\ \text{N}$$

方向如图 16-13 所示。

由质点系的动静法，列平衡方程可得

$$F_{NA}=F_{NB}=\frac{1}{2}(mg+F_I^n)=\frac{1}{2}\times(20\times9.81+3\ 160)=1\ 680\ \text{N}$$

其中，轴承动约束力为 $\frac{1}{2}F_I^n=1\ 580$ N。由此可见，在高速转动下，0.1 mm 的偏心距所引起的轴承动约束力，可达静约束力 $\frac{1}{2}mg=98$ N 的 16 倍。而且转速越高，偏心距越大，轴承动约束力越大，该势必使轴承磨损加快，甚至引起轴承的破坏。再者，注意到惯性力 $\boldsymbol{F}_I^n$ 的方向随刚体的旋转而周期性的变化，使轴承动约束力的大小与方向也发生周期性的变化，因而势必引起机器的振动与噪声，同样会加速轴承的磨损与破坏。因此，必须尽量减小与消除偏心距。

习 题 十 六

16-1　题图 16-1 所示为由相互铰接的水平臂连成的传送带，将圆柱形零件从一高度传送到另一个高度。设零件与臂之间的摩擦因数 $f_s=0.2$。求：(1) 降落加速度 $\boldsymbol{a}$ 为多大时，零件不致在水平臂上滑动？(2) 在此加速度 $\boldsymbol{a}$ 下，当比值 h/d 等于多少时，零件在滑动之前先倾倒？

16-2　题图 16-2 所示汽车总质量为 m，以加速度 $\boldsymbol{a}$ 做水平直线运动。汽车质心 G 离地面的高度为 h，汽车的前后轴到通过质心垂线的距离分别等于 c 和 b。求：(1)前后轮的正压力；(2)汽车应如何行驶，才能使前后轮的压力相等？

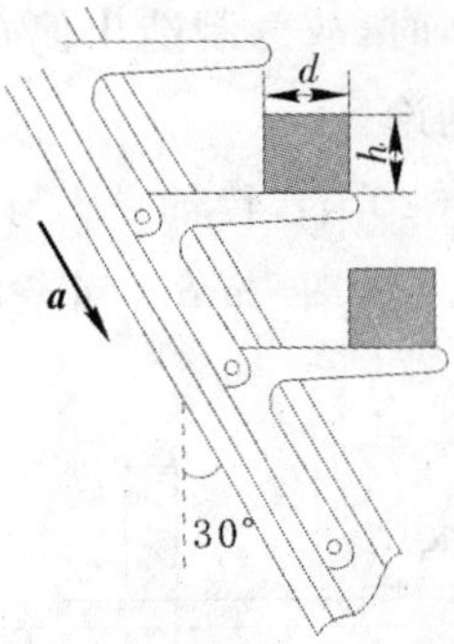

题图 16-1

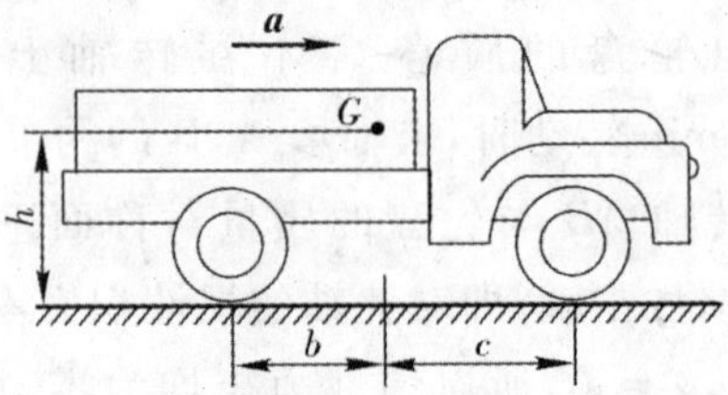

题图 16-2

16-3 题图 16-3 所示矩形块质量 $m_1 = 100$ kg，置于平台车上，车质量 $m_2 = 50$ kg，此车沿光滑的水平面运动。车和矩形块在一起由质量为 m_3 的物体牵引，使之做加速运动。设物块与车之间的摩擦力足够阻止相互滑动，求能够使车加速运动的质量 m_3 的最大值，以及此时车的加速度大小。

16-4 如题图 16-4 所示，调速器由两个质量为 m_1 的均质圆盘构成，圆盘偏心地铰接于距转轴为 a 的 A，B 两点。调速器以等角速度 ω 绕铅直轴转动，圆盘中心到悬挂点的距离为 l。调速器的外壳质量为 m_2，并放在圆盘上。不计摩擦，求角速度 ω 与偏角 φ 之间的关系。

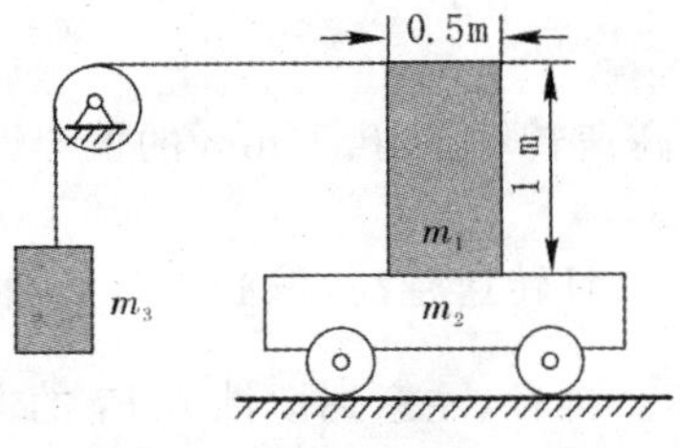

题图 16-3

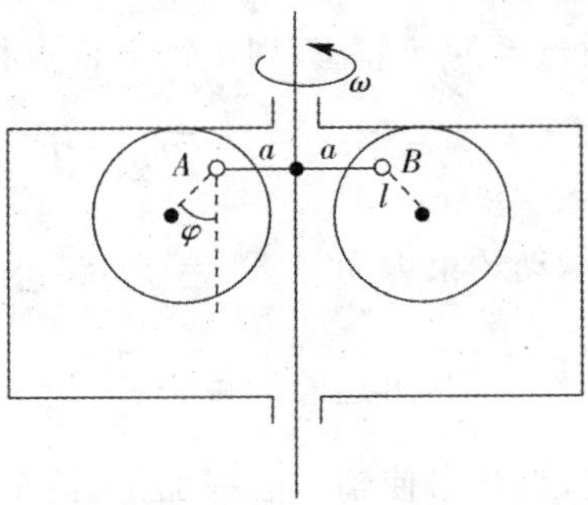

题图 16-4

16-5 曲柄滑道机构如题图 16-5 所示，已知圆轮半径为 r，对转轴的转动惯量为 J，轮上作用一不变的力偶 M，ABD 滑槽的质量为 m，不计摩擦。求圆轮的转动微分方程。

16-6 题图 16-6 所示长方形均质平板，质量为 27 kg，由两个销 A 和 B 悬挂。如果突然撤去销 B，求在撤去销 B 的同时平板的角加速度和销 A 的约束力。

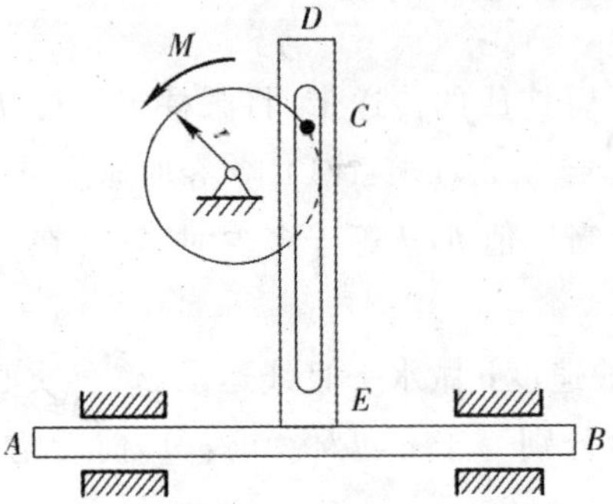

题图 16-5

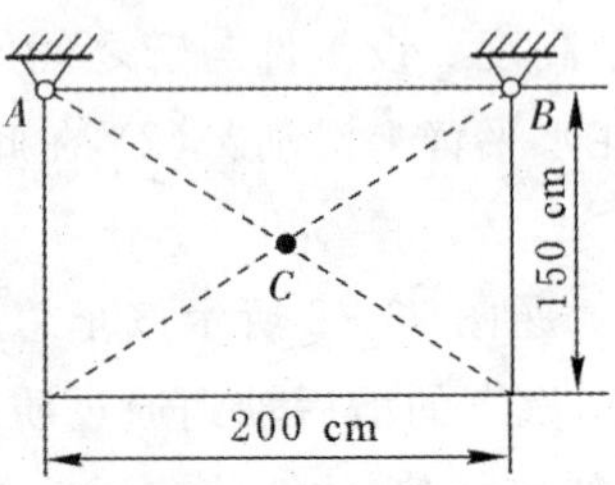

题图 16-6

16－7　题图16－7所示为均质细杆弯成的圆环，半径为 r，转轴 O 通过圆心垂直于环面，A 端自由，AD 段为微小缺口，设圆环以匀角速度 ω 绕轴 O 转动，环的线密度为 ρ，不计重力。求任意截面 B 处对 AB 段的约束力。

16－8　题图16－8所示均质曲杆 $ABCD$，刚性地连接于铅直转轴上，已知 $CO = OB = b$。转轴以匀角速度 ω 转动，欲使 AB 及 CD 段截面只受沿杆的轴向力，试求 AB，CD 段的曲线方程。

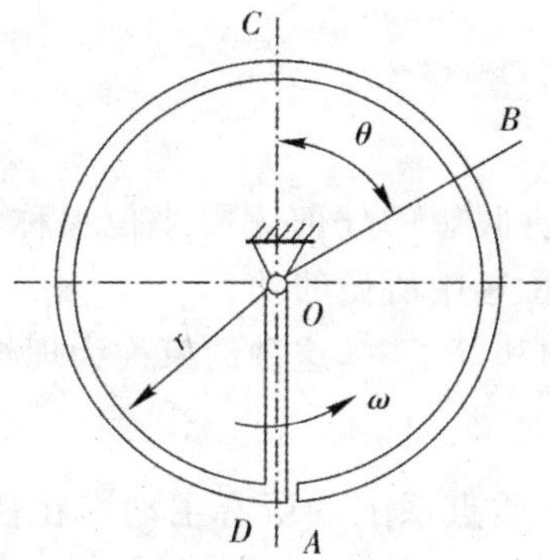

题图　16－7

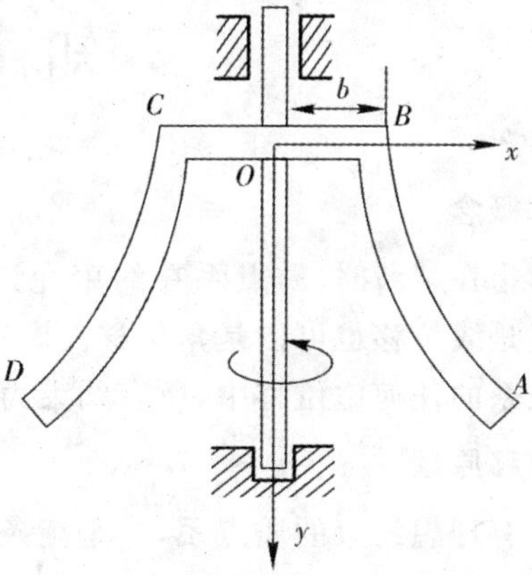

题图　16－8

16－9　转速表的简化模型如题图16－9所示。杆 CD 的两端各有质量为 m 的 C 球和 D 球，杆 CD 与转轴 A 铰接于各自的中点，质量不计。当转轴 AB 转动时，杆 CD 的转角 φ 就发生变化。设当 $\omega = 0$ 时，$\varphi = \varphi_0$，且盘簧中无力。盘簧产生的力矩 M 与转角 φ 的关系为 $M = k(\varphi - \varphi_0)$，式中 k 为盘簧刚度系数。轴承 A，B 间距离为 $2b$，$AO = OB = b$。求：(1) 角速度 ω 与 φ 角的关系；(2) 当系统处于图示平面时，轴承 A，B 的约束力。

16－10　如题图16－10所示，轮轴质心位于 O 处，对轴 O 的转动惯量为 J_O。在轮轴上系有两个质量各为 m_1 和 m_2 的物体。若此轮轴以顺时针转向转动，求轮轴的角加速度 α 和轴承 O 的动约束力。

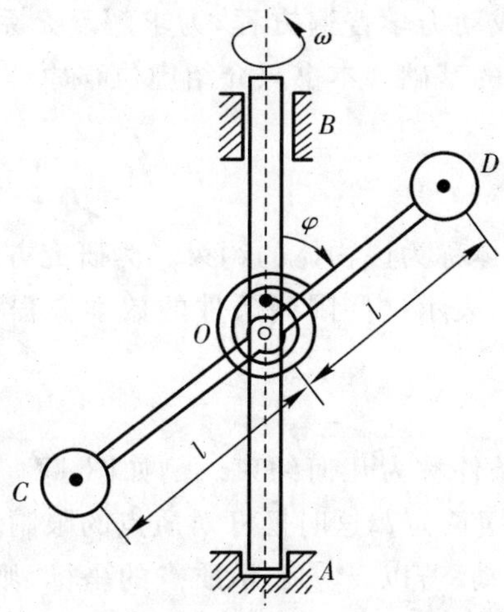

题图　16－9

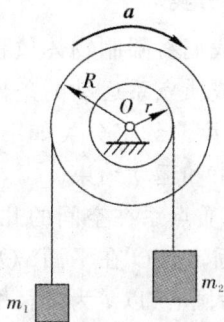

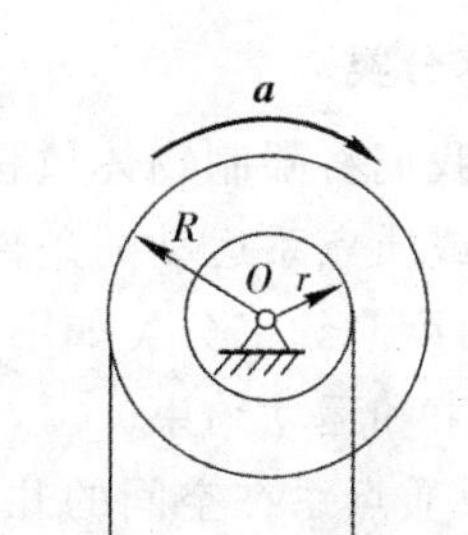

题图　16－10

第十七章　虚位移原理

知识要点

1. 基本概念

虚位移指在某瞬时，质点系在约束允许的条件下所假想的任何无限小位移称为虚位移。虚位移可以是线位移也可以是角位移。虚功为力在虚位移中所做的功。

在质点系的任何虚位移中，所有约束力所做虚功的和等于零，这种约束称为理想约束。

2. 虚位移原理

对于具有理想约束的质点系，其平衡条件是作用于质点系上的所有主动力在任何虚位移上所做虚功的和等于零。其一般表达形式为

$$\delta W_{Fi} = 0$$

虚位移原理是不同于列平衡方程求解静力学平衡问题的一种方法。虚位移原理可以用于具有理想约束的系统，也可以用于具有非理想约束的系统。虚位移原理可以求主动力之间的关系，也可以求约束力。

虚位移原理应用功的概念分析系统的平衡问题，是研究静力学平衡问题的另一途径。

17.1　约束·虚位移·虚功

虚位移原理与达朗贝尔原理结合起来组成动力学普遍方程，为求解复杂系统的动力学问题提供了另一种普遍的方法，构成了分析力学的基础。本书只介绍虚位移原理的工程应用，而不按分析力学的体系追求其完整性和严密性。

1. 约束及其分类

在第1章，我们将限制物体位移的周围物体称为该物体的约束。为研究方便，现将约束定义为：限制质点或质点系运动的条件称为约束，表示这些限制条件的数学方程称为约束方程。我们从不同的角度对约束分类如下。

(1)几何约束和运动约束。

限制质点或质点系在空间的几何位置的条件称为几何约束。例如图17-1所示单摆，其中质点M可绕固定点O在平面xOy内摆动，摆长为l。这时摆杆对质点的限制条件是：质点M必须在以点O为圆心、以l为半径的圆周上运动。若以x，y表示质点的坐标，则其约束方程为$x^2+y^2=l^2$。又如，质点M在图17-2所示固定曲面上运动，那么曲面方程就是质点M的约束方程，即

$$f(x,y,z)=0$$

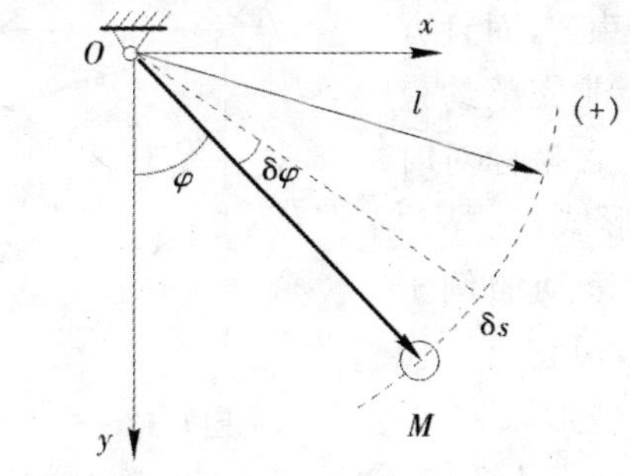

图　17-1

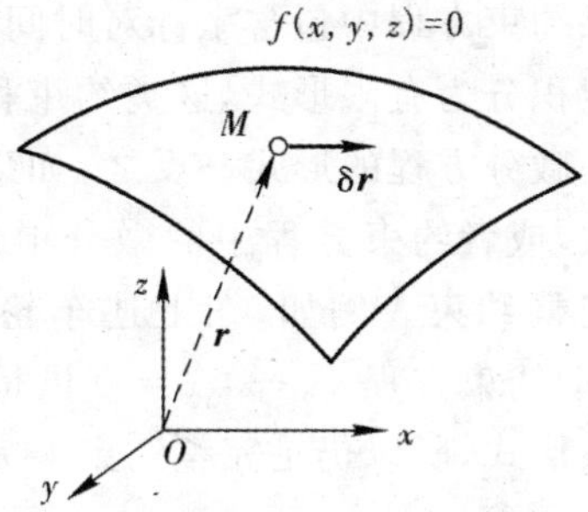

图　17-2

又例如，在图 17-3 所示曲柄连杆机构中，连杆 A 所受约束有：点 A 只能做以点 O 为圆心，以 r 为半径的圆周运动；点 B 与点 A 间的距离始终保持为杆长 l；点 B 始终沿滑道做直线运动。这三个条件以约束方程表示为

$$x_A^2+y_A^2=r^2$$

$$(x_B-x_A)^2+(y_B-y_A)^2=l^2$$

$$y_B=0$$

上述例子中各约束都是限制物体的几何位置，因此都是几何约束。

在力学中，除了几何约束外，还有限制质点系运动情况的运动学条件，称为运动约束。例如，图 17-4 所示车轮当沿直线轨道做纯滚动时，车轮除了受到限制其轮心 A 始终与地面保持距离为 r 的几何约束 $y_A=r$ 外，还受到只滚不滑的运动学的限制，即每一瞬时有

$$v_A-\omega r=0$$

上述约束就是运动约束，该方程即为约束方程。设 x_A 和 φ 分别为点 A 的坐标和车轮的转角，有 $v_A=\dot{x}_A$，$\omega=\dot{\varphi}$。则上式又可改写为

$$\dot{x}_A-r\dot{\varphi}=0$$

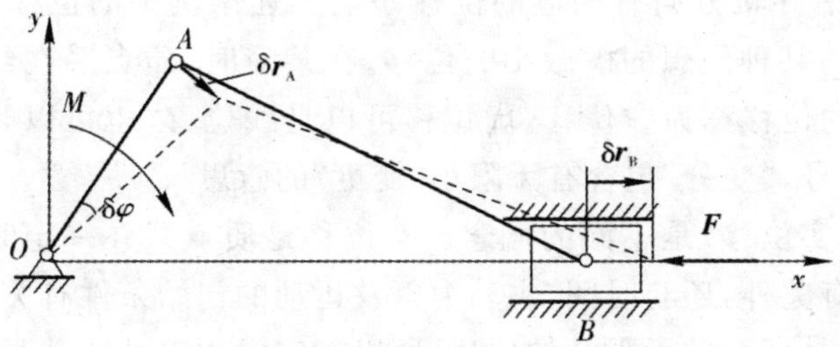

图　17-3

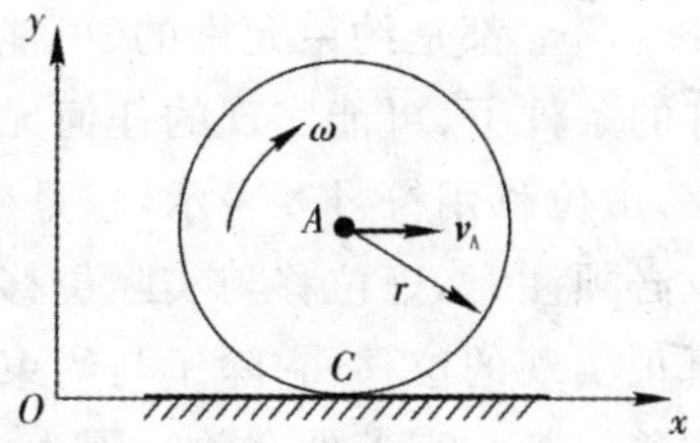

图　17-4

(2)定常约束和非定常约束。

图 17-5 为一摆长 l 随时间变化的单摆，图中重物 M 由一根穿过固定圆环 O 的细绳系住。设摆长在开始时为 l_0，然后以不变的速度 v 拉动细绳的另一端，此时单摆的约束方程为

$$x^2+y^2=(l_0-vt)^2$$

由上式可见，约束条件是随时间变化的，这类约束称为非定常约束。

不随时间变化的约束称为定常约束，在定常约束的约束方程中不显含时间 t，而图 17-1 所示单摆的约束是定常约束。

(3)其他分类。

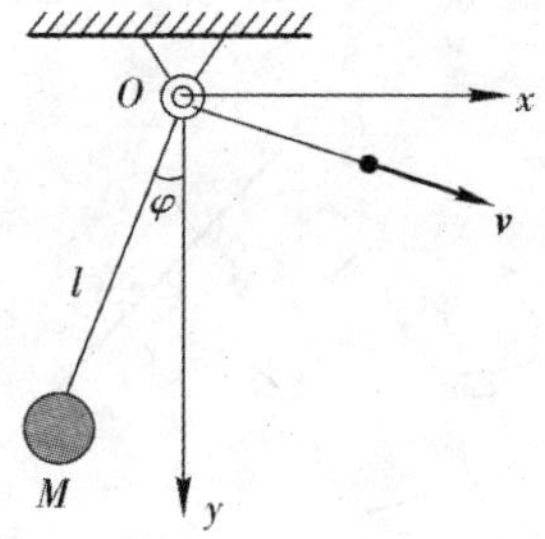

图 17-5

如果约束方程中包含坐标对时间的导数(如运动约束),而且方程不可能积分为有限形式,这类约束称为非完整约束。非完整约束方程总是微分方程的形式。反之,如果约束方程中不包含坐标对时间的导数,或者约束方程中的微分项可以积分为有限形式,这类约束称为完整约束。例如,在上述车轮沿直线轨道作纯滚动的例子中,其运动约束方程 $\dot{x}_A - r\dot{\varphi} = 0$ 虽是微分方程的形式,但它可以积分为有限形式,所以仍是完整约束。完整约束方程的一般形式为

$$f_j(x_1, y_1, z_1, \cdots, x_n, y_n, z_n; \dot{x}_1, \dot{y}_1, \dot{z}_1, \cdots, \dot{x}_n, \dot{y}_n, \dot{z}_n; t) = 0 \quad (j = 1, 2, \cdots, s)$$

式中,n 为质点系的质点数;s 为完整约束的方程数。

在前述单摆的例子中,摆杆是一刚性杆,它限制质点沿杆的拉伸方向的位移,又限制质点沿杆的压缩方向的位移,这类约束称为双侧约束(或称为固执约束),双侧约束的约束方程是等式。若单摆是用绳子系住的,则绳子不能限制质点沿绳子缩短方向的位移,这类约束称为单侧约束(或称为非固执约束),单侧约束的约束方程是不等式。例如,单侧约束的单摆,其约束方程为

$$x^2 + y^2 \leqslant l^2$$

本章只讨论定常的双侧几何约束,其约束方程的一般形式为

$$f_j(x_1, y_1, z_1, \cdots, x_n, y_n, z_n; t) = 0 \quad (j = (1, 2, \cdots, s)$$

式中,n 为质点系的质点数;s 为约束的方程数。

2. 虚位移

在静止平衡问题中,质点系中各个质点都不动。我们设想在约束允许的条件下,给某质点一个任意的、极其微小的位移。例如在图 17-2 中,可设想质点 M 在固定曲面上沿某个方向有一极小的位移 δr。在图 17-3 中,可设想曲柄在平衡位置上转过任一极小角 $\delta\varphi$,这时点 A 沿圆弧切线方向有相应的位移 δr_A,点 B 沿导轨方向有相应的位移 δr_B。上述两例中的位移 δr,$\delta\varphi$,δr_A,δr_B 都是约束允许的、可能实现的某种假想的极微小的位移。在某瞬时,质点系在约束允许的条件下,可能实现的任何无限小的位移称为虚位移。虚位移可以是线位移,也可以是角位移。虚位移用符号 δ 表示,它是变分符号,"变分"包含有无限小"变更"的意思。

必须注意,虚位移与实际位移(简称实位移)是不同的概念。实位移是质点系在一定时间内真正实现的位移,它除了与约束条件有关外,还与时间、主动力以及运动的初始条件有关;而虚位移仅与约束条件有关。因为虚位移是任意的无限小的位移,所以在定常约束的条件下,实位移只是所有虚位移中的一个,而虚位移视约束情况,可以有多个,甚至无穷多个。对于非定常约束,某个瞬时的虚位移是将时间固定后,约束所允许的虚位移,而实位移是不能固定时间的,所以这时实位移不一定是虚位移中的一个。对于无限小的实位移,我们一般用微 分符号表示,例如 dr,dx,$d\varphi$ 等。

3. 虚功

力在虚位移中做的功称为虚功。如图 17-3 中,按图示的虚位移,力 $\boldsymbol{F}$ 的虚功为 $F\delta r_B$,是负功;力偶 M 的虚功为 $M\delta\varphi$,是正功。力 $\boldsymbol{F}$ 在虚位移 δr 上做的虚功一般以 $\delta W = F\delta r$ 表示,本书中的虚功与实位移中的元功虽然采用同一符号 δW,但它们之间是有本质区别的。因为虚位

移只是假想的，不是真实发生的，因而虚功也是假想的，是虚的。图 17－3 中的机构处于静止平衡状态，显然 任何力都没作实功，但力可以作虚功。

4. 理想约束

如果在质点系的任何虚位移中，所有约束力所作虚功的和等于零，称这种约束为理想约束。若以 $\boldsymbol{F}_{Ni}$ 表示作用在某质点 i 上的约束力，δr_i 表示该质点的虚位移，δW_{Ni} 表示该约束反力在虚位移中所做的功，则理想约束可以用数学公式表示为

$$\delta W_N = \sum \delta W_{Ni} = \sum F_{Ni}\delta_{ri} = 0$$

在动能定理一章已分析过光滑固定面约束、光滑铰链、无重刚杆、不可伸长的柔索、固定端等约束为理想约束，现从虚位移原理的角度看，这些约束也为理想约束。

17.2　虚位移原理

设有一质点系处于静止平衡状态，取质点系中任一质点 m_i，如图 17－6 所 示，作用在该质点上的主动力的合力为 $\boldsymbol{F}_i$，约束力的合力为 $\boldsymbol{F}_{Ni}$ 因为质点系处于平衡状态，则这个质点也处于平衡状态，因此有

$$\boldsymbol{F}_i + \boldsymbol{F}_{Ni} = \boldsymbol{0}$$

若给质点系以某种虚位移，其中质点 m_i 的虚位移为 δr_i；，则作用在质点 m_i 上的力 $\boldsymbol{F}_i$ 和 $\boldsymbol{F}_{Ni}$ 的虚功的和为

$$F_i\delta r_i + F_{Ni}\delta r_i = 0$$

对于质点系内所有质点，都可以得到与上式同样的等式。将这些等式相加，得

$$\sum F_i\delta r_i + \sum F_{Ni}\delta r_i = 0$$

如果质点系具有理想约束，则约束力在虚位移中所做虚功的和为零，即 $\sum F_{Ni}\cdot\delta r_i = 0$，代入上式得

$$\sum F_i\delta r_i = 0 \tag{17-1}$$

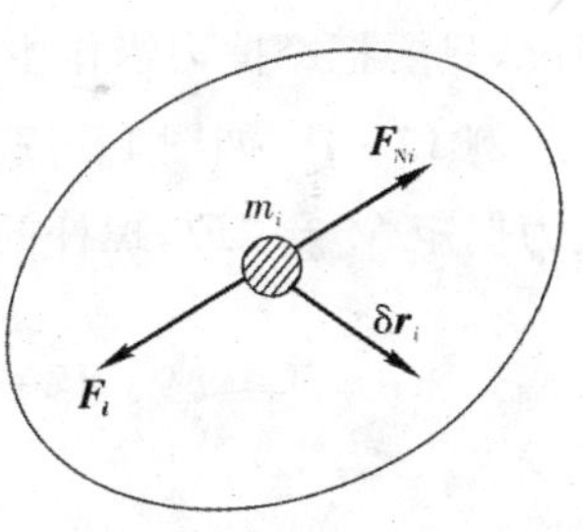

图　17－6

用 δW_{Fi} 代表作用在质点 m_i 上的主动力的虚功，由于 $\delta W_{Fi} = F_i\delta r_i$ 则上式可以写为

$$\delta W_{Fi} = 0 \tag{17-2}$$

可以证明，式(17－2)不仅是质点系平衡的必要条件，也是充分条件。

因此可得结论：对于具有理想约束的质点系，其平衡的充分必要条件是：作用于质点系的所有主动力在任何虚位移中所做虚功的和等于零。上述结论称为虚位移原理，又称为虚功原理，式(17－1)和式(17－2)又称为虚功方程。式(17－1)也可写成解析表达式，即

$$\sum(F_{xi}\delta x_i + F_{yi}\delta y_i + F_{zi}\delta z_i) = 0 \tag{17-3}$$

式中，F_{xi}，F_{yi}，F_{zi} 为作用于质点 m_i 的主动力 $\boldsymbol{F}_i$ 在直角坐标轴上的投影，δx_i，δy_i，δz_i 为虚位移在直角坐标轴上的投影。

以上证明了虚位移原理的必要性，即：若质点系平衡则式(17－1)必定成立。应该指出，

式(17－1)也是质点系平衡的充分条件，即：在满足式(17－1)的条件下，质点系必保持平衡状态。下面采用反证法证明虚位移原理的充分性。

如果质点系受力的作用而处于非静止平衡状态，则此质点系在初始静止状态下，经过 dt 时间，必有某些质点由静止而发生运动，而且其位移应沿该质点所受合力的方向。设该质点主动力的合力为 $\boldsymbol{F}_i$，约束力的合力为 $\boldsymbol{F}_{Ni}$。当约束条件不随时间而变化时，真实发生的小位移也应满足该质点的约束条件，是可能实现的虚位移之一，记为 δr_i，则必有下述不等式：

$$(F_i + F_{Ni})\delta r_i > 0$$

质点系中发生运动的质点上作用力的虚功都大于零，而保持静止的质点上作用力的虚功等于零，因而全部虚功相加仍为不等式，即

$$\sum (F_i + F_{Ni})\delta r_i > 0$$

理想约束下，有

$$\sum F_{Ni}\delta r_i = 0$$

由此得出

$$\sum F_{Ni}\delta r_i > 0$$

这与式(17－1)是矛盾的。

由上得证，在满足式(17－1)条件之下，质点系必定保持静止平衡状态，这就是虚位移原理的充分性。

应该指出，虽然应用虚位移原理的条件是质点系应具有理想约束，但也可以用于有摩擦的情况，只要把摩擦力当作主动力，在虚功方程中计入摩擦力所做的虚功即可。

例 17－1 如图 17－7 所示，在螺旋压榨机的手柄 A 上作用一在水平面内的力偶($\boldsymbol{F}$,$\boldsymbol{F}'$)，其力偶矩 $M = 2Fl$，螺杆的螺距为 h 。求机构平衡时加在被压榨物体上的力。

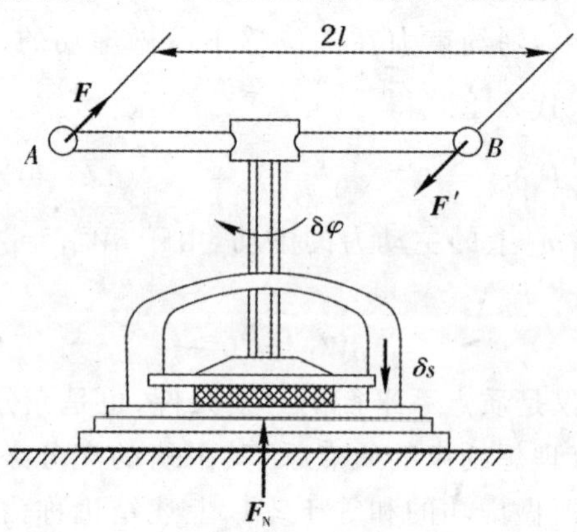

图 17－7

解：研究以手柄、螺杆和压板组成的平衡系统。若忽略螺杆和螺母间的摩擦，则约束是理想的。

作用于平衡系统上的主动力为：作用于手柄上的力偶 ($\boldsymbol{F}$,$\boldsymbol{F}'$)，被压物体对压板的阻力 $\boldsymbol{F}_N$。

给系统以虚位移，将手柄按螺纹方向转过极小角 $\delta\varphi$，于是螺杆和压板得到向下的位移 δ_s。计算所有主动力在虚位移中所做虚功的和，列出下述虚功方程：

$$\sum \delta W_F = F_N \delta_s + 2Fl\delta\varphi = 0$$

由机构的传动关系知，对于单头螺纹，手柄 A 转一周，螺杆上升或下降一个螺距 h，故有

$$\frac{\delta\varphi}{2\pi} = \frac{\delta_s}{h} \quad 即 \quad \frac{h\delta\varphi}{2\pi} = \delta_s$$

将上述虚位移 δ_s 与 $\delta\varphi$ 的关系式代入虚功方程中，得

$$\sum \delta W_F = (2Fl - \frac{F_N h}{2\pi})\delta\varphi = 0$$

因 $\delta\varphi$ 是任意的，故

$$2Fl - \frac{F_N h}{2\pi} = 0$$

解得

$$F_N = \frac{4\pi l}{h} F$$

例 17-2　图 17-8(a)中所示结构，各杆自重不计，在 G 点作用一铅直向上的力 $\boldsymbol{F}$，$AC = CE = CD = CB = DC = CE = Z$ 。求支座 B 的水平约束力。

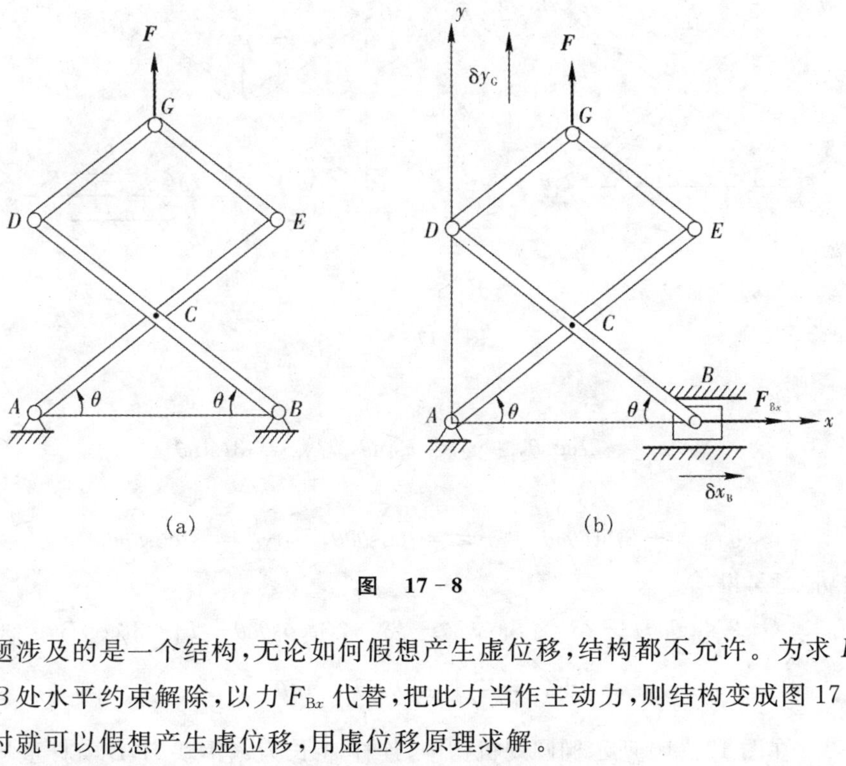

(a)　　　　(b)

图　17-8

解：此题涉及的是一个结构，无论如何假想产生虚位移，结构都不允许。为求 B 处水平约束力，需把 B 处水平约束解除，以力 F_{Bx} 代替，把此力当作主动力，则结构变成图 17-8(b)所示的机构，此时就可以假想产生虚位移，用虚位移原理求解。

用解析法，建坐标系如图 17-8(b)所示，列虚功方程如下：

$$\delta W_F = 0, \quad F_{Bx}\delta x_B + F\delta y_G = 0$$

写出点 B 的坐标 x_B 与点 G 的坐标 y_G 如下：

$$x_B = 2l\cos\varphi, \quad y_G = 3l\sin\theta$$

其变分为

$$\delta x_B = -2l\sin\theta\delta\theta, \quad \delta y_G = 3l\cos\theta\delta\theta$$

将 δx_B，δy_G 代入虚功方程，得

$$F_{Bx}(-2l\sin\theta\delta\theta) + F \times 3l\cos\theta\delta\theta = 0$$

解得
$$F_{Bx} = \frac{3}{2}F\cot\theta$$

此题如果在 C，G 两点之间连接一自重不计、刚度系数为 k 的弹簧，如图 17-9(a) 所示。在图示位置弹簧已有伸长量 δ_0，其他条件不变，仍求支座 B 的水平约束力。则仍需解除 B 处水平方向约束，去掉弹簧，均代之以力，如图 17-9(b) 所示。在图示位置，弹簧有伸长量 δ_0，所以弹性力 $F_G = F_C = k\delta_0$。仍用解析法，列虚功方程：

$$\delta W_F = 0, \quad F_{Bx}\delta x_B + F_C\delta y_C - F_G\delta y_G + F\delta y_G = 0$$

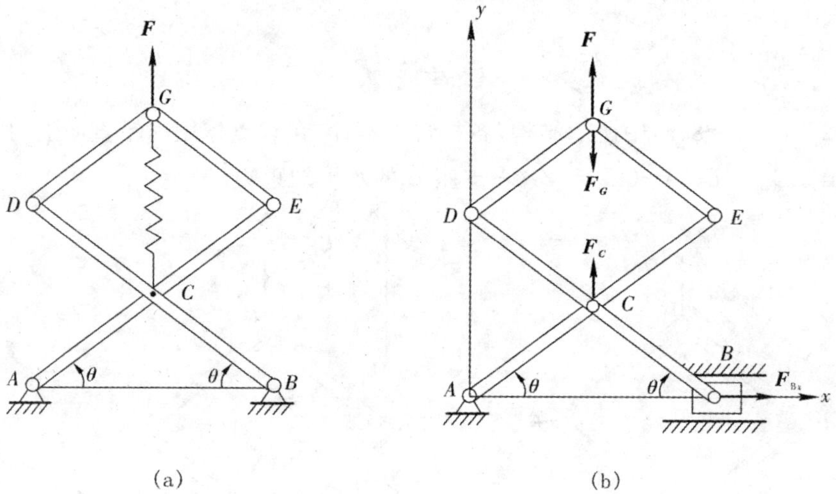

图 17-9

而

$$x_B = 2l\cos\theta, \quad y_C = l\sin\theta, \quad y_G = 3l\sin\theta$$

其变分为

$$\delta x_B = -2l\sin\theta\delta\theta, \quad \delta y_C = l\cos\theta\delta\theta, \quad \delta y_G = 3l\cos\theta\delta\theta$$

代入虚功方程，得

$$F_{Bx} \times (-2l\sin\theta\delta\theta) + 2\delta_0 \times l\cos\theta\delta\theta - k\delta_0 \times 3l\cos\theta\delta\theta + F \times 3l\cos\theta\delta\theta = 0$$

解得
$$F_{Bx} = \frac{3}{2}F\cot\theta - k\delta_0\cot\theta$$

例 17-3 在图 17-10 所示椭圆规机构中，连杆 A 长为 l，滑块 A，B 与杆重均不计，忽略各处摩擦，机构在图示位置平衡。求主动力 $\boldsymbol{F}_A$ 与 $\boldsymbol{F}_B$ 之间的关系。

解：研究整个机构，系统的约束为理想约束。对此题，可用下述几种方法求解。

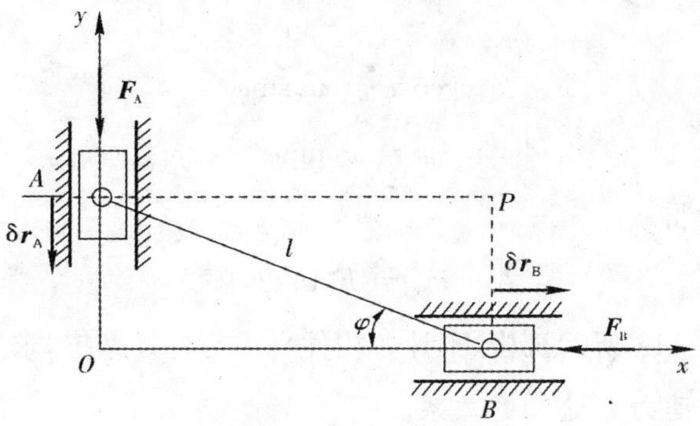

图　17-10

(1)设给滑块 A 一图示的虚位移 δr_A，在约束允许的条件下，滑块 B 的虚位移 δr_B 如图所示，由虚位移原理：

$$\sum F_i \delta r_i = 0$$

有
$$F_A \delta r_A - F_B \delta r_B = 0 \tag{1}$$

为求得 $\boldsymbol{F}_A$ 与 $\boldsymbol{F}_B$ 的关系，应找出虚位移 δr_A 与 δr_B 的关系。由于 AB 杆为刚性杆，A，B 两点的虚位移在 AB 连线上的投影应该相等，由图有 $\delta r_A \sin\varphi = \delta r_B \cos\varphi$，即

$$\delta r_A = \delta r_B \cot\varphi \tag{2}$$

将式(2)代入式(1)，得

$$F_A \cot\varphi - F_B = 0$$

因 δr_B 是任意的，解得

$$F_A = F_B \tan\varphi$$

(2)用解析法。建立图示坐标系，由

$$\sum (F_{xi}\delta x_i + F_{yi}\delta y_i + F_{zi}\delta_{zi}) = 0$$

有
$$-F_B \delta x_B - F_A \delta y_A = 0 \tag{3}$$

写出 A，B 点的坐标为

$$x_B = l\cos\varphi,\quad y_A = l\sin\varphi$$

实施变分运算(类似微分运算)，有

$$\delta x_B = -l\sin\varphi\delta\varphi,\quad \delta y_A = l\cos\varphi\delta\varphi$$

将 δx_B 与 δy_A 代入式(3)，解得

$$F_A = F_B \tan\varphi$$

为求虚位移间的关系，也可以用所谓的“虚速度法”。我们可以假想虚位移 δr_A，δr_B 是在某个极短的时间 dt 内发生的，这时对应点 A 和点 B 的速度 $v_A = \dfrac{\delta r_A}{dt}$ 和 $v_B = \dfrac{\delta r_B}{dt}$ 称为虚速度。代入式(1)得

$$F_B v_B - F_A v_A = 0 \tag{4}$$

由速度投影定理

$$v_B\cos\varphi = v_A\sin\varphi$$

得
$$v_B = v_A\tan\varphi \tag{5}$$

把式(5)代入式(4)得

$$F_A = F_B\tan\varphi$$

例 17－4 如图 17－11 所示机构，不计各构件自重与各处摩擦，求当机构在图示位置平衡时，主动力偶矩 $\boldsymbol{M}$ 与主动力 $\boldsymbol{F}$ 之间的关系。

解：系统的约束为理想约束，假想杆 OA 在图示位置逆时针转过一微小角度 $\delta\theta$，则点 C 将会有水平虚位移 δr_C，由

$$\delta W_F = 0,\quad M\delta\theta - F\delta r_C = 0 \tag{1}$$

现在的问题是应找出 $\delta\theta$ 与 δr_C 的关系，杆 OA 的微小转角 $\delta\theta$ 将引起滑块 B 的牵连位移 δr_e，从而有绝对位移 δr_a 与相对位移 δr_r 如图所示。由图中可看出

$$\delta r_a = \frac{\delta r_e}{\sin\theta}$$

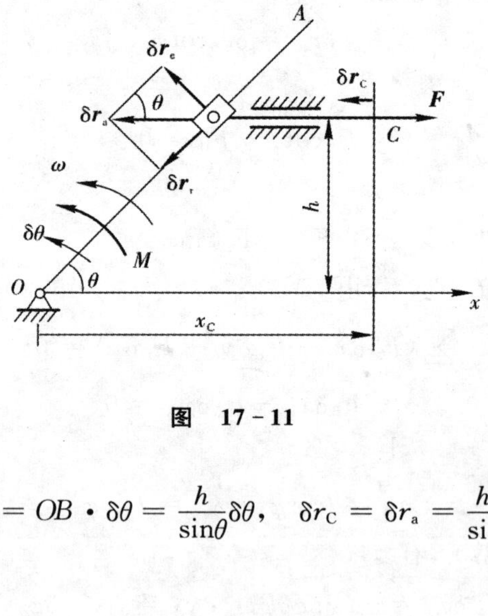

图 17－11

而
$$\delta r_e = OB\cdot\delta\theta = \frac{h}{\sin\theta}\delta\theta,\quad \delta r_C = \delta r_a = \frac{h\delta\theta}{\sin^2\theta}$$

代入式(1)，解得

$$M = \frac{Fh}{\sin^2\theta}$$

若用虚速度法，有 $M\omega - Fv_C = 0$，虚角速度 ω 与点 C 的虚速度 v_C 类似于图中的虚位移关系，只需把各虚位移改为虚速度即可，即

$$v_e = OB\cdot\omega = \frac{h\omega}{\sin\theta},\quad v_a = v_C = \frac{h\omega}{\sin^2\theta},\quad M = \frac{Fh}{\sin^2\theta}$$

也可建图示坐标系，由 $\delta W_F = 0$，有

$$M\delta\theta + F\delta x_C = 0$$

而
$$x_C = h\cot\theta + BC,\quad \delta x_C = -\frac{h\delta\theta}{\sin^2\theta}$$

解得

$$M = \frac{Fh}{\sin^2\theta}$$

例 17-5　求图 17-12(a)所示无重组合梁支座 A 的约束力。

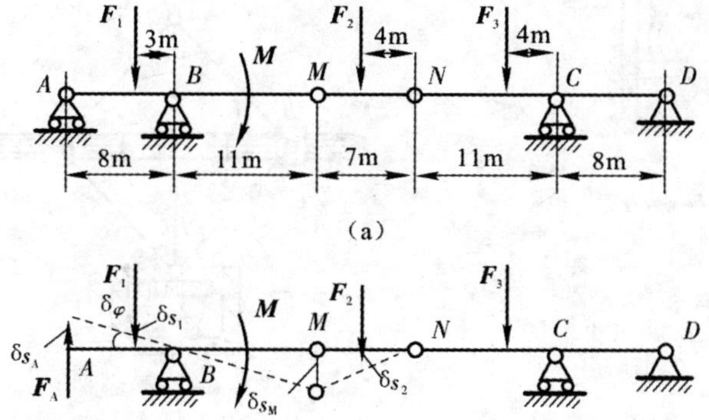

(a)　(b)

图　17-12

解:解除支座 A 的约束,代之以约束力 $\boldsymbol{F}_A$,将 $\boldsymbol{F}_A$ 看作为主动力,如图 17-12(b)所示,假想支座 A 产生如图所示虚位移,则在约束允许的条件下,各点虚位移如图所示,列虚功方程:

$$\delta W_F = 0,\quad F_A\delta s_A - F_1\delta s_1 + M\delta\varphi + F_2\delta s_2 = 0$$

从图中可看出

$$\delta\varphi = \frac{\delta s_A}{8},\quad \delta s_1 = 3\delta\varphi = \frac{3}{8}\delta s_A,\quad \delta s_M = 11\delta\varphi = \frac{11}{8}\delta s_A$$

$$\delta s_2 = \frac{4}{7}\delta s_M = \frac{4}{7}\times\frac{11}{8}\delta s_A = \frac{11}{14}\delta s_A$$

代入虚功方程,得

$$F_A = \frac{3}{8}F_1 - \frac{11}{14}F_2 - \frac{1}{8}M$$

习 题 十 七

17-1　题图 17-1 所示曲柄式压榨机的销钉 B 上作用有水平力 $\boldsymbol{F}$,此力位于平面 ABC 内,作用线平分 $\angle ABC$, $AB = BC$,各处摩擦及杆重不计。求对物体的压缩力。

17－2　在压缩机的手轮上作用一力偶，其矩为 M。手轮轴的两端各有螺距同为 h，但方向相反的螺纹。螺纹上各套有一个螺母 A 和 B，这两个螺母分别与长为 a 的杆相铰接，四杆形成菱形框，如题图 17－2 所示。此菱形框的点 D 固定不动，而点 C 连接在压缩机的水平压板上。求当菱形框的顶角等于 2θ 时，压缩机对被压物体的压力。

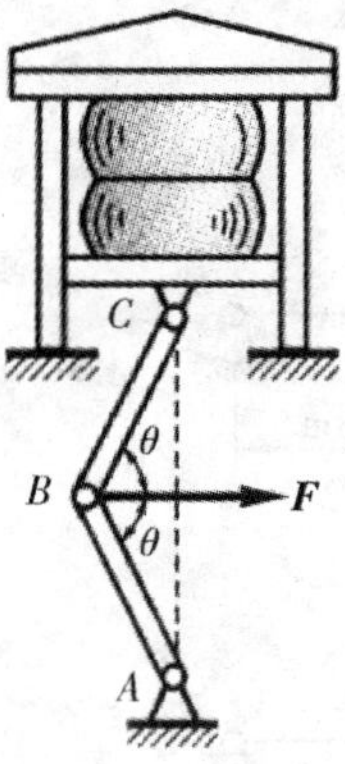

题图　17－1

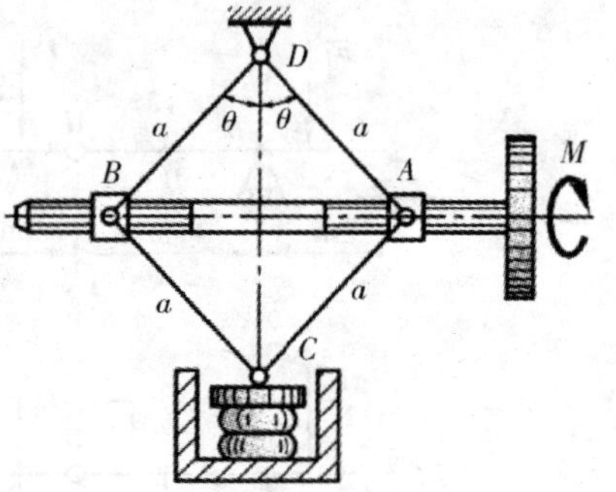

题图　17－2

17－3　挖土机挖掘部分示意图如题图 17－3 所示。支臂 DEF 不动，A,B,D,E,F 为铰链，液压油缸 AD 伸缩时可通过连杆 AB 使挖斗 BFC 绕 F 转动，$EA = FB = r$。当 $\theta_1 = \theta_2 = 30°$ 时杆 $AE \perp DF$，此时油缸推力为 $\boldsymbol{F}$。不计构件质量。求此时挖斗可克服的最大阻力矩 $\boldsymbol{M}$。

17－4　题图 17－4 所示为远距离操纵用的夹钳为对称结构。当操纵杆 EF 向右移动时，两块夹板就会合拢将物体夹住。已知操纵杆的拉力为 $\boldsymbol{F}$，在图示位置两夹板正好相互平行。求被夹物体所受的压力。

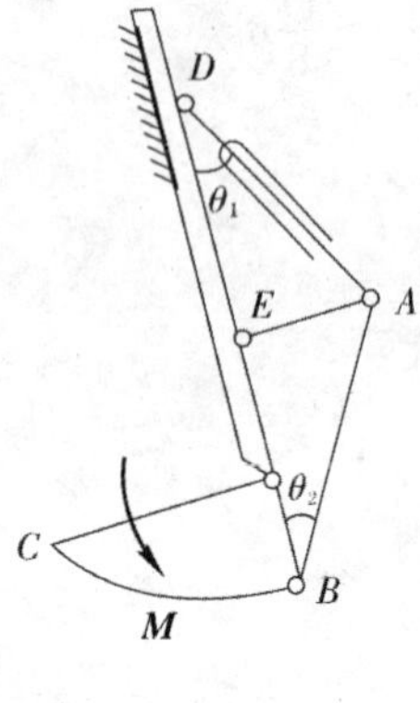

题图　17－3

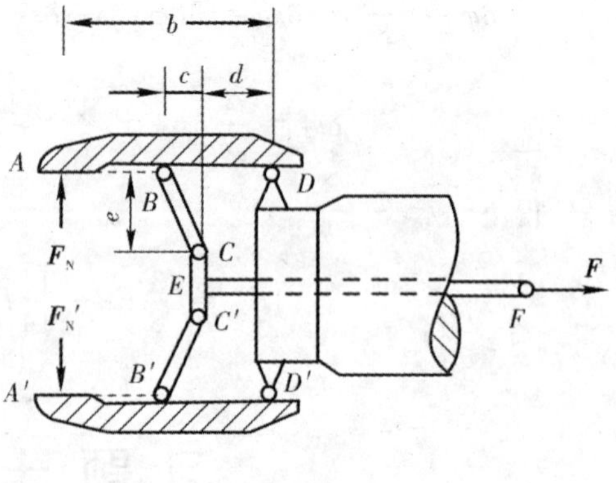

题图　17－4

17－5　在题图 17－5 示机构中，当曲柄 OC 绕轴 O 摆动时，滑块 A 沿曲柄滑动，从而带动杆 AB 在铅直导槽内移动，不计各构件自重与各处摩擦。求机构平衡时力 $\boldsymbol{F}_1$ 与 $\boldsymbol{F}_2$ 的关系。

17-6 在题图 17-6 所示机构中，曲柄 OA 上作用一力偶，其矩为 $\boldsymbol{M}$，另在滑块 D 上作用水平力 $\boldsymbol{F}$。机构尺寸如图所示，不计构件自重与各处摩擦。求当机构平衡时，力 $\boldsymbol{F}$ 与力偶矩 $\boldsymbol{M}$ 的关系。

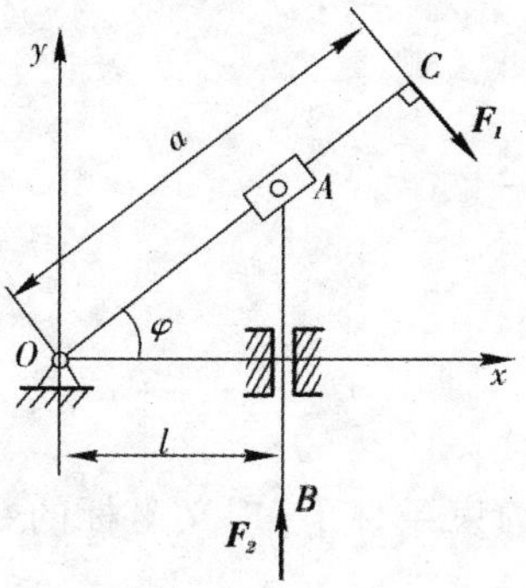

题图 17-5

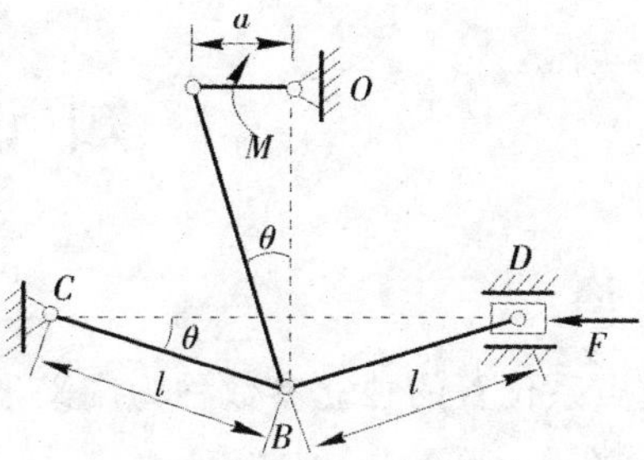

题图 17-6

第十八章　动力学普遍方程和拉格朗日方程

知 识 要 点

1. 广义坐标

确定质点系位置的独立参数称为广义坐标。在完整约束条件下，广义坐标的数目等于系统的自由度数。

2. 广义力

对应于广义坐标 q_k 的广义力为

$$Q_k = \sum_{i=1}^{n}\left(F_{ix}\frac{\partial x_i}{\partial q_k}+F_{iy}\frac{\partial y_i}{\partial q_k}+F_{iz}\frac{\partial z_i}{\partial q_k}\right)$$

质点系平衡的条件为

$$Q_1 = Q_2 = \cdots = Q_N = 0$$

如果作用于质点系的力都是有势力，势能为 V，则系统的广义力可写为

$$Q_k = -\frac{\partial V}{\partial q_k}\quad (k=1,2,\cdots,N)$$

即，在势力场中，具有理想约束的质点系的平衡条件是势能对于每个广义坐标的 偏导数分别等于零。

3. 动力学普遍方程

动力学普遍方程是将虚位移原理与达朗贝尔原理结合起来，形成如下的方程：

$$\sum_{i=1}^{n}(\boldsymbol{F}_i - m_i\ddot{\boldsymbol{r}}_i)\cdot\delta\boldsymbol{r}_i = 0$$

即，在理想约束的条件下，质点系在任一瞬时所受的主动力系和虚加的惯性力系在虚位移上所做的功的和等于零。

4. 拉格朗日方程

拉格朗日方程是将约束方程的一般形式代入动力学普遍方程，再利用独立虚位移的任意性求解所得到的普遍性结果。根据代入约束方程的不同方式，可分为第一类和第二类拉格朗日方程。

5. 第一类拉格朗日方程

第一类拉格朗日方程采用拉格朗日乘子法将动力学普遍方程化成无约束方程组来求解，其方程有如下形式：

$$\boldsymbol{F}_i - m_i\ddot{\boldsymbol{r}}_i - \sum_{m=1}^{s}\lambda_m\frac{\partial f_m}{\partial \boldsymbol{r}_i} = 0\quad (i=1,2,\cdots,n)$$

方程中共有 $3n+s$ 个未知量，须与 s 个约束方程联立求解。采用拉格朗日乘子法也可以求解具有非完整约束系统的动力学问题，因而具有更为普遍的应用性。

6. 第二类拉格朗日方程

第二类拉格朗日方程要求系统具有完整约束，它是一组标量形式的方程，即

$$\frac{\mathrm{d}}{\mathrm{d}t}\left(\frac{\partial T}{\partial \dot{q}_k}\right)-\frac{\partial T}{\partial q_k}-Q_k=0\quad(k=1,2,\cdots,N)$$

对于保守系统，广义力可以势能表示，记 $L=T-V$，则拉格朗日方程有如下形式

$$\frac{\mathrm{d}}{\mathrm{d}t}\left(\frac{\partial L}{\partial \dot{q}_k}\right)-\frac{\partial L}{\partial q_k}=0\quad(k=1,2,\cdots,N)$$

18.1　自由度和广义坐标

研究动力学问题的方法大体上可分为两类：一类是以牛顿定律为基础的矢量力学方法，另一类是以变分原理为基础的分析力学方法。前面我们已经建立了以牛顿定律为基础的动力学普遍方程（动能定理、动量定理和动量矩定理），本章将在达朗贝尔原理和虚位移原理的基础上介绍后一种方法。

下面我们先介绍自由度的概念。

确定一个自由质点在空间中的位置需要 3 个独立参数，我们说自由质点在空间中有 3 个自由度，当质点的运动受到约束限制时，自由度的数目还要减少。工程中的约束多数是稳定的完整约束。在完整约束的条件下，确定质点系位置的独立参数的数目等于系统的自由度数。例如质点 M 被限定只能在球面

$$(x-a)^2+(y-b)^2+(z-c)^2=R^2\tag{18-1}$$

的上半部分运动，由此解出

$$z=c+\sqrt{R^2-(x-a)^2-(y-b)^2}\tag{18-2}$$

这样，该质点在空间中的位置就由 x,y 这两个独立参数所确定，它的自由度数为 2。一般来讲，一个由 n 个质点组成的质点系，若受到 s 个完整约束作用，则其在空间中的 $3n$ 个坐标不是彼此独立的。由这些约束方程可以将其中的 s 个坐标表示成其余 $3n-s$ 个坐标的函数，这样该质点系在空间中的位置就可以用 $N=3n-s$ 个独立参数完全确定下来。描述质点系在空间中位置的独立参数，称为广义坐标。对于完整系统，广义坐标的数目等于系统的自由度数。若质点 M 被限定只能在式(18-1)所确定的球面上半部分运动，则由式(18-2)可知，它在空间中的位置可由 x,y 这两个独立参数来确定，x,y 就是质点 M 的一组广义坐标。此外，广义坐标的选择并不是唯一的，我们也可以选用其他一组独立参量，如 $\xi=x+y,\eta=x-y$ 来同样表示质点 M 在空间中的位置，此时有

$$x=\frac{\xi+\eta}{2},\quad y=\frac{\xi-\eta}{2},\quad z=c+\sqrt{R^2-\left(\frac{\xi+\eta}{2}-a\right)^2-\left(\frac{\xi-\eta}{2}-b\right)^2}$$

考虑由 n 个质点组成的系统受 s 个完整双侧约束：

$$f_k(\boldsymbol{r}_1,\boldsymbol{r}_2,\cdots,\boldsymbol{r}_n;t)=0\quad(k=1,2,\cdots,s)\tag{18-3}$$

设 $q_1,q_2,\cdots,q_N(N=3n-s)$ 为系统的一组广义坐标，我们可以将各质点的坐标表示为

$$\boldsymbol{r}_i = \boldsymbol{r}_i(q_1, q_2, \cdots, q_N; t) \qquad (i = 1,2,\cdots,n) \tag{18-4}$$

由虚位移的定义，对上式进行变分运算，得到

$$\delta \boldsymbol{r}_i = \sum_{k=1}^{N} \frac{\partial \boldsymbol{r}_i}{\partial q_k} \delta q_k \qquad (i = 1,2,\cdots,n) \tag{18-5}$$

其中，$\delta q_k (k = 1,2,\cdots,N)$ 为广义坐标 q_k 的变分，称为广义虚位移。

18.2 以广义坐标表示的质点系平衡条件

设作用在第 i 个质点上的主动力的合力 $\boldsymbol{F}_i$ 在三个坐标轴上的投影分别为 (F_{ix}, F_{iy}, F_{iz})，将式(18-5)代入虚功方程，得到

$$\delta W_F = \sum_{i=1}^{n} \delta W_{Fi} = \sum_{i=1}^{n} \left(F_{ix} \sum_{k=1}^{N} \frac{\partial x_i}{\partial q_k} \delta q_k + F_{iy} \sum_{k=1}^{N} \frac{\partial y_i}{\partial q_k} \delta q_k + F_{iz} \sum_{k=1}^{N} \frac{\partial z_i}{\partial q_k} \delta q_k \right) =$$
$$\sum_{k=1}^{N} \left[\sum_{i=1}^{n} \left(F_{ix} \frac{\partial x_i}{\partial q_k} + F_{iy} \frac{\partial y_i}{\partial q_k} + F_{iz} \frac{\partial z_i}{\partial q_k} \right) \right] \delta q_k = 0 \tag{18-6}$$

若令

$$Q_k = \sum_{i=1}^{n} \left(F_{ix} \frac{\partial x_i}{\partial q_k} + F_{iy} \frac{\partial y_i}{\partial q_k} + F_{iz} \frac{\partial z_i}{\partial q_k} \right) \; (k = 1,2,\cdots,N) \tag{18-7}$$

则式(18-3)可写成

$$\delta W_F = \sum_{k=1}^{N} Q_k \delta q_k = 0 \tag{18-8}$$

式中，$Q_k \delta q_k$ 具有功的量纲，所以 Q_k 称为与广义坐标 q_k 相对应的广义力。广义力的量纲由它所对应的广义坐标而定。当 q_k 是线位移时，Q_k 的量纲是力的量纲；当 q_k 是角位移时，Q_k 是力矩的量纲。

由于广义坐标的独立性，δq_k 可以任意取值，因此若式(18-8)成立，必须有

$$Q_1 = Q_2 = \cdots = Q_N = 0 \tag{18-9}$$

上式说明，质点系的平衡条件是系统所有的广义力都等于零。这就是用广义坐标表示的质点系的平衡条件。

求广义力的方法有两种：一种方法是直接从定义式(18-7)出发进行计算；另一种是利用广义虚位移的任意性，令某一个 δq_k 不等于零，而其他 $N-1$ 个广义虚位移都等于零，代入

$$\delta W_F = Q_k \delta q_k$$

从而有

$$Q_k = \frac{\delta W_F}{\delta q_k} \tag{18-10}$$

例 18-1 杆 OA 和 AB 以铰链相连，O 端悬挂于圆柱铰链上，如图 18-1 所示。杆长 $OA = a$，$AB = b$，杆重和铰链的摩擦都忽略不计。今在点 A 和 B 分别作用向下的铅垂力 $\boldsymbol{F}_A$ 和 $\boldsymbol{F}_B$，又在点 B 作用一水平力 $\boldsymbol{F}$。试求当平衡时 φ_1，φ_2 与 $\boldsymbol{F}_A$，$\boldsymbol{F}_B$，$\boldsymbol{F}$ 之间的关系。

解：杆 OA 和 AB 的位置可由点 A 和 B 的 4 个坐标 x_A，y_A 和 x_B，y_B 完全确定，由于杆 OA 和 AB 的长度一定，可列出如下两个约束方程：

$$x_A^2 + y_A^2 = a^2, \qquad (x_B - x_A)^2 + (y_B - y_A)^2 = b^2$$

因此，系统有两个自由度。现选择 φ_1 和 φ_2 为系统的两个广义坐标，计算其对应的广义力 $\boldsymbol{Q}_1$ 和 $\boldsymbol{Q}_2$，有

$$\left.\begin{aligned} Q_1 &= F_A \frac{\partial y_A}{\partial \varphi_1} + F_B \frac{\partial y_B}{\partial \varphi_1} + F \frac{\partial x_B}{\partial \varphi_1} \\ Q_2 &= F_A \frac{\partial y_A}{\partial \varphi_2} + F_B \frac{\partial y_B}{\partial \varphi_2} + F \frac{\partial x_B}{\partial \varphi_2} \end{aligned}\right\} \tag{1}$$

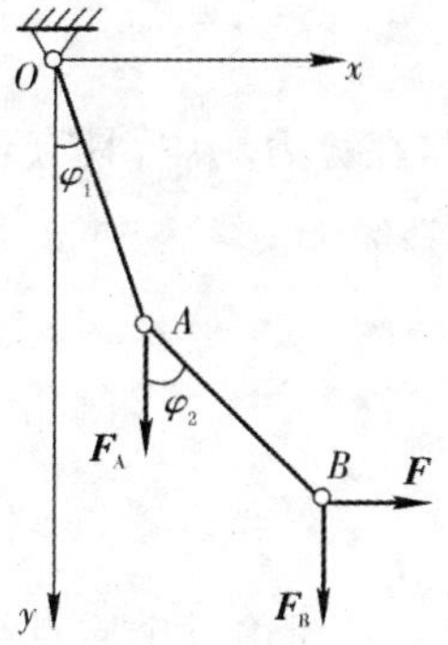

图　18－1

由于

$$y_A = a\cos\varphi_1, \quad y_B = a\cos\varphi_1 + b\cos\varphi_2, \quad x_B = a\sin\varphi_1 + b\sin\varphi_2 \tag{2}$$

故

$$\frac{\partial y_A}{\partial \varphi_1} = -a\sin\varphi_1, \quad \frac{\partial y_B}{\partial \varphi_1} = -a\sin\varphi_1, \quad \frac{\partial x_B}{\partial \varphi_1} = a\cos\varphi_1$$

$$\frac{\partial y_A}{\partial \varphi_2} = 0, \quad \frac{\partial y_B}{\partial \varphi_2} = -b\sin\varphi_2, \quad \frac{\partial x_B}{\partial \varphi_2} = b\cos\varphi_2$$

代入式(1)，当系统平衡时应有

$$\left.\begin{aligned} Q_1 &= -(F_A + F_B)a\sin\varphi_1 + Fa\cos\varphi_1 = 0 \\ Q_2 &= -F_B b\sin\varphi_2 + Fb\cos\varphi_2 = 0 \end{aligned}\right\} \tag{3}$$

解出

$$\tan\varphi_1 = \frac{F}{F_A + F_B}, \quad \tan\varphi_2 = \frac{F}{F_B}$$

下面研究质点系在势力场中的情况。如果作用在质点系上的主动力都是有势力，则势能应为各质点坐标的函数，记为

$$V = V(x_1, y_1, z_1, \cdots, x_n, y_n, z_n) \tag{18-11}$$

此时虚功方程(18－6)中各力的投影都可以写成用势能 V 表达的形式，即

$$F_{ix} = -\frac{\partial V}{\partial x_i}, \quad F_{iy} = -\frac{\partial V}{\partial y_i}, \quad F_{iz} = -\frac{\partial V}{\partial z_i}$$

$$\delta W_F = \sum (F_{ix}\delta x_i + F_{iy}\delta y_i + F_{iz}\delta z_i) = -\sum\left(\frac{\partial V}{\partial x_i}\delta x_i + \frac{\partial V}{\partial y_i}\delta y_i + \frac{\partial V}{\partial z_i}\delta z_i\right) = -\delta V$$

这样，虚位移原理的表达式成为

$$\delta V = 0 \tag{18-12}$$

上式说明：在势力场中，具有理想约束的质点系的平衡条件为质点系的势能在平衡位置处的一阶变分为零。

如果用广义坐标 $q_1, q_2, \cdots, q_N$ 表示质点系的位置，则质点系的势能可以写成广义坐标的函数，即

$$V = V(q_1, q_2, \cdots q_N)$$

根据广义力的表达式(18－7)，在势力场中可将广义力 $\boldsymbol{Q}_k$ 写成如下用势能表达的形式：

$$Q_k = \sum\left(F_{ix}\frac{\partial x_i}{\partial q_k} + F_{iy}\frac{\partial y_i}{\partial q_k} + F_{iz}\frac{\partial z_i}{\partial q_k}\right) = -\sum\left(\frac{\partial V}{\partial x_i}\frac{\partial x_i}{\partial q_k} + \frac{\partial V}{\partial y_i}\frac{\partial y_i}{\partial q_k} + \frac{\partial V}{\partial z_i}\frac{\partial z_i}{\partial q_k}\right) = -\frac{\partial V}{\partial q_k} \quad (k = 1, 2, \cdots, N) \tag{18-13}$$

这样，由广义坐标表示的平衡条件可写成如下形式：

$$Q_k = \frac{\partial V}{\partial q_k} = 0 \quad (k = 1,2,\cdots,N) \tag{18-14}$$

即,在势力场中,具有理想约束的质点系的平衡条件是势能对于每个广义坐标的偏导数分别等于零。

18.3 动力学普遍方程

考虑由 n 个质点组成的系统,设第 i 个质点的质量为 m_i,矢径为 $\boldsymbol{r}_i$,加速度为 $\ddot{\boldsymbol{r}}_i$,其上作用有主动力 $\boldsymbol{F}_i$,约束力 $\boldsymbol{F}_{Ni}$。令 $\boldsymbol{F}_{Ii} = m_i\ddot{\boldsymbol{r}}_i$ 为第 i 个质点的惯性力,则由达朗贝尔原理,作用在整个质点系上的主动力、约束力和惯性力系应组成平衡力系。若系统只受理想约束作用,则由虚位移原理可得

$$\sum_{i=1}^{n}(\boldsymbol{F}_i + \boldsymbol{F}_{Ni} + \boldsymbol{F}_{Ii}) \cdot \delta\boldsymbol{r}_i = \sum_{i=1}^{n}(\boldsymbol{F}_i - m_i\ddot{\boldsymbol{r}}_i) \cdot \delta\boldsymbol{r}_i = 0 \tag{18-15a}$$

写成解析表达式为

$$\sum_{i=1}^{n}[(F_{ix} - m_i\ddot{x}_i)\delta x_i + (F_{iy} - m_i\ddot{y}_i)\delta y_i + (F_{iz} - m_i\ddot{z}_i)\delta z_i] = 0 \tag{18-15b}$$

上式表明:在理想约束的条件下,质点系在任一瞬时所受的主动力系和虚加的惯性力系在虚位移上所做的功的和等于零。式(18-15a)称为动力学普遍方程。

动力学普遍方程将达朗贝尔原理与虚位移原理相结合,可以求解质点系的动力学问题,特别适合于求解非自由质点系的动力学问题。下面举例说明。

例 18-2 在图 18-2 所示滑轮系统中,动滑轮上悬挂着质量为 m_1 的重物,绳子绕过定滑轮后悬挂着质量为 m_2 的重物。设滑轮和绳子的重量以及轮轴摩擦都忽略不计,求质量为 m_2 的物体下降的加速度。

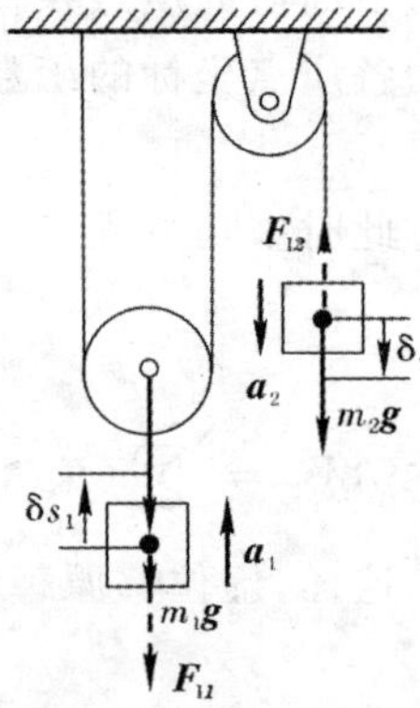

图 18-2

解:取整个滑轮系统为研究对象,系统具有理想约束。系统所受的主动力为 m_1g 和 m_2g,惯性力为

$$\boldsymbol{F}_{I1} = -m_1\boldsymbol{a}_1, \quad \boldsymbol{F}_{I2} = -m_2\boldsymbol{a}_2$$

给系统以虚位移 δ_{s_1} 和 δ_{s_2} 由动力学普遍方程,得

$$(m_2g - m_2a_2)\delta_{s_2} - (m_1g + m_1a_1)\delta_{s_1} = 0$$

上式是一个单自由度系统,所以 δ_{s_1} 和 δ_{s_2} 中只有一个是独立的。由定滑轮和动滑轮的传动关系,有

$$\delta_{s_1} = \frac{\delta_{s_2}}{2}, \quad a_1 = \frac{a_2}{2}$$

代入前式,有

$$(m_2g - m_2a_2)\delta_{s_2} - \left(m_1g + m_1\frac{a_2}{2}\right)\frac{\delta_{s_2}}{2} = 0$$

消去 δ_{s_2}，得

$$a_2 = \frac{4m_2 - 2m_1}{4m_2 + m_1}g$$

18.4* 第一类拉格朗日方程

将约束方程(18-3)代入动力学普遍方程(18-15a)的一种较为普遍的方法就是采用拉格朗日乘子法，将(18-15a)化成无约束方程组来求解，而代入的约束方程则采用其微分形式。引入下述方程：

$$\frac{\partial f_k}{\partial \boldsymbol{r}_i} = \frac{\partial f_k}{\partial x_i}\boldsymbol{i} + \frac{\partial f_k}{\partial y_i}\boldsymbol{j} + \frac{\partial f_k}{\partial z_i}\boldsymbol{k} \tag{18-16}$$

对式(18-3)两边取变分，有

$$\sum_{i=1}^{n} \frac{\partial f_k}{\partial \boldsymbol{r}_i} \cdot \delta \boldsymbol{r}_i = 0 \quad (k = 1,2,3,\cdots,s) \tag{18-17}$$

引入拉格朗日乘子 $\lambda_k (k = 1,2,\cdots,s)$，将式(18-17)两端乘以 λ_k 并对其求和，有

$$\sum_{k=1}^{s}\lambda_k\left(\sum_{i=1}^{n} \frac{\partial f_k}{\partial \boldsymbol{r}_i} \cdot \delta \boldsymbol{r}_i\right) = \sum_{i=1}^{n}\left(\sum_{k=1}^{s}\lambda_k\frac{\partial f_k}{\partial \boldsymbol{r}_i}\right)\cdot \delta\boldsymbol{r}_i = 0 \tag{18-18}$$

将式(18-15a)与式(18-18)相减，得

$$\sum_{i=1}^{n}\left(\boldsymbol{F}_i - m_i\ddot{\boldsymbol{r}}_i - \sum_{k=1}^{s}\lambda_k\frac{\partial f_k}{\partial \boldsymbol{r}_i}\right)\cdot \delta\boldsymbol{r}_i = 0$$

在 $3n$ 个质点坐标中，独立坐标有 $3n-s$ 个。对于 s 个不独立的坐标变分，我们可以选取适当的 λ_k，使得变分前的系数为零；而此时独立坐标变分前的系数也应等于零，从而有

$$F_i - m_i\ddot{\boldsymbol{r}}_i - \sum_{k=1}^{s}\lambda_k \frac{\partial f_k}{\partial \boldsymbol{r}_i} = 0 \quad (i = 1,2,\cdots,n) \tag{18-19}$$

式(18-19)就是带拉格朗日乘子的质点系动力学方程，又称为第一类拉格朗日方程。方程中共有 $3n+s$ 个未知量，故须与式(18-3)联立求解。

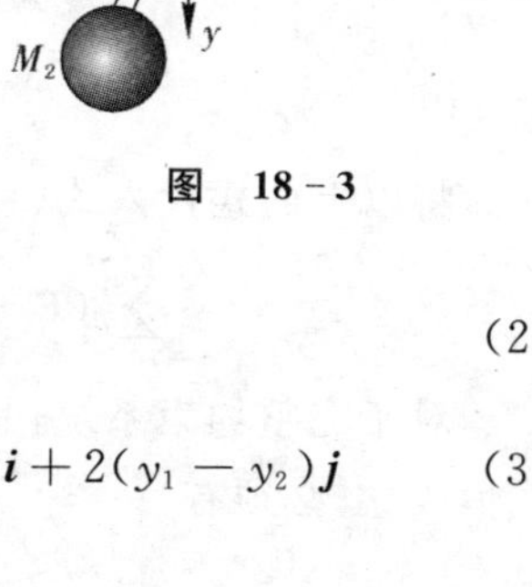

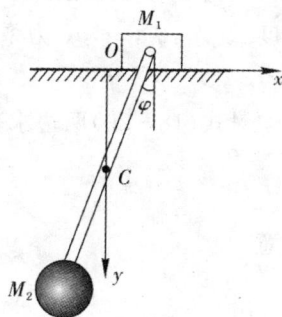

图　18-3

例 18-3　在图 18-3 所示的运动系统中，重物 M_1 的质量为 m_1，可沿光滑水平面移动；摆锤 M_2 的质量为 m_2，两个物体用无重杆连接，杆长为 l。试建立此系统的运动微分方程。

解：取系统为研究对象，建立如图所示坐标系。设质点 M_1 的坐标为 x_1, y_1，质点 M_2 的坐标为 x_2, y_2，则系统的约束为

$$f_1 = y_1 = 0, \quad f_2 = (x_1 - x_2)^2 + (y_1 - y_2)^2 - l^2 = 0 \tag{1}$$

约束方程对各质点坐标的梯度项为

$$\frac{\partial f_1}{\partial \boldsymbol{r}_1} = \boldsymbol{j}, \quad \frac{\partial f_1}{\partial \boldsymbol{r}_2} = \boldsymbol{0} \tag{2}$$

$$\frac{\partial f_2}{\partial \boldsymbol{r}_1} = 2(x_1 - x_2)\boldsymbol{i} + 2(y_1 - y_2)\boldsymbol{j}, \quad \frac{\partial f_2}{\partial \boldsymbol{r}_2} = -2(x_1 - x_2)\boldsymbol{i} + 2(y_1 - y_2)\boldsymbol{j} \tag{3}$$

作用在各质点上的主动力为

$$\boldsymbol{F}_1 = m_1 g\boldsymbol{j}, \quad \boldsymbol{F}_2 = m_2 g\boldsymbol{j} \tag{4}$$

将式(2)～(4)代入式(18－19)，得

$$\left.\begin{aligned}&m_1\ddot{x}_1+2\lambda_2(x_1-x_2)=0\\&m_1\ddot{y}_1+\lambda_1+2\lambda_2(y_1-y_2)-m_1g=0\\&m_2\ddot{x}_2-2\lambda_2(x_1-x_2)=0\\&m_2\ddot{y}_2-\lambda_2(y_1-y_2)-m_2g=0\end{aligned}\right\}\tag{5}$$

将式(1)两边对时间求二阶导数得

$$\left.\begin{aligned}&\ddot{y}_1=0\\&(x_1-x_2)(\ddot{x}_1-\ddot{x}_2)+(\dot{x}_1-\dot{x}_2)^2+(y_1-y_2)(\ddot{y}_1-\ddot{y}_2)+(\dot{y}_1-\dot{y}_2)^2=0\end{aligned}\right\}\tag{6}$$

与式(5)式联立，消去 λ_1，λ_2，得到系统的运动微分方程为

$$\left.\begin{aligned}&m_1\ddot{x}_1+m_2\ddot{x}_2=0\\&\ddot{y}_1=0\\&\frac{y_1-y_2}{x_1-x_2}m_1\ddot{x}_1+m_2\ddot{y}_2-m_2g=0\\&(x_1-x_2)(\ddot{x}_1-\ddot{x}_2)+(\dot{x}_1-\dot{x}_2)^2+(y_1-y_2)(\ddot{y}_1-\ddot{y}_2)+(\dot{y}_1-\dot{y}_2)^2=0\end{aligned}\right\}\tag{7}$$

而

$$\left.\begin{aligned}&\lambda_1=m_1g+m_2g-m_1\ddot{y}_1-m_2\ddot{y}_2\\&\lambda_2=\frac{m_2\ddot{x}_2}{2(x_1-x_2)}\end{aligned}\right\}\tag{8}$$

18.5 第二类拉格朗日方程

设由 n 个质点组成的系统受 s 个完整约束作用(见式(18－3))。系统具有 $N=3n-s$ 个自由度。设 $q_1,q_2,\cdots,q_N$ 为系统的一组广义坐标，且由式(18－3)中可以解出

$$\boldsymbol{r}_i=\boldsymbol{r}_i(q_1,q_2,\cdots,q_N;t)\quad(i=1,2,\cdots,n)\tag{18-20}$$

对式(18－20)两边求变分，得到

$$\delta\boldsymbol{r}_i=\sum_{k=1}^{N}\frac{\partial\boldsymbol{r}_i}{\partial q_k}\delta q_k$$

注意

$$\sum_{i=1}^{n}\boldsymbol{F}_i\cdot\delta\boldsymbol{r}_i=\sum_{k=1}^{N}Q_k\delta q_k$$

将以上两式代入式(18－15)，并注意交换求和次序，可得

$$\sum_{i=1}^{n}(\boldsymbol{F}_i-m_i\ddot{\boldsymbol{r}}_i)\cdot\delta\boldsymbol{r}_i=\sum_{k=1}^{N}\left(\boldsymbol{Q}_k-\sum_{i=1}^{n}m_i\ddot{\boldsymbol{r}}_i\cdot\frac{\partial\boldsymbol{r}_i}{\partial q_k}\right)\delta q_k=0$$

对于完整约束系统，其广义坐标是相互独立的，故 $\delta q_k(k=1,2,\cdots,N)$ 是任意的。为使上式恒成立，必须有

$$\boldsymbol{Q}_k-\sum_{i=1}^{n}m_i\ddot{\boldsymbol{r}}_i\cdot\frac{\partial\boldsymbol{r}_i}{\partial q_k}=0\quad(k=1,2,\cdots,N)\tag{18-21}$$

方程组(18-21)中的第二项与广义力 Q_k 相对应，可称为广义惯性力。

式(18-21)不便于直接应用，为此可做如下变换：

(1)
$$\frac{\partial \boldsymbol{r}_i}{\partial q_k} = \frac{\partial \dot{\boldsymbol{r}}_i}{\partial \dot{q}_k} \tag{18-22}$$

证明：由方程(18-20)两边对时间求导数可得

$$\frac{\mathrm{d}\boldsymbol{r}_i}{\mathrm{d}t} = \dot{\boldsymbol{r}}_i = \sum_{i=1}^{n} \frac{\partial \boldsymbol{r}_i}{\partial q_k}\dot{q}_k + \frac{\partial \boldsymbol{r}_i}{\partial t}$$

其中，$\frac{\partial r_i}{\partial q_k}$ 和 $\frac{\partial r_i}{\partial t}$ 只是广义坐标和时间的函数，将上式两边对 $\dot{q}_k$ 求偏导数，即得式 (18-22)。

(2)
$$\frac{\mathrm{d}}{\mathrm{d}t}\left(\frac{\partial \boldsymbol{r}_i}{\partial q_k}\right) = \frac{\partial \dot{\boldsymbol{r}}_i}{\partial q_k} \tag{18-23}$$

证明：式(18-23)实际上是一个交换求导次序的问题。由式(18-20)得

$$\frac{\partial \boldsymbol{r}_i}{\partial q_k} = \frac{\partial \boldsymbol{r}_i}{\partial q_k} \quad (q_1, q_2, \cdots q_N, t)$$

上式对时间求微分，可得

$$\frac{\mathrm{d}}{\mathrm{d}t}\left(\frac{\partial \boldsymbol{r}_i}{\partial q_k}\right) = \sum_{j=1}^{n} \frac{\partial}{\partial q_j}\left(\frac{\partial \boldsymbol{r}_i}{\partial q_k}\right)\dot{q}_j + \frac{\partial}{\partial t}\left(\frac{\partial \boldsymbol{r}_i}{\partial q_k}\right) = \sum_{j=1}^{N} \frac{\partial^2 \boldsymbol{r}_i}{\partial q_j \partial q_k}\dot{q}_j + \frac{\partial^2 \boldsymbol{r}_i}{\partial t \partial q_k} \tag{18-24}$$

而

$$\frac{\partial \dot{\boldsymbol{r}}_i}{\partial q_k} = \frac{\partial}{\partial q_k}\left(\sum_{j=1}^{N} \frac{\partial \boldsymbol{r}_i}{\partial q_j}\dot{q}_j + \frac{\partial \boldsymbol{r}_i}{\partial t}\right) = \sum_{j=1}^{N} \frac{\partial^2 \boldsymbol{r}_i}{\partial q_k \partial q_j}\dot{q}_j + \frac{\partial^2 \boldsymbol{r}_i}{\partial q_k \partial t} \tag{18-25}$$

若函数 $r_i = r_i(q_1, q_2, \cdots, q_N; t)$ 的一阶和二阶偏导数连续，则式(18-24)与式(18-25)相等，从而式(18-23)成立。

(3)由式(18-22)和式(18-23)，有

$$\begin{aligned}
\sum_{i=1}^{n} m_i \ddot{\boldsymbol{r}}_i \cdot \frac{\partial \boldsymbol{r}_i}{\partial q_k} &= \sum_{i=1}^{n} m_i \frac{\mathrm{d}}{\mathrm{d}t}\left(\dot{\boldsymbol{r}}_i \cdot \frac{\partial \boldsymbol{r}_i}{\partial q_k}\right) - \sum_{i=1}^{n} m_i \dot{\boldsymbol{r}}_i \cdot \frac{\mathrm{d}}{\mathrm{d}t}\left(\frac{\partial \boldsymbol{r}_i}{\partial q_k}\right) = \\
&\sum_{i=1}^{n} m_i \frac{\mathrm{d}}{\mathrm{d}t}\left(\dot{\boldsymbol{r}}_i \cdot \frac{\partial \dot{\boldsymbol{r}}_i}{\partial \dot{q}_k}\right) - \sum_{i=1}^{n} m_i \dot{\boldsymbol{r}}_i \cdot \left(\frac{\partial \dot{\boldsymbol{r}}_i}{\partial q_k}\right) = \\
&\frac{\mathrm{d}}{\mathrm{d}t}\sum_{i=1}^{n}\left(m_i \dot{\boldsymbol{r}}_i \cdot \frac{\partial \dot{\boldsymbol{r}}_i}{\partial \dot{q}_k}\right) - \frac{\partial}{\partial q_k}\sum_{i=1}^{n}\left(\frac{1}{2}m_i \dot{\boldsymbol{r}}_i \cdot \dot{\boldsymbol{r}}_i\right) = \\
&\frac{\mathrm{d}}{\mathrm{d}t}\left[\frac{\partial}{\partial \dot{q}_k}\sum_{i=1}^{n}\left(\frac{1}{2}m_i v_i^2\right)\right] - \frac{\partial}{\partial q_k}\sum_{i=1}^{n}\left(\frac{1}{2}m_i v_i^2\right) = \\
&\frac{\mathrm{d}}{\mathrm{d}t}\left(\frac{\partial T}{\partial \dot{q}_k}\right) - \frac{\partial T}{\partial q_k}
\end{aligned} \tag{18-26}$$

其中，$v_i^2 = \dot{r}_i \cdot \dot{r}_i$ 为第 i 个质点速度的平方，$T = \sum_{i=1}^{n} \frac{1}{2}m_i v_i^2$ 为质点系的动能。

将式(18-26)代入式(18-21)，得到

$$\frac{\mathrm{d}}{\mathrm{d}t}\left(\frac{\partial T}{\partial \dot{q}_k}\right) - \frac{\partial T}{\partial q_k} - Q_k = 0 \quad (k = 1, 2, \cdots, N) \tag{18-27}$$

式(18-27)称第二类拉格朗日方程，简称拉格朗日方程，该方程组为二阶常微分方程组，其中方程式的数目等于质点系的自由度数。

如果作用在质点系上的主动力都是有势力(保守力),则广义力 $\boldsymbol{Q}_k$ 可写成用质点系势能表达的形式(见式(18-13)),于是拉格朗日方程(18-27)可以写成

$$\frac{\mathrm{d}}{\mathrm{d}t}\left(\frac{\partial T}{\partial \dot{q}_k}\right)-\frac{\partial T}{\partial q_k}+\frac{\partial V}{\partial q_k}=0 \qquad (k=1,2,\cdots,N) \tag{18-28}$$

引入拉格朗日函数(又称为动势):

$$L=T-V$$

并注意势能不是广义速度的函数,则拉格朗日方程又可以写成

$$\frac{\mathrm{d}}{\mathrm{d}t}\left(\frac{\partial L}{\partial \dot{q}_k}\right)-\frac{\partial L}{\partial q_k}=0 \quad (k=1,2,\cdots,N) \tag{18-29}$$

拉格朗日方程是解决完整约束系统动力学问题的普遍方程。它形式简洁、便于计算,广泛用于求解复杂质点系的动力学问题。

例 18-4 图 18-4 所示的系统中,轮 A 沿水平面纯滚动,轮心以水平弹簧连于墙上,质量为 m_1 的物块 C 以细绳跨过定滑轮 B 连于点 A。A,B 两轮皆为均质圆盘,半径为 R,质量为 m_2。弹簧刚度为 k,质量不计。当弹簧较软,在细绳能始终保持张紧的条件下,求此系统的运动微分方程。

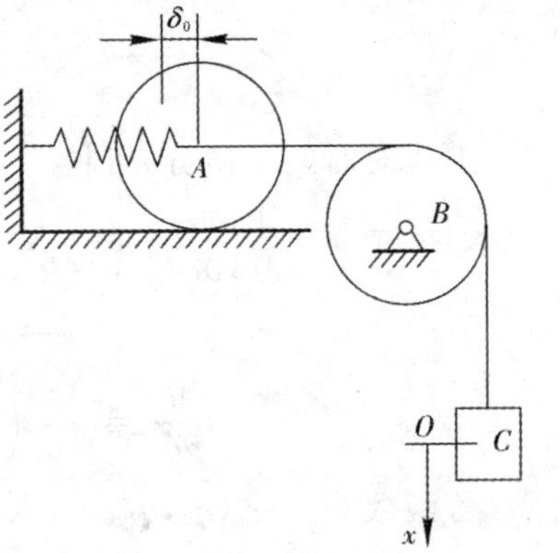

图 18-4

解:此系统具有一个自由度,以物块平衡位置为原点,取 x 为广义坐标如图所示。以平衡位置为重力零势能点,取弹簧原长处为弹性力零势能点,系统在任意位置 x 处的势能为

$$V=\frac{1}{2}k(\delta_0+x)^2-m_1gx$$

其中,δ_0 为平衡位置处弹簧的伸长量。由运动学关系式,当物块速度为 $\dot{x}$ 时,轮 B 角速度为 $\frac{\dot{x}}{R}$,轮 A 质心速度为 $\dot{x}$,角速度亦为 $\frac{\dot{x}}{R}$,此系统的动能为

$$T=\frac{1}{2}m_1\dot{x}^2+\frac{1}{2}\times\frac{1}{2}m_2R^2\left(\frac{\dot{x}}{R}\right)^2+\frac{1}{2}m_2\dot{x}^2+\frac{1}{2}\times\frac{1}{2}m_2R^2\left(\frac{\dot{x}}{R}\right)^2=\left(m_2+\frac{1}{2}m_1\right)\dot{x}^2$$

系统的动势为

$$L=T-V=\left(m_2+\frac{1}{2}m_1\right)\dot{x}^2-\frac{1}{2}k(\delta_0+x)^2+m_1gx$$

代入拉格朗日方程,得

$$\frac{\mathrm{d}}{\mathrm{d}t}\left(\frac{\partial L}{\partial \dot{x}}\right)-\frac{\partial L}{\partial x}=0$$

可得

$$(2m_2+m_1)\dot{x}+k\delta_0+kx-m_1g=0$$

由于 $k\delta_0=m_1g$,则系统的运动微分方程为

$$(2m_2+m_1)\ddot{x}+kx=0$$

例 18-5 如图 18-5(a)所示系统中,物块 A,B,C 的质量分别为 m_1,m_2 和 m_3,物块与桌

面间的摩擦因数均为 f。设动滑轮和定滑轮的质量略去不计，求各物块的加速度。

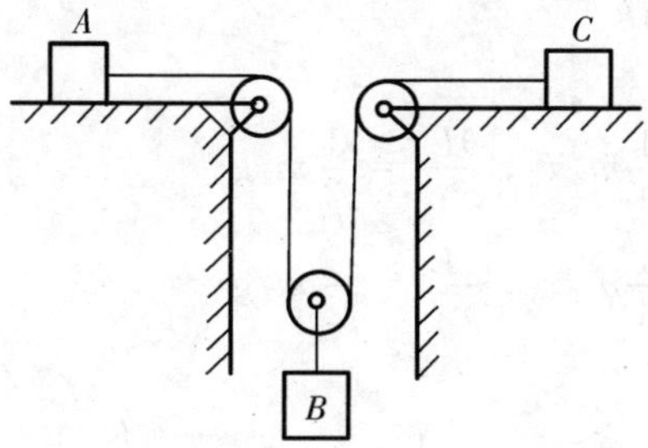

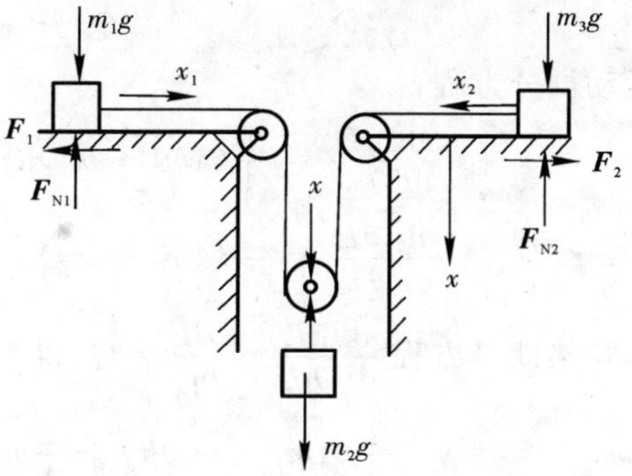

图　18-5

解：这是一个受完整约束的两自由度系统，研究由物块 A,B,C 所组成的系统。它受到主动力 m_1g, m_2g, m_3g 和摩擦力 F_1, F_2 的作用。取物块 A,C 的位移 x_1 和 x_2 为广义坐标，如图 18-5(b)所示

因动滑轮做平面运动，故有约束条件：

$$x_1 + x_2 = 2x \tag{1}$$

系统动能为

$$T = \frac{1}{2}m_1\dot{x}_1^2 + \frac{1}{2}m_2\dot{x}^2 + \frac{1}{2}m_3\dot{x}_2^2$$

将式(1)中的速度关系式代入上式，即用广义坐标表示系统的动能：

$$T = \frac{1}{2}m_1\dot{x}_1^2 + \frac{1}{2}m_2\left(\frac{\dot{x}_1 + \dot{x}_2}{2}\right)^2 + \frac{1}{2}m_3\dot{x}_2^2 =$$

$$\frac{1}{8}(4m_1 + m_2)\dot{x}_1^2 + \frac{1}{8}(m_2 + 4m_3)\dot{x}_2^2 + \frac{1}{4}m_2\dot{x}_1\dot{x}_2$$

取物块 A,C 所在的平面为零势能位置，则系统势能为

$$V = -m_2gx$$

将势能用广义坐标表示为

$$V = -\frac{1}{2}m_2g(x_1 + x_2)$$

拉格朗日函数为

$$L = T - V = \frac{1}{8}(4m_1 + m_2)\dot{x}_1^2 + \frac{1}{8}(m_2 + 4m_3)\dot{x}_2^2 +$$

$$\frac{1}{4}m_2\dot{x}_1 + \dot{x}_2 + \frac{1}{2}m_2g(x_1 + x_2)$$

下面求广义力。给广义坐标 x_1 以虚位移 δx_1，做功的非有势力只有滑动摩擦力 F_1，其元功为

$$[\sum W]_1 = -fm_1g\delta x_1$$

故与广义坐标 x_1 对应的广义力为

$$Q_1 = \frac{[\sum W]}{\delta x_1} = -fm_1g$$

同理可求与广义坐标 x_2 对应的非有势力的广义为

$$Q_2 = - f m_3 g$$

求运动微分方程：

$$\frac{\mathrm{d}}{\mathrm{d}t}\frac{\partial L}{\partial x_1} = \frac{1}{4}(4m_1 + m_2)\ddot{x}_1 + \frac{1}{4}m_2\ddot{x}_2,\ \frac{\partial L}{x_1} = \frac{1}{2}m_2 g$$

$$\frac{\mathrm{d}}{\mathrm{d}t}\frac{\partial L}{\partial x_2} = \frac{1}{4}(4m_2 + m_3)\ddot{x}_2 + \frac{1}{4}m_2\ddot{x}_1,\ \frac{\partial L}{x_2} = \frac{1}{2}m_2 g$$

根据拉格朗日方程 $\frac{\mathrm{d}}{\mathrm{d}t}\frac{\partial L}{\partial q_j} - \frac{\partial L}{\partial q_j} = Q_j$ 得

$$\frac{1}{4}(4m_1 + m_2)\ddot{x}_1 + \frac{1}{4}m_2\ddot{x}_2 - \frac{1}{2}m_2 g = - f m_1 g \tag{2}$$

$$\frac{1}{4}(m_2 + 4m_3)\ddot{x}_2 + \frac{1}{4}m_2\ddot{x}_1 - \frac{1}{2}m_2 g = - f m_3 g \tag{3}$$

联立求解式(2)和(3)，得

$$\dot{a}_{\mathrm{A}} = \ddot{x}_1 = \frac{2m_2 + m_3 + f(m_2 m_3 - 4m_1 m_3 - m_1 m_2)}{m_1 m_2 + 4m_1 m_3 + m_2 m_3}g$$

$$\dot{a}_{\mathrm{C}} = \ddot{x}_2 = \frac{2m_2 m_3 + f(m_1 m_2 - 4m_1 m_3 - m_2 m_3)}{4m_1 m_2 + m_2 m_3 + m_1 m_2}g$$

$$\dot{a}_{\mathrm{B}} = \ddot{x} = \frac{1}{2}(a_{\mathrm{A}} + a_{\mathrm{C}}) = \frac{m_2(m_1 + m_3) - 4 f m_1 m_3}{4m_1 m_3 + m_2 m_3 + m_1 m_2}g$$

习 题 十 八

18－1　题图 18－1 所示离心调速器以角速度 ω 绕铅直轴转动。每个球质量为 m_1，套管 O 质量为 m_2，杆重忽略不计。$OC = EC = AC = OD = ED = BD = a$。求当稳定旋转时，两臂 OA 和 OE 与铅直轴的夹角 θ 。

18－2　应用拉格朗日方程推导题图 18－2 所示单摆的运动微分方程。分别以下列参数为广义坐标：(1) 转角 φ ；(2) 水平坐标 x；(3) 铅直坐标 y 。

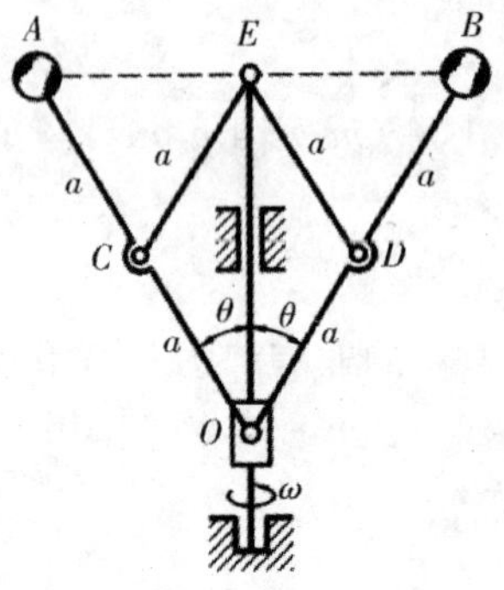

题图　18－1

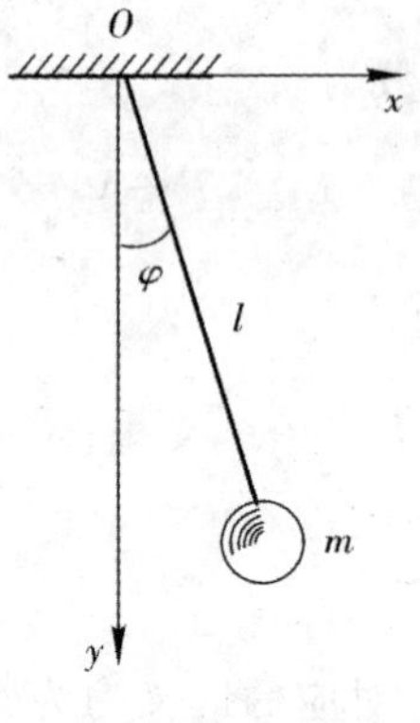

题图　18－2

18－3　质量为 m 的质点悬在一线上，线的另一端绕在一半径为 R 的固定圆柱体上，如题

图 18－3 所示。设在平衡位置时，线的下垂部分长度为 l，且不计线的质量。求此摆的运动微分方程。

18－4　如题图 18－4 所示，斜块 A 质量为 m_A，在常力 $\boldsymbol{F}$ 作用下水平向右并推动活塞杆 BC 向上运动；活塞与杆 BC 的质量为 m，上端由弹簧压住，弹簧的刚度系数为 k。运动开始时，系统静止，弹簧未变形。不计摩擦，求顶杆 BC 的运动微分方程。

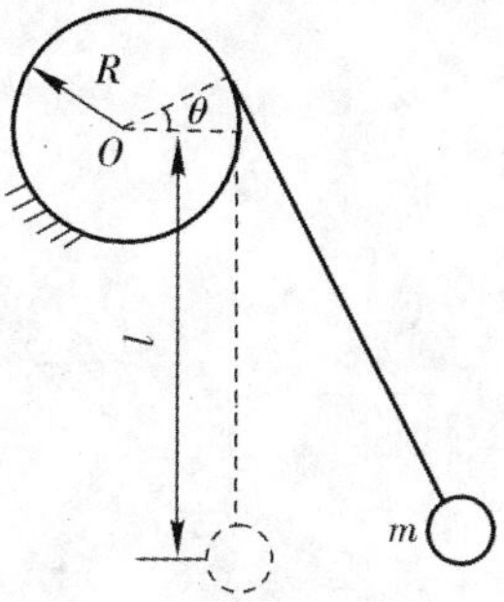

题图　18－3

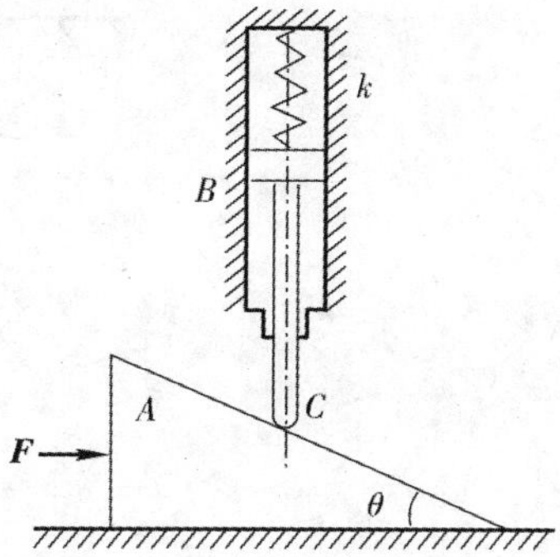

题图　18－4

18－5　如题图 18－5 所示，系统由轮 O_1，O_2 和重物 A，B，C 组成。已知 A，B，C 的质量分别为 m_1，m_2，m_3，绳子不可伸长，不计滑轮和绳子质量，求重物 A 的加速度。

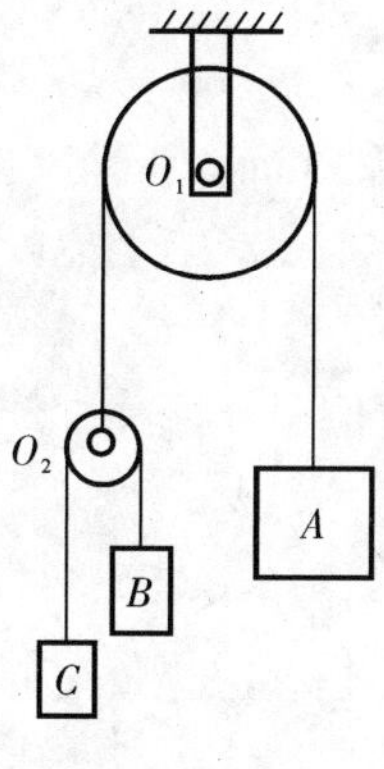

题图　18－5

18－6　如题图 18－6 所示，行星轮机构放置在水平面上，已知均质系杆 OA 的质量为 m_0，均质行星轮 Ⅰ 质量为 m_1，半径为 r_1，固定齿轮 Ⅱ 半径为 r_2。今在系杆 OA 上作用一不变力矩 M。求系杆转动的角加速度。

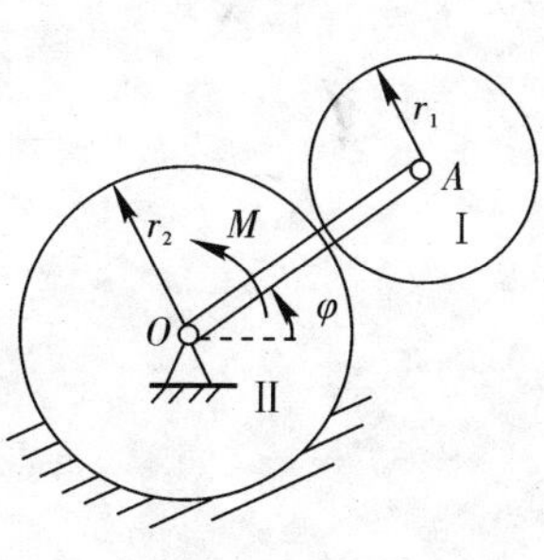

题图　18－6

18 - 7　如题图 18 - 7 所示，质杆 AB 质量为 m，长 $h = 3r$，通过光滑铰链与半径为 r、质量为 m 的均质圆盘中心 A 相连，圆盘在水平轨道上做纯滚动。求此系统运动微分方程。

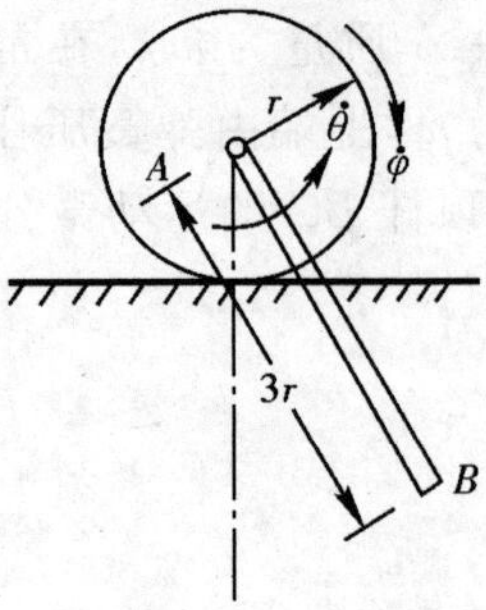

题图　18 - 7

第十九章　振　　动

知识要点

1. 无阻尼自由振动微分方程

标准形式为
$$\ddot{x}+\omega_0^2x=0$$
若运动方程为谐振动，则
$$x=A\sin(\omega_0t+\theta)$$
其中，ω_0 称为系统的固有频率，它只与振动系统本身的质量和刚度有关。

对于弹簧质量系统：

初角速度：
$$\omega_0=\sqrt{\frac{k}{m}}$$

振幅：
$$A=\sqrt{x_0^2+\frac{v_0^2}{\omega_0^2}}$$

初相角：
$$\tan\theta=\frac{\omega_0x_0}{v_0}$$

2. 有阻尼自由振动微分方程

标准形式为
$$\ddot{x}+2\delta\dot{x}+\omega_0^2x=0$$
当 $\delta<\omega_0$ 时，解为衰减振动表述为
$$x=Ae^{-\delta t}\sin(\omega_dt+\theta)$$
$$\omega_d=\sqrt{\omega_0^2-\delta^2}=\omega_0\sqrt{1-\zeta^2}$$
可见，阻尼对振幅的影响较大，它使振幅随时间成负指数曲线衰减。

当 $\delta\geqslant\omega_0$ 时，运动不具有振动性质。

3. 简谐激振力作用下的受迫振动微分方程

标准形式为
$$\ddot{x}+2\delta\dot{x}+\omega_0^2x=h\sin\omega t$$
当其解中的自由振动部分衰减后，稳定的受迫振动部分是谐振动，即
$$x=b\sin(\omega t-\theta)$$
振幅：
$$b=\frac{h}{\sqrt{(\omega_0^2-\omega^2)^2+4\delta\omega^2}}$$

相位差：
$$\tan\theta=\frac{2\delta\omega}{\omega_0^2-\omega^2}$$

受迫振动的频率等于激振力的频率，当激振力的频率接近于系统的固有频率时，将发生共振。

19.1 单自由度系统的自由振动

振动是日常生活和工程中普遍存在的现象，有机械振动、电磁振荡、光的波动等不同的形式。本书只研究机械振动，如钟摆的摆动、汽车的颠簸、混凝土振动捣实以至地震等，其特点是物体围绕其平衡位置而往复运动。掌握机械振动的基本规律，可以更好地利用有益的振动而减少振动的危害，另外，也有助于了解其他形式的振动。

机械系统的振动往往是很复杂的，应根据具体情况及要求，简化为单自由度 系统、多自由度系统以至连续体等物理模型，再运用力学原理及数学工具进行分析。本章只研究单自由度系统的振动。单自由度系统的振动反映了 振动的一些最基本的规律。

下面就介绍单自由度系统的振动。

1. 自由振动微分方程

许多振动系统可简化为一个质量和一个弹簧的弹簧质量系统，而且往往又是在重力影响下沿铅垂方向振动，具有一个自由度，可以简化为图 19 - 1 所示的模型。为分析其运动规律，先列出其运动微分方程。

设弹簧原长为 l_0，刚度系数为 k。在重力 $\boldsymbol{P} = m\boldsymbol{g}$ 的作用下弹簧的变形为 δ_{st}，称为静变形，这一位置为平衡位置。平衡时重力 $\boldsymbol{P}$ 和弹性力 $\boldsymbol{F}$ 大小相等，即 $P = k\delta_{st}$，由此有

$$\delta_{st} = P/k \tag{19-1}$$

为研究方便，取重物的平衡位置点 O 为坐标原点，取 x 轴的正向铅直向下，则重物在任意位置 x 处 弹簧力 $\boldsymbol{F}$ 在轴 x 上的投影为

$$F_x = -k\delta = -k(\delta_{st} + x)$$

其运动微分方程为

$$m\frac{\mathrm{d}^2 x}{\mathrm{d}t^2} = P - k(\delta_{st} + x)$$

考虑式(19 - 1)，则上式变为

$$m\frac{\mathrm{d}^2 x}{\mathrm{d}t^2} = -kx \tag{19-2}$$

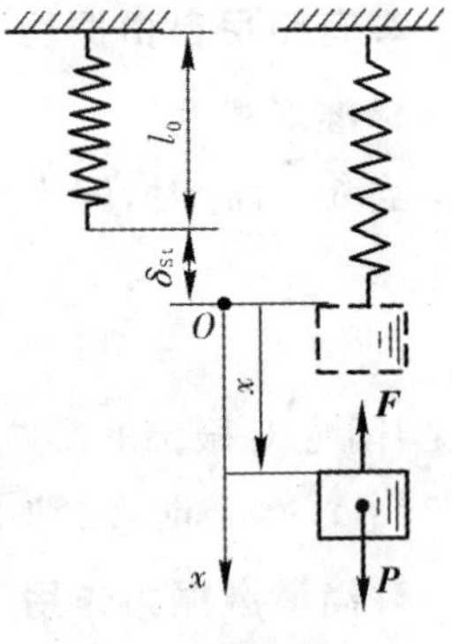

图 19 - 1

式(19 - 2)表明，物体偏离平衡位置于坐标 x 处，将受到与偏离距离成正比而与偏离方向相反的合力，称此力为恢复力 O 只在恢复力作用下维持的振动称为无阻尼自由振动。上例中的重力对于振动系统是一般常力的特例，常力加在振动系统上都只改变其平衡位置，只要将坐标原点取在平衡位置，都将得到如式(19 - 2)的运动微分方程。

将式(19 - 2)两端除以质量 m，并设

$$\omega_0^2 = \frac{k}{m} \tag{19-3}$$

移项后得

$$\frac{d^2x}{dt^2}+\omega_0^2x=0 \tag{19-4}$$

式(19－4)为无阻尼自由振动微分方程的标准形式，它是一个二阶齐次线性常系数微分方程。其解具有如下形式：

$$x=e^{rt}$$

其中，r 为待定常数。将上式代入微分方程(19－4)后，消去公因子 e^{rt} 时，得如下的本征方程：

$$r^2+\omega_0^2=0$$

本征方程的两个根为

$$r_1=+i\omega_0,\quad r_2=-i\omega_0$$

其中，$i=\sqrt{-1}$，r_1 和 r_2 是两个共轭虚根。微分方程(19－4)的解为

$$x=C_1\cos\omega_0 t+C_2\sin\omega_0 t \tag{19-5}$$

其中，C_1 和 C_2 是积分常数，由运动的起始条件确定。令：

$$A=\sqrt{C_1^2+C_2^2},\quad \tan\theta=\frac{C_1}{C_2}$$

则式(19－5)可改写为

$$x=A\sin(\omega_0 t+\theta) \tag{19-6}$$

式(19－6)表示无阻尼自由振动是简谐振动，其运动图线如图 19－2 所示。

2. 无阻尼自由振动的特点

(1)固有频率。

无阻尼自由振动是简谐振动，是一种周期振动。所谓周期振动是指对任何瞬时 t，其运动规律 $x(t)$ 总可以写为

$$x(t)=x(t+T)$$

其中，T 为常数，称为周期，单位符号为 s。这种振动经过时间 T 后又重复原来的运动。

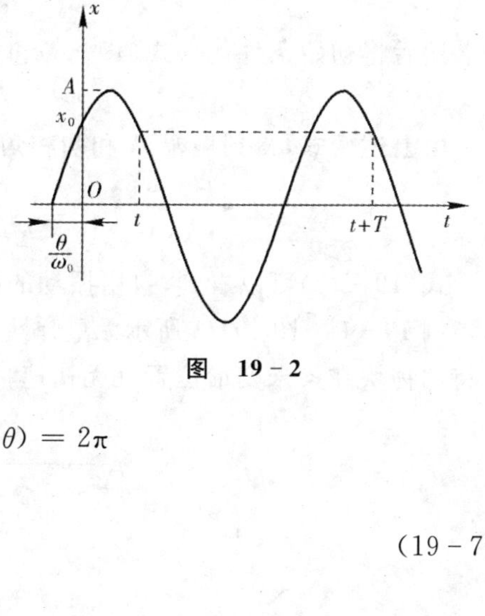

图　19－2

由式(19－6)，其角度周期为 2π，则有

$$[\omega_0(t+T)+\theta]-(\omega_0 t+\theta)=2\pi$$

由此得自由振动的周期为

$$T=\frac{2\pi}{\omega_0} \tag{19-7}$$

由式(19－7)得

$$\omega_0=2\pi\frac{1}{T}=2\pi f \tag{19-8}$$

其中，$f=\dfrac{1}{T}$ 称为振动的频率，表示每秒钟的振动次数，其单位符号为 1/s 或 Hz（赫兹）。

因为 $\omega_0=2\pi f$，所以 ω_0 表示 2π 秒内的振动次数，单位符号为 rad/s(弧度/秒)。由式(19－3)知

$$\omega_0=\sqrt{\frac{k}{m}} \tag{19-9}$$

式(19－9)表示 ω_0 只与表征系统本身特性的质量 m 和刚度 k 有关，而与运动的初始条件无

关，它是振动系统固有的特性，所以称 ω_0 为固有角(圆)频率(一般也称为固有频率)。固有频率是振动理论中的重要概念，它反映了振动系统的动力学特性，计算系统的固有频率是研究系统振动问题的重要课题之一。

将 $m = P/g$ 和 $k = P/\delta_{st}$ 代入式(19-9)，得

$$\omega_0 = \sqrt{\frac{g}{\delta_{st}}} \tag{19-10}$$

式(19-10)表明：对上述振动系统，只要知道重力作用下的静变形，就可求得系统的固有频率。例如，我们可以根据车厢下面弹簧的压缩量来估算车厢上下振动的频率。显然，满载车厢的弹簧静变形比空载车厢大，则其振动频率比空载车厢低。

(2)振幅与初相角。

在谐振动表达式(19-6)中，A 表示相对于振动中心点 O 的最大位移，称为振幅。$\omega_0 t+\theta$ 称为相位(或相位角)，相位决定了质点在某瞬时 t 的位置，它具有角度的量纲，而 θ 称为初相角，它决定了质点运动的起始位置。

自由振动中的振幅 A 和初相角。是两个待定常数，它们由运动的初始条件确定。设 $t=0$ 在起始时，物块的坐标 $x = x_0$，速度 $v = v_0$。为求 A 和 θ，现将式(19-6)两端对时间 t 求一阶导数，得物块的速度为

$$v = \frac{\mathrm{d}x}{\mathrm{d}t} = A\omega_0 \cos(\omega_0 t + \theta) \tag{19-11}$$

然后将初始条件代入式(19-6)和式(19-11)得

$$x_0 = A\sin\theta, \quad v_0 = A\omega_0 \cos\theta$$

由上述两式，得到振幅 A 和初相角 θ 的表达式为

$$A = \sqrt{x_0^2 + \frac{v_0^2}{\omega_0^2}}, \quad \tan\theta = \frac{\omega_0 x_0}{v_0} \tag{19-12}$$

式(19-12)可以看到，自由振动的振幅和初相角都与初始条件有关。

例 19-1 图 19-3 所示无重弹性梁，当其中部放置质量为 m 的物块时，其静挠度为 2 mm。若将此物块在梁未变形位置处无初速释放，求系统的振动规律。

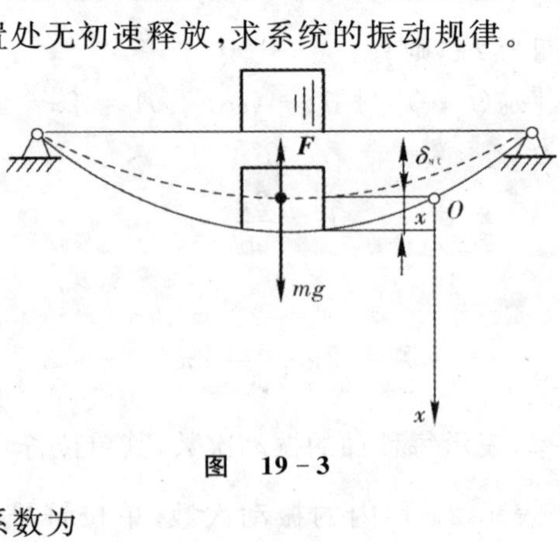

图 19-3

解：由题知，梁的刚度系数为

$$k = \frac{mg}{\delta_{st}}$$

重物在梁上振动时，所受的力有重力 $m\boldsymbol{g}$ 和弹性力 $\boldsymbol{F}$，若取其平衡位置为坐标原点，x 轴方向铅直向下，可列出运动微分方程为

$$m\frac{d^2x}{dt^2}=mg-k(\delta_{st}+x)=-kx$$

设

$$\omega_0^2=\frac{k}{m}$$

则上式可改写为

$$\frac{d^2x}{dt^2}+\omega_0^2x=0$$

上述振动微分方程的解为

$$x=A\sin(\omega_0 t+\theta)$$

其中,固有频率为

$$\omega_0=\sqrt{\frac{k}{m}}=\sqrt{\frac{g}{\delta_{st}}}=70\ \text{rad/s}$$

在初瞬时 $t=0$,物块位于未变形的梁上,其坐标 $x_0=-\delta_{st}=-2$ mm,重物初速 $v_0=0$,则振幅为

$$A=\sqrt{x_0^2+\frac{v_0^2}{\omega_0^2}}=2\ \text{mm}$$

初相角为

$$\theta=\arctan\frac{\omega_0x_0}{v_0}=\arctan(-\infty)=-\frac{\pi}{2}$$

最后得系统的自由振动规律为

$$x=-2\cos(70t)\ \text{mm}$$

式中,t 以 s 计。

3. 其他类型的单自由度振动系统

图 19－4 所示为一扭振系统,其中圆盘对于中心轴的转动惯量为 J_O,刚性固结在扭杆的一端。扭杆另一端固定,圆盘相对于固定端的扭转角度用 φ 表示,扭杆的扭转刚度系数为 k,它表示使圆盘产生单位扭角所需的力矩。根据刚体转动微分方程可建立圆盘转动的运动微分方程为

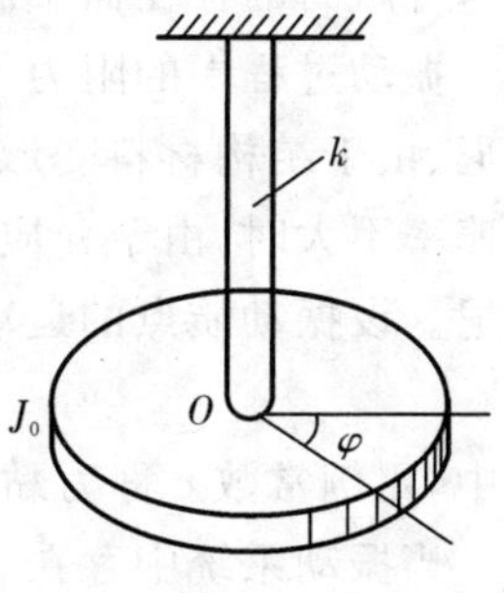

图　19－4

$$J_O\frac{d^2\varphi}{dt^2}=-k\varphi$$

令 $\omega_0^2=\dfrac{k}{J_O}$,则上式可变为

$$\frac{d^2\varphi}{dt^2}+\omega_0^2\varphi=0$$

例 19－2　图 19－5 所示为一摆振系统,杆重不计,球质量为 m,摆对轴 O 的转动惯量为 J。弹簧刚度系数为 k,杆于水平位置平衡,尺寸如图所示。求此系统微小振动的运动微分方程及振动频率。

解:摆于水平平衡处,弹簧已有压缩量 δ_0,由平衡方程 $\sum M_O(\boldsymbol{F}_i)=0$,有

$$mgl=k\delta_0d \tag{1}$$

以平衡位置为原点,摆在任一小角度 φ 处,弹簧压缩量为 $\delta_0+\varphi d$。摆绕轴 O 的转动微分方

程为

$$J\frac{d^2\varphi}{dt^2}=mgl-k(\delta_0+\varphi d)d$$

将式(1)代入上式,得

$$J\frac{d^2\varphi}{dt^2}=-kd^2\varphi$$

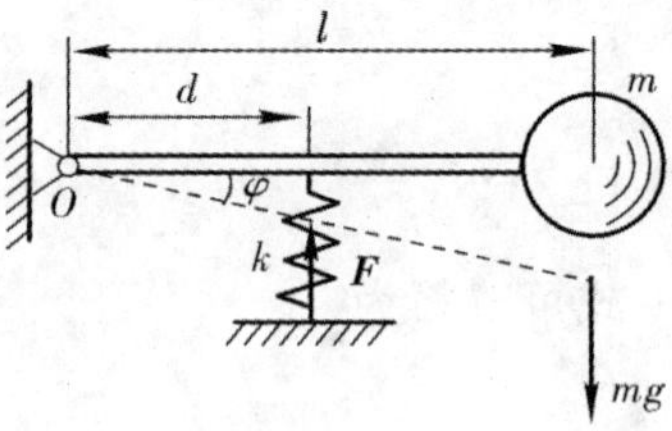

图 19-5

上式移项后,可化为如下标准形式的无阻尼自由振动微分方程:

$$\frac{d^2\varphi}{dt^2}+\frac{kd^2}{J}\varphi=0 \tag{2}$$

则此摆振系统的固有频率为

$$\omega_0=d\sqrt{\frac{k}{J}}$$

19.2 单自由度系统的有阻尼自由振动

1. 阻尼

上节所研究的振动是不受阻力作用的,振动的振幅是不随时间改变的,振动过程将无限地进行下去。但实际中的自由振动多是随时间不断地减小着的,直到最后振动停止。理论与实际的不一致,说明在振动过程中,系统除受恢复力的作用外,还存在着某种影响振动的阻力,由于这种阻力的存在而不断消耗着振动的能量,使振幅不断地减小。

振动过程中的阻力习惯上称为阻尼。产生阻尼的原因很多,例如,在介质中振动时的介质阻尼、由于结构材料变形而产生的内阻尼和由于接触面的摩擦而产生的干摩擦阻尼等。当振动速率不大时,由于介质黏性引起的阻力近似地与速度的一次方成正比,这样的阻尼称为黏性阻尼。设振动质点的运动速度为 $\boldsymbol{v}$, 则黏性阻尼的阻力 $\boldsymbol{F}_d$ 可以表示为

$$\boldsymbol{F}_d=-c\boldsymbol{v} \tag{19-13}$$

其中,比例常数 c 称为黏性阻尼系数(简称为阻尼系数),负号表示阻力与速度的方向相反。

当振动系统中存在黏性阻尼时,经常用如图 19-6(a)所示的阻尼元件 c 表示。一般的机械振动系统都可以简化为由惯性元件(m)、弹性元件(k) 和阻尼元件(c) 组成的系统。

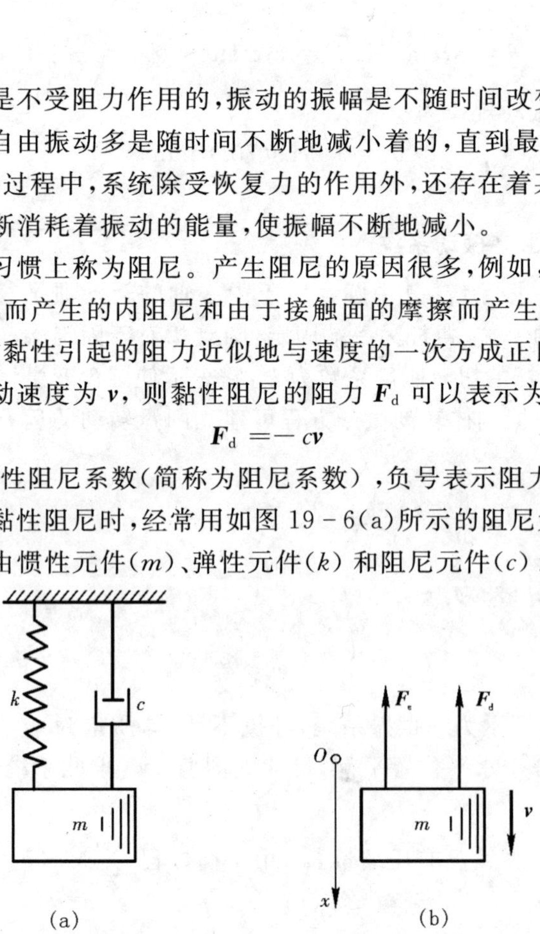

图 19-6

2. 振动微分方程

现建立如图 19 - 6 所示系统的自由振动微分方程。若以平衡位置为坐标原点，在建立此系统的振动微分方程时可以不再计入重力的作用。这样，在振动过程中作用在物块上的力有如下两种。

(1)恢复力 $\boldsymbol{F}_e$，方向指向平衡位置 O，大小与偏离平衡位置的距离成正比，即

$$F_e = -kx$$

(2)黏性阻尼力 $\boldsymbol{F}_d$，方向与速度方向相反，大小与速度成正比，即

$$F_d = -cv_x = -c\frac{dx}{dt}$$

物块的运动微分方程为

$$m\frac{d^2x}{dt^2} = -kx - c\frac{dx}{dt}$$

将上式两端除以 m，并令：

$$\omega_0^2 = \frac{k}{m}, \quad \delta = \frac{c}{2m} \tag{19-14}$$

其中，ω_0 为固有角(圆) 频率；δ 为阻尼系数，可整理得

$$\frac{d^2x}{dt^2} + 2\delta\frac{dx}{dt} + \omega_0^2 x = 0 \tag{19-15}$$

式(19 - 15)是有阻尼自由振动微分方程的标准形式，它仍是一个二阶齐次常系数线性微分方程，其解可设为

$$x = e^{rt}$$

将上式代入微分方程(19 - 15)中，并消去公因子 e^{rt}，得如下本征方程：

$$r^2 + 2\delta r + \omega_0^2 = 0$$

该方程的两个根为

$$r_1 = -\delta + \sqrt{\delta^2 - \omega_0^2}, \quad r_2 = -\delta - \sqrt{\delta^2 - \omega_0^2}$$

因此方程(19 - 15)的通解为

$$x = C_1 e^{r_1 t} + C_2 e^{r_2 t} \tag{19-16}$$

式(19 - 16)所述解中，本征根为实数或复数时，运动规律有很大的不同，因此下面按 $\delta < \omega_0$，$\delta > \omega_0$ 和 $\delta = \omega_0$ 三种不同状态分别进行讨论。

3. 欠阻尼状态

当 $\delta < \omega_0$ 时，阻力系数 $c < 2\sqrt{2mk}$，这时阻尼较小，称为欠阻尼状态。此时，本征方程的两个根为共轭复数，即

$$r_1 = -\delta + i\sqrt{\omega_0^2 - \delta^2}, \quad r_2 = -\delta - i\sqrt{\omega_0^2 - \delta^2}$$

其中，$i = \sqrt{-1}$。这时微分方程的解(19 - 16)可以根据欧拉公式写成

$$x = Ae^{-\delta t}\sin(\sqrt{\omega_0^2 - \delta^2}\,t + \theta) \tag{19-17a}$$

或

$$x = Ae^{-\delta t}\sin(\omega_d t + \theta) \tag{19-17b}$$

其中，A 和 θ 为两个积分常数，由运动的初始条件确定；$\omega_d = \sqrt{\omega_0^2 - \delta^2}$，表示有阻尼自由振动的固有角(圆)频率。

设在初瞬时 $t=0$，质点的坐标为 $x=x_0$，速度 $v=v_0$，仿照求无阻尼自由振动的振幅和初相角的求法，可求得有阻尼自由振动中的初始幅值和初相角如下：

$$A=\sqrt{x_0^2+\frac{(v_0+\delta x_0)^2}{\omega_0^2-\delta^2}} \tag{19-18}$$

$$\tan\theta=\frac{x_0\sqrt{\omega_0^2-\delta^2}}{v_0+\delta x_0} \tag{19-19}$$

式(19－17a)是欠阻尼状态下的自由振动表达式，这种振动的振幅是随时间不断衰减的，所以又称为衰减振动。衰减振动的运动图线如图 19－7 所示。

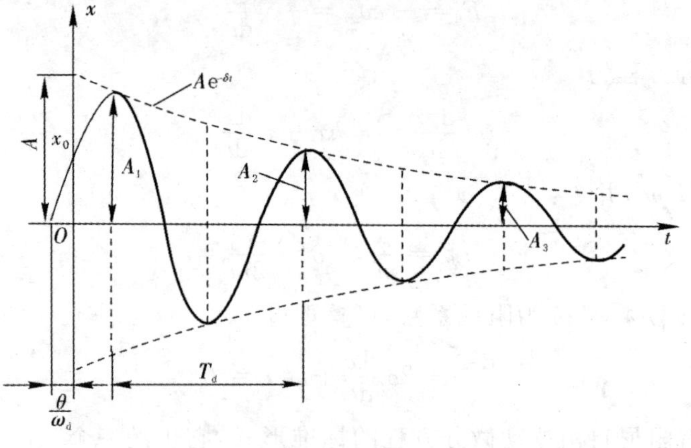

图 19－7

由衰减振动的表达式(19－17)知，这种振动不符合周期振动的定义，所以不是周期振动。但这种振动仍然是围绕平衡位置的往复运动，仍具有振动的特点。我们将质点从一个最大偏离位置到下一个最大偏离位置所需的时间称为衰减振动的周期，记为 T_d，如图 19－7 所示。由式(19－17a)知

$$T_d=\frac{2\pi}{\omega_d}=\frac{2\pi}{\sqrt{\omega_0^2-\delta^2}} \tag{19-20a}$$

或

$$T_d=\frac{2\pi}{\omega_0\sqrt{1-\left(\frac{\delta}{\omega_0}\right)^2}}=\frac{2\pi}{\omega_0\sqrt{1-\zeta^2}} \tag{19-20b}$$

其中

$$\zeta=\frac{\delta}{\omega_0}=\frac{c}{2\sqrt{mk}} \tag{19-21}$$

其中，ζ 称为阻尼比。阻尼比是振动系统中反映阻尼特性的重要参数，在欠阻尼状态下，$\zeta<1$。由式(19－20b)，可以得到有阻尼自由振动的周期 T_d，频率 f_d，角频率 ω_d 与相应的无阻尼自由振动的 T，f 和 ω_0 的关系如下：

$$T_d=\frac{T}{\sqrt{1-\zeta^2}},\quad f_d=f\sqrt{1-\zeta^2},\quad \omega_d=\omega_0\sqrt{1-\zeta^2}$$

由上述三式可以看到，由于阻尼的存在，使系统自由振动的周期增大，频率减小。在空气中的振动系统阻尼比都比较小，对振动频率影响不大，一般可以认为 $\omega_d=\omega_0$，$T_d=T$。

由衰减振动的运动规律式(19－17a)可见，其中 $Ae^{-\delta t}$ 相当于振幅。设在某瞬时 t_i，振动达到的最大偏离值为 A_i，有

$$A_i = Ae^{-\delta t_i}$$

经过一个周期 T_d 后，系统到达另一个比前者略小的最大偏离值 A_{i+1}（见图 19－7），有

$$A_{i+1} = Ae^{-\delta(t_i+T_d)}$$

这两个相邻振幅之比为

$$\frac{A_i}{A_{i+1}} = \frac{Ae^{-\delta t_i}}{Ae^{-\delta(t_i+T_d)}} = e^{\delta T_d} \tag{19-22}$$

这个比值称为减缩因数。从上式可以看到，任意两个相邻振幅之比为一常数，所以衰减振动的振幅呈几何级数减小。

上述分析表明，在欠阻尼状态下，阻尼对自由振动的频率影响较小；但阻尼对自由振动的振幅影响较大，使振幅呈几何级数下降。对式(19－22)两端取自然对数得

$$\Lambda = \ln\frac{A_i}{A_{i+1}} = \delta T_d \tag{19-23}$$

其中，Λ 称为对数减缩。

将(19－20b)和(19－21)两式代入式(19－23)可以建立对数减缩与阻尼比的关系为

$$\Lambda = \frac{2\pi\zeta}{\sqrt{1-\zeta^2}} \approx 2\pi\zeta \tag{19-24}$$

4. 临界阻尼和过阻尼状态

(1) 当 $\delta = \omega_0$ ($\zeta = 1$) 时，系统称为临界阻尼状态。这时系统的阻力系数用 c_{cr} 表示，c_{cr} 称为临界阻力系数。从式(19－21)得

$$c_{cr} = 2\sqrt{mk} \tag{19-25}$$

在临界阻尼情况下，本征方程的根为两个相等的实根，即

$$r_1 = -\delta,\quad r_2 = -\delta$$

得微分方程(19－15)的解为

$$x = e^{-\delta t}(C_1 + C_2 t) \tag{19-26}$$

其中，C_1 和 C_2 为两个积分常数，由运动的起始条件决定。

上式表明：这时物体的运动是随时间的增长而无限地趋向平衡位置，因此运动已不具有振动的特点。

(2) 当 $\delta > \omega_0$ ($\zeta > 1$) 时，系统称为过阻尼状态。此时阻力系数 $c > c_{cr}$ 在这种情形下，本征方程的根为两个不等的实根，即

$$r_1 = -\delta + \sqrt{\delta^2 - \omega_0^2},\quad r_2 = -\delta - \sqrt{\delta^2 - \omega_0^2}$$

所以微分方程(19－15)的解为

$$x = -e^{-\delta t}\left(C_1 e^{\sqrt{\delta^2-\omega_0^2}\,t} + C_2 e^{-\sqrt{\delta^2-\omega_0^2}\,t}\right) \tag{19-27}$$

其中，C_1，C_2 为两个积分常数，由运动起始条件来确定，运动图线如图 19－8 所示，也不再具有振动性质。

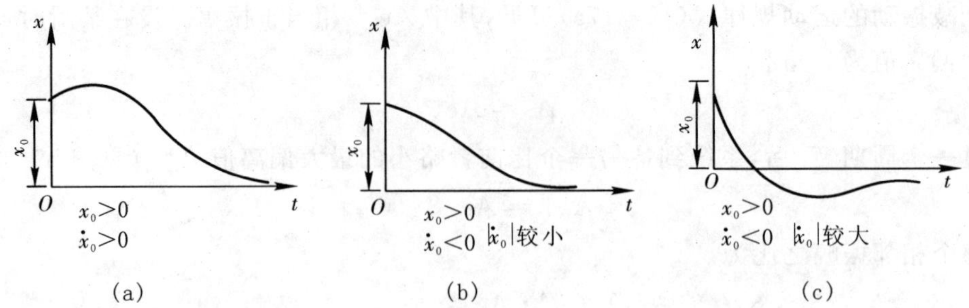

图 19-8

例 19-3 图 19-9 所示为一弹性杆支持的圆盘，弹性杆扭转刚度系数为 k，圆盘对杆轴的转动惯量为 J。若圆盘外缘受到与转动速度成正比的切向阻力，而圆盘衰减扭振的周期为 T_d。求圆盘所受阻力偶矩与转动角速度的关系。

解：盘外缘切向阻力与转动速度成正比，则此阻力偶矩 M 与角速度 ω 成正比，且方向相反。设 $M=\mu\omega$，μ 为阻力偶系数，圆盘绕杆轴转动微分方程为

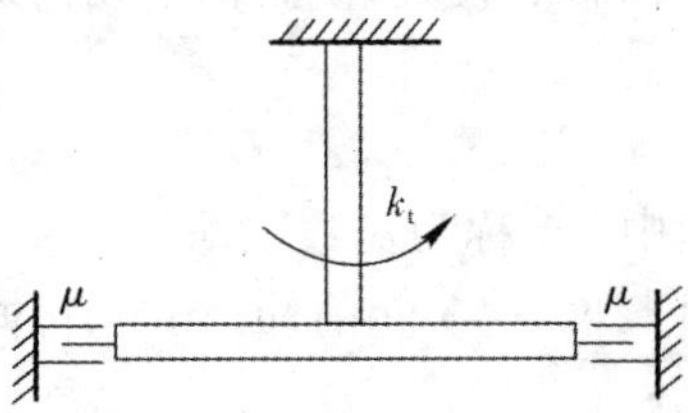

图 19-9

$$J\ddot{\varphi}=-k\varphi-\mu\dot{\varphi}$$

或

$$\ddot{\varphi}+\frac{\mu}{J}\dot{\varphi}+\frac{k}{J}\varphi=0$$

由式(19-20)可得衰减振动周期为

$$T_d=\frac{2\pi}{\sqrt{\frac{k}{J}-\left(\frac{\mu}{2J}\right)^2}}$$

由上式解出阻力偶系数为

$$\mu=\frac{2}{T_d}\sqrt{T_d^2kJ-4\pi^2J^2}$$

19.3 单自由度系统的无阻尼受迫振动

工程中的自由振动，都会由于阻尼的存在而逐渐衰减，最后完全停止。但实际上又存在有大量的持续振动，这是由于外界有能量输入以补充阻尼的消耗，一般都承受外加的激振力。在外加激振力作用下的振动称为受迫振动。

工程中常见的激振力多是周期变化的；一般回转机械、往复式机械、交流电磁铁等多会引起周期激振力。简谐激振力是一种典型的周期变化的激振力，简谐力 $\boldsymbol{F}$ 随时间变化的关系可以写为

$$F=H\sin(\omega t+\varphi) \qquad (19-28)$$

其中，H 称为激振力的力幅，即激振力的最大值；ω 是激振力的角频率；φ 是激振力的初相角，它们都是定值。

1. 振动微分方程

图 19－10 所示的为交流电通过电磁铁产生交变的电磁力引起振动系统，其中物块的质量为 m。物块所受的力有恢复力 $\boldsymbol{F}_e$ 和激振力 $\boldsymbol{F}$，如图 19－11 所示。

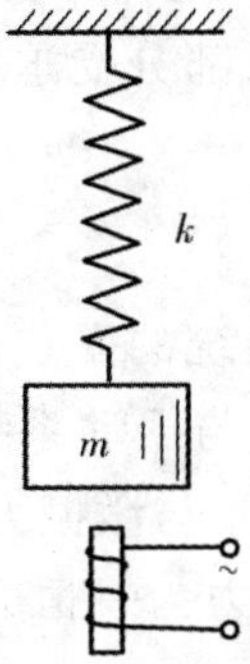

图 19－10

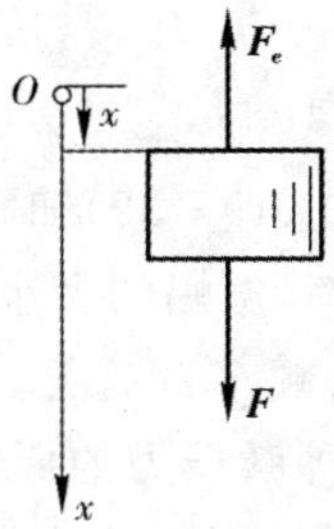

图 19－11

取物块的平衡位置为坐标原点，坐标轴铅直向下，则恢复力 $\boldsymbol{F}_e$ 在坐标轴上的投影为

$$F_e = -kx$$

其中，k 为弹簧刚度系数。

设 $\boldsymbol{F}$ 为简谐激振力，$\boldsymbol{F}$ 在坐标轴上的投影可以写成式(19－28)的形式。质点的运动微分方程为

$$m\frac{d^2x}{dt^2} = -kx + H\sin(\omega t + \varphi)$$

将上式两端除以 m，并设

$$\omega_0^2 = \frac{k}{m},\quad h = \frac{H}{m} \tag{19-29}$$

则得

$$\frac{d^2x}{dt^2} + \omega_0^2 x = h\sin(\omega t + \varphi) \tag{19-30}$$

式(19－30)为无阻尼受迫振动微分方程的标准形式，是二阶常系数非齐次线性微分方程，它的解由两部分组成，即

$$x = x_1 + x_2$$

其中，x_1 对应于方程(19－30) 的齐次通解，x_2 为其特解。齐次方程的通解为

$$x_1 = A\sin(\omega_0 t + \theta)$$

设方程(19－30)的特解有如下形式：

$$x_2 = b\sin(\omega t + \varphi) \tag{19-31}$$

其中，b 为待定常数，将 x_2 代入方程(19－30)，得

$$-b\omega^2\sin(\omega t + \varphi) + b\omega_0^2\sin(\omega t + \varphi) = h\sin(\omega t + \varphi)$$

解得

$$b = \frac{h}{\omega_0^2 - \omega^2} \tag{19-32}$$

于是得方程(19－30)的全解为

$$x = A\sin(\omega_0 t + \theta) + \frac{h}{\omega_0^2 - \omega^2}\sin(\omega t + \varphi) \tag{19-33}$$

上式表明,无阻尼受迫振动是由两个谐振动合成的:第一部分是频率为固有频率的自由振动;第二部分是频率为激振力频率的振动,称为受迫振动。由于实际的振动系统中总有阻尼存在,自由振动部分总会逐渐衰减下去,因而我们着重研究第二部分受迫振动,它是一种稳态的振动。

2. 受迫振动的振幅

由式(19-31)和式(19-32)知,在简谐激振的条件下,系统的受迫振动为谐振动,其振动频率等于激振力的频率,振幅的大小与运动起始条件无关,而与振动系统的固有频率 ω_0、激振力的力幅 H、激振力的频率 ω 有关。下面讨论受迫振动的振幅与激振力频率之间的关系。

(1) 若 $\omega \to 0$,此种激振力的周期趋近于无穷大,即激振力为一恒力,此时并不振动,所谓的振幅 b_0 实为静力 H 作用下的静变形。由式(19-32)得

$$b_0 = \frac{h}{\omega_0^2} = \frac{H}{k} \tag{19-34}$$

(2)若 $0 < \omega < \omega_0$,则由式(19-32)知,ω 值越大,振幅 b 越大,即振幅 b 随着频率 ω 单调上升,当 ω 接近 ω_0 时,振幅 b 将趋于无穷大。

(3)若 $\omega > \omega_0$,按式(19-32),b 为负值。但习惯上把振幅都取为正值,因而此时 b 取其绝对值,而受迫振动与激振力反向,即式(19-31)的相位角应加(或减)180°。这时,随着激振力频率 ω 增大,振幅 b 减小。当 ω 趋于 ∞ 时,振幅 b 趋于零。

上述振幅 b 与激振力频率 ω 之间的关系可用图 19-12(a)中的曲线表示。该曲线称为振幅频率曲线,又称为共振曲线。为了使曲线具有更普遍的意义,我们将纵轴取为 $\beta = \dfrac{b}{b_0}$,横轴取为 $\lambda = \dfrac{\omega}{\omega_0}$,$\beta$ 和 λ 都是量纲为 1 的量,振幅频率曲线如图 19-12(b)所示。

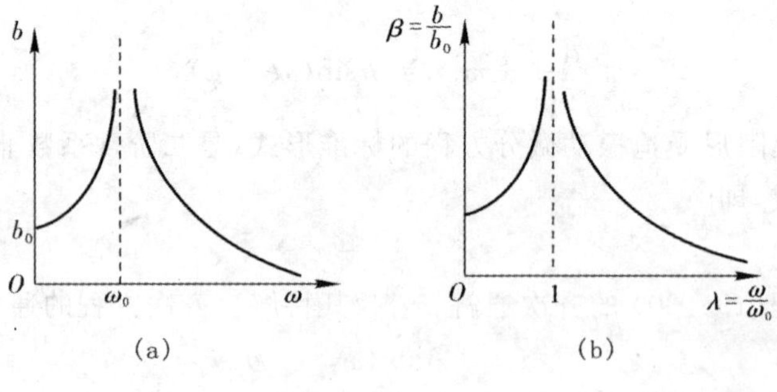

图 19-12

3. 共振现象

在上述分析中,当 $\omega = \omega_0$ 时,即激振力频率等于系统的固有频率时,振幅 b 在理论上应趋向无穷大,这种现象称为共振。

事实上,当 $\omega = \omega_0$ 时,式(19-32)没有意义,微分方程式(19-30)的特解应具有下面的形式:

$$x_2 = Bt\cos(\omega_0 t + \varphi) \tag{19-35}$$

将上式代入式(19－30)，得

$$B = -h/2\omega_0$$

故共振时受迫振动的运动规律为

$$x_2 = -\frac{h}{2\omega_0}t\cos(\omega_0 t + \varphi) \tag{19-36}$$

它的幅值为

$$b = \frac{h}{2\omega_0}t$$

由此可见，当 $\omega = \omega_0$ 时，系统共振，受迫振动的振幅随时间无限地增大，其运动图线如图 19－13 所示。

实际上，由于系统存在有阻尼，共振时振幅不可能达到无限大。但一般来说，共振时的振幅都是相当大的，往往使机器产生过大的变形，甚至造成破坏。因此如何避免发生共振是工程中一个非常重要的课题。

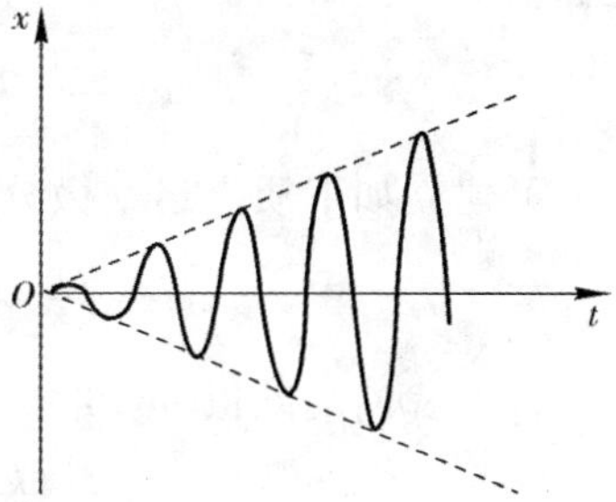

图　19－13

例 9－4　图 19－14 所示为一长为 l 的无重刚杆 OA，其一端 O 铰支，另一端 A 水平悬挂在刚度系数为 k 的弹簧上，杆的中点装有一质量为 m 的小球。若在点 A 加一激振力 $F = F_0\sin\omega t$，其中激振力的频率 $\omega = \frac{1}{2}\omega_0$，$\omega_0$ 为系统的固有频率。忽略阻尼，求系统的受迫振动规律。

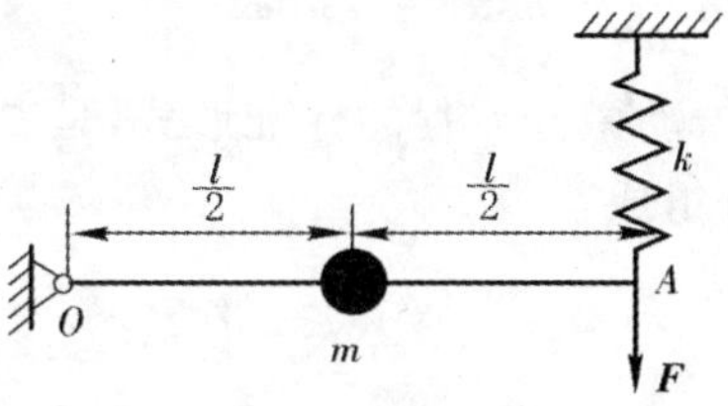

图　19－14

解：设任一瞬时刚杆的摆角为 φ，根据刚体定轴转动微分方程可以建立系统的运动微分方程为

$$m\left(\frac{l}{2}\right)^2\ddot{\varphi} = -kl^2\varphi + F_0 l\sin\omega t$$

令

$$\omega_0^2 = \frac{kl^2}{m\left(\frac{l}{2}\right)^2} = \frac{4k}{m},\quad h = \frac{F_0 l}{m\left(\frac{l}{2}\right)^2} = \frac{4F_0}{ml}$$

则上述微分方程可以整理为

$$\ddot{\varphi} + \omega_0^2\varphi = h\sin\omega t$$

因此，上述方程的特解，即受迫振动为

$$\varphi = \frac{h}{\omega_0^2 - \omega^2}\sin\omega t$$

将 $\omega = \frac{1}{2}\omega_0$ 代入上式，可解得

$$\varphi=\frac{h}{\frac{3}{4}\omega_0^2}\sin\omega t=\frac{\frac{4F_0}{ml}}{\frac{3}{4}\frac{4k}{m}}\sin\omega t=\frac{4F_0}{3kl}\sin\omega t$$

19.4 单自由度系统的有阻尼受迫振动

图 19-15 所示为有阻尼振动系统，设物块的质量为 m，作用在物块上的力有线性恢复力 $\boldsymbol{F}_e$，黏性阻尼力 $\boldsymbol{F}_d$ 和简谐激振力 $\boldsymbol{F}$。若选平衡位置 O 为坐标原点，坐标轴铅直向下，则各力在坐标轴上的投影为

$$F_e=-kx,\quad F_d=-cv=-c\frac{dx}{dt},\quad F=H\sin\omega t$$

可建立如下质点运动微分方程：

$$m\frac{d^2x}{dt^2}=-kx-c\frac{dx}{dt}+H\sin\omega t$$

将上式两端除以 m，并令：

$$\omega_0^2=\frac{k}{m},\quad 2\delta=\frac{c}{m},\quad h=\frac{H}{m}$$

整理得

$$\frac{d^2x}{dt^2}+2\delta\frac{dx}{dt}+\omega_0^2x=h\sin\omega t \tag{19-37}$$

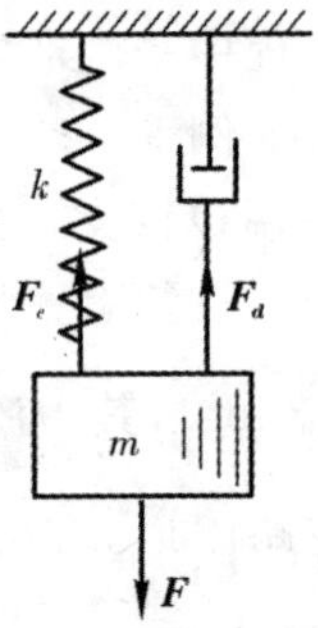

图 19-15

式(19-37)是有阻尼受迫振动微分方程的标准形式，是二阶线性常系数非齐次微分方程，其解由两部分组成：

$$x=x_1+x_2$$

其中

$$x_1=Ae^{-\delta t}\sin(\sqrt{\omega_0^2-\delta^2}\,t+\theta) \tag{19-38}$$

$$x_2=b\sin(\omega t-\varphi) \tag{19-39}$$

式中，φ 表示受迫振动的相位角落后于激振力的相位角。将上式代入方程(19-37)，可得

$$-b\omega^2\sin(\omega t-\varphi)+2\delta b\omega\cos(\omega t-\varphi)+\omega_0^2b\sin(\omega t-\varphi)=h\sin\omega t$$

再将上式右端改写为如下形式：

$$h\sin\omega t=h\sin[(\omega t-\varphi)+\varphi]=h\cos\varphi\sin(\omega t-\varphi)+h\sin\varphi\cos(\omega t-\varphi)$$

这样前式可整理为

$$[b(\omega_0^2-\omega^2)-h\cos\varphi]\sin(\omega t-\varphi)+(2\delta b\omega-h\sin\varphi)\cos(\omega t-\varphi)=0$$

对任意瞬时 t，上式都必须是恒等式，则有

$$b(\omega_0^2-\omega^2)-h\cos\varphi=0$$

$$2\delta b\omega-h\sin\varphi=0$$

$$b=\frac{h}{\sqrt{(\omega_0^2-\omega^2)^2+4\delta^2\omega^2}} \tag{19-40}$$

$$\tan\varphi=\frac{2\delta\omega}{\omega_0^2-\omega^2} \tag{19-41}$$

于是得方程(19－37)的通解为

$$x = A\mathrm{e}^{-\delta t}(\sqrt{\omega_0^2-\delta^2}\,t+\theta)+b\sin(\omega t-\varphi) \tag{19-42}$$

其中，A 和 θ 为积分常数，由运动的初始条件确定。

由式(19－42)知：有阻尼受迫振动由两部分合成，如图 19－16(c)所示。第一部分是衰减振动(见图 19－16(a))；第二部分是受迫振动(见图 19－16(b))。

由于阻尼的存在，第一部分振动随时间的增加，很快地衰减了，衰减振动有显著影响的这段过程称为过渡过程(或称瞬态过程)。一般来说，过渡过程是很短暂的，以后系统基本上按第二部分受迫振动的规律进行振动，过渡过程以后的这段过程称为稳态过程。下面着重研究稳态过程的振动。

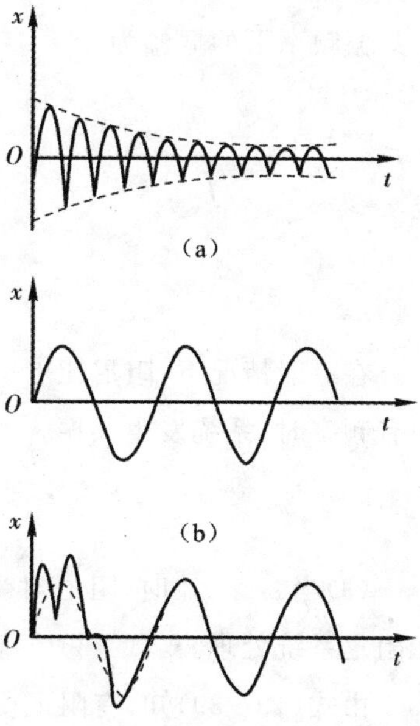

图　19－16

由受迫振动的运动方程(19－39)知：虽然有阻尼存在，受简谐激振力作用的受迫振动仍然是谐振动，其振动频率 ω 等于激振力的频率，其振幅表达式见式(19－40)。可以看到受迫振动的振幅不仅与激振力的力幅有关，还与激振力的频率以及振动系统的参数 m，k 和阻力系数 c 有关。

为了清楚地表达受迫振动的振幅与其他因素的关系，我们将不同阻尼条件下的振幅频率关系用曲线表示出来，如图 19－17 所示。采用量纲为 1 的形式，横轴表示频率比 $s=\dfrac{\omega}{\omega_0}$，纵轴表示振幅比 $\beta=\dfrac{b}{b_0}$。阻尼的改变用阻尼比 $\zeta=\dfrac{c}{c_{\mathrm{cr}}}=\dfrac{\delta}{\omega_0}$ 的改变来表示。这样，式(19－40)和式(19－41)可写为

$$\beta=\frac{b}{b_0}=\frac{1}{\sqrt{(1-s^2)^2+4\zeta^2s^2}} \tag{19-43}$$

$$\tan\varphi=\frac{2\zeta s}{1-s^2} \tag{19-44}$$

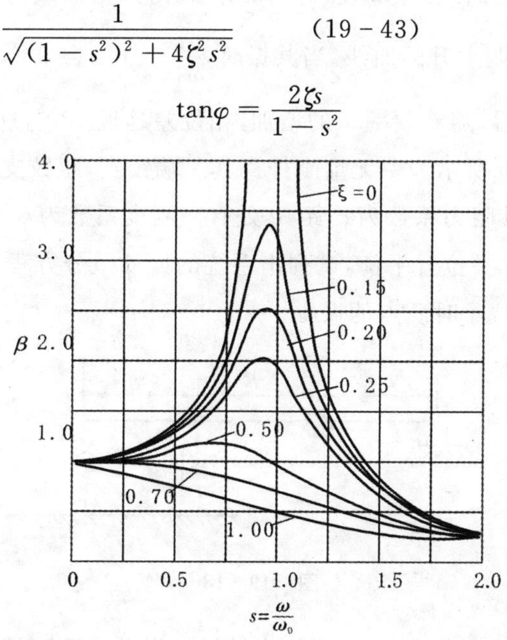

图　19－17

(1)当 $\omega \ll \omega_0$ 时,阻尼对振幅的影响甚微,这时可忽略系统的阻尼而当无阻尼受迫振动处理。

(2)当 $\omega \to \omega_0$(即 $s \to 1$)时,振幅显著地增大。这时阻尼对振幅有明显的影响,即阻尼增大,振幅显著地下降。

当 $\omega = \sqrt{\omega_0^2 - 2\delta^2} = \omega_0 \sqrt{1 - 2\zeta^2}$ 时,振幅 b 具有最大值 $b_{\max}$,这时的频率 ω 称为共振频率。在共振频率下的振幅为

$$b_{\max} = \frac{h}{2\delta \sqrt{\omega_0^2 - \delta^2}}$$

或

$$b_{\max} = \frac{b_0}{2\zeta \sqrt{1 - \zeta^2}}$$

在一般情况下,阻尼比 $\zeta \ll 1$,这时可以认为共振频率 $\omega = \omega_0$,即当激振力频率等于系统固有频率时,系统发生共振。共振的振幅为

$$b_{\max} \approx \frac{b_0}{2\zeta}$$

(3)当 $\omega \gg \omega_0$ 时,阻尼对受迫振动的振幅影响也较小,这时又可以忽略阻尼,将系统当作无阻尼系统处理。

由式(19-39)知,有阻尼受迫振动的相位角总比激振力落后一个相位角 φ,φ 称为相位差。式(19-41)表达了相位差 φ 随谐振力频率的变化关系。根据式(19-44)可以画出相位差 φ 随激振力频率的变化曲线(相频曲线),如图 19-18 所示。由图中曲线可以看到:相位差总是在 $0°$ 至 $180°$ 区间变化,是一单调上升的曲线。当共振时,$\frac{\omega}{\omega_0} = 1$,$\varphi = 90°$,阻尼值不同的曲线都交于这一点。当越过共振区之后,随着频率 ω 的增加,相位差趋近 $180°$,这时激振力与位移反相。

例 19-5 图 19-18 所示为一无重刚杆。其一端铰支,距铰支端处 l 有一质量为 m 的质点,距 $2l$ 处有一阻尼器,其阻力系数为 c,距 $3l$ 处有一刚度系数为 k 的弹簧,并作用一简谐激振力 $F = F_0 \sin\omega t$。刚杆在水平位置平衡,试列出系统的振动微分方程,并求系统的固有频率 ω_0,以及当激振力频率 ω 等于 ω_0 时质点的振幅。

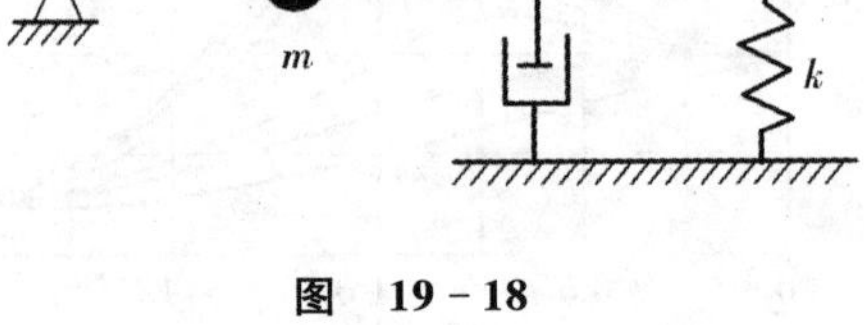

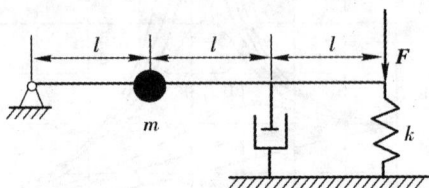

图 19-18

解:设刚杆在振动时的摆角为 θ,由刚体定轴转动微分方程可建立系统的振动微分方程为

$$ml^2\ddot{\theta} = -4cl^2\dot{\theta} - 9kl^2\theta + 3F_0 l \sin\omega t$$

整理后得

$$\ddot{\theta}+\frac{4c}{m}\dot{\theta}+\frac{9k}{m}\theta=\frac{3F_0}{ml}\sin\omega t$$

令

$$\omega_0=\sqrt{\frac{9k}{m}},\quad \delta=\frac{2c}{m},\quad h=\frac{3F_0}{ml}$$

其中，ω_0 即系统的固有频率，当 $\omega=\omega_0$ 时，其摆角 θ 的振幅为

$$b=\frac{h}{2\delta\omega_0}=\frac{3F_0}{4c\omega_0 l}=\frac{F_0}{4cl}\sqrt{\frac{m}{k}}$$

这时质点的振幅为

$$B=lb=\frac{F_0}{4c}\sqrt{\frac{m}{k}}$$

习 题 十 九

19－1　一盘悬挂在弹簧上，如题图 19－1 所示。当盘上放质量为 m_1 的物体时，做微幅振动，测得的周期为 T_1；若盘上换一质量为 m_2 的物体时，测得振动周期为 T_2。求弹簧的刚度系数 k 。

19－2　如题图 19－2 所示，质量 $m=200$ kg 的重物在吊索上以等速度 $v=5$ m/s 下降。当下降时，由于吊索嵌入滑轮的夹子内，吊索的上端突然被夹住，此时吊索的刚度系数 $k=400$ kN/m 。若不计吊索的质量，求此后当重物振动时吊索中的最大张力。

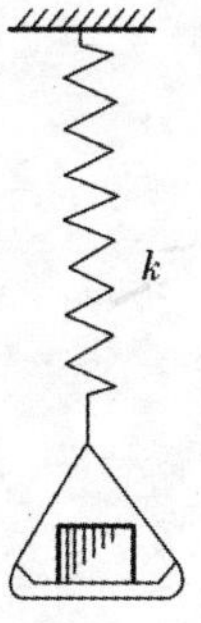

题图　19－1

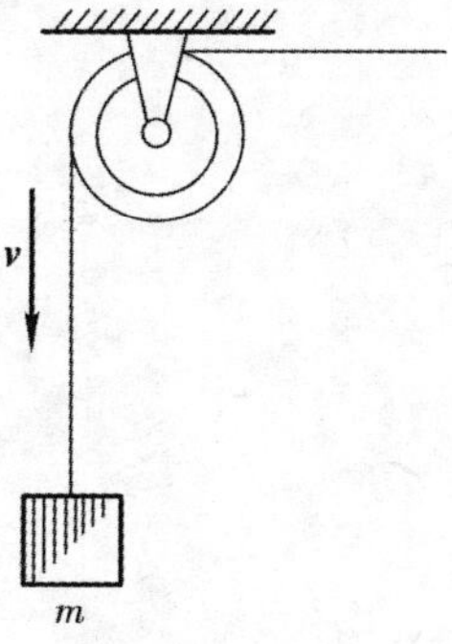

题图　19－2

19－3　如题图 19－3 所示，质量为 m 的重物初速为零，自高度 $h=1$ m 处落下，打在水平梁的中部后与梁不再分离。梁的两端固定，在此重物静力的作用下，该梁中点的静止挠度 δ_0 等于 5 mm。若以重物在梁上的静止平衡位置 O 为原点，作出铅直向下的轴 y，梁的质量不计。写出重物的运动方程。

19－4　质量为 m 的小车在斜面上自高度 h 处滑下，而与缓冲器相碰，如题图 19－4 所示。缓冲弹簧的刚度系数为 k，斜面倾角为 θ。求小车碰着缓冲器后自由振动的周期与振幅。

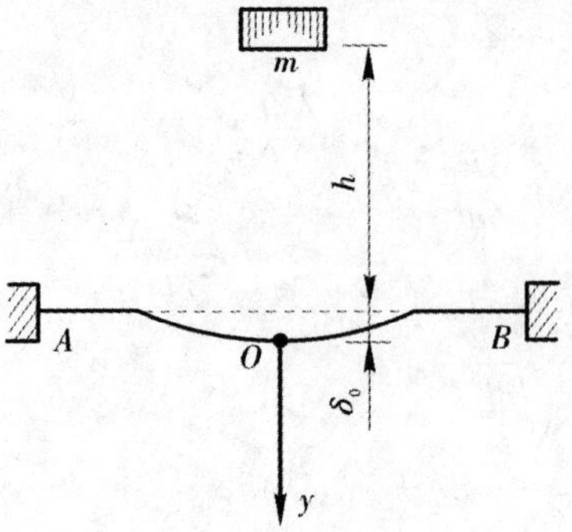

题图　19－3

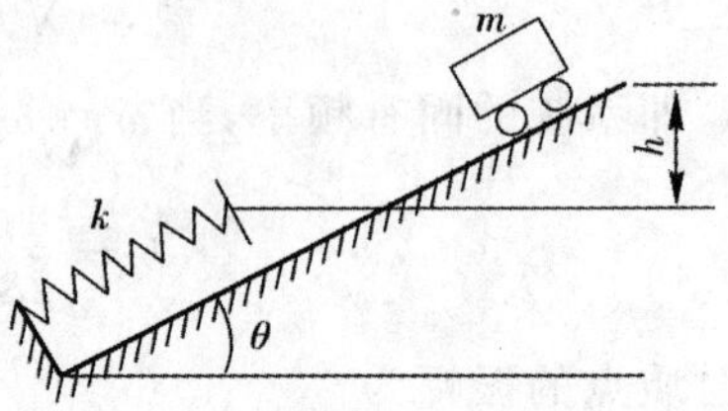

题图　19－4

习题参考答案

习　题　一

答案略。

习　题　二

2-1　合力 $F_R = 166$ N，合力 F_R 与 x 轴之间的夹角 $\alpha = 55°44'$（第一象限）

2-2　$290.36\ \text{N} < F_1 < 667.5\ \text{N}$

2-3　$F = G\cos\theta$，　$F_d = F_1 - G\sin\theta$

2-4　$F_A = 22.4$ kN，　$F_B = 10$ kN

2-5　$F_{BD} = F_A = 5$ kN

2-6　$\varphi = \arccos\left[\dfrac{k(l_2 - l_1)}{2G}\right]$

2-7　$F_A = 38.9$ N，　$F_B = 25.4$ N，　$\theta = 24.1°$

2-8　$F_{AB} = F_{AC} = 1.14$ kN，　$F_E = 1.13$ kN

2-9　143 kN

2-10　$\varphi = 0$，　$F_D = 100$ N，　$F_E = 173.2$ N，　$F_N = 86.6$ N

2-11　$F_B = F_C = \dfrac{a}{b}F$

2-12　(a) $F_A = F_B = \dfrac{M}{2a}$；　(b) $F_A = F_B = \dfrac{M}{a}$

习　题　三

3-1　(a)240 N·m；　(b)−120 N·m；　(c)−11.3 N·m；
(d)50.7 N·m；　(e)189.3 N·m

3-2　矩为 $10\sqrt{3}$ N·m 的力偶

3-3　$F'_R = 7\sqrt{2}$ kN，　$\angle(\boldsymbol{F}_R, \boldsymbol{i}) = 45°$，　$\angle(\boldsymbol{F}_R, \boldsymbol{j}) = 45°$；　$d = \sqrt{2}$ m

3-4　$F_{BC} = \dfrac{xG}{l\sin\theta}$，　$F_{Ax} = \dfrac{xG}{l}\cot\theta$，　$F_{Ay} = \left(1 - \dfrac{x}{l}\right)G$

3-5 $F=233\ \text{kN}$， $F_{Ax}=202\ \text{kN}$， $F_{Ay}=413\ \text{kN}$

3-6 $F=50\ \text{kN}$， $F_{Ax}=50\text{kN}$， $F_{Ay}=14.2\ \text{kN}$

3-7 $F_{Ax}=8.7\ \text{kN}$， $F_{Ay}=25\ \text{kN}$， $F_B=17.3\ \text{kN}$

3-8 $F=23.8\ \text{kN}$， $F_{Ax}=21.3\ \text{kN}$， $F_{Ay}=0.7\ \text{kN}$

3-9 $x=34\ \text{cm}$

3-10 $F_O=385\ \text{kN}$(向下)， $M_O=1\ 626\ \text{kN}\cdot\text{m}$(顺时针)

3-11 $\dfrac{G_1}{G_2}=\dfrac{a}{b}$

3-12 $F_{Ax}=487.5\ \text{N}$， $F_{Ay}=518.5\ \text{N}$， $F_{BD}=-1\ 379\ \text{N}$(压)

3-13 $F_{Ax}=2\ 075\ \text{N}$， $F_{Ay}=-1\ 000\ \text{N}$， $F_{Ex}=-2\ 075\ \text{N}$， $F_{Ey}=2\ 000\ \text{N}$

3-14 $F_A=42.5\ \text{kN}$， $M_A=165\ \text{kN}\cdot\text{m}$， $F_B=7.5\ \text{kN}$

3-15 $F_{Bx}=122.5\ \text{N}$， $F_{By}=147\ \text{N}$， $F_C=122.5\ \text{N}$

3-16 $F_{Bx}=-F$， $F_{By}=0$， $F_{Cx}=F$， $F_{Cy}=F$

$F_{Ax}=-F$， $F_{Ay}=F$， $F_{Dx}=2F$， $F_{Dy}=F$

3-17 (a) $F_1=F_3=F_5=1.93\ F$ (拉)

$F_2=F_4=F_6=-1.93\ F$ (拉)

$F_7=F_8=F_9=F_{10}=0$

(b) $F_1=F_2=F_3=F_4=-F$， $F_5=F_6=0$

3-18 (a) $F_1=-\dfrac{F}{3}$， $F_2=0$， $F_3=-\dfrac{2}{3}F$

(b) $F_1=F$， $F_2=-1.41F$， $F_3=0$

习 题 四

4-1 $Q_{\min}=G\sqrt{\dfrac{f^2}{1+f^2}},\theta=\arctan f$

4-2 $\dfrac{P}{\cos\theta+f\sin\theta}\leqslant Q\leqslant\dfrac{P}{\cos\theta-f\sin\theta}$

4-3 $\tan\theta\geqslant\dfrac{G+2Q}{2f(G+Q)}$

4-4 $b\leqslant 12.5\ \text{cm}$

4-5 $\theta_{\max}=28.1°$

4-6 $P=40.6\ \text{N}$

4-7 $Q_{\max}=460\ \text{N}$

4-8 $f>0.15$

4-9 $P=57\ \text{N}$

习 题 五

5-1 $F_{1x}=80\text{N}$， $F_{1y}=0$， $F_{1z}=-60\text{N}$，

$F_{2x}=-28.3\ \text{N}$， $F_{2y}=35.3\ \text{N}$， $F_{2z}=-21.2\ \text{N}$

5-2 $F_r=F_n\cos\theta$， $F_a=F_n\sin\theta\sin\varphi$， $F_t=F_n\sin\theta\sin\varphi$

5-3 $F=-866\ \text{N}$， $F_1=F_2=354\ \text{N}$

5-4 $F_A=F_B=5.72\ \text{kN}$（压）， $F_C=1.94\ \text{kN}$（拉）

5-5 $F_1=F_2=-2.5\ \text{kN}$， $F_3=-3.54\ \text{kN}$，
$F_4=F_5=2.5\ \text{kN}$， $F_6=-5\ \text{kN}$

5-6 $F_3=500\text{N}$， $\theta=143°$

5-7 $M_x(\boldsymbol{F}_1)=-3\ \text{N}\cdot\text{m}$， $M_y(\boldsymbol{F}_1)=2.4\ \text{N}\cdot\text{m}$， $M_z(\boldsymbol{F}_1)=-4\ \text{N}\cdot\text{m}$
$M_x(\boldsymbol{F}_2)=-1.06\ \text{N}\cdot\text{m}$， $M_y(\boldsymbol{F}_2)=0$， $M_z(\boldsymbol{F}_2)=1.41\ \text{N}\cdot\text{m}$

5-8 $F_A=33.3\ \text{kN}$， $F_B=53.4\ \text{kN}$， $F_C=43.3\ \text{kN}$

5-9 $F=667\ \text{N}$， $F_{Kx}=-667\ \text{N}$， $F_{Kz}=-100\ \text{N}$，
$F_{Mx}=133\ \text{N}$， $F_{Mz}=500\ \text{N}$

5-10 $F_x=83.3\ \text{N}$， $F_y=0$； $M=2\,250\ \text{N}\cdot\text{cm}$， $F_{Ax}=-66.7\ \text{N}$，
$F_{Ay}=0$， $F_{Az}=50\ \text{N}$

5-11 $G=1\,080\ \text{N}$， $F_{Bx}=82.5\ \text{N}$， $F_{By}=1\,280\ \text{N}$
$F_{Ax}=93.6\ \text{N}$， $F_{Ax}=233\ \text{N}$， $F_{Az}=176\ \text{N}$

5-12 $F_t=9.40\ \text{kN}$， $F_{Ax}=7.26\ \text{kN}$， $F_{Az}=16.93\ \text{kN}$
$F_{Bx}=7.22\ \text{kN}$， $F_{By}=-1.10\ \text{kN}$， $F_{Bz}=0.79\ \text{kN}$

5-13 $F_1=F$， $F_2=-\sqrt{2}F$， $F_3=-F$， $F_4=\sqrt{2}F$， $F_5=\sqrt{2}F$， $F_6=-F$

5-14 (a) $y_C=6.08\ \text{mm}$；(b) $x_C=11\ \text{mm}$；(c) $x_C=5.1\ \text{mm}$，$y_C=10.1\ \text{mm}$

5-15 $x_C=-\dfrac{r^3}{2(R^2-r^2)}$， $y_C=0$

习 题 六

6-1 $I_{z_2}=\dfrac{7}{48}Ml^2$

6-2 $I_z=2.18\times10^{-5}\text{kg}\cdot\text{m}^2$

6-3 $I_z=\dfrac{1}{2}M(r_1^2+r_2^2)$

6-4 $I_z=0.304\ \text{kg}\cdot\text{m}^2$

6-5 $h/r=2$

6-6 对顶线为 $\dfrac{Mb^2}{6}$；垂直对顶线为$\dfrac{11}{12}Mb^2$

习 题 七

7-1 $x=r\cos\omega t+\sqrt{l^2-(r\sin\omega t+h)^2}$

7-2　(1)当 $t=0$ 时，$v=20\ \mathrm{cm/s}$，$a=-10\ \mathrm{cm/s^2}$，点沿 x 正向做减速运动；

(2)当 $t=3$ s时，$v=-10\ \mathrm{cm/s}$，$a=-10\ \mathrm{cm/s^2}$，点沿 x 负向做加速运动。

7-3　(1) $\frac{x^2}{9}+\frac{(y-3)^2}{25}=1$；　(2) $x+y=5\ (2\leqslant x\leqslant\infty)$

(3) $y^2=\frac{9}{4}(2-x)\ (-2\leqslant x\leqslant 2)$；　(4) $\frac{x^2}{2a^2}+\frac{y^2}{2b^2}=1$；　(5) $\frac{x^2}{4}+\frac{y^2}{9}=1$

7-4　$x=l\sin\frac{kt^2}{2}$，　$y=l\cos\frac{kt^2}{2}$

7-5　椭圆 $\frac{x^2}{(2n-1)^2l^2}+\frac{y^2}{l^2}=1$，其中 n 是铰链的编号($n=1,2,3,4$)。

7-6　$v=\sqrt{2}\,lk$，　$a=\sqrt{2}\,lk^2$

7-7　$a_A=1.2\ \mathrm{m/s^2}$，　$a_B=2.88\ \mathrm{m/s^2}$

7-8　$x=3\,971$ m

习　题　八

8-1　$a=-4r\omega_0^2$

8-2　$\omega=2$ rad/s(顺时针)，　$d=50$ cm

8-3　$v=l\omega_0$，　$a=l\sqrt{\alpha_0^2+\omega_0^4}$

8-4　$t=24$ s

8-5　$\alpha=\frac{50\pi}{d^2}$ rad/s，　$a=30\pi\sqrt{1+40\,000\pi^2}\ \mathrm{cm/s^2}$

8-6　$v=168$ cm/s

8-7　$\varphi=4$ rad

8-8　$y=2\pi(\frac{z_1}{z_2})rt^2$，　$v=4\pi(\frac{z_1}{z_2})rt$，　$a=4\pi r(\frac{z_1}{z_2})$

习　题　九

9-1　(1) $\omega_2=3.15$ rad/s，逆时针；　(2) $\omega_2=1.68$ rad/s，逆时针。

9-2　当 $\varphi=0°$ 时，$v=\frac{\sqrt{3}}{3}r\omega$，水平向左；

当 $\varphi=30°$ 时，$v=0$；当 $\varphi=60°$ 时，$v=\frac{\sqrt{3}}{3}r\omega$，水平向右。

9-3　$v_{CD}=l\omega\sin\varphi/\cos^2\varphi$，铅直向上。

9-4　$v_{BC}=\frac{n\pi r\cos\theta}{15\sin\varphi}=0.21\frac{nr\cos\theta}{\sin\varphi}$，铅直向上。

9-5　$v_{AB}=80$ cm/s，方向向上；　$v_A=40$ cm/s，沿 OC 方向。

9-6　$v_a=10$ cm/s,方向向上。

9-7　$\omega=2.67$ rad/s,逆钟向。

9-8　$v_A=\dfrac{lbu}{x^2+b^2}$

9-9　当 $\varphi=0°$ 时,$v=0$;

当 $\varphi=30°$ 时,$v=100$ cm/s,向右;

当 $\varphi=90°$时,$v=200$ cm/s,向右。

9-10　$v=\dfrac{u}{\sin\varphi}$,沿圆周切线方向。

9-11　$v_M=17.3$ cm/s,方向向右。

9-12　$v_M=94.2$ cm/s,水平向右。

9-13　$v_a=6.32$ cm/s。

9-14　$a=a_0\tan\varphi$,方向向上。

9-15　$a=\dfrac{u^2}{r\sin^3\varphi}$,水平向左。

9-16　$v_C=1.26$ m/s; $a_C=27.4$ m/s^2

9-17　$a=23.58$ cm/s^2

9-18　$a=\dfrac{v_r^2}{r}\sqrt{4+\sin^2\varphi}$

9-19　$\omega=1$ rad/s

9-20　$a_r=-4.93$ m/s^2, $a_n=13.84$ m/s^2

9-21　$a_M=35.56$ cm/s^2

习　题　十

10-1　$v_C=21.2$ cm/s,方向由 C 指向 B;$\omega_{AB}=1.77$ rad/s,逆时针。

10-2　$\omega=8.69$ rad/s,逆时针。

10-3　$\omega_{AB}=2$ rad/s,顺时针;$v_B=282.8$ cm/s,方向向上。

10-4　$\omega_{O1B}=\dfrac{\sqrt{2}}{2}\omega_O$,顺时针。

10-5　略

10-6　$\omega=$rad/s,顺时针。

10-7　$\omega_{BC}=0$,$\omega_{CD}=2.5$ rad/s,逆时针。

10-8　$v_C=2.83$ m/s,方向沿杆 AB 。

10-9　(1) $\omega_B=\dfrac{2\sqrt{3}}{3}\pi$ rad/s,逆时针;(2) $\omega_{AB}=\dfrac{1}{3}\pi$ rad/s,顺时针。

10-10　$\omega=1.33$ rad/s,顺时针;　$v_F=46.2$ cm/s,方向向上。

10-11　当 $\beta=0°$ 时,$\omega_B=2\dfrac{v_A}{r}$;当 $\beta=90°$ 时,$\omega_B=\dfrac{v_A}{r}$,均为顺时针。

10-12 $\omega_2=(\frac{r_1}{r_2}-1)\omega_3$，顺时针。

10-13 $\omega_1=\omega_O+\frac{r}{R}(\omega_O+\omega_2)$，逆时针。

10-14 $\omega_{O_1A}=0.2\ \text{rad/s}$，逆时针。

10-15 $\alpha=\frac{2r\omega_O^2}{9R}$，逆时针。

10-16 $v_B=200\ \text{cm/s}$，水平向右；

$a_B^t=400\ \text{cm/s}^2$，铅直向下；$a_B^n=370.5\ \text{cm/s}^2$，水平向右。

10-17 $\omega_{O_1C}=7.5\ \text{rad/s}$，$a_B=208\ \text{cm/s}^2$

10-18 $a_C=\frac{v^2R}{(R-r)^2}$，$a_B=\frac{R}{(R-r)^2}\sqrt{4a^2(R-r)^2+v^4}$

10-19 $v_C=\frac{3}{2}r\omega_O$，向下；$a_C=\frac{\sqrt{3}r\omega_O^2}{12}$，向上。

10-20 $\omega_{OA}=\frac{v}{r}$，逆时针；$\alpha_{OA}=\frac{1}{r}(a+\frac{v^2}{\sqrt{l^2-r^2}})$，逆时针。

10-21 $v_C=\sqrt{3}R\omega_O$，水平向左；$\omega_{O_1B}=\frac{R\omega_O}{\mathrm{r}}$，逆时针。

10-22 $\omega_2=\frac{r_1-r_2}{r_2}\omega_3$，$\omega_{23}=\frac{r_1}{r_2}$，转向都和 ω_3 相反。

10-23 $r_1:r_3=1:11$

10-24 $n_3=\left|1-\frac{z_0z_2}{z_1z_3}\right|n_0=60\ \text{r/min}$，转向和 n_0 相反。

10-25 $n_{\text{II}}=3000\ \text{r/min}$

习 题 十 一

11-1 $T=11.32\ \text{N}$， $v=0.992\ \text{m/s}$

11-2 $N_B=(588-126\sin 8\pi t)\text{N}$， $N_{max}=714\ \text{N}$， $N_{min}=462\ \text{N}$

11-3 $n=18\ \text{r/min}$

11-4 $h=7.84\ \text{cm}$

11-5 $a=\frac{kl\varphi}{m}$

11-6 $v=\sqrt{gl(1+\cos\varphi-\sqrt{3})}$，$T=mg(2+3\cos\varphi-2\sqrt{3})$

11-7 $v_1=\frac{v_0}{\sqrt{1+\frac{kv_0^2}{g}}}$

11-8 $x=b\cos kt+\frac{v_0}{k}\cos\varphi\sin kt$，$y=\frac{v_0}{k}\sin\varphi\sin kt$

11-9 $T=G\left(3\frac{a}{g}\cos\varphi+3\sin\varphi-2\frac{a}{g}\right)$

11-10 $a_r = g(\sin\varphi - f\cos\varphi) - a(\cos\varphi + f\sin\varphi)$

$N = P(\cos\varphi + \frac{a}{g}\sin\varphi)$

11-11 $v_r = \omega\sqrt{r^2 - r_0{}^2}$

11-12 略

11-13 $v_r = \sqrt{2rg\ (1-\cos\varphi) + (r\omega\sin\varphi)^2}$，

$N_n = m[2r\omega^2\sin^2\varphi + g(2-3\cos\varphi)]$，沿相对轨迹主法线方向；

$N_b = 2m\omega v_r\cos\varphi$，沿相对轨迹的副法线方向。

11-14 $h = 1.85$ cm

11-15 $S_{AM} = \frac{ml}{2b}(\omega^2 b + g)$，$S_{BM} = \frac{ml}{2b}(\omega^2 b - g)$

11-16 $F = m(g + \frac{l^2 v_0{}^2}{x^3})\sqrt{1 + \left(\frac{l}{x}\right)^2}$

11-17 $l = 9.05$ m

11-18 $h = 3.584$ m，$T = 3\ 614$ N

习 题 十 二

12-1 (1) $W_重 = \frac{3}{2}rG$，$W_弹 = -\frac{1}{2}kr^2$

(2) $W_重 = rG$，$W_弹 = (1-\sqrt{2})kr^2$

(3) $W_重 = -rG$，$W_弹 = (\sqrt{2}-1)kr^2$

(4) $W_重 = 0$，$W_弹 = 0$

12-2 $W = 452$ kJ

12-3 (a) $T = \frac{1}{6}Ml^2\omega^2$；(b) $T = \frac{1}{4}Mr^2\omega^2$

(c) $T = \frac{3}{4}Ml^2\omega^2$；(d) $T = \frac{3}{4}Mr^2\omega^2$

12-4 $T = \frac{9m_1 + 2m_2}{12}(r_1 + r_2)^2\omega^2$

12-5 $f = 0.268$，$f' = 0.151$

12-6 $M_F = 13.4$ N·m

12-7 $W = 6.29$ J

12-8 $a_2 = \frac{4(2P_2 - P_1 - Q)}{8P_2 + 2P_1 + 7Q}g$

12-9 $P = 2.9$ J

12-10 $v_A = 2\frac{\sqrt{(M - P_2 r\sin\varphi)gs}}{(P_1 + 3P_2)r}$

12-11 $T = \frac{3}{2}m_1 l^2\omega_0^2 + 2m_2 l^2\omega_0^2$（其中 ω_0 为 OA 杆的角速度），$\alpha = \frac{M_O}{(3m_1 + 4m_2)l^2}$

12-12 $\omega=\sqrt{\dfrac{g(\pi M_O-2Fr)}{I_O g+G_1r^2+G_2r^2\sin^2\varphi}}$

12-13 $T=\dfrac{v_2}{2}(m_1+6m_2)$ ， $v=\sqrt{\dfrac{2Fs}{m_1+6m_2}}$ ，

$a=\dfrac{F}{m_1+6m_2}$

12-14 (1) $4.35r$ ； (2) 46.1 N

12-15 $\omega=\dfrac{2}{r_1+r_2}\sqrt{\dfrac{3M_0\varphi}{2m+9m_1}}$

12-16 $v=\sqrt{\dfrac{2rr_1(M_0r_2-mgrr_1)h}{I_1r_2^2+I_2r_1^2+mr^2r_1^2}}$

$a=\dfrac{M_0r_2-mgrr_1}{I_1r_2^2+I_2r_1^2+mr^2r_1^2}rr_1$

12-17 $a_0=\dfrac{2g}{5}(2\sin\varphi-f'\cos\varphi)$，$S_{OA}=\dfrac{3}{5}mgf'\cos\varphi-\dfrac{1}{5}mg\sin\varphi$

12-18 $\omega=\sqrt{\dfrac{3g(1-\sin\varphi)}{l}}$ ， $\alpha=\dfrac{3g\cos\varphi}{2l}$

12-19 $\omega=7.24$ rad/s ， $\alpha=4.17$ rad/s^2

12-20 $a=\dfrac{M_0+(m_1r_1-m_2r_2\sin\varphi)g}{m\rho^2+m_1r_1{}^2+m_2r_2{}^2}r_2$，

$T_A=m_1(g-\dfrac{r_1}{r_2}a)$ ， $T_B=m_2(g\sin\varphi+a)$

12-21 $P=369$ W

12-22 $M_{\text{II}}=111$ N·m， $P_{\text{II}}=6.75$ kW

12-23 $\omega_{AB}=10.62$ rad/s

12-24 $v_B=1.92$ m/s

12-25 $v=8.1$ m/s

习题十三

13-1 $v_{AO}=29.4$ m/s ， $S_{AB}=98$ N·s

13-2 (1) $S=mv_0\sin\varphi$，方向铅直向下；

(2) $S=2mv_0\sin\varphi$，方向铅直向下。

13-3 $l=\dfrac{10}{7}$ m；$v_{船}=\dfrac{3}{7}$m/s，$v_{木箱}=2\dfrac{4}{7}$ m/s

13-4 (1) $S=35$ N·s，铅直向上；(2) $F=1750$ N

13-5 (1) $S=8282$ N·m；(2) $F=165.4$ kN

13-6 $F=\rho Q(v_1+v_2\cos\varphi)$

13-7 $N_x = 638\ \text{N}$， $N_y = 1\ 130\ \text{N}$

13-8 $t = 0.12\ \text{s}$

13-9 $N_{Ox} = \frac{P}{g}(l\omega^2\cos\varphi + l\alpha\sin\varphi)$，

$N_{Oy} = P + \frac{P}{g}(l\omega^2\sin\varphi - l\alpha\cos\varphi)$

13-10 $N_O = (m_A + m_B + m_D + m_E)g + \frac{1}{2}(m_A - 2m_B + m_D)a$

13-11 向右移 3.77 m。

13-12 $N_{max} = 128.6\ \text{kN}$， $N_{min} = 52\ \text{kN}$

13-13 $\left(\frac{x_B}{l/2}\right)^2 + \left(\frac{y_B}{l}\right)^2 = 1$

13-14 $N_x = (m_1 + 2m_2)r\omega^2\cos kt$，

$N_y = (m_1 + m_2 + m_3)g - m_1 r\omega^2\sin\omega t$

13-15 $N_O = \frac{\sqrt{17}}{3}mg$

习 题 十 四

14-1 $\omega = \frac{4m + 3m_1}{4(m + 3m_1)}\omega_0$

14-2 $\omega = \frac{b^2}{l^2\sin^2\varphi}\omega_0$

14-3 $\tau = 2\pi\sqrt{\frac{J_O}{mgb}}$

14-4 $a = \frac{2(M_O - f'G_2 r)}{(G_1 + 2G_2)r}g$

14-5 $\alpha_1 = 0.787\ \text{rad/s}^2$，$\alpha_2 = 0.525\ \text{rad/s}^2$，$F = 109\text{N}$

14-6 $a = \frac{2(m_A - m_B)}{2(m_A + m_B) + M}g$，

$N_O = (m_A + m_B + M)g - \frac{2\,(m_A - m_B)^2}{2(m_A + m_B) + M}g$

14-7 $N_A = \frac{2}{5}Mg$

14-8 $v_A = \sqrt{\frac{3}{m}[M\theta - mgl(1 - \cos\theta)]}$

14-9 $v_2 = \sqrt{\frac{4gh(m_2 - 2m_1 + m_4)}{8m_1 + 2m_2 + 4m_3 + 3m_4}}$

14-10 (1)圆盘的角速度 $\omega_B = 0$，连杆的角速度 $\omega_{AB} = 4.95\text{rad/s}$；

(2) $\delta_{max} = 87.1\text{mm}$

14-11　$a_A = \dfrac{3m_1 g}{4m_1 + 9m_2}$

14-12　$v = 2\cos\varphi\sqrt{R(g + \dfrac{kR}{m})}$

$F_N = 2kR\sin^2\varphi - mg\cos2\varphi - 4(mg + kR)\cos^2\varphi$

14-13　$F_n = 20g(2 - 3\cos\varphi)$，$F_t = 0$，当 $\varphi = \pi$ 时，$F_{max} = 980$（拉）；

当 $\varphi = \arccos\dfrac{2}{3} = 48°11'$时，$F_{min} = 0$

习题十五

15-1　$F_{av} = 799.5\ \text{N}$

15-2　$\omega_1 = \dfrac{J_O\omega}{J_O + mr^2}$，$v = r\omega_1$，$I = m\dfrac{J_O r}{J_O + mr^2}\omega$

15-3　$v_1 = 3.175\ \text{m/s}$，$\theta = \arctan\dfrac{v_{1n}}{v_{1t}} = 19.1°$

$v_2 = 4.157\ \text{m/s}$，沿撞击点法线方向

15-4　(1) $\omega = \dfrac{mrl\omega_0\cos\theta}{3J_{O1}\cos^2\theta + mr^2}$，　$I = \dfrac{J_{O1}ml\omega_0\cos\theta}{3J_{O1}\cos^2\theta + mr^2}$

(2) $\theta = 90°$，$I = 0$

15-5　$s = \dfrac{3l}{2f}\dfrac{m_1^2}{(m_1 + 3m_2)^2}$

15-6　$\omega = \dfrac{3v}{2a}$

习 题 十 六

16-1　(1) $a \leqslant 2.91\ \text{m/s}^2$；　(2) $\dfrac{h}{d} \geqslant 5$ 时先倾倒。

16-2　(1) $F_{NA} = m\dfrac{bg - ba}{c + b}$，$F_{NB} = m\dfrac{cg + ha}{c + b}$；

(2) $a = \dfrac{(b - c)g}{2h}$ 时，$F_{NB} = F_{NA}$

16-3　$m_3 = 50\ \text{kg}$，　$a = 2.45\ \text{m/s}^2$

16-4　$\omega^2 = g\dfrac{2m_1 + m_2}{2m_1(a + l\sin\varphi)}\tan\varphi$

16-5　$(J + mr^2\sin^2\varphi)\ddot{\varphi} + mr^2\dot{\varphi}^2\cos\varphi \cdot \sin\varphi = M$

16-6　$a = 47\ \text{rad/s}^2$；　$F_{Ax} = -95.34\ \text{N}$，　$F_{Ay} = 137.72\ \text{N}$

16-7　$F_n = \rho r^2 \omega^2 \sin\theta$（圆环法向），

$F_t = \rho r^2 \omega^2 (1 + \cos\theta)$（圆环切向），　$M_B = \rho r^3 \omega^2 (1 + \cos\theta)$

16-8　$x = be^{\frac{\omega^2}{g}y}$

16-9　(1) $\omega = \dfrac{k(\varphi - \varphi_0)}{ml^2 \sin^2\varphi}$

(2) $F_{Bx} = 0$，$F_{By} = -\dfrac{ml^2\omega^2 \sin 2\varphi}{2b}$；

$F_{Ax} = 0$，$F_{Ay} = -\dfrac{ml^2\omega^2 \sin 2\varphi}{2b}$，$F_{Az} = 2mg$

16-10　$\alpha = \dfrac{m_2 r - m_1 R}{J + m_1 R^2 + m_2 r^2} g$

习 题 十 七

17-1　$F_N = \dfrac{1}{2} F \tan\theta$

17-2　$F_N = \pi \dfrac{M}{h} \cot\theta$

17-3　$M = \dfrac{1}{2} Fr$

17-4　$F_N = \dfrac{F}{2} \dfrac{e(d + c)}{bc}$

17-5　$F_1 = \dfrac{F_2 l}{a \cos^2\varphi}$

17-6　$F = \dfrac{M}{a} \cot 2\theta$

习 题 十 八

18-1　$\cos\theta = \dfrac{m_2}{4am_1\omega^2} g$

18-2　(1) $\ddot{\varphi} + \dfrac{g}{l} \sin\varphi = 0$

(2) $l^2[(l^2 - x^2)\ddot{x} + x\dot{x}^2] + gx\,(l^2 - x^2)^{\frac{3}{2}} = 0$

(3) $l^2[(l^2 - y^2)\ddot{y} + y\dot{y}^2] - g\,(l^2 - y^2)^2 = 0$

18-3　$(l + R\theta)\ddot{\theta} + R\dot{\theta}^2 + g\sin\theta = 0$

18－4　$(\frac{m_A}{\tan^2\theta}+m)\ddot{s}+ks=\frac{F}{\tan\theta}-mg$

18－5　$a_A=\frac{m_1(m_2+m_3)-4m_2m_3}{m_1(m_2+m_3)+4m_2m_3}g$

18－6　$\alpha=\frac{6M}{(r_1+r_2)^2(9m_1+2m_0)}$

18－7　$5\ddot{\varphi}+3\ddot{\theta}=0$

$\ddot{\varphi}+2\ddot{\theta}+\frac{g}{r}\theta=0$

习 题 十 九

19－1　$k=\frac{4\pi^2(m_1-m_2)}{T_1^2-T_2^2}$

19－2　$F=46.68\ \text{kN}$

19－3　$y=(-5\cos 44.3t+100\sin 44.3t)\text{mm}$

19－4　$T=2\pi\sqrt{\frac{m}{k}}$，　$A=\sqrt{\frac{mg}{k}(\frac{mg\sin^2\theta}{k}+2h)}$

参考文献

［1］ 西北工业大学，北京航空学院，南京航空学院．理论力学：上册，下册．北京：人民教育出版社，1981.

［2］ 西北工业大学理论力学教研室．理论力学：上册，下册．西安：西北工业大学出版社，1993.

［3］ 西北工业大学理论力学教研室．理论力学．西安：西北工业大学出版社，2001.

［4］ 西北工业大学理论力学教研室．理论力学．北京：科学出版社，2005.

［5］ 哈尔滨工业大学理论力学教研室．理论力学． 7 版．北京：高等教育出版社，2009.

［6］ 西北工业大学，北京航空学院，南京航空学院．理论力学解题指导．北京：国防工业出版社，1982.

［7］ 西北工业大学理论力学教研室．理论力学解题指南：上册，下册．西安：陕西科学技术出版社，1993.

［8］ 支希哲，高行山，朱西平．理论力学．北京：高等教育出版社，2010.

［9］ 支希哲．理论力学常见题型解析及模拟题．西安：西北工业大学出版社，1999.

［10］ 谢传锋．静力学．北京：高等教育出版社，1999.

［11］ 和兴锁．理论力学．西安：西北工业大学出版社，2001.

［12］ 和兴锁，高行山，张劲夫．理论力学典型题解析及自测试题．西安：西北工业大学出版社，2000.

［13］ 和兴锁．理论力学．北京：科学出版社，2005.

［14］ 蔡泰信，和兴锁，朱西平．理论力学．北京：机械工业出版社，2007.

［15］ 蔡泰信，和兴锁．理论力学教与学．北京：高等教育出版社，2007.

［16］ 范钦珊．理论力学．北京：高等教育出版社，2000.

［17］ 范钦珊，刘燕，王琪．理论力学．北京：清华大学出版社，2004.

［18］ 王永廉，唐国兴，王晓军．理论力学学习指导与题解．北京：机械工业出版社，2013.

［19］ 贾书惠．理论力学教程．北京：清华大学出版社，2004.

［20］ 王铎．理论力学解题指导及习题集．北京：高等教育出版社，1999.

［21］ 高云峰．力学小问题及全国大学生力学竞赛试题．北京：清华大学出版社，2013.

［22］ 任兴民，等．工程振动基础．北京：机械工业出版社，2006.

［23］ 马尔契夫 A П． 理论力学．3 版． 李俊峰，译．北京：高等教育出版社，2006.

［24］ 朱西平，支希哲．理论力学电子教案．北京：高等教育出版社，2010.

［25］ Hibbeler R C. Statics. 12th Edition. Singapore：SI UNITS, 2010.

［26］ Hibbeler R C. Dynamics. 12th Edition. Singapore：SI UNITS, 2010.